21世纪数学教育信息化精品教材

高职高专数学立体化教材

应用数学基础学习辅导与习题解答

（综合类·高职高专版）

·吴赣昌　主编·

中国人民大学出版社

·北京·

前　言

人大版“21世纪数学教育信息化精品教材”（吴赣昌主编）是融纸质教材、教学软件与网络服务于一体的创新性“立体化教材”．教材自出版以来，历经多次的升级改版，已形成了独特的立体化与信息化的建设体系，更加适应我国大众化教育新时代的教育改革，受到全国广大师生的好评，迄今已被全国600余所大专院校广泛采用．

大学数学是自然科学的基本语言，是应用模式探索现实世界物质运动机理的主要手段．对于非数学专业的大学生而言，大学数学的教育，其意义则远不仅仅是学习一种专业的工具而已．事实上，在大学生涯中，就提高学习基础、提升学习能力、培养科学素质和创新能力而言，大学数学是最有用且最值得你努力学习的课程．

为方便同学们使用“21世纪数学教育信息化精品教材”，学好大学数学，作者团队建设了与该系列教材同步配套的“学习辅导与习题解答”．该系列教辅书籍均根据教材章节顺序编排了相应的学习辅导内容，其中每一节的设计中包括了该节的**主要知识归纳**、**典型例题分析**与**习题解答**等内容，而每一章的设计中包括了该章的**教学基本要求**、**知识点网络图**、**题型分析**等，上述设计有助于学生在课后自主研读时通过这些教辅书更好更快地掌握所学知识，在较短时间内取得好成绩．

在大学数学的学习过程中，要主动把握好从“学数学”到“做数学”的转变，不要以为你在课堂教学过程中听懂了就等于学到了，事实上，你需要在课后花更多的时间主动去做相关训练才能真正掌握所学知识．而在课后的自学与练习过程中，首先要反复、认真地阅读教材，真正掌握大学数学的基本概念；在做习题时，你应先尝试独立完成习题，尽量不看答案，做完习题后，再参考本书进行分析和比较，这样便于发现哪些知识自己还没有真正理解．

与传统的教材和教辅建设不同的是，我们有一支实力雄厚、专业专职的作者队伍，我们还为读者朋友打造了数苑网（www.math168.com)，此网站为本系列教材与教辅的用户提供丰富的资源性与交互性的网络学习服务，其中最为直接相关的是数苑论坛中专门建设的**“大学公共数学同步学习论坛”**（建设中，待投入使用)，该论坛的建设旨在为全国大学数学相关课程的教学双方提供一个基于网络进行学习辅导与交流讨论的平台；**其最大的特色**在于该论坛的编辑工具中集成了作者团队开发的、国际领先的网页公式编辑系统 Web-FES 与网页图形编辑系统 Web-GES，使得论坛能支持文字、公式与图形的在线编辑、发布、复制、粘贴与修改，从而使得该论坛能全面支持用户基于网络进行数学与科学知识的在线交流与讨论. 在该论坛中，用户不仅可用跟帖方式对各类教学要点、例题与习题进行交流讨论，还可用主动发帖方式将自己学习中遇到的困惑、问题或者获得的经验、心得发布到论坛上进行交流讨论. 大学公共数学同步学习论坛的建设有利于汇聚广大师生的智慧对课程教育与学习相关的各类问题进行深入的讨论，而论坛中建设与积累的丰富教学资源又能进一步为参与交流讨论的师生创造良好的教学环境.

与“21 世纪数学教育信息化精品教材”配套建设的教辅书籍包含了面向普通本科理工类、经管类、农林类、医药类、医学类与纯文科类的 14 套共 16 本，面向各类三本院校理工类与经管类的 6 套共 7 本，面向高职高专院校的理工类、经管类与综合类的 7 套共 7 本，总计 27 套 30 本. 此外，该系列教辅书籍的内容建设与编排具有相对的独立性，它们还可以作为相应大学数学课程教学双方的参考书.

经常登录作者团队倾力为你建设的“数苑网”(www.math168.com)，你将会获得意想不到的收获. 在那里，你不仅能进一步拓展自己的学习空间，下载优秀的学习交流软件，寻找到更多教材教辅之外的学习资源，而且还能与来自全国各地的良师益友建立联系.

吴赣昌

2010 年 6 月 18 日

目　录

第1章　函数、极限与连续

函数是现代数学的基本概念之一，是微积分的主要研究对象. 极限概念是微积分的理论基础，极限方法是微积分的基本分析方法. 因此，掌握、运用好极限方法是学好微积分的关键. 连续是函数的一个重要性态. 本章将介绍函数、极限与连续的基本知识和有关的基本方法，为今后的学习打下必要的基础.

本章教学基本要求：

1. 理解函数的概念，掌握函数的表示法；
2. 了解函数的有界性、单调性、周期性与奇偶性；
3. 能将简单实际问题中的函数关系表达出来；
4. 理解复合函数、反函数、隐函数和分段函数的概念；
5. 掌握基本初等函数的性质及其图形，理解初等函数的概念及应用；
6. 会建立简单应用问题的函数关系，熟悉几种常用经济函数；
7. 了解数列极限和函数极限（包括左、右极限）的概念；
8. 了解无穷小的概念和基本性质，掌握无穷小的阶的比较方法，了解无穷大的概念及其与无穷小的关系；
9. 了解极限的性质与极限存在的两个准则，熟练掌握极限的四则运算法则，熟练掌握两个重要极限的应用；
10. 理解函数连续性的概念（包括左、右连续）与函数间断的概念，掌握间断点的分类；
11. 了解连续函数的性质和初等函数的连续性，了解闭区间上连续函数的性质（有界性定理、最大值与最小值定理和介值定理）及其简单应用.

§1.1　函　数

一、主要知识归纳

表 1—1—1　　函数的概念

定义	设 D 是一非空数集，如果 $\forall x\in D$，变量 y 按照一定法则总有确定的数值和它对应，则称 y 是 x 的函数，记为： $y=f(x)$，$x\in D$， 其中 x 称为自变量，y 称为因变量，D 称为函数 f 的定义域，也记为 D_f. 函数值全体 $R_f=f(D)=\{y\mid y=f(x),\ x\in D\}$ 称为函数 f 的值域.

续前表

表示法	(1) 表格法；(2) 图像法；(3) 解析法：根据函数的解析表达式的不同，函数又分为显函数、隐函数和分段函数.
图像	平面点集 $\{(x, y) \mid y=f(x), x\in D\}$ 称为函数 $y=f(x)$ 的图像. 函数 $y=f(x)$ 的图像一般为平面上的一条曲线.

表 1—1—2　　函数的特性

名称	定义	几何直观
有界性	若存在 $M>0$，使得 $\forall x\in D$，恒有 $$\lvert f(x)\rvert\leqslant M$$ 则称 $f(x)$ 有界.	图像介于两直线 $y=M$ 与 $y=-M$ 之间.
单调性	设 x_1，x_2 为区间 l 内的任意两点，当 $x_1<x_2$ 时，恒有 $f(x_1)<f(x_2)$ $(f(x_1)>f(x_2))$，则称 $f(x)$ 在 l 内单调增加（单调减少）.	从左往右看去，单调增加（单调减少）函数的图像上升（下降）.
奇偶性	设 $y=f(x)$ 的定义域 D 关于原点对称，如果 $\forall x\in D$，恒有 $$f(-x)=f(x)\ (f(-x)=-f(x))$$ 则称 $f(x)$ 为偶函数（奇函数）.	偶函数（奇函数）的图像关于 y 轴对称（关于原点对称）.
周期性	如存在常数 $T>0$，使得 $\forall x\in D$，$(x\pm T)\in D$，恒有 $$f(x+T)=f(x)$$ 则称 $f(x)$ 为周期函数，T 称为 $f(x)$ 的周期.	每隔一个周期的图像形状相同.

表 1—1—3　　数学建模

概念	在应用数学解决实际应用问题时，首先要将该问题量化，分析哪些是常量，哪些是变量，然后确定选取哪个作为自变量，哪个作为因变量，最后要把实际问题中变量之间的函数关系正确地抽象出来，依题意建立起它们之间的数学模型. 建立数学模型的过程称为数学建模.
意义	数学模型的建立有助于我们利用已知的数学工具来探索隐藏在其中的内在规律，帮助我们把握现状、预测和规划未来，从这个意义上说，我们可以把数学建模设想为旨在研究人们感兴趣的特定的系统或行为的一种数学构想.
流程图	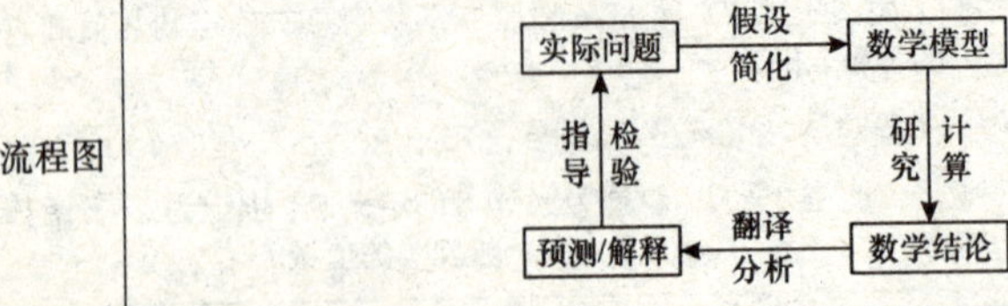

表 1—1—4 **回归分析**

概念	在许多实际问题中，往往只能通过观测或试验获取反映变量特征的部分经验数据，问题要求我们从这些数据出发来探求隐藏在其中的某种模式或趋势. 如果这种模式确实存在，而我们又能找到近似表达这种趋势的曲线 $y=f(x)$，那么我们一方面可以用这个表达式来概括这些数据，另一方面能够以此预测其它 x 处的 y 值. 求这样一条拟合数据的特殊曲线的过程称为回归分析，该曲线称为回归曲线.
步骤	(1) 将实际问题量化，确定自变量和因变量； (2) 根据已知数据作散点图，大致确定拟合数据的函数类型； (3) 通过软件（如 Excel 等）计算，得到函数关系模型； (4) 利用回归分析建立的近似函数关系来预测指定点 x 处的 y 值.

二、典型例题分析

例 1 判断下面各组中的两个函数是否相同，并说明理由.

(1) $y=1$ 与 $y=\sin^2 x+\cos^2 x$；

(2) $f(x)=\sqrt{(1-x)^2}$ 与 $g(x)=1-x$.

解 (1) 虽然这两个函数的表现形式不同，但它们的定义域 $(-\infty, +\infty)$ 与对应法则均相同，所以这两个函数相同.

(2) $f(x)=\sqrt{(1-x)^2}=|1-x|$，所以当 $x>1$ 时 $f(x)\neq g(x)$，即这两个函数的对应法则不同，故 $f(x)$ 与 $g(x)$ 是不同的函数.

小结：函数的定义域与对应法则称为函数的两大要素. 判断两个函数是否相同只需比较它们的定义域和对应法则是否相同，而与它们的表现形式没有必要的联系.

例 2 求函数 $f(x)=\dfrac{\lg(3-x)}{\sin x}+\sqrt{5+4x-x^2}$ 的定义域.

解 要使函数 $f(x)$ 有意义，自变量 x 显然要满足：

$$\begin{cases} 3-x>0 \\ \sin x\neq 0 \\ 5+4x-x^2\geqslant 0 \end{cases} \Rightarrow \begin{cases} x<3 \\ x\neq n\pi \qquad (n\in \mathbf{Z}) \\ -1\leqslant x\leqslant 5 \end{cases}$$

所以，函数 $f(x)$ 的定义域为

$$D_f=\{x\,|\,-1\leqslant x<3,\ x\neq 0\}=[-1,\ 0)\cup(0,\ 3).$$

小结：求函数的定义域，即求使函数有意义的变量的范围，一般方法是先写出构成所求函数的各个简单函数的定义域，再求出这些定义域的交集. 解题过程中，请熟记下列常用初等函数的定义域：

函数	定义域	零点
$y=\sqrt{x}$	$x\geqslant 0$	$x=0$
$y=\dfrac{1}{x}$	$x\neq 0$	
$y=\ln x$	$x>0$	$x=1$
$y=\sin x$	$(-\infty, +\infty)$	$x=n\pi,\ n\in\mathbf{Z}$
$y=\cos x$	$(-\infty, +\infty)$	$x=n\pi+\dfrac{\pi}{2},\ n\in\mathbf{Z}$
$y=\tan x$	$x\neq n\pi+\dfrac{\pi}{2},\ n\in\mathbf{Z}$	$x=n\pi,\ n\in\mathbf{Z}$
$y=\arcsin x$	$[-1, 1]$	$x=0$
$y=\arccos x$	$[-1, 1]$	$x=1$
$y=\arctan x$	$(-\infty, +\infty)$	$x=0$

例 3　试讨论函数 $y=x+\ln x$ 在指定区间 $(0, +\infty)$ 内的单调性.

解　任取 $x_1, x_2\in(0, +\infty)$，不妨设 $x_1<x_2$，则有

$$f(x_1)-f(x_2)=x_1+\ln x_1-x_2-\ln x_2=(x_1-x_2)+\ln\frac{x_1}{x_2}<0$$

即 $f(x_1)<f(x_2)$，故 $y=x+\ln x$ 在 $(0, +\infty)$ 内单调增加.

小结：判断函数单调性的方法一般有：(1) 利用单调性定义判定；(2) 利用函数的导数来判断（参见教材第 2 章的有关内容）.

例 4　判断函数 $f(x)=\dfrac{e^x-1}{e^x+1}\ln\dfrac{1-x}{1+x}$ $(-1<x<1)$ 的奇偶性.

解　因为

$$f(-x)=\frac{e^{-x}-1}{e^{-x}+1}\ln\frac{1+x}{1-x}=\frac{1-e^{-x}}{1+e^{-x}}\left[-\ln\frac{1+x}{1-x}\right]=\frac{e^x-1}{e^x+1}\ln\frac{1-x}{1+x}=f(x),$$

所以，由定义知 $f(x)$ 是偶函数.

小结：判断函数奇偶性时一般先算出 $f(-x)$ 的解析式，然后运用已知条件和计算技巧尽量把 $f(-x)$ 化成与解析式相仿的形式，最后根据定义做出判断；另外一个有效方法是做和 $f(x)+f(-x)$ 或做差 $f(x)-f(-x)$，前者等于零，表明 $f(x)$ 是奇函数；后者等于零，表明 $f(x)$ 是偶函数.

例 5　设 $f(x)$ 是以正数 T 为周期的函数，证明 $f(Cx)$ $(C>0)$ 是以 $\dfrac{T}{C}$ 为周期的函数.

证　设 $F(x)=f(Cx)$，则

$$F\left(x+\frac{T}{C}\right)=f\left[C\left(x+\frac{T}{C}\right)\right]=f(Cx+T)=f(Cx)=F(x),$$

所以，$f(Cx)$ 是以$\dfrac{T}{C}$为周期的函数.

小结：对于函数的周期性，一般利用定义和周期函数的运算性质进行证明. 证明的关键在于从定义出发构造合适的 T，使得 $f(x+T)=f(x)$.

三、习题 1—1 解答

1. 求下列函数的自然定义域：

(1) $y=\dfrac{1}{x}-\sqrt{1-x^2}$.

解 $\begin{cases}x\neq 0\\ 1-x^2\geqslant 0\end{cases}$，即$\begin{cases}-1\leqslant x<0\\ 0<x\leqslant 1\end{cases}$.

定义域 $D=[-1,0)\cup(0,1]$.

(2) $y=\arcsin\dfrac{x-1}{2}$.

解 因为$-1\leqslant\dfrac{x-1}{2}\leqslant 1$，所以$-1\leqslant x\leqslant 3$.

(3) $y=\sqrt{3-x}+\arctan\dfrac{1}{x}$.

解 $\begin{cases}3-x\geqslant 0\\ x\neq 0\end{cases}$，即 $\begin{cases}x\leqslant 3\\ x\neq 0\end{cases}$，

定义域为 $D=(-\infty,0)\cup(0,3]$.

2. 下列各题中，函数是否相同？为什么？

(1) $f(x)=\lg x^2$ 与 $g(x)=2\lg x$； (2) $y=2x+1$ 与 $x=2y+1$.

解 (1) 不相同. 由于 $\lg x^2$ 的定义域为 $(-\infty,0)\cup(0,+\infty)$，而 $2\lg x$ 的定义域为 $(0,+\infty)$；

(2) 相同，虽然它们的自变量所用的字母不同，但其定义域和对应法则均相同，如题 2(2) 图所示.

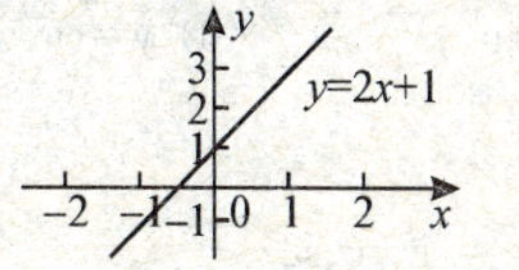

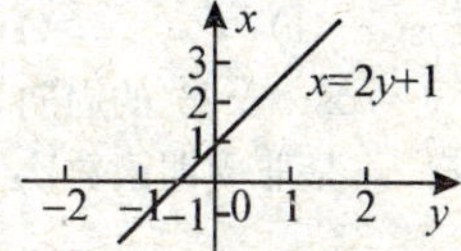

题 2(2) 图

3. 设 $\varphi(x)=\begin{cases}|\sin x|, & |x|<\dfrac{\pi}{3}\\ 0, & |x|\geqslant\dfrac{\pi}{3}\end{cases}$，求 $\varphi\left(\dfrac{\pi}{6}\right)$，$\varphi\left(\dfrac{\pi}{4}\right)$，$\varphi\left(-\dfrac{\pi}{4}\right)$，$\varphi(-2)$，

并作出函数 $y=\varphi(x)$ 的图形.

解　$\varphi\left(\frac{\pi}{6}\right)=\left|\sin\frac{\pi}{6}\right|=\frac{1}{2}$, $\varphi\left(\frac{\pi}{4}\right)=\left|\sin\frac{\pi}{4}\right|=\frac{\sqrt{2}}{2}$,

$$\varphi\left(-\frac{\pi}{4}\right)=\left|\sin\left(-\frac{\pi}{4}\right)\right|=\frac{\sqrt{2}}{2},\ \varphi(-2)=0.$$

函数 $y=\varphi(x)$ 的图形如题 3 图所示.

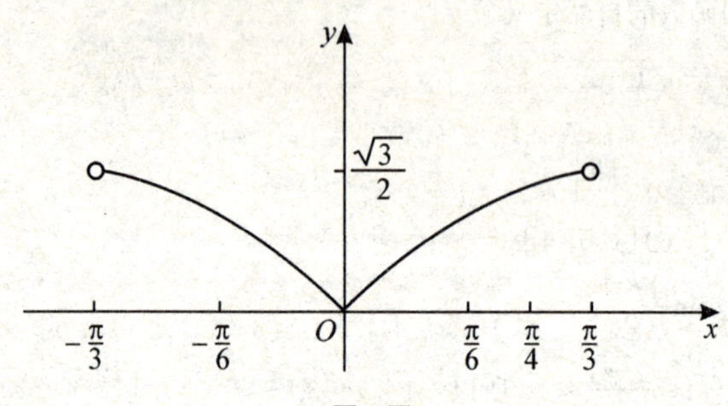

题 3 图

4. 讨论函数 $y=2x+\ln x$ 在区间 $(0, +\infty)$ 内的单调性.

解　任取 $x_1, x_2\in(0, +\infty)$，不妨设 $x_1<x_2$，则有

$$f(x_1)-f(x_2)=2x_1+\ln x_1-2x_2-\ln x_2=2(x_1-x_2)+\ln\frac{x_1}{x_2}<0,$$

即 $f(x_1)<f(x_2)$，故 $y=2x+\ln x$ 在 $(0, +\infty)$ 内单调增加.

5. 下列函数中哪些是偶函数，哪些是奇函数，哪些既非奇函数又非偶函数?

(1) $y=\tan x-\sec x+1$;　　(2) $y=\frac{e^x+e^{-x}}{2}$;

(3) $y=|x\cos x|e^{\cos x}$;　　(4) $y=x(x-2)(x+2)$.

解　(1) 既非奇函数又非偶函数；(2)，(3) 是偶函数；(4) 是奇函数.

6. 下列各函数中哪些是周期函数? 对于周期函数，指出其周期：

(1) $y=\cos(x-1)$;　　(2) $y=x\tan x$;　　(3) $y=\sin^2 x$.

解　(1) $y=\cos(x-1)$ 的周期为 2π;

(2) $y=x\tan x$ 是非周期函数;

(3) $y=\sin^2 x$ 的周期为 π，因为 $y=\sin^2 x=\frac{1-\cos 2x}{2}$.

7. 火车站行李收费规定如下：当行李不超过 50kg 时，按每千克 0.15 元收费，当超出 50kg 时，超重部分按每千克 0.25 元，试建立行李收费 $f(x)$(元) 与行李重量 x(kg) 之间的函数关系.

解　依题意，该函数关系是

$$f(x)=\begin{cases}0.15x, & 0<x\leqslant 50\\ 0.15\times 50+0.25(x-50), & x>50\end{cases}$$
$$=\begin{cases}0.15X, & 0<x\leqslant 50\\ 7.5+0.25(x-50), & x>50\end{cases},$$

其图形为平面上一折线.

8. 收音机每台售价为 90 元，成本为 60 元. 厂方为鼓励销售商大量采购，决定凡是订购量超过 100 台的，每多订购 1 台，售价就降低 1 分，但最低价为每台 75 元.

(1) 将每台的实际售价 p 表示为订购量 x 的函数；

(2) 将厂方所获的利润 L 表示成订购量 x 的函数；

(3) 某一商行订购了 1 000 台，厂方可获利润多少？

解 (1) 依题意，得 $p=\begin{cases}90, & 0\leqslant x\leqslant 100\\ 90-0.01(x-100), & 100<x\leqslant 1\,600;\\ 75, & x>1\,600\end{cases}$

(2) 由 (1) 及已知条件，得

$$L=\begin{cases}30x, & x\leqslant 100\\ (31-0.01x)x, & 100<x\leqslant 1\,600;\\ 15x, & x>1\,600\end{cases}$$

(3) 当 $x=1\,000$ 时，$L=(31-0.01\times 1\,000)\times 1\,000=21\,000$(元).

*9. 对施加在弹簧上的压力 S 以每平方英寸磅 (lb/in.^2) 来度量，下表给出了弹簧的伸长量（以每英寸伸长多少英寸 (in. /in.) 计).

$S\times 10^{-3}$	5	10	20	30	40	50	60	70	80	90	100
$e\times 10^{5}$	0	19	57	94	134	173	216	256	297	343	390

(1) 试构建弹簧的伸长量和压力的数目之间的模型.

(2) 预测压力为 $200\times 10^{-3}\,\text{lb/in.}^2$ 时弹簧的伸长.

解 (1) a. 作散点图，确定函数关系，由散点图（见题 9 图）知，S 与 e 之间大致呈线性关系，设为

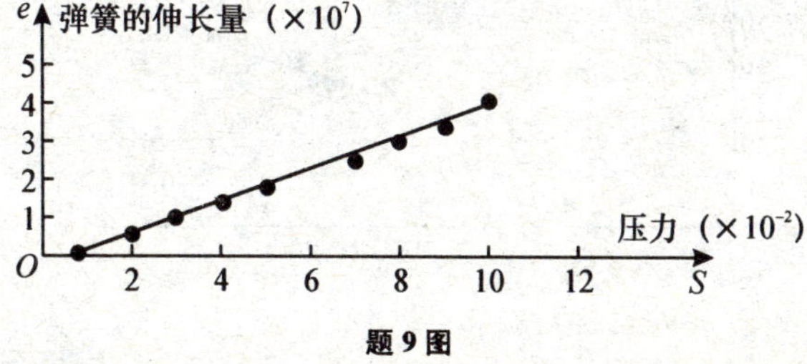

题 9 图

$$e=aS+b,$$

其中 a，b 为待定系数.

b. 求待定系数 a，b，得到函数关系模型. 经计算得

$$a=4\times10^{8}, b=2.5\times10^{6},$$

即弹簧的伸长和压力的数目之间关系的函数模型为

$$e=(4\times10^{8})S-2.5\times10^{6}.$$

(2) 对于 $S=200\times10^{-3}$ lb/in.²，代入直线模型

$$e=(4\times10^{8})S-2.5\times10^{6}$$

可得预测值 $e=775\times10^{7}$，即压力为 200×10^{-3} lb/in.² 时弹簧的伸长为 775×10^{7} (in./in.).

*10. 为了估计山上积雪融化后对下游灌溉的影响，在山上建立了一个观察站，测量了最大积雪深度 (x) 与当年灌溉面积 (y)，得到连续 10 年的数据见下表：

x	15.2	10.4	21.2	18.6	26.4	23.4	13.5	16.7	24.0	19.1
y	28.6	19.3	40.5	35.6	48.9	45.0	29.2	34.1	46.7	37.4

(1) 试确定最大积雪深度与当年灌溉面积间的关系模型；

(2) 试预测当年积雪的最大深度为 27.5 时的灌溉面积.

解　(1) a. 作散点图（见题 10 图），确定函数关系. 由散点图可以看出，x 与 y 之间大致呈线性关系，设关系式为

$$y=ax+b$$

其中 a，b 为待定系数.

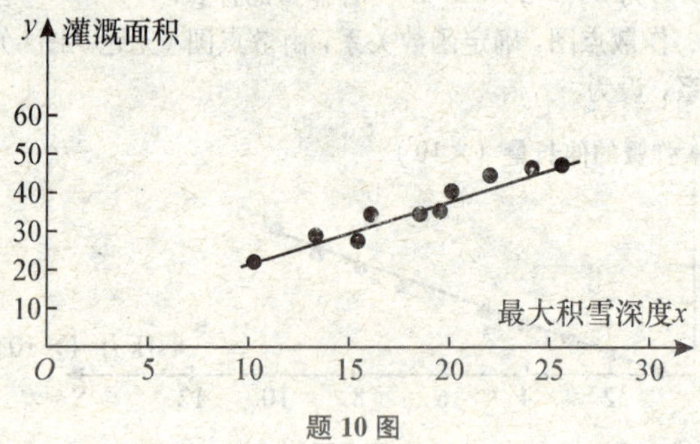

题 10 图

b. 求待定系数，得到关系模型. 经计算得到灌溉面积 y 与最大积雪深度 x 间的函数关系为

$$y=1.813x+2.356.$$

(2) 由散点图与直线的拟合图可知，当年积雪的最大深度为 27.5 时，相应的灌溉面积约为 52.214.

§1.2 初等函数

一、主要知识归纳

反函数	如果函数 $y=f(x)$ 在定义域 D 上不仅单值，而且单调，则把 y 看作自变量，x 看作因变量，得到的新函数 $x=\varphi(y)$ 称为 $y=f(x)$ 的反函数. 习惯上，仍将反函数 $x=\varphi(y)$ 记为 $y=\varphi(x)$ 或 $y=f^{-1}(x)$. 相对于反函数，原来的函数 $y=f(x)$ 称为直接函数
基本初等函数	① 幂函数 $y=x^{\alpha}(\alpha\in\mathbf{R})$ ② 指数函数 $y=a^x(a>0,\ a\neq1)$ ③ 对数函数 $y=\log_a x(a>0,\ a\neq1)$ ④ 三角函数 $y=\sin x$，$y=\cos x$ $y=\tan x$，$y=\cot x$ $y=\sec x$，$y=\csc x$ ⑤反三角函数 $y=\arcsin x$，$y=\arccos x$ $y=\arctan x$，$y=\operatorname{arccot} x$
复合函数	设函数 $y=f(u)$ 的定义域为 D_f，而函数 $u=\varphi(x)$ 的值域为 Z_φ，若 $D_f\cap Z_\varphi\neq\varnothing$， 则称函数 $y=f[\varphi(x)]$ 为 x 的复合函数，其中 u 称为中间变量.
初等函数	由常数和基本初等函数经有限次四则运算及有限次复合运算所构成并可用一个解析式表示的函数统称为初等函数. 基本特征：在定义区间内初等函数的图形是不间断的.

二、典型例题分析

例 1 求函数 $y=\dfrac{2^x}{2^x+1}$ 的反函数.

解 由 $y=\dfrac{2^x}{2^x+1}\Rightarrow 2^x=(2^x+1)y\Rightarrow 2^x(1-y)=y$

从而 $x=\log_2\dfrac{y}{1-y}$

反函数为 $y=\log_2 \frac{x}{1-x}$

小结：反函数之"反"包括"三反"：定义域、值域、解析式，且原函数的定义域和值域是其反函数的值域和定义域. 反函数的一般求法：

$$y=f(x)\Rightarrow x=\varphi(y)\Rightarrow y=\varphi(x)$$

例 2　分析函数 $y=\arctan\cos e^{2x}$ 由哪些函数复合而成.

解　所给函数是由

$$y=\arctan t,\ t=\cos v,\ v=e^s,\ s=2x$$

复合而成.

小结：复合函数分解原则：由外而内，逐层递进.

例 3　设 $f\left(\frac{1}{x}\right)=x+\sqrt{1+x^2}\,(x>0)$，求 $f(x)$.

解　设 $u=\frac{1}{x}$，则 $x=\frac{1}{u}\,(u>0)$，代入 $f\left(\frac{1}{x}\right)$，得

$$f(u)=\frac{1}{u}+\sqrt{1+\frac{1}{u^2}}=\frac{1}{u}+\frac{\sqrt{1+u^2}}{u}=\frac{1+\sqrt{1+u^2}}{u}$$

故
$$f(x)=\frac{1+\sqrt{x^2+1}}{x}\,(x>0).$$

例 4　设 $f(x)=\begin{cases}\sqrt{2-x^2}, & |x|\leqslant 1\\ 0, & |x|>1\end{cases}$，求 $f[f(x)]$.

解　因为

$$f[f(x)]=\begin{cases}\sqrt{2-[f(x)]^2}, & |f(x)|\leqslant 1\\ 0, & |f(x)|>1\end{cases}$$

所以，现在的关键是要找出使 $|f(x)|\leqslant 1$ 和 $|f(x)|>1$ 的 x 的范围.

当 $|x|<1$ 时，$f(x)=\sqrt{2-x^2}>1$；$|x|=1$ 时，$f(x)=1$；$|x|>1$ 时，$f(x)=0$，所以

$$f[f(x)]=\begin{cases}0, & |x|<1\\ 1, & |x|=1\\ \sqrt{2}, & |x|>1\end{cases}.$$

小结：求函数表达式时应注意求出相应定义域，根据最外层函数定义域的区间段，结合中间变量的表达式及中间变量的定义域进行分析.

三、习题1—2解答

1. 求函数 $y=\frac{1-x}{1+x}$ 的反函数.

解 由 $y=\frac{1-x}{1+x}\Rightarrow 1-x=y+xy\Rightarrow x=\frac{1-y}{1+y}$,

反函数为 $y=\frac{1-x}{1+x}$.

2. 设函数 $f(x)=x^3-x$, $\varphi(x)=\sin 2x$, 求 $f\left[\varphi\left(\frac{\pi}{12}\right)\right]$, $f\{f[f(1)]\}$.

解 $f\left[\varphi\left(\frac{\pi}{12}\right)\right]=\varphi^3\left(\frac{\pi}{12}\right)-\varphi\left(\frac{\pi}{12}\right)=\left(\frac{1}{2}\right)^3-\frac{1}{2}=-\frac{3}{8}$,

$f\{f[f(1)]\}=f\{f[0]\}=f(0)=0$.

3. 设 $f(x)=\frac{x}{1-x}$, 求 $f[f(x)]$ 和 $f\{f[f(x)]\}$.

解 $f[f(x)]=\frac{f(x)}{1-f(x)}=\frac{\frac{x}{1-x}}{1-\frac{x}{1-x}}=\frac{x}{1-2x}$,

$$f\{f[f(x)]\}=f\left(\frac{x}{1-2x}\right)=\frac{\frac{x}{1-2x}}{1-\frac{x}{1-2x}}=\frac{x}{1-3x}.$$

4. 已知 $f[\varphi(x)]=1+\cos x$, $\varphi(x)=\sin\frac{x}{2}$, 求 $f(x)$.

解 $\because 1+\cos x=2\left(1-\sin^2\frac{x}{2}\right)$,

$\therefore f[\varphi(x)]=1+\cos x=2\left(1-\sin^2\frac{x}{2}\right)=2[1-\varphi^2(x)]$,

故 $f(x)=2(1-x)^2$.

5. $f(x)=\sin x$, $f[\varphi(x)]=1-x^2$, 求 $\varphi(x)$ 及其定义域.

解 $\because f[\varphi(x)]=1-x^2=\sin\varphi(x)$

$\therefore \varphi(x)=\arcsin(1-x^2)$

故 $|1-x^2|\leqslant 1\Rightarrow$ 定义域为 $[-\sqrt{2},\sqrt{2}]$.

6. x 小时后在装有某细菌的培养皿溶液中的细菌数为 $B=100e^{0.693x}$.

(1) 一开始的细菌数是多少?

(2) 6小时后有多少细菌?

(3) 近似计算一下什么时候细菌数为 200?

解　(1) 当 $x=0$ 时，$B(0)=100e^{0.693\times 0}=100$，

即一开始的细菌数是 100.

(2) 6 小时后的细菌数

$$B(6)=100e^{0.693\times 6}\approx 6\ 394.$$

(3) 我们求出 x 使得此时的细菌数为 200，即

$$B=100e^{0.693x}\approx 200,$$

解得 $x\approx 11$.

7. 磷-32 的半衰期约为 14 天. 一开始有 6.6 克.

(1) 写出表示磷-32 的残余量的时间 x 的函数.

(2) 什么时候只剩下 1 克磷-32 了?

解　(1) 磷-32 的半衰期约为 14 天，故磷-32 的残余量的函数是

$$y=6.6\left(\frac{1}{2}\right)^{\frac{x}{14}}$$

(2) 由 $6.6\left(\frac{1}{2}\right)^{\frac{x}{14}}=1$ 解得

$$x\approx 38.1,$$

即大约 38 天后只剩下 1 克磷-32 了.

§1.3　常用经济函数

一、主要知识归纳

表 1—3—1　常用经济函数

单利与复利	单利计算公式 $s_n=p(1+nr)$；复利计算公式 $s_n=p(1+r)^n$，其中 p 表示初始本金，r 表示银行年利率，s_n 表示第 n 年末本利和.
多次付息	单利付息情形：$s=p(1+r)$；复利付息情形：$s=p\left(1+\frac{r}{n}\right)^n$，其中 p 表示初始本金，r 表示银行年利率，n 表示一年分 n 次付息.
贴现	$p=\frac{R}{(1+r)^n}$，其中 R 表示第 n 年后到期的票据金额，r 表示贴现率，p 表示现在进行票据转让银行付给的贴现金额.

续前表

需求函数	$Q=f(P)$，其中 Q 表示需求量，P 表示价格. 需求函数的反函数称为价格函数，习惯上将价格函数也统称为需求函数.
供给函数	$S=g(P)$，其中 S 表示供给量，P 表示价格.
市场均衡价格	需求量和供给量相等时的商品价格，即满足方程 $Q=S$ 的 P.
成本函数	固定成本：指在一定时期内不随产量变化的那部分成本.
	变动成本：以货币计值的（总）成本 C 是产量 x 的函数，即 $C=C(x)(x\geqslant 0)$，称为成本函数. $C(0)$ 是产品的固定成本值，$\overline{C}(x)=\dfrac{C(x)}{x}(x>0)$，称为单位成本函数或平均成本函数，成本函数是单调增加函数，其图形称为成本曲线.
收入函数与利润函数	利润函数：$L=R-C$ 盈亏平衡点（又称保本点）：使 $L(x)=0$ 的点 x_0，其中 L 表示销售利润，R 表示销售收入，C 表示成本.

二、典型例题分析

例 1 某工厂生产某产品年产量为 x 台每台售价 500 元，当年产量超过 800 台时，超过部分只能按 9 折出售，这样可多售出 200 台，如果再多生产，本年就销售不出去了. 试写出本年的收益（入）函数.

解 因为产量超过 800 台时售价要按 9 折出售，又超过 1 000 台（即 800 台+200 台）时，多余部分销售不出去，从而超出部分无收益. 因此，要把产量分三阶段来考虑. 依题意有

$$R(x)=\begin{cases}500x, & 0\leqslant x\leqslant 800\\ 500\times 800+0.9\times 500(x-800), & 800<x\leqslant 1\,000\\ 500\times 800+0.9\times 500\times 200, & x>1\,000\end{cases}$$

$$=\begin{cases}500x, & 0\leqslant x\leqslant 800\\ 400\,000+450(x-800), & 800<x\leqslant 1\,000.\\ 490\,000, & x>1\,000\end{cases}$$

例 2 已知某商品的成本函数与收入函数分别是：

$C=12+3x+x^2$，

$R=11x$，

试求该商品的盈亏平衡点，并说明盈亏情况.

解 由 $L=0$ 和已知条件得

$$11x=12+3x+x^2$$
$$\Rightarrow x^2-8x+12=0.$$

从而得到两个盈亏平衡点，分别为 $x_1=2$，$x_2=6$. 由利润函数

$$\begin{aligned}L(x)&=R(x)-C(x)\\&=11x-(12+3x+x^2)\\&=8x-12-x^2=(x-2)(6-x)\end{aligned}$$

易见当 $x<2$ 时亏损，$2<x<6$ 时盈利，而当 $x>6$ 时又转为亏损.

三、习题 1—3 解答

1. 某人手中持有一年到期的面额为 300 元和 5 年到期的面额为 700 元的两张票据，银行贴现率为 7%，若去银行进行一次性票据转让，银行所付的贴现金额是多少？

解 由公式可得，贴现金额为

$$P=\frac{R_1}{r+1}+\frac{R_2}{(r+1)^5},$$

其中 $R_1=300$，$R_2=700$，$r=0.07$，故

$$P=\frac{300}{0.07+1}+\frac{700}{(r+0.07)^5}=779.46\ (\text{元}).$$

2. 某商品的成本函数是线性函数，并已知产量为零时成本为 100 元，产量为 100 时成本为 400 元，试求：

(1) 成本函数和固定成本；

(2) 产量为 200 时的总成本和平均成本.

解 (1) 设成本函数为 $C(q)=C_0+aq$，依题意得：

$$C(0)=C_0+a\times 0=100,$$
$$C(100)=C_0+a\times 100=400$$
$$\Rightarrow C_0=100,\ a=3,\ \therefore C(q)=100+3q.$$

(2) $C(200)=100+3\times 200=700$(元)，

$$\overline{C}(200)=\frac{C(200)}{200}=\frac{700}{200}=3.5(\text{元}).$$

3. 设某商品的需求函数为 $q=1\,000-5p$，试求该商品的收入函数 $R(q)$，并求销量为 200 件时的总收入.

解 由需求函数可得 $5p=1\,000-q$

$$\Rightarrow p=200-\frac{q}{5},$$

从而该商品的收入函数为

$$R=q\left(200-\frac{q}{5}\right)=200q-\frac{q^2}{5},$$

$$R(200)=200\times200-\frac{200^2}{5}=32\,000.$$

4. 某厂生产电冰箱，每台售价 1 200 元，生产 1 000 台以内可全部售出，超过 1 000 台时经广告宣传后，又可多售出 520 台. 假定支付广告费为 2 500 元，试将电冰箱的销售收入表示为销售量的函数.

解 设 x 表示销售量，$R(x)$ 表示销售 x 台电冰箱的销售收入，则

$$R(x)=\begin{cases}1\,200x, & 0\leqslant x\leqslant 1\,000\\ 1\,200x-2\,500, & 1\,000<x\leqslant 1\,520\end{cases}$$

5. 设某商品的需求量 Q 是价格 P 的线性函数 $Q=a+bP$，已知该商品的最大需求量为 40 000 件（价格为零时的需求量），最高价格为 40 元/件（需求量为零时的价格）. 求该商品的需求函数与收益函数.

解 $\because Q=a+bP$

当 $P=0$ 时，$Q=40\,000$，代入上式得 $a=40\,000$.

当 $Q=0$ 时，$P=40$，代入得 $a+40b=0\Rightarrow b=-1\,000$.

故需求函数 $Q=40\,000-1\,000P$.

收益函数 $R(Q)=P\cdot Q=Q\cdot\left(\frac{40\,000-Q}{1\,000}\right)=40Q-\frac{Q^2}{1\,000}$.

6. 已知生产某种商品 x 件时的总成本（单位：万元）为

$$C(q)=10+5x+0.2x^2.$$

如果每售出一件该商品的收入为 9 万元，

(1) 求该商品的利润函数；

(2) 求生产 10 件该商品时的总利润和平均利润；

(3) 求生产 20 件该商品时的总利润.

解 (1) 由题意可知，该商品的收入函数是

$$R(x)=9x.$$

该商品的利润函数为

$$L(x)=R(x)-C(x)$$

$=9x-(10+5x+0.2x^2)$

$=-0.2x^2+4x-10$(万元).

(2) 生产 10 件该商品时的利润为

$$L(10)=-0.2\times10^2+4\times10-10=10\text{(万元)}.$$

由 (1) 知，平均利润函数为

$$\overline{L}(x)=\frac{L(x)}{x}=-0.2x+4-\frac{10}{x}.$$

所以此时的平均利润是

$$\overline{L}(10)=-0.2\times10+4-\frac{10}{10}=1\text{(万元/件)}.$$

(3) 生产 20 件该商品的总利润为

$$L(20)=-0.2\times20^2+4\times20-10=-10\text{(万元)}.$$

7. 设某商品的成本函数和收入函数分别为

$C(q)=7+2q+q^2$, $R(q)=10q$,

(1) 求该商品的利润函数；

(2) 求销量为 4 时的总利润及平均利润；

(3) 销量为 10 时是盈利还是亏损？

解　(1) 利润函数 $L(q)=R(q)-C(q)=8q-7-q^2$；

(2) $L(4)=8\times4-7-4^2=9$,

$\overline{L}(4)=\frac{L(4)}{4}=\frac{9}{4}$；

(3) $\because L(10)=8\times10-7-10^2=-27<0$,

$\therefore$ 销量为 10 时亏损.

§1.4　极限的概念

一、主要知识归纳

表 1—4—1　　数列的极限

数列极限 (ε－N 定义)	对于数列 $\{x_n\}$，如存在固定常数 A 满足：对 $\forall\varepsilon>0$，$\exists N>0$，使当 $n>N$ 时，恒有 $\|x_n-A\|<\varepsilon$，则称 A 是数列 $\{x_n\}$ 的极限或称 $\{x_n\}$ 收敛于 A. 记为 $\lim\limits_{n\to\infty}x_n=A$ 或 $x_n\to A(n\to\infty)$.

表 1—4—2　　函数极限定义

函数极限	1° 自变量趋向无穷大时函数的极限 如果当 x 的绝对值无限增大时，函数 $f(x)$ 无限接近于常数 A，则称 A 为 $f(x)$ 当 $x\to\infty$时的极限. 记作 $\lim\limits_{x\to\infty}f(x)=A$ 或 $f(x)\to A(x\to\infty)$.
	2° 自变量趋向有限值时函数的极限 设函数 $f(x)$ 在点 x_0 的某一去心邻域内有定义，如果当 $x\to x_0(x\neq x_0)$ 时，函数 $f(x)$ 无限接近于常数 A，则称 A 为 $f(x)$ 当 $x\to x_0$ 时的极限或简称 $f(x)$ 在 x_0 处的极限. 记为 $\lim\limits_{x\to x_0}f(x)=A$ 或 $f(x)\to A(x\to x_0)$

表 1—4—3　　函数极限的性质

唯一性	若 $\lim\limits_{x\to x_0}f(x)$ 存在，则其极限是唯一的.
有界性	若 $\lim\limits_{x\to x_0}f(x)=A$，则存在常数 $M>0$ 和 $\delta>0$，使得当 $0<\|x-x_0\|<\delta$ 时，有 $\|f(x)\|\leqslant M$.
保号性	若 $\lim\limits_{x\to x_0}f(x)=A$，且 $A>0$(或 $A<0$)，则存在常数 $\delta>0$，使得 $0<\|x-x_0\|<\delta$，有 $f(x)>0$(或 $f(x)<0$).
保号性推论	若 $\lim\limits_{x\to x_0}f(x)=A$，且在 x_0 的某去心邻域内 $f(x)\geqslant0$(或 $f(x)\leqslant0$)，则 $A\geqslant0$(或 $A\leqslant0$).

二、典型例题分析

例 1　用数列极限定义证明 $\lim\limits_{n\to\infty}\dfrac{5+2n}{1-3n}=-\dfrac{2}{3}$.

证　由于 $\left|\dfrac{5+2n}{1-3n}-\left(-\dfrac{2}{3}\right)\right|=\left|\dfrac{17}{3(1-3n)}\right|=\dfrac{17}{9n-3}\ (n\geqslant1)$,

故要使 $\left|\dfrac{5+2n}{1-3n}-\left(-\dfrac{2}{3}\right)\right|<\varepsilon$，只要 $\dfrac{17}{9n-3}<\varepsilon$,

解得　$\dfrac{17}{\varepsilon}<9n-3,\ n>\dfrac{17}{9\varepsilon}+\dfrac{1}{3}$,

因此，对任给的 $\varepsilon>0$，取 $N=\left[\dfrac{17}{9\varepsilon}+\dfrac{1}{3}\right]$，则 $n>N$ 时,

$$\left|\frac{5+2n}{1-3n}-\left(-\frac{2}{3}\right)\right|<\varepsilon \text{ 成立，即} \lim_{n\to\infty}\frac{5+2n}{1-3n}=-\frac{2}{3}.$$

小结：在利用数列极限的定义来论证某个数列 $\{x_n\}$ 的极限时，首先是对任意给定的正数 ε，能够指出定义中所说的这种正整数 N 确实存在，但是没必要去求最小的 N. 如果已知 $|x_n-a|$ 小于某个量 $\delta(n)$（这个量是 n 的一个函数），当这个量小于 $\delta(n)$ 时，$|x_n-a|<\varepsilon$ 自然也成立. 一般地，令 $|x_n-a|<\varepsilon$ 来求 $\delta(n)$.

例 2　若$\lim\limits_{n\to\infty}a_n\cdot b_n=C$且$\lim\limits_{n\to\infty}a_n=A$，其中$C$，$A$为有限值，试问$\{b_n\}$一定为有界数列吗?

解　不一定，举例：$a_n=\frac{1}{n^2}$，$b_n=n$.

但当A不为零时，$\{b_n\}$一定为有界数列，这是因为若$\{b_n\}$无界，且$\{|a_n|\}$自任一项后必有某项为一接近A的非零常数，也就是说自任一项后，$|\{a_n\cdot b_n\}|$中必有一项为无穷大，这与题设矛盾.

例 3　设$f(x)=\begin{cases}1-x, & x<0\\ x^2+1, & x\geqslant 0\end{cases}$，求$\lim\limits_{x\to 0}f(x)$.

解　$x=0$是函数的分段点，如例 2 图.

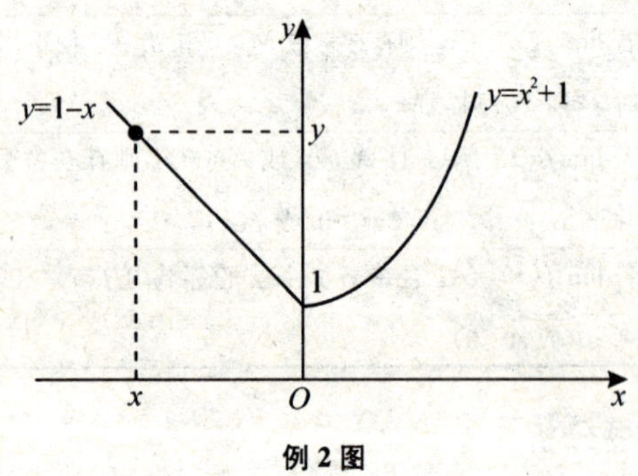

例 2 图

两个单侧极限为

$$\lim_{x\to 0^-}f(x)=\lim_{x\to 0^-}(1-x)=1,\ \lim_{x\to 0^+}f(x)=\lim_{x\to 0^+}(x^2+1)=1,$$

左右极限存在且相等，故$\lim\limits_{x\to 0}f(x)=1$.

小结：求分段函数的极限值时，要注意分段点的极限，一般是先分别求其左右极限，然后通过比较作出结论.

例 4　若$f(x)>0$，且$\lim\limits_{x\to\infty}f(x)=A$. 问：能否保证有$A>0$的结论？试举例说明.

解　不能保证.

例如，设$f(x)=\frac{1}{x}$，$\forall x>0$，有$f(x)=\frac{1}{x}>0$，

但　$$\lim_{x\to\infty}f(x)=\lim_{x\to\infty}\frac{1}{x}=0=A.$$

小结：注意本例的逆命题与极限的保号性的联系；另外，举出的反例揭示了函数本身性质和函数的极限性质的区别.

三、习题 1—4 解答

1. 观察一般项 x_n 如下的数列 $\{x_n\}$ 的变化趋势，写出它们的极限：

(1) $x_n=\frac{1}{3^n}$；　　(2) $x_n=(-1)^n\frac{1}{n}$；　　(3) $x_n=2+\frac{1}{n^3}$；

(4) $x_n=\frac{n-2}{n+2}$；　　(5) $x_n=(-1)^n n$.

解　(1) $\frac{1}{3}$，$\frac{1}{9}$，$\frac{1}{27}$，$\frac{1}{81}$，$\frac{1}{243}$，$\frac{1}{729}$，…，易见 $\lim\limits_{n\to\infty}x_n=0$.

(2) -1，$\frac{1}{2}$，$-\frac{1}{3}$，$\frac{1}{4}$，$-\frac{1}{5}$，$\frac{1}{6}$，$-\frac{1}{7}$，…，易见 $\lim\limits_{n\to\infty}x_n=0$.

(3) 3，$2\frac{1}{8}$，$2\frac{1}{27}$，$2\frac{1}{64}$，$2\frac{1}{125}$，…，易见 $\lim\limits_{n\to\infty}x_n=2$.

(4) $-\frac{1}{3}$，0，$\frac{1}{5}$，$\frac{2}{6}$，$\frac{3}{7}$，$\frac{4}{8}$，$\frac{5}{9}$，$\frac{6}{10}$，…，易见 $\lim\limits_{n\to\infty}x_n=1$.

(5) -1，2，-3，4，-5，6，…，易见 $x_n=(-1)^n n$ 没有极限.

2. 求下列函数极限：

(1) $\lim\limits_{x\to2}(5x+2)$.

解　当自变量 x 趋于 2 时，函数 $y=5x+2$ 趋于 12，故

$$\lim_{x\to2}(5x+2)=12.$$

(2) $\lim\limits_{x\to2}\frac{1}{x-1}$.

解　当自变量 x 趋于 2 时，函数 $y=\frac{1}{x-1}$趋于 1，故

$$\lim_{x\to2}\frac{1}{x-1}=1.$$

(3) $\lim\limits_{x\to\infty}\frac{2x+3}{3x}$.

解　因为

$$\frac{2x+3}{3x}=\frac{2+\frac{3}{x}}{3},$$

而当自变量 x 趋于∞时，函数 $y=\frac{3}{x}$趋于 0，故

$$\lim_{x\to+\infty}\frac{2x+3}{3x}=\frac{2}{3}.$$

3. 讨论函数 $f(x)=\frac{|x|}{x}$ 当 $x\to 0$ 时的极限.

解　因为

$$\lim_{x\to 0^-}\frac{|x|}{x}=\lim_{x\to 0^-}\frac{-x}{x}=-1,\ \lim_{x\to 0^+}\frac{|x|}{x}=\lim_{x\to 0^-}\frac{+x}{x}=+1,$$

$$\lim_{x\to 0^+}f(x)\neq\lim_{x\to 0^-}f(x).$$

所以 $\lim\limits_{x\to 0}f(x)$ 不存在.

§1.5　极限的运算

一、主要知识归纳

表 1—5—1　　极限的运算法则

四则运算	若 $\lim f(x)=A$，$\lim g(x)=B$，则有 ①$\lim[f(x)\pm g(x)]=\lim f(x)\pm\lim g(x)=A\pm B$； ②$\lim[f(x)g(x)]=\lim f(x)\cdot\lim g(x)=AB$； ③$\lim[kf(x)]=k\lim f(x)=kA$（$k$ 为常数）； ④$\lim\frac{f(x)}{g(x)}=\frac{\lim f(x)}{\lim g(x)}=\frac{A}{B}$（$B\neq 0$）. 以上性质对数列的极限也成立.
复合运算（变量替换）	若 $\lim\limits_{x\to x_0}\varphi(x)=u_0$，且在 x_0 的附近 $\varphi(x)\neq u_0$，又 $\lim\limits_{u\to u_0}f(u)=A$，令 $u=\varphi(x)$， 则 $\lim\limits_{x\to x_0}f[\varphi(x)]=\lim\limits_{u\to u_0}f(u)=A$.

表 1—5—2　　极限的存在法则及两个重要极限

夹逼准则	Ⅰ. 若数列 $\{x_n\}$，$\{y_n\}$，$\{z_n\}$ 满足： ①$y_n\leqslant x_n\leqslant z_n(n>N)$，② $\lim\limits_{n\to\infty}y_n=\lim\limits_{n\to\infty}z_n=A$， 则 $\lim\limits_{n\to\infty}x_n=A$. Ⅱ. 如果 (1) 当 $0<\|x-x_0\|<\delta$(或 $\|x\|>M$) 时，有 $g(x)\leqslant f(x)\leqslant h(x)$， (2) $\lim\limits_{\substack{x\to x_0\\(x\to\infty)}}g(x)=A$，$\lim\limits_{\substack{x\to x_0\\(x\to\infty)}}h(x)=A$. 那么，极限 $\lim\limits_{\substack{x\to x_0\\(x\to\infty)}}f(x)$ 存在，且等于 A.
单调有界准则	单调有界数列必有极限.

续前表

两个重要极限	① $\lim\limits_{x\to 0}\dfrac{\sin x}{x}=1$， 若 $\lim\varphi(x)=0$ 且 $\varphi(x)\neq 0$，则 $\lim\dfrac{\sin\varphi(x)}{\varphi(x)}=1$； ② $\lim\limits_{n\to\infty}\left(1+\dfrac{1}{n}\right)^{n}=\mathrm{e}$，$\lim\limits_{x\to\infty}\left(1+\dfrac{1}{x}\right)^{x}=\mathrm{e}$，$\lim\limits_{x\to 0}(1+x)^{\frac{1}{x}}=\mathrm{e}$， 若 $\lim\varphi(x)=\infty$，则 $\lim\left(1+\dfrac{1}{\varphi(x)}\right)^{\varphi(x)}=\mathrm{e}$.

二、典型例题分析

例 1 计算 $\lim\limits_{x\to -3}\dfrac{x^2-9}{x^2+2x-3}$.

解 $\lim\limits_{x\to -3}\dfrac{x^2-9}{x^2+2x-3}=\lim\limits_{x\to -3}\dfrac{(x-3)(x+3)}{(x+3)(x-1)}=\lim\limits_{x\to -3}\dfrac{x-3}{x-1}=\dfrac{3}{2}$.

注：当 $x\to -3$ 时，分子分母的极限都是零，此时应先约去趋于零但不为零的因子 $(x+3)$ 后再求极限.

例 2 已知 $\lim\limits_{x\to\infty}(5x-\sqrt{ax^2-bx+c})=2$，求 a，b 之值.

解 因 $\lim\limits_{x\to\infty}(5x-\sqrt{ax^2-bx+c})$

$$=\lim_{x\to\infty}\frac{(5x-\sqrt{ax^2-bx+c})(5x+\sqrt{ax^2-bx+c})}{5x+\sqrt{ax^2-bx+c}}$$

$$=\lim_{x\to\infty}\frac{(25-a)x^2+bx-c}{5x+\sqrt{ax^2-bx+c}}=\lim_{x\to\infty}\frac{(25-a)x+b-\dfrac{c}{x}}{5+\sqrt{a-\dfrac{b}{x}+\dfrac{c}{x^2}}}=2,$$

故 $\begin{cases}25-a=0\\ \dfrac{b}{5+\sqrt{a}}=2\end{cases}$，解得 $a=25$，$b=20$.

小结：已知函数是两个极限为无穷大的函数做差复合得到，考虑到给定函数中有开方运算，故利用分母有理化化为易求极限的形式.

例 3 求 $\lim\limits_{n\to\infty}(1+2^n+3^n)^{\frac{1}{n}}$.

解 由 $(1+2^n+3^n)^{\frac{1}{n}}=3\left[1+\left(\dfrac{2}{3}\right)^n+\left(\dfrac{1}{3}\right)^n\right]^{\frac{1}{n}}$，

易见对任意自然数 n，有

$$1<1+\left(\frac{2}{3}\right)^n+\left(\frac{1}{3}\right)^n<3,$$

故

$$3\cdot 1^{\frac{1}{n}}<3\left[1+\left(\frac{2}{3}\right)^n+\left(\frac{1}{3}\right)^n\right]^{\frac{1}{n}}<3\cdot 3^{\frac{1}{n}}.$$

而 $\lim\limits_{n\to\infty}3\cdot 1^{\frac{1}{n}}=3$，$\lim\limits_{n\to\infty}3\cdot 3^{\frac{1}{n}}=3$，

所以 $\lim\limits_{n\to\infty}(1+2^n+3^n)^{\frac{1}{n}}=\lim\limits_{n\to\infty}3\left[1+\left(\frac{2}{3}\right)^n+\left(\frac{1}{3}\right)^n\right]^{\frac{1}{n}}=3.$

例4 求 $\lim\limits_{x\to\infty}\left(\frac{x^2}{x^2-1}\right)^x$.

解 $\lim\limits_{x\to\infty}\left(\frac{x^2}{x^2-1}\right)^x=\lim\limits_{x\to\infty}\left(1+\frac{1}{x^2-1}\right)^x=\lim\limits_{x\to\infty}\left[\left(1+\frac{1}{x^2-1}\right)^{x^2-1}\right]^{\frac{x}{x^2-1}}=e^0=1.$

小结：考查两个常用的函数极限 $\lim\limits_{x\to 0}\frac{\sin x}{x}=1$ 和 $\lim\limits_{x\to\infty}\left(1+\frac{1}{x}\right)^x=e$ 时，通常都是应用它们的更复杂的变形，即求它们的复合形式的极限.

三、习题1—5解答

1. 计算下列极限：

(1) $\lim\limits_{x\to 1}\frac{x^2-2x+1}{x^2-1}$.

解 $\lim\limits_{x\to 1}\frac{x^2-2+1}{x^2-1}=\lim\limits_{x\to 1}\frac{x-1}{x+1}=\frac{0}{2}=0.$

(2) $\lim\limits_{x\to\infty}\left(2-\frac{1}{x}+\frac{1}{x^2}\right)$.

解 $\lim\limits_{x\to\infty}\left(2-\frac{1}{x}+\frac{1}{x^2}\right)=2-0+0=2.$

(3) $\lim\limits_{x\to 4}\frac{x^2-6x+8}{x^2-5x+4}$.

解 $\lim\limits_{x\to 4}\frac{x^2-6x+8}{x^2-5x+4}=\lim\limits_{x\to 4}\frac{(x-2)(x-4)}{(x-1)(x-4)}=\lim\limits_{x\to 4}\frac{x-2}{x-1}=\frac{2}{3}.$

(4) $\lim\limits_{x\to\infty}\frac{4x^3-2x^2+x}{3x^2+2x}$.

解 $\lim\limits_{x\to\infty}\frac{4x^3-2x^2+x}{3x^2+2x}=\lim\limits_{x\to\infty}\frac{4x^2-2x+1}{3x+2}=\frac{1}{2}.$

(5) $\lim\limits_{h\to 0}\frac{(x+h)^2-x^2}{h}$.

解 $\lim\limits_{h\to 0}\frac{(x+h)^2-x^2}{h}=\lim\limits_{h\to 0}\frac{2hx+h^2}{h}=\lim\limits_{h\to 0}(2x+h)=2x.$

(6) $\lim\limits_{x\to\infty}\left(1+\frac{1}{x}\right)\left(2-\frac{1}{x^2}\right)$.

解 $\lim\limits_{x\to\infty}\left(1+\frac{1}{x}\right)\left(2-\frac{1}{x^2}\right)=(1+0)(2-0)=2$.

(7) $\lim\limits_{x\to+\infty}\frac{\cos x}{e^x+e^{-x}}$.

解 $\lim\limits_{x\to+\infty}\frac{\cos x}{e^x+e^{-x}}=\lim\limits_{x\to+\infty}\frac{1}{e^x+e^{-x}}\cdot\cos x=0$.

(8) $\lim\limits_{x\to\infty}\frac{\arctan x}{x}$.

解 当$x\to\infty$时，$\frac{1}{x}$是无穷小，而$|\arctan x|<\frac{\pi}{2}$，即为有界量，从而$\frac{\arctan x}{x}$是无穷小，故

$$\lim_{x\to\infty}\frac{\arctan x}{x}=0.$$

2. 计算下列极限：

(1) $\lim\limits_{x\to0}\frac{\tan 5x}{x}$.

解 $\lim\limits_{x\to0}\frac{\tan 5x}{x}=\lim\limits_{x\to0}\frac{\sin 5x}{5x}\cdot\frac{5}{\cos 5x}=1\cdot\frac{5}{1}=5$.

(2) $\lim\limits_{x\to0}x\cot x$.

解 $\lim\limits_{x\to0}x\cot x=\lim\limits_{x\to0}\frac{x}{\sin x}\cos x=\frac{1}{1}\cdot1=1$.

(3) $\lim\limits_{x\to0}\frac{\tan x-\sin x}{x}$.

解 $\lim\limits_{x\to0}\frac{\tan x-\sin x}{x}=\lim\limits_{x\to0}\frac{\sin x}{x}\left(\frac{1}{\cos x}-1\right)=0$.

(4) $\lim\limits_{x\to0}\frac{1-\cos 2x}{x\sin x}$.

解 $\lim\limits_{x\to0}\frac{1-\cos 2x}{x\sin x}=\lim\limits_{x\to0}\frac{2\sin^2 x}{x\sin x}=2\lim\limits_{x\to0}\frac{\sin x}{x}=2$.

(5) $\lim\limits_{x\to\pi}\frac{\sin x}{\pi-x}$.

解 令$t=\pi-x$，则$x\to\pi$时，$t\to0$.

$$\lim_{x\to\pi}\frac{\sin x}{\pi-x}=\lim_{x\to0}\frac{\sin(\pi-t)}{t}=\lim_{t\to0}\frac{\sin t}{t}=1.$$

(6) $\lim\limits_{x\to0}\frac{x-\sin x}{x+\sin x}$.

解 $\lim\limits_{x\to0}\dfrac{x-\sin x}{x+\sin x}=\lim\limits_{x\to0}\dfrac{1-\dfrac{\sin x}{x}}{1+\dfrac{\sin x}{x}}=\dfrac{1-1}{1+1}=0.$

3. 计算下列极限：

(1) $\lim\limits_{x\to0}(1-x)^{\frac{1}{x}}$.

解 $\lim\limits_{x\to0}(1-x)^{\frac{1}{x}}=\lim\limits_{x\to0}[(1-x)^{\frac{1}{-x}}]^{-1}=\mathrm{e}^{-1}$.

(2) $\lim\limits_{x\to0}(1+2x)^{\frac{1}{x}}$.

解 $\lim\limits_{x\to0}(1+2x)^{\frac{1}{x}}=\lim\limits_{x\to0}[(1+2x)^{\frac{1}{2x}}]^2=\mathrm{e}^2$.

(3) $\lim\limits_{x\to\infty}\left(\dfrac{1+x}{x}\right)^{3x}$.

解 $\lim\limits_{x\to\infty}\left(\dfrac{1+x}{x}\right)^{3x}=\lim\limits_{x\to\infty}\left[\left(1+\dfrac{1}{x}\right)^{x}\right]^3=\mathrm{e}^3$.

(4) $\lim\limits_{x\to\infty}\left(1-\dfrac{1}{x}\right)^{5x}$.

解 $\lim\limits_{x\to\infty}\left(1-\dfrac{1}{x}\right)^{5x}=\lim\limits_{x\to\infty}\left[\left(1+\dfrac{1}{-x}\right)^{-x}\right]^{-5}=\mathrm{e}^{-5}$.

(5) $\lim\limits_{x\to\infty}\left(\dfrac{x}{x+1}\right)^{x+3}$.

解
$$\begin{aligned}\lim_{x\to\infty}\left(\frac{x}{x+1}\right)^{x+3}&=\lim_{x\to\infty}\left(1+\frac{-1}{x+1}\right)^{x+1+2}\\&=\lim_{x\to\infty}\left(1+\frac{-1}{x+1}\right)^{-(x+1)(-1)}\cdot\lim_{x\to\infty}\left(1+\frac{-1}{x+1}\right)^{2}=\mathrm{e}^{-1}.\end{aligned}$$

(6) $\lim\limits_{x\to\infty}\left(\dfrac{x+a}{x-a}\right)^{x}$.

解
$$\begin{aligned}\lim_{x\to\infty}\left(\frac{x+a}{x-a}\right)^{x}&=\lim_{x\to\infty}\left(1+\frac{2a}{x-a}\right)^{x}=\lim_{x\to\infty}\left[\left(1+\frac{2a}{x-a}\right)^{\frac{x-a}{2a}}\right]^{x\cdot\frac{2a}{x-a}}\\&=\mathrm{e}^{\lim\limits_{x\to\infty}\frac{2ax}{x-a}}=\mathrm{e}^{2a}.\end{aligned}$$

4. 小孩出生之后，父母拿出 P 元作为初始投资，希望到孩子 20 岁生日时增长到 50 000 元，如果投资按 6%连续复利计算，则初始投资应该是多少？

解 利用公式 $S=P\mathrm{e}^{rt}$，求 P，现有方程

$$50\,000=P\mathrm{e}^{0.06\times20}$$

由此得到 $P=50\,000\mathrm{e}^{-1.2}\approx15\,059.71$.

于是，父母现在必须存储 15 059.71 元，到孩子 20 岁生日时才能增长到 50 000 元.

§1.6 无穷小与无穷大

一、主要知识归纳

表 1—6—1 无穷小与无穷大的概念及性质和关系

无穷小的概念	若 $\lim\limits_{x\to x_0} f(x)=0$（或 $\lim\limits_{x\to\infty} f(x)=0$），则称 $f(x)$ 当 $x\to x_0$（或 $x\to\infty$）时是无穷小，即以零为极限的变量称为自变量的某一变化过程的无穷小.
无穷小的性质	① 有限个无穷小的代数和仍为无穷小； ② 有界函数与无穷小的乘积仍是无穷小； ③ 常数与无穷小的乘积是无穷小； ④ 有限个无穷小的乘积也是无穷小.
无穷大	若当 $x\to x_0$（或 $x\to\infty$）时，$\lvert f(x)\rvert$ 无限增大，则称 $f(x)$ 当 $x\to x_0$（或 $x\to\infty$）是无穷大.
无穷小和无穷大的关系	在自变量的同一变化过程中： ① 若 $f(x)$ 为无穷大，则 $\frac{1}{f(x)}$ 为无穷小； ② 若 $f(x)$ 为无穷小，且 $f(x)\neq 0$，则 $\frac{1}{f(x)}$ 为无穷大.

表 1—6—2 无穷小比较的概念

无穷小比较的概念	设 α,β 是在同一自变量的变化过程中的无穷小. ① 若 $\lim\frac{\alpha}{\beta}=0$，则称 α 是 β 的高阶无穷小，记为 $\alpha=o(\beta)$； ② 若 $\lim\frac{\alpha}{\beta}=\infty$，则称 α 是 β 的低阶无穷小； ③ 若 $\lim\frac{\alpha}{\beta}=c\neq 0$，则称 α 与 β 是同阶无穷小； ④ 若 $\lim\frac{\alpha}{\beta^k}=c\neq 0$，则称 α 是 β 的 k 阶无穷小（$k>0$）； ⑤ 若 $\lim\frac{\alpha}{\beta}=1$，则称 α 与 β 是等价无穷小，记为 $\alpha\sim\beta$.

表 1—6—3 等价无穷小

常用等价无穷小	$\sin x\sim x$；$\tan x\sim x$；$\arcsin x\sim x$；$\arctan x\sim x$；$1-\cos x\sim\frac{1}{2}x^2$； $\ln(1+x)\sim x$；$e^x-1\sim x$；$a^x-1\sim x\ln a$（$a>0$）； $(1+x)^a-1\sim ax$（$a\neq 0$ 且为常数）.
等价无穷小的替代定理	设 $\alpha,\alpha',\beta,\beta'$ 是同一过程中的无穷小，且 $\alpha\sim\alpha'$，$\beta\sim\beta'$，$\lim\frac{\beta'}{\alpha'}$ 存在，则有 $\lim\frac{\beta}{\alpha}=\lim\frac{\beta'}{\alpha'}$.
等价无穷小的充分必要条件	α 与 β 是等价无穷小的充分必要条件是 $\beta=\alpha+o(\alpha)$.

二、典型例题分析

例 1　讨论极限$\lim\limits_{x\to 0}\dfrac{2^x-1}{2+2^{1/x}}$是否存在.

解　因为$\lim\limits_{x\to 0}(2^x-1)=0$，$\left|\dfrac{1}{2+2^{1/x}}\right|<\dfrac{1}{2}$，即有界.
由有界量乘无穷小仍为无穷小得

$$\lim_{x\to 0}\frac{2^x-1}{2+2^{1/x}}=0.$$

小结：利用有界量与无穷小的乘积是无穷小即可判断.

例 2　若$\lim\limits_{x\to x_0}g(x)=0$，且在 x_0 的某去心邻域内 $g(x)\neq 0$，$\lim\limits_{x\to x_0}\dfrac{f(x)}{g(x)}=A$，则 $\lim\limits_{x\to x_0}f(x)$ 必等于 0，为什么？

解　因 $\lim\limits_{x\to x_0}f(x)=\lim\limits_{x\to x_0}\dfrac{f(x)}{g(x)}\cdot g(x)=A\cdot 0=0$

小结：此类题目，要仔细分析题目所给的条件，本例的条件已表明 $f(x)$ 与 $g(x)$ 是同阶无穷小.

例 3　当 $x\to 1$ 时，将下列各量与无穷小 $x-1$ 进行比较：

(1) x^3-3x+2；　(2) $\lg x$；　(3) $(x-1)\sin\dfrac{1}{x-1}$.

解　(1) 因为$\lim\limits_{x\to 1}(x^3-3x+2)=0$，所以 $x\to 1$ 时，x^3-3x+2 是无穷小，又因为

$$\lim_{x\to 1}\frac{x^3-3x+2}{x-1}=\lim_{x\to 1}\frac{(x-1)^2(x+2)}{(x-1)}=0,$$

所以 x^3-3x+2 是比 $x-1$ 高阶的无穷小.

(2) 因为$\lim\limits_{x\to 1}\lg x=0$，所以当 $x\to 1$ 时，$\lg x$ 是无穷小，

又

$$\lim_{x\to 1}\frac{\lg x}{x-1}=\lim_{x\to 1}\frac{\ln[1+(x-1)]}{(x-1)\cdot\ln 10}=\frac{1}{\ln 10}$$

所以 $\lg x$ 是关于 $x-1$ 的同阶无穷小.

(3) 由$\lim\limits_{x\to 1}(x-1)\sin\dfrac{1}{x-1}=0$ 知，当 $x\to 1$ 时，$(x-1)\sin\dfrac{1}{x-1}$是无穷小，但是

$$\lim_{x\to1}\frac{(x-1)\cdot\sin\dfrac{1}{x-1}}{x-1}=\lim_{x\to1}\sin\frac{1}{x-1}\text{不存在.}$$

所以，$(x-1)\sin\dfrac{1}{x-1}$与 $x-1$ 不能比较.

小结：在常用等价无穷小中，用任意一个无穷小 $\beta(x)$（如本例的 $(x-1)\to0$）代替 $x\to0$，等价关系依然成立. 此外，由（3）知，并不是任意的两个无穷小均可以作比较.

三、习题 1—6 解答

1. 判断题：

(1) 非常小的数是无穷小； （ ）

(2) 零是无穷小； （ ）

(3) 无穷小是一个函数； （ ）

(4) 两个无穷小的商是无穷小； （ ）

(5) 两个无穷大的和一定是无穷大. （ ）

解 (1) 根据无穷小的定义，结论不正确；

(2) 零是可作为无穷小的唯一的常数，故结论正确；

(3) 根据无穷小的定义，结论正确；

(4) 结论不正确，例，当 $x\to0$ 时，$x^2\to0$，$x^3\to0$，但 $(x^2/x^3)\to\infty$；

(5) 结论不正确，例，当 $x\to0$ 时，$(1/x^2)\to\infty$，$(-1/x^2)\to\infty$，但

$$(1/x^2)+(-1/x^2)\to0.$$

2. 指出下面哪些是无穷小，哪些是无穷大.

(1) $\dfrac{1+(-1)^n}{n}(n\to\infty)$.

解 数列在 $n\to\infty$ 时均为无穷小.

(2) $\dfrac{\sin x}{1+\cos x}(x\to0)$.

解 因为

$$\lim_{x\to0}\frac{\sin x}{1+\cos x}=0,$$

所以，当 $x\to0$ 时，$\dfrac{\sin x}{1+\cos x}$为无穷小.

(3) $\dfrac{x+1}{x^2-4}(x\to2)$.

解 因为

$$\lim_{x\to2}\frac{x+1}{x^2-4}=\lim_{x\to2}\frac{x+1}{(x-2)(x+2)}=\infty,$$

所以，当 $x\to2$ 时，$\dfrac{x+1}{x^2-4}$是无穷大.

3. 计算下列极限：

(1) $\lim\limits_{x\to\infty}(\sqrt{x^2+x+1}-\sqrt{x^2-x+1})$.

解 $\lim\limits_{x\to\infty}(\sqrt{x^2+x+1}-\sqrt{x^2-x+1})$

$$=\lim_{x\to\infty}\frac{(\sqrt{x^2+x+1}-\sqrt{x^2-x+1})(\sqrt{x^2+x+1}+\sqrt{x^2-x+1})}{\sqrt{x^2+x+1}+\sqrt{x^2-x+1}}$$

$$=\lim_{x\to\infty}\frac{2x}{\sqrt{x^2+x+1}+\sqrt{x^2-x+1}}$$

$$=\lim_{x\to\infty}\frac{2}{\sqrt{1+\frac{1}{x}+\frac{1}{x^2}}+\sqrt{1-\frac{1}{x}+\frac{1}{x^2}}}$$

$$=\frac{2}{1+1}=1.$$

(2) $\lim\limits_{x\to\infty}\dfrac{(2x-1)^{30}(3x-2)^{20}}{(2x+1)^{50}}$.

解 $$\lim_{x\to\infty}\frac{(2x-1)^{30}(3x-2)^{20}}{(2x+1)^{50}}=\lim_{x\to\infty}\frac{\left(2-\frac{1}{x}\right)^{30}\left(3-\frac{2}{x}\right)^{20}}{\left(2+\frac{1}{x}\right)^{50}}=\frac{2^{30}\cdot3^{20}}{2^{50}}=\left(\frac{3}{2}\right)^{20}.$$

(3) $\lim\limits_{n\to\infty}\dfrac{1+2+3+\cdots+(n-1)}{n^2}$.

解 $$\lim_{n\to\infty}\frac{1+2+3+\cdots+(n-1)}{n^2}=\lim_{n\to\infty}\frac{\frac{n(n-1+1)}{2}}{n^2}=\frac{1}{2}.$$

(4) $\lim\limits_{x\to\infty}\dfrac{(n+1)(n+2)(n+3)}{5n^3}$.

解 $$\lim_{x\to\infty}\frac{(n+1)(n+2)(n+3)}{5n^3}=\frac{1}{5}\lim_{n\to\infty}\left(1+\frac{1}{n}\right)\left(1+\frac{2}{n}\right)\left(1+\frac{3}{n}\right)=\frac{1}{5}.$$

4. 当 $x\to0$ 时，$x-x^2$ 与 x^2-x^3 相比，哪一个是高阶无穷小？

解 由于$\lim\limits_{x\to0}\dfrac{x^2-x^3}{x-x^2}=\lim\limits_{x\to0}\dfrac{x-x^2}{1-x}=\dfrac{0}{1}=0$，

因此，当 $x\to 0$ 时，$x^2\to x^3$ 是比 $x-x^2$ 高阶的无穷小.

5. 利用等价无穷小性质求下列极限：

(1) $\lim\limits_{x\to 0}\dfrac{\arctan 3x}{5x}$.

解 $\lim\limits_{x\to 0}\dfrac{\arctan 3x}{5x}=\lim\limits_{x\to 0}\dfrac{3x}{5x}=\dfrac{3}{5}$.

(2) $\lim\limits_{x\to 0}\dfrac{\sqrt{1+x\sin x}-1}{x\arctan x}$.

解 原式$=\lim\limits_{x\to 0}\dfrac{x\sin x}{x^2(\sqrt{1+x\sin x}+1)}=\lim\limits_{x\to 0}\dfrac{x^2}{x^2(\sqrt{1+x\sin x}+1)}$

$$=\lim_{x\to 0}\frac{1}{\sqrt{1+x\sin x}+1}=\frac{1}{2}.$$

(3) $\lim\limits_{x\to 0}\dfrac{e^{5x}-1}{x}$.

解 $\lim\limits_{x\to 0}\dfrac{e^{5s}-1}{x}=\lim\limits_{x\to 0}\dfrac{5x}{x}=5$.

(4) $\lim\limits_{x\to 0}\dfrac{1-\cos ax}{\sin^2 x}$ （a 为常数）.

解 $\lim\limits_{x\to 0}\dfrac{1-\cos ax}{\sin^2 x}=\lim\limits_{x\to 0}\dfrac{\frac{(ax)^2}{2}}{x^2}=\dfrac{a^2}{2}$.

(5) $\lim\limits_{x\to 0}\dfrac{\ln(1-x)}{e^x-1}$.

解 $\lim\limits_{x\to 0}\dfrac{\ln(1-x)}{e^x-1}=\lim\limits_{x\to 0}\dfrac{-x}{x}=-1$.

6. 判断 $\lim\limits_{x\to\infty}e^{1/x}$ 是否存在，若将极限过程改为 $x\to 0$ 呢？

解 (1) 当 $x\to+\infty$ 时，$\dfrac{1}{x}\to 0^+$，则 $e^{1/x}\to 1$.

当 $x\to-\infty$ 时，$\dfrac{1}{x}\to 0^-$，则 $e^{1/x}\to 1$.

$\therefore$ $\lim\limits_{x\to\infty}e^{1/x}=1$.

(2) 当 $x\to 0^+$ 时，$\dfrac{1}{x}\to+\infty$，则 $e^{1/x}\to+\infty$.

即 $$\lim_{x\to 0^+}e^{1/x}=+\infty.$$

当 $x\to 0^-$ 时，$\dfrac{1}{x}\to-\infty$，则 $e^{1/x}\to 0$，即 $\lim\limits_{x\to 0^-}e^{1/x}=0$.

$\because$ 左极限与右极限不等. $\therefore$ $\lim\limits_{x\to 0}e^{1/x}$ 不存在.

§1.7　函数的连续性

一、主要知识归纳

表 1—7—1　连续的概念

函数的增量	$\Delta y=f(x_0+\Delta x)-f(x_0)$.
点 x_0 处连续	设函数 $f(x)$ 在点 x_0 的某个邻域内有定义，若 $$\lim_{\Delta x\to 0}\Delta y=0\left[\text{或}\lim_{x\to x_0}f(x)=f(x_0)\right],$$ 则称 $f(x)$ 在 x_0 处连续，x_0 称为 $f(x)$ 的连续点.
左右连续	①若 $\lim\limits_{x\to x_0^-}f(x)=f(x_0)$，则称 $f(x)$ 在 x_0 处左连续； ②若 $\lim\limits_{x\to x_0^+}f(x)=f(x_0)$，则称 $f(x)$ 在 x_0 处右连续.
区间上连续	①若 $f(x)$ 在 (a, b) 内点点连续，则称 $f(x)$ 在 (a, b) 内连续； ②若 $f(x)$ 在 (a, b) 内连续，且在 $x=a$ 处右连续，在 $x=b$ 处左连续，则称 $f(x)$ 在闭区间 $[a, b]$ 上连续.
连续与左右连续的关系	$f(x)$ 在 x_0 处连续 $\Leftrightarrow f(x)$ 在点 x_0 处左右都连续，即 $$\lim_{x\to x_0}f(x)=f(x_0)\Leftrightarrow\lim_{x\to x_0^-}f(x)=\lim_{x\to x_0^+}f(x)=f(x_0).$$

表 1—7—2　函数的间断点

第一类间断点	可去间断点	① $f(x_0)$ 无定义，而 $\lim\limits_{x\to x_0^-}f(x)$ 与 $\lim\limits_{x\to x_0^+}f(x)$ 都存在且相等； ② $f(x_0)$ 有定义，而 $\lim\limits_{x\to x_0^-}f(x)$ 与 $\lim\limits_{x\to x_0^+}f(x)$ 都存在且相等，但不等于 $f(x_0)$.
	跳跃间断点	$\lim\limits_{x\to x_0^-}f(x)$ 与 $\lim\limits_{x\to x_0^+}f(x)$ 都存在但不相等.
第二类间断点		$\lim\limits_{x\to x_0^-}f(x)$ 与 $\lim\limits_{x\to x_0^+}f(x)$ 至少有一个不存在.

表 1—7—3　　连续函数的性质

四则运算性质	连续函数的和、差、积与商（分母不为零）都是连续函数.
复合运算	设 $u=\varphi(x)$ 在 x_0 处连续且 $\varphi(x_0)=u_0$，而 $y=f(u)$ 在 u_0 处连续，则复合函数 $y=f[\varphi(x)]$ 在 x_0 处连续，即 $\lim\limits_{x\to x_0} f[\varphi(x)]=f[\lim\limits_{x\to x_0}\varphi(x)]=f[\varphi(x_0)]$.
初等函数的连续性	一切初等函数在其定义区间内连续.

表 1—7—4　　闭区间上连续函数的性质

最值定理	闭区间上连续函数必有最大值与最小值.
有界性定理	闭区间上连续函数必有界.
介值定理	闭区间上连续函数可取到介于最小值与最大值之间的一切值.
零点定理	设 $f(x)$ 在 $[a, b]$ 上连续，且 $f(a)f(b)<0$，则至少存在一点 $\xi\in(a, b)$，使 $f(\xi)=0$.

二、典型例题分析

例 1　用定义证明 $f(x)=\begin{cases}1-x, & x<0\\ 3x^2+1, & 0\leqslant x<1\\ 4+(x-1)^2, & x\geqslant 1\end{cases}$ 连续.

证　(1) 当 $x<0$ 时，$f(x)=1-x$. $\forall x_0<0$，有

$$|f(x)-f(x_0)|=|1-x-(1-x_0)|=|x_0-x|,$$

对 $\forall x_0>0$，取 $\delta=\varepsilon>0$，则当 $|x-x_0|<\delta$ 时，有 $|f(x)-f(x_0)|<\varepsilon$，即 $f(x)$ 在 $x<0$ 时连续.

(2) 当 $0\leqslant x<1$ 时，$f(x)=3x^2+1$，对 $\forall x_0\in[0, 1)$，有

$$\begin{aligned}|f(x)-f(x_0)|&=|3x^2+1-3x_0^2-1|=3|x^2-x_0^2|\\&=3|x+x_0||x-x_0|\leqslant 6|x-x_0|,\end{aligned}$$

对 $\forall\varepsilon>0$，取 $\delta=\frac{\varepsilon}{6}>0$，则当 $|x-x_0|<\delta$ 时，

$$|f(x)-f(x_0)|\leqslant 6|x-x_0|<\frac{\varepsilon}{6}\cdot 6=\varepsilon,$$

即 $f(x)$ 在 $0\leqslant x<1$ 时连续.

(3) 当 $x\geqslant 1$ 时，$f(x)=4+(x-1)^2$，对 $\forall x_0\geqslant 1$，有

$$|f(x)-f(x_0)|=|4+(x-1)^2-4-(x_0-1)^2|=|(x-1)^2-(x_0-1)^2|$$
$$=|x-1+x_0-1||x-x_0|=|x+x_0-2||x-x_0|,$$

由连续函数的定义要求 $|x-x_0|<\delta$，不妨取 $|x-x_0|<x_0$，则

$$|x+x_0-2|\leqslant 3x_0-2,$$

对 $\forall\varepsilon>0$，取 $\delta=\min\left(x_0,\dfrac{\varepsilon}{3x_0-2}\right)>0$，则当 $|x-x_0|<\delta$ 时，有

$$|f(x)-f(x_0)|<\varepsilon,$$

即 $f(x)$ 在 $x\geqslant 1$ 时连续.

(4) $f(0)=(3x^2+1)|_{x=0}=1$，$\lim\limits_{x\to 0^-}f(x)=\lim\limits_{x\to 0^-}(1-x)=1$，

$$\lim_{x\to 0^+}f(x)=\lim_{x\to 0^+}(3x^2+1)=1=\lim_{x\to 0^-}f(x)=f(0)$$
$\Rightarrow f(x)$ 在 $x=0$ 点连续.

$f(1)=[4+(x-1)^2]|_{x=1}=4$，$\lim\limits_{x\to 1^-}f(x)=\lim\limits_{x\to 1^-}(3x^2+1)=4$，

$$\lim_{x\to 1^+}f(x)=\lim_{x\to 1^+}[4+(x-1)^2]=4=\lim_{x\to 1^-}f(x)=f(1)$$
$\Rightarrow f(x)$ 在 $x=1$ 点连续.

综合 (1)、(2)、(3)、(4) 可得，$f(x)$ 在 $(-\infty,+\infty)$ 上连续.

小结：用定义证明函数的连续性，在区间内部常用 $\varepsilon-\delta$ 方法，在分段点处常用左、右极限存在且相等，并等于该点函数值的方法. 其中在用 $\varepsilon-\delta$ 方法时，可适当放大 $|f(x)-f(x_0)|$ 并尽可能出现 $|x-x_0|$ 的因子，以找到满足 $|x-x_0|<\delta$ 的 δ.

例 2　讨论 $f(x)=\lim\limits_{n\to\infty}\dfrac{x+x^2e^{-nx}}{1+e^{-nx}}$ 的连续性.

解　右端的极限与 x 的取值范围有关，$x>0$ 时，$e^{-nx}\to 0(n\to\infty)$，$x<0$ 时，$e^{-nx}\to\infty(n\to\infty)$，故

$$x>0\text{ 时}，f(x)=\lim_{n\to\infty}\frac{x+x^2e^{-nx}}{1+e^{-nx}}=x,$$

$$x<0\text{ 时}，f(x)=\lim_{n\to\infty}\frac{x+x^2e^{-nx}}{1+e^{-nx}}=\lim_{n\to\infty}\frac{xe^{nx}+x^2}{e^{nx}+1}=x^2,$$

$$x=0\text{ 时}，f(x)=0,$$

因此，

$$f(x)=\begin{cases}x, & x\geqslant 0\\ x^2, & x<0\end{cases},$$

不难看出，$f(x)$ 在整个定义域上连续.

小结：根据指数函数的性质对 x 的不同取值情况予以讨论.

例 3　求函数 $f(x)=\dfrac{x+1}{\ln|x|}$ 的连续区间，并指出间断点的类型.

解　$f(x)$ 的连续区间是 $(-\infty,-1)\cup(-1,0)\cup(0,1)\cup(1,+\infty)$，$x=-1$，$x=0$，$x=1$ 是 $f(x)$ 的间断点.

因为 $\lim\limits_{x\to 0}f(x)=\lim\limits_{x\to 0}\dfrac{x+1}{\ln|x|}=0$，所以 $x=0$ 是可去间断点.

又 $\lim\limits_{x\to 1}f(x)=\infty$，所以 $x=1$ 是无穷间断点. 因为

$$\lim_{x\to -1}\frac{x+1}{\ln|x|}=\lim_{x\to -1}\frac{x+1}{\ln[1-(x+1)]}=-1,$$

故 $x=-1$ 是 $f(x)$ 的可去间断点.

小结：我们一般依次从以下三个条件来论证 $x=x_0$ 是否为 $f(x)$ 的间断点：

(1) $f(x)$ 在点 x_0 处有没有定义；

(2) $\lim\limits_{x\to x_0}f(x)$ 存不存在；

(3) 在点 x_0 处 $f(x)$ 有定义，且 $\lim\limits_{x\to x_0}f(x)$ 存在，$\lim\limits_{x\to x_0}f(x)$ 是否与 $f(x_0)$ 相等.

例 4　设 $f(x)=\mathrm{sgn}x$，$g(x)=1+x^2$，试研究复合函数 $f[g(x)]$ 与 $g[f(x)]$ 的连续性.

解　因为 $g(x)=1+x^2$，$f(x)=\begin{cases}1, & x>0\\ 0, & x=0,\\ -1, & x<0\end{cases}$

所以 $f[g(x)]=\mathrm{sgn}(1+x^2)=1$. $f[g(x)]$ 在 $(-\infty,\infty)$ 上处处连续.
又

$$g[f(x)]=1+(\mathrm{sgn}x)^2=\begin{cases}2, & x\neq 0\\ 1, & x=0\end{cases},$$

$g[f(x)]$ 在 $(-\infty,0)\cup(0,+\infty)$ 上处处连续，故 $x=0$ 是它的可去间断点.

小结：复合函数的连续性与各层函数的性质密切相关，并且不同的复合方式

其连续性质也是不同的.

例5　设 $f(x)$ 在 $[a,+\infty)$ 上连续，$f(a)>0$，且

$$\lim_{x\to+\infty} f(x)=A<0,$$

证明：在 $(a,+\infty)$ 上至少有一个点 ξ，使 $f(\xi)=0$.

证　只要能找到一点 $x_1>a$，使 $f(x_1)<0$，便可对 $f(x)$ 在 $[a,x_1]$ 上应用零点定理，得到所需的结论. 因

$$\lim_{x\to+\infty} f(x)=A<0,$$

故对 $\varepsilon_0=\dfrac{|A|}{2}>0$，存在 $X_0>0$，当 $x>X_0$ 时，有

$$|f(x)-A|<\varepsilon_0,$$

即
$$-\frac{|A|}{2}+A<f(x)<\frac{|A|}{2}+A=\frac{A}{2}<0.$$

取实数 $x_1>X_0$，这样，$f(a)>0$，而 $f(x_1)<0$，由零点定理知：在 (a,x_1) 内至少有一点 ξ，使 $f(\xi)=0$. 由于 $(a,x_1)\subset(a,+\infty)$，也就是说，在 $(a,+\infty)$ 内至少有一点 ξ，使 $f(\xi)=0$.

小结：本例可认为是零点定理的一个推广.

三、习题1—7解答

1. 讨论函数 $f(x)=\begin{cases}x^2, & 0\leqslant x\leqslant 1\\ 2-x, & 1<x\leqslant 2\end{cases}$ 的连续性，并画出函数的图形.

解　$f(x)$ 在 $[0,1]$ 及 $(1,2]$ 上是初等函数，是连续的. 在分段点 $x=1$ 处，

$$\lim_{x\to1^-} x^2=1=f(1);\ \lim_{x\to1^+}(2-x)=1=f(1).$$

所以 $f(x)$ 在 $x=1$ 处也连续，从而 $f(x)$ 在其定义区间 $[0,2]$ 上处处连续. 如题1图所示.

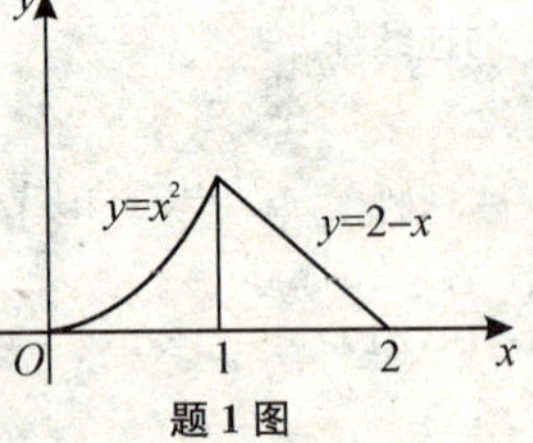

题1图

2. 讨论函数 $f(x)=\begin{cases}x^2\sin\dfrac{1}{x}, & x\neq0\\ 0, & x=0\end{cases}$ 在 $x=0$ 处的连续性.

解　因为

$$\lim_{x\to 0}f(x)=\lim_{x\to 0}x^2\sin\frac{1}{x}=0,$$

$\left(\text{注意到}\ \lim\limits_{x\to 0}x^2=0,\ \left|\sin\dfrac{1}{x}\right|\leqslant 1\right)$，$f(0)=0$，所以

$$\lim_{x\to 0}f(x)=f(0),$$

故 $f(x)$ 在 $x=0$ 处连续.

3. 判断下列函数的指定点所属的间断点类型.

(1) $y=\dfrac{1}{(x+2)^2}$，$x=-2$.

解　因为 $\lim\limits_{x\to -2}\dfrac{1}{(x+2)^2}=\infty$，
所以 $x=-2$ 是题设函数的第二类间断点.

(2) $y=\dfrac{x^2-1}{x^2-3x+2}$，$x=1$.

解　$\because\ \lim\limits_{x\to 1}\dfrac{x^2-1}{x^2-3x+2}=\lim\limits_{x\to 1}\dfrac{x+1}{x-2}=-2$，

$\therefore\ x=1$ 是题设函数的第一类间断点.

(3) $y=\cos^2\dfrac{1}{x}$，$x=0$.

解　当 $x\to 0$ 时，$y=\cos^2\dfrac{1}{x}$ 的值在 0 与 1 之间来回变动，即极限 $\lim\limits_{x\to 0}\cos^2\dfrac{1}{x}$ 不存在，故 $x=0$ 是题设函数的第二类间断点.

4. 设 $f(x)=\begin{cases} e^x, & x<0 \\ a+x, & x\geqslant 0 \end{cases}$，应当如何选择数 a，使得 $f(x)$ 成为 $(-\infty,+\infty)$ 内的连续函数.

解　由初等函数的连续性，显见 $f(x)$ 在 $x\in(-\infty,0)\cup(0,+\infty)$ 内是连续的，下面仅研究 $f(x)$ 在点 $x=0$ 处的连续性.

因为 $f(0)=a$，而

$$\lim_{x\to 0^+}f(x)=\lim_{x\to 0^+}(a+x)=a,\quad \lim_{x\to 0^-}f(x)=\lim_{x\to 0^-}e^x=e^0=1,$$

要使 $f(x)$ 在 $x=0$ 处连续，必须 $\lim\limits_{x\to 0^+}f(x)=f(0)=\lim\limits_{x\to 0^-}f(x)$，即 $a=1$，
故应选择 $a=1$，$f(x)$ 就成为在 $(-\infty,+\infty)$ 内的连续函数.

5. 求下列极限：

(1) $\lim\limits_{x\to 0}\sqrt{x^2-2x+5}$.

解 $\lim\limits_{x\to 0}\sqrt{x^2-2x+5}=\sqrt{0-0+5}=\sqrt{5}$.

(2) $\lim\limits_{x\to\frac{\pi}{6}}\ln(2\cos 2x)$.

解 $\lim\limits_{\alpha\to\frac{\pi}{6}}\ln(2\cos 2x)=\ln\left(2\cos\frac{\pi}{3}\right)=\ln 1=0$.

(3) $\lim\limits_{x\to 0}\frac{\sqrt{x+1}-1}{x}$.

解
$$\begin{aligned}\lim_{x\to 0}\frac{\sqrt{x+1}-1}{x}&=\lim_{x\to 0}\frac{(x+1)-1}{x(\sqrt{x+1}+1)}\\&=\lim_{x\to 0}\frac{1}{\sqrt{x+1}+1}\\&=\frac{1}{\sqrt{0+1}+1}\\&=\frac{1}{2}.\end{aligned}$$

(4) $\lim\limits_{x\to 0}\ln\frac{\sin x}{x}$.

解 $\lim\limits_{x\to 0}\ln\frac{\sin x}{x}=\ln\lim\limits_{x\to 0}\frac{\sin x}{x}=\ln 1=0$.

(5) $\lim\limits_{x\to 0}\frac{\ln(1+x^2)}{\sin(1+x^2)}$.

解 $\lim\limits_{x\to 0}\frac{\ln(1+x^2)}{\sin(1+x^2)}=\frac{\ln 1}{\sin 1}=0$.

6. 证明方程 $x^5-3x=1$ 至少有一个根介于 1 和 2 之间.

证 记 $f(x)=x^5-3x-1$，显然 $f(x)$ 在 $[1, 2]$ 上连续，又

$$f(1)=-3<0,\quad f(2)=25>0,$$

由零点定理知，至少存在一点 $\xi\in(1, 2)$，使得

$$f(\xi)=0.$$

即方程 $x^5-3x=1$ 至少有一个根介于 1 和 2 之间.

7. 证明曲线 $y=x^4-3x^2+7x-10$ 在 $x=1$ 与 $x=2$ 之间至少与 x 轴有一个交点.

证 $y=x^4-3x^2+7x-10$ 在 $[1, 2]$ 上连续，$y(1)=-5<0$，$y(2)=8>0$，由零点定理知至少存在一点 $\xi\in(1, 2)$，使 $y(\xi)=0$，这说明曲线 $y=x^4-3x^2+7x-10$ 在 $x=1$ 与 $x=2$ 之间至少与 x 轴有一个交点.

本章小结

一、本章知识点网络图

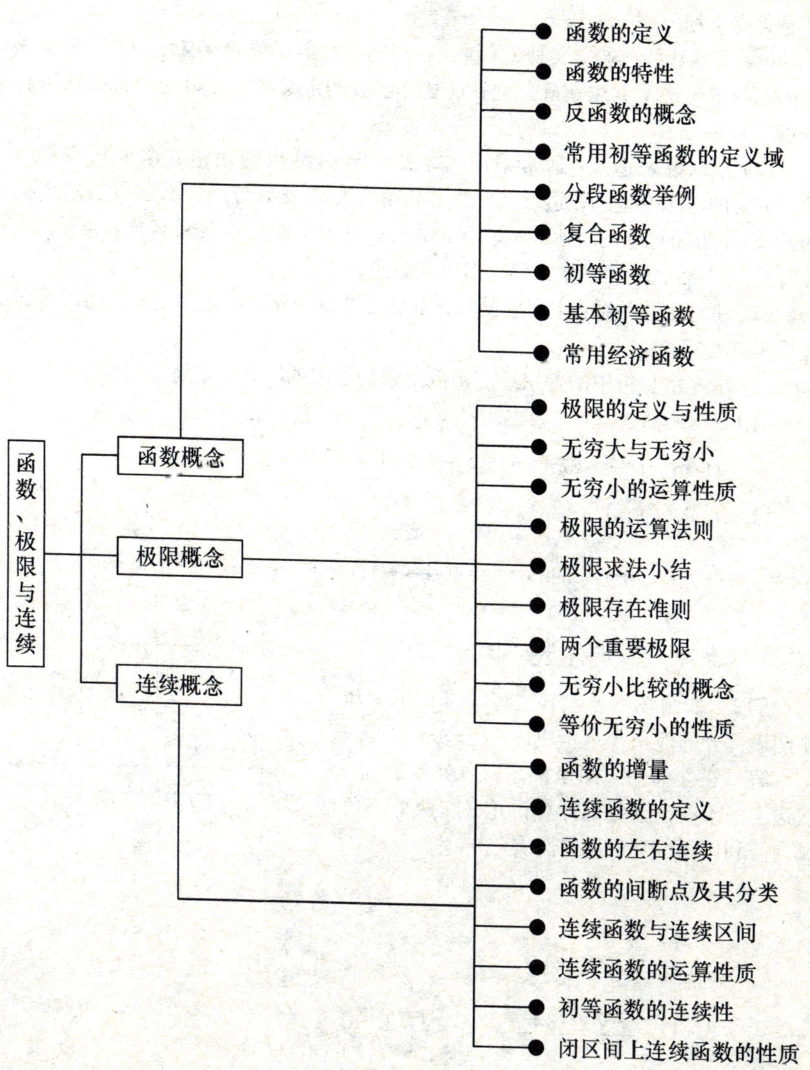

二、题型分析

题型 1　利用函数概念解题

解题思路　函数关系的实质是变量之间的一种确定的对应关系，定义域与对应规则是决定的因素，因而判断两函数相等就是判断它们的定义域和对应关系是否完全相等.

(1) 求函数的自然定义域，关键是根据基本初等函数的定义域列出自变量满足的不等式（组），并求解确定之；求复合函数的定义域，可用变量替换法进行分析.

(2) 求函数表达式：通常采用“凑法”，即将给出的表达式凑成对应符号 $f(\quad)$ 内的中间变量的表达形式，然后利用自变量表示与用什么字母表示无关的性质，得出 $f(x)$ 的表达式（如例 1）；另一种方法是先作变量替换，再用“无关特性”，然后通过解联立方程组得出函数的表达式.

(3) 建立函数关系：主要根据问题的实际背景分析，建立起变量之间的等量关系（如例 2）.

(4) 求经济分析中的常用经济函数及它们之间的联系（如例 3～例 4）.

例 1　求函数 $f(x)$ 的表达式：

$$f(\sin^2 x)=\cos 2x+\tan^2 x,\ 0<x<1.$$

解　$f(\sin^2 x)=1-2\sin^2 x+\dfrac{1}{\cos^2 x}-1$

$$=1-2\sin^2 x+\frac{1}{1-\sin^2 x}-1,$$

故　$f(x)=-2x+\dfrac{1}{1-x},\ 0<x<\sin 1.$

例 2　如例 2 图所示，试将等腰梯形 $ABCD$ 中阴影部分的面积 S 表示成 $x(0\leqslant x\leqslant a)$ 的函数.

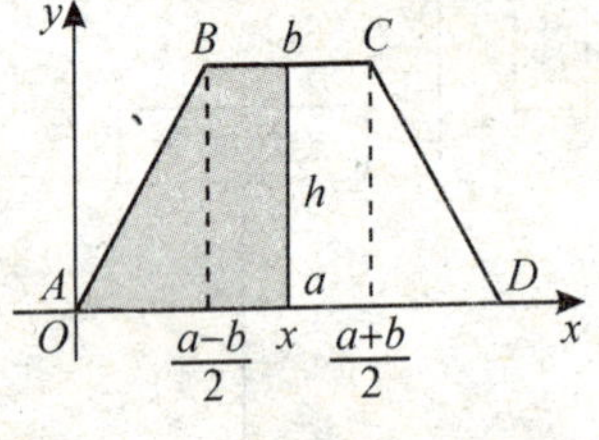

例 2 图

解　建立如例 2 图坐标系，则对点 x 在 AD 底边上的不同位置分别计算讨论（在两个三角形域内需利用相似三角形的性质）得：

$$S=\begin{cases}\dfrac{hx^2}{a-b}, & 0\leqslant x\leqslant \dfrac{a-b}{2}\\ h\left(x-\dfrac{a-b}{4}\right), & \dfrac{a-b}{2}<x<\dfrac{a+b}{2}.\\ h\left(\dfrac{a+b}{2}-\dfrac{(a-x)^2}{a-b}\right), & \dfrac{a+b}{2}\leqslant x\leqslant a\end{cases}$$

例 3 生产某商品的总成本是

$$C(q)=500+2q,$$

求生产 50 件商品时的总成本和平均成本.

解 成本 $C(q)=500+2q$,

平均成本 $\bar{C}(q)=\frac{C(q)}{q}=\frac{500+2q}{q}=\frac{500}{q}+2.$

$$C(50)=500+2\times 50=600,$$

$$\bar{C}(50)=\frac{500}{50}+2=12.$$

例 4 某种商品的供给函数和需求函数分别为

$$q_s=25p-10,$$

$$q_d=200-5p,$$

求该商品的市场均衡价格和市场均衡数量.

解 由市场均衡条件

$$q_d=q_s,$$

得到 $25p-10=200-5p$,

解出 $p_0=7$,

$q_0=165.$

题型 2 函数特性的判断与证明

解题思路 (1) 函数奇偶性的判断:主要利用奇偶性定义,有时也用到其运算性质(如奇函数的代数和仍为奇函数等),应注意函数的奇偶性是对关于原点对称的区间而言. $f(x)+f(-x)=0$ 是判断 $f(x)$ 为奇函数的有效方法.

(2) 函数周期性的判断:主要利用周期函数的定义及运算性质来判断或证明.

(3) 函数单调性的判断:主要利用单调性定义与不等式缩放进行判断(如例 1);如果已知函数可导,则可利用一阶导数来判断.

(4) 函数有界性的判断:a. 利用有界性定义;b. 利用闭区间上连续函数的有界性定理;c. 利用有极限的数列必有界的性质;d. 若极限 $\lim\limits_{x\to x_0}f(x)$ 存在,则函数 $f(x)$ 在 x_0 的充分小邻域内必有界.

例 1 试讨论如下函数在指定区间内的单调性:

$$y=\frac{x}{1-x},\ (-\infty,\ 1).$$

解　任取 $x_1, x_2\in(-\infty,\ 1)$，不妨设 $x_1<x_2$，则有

$$f(x_1)-f(x_2)=\frac{x_1}{1-x_1}-\frac{x_2}{1-x_2}=\frac{x_1-x_2}{(1-x_1)(1-x_2)}<0,$$

即　　$f(x_1)<f(x_2)$，

故 $y=\dfrac{x}{1-x}$在 $(-\infty,\ 1)$ 内单调增加.

题型3　求反函数与复合函数

解题思路　(1) 求反函数：若给定的函数 $y=f(x)$ 在其定义域上单值且单调，则把 y 看作自变量，x 看作因变量，解得

$$x=\varphi(y)\ 或\ x=f^{-1}(y),$$

按习惯记为 $y=\varphi(x)$ 或 $y=f^{-1}(x)$，此即为函数 $y=f(x)$ 的反函数（如例1）；分段函数的反函数应分段求之.

(2) 求复合函数：将两个或两个以上函数进行复合，一般有三种方法：a. 代入法（适用于初等函数之间的复合）；b. 分析法（适用于初等函数与分段函数的复合，或两分段函数的复合）（如例2）；c. 图示法（适用于两分段函数之间的复合，通过中间变量的图像及函数的分界点来确定）.

例1　求函数 $y=\dfrac{2^x}{2^x+1}$的反函数.

解　由 $y=\dfrac{2^x}{2^x+1}\Rightarrow 2^x=(2^x+1)y$

$$\Rightarrow 2^x(1-y)=y,$$

从而　　$x=\log_2\dfrac{y}{1-y}$，

反函数为 $y=\log_2\dfrac{x}{1-x}$.

例2　设 $f(x)=\begin{cases}1,\ x<0\\ 0,\ x=0\\ 1,\ x>0\end{cases}$，求 $f(x-1)$，$f(x^2-1)$.

解　$f(x-1)=\begin{cases}1,\ x-1<0\\ 0,\ x-1=0\\ 1,\ x-1>0\end{cases}$，即 $f(x-1)=\begin{cases}1,\ x<1\\ 0,\ x=1\\ 1,\ x>1\end{cases}$.

$f(x^2-1)=\begin{cases}1,\ x^2-1<0\\ 0,\ x^2-1=0\\ 1,\ x^2-1>0\end{cases}$，即 $f(x^2-1)=\begin{cases}1,\ |x|<1\\ 0,\ |x|=1\\ 1,\ |x|>1\end{cases}$.

题型 4　求极限

解题思路　(1) 求 n 项和或积的极限：a. 利用恒等变形（拆项、分解等）使之在求和或求积的过程中抵消中间项，达到化简的目的（如例 1）；b. 利用不等式缩放后化为易求和或求积的数列，再结合夹逼定理来求解；c. 对有些 n 项积的极限：在分子、分母同乘一个因子，或取对数将其化为 n 项和的情形，可达到化简目的；d. 其它如利用定积分定义、级数求和法等的情况见相应章节.

(2) 恒等变形法：通过恒等变形约去分子、分母中的零因子或∞因子，再利用极限的四则运算法则求解，常用的恒等变形有：分解因式（如例 2），分子、分母同乘某个因子，根式有理化（如例 3）等.

(3) 利用两个重要极限.

(4) 利用无穷小等价关系：熟悉常用无穷小等价关系，掌握等价无穷小因子替换的方法（如例 4）.

(5) 分段函数的极限：注意对分段点要用函数在该点的左、右极限来分析确定（如例 5）.

(6) 其它如利用洛必达法则、泰勒公式、定积分定义等求极限参见后面相应章节.

例 1　求极限 $\lim\limits_{n\to\infty}\left(\frac{1}{3}+\frac{1}{15}+\frac{1}{35}+\cdots+\frac{1}{4n^2-1}\right)$.

解　$\frac{1}{3}+\frac{1}{15}+\frac{1}{35}+\cdots+\frac{1}{4n^2-1}$

$$=\frac{1}{2}\left[\left(1-\frac{1}{3}\right)+\left(\frac{1}{3}-\frac{1}{5}\right)+\cdots+\left(\frac{1}{2n-1}-\frac{1}{2n+1}\right)\right]=\frac{1}{2}\left(1-\frac{1}{2n+1}\right),$$

故　　原式 $=\frac{1}{2}\lim\limits_{n\to\infty}\left(1-\frac{1}{2n+1}\right)=\frac{1}{2}$.

例 2　求极限 $\lim\limits_{x\to a}\frac{\sqrt{x}-\sqrt{a}+\sqrt{x-a}}{\sqrt{x^2-a^2}}$.

解　令 $y=\sqrt{x}$，$b=\sqrt{a}$，则 $x\to a\Leftrightarrow y\to b$，而

$$\frac{\sqrt{x}-\sqrt{a}+\sqrt{x-a}}{\sqrt{x^2-a^2}}=\frac{y-b+\sqrt{y^2-b^2}}{\sqrt{y^4-b^4}}$$

$$=\frac{\sqrt{y-b}+\sqrt{y+b}}{\sqrt{(y+b)(y^2+b^2)}}\text{（约去零因子 }\sqrt{y-b}\text{）},$$

$$\therefore\ \text{原式}=\lim_{y\to b}\frac{\sqrt{y-b}+\sqrt{y+b}}{\sqrt{(y+b)(y^2+b^2)}}=\frac{\sqrt{2b}}{\sqrt{2b\cdot 2b^2}}=\frac{1}{\sqrt{2}b}=\frac{1}{\sqrt{2a}}.$$

例 3　求极限 $w=\lim\limits_{x\to 0}\frac{\sqrt{1+\tan x}-\sqrt{1+\sin x}}{x(1-\cos x)}$.

解　恒等变形：分子分母同乘 $\sqrt{1+\tan x}+\sqrt{1+\sin x}$ 得：

$$w=\lim_{x\to 0}\frac{\tan x-\sin x}{x(1-\cos x)(\sqrt{1+\tan x}+\sqrt{1+\sin x})}$$

$$=\frac{1}{2}\lim_{x\to 0}\frac{\tan x(1-\cos x)}{x(1-\cos x)}=\frac{1}{2}\lim_{x\to 0}\frac{1}{\cos x}\frac{\sin x}{x}$$

$$=\frac{1}{2}.$$

例 4　求 $\lim\limits_{x\to 0}\frac{1-\cos x}{x^2}$.

解　因为 $1-\cos x=2\sin^2\left(\frac{x}{2}\right)$，所以

$$\lim_{x\to 0}\frac{1-\cos x}{x^2}=\lim_{x\to 0}\frac{2\sin^2\left(\frac{x}{2}\right)}{x^2}=\lim_{x\to 0}\frac{\sin^2\left(\frac{x}{2}\right)}{2\cdot\left(\frac{x}{2}\right)^2}=\frac{1}{2}\lim_{x\to 0}\left[\frac{\sin\frac{x}{2}}{\frac{x}{2}}\right]^2=\frac{1}{2}.$$

本例说明：当 $x\to 0$ 时，$(1-\cos x)$ 与 x^2 是同阶无穷小量.

例 5　判断函数

$$f(x)=\begin{cases}x+1, & x<0\\ 0, & x=0\\ x-1, & x>0\end{cases}$$

当 $x\to 0$ 时的极限是否存在.

解　因为 $\lim\limits_{x\to 0^-}f(x)=\lim\limits_{x\to 0^-}(x+1)=1$，

$$\lim_{x\to 0^+}f(x)=\lim_{x\to 0^+}(x-1)=-1,$$

即
$$\lim_{x\to 0^-}f(x)\neq\lim_{x\to 0^+}f(x),$$

所以当 $x\to 0$ 时 $f(x)$ 的极限不存在.

题型 5　无穷小比较及其应用

解题思路　(1) 应用无穷小的性质解题（如例 1）.

(2) 无穷小的阶：此类问题主要利用极限

$$\lim_{x\to 0}\frac{f(x)}{x^n}$$

为有限值，从而确定 n 的值，具体过程中常用无穷小等价替换和洛必达法则（见第 3 章）（如例 2）.

(3) 极限式中参数的确定：此类问题主要根据极限存在这一前提，利用等价无穷小、洛必达法则及公式

$$\lim_{x\to\infty}\frac{a_0x^m+a_1x^{m-1}+\cdots+a_m}{b_0x^n+b_1x^{n-1}+\cdots+b_n}=\begin{cases}a_0/b_0, & n=m\\ 0, & n>m\\ \infty, & n<m\end{cases}$$

来分析判断.

例 1 判定当 $x\to1$ 时，$f(x)=\dfrac{x-1}{2+x^2}$是无穷小量.

解 当 $x\to1$ 时，$(x-1)$ 是无穷小量，而 $2+x^2$ 是极限不为零的变量，由无穷小量的性质知，它们的商是无穷小量，故有

$$\lim_{x\to1}\frac{x-1}{2+x^2}=0.$$

例 2 设当 $x\to1^+$ 时，$\sqrt{3x^2-2x-1}\cdot\ln x$ 与 $(x-1)^n$ 为同阶无穷小，则 $n=$______.

解 填$\dfrac{3}{2}$.

$$\begin{aligned}\lim_{x\to1^+}\frac{\sqrt{3x^2-2x-1}\cdot\ln x}{(x-1)^n}&=\lim_{x\to1^+}\frac{\sqrt{3x+1}\cdot\sqrt{x-1}\ln[1+(x-1)]}{(x-1)^n}\\&\xlongequal{\text{令 }u=x-1}\lim_{x\to0^+}\frac{\sqrt{3u+4}\sqrt{u}\ln(1+u)}{u^n}\\&=2\lim_{x\to0^+}\frac{u^{3/2}}{u^n},\end{aligned}$$

当 $n=\dfrac{3}{2}$时，其极限为 2，故取 $n=\dfrac{3}{2}$.

题型 6　函数连续性的讨论

解题思路　(1) 因为初等函数在其定义域内是连续的，故关于函数连续性的讨论，主要针对非初等函数而言，如某些分段函数、带绝对值号的函数以及由极限定义的函数等，因此讨论这些函数的连续性实际上就是讨论函数在其分段点处的极限，这可通过讨论在该点的左右连续来完成 (如例 1).

(2) 对分段函数式中含待定参数的问题，讨论的方法与上面相同 (如例 2).

(3) 判断方程在某区间内是否有实根，主要利用零点定理来完成 (如例 3).

(4) 常利用闭区间上连续函数的性质 (如介值定理、零点定理等) 证明存在一点满足某抽象函数方程.

例 1　讨论函数

$$f(x)=\begin{cases} x, & -1\leqslant x\leqslant 1 \\ 1, & x<-1 \text{ 或 } x>1 \end{cases}$$

的连续性，并画出函数的图形.

解　显见 $f(x)$ 在 $(-1,1)$，$(-\infty,-1)$，$(1,+\infty)$ 上都连续，在 $x=-1$ 处，$f(-1-0)=1\neq f(-1)=-1$，故 $x=-1$ 为 $f(x)$ 的跳跃间断点. 如例 1 图所示.

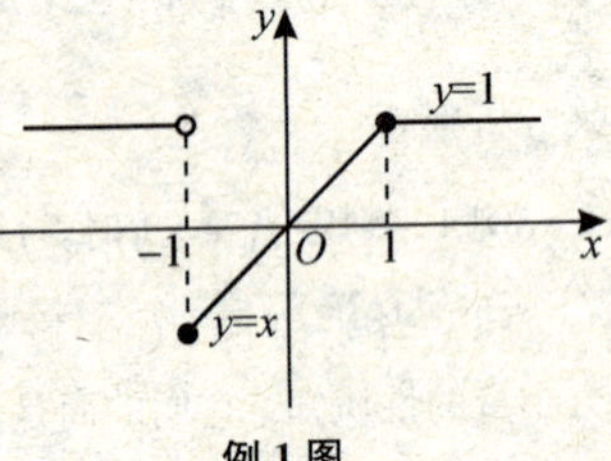

例 1 图

在分段点 $x=1$ 处，

$$f(1-0)=\lim_{x\to 1^-}x=1=f(1);$$

$$f(1+0)=\lim_{x\to 1^+}1=1=f(1).$$

所以 $f(x)$ 在 $x=1$ 处连续，
从而 $f(x)$ 在其定义区间 $(-\infty,-1)\cup(-1,+\infty)$ 内处处连续.

例 2　设 $f(x)=\begin{cases} a+x^2, & x<0 \\ 1, & x=0 \\ \ln(b+x+x^2), & x>0 \end{cases}$，已知 $f(x)$ 在 $x=0$ 处连续，试确定 a 和 b 的值.

解　$\lim\limits_{x\to 0^+}f(x)=\lim\limits_{x\to 0^+}\ln(b+x+x^2)=\ln b$，

$\lim\limits_{x\to 0^-}f(x)=\lim\limits_{x\to 0^-}(a+x^2)=a$，$f(0)=1$，

∵ $f(x)$ 在 $x=0$ 处连续，

∴ $\lim\limits_{x\to 0^+}f(x)=\lim\limits_{x\to 0^-}f(x)=f(0)$，

即 $a=\ln b=1$，从而得 $a=1$，$b=\mathrm{e}$.

例 3　证明方程 $\sin x+x+1=0$ 在开区间 $\left(-\dfrac{\pi}{2},\dfrac{\pi}{2}\right)$ 内至少有一个根.

证　设 $f(x)=\sin x+x+1$，则 $f(x)$ 在 $\left[-\dfrac{\pi}{2},\dfrac{\pi}{2}\right]$ 上连续.

因为

$$f\left(-\frac{\pi}{2}\right)=-\frac{\pi}{2}<0,\ f\left(\frac{\pi}{2}\right)=2+\frac{\pi}{2}>0.$$

由零点定理知，至少存在一点 ξ，使 $f(\xi)=0$，即 ξ 为方程 $\sin x+x+1=0$ 的一个根，从而本题得证.

题型 7　函数的间断点及其类型的判断

解题思路　确定函数间断点及其类型的步骤：

(1) 确定函数 $f(x)$ 的定义域，如果在 $x=x_0$ 处函数无定义，则 $x=x_0$ 为函

数的一个间断点；如果在 $x=x_0$ 处函数有定义，再按下一步进行检验.

(2) 如果 $x=x_0$ 是初等函数定义区间内的点，则 x_0 为 $f(x)$ 的连续点；否则检查极限 $\lim\limits_{x\to x_0}f(x)$ 是否存在，如果 $\lim\limits_{x\to x_0}f(x)$ 不存在，则 x_0 为 $f(x)$ 的间断点，如果 $\lim\limits_{x\to x_0}f(x)$ 存在，再按下一步进行检验.

(3) 如果 $\lim\limits_{x\to x_0}f(x)=f(x_0)$，则 x_0 为 $f(x)$ 的连续点，否则为间断点.

最后，根据函数间断点分类定义，判断其类型（如例 1～例 3).

例 1　求函数 $f(x)=\dfrac{1}{x^2}$ 的间断点.

解　因为 $f(x)=\dfrac{1}{x^2}$ 在 $x=0$ 处没有定义，所以 $x=0$ 是 $f(x)$ 的一个间断点，如例 1 图所示.

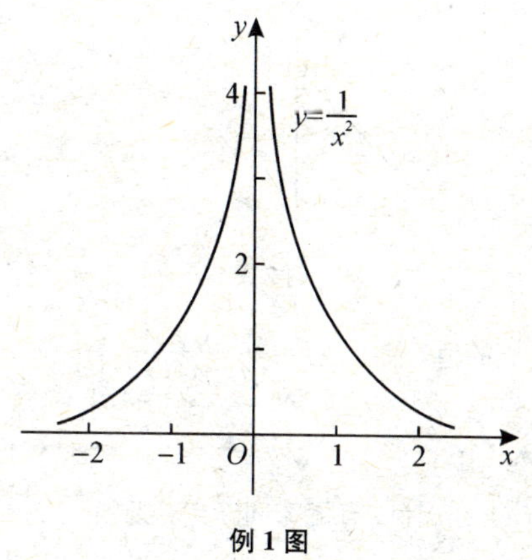

例 1 图

又因为

$$\lim_{x\to 0}f(x)=\lim_{x\to 0}\frac{1}{x^2}=+\infty,$$

所以点 $x=0$ 为无穷间断点.

例 2　求函数 $f(x)=\begin{cases}x-1, & x<0\\ 0, & x=0\\ x+1. & x>0\end{cases}$ 的间断点.

解　虽然在点 $x=0$ 处，函数 $f(x)$ 有定义，且 $f(0)=0$，但在 $x=0$ 处，函数的极限不存在.

因为

$$\lim_{x\to 0^-} f(x) = \lim_{x\to 0^-} (x-1) = -1,$$
$$\lim_{x\to 0^+} f(x) = \lim_{x\to 0^+} (x+1) = 1,$$

即 $f(x)$ 在点 $x=0$ 处的左、右极限不相等，所以 $f(x)$ 在 $x=0$ 处的极限不存在.

所以 $x=0$ 是函数 $f(x)$ 的一个间断点（如例 2 图所示）.

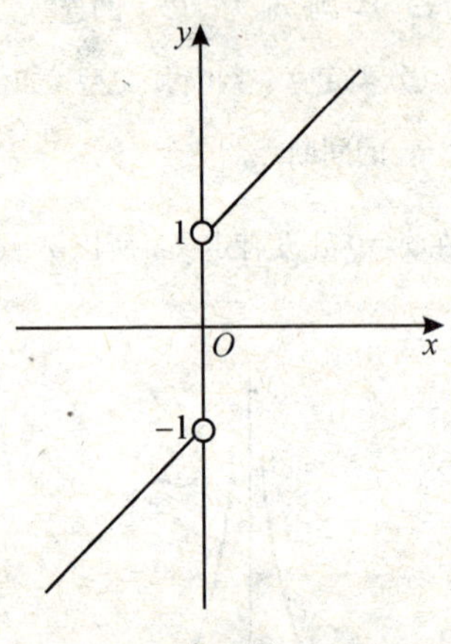

例 2 图

例 3　试确定 a，b 的值，使 $f(x)=\dfrac{e^x-b}{(x-a)(x-1)}$，

(1) 有无穷间断点 $x=0$；

(2) 有可去间断点 $x=1$.

解　(1) 要使 $f(x)$ 在 $x=0$ 有无穷间断点，必须

当 $x=0$ 时　$\begin{cases} x-a=0 \\ e^x-b\neq 0 \end{cases} \Rightarrow a=0,\ b\neq 1.$

(2) 要使 $f(x)$ 在 $x=1$ 有可去间断点，必须

当 $x=1$ 时　$\begin{cases} x-1\neq 0 \\ e^x-b=0 \end{cases} \Rightarrow a\neq 1,\ b=e.$

第 2 章　导数与微分

数学中研究导数、微分及其应用的部分称为微分学，研究不定积分、定积分及其应用的部分称为积分学. 微分学与积分学统称为微积分学. 微积分学是现代数学许多分支的基础，是人类认识客观世界、探索宇宙奥秘乃至人类自身的典型数学模型之一. 本章及下一章将介绍一元函数微分学及其应用的内容.

本章教学基本要求：

1. 理解导数的概念，了解导数的几何意义与经济意义，理解函数的可导性与连续性之间的关系；

2. 熟悉导数的四则运算法则和基本初等函数的导数公式；

3. 掌握反函数求导法则、复合函数求导法则、隐函数求导法则与对数求导法则；

4. 掌握作为变化率的导数在几何、物理尤其是在经济学中的应用；

5. 了解高阶导数的概念，会求二阶、三阶导数及一些简单的 n 阶导数；

6. 了解微分的概念，可导与可微，导数与微分的关系，以及一阶微分形式的不变性，熟练掌握求微分的方法.

§2.1　导数概念

一、主要知识归纳

函数在点 x_0 处的导数	点 x_0 处可导	设函数 $y=f(x)$ 在点 x_0 的某邻域内有定义，在 x_0 处取 x 的增量 Δx，相应 y 的增量 $\Delta y=f(x_0+\Delta x)-f(x_0)$，若 $\lim\limits_{\Delta x\to 0}\dfrac{\Delta y}{\Delta x}=\lim\limits_{\Delta x\to 0}\dfrac{f(x_0+\Delta x)-f(x_0)}{\Delta x}$ 存在，则称该极限为 $f(x)$ 在点 x_0 处的导数，记为 $y'\|_{x=x_0}$，$f'(x_0)$ $\left.\dfrac{\mathrm{d}y}{\mathrm{d}x}\right\|_{x=x_0}$，$\left.\dfrac{\mathrm{d}f(x)}{\mathrm{d}x}\right\|_{x=x_0}$.
	左右导数	① $f'_-(x_0)=\lim\limits_{\Delta x\to 0^-}\dfrac{\Delta y}{\Delta x}$ 称为 $f(x)$ 在 x_0 处的左导数； ② $f'_+(x_0)=\lim\limits_{\Delta x\to 0^+}\dfrac{\Delta y}{\Delta x}$ 称为 $f(x)$ 在 x_0 处的右导数.

续前表

函数在点 x_0 处的导数	关系	函数 $f(x)$ 在点 x_0 可导的充分必要条件为 $f(x)$ 在点 x_0 处左右都可导，且 $$f'_-(x_0)=f'_+(x_0).$$
在区间 (a, b) 内可导	若函数 $f(x)$ 在 (a, b) 内点点可导，则称 $f(x)$ 在 (a, b) 内可导，(a, b) 内任意点 x 处的导数记为 $f'(x)$.	
在区间 $[a, b]$ 内可导	若函数 $f(x)$ 在 (a, b) 内可导，且在 $x=a$ 处右侧可导，在 $x=b$ 处左侧可导，则称 $f(x)$ 在 $[a, b]$ 上可导.	
几何意义	函数 $y=f(x)$ 在点 x_0 处的导数等于其曲线在对应点 $(x_0, f(x_0))$ 处的切线的斜率.	
可导与连续的关系	若 $f(x)$ 在点 x_0 处可导，则 $f(x)$ 在点 x_0 处连续，反之未必.	

二、典型例题分析

例 1　讨论函数 $f(x)=\begin{cases} x^a\sin\dfrac{1}{x}, & x\neq 0 \\ 0, & x=0 \end{cases}$ $(1>a>0)$ 在点 $x=0$ 处的连续性与可导性.

解　当 $1>a>0$ 时，因为 $\lim\limits_{x\to 0}f(x)=\lim\limits_{x\to 0}x^a\sin\dfrac{1}{x}=0=f(0)$，所以 $f(x)$ 在点 $x=0$ 处连续.

因为 $\lim\limits_{x\to 0}\dfrac{f(x)-f(0)}{x}=\lim\limits_{x\to 0}x^{a-1}\sin\dfrac{1}{x}$ 极限不存在，所以 $f(x)$ 在点 $x=0$ 处不可导.

小结：若函数 $f(x)$ 在点 x_0 处可导时，则 $f(x)$ 在点 x_0 处连续，反之未必.

例 2　假定 $f'(x_0)$ 存在，按照导数的定义观察极限

$$\lim_{x\to 0}\frac{f(x_0-2x)-f(x_0-x)}{x}=A,$$

分析并指出 A 表示什么？

解　$$\lim_{x\to 0}\frac{f(x_0-2x)-f(x_0-x)}{x}=\lim_{x\to 0}\left[\frac{f(x_0-2x)-f(x_0)}{-2x}\cdot(-2)+\frac{f(x_0-x)-f(x_0)}{-x}\right]$$
$$=-2f'(x_0)+f'(x_0)=-f'(x_0),$$

所以　　$A=-f'(x_0)$.

小结：应用导数的定义：$\lim\limits_{\Delta x\to 0}\dfrac{\Delta y}{\Delta x}$，关键是对 Δx 前系数的处理，注意分式前的正负号，分式的比值可参照两点的斜率：对应的纵坐标之差比上对应的横坐标之差.

例 3 设 $f(x)$ 在点 a 处可导，试讨论 $|f(x)|$ 在点 a 处的可导性.

解 设 $f'(a)=A$.

(1) 若 $f(a)>0$，由于 $f(x)$ 在点 a 处连续，所以 $\exists\delta>0$，当 $x\in(a-\delta,a+\delta)$ 时，$f(x)>0$，则有

$$\lim_{x\to a}\frac{|f(x)|-|f(a)|}{x-a}=\lim_{x\to a}\frac{f(x)-f(a)}{x-a}=A.$$

(2) 若 $f(a)<0$，同上可得 $(|f(x)|)'|_{x=a}=-A$.

(3) 若 $f(a)=0$，则 $|f(a)|=0$，故有

$$\lim_{x\to a^+}\frac{|f(x)|-|f(a)|}{x-a}=\lim_{x\to a^+}\left|\frac{f(x)-f(a)}{x-a}\right|=A,$$

$$\lim_{x\to a^-}\frac{|f(x)|-|f(a)|}{x-a}=-\lim_{x\to a^-}\left|\frac{f(x)-f(a)}{x-a}\right|=-A,$$

易见仅当 $A=0$ 时，$|f(x)|$ 在点 a 处可导.

综上所述，当 $f(a)=0$ 且 $f'(a)\neq0$ 时，函数 $|f(x)|$ 在点 a 处不可导，除此以外，函数 $|f(x)|$ 在点 a 处都可导.

小结：易知，由 $f(x)$ 在点 a 处连续 $\Rightarrow|f(x)|$ 在点 a 处连续，但 $f(x)$ 在点 a 处可导 $\not\Rightarrow|f(x)|$ 在点 a 处可导.

例 4 讨论函数 $y=x|x|$ 在点 $x=0$ 处的可导性.

解 $y'_-(0)=\lim\limits_{x\to0^-}\dfrac{y(x)-y(0)}{x-0}=\lim\limits_{x\to0^-}\dfrac{-x^2}{x}=0,$

$y'_+(0)=\lim\limits_{x\to0^+}\dfrac{y(x)-y(0)}{x-0}=\lim\limits_{x\to0^+}\dfrac{x^2}{x}=0,$

由于 $y'_-(0)=y'_+(0)=0$，所以函数在 $x=0$ 处可导.

小结：$y=|x|$ 在 $x=0$ 处不可导，$y=x$ 在 $x=0$ 处可导，但它们的乘积 $y=x|x|$ 在 $x=0$ 处可导，即在某点不可导的函数和另一个在此点可导的函数的乘积在该点可能可导；另外在某点均不可导的两函数乘积在该点也可能可导.

三、习题 2—1 解答

1. 设 $f(x)=10x^2$，试按定义求 $f'(-1)$.

解 由导数定义可知

$$f'(-1)=\lim_{\Delta x\to0}\frac{f(-1+\Delta x)-f(-1)}{\Delta x}=\lim_{\Delta x\to0}\frac{10(-1+\Delta x)^2-10(-1)^2}{\Delta x}$$

$$=\lim_{\Delta x\to0}\frac{10[\Delta x^2-2\Delta x]}{\Delta x}=10\lim_{\Delta x\to0}(-2+\Delta x)=-20.$$

2. 设 $f'(x_0)$ 存在，试利用导数的定义求下列极限：

(1) $\lim\limits_{\Delta x\to 0}\dfrac{f(x_0-\Delta x)-f(x_0)}{\Delta x}$.

解 $\lim\limits_{\Delta x\to 0}\dfrac{f(x_0-\Delta x)-f(x_0)}{\Delta x}=-\lim\limits_{\Delta x\to 0}\dfrac{f[x_0+(-\Delta x)-f(x_0)]}{-\Delta x}=-f'(x_0)$.

(2) $\lim\limits_{h\to 0}\dfrac{f(x_0+h)-f(x_0-h)}{h}$.

解 $\lim\limits_{h\to 0}\dfrac{[f(x_0+h)-f(x_0)]+[f(x_0)-f(x_0-h)]}{h}$

$=\lim\limits_{h\to 0}\dfrac{f(x_0+h)-f(x_0)}{h}+\lim\limits_{h\to 0}\dfrac{f(x_0-h)-f(x_0)}{-h}$

$=f'(x_0)+f'(x_0)=2f'(x_0)$.

3. 设 $f(x)$ 在 $x=2$ 处连续，且 $\lim\limits_{x\to 2}\dfrac{f(x)}{x-2}=2$，求 $f'(2)$.

解 因函数 $f(x)$ 仅在 $x=2$ 处连续，故 $f'(2)$ 只能用定义来求. 先求 $f(2)$，由

$$f(2)=\lim_{x\to 2}f(x)=\lim_{x\to 2}(x-2)\frac{f(x)}{x-2}=\lim_{x\to 2}(x-2)\cdot\lim_{x\to 2}\frac{f(x)}{x-2}=0,$$

所以 $$f'(2)=\lim_{x\to 2}\frac{f(x)-f(2)}{x-2}=\lim_{x\to 2}\frac{f(x)}{x-2}=2.$$

4. 给定抛物线 $y=x^2-x+2$，求过点 (1，2) 的切线方程与法线方程.

解 先求切线的斜率，由 $y'=2x-1$，得过 (1，2) 点的切线斜率为

$$k=2\times 1-1=1,$$

于是，所求切线方程为

$$y-2=1(x-1),$$

即 $$y=x+1$$

法线方程为

$$y-2=(-1)(x-1),$$

即 $$y=-x+3.$$

5. 求曲线 $y=\mathrm{e}^x$ 在点 (0，1) 处的切线方程和法线方程.

解 $\because\ y'(0)=\mathrm{e}^x|_{x=0}=\mathrm{e}^0=1$,

$\therefore$ 切线方程为 $y-1=1\cdot(x-0)$,

即 $$x-y+1=0.$$

法线方程为 $y-1=-\dfrac{1}{1}\cdot(x-0)$,

即 $\quad x+y-1=0.$

6. 试讨论函数 $y=\begin{cases} x^2\sin\dfrac{1}{x}, & x\neq 0 \\ 0, & x=0 \end{cases}$ 在 $x=0$ 处的连续性与可导性.

解 由无穷小与有界变量之积仍为无穷小，得

$$\lim_{x\to 0}x^2\sin\frac{1}{x}=0=f(0),$$

$\therefore y=x^2\sin\dfrac{1}{x}$ 在 $x=0$ 处连续.

$$f'(0)=\lim_{\Delta x\to 0}\frac{\Delta x^2\sin\dfrac{1}{\Delta x}-0}{\Delta x}=\lim_{x\to 0}x\sin\frac{1}{x}=0,$$

$\therefore y=x^2\sin\dfrac{1}{x}$ 在 $x=0$ 处亦可导.

7. 设 $\varphi(x)$ 在 $x=a$ 处连续，$f(x)=(x^2-a^2)\varphi(x)$，求 $f'(a)$.

解 $f'(a)=\lim\limits_{x\to a}\dfrac{f(x)-f(a)}{x-a}=\lim\limits_{x\to a}\dfrac{(x^2-a^2)\varphi(x)-0}{x-a}$

$\qquad=\lim\limits_{x\to a}(x+a)\varphi(x)=2a\varphi(a).$

8. 当物体的温度高于周围介质的温度时，物体就不断冷却，若物体的温度 T 与时间 t 的函数关系为 $T=T(t)$，应怎样确定该物体在时刻 t 的冷却速度？

解 本题属于变化率问题，可用导数表示冷却速度. 该物体在时刻 t 的冷却速度为

$$\lim_{\Delta t\to 0}\frac{T(t+\Delta t)-T(t)}{\Delta t}=\frac{\mathrm{d}T}{\mathrm{d}t}=T'(t).$$

§2.2 函数的求导法则

一、主要知识归纳

表 2—2—1 求导法则

四则运算法则	① $[u\pm v]'=u'\pm v'$； ② $[uv]'=u'v+uv'$； ③ $[ku]'=ku'$（k 为常数）； ④ $\left(\dfrac{u}{v}\right)'=\dfrac{u'v-uv'}{v^2}$ $(v\neq 0)$.

续前表

反函数求导法则	若函数 $y=f(x)$ 在区间 I_x 内单调且可导，且 $f'(x)\neq 0$，则其反函数 $x=\varphi(y)$ 在对应区间 $I_y=\{y\mid y=f(x),\ x\in I_x\}$ 内也单调且可导，且 $\varphi'(y)=\dfrac{1}{f'(x)}$.
复合函数求导法则（链式求导法则）	若 $u=\varphi(x)$ 在 x_0 处可导，而 $y=f(u)$ 在 $u_0=\varphi(x_0)$ 处可导，则复合函数 $y=f[\varphi(x)]$ 在点 x_0 处可导，且其导数为 $\left.\dfrac{\mathrm{d}y}{\mathrm{d}x}\right\vert_{x=x_0}=f'(u_0)\cdot\varphi'(x_0)$.

表 2—2—2　基本求导公式

$(c)'=0$	$(a^x)=a^x\ln a$
$(x^u)=ux^{u-1}$	$(\mathrm{e}^x)'=\mathrm{e}^x$
$(\sin x)'=\cos x$	$(\log_a x)'=\dfrac{1}{x\ln a}$
$(\cos x)'=-\sin x$	$(\ln x)'=\dfrac{1}{x}$
$(\tan x)'=\sec^2 x$	$(\arcsin x)'=\dfrac{1}{\sqrt{1-x^2}}$
$(\cot x)'=-\csc^2 x$	$(\arccos x)'=-\dfrac{1}{\sqrt{1-x^2}}$
$(\sec x)'=\sec x\tan x$	$(\arctan x)'=\dfrac{1}{1+x^2}$
$(\csc x)'=-\csc x\cot x$	$(\mathrm{arccot}\, x)'=-\dfrac{1}{1+x^2}$

表 2—2—3　隐函数的导数

隐函数求导	①直接求导法：在方程 $F(x,y)=0$ 两边对 x 求导，含有 y 的项作为复合函数求导，然后解出导数因子 y'； ②对数求导法：对于一些不能直接求得导数的函数，可以先在函数两边取对数，然后在等式两边同时对自变量 x 求导，最后解出所求导数的方法称为对数求导法.
对数求导法	对幂指函数 $y=u(x)^{v(x)}$，在函数两边取对数，然后在等式两边同时对自变量 x 求导，最后解出所求导数.

表 2—2—4　高阶导数

高阶导数定义	如果函数 $f(x)$ 的导数 $f'(x)$ 在点 x 处可导，即 $[f'(x)]'=\lim\limits_{\Delta r\to 0}\dfrac{f'(x+\Delta x)-f'(x)}{\Delta x}$ 存在，则称 $[f'(x)]'$ 为函数 $f(x)$ 在点 x 处的二阶导数. 类似地，可以定义二阶以上的高阶导数.

续前表

求高阶导数方法	① 直接法：直接按定义利用本节求导公式及导数运算法则逐阶求导； ② 间接法：通过导数的四则运算、变量代换等方法，间接求出指定高阶导数.

二、典型例题分析

例 1 求函数 $y=e^{\sin^2(1-x)}$ 的导数.

解 方法一 设中间变量，令

$$y=e^u,\ u=v^2,\ v=\sin w,\ w=1-x,$$

于是

$$\begin{aligned}y'_x&=y'_u\cdot u'_v\cdot v'_w\cdot w'_x=(e^u)'\cdot(v^2)'\cdot(\sin w)'\cdot(1-x)'\\&=e^u\cdot 2v\cdot\cos w\cdot(-1)\\&=-e^{\sin^2(1-x)}\cdot 2\sin(1-x)\cos(1-x)\\&=-\sin 2(1-x)\cdot e^{\sin^2(1-x)}.\end{aligned}$$

方法二 不设中间变量.

$$\begin{aligned}y'&=e^{\sin^2(1-x)}\cdot 2\sin(1-x)\cdot\cos(1-x)\cdot(-1)\\&=-\sin 2(1-x)\cdot e^{\sin^2(1-x)}.\end{aligned}$$

小结：把握好复合函数的求导法则（链式法则）的关键是弄清复合函数的复合层次及初等函数的求导.

例 2 求函数 $y=\log_x e+x^{1/x}$ 的导数.

解 因为 $\log_x e=\dfrac{\ln e}{\ln x}=\dfrac{1}{\ln x}$.

所以 $y'=(\log_x e)'+(x^{1/x})'=\left(\dfrac{1}{\ln x}\right)'+(e^{\frac{1}{x}\ln x})'$

$$\begin{aligned}&=-\frac{1}{x\ln^2 x}+e^{\frac{1}{x}\ln x}\left(\frac{1}{x}\ln x\right)'\\&=-\frac{1}{x\ln^2 x}+x^{\frac{1}{x}}\left(\frac{1-\ln x}{x^2}\right).\end{aligned}$$

小结：直接求如 $\log_x e$，$x^{\frac{1}{x}}$ 的导数无准则可循，通常可把它们变形为易求导的指数和对数类型，即 $\log_x e=\dfrac{1}{\ln x}$，$x^{\frac{1}{x}}=e^{\frac{\ln x}{x}}$.

例 3 求函数 $y=f^n[\varphi^n(\sin x^n)]$（$n$ 为常数）的导数.

解 $y'=nf^{n-1}[\varphi^n(\sin x^n)]\cdot f'[\varphi^n(\sin x^n)]\cdot n\varphi^{n-1}(\sin x^n)\cdot\varphi'(\sin x^n)\cdot$

$\cos x^n \cdot nx^{n-1}$

$= n^3 \cdot x^{n-1}\cos x^n \cdot f^{n-1}[\varphi^n(\sin x^n)] \cdot \varphi^{n-1}(\sin x^n) \cdot f'[\varphi^n(\sin x^n)] \cdot \varphi'(\sin x^n).$

小结：求复合函数的导数的时候要分清函数的复合层次，然后从外向里，逐层推进求导，不能遗漏、也不能重复.

例 4　求由方程 $xy-e^x+e^y=0$ 所确定的隐函数 y 的导数 $\dfrac{dy}{dx}$，$\left.\dfrac{dy}{dx}\right|_{x=0}$.

解　方程两边对 x 求导，得

$$y+x\frac{dy}{dx}-e^x+e^y\frac{dy}{dx}=0,$$

解得　$\dfrac{dy}{dx}=\dfrac{e^x-y}{x+e^y}$,

由原方程知 $x=0$，$y=0$，所以

$$\left.\frac{dy}{dx}\right|_{x=0}=\left.\frac{e^x-y}{x+e^y}\right|_{\substack{x=0\\y=0}}=1.$$

小结：当因变量 y 和自变量 x 以复合形式出现时，多把 y 当成中间变量，两边对 x 同时求导，得到关于$\dfrac{dy}{dx}$和 x 的关系式，进而求得$\dfrac{dy}{dx}$.

例 5　用对数求导法则求函数 $y=\left(\dfrac{x}{1+x}\right)^x$ 的导数.

解　$y'=\left[e^{x\ln\left|\frac{x}{1+x}\right|}\right]'=\left(\dfrac{x}{1+x}\right)^x[x(\ln|x|-\ln|1+x|)]'$

$=\left(\dfrac{x}{1+x}\right)^x\left[\ln\dfrac{x}{1+x}+x\left(\dfrac{1}{x}-\dfrac{1}{1+x}\right)\right]$

$=\left(\dfrac{x}{1+x}\right)^x\left(\ln\dfrac{x}{1+x}+\dfrac{1}{1+x}\right).$

小结：当自变量 x 以幂指函数 $u(x)^{v(x)}$ 的形式出现时，通常采用对数求导法：先在函数关系式两边取对数，得到易于求导的形式，这与指数 $u(x)^{v(x)}$ 化为 $e^{v(x)\ln u(x)}$ 的方法本质上是一致的，另外，对数求导法也适用于连乘积、乘方以及开方的求导.

例 6　求函数 $y=\dfrac{x}{x^2-3x+2}$的 n 阶导数.

解　$\because \dfrac{x}{x^2-3x+2}=\dfrac{x-1+1}{(x-1)(x-2)}=\dfrac{1}{x-2}+\dfrac{1}{(x-1)(x-2)}=\dfrac{2}{x-2}-\dfrac{1}{x-1}$,

$\therefore y^{(n)}=\left(\dfrac{2}{x-2}\right)^{(n)}-\left(\dfrac{1}{x-1}\right)^{(n)}=2(-1)^n\dfrac{n!}{(x-2)^{n+1}}-(-1)^n\dfrac{n!}{(x-1)^{n+1}}$

$$=(-1)^n n!\left[\frac{2}{(x-2)^{n+1}}-\frac{1}{(x-1)^{n+1}}\right].$$

小结：如果函数 $u=u(x)$ 及 $v=v(x)$ 都在点 x 处具有 n 阶导数，则显然有 $[u(x)\pm v(x)]^n=u^{(n)}(x)\pm v^{(n)}(x)$. 对于本题求高阶导数类型时可将原式变形为分母为单因式的式子相加减，就可以利用公式来解答.

三、习题 2—2 解答

1. 计算下列函数的导数：

(1) $y=3x+5\sqrt{x}$.

解 $y'=(3x+5\sqrt{x})'=(3x)'+(5x^{\frac{1}{2}})'=3+5\times\frac{1}{2}x^{\frac{1}{2}-1}=3+\frac{5}{2\sqrt{x}}$.

(2) $y=5x^2-3^x+3e^x$.

解 $y'=(5x^2-3^x+3e^x)'=(5x^2)'-(3^x)'+(3e^x)'=10x-3^x\ln3+3e^x$.

(3) $y=2\tan x+\sec x-1$.

解 $y'=(2\tan x+\sec x-1)'=(2\tan x)'+(\sec x)'-(1)'$

$=2\sec^2x+\sec x\tan x$.

(4) $y=\sin x\cdot\cos x$.

解 $y'=(\sin x\cdot\cos x)'=(\sin x)'\cdot\cos x+\sin x\cdot(\cos x)'$

$=\cos x\cdot\cos x+\sin x\cdot(-\sin x)=\cos2x$.

(5) $y=x^3\ln x$.

解 $y'=(x^3\ln x)'=(x^3)'\ln x+x^3\cdot(\ln x)'=3x^2\ln x+x_3\cdot\frac{1}{x}=x^2(3\ln x+1)$.

(6) $y=e^x\cos x$.

解 $y'=e^x\cos x+e^x(-\sin x)=e^x(\cos x-\sin x)$.

(7) $y=\frac{\ln x}{x}$.

解 $y'=\frac{x\cdot\frac{1}{x}-\ln x}{x^2}=\frac{1-\ln x}{x^2}$.

(8) $s=\frac{1+\sin t}{1+\cos t}$.

解 $s'=\frac{(1+\sin t)'(1+\cos t)-(1+\sin t)(1+\cos t)'}{(1+\cos t)^2}$

$=\frac{\cos t(1+\cos t)-(1+\sin t)(-\sin t)}{(1+\cos t)^2}=\frac{1+\sin t+\cos t}{(1+\cos t)^2}$.

2. 求下列函数的导数：

(1) $y=\cos(4-3x)$.

解　$y'=-\sin(4-3x)\cdot(4-3x)'=-\sin(4-3x)\cdot(-3)=3\sin(4-3x)$.

(2) $y=e^{-3x^2}$.

解　由复合函数的求导法则可得：

$$y'=e^{-3x^2}(-6x)=-6xe^{-3x^2}.$$

(3) $y=\sqrt{a^2-x^2}$.

解　$y'=\frac{1}{2\sqrt{a^2-x^2}}\cdot(a^2-x^2)'=\frac{1}{2\sqrt{a^2-x^2}}\cdot(-2x)=\frac{-x}{\sqrt{a^2-x^2}}$.

(4) $y=\tan(x^2)$.

解　由复合函数的求导法则可得：

$$y'=\sec^2(x^2)(2x)=2x\sec^2(x^2).$$

(5) $y=\arctan(e^x)$.

解　$y'=\frac{1}{1+e^{2x}}\cdot(e^x)'=\frac{e^x}{1+e^{2x}}$.

(6) $y=\arcsin(1-2x)$.

解　利用求导法则可得：

$$y'=\frac{-2}{\sqrt{1-(1-2x)^2}}=-\frac{1}{\sqrt{x-x^2}}.$$

(7) $y=\arccos\frac{1}{x}$.

解　利用求导法则可得：

$$y'=-\frac{-\frac{1}{x^2}}{\sqrt{1-\left(\frac{1}{x}\right)^2}}=\frac{|x|}{x^2\sqrt{x^2-1}}.$$

(8) $y=\ln\ln x$.

解　$y'=\frac{1}{\ln x}\cdot\frac{1}{x}=\frac{1}{x\ln x}$.

3. 假设飞机在起飞前沿跑道滑行的距离由公式 $s=\frac{10}{9}t^2$ 给出，其中 s 是从起点算起的以米计的距离，而 t 是从刹闸放开算起以秒计的时间. 已知当飞机速度达到 200 公里/小时，飞机就离地升空. 试问要使飞机处于起飞状态需要多长时间，并计算这个过程中飞机滑行的距离.

解　首先我们可由位移公式 $s=\frac{10}{9}t^2$ 算出 t 时刻的速度 $v=\frac{ds}{dt}$，加速度 $a=\frac{d^2s}{dt^2}$.

$$\frac{\mathrm{d}s}{\mathrm{d}t}=\frac{\mathrm{d}}{\mathrm{d}t}\left(\frac{10}{9}t^2\right)=\frac{20}{9}t,\ \frac{\mathrm{d}^2s}{\mathrm{d}t^2}=\frac{20}{9},$$

由 a 为常数知飞机在此过程中作匀加速运动.

于是，当 v 达到 200 公里/小时也即$\frac{200}{3.6}$米/秒时，所需时间

$$t^0=\frac{v_0}{a}=\frac{\frac{200}{3.6}}{\frac{20}{9}}=25\text{（秒）},$$

此过程中飞机经过的距离即位移

$$s=\frac{10}{9}\times 25^2=\frac{6\,250}{9}\text{（米）}.$$

于是，要使飞机处于起飞状态需要耗时 25 秒，且在此过程中滑行了 6 250/9 米.

4. 沿坐标直线运动的质点在时刻 $t\geqslant 0$ 的位置为：

$$s=10\cos\left(t+\frac{\pi}{4}\right),$$

(1) 质点的起始（$t=0$）位置在何处？

(2) 质点的最大位移是多少？

(3) 质点在达到最大位移时的速度和加速度是多少.

(4) 何时质点第一次达到原点及此刻对应的速度和加速度是多少？

解 (1) $s(0)=10\cos\frac{\pi}{4}=5\sqrt{2}$.

(2) 易知当 t 满足：$t+\frac{\pi}{4}=2k\pi$，$t\geqslant 0$，k 为满足此不等式的整数，也即 $t=\frac{-\pi}{4}+2k\pi\geqslant 0$，$k$ 为满足此不等式的整数，质点达到最大位移 10.

(3) 根据位移公式，可求得速度和加速度分别为：

$$v=\frac{\mathrm{d}s}{\mathrm{d}t}=-10\sin\left(t+\frac{\pi}{4}\right),$$

$$a=\frac{\mathrm{d}^2s}{\mathrm{d}t^2}=-10\cos\left(t+\frac{\pi}{4}\right).$$

于是将 $t=\frac{-\pi}{4}+2k\pi\geqslant 0$，$k$ 同上，代入上面两式，可得质点在达到最大位移时速度 $v=0$，加速度 $a=10$.

(4) 令 $s=10\cos\left(t+\frac{\pi}{4}\right)=0$，可解得 $t=\frac{\pi}{4}+2k\pi\geqslant 0$，$k$ 为满足此不等式的

整数，故知当质点经过 1/4 个周期时第一次到达原点，并可求得此时对应的速度 $v=-10$ 和加速度 $a=0$.

5. 若保持某柱体中的气体恒温，其压力 P 和体积 V 之间的变化关系可用式子

$$P=\frac{nRT}{V-nb}-\frac{an^2}{V^2}$$

来刻画，其中 a, b, n, R 均为常数. 求压力 P 关于体积 V 的变化率.

解 $\dfrac{dP}{dV}=\dfrac{2an^2}{V^3}-\dfrac{nRT}{(V-nb)^2}$.

6. 求下列方程所确定的隐函数 y 的导数$\dfrac{dy}{dx}$：

(1) $xy=e^{x+y}$.

解 运用隐函数求导法，在等式两边对 x 求导，得

$$y+xy'=e^{x+y}(1+y').$$

$$\therefore\ \frac{dy}{dx}=\frac{e^{x+y}-y}{x-e^{x+y}}.$$

(2) $xy-\sin(\pi y^2)=0$.

解 将题设方程的两边分别对 x 求导，得

$$y+xy'-\cos(\pi y^2)\cdot 2\pi yy'=0,$$

$$y'=\frac{y}{2\pi y\cos(\pi y^2)-x}.$$

(3) $e^{xy}+y^3-5x=0$.

解 运用隐函数求导法，在等式两边对 x 求导，得

$$e^{xy}\cdot(y+xy')+3y^2\cdot y'-5=0,$$

$$y'=\frac{5-ye^{xy}}{xe^{xy}+3y^2}.$$

(4) $y=1+xe^y$.

解 $y'=e^y+xe^y\cdot y'\Rightarrow y'=\dfrac{e^y}{1-xe^y}$.

(5) $\arctan\dfrac{y}{x}=\ln\sqrt{x^2+y^2}$.

解 运用隐函数求导法，在等式两边对 x 求导，得

$$\left(\arctan\frac{y}{x}\right)'=\left[\frac{1}{2}\ln(x^2+y^2)\right]',$$

即 $$\frac{1}{1+\left(\frac{y}{x}\right)^2}\cdot\frac{x\cdot y'-y}{x^2}=\frac{x+y\cdot y'}{x^2+y^2}\Rightarrow\frac{x\cdot y'-y}{x^2+y^2}=\frac{x+y\cdot y'}{x^2+y^2},$$

$\therefore\ \frac{dy}{dx}=y'=\frac{x+y}{x-y}.$

7. 用对数求导法则求下列函数的导数：

(1) $y=(1+x^2)^{\tan x}$.

解 方法一 这是幂函数指数，用对数求导法，先两边取对数，得

$$\ln y=\tan x\ln(1+x^2).$$

两边求导，得 $\frac{1}{y}y'=\sec^2 x\ln(1+x^2)+\tan x\frac{2x}{1+x^2}.$

即 $$y'=(1+x^2)^{\tan x}\left[\sec^2 x\ln(1+x^2)+\frac{2x\tan x}{1+x^2}\right].$$

方法二 由 $y=(1+x^2)^{\tan x}=e^{\tan x\ln(1+x^2)}$，直接用复合函数求导法则得

$$\begin{aligned}y'&=e^{\tan x\ln(1+x^2)}[\tan x\ln(1+x^2)]'\\&=(1+x^2)^{\tan x}\left[\sec^2 x\ln(1+x^2)+\frac{2x\tan x}{1+x^2}\right].\end{aligned}$$

(2) $y=\frac{\sqrt[5]{x-3}\sqrt[3]{3x-2}}{\sqrt{x+2}}$.

解 在题设函数两端取对数，得

$$\ln y=\frac{1}{5}\ln|x-3|+\frac{1}{3}\ln|3x-2|-\frac{1}{2}\ln|x+2|,$$

方程两端同时对 x 求导，得

$$\frac{1}{y}y'=\frac{1}{5}\frac{1}{x-3}+\frac{1}{3}\frac{1}{3x-2}\cdot 3-\frac{1}{2}\frac{1}{x+2},$$

于是 $$y'=\frac{\sqrt[5]{x-3}\sqrt[3]{3x-2}}{\sqrt{x+2}}\left[\frac{1}{5(x-3)}+\frac{1}{3x-2}-\frac{1}{2(x+2)}\right].$$

(3) $y=\frac{\sqrt{x+2}(3-x)^4}{(x+1)^5}$.

解 两边取对数得

$$\ln|y|=\frac{1}{2}\ln|x+2|+4\ln|3-x|-5\ln|x+1|,$$

两边对 x 求导得

$$\frac{y'}{y}=\left(\frac{1}{2}\frac{1}{x+2}+\frac{-4}{3-x}-\frac{5}{x+1}\right),$$

$$\therefore\quad y'=\frac{\sqrt{x+2}(3-x)^4}{(x+1)^5}\left[\frac{1}{2(x+2)}-\frac{4}{3-x}-\frac{5}{x+1}\right].$$

8. 求下列参数方程所确定的函数的导数$\frac{\mathrm{d}y}{\mathrm{d}x}$：

(1) $\begin{cases}x=at^2\\y=bt^3\end{cases}$.

解 $\frac{\mathrm{d}y}{\mathrm{d}x}=\frac{y'_t}{x'_t}=\frac{3bt^2}{2at}=\frac{3bt}{2a}$.

(2) $\begin{cases}x=\mathrm{e}^t\sin t\\y=\mathrm{e}^t\cos t\end{cases}$.

解 $\frac{\mathrm{d}y}{\mathrm{d}x}=\frac{\mathrm{e}^t(\cos t-\sin t)}{\mathrm{e}^t(\sin t+\cos t)}=\frac{\cos t-\sin t}{\sin t+\cos t}$.

(3) $\begin{cases}x=\cos^2 t\\y=\sin^2 t\end{cases}$.

解 $\frac{\mathrm{d}x}{\mathrm{d}t}=2\cos t(-\sin t)=-\sin 2t$，$\frac{\mathrm{d}y}{\mathrm{d}t}=2\sin t\cos t=\sin 2t$，

所以　$\frac{\mathrm{d}y}{\mathrm{d}x}=\frac{\mathrm{d}y/\mathrm{d}t}{\mathrm{d}x/\mathrm{d}t}=\frac{\sin 2t}{-\sin 2t}=-1$.

9. 求下列函数的二阶导数：

(1) $y=x^5+4x^3+2x$.

解 $y'=5x^4+12x^2+2$，$y''=20x^3+24x$.

(2) $y=\mathrm{e}^{3x-2}$.

解 $y'=\mathrm{e}^{3x-2}\cdot(3x-2)'=3\mathrm{e}^{3x-2}$，$y''=3\mathrm{e}^{3x-2}\cdot(3x-2)'=9\mathrm{e}^{3x-2}$.

(3) $y=x\sin x$.

解 $y'=\sin x+x\cos x$，$y''=\cos x+\cos x-x\sin x=2\cos x-x\sin x$.

(4) $y=\tan x$.

解 $y'=\sec^2 x$，$y''=2\sec x\cdot(\sec x)'=2\sec^2 x\tan x$.

(5) $y=\sqrt{1-x^2}$.

解 $y'=\frac{1}{2\sqrt{1-x^2}}\cdot(1-x^2)'=\frac{-2x}{2\sqrt{1-x^2}}=-\frac{x}{\sqrt{1-x^2}}$，

$$y''=-\frac{\sqrt{1-x^2}-x(\sqrt{1-x^2})'}{1-x^2}=-\frac{\sqrt{1-x^2}-x(-x/\sqrt{1-x^2})}{1-x^2}$$

$$=-1/(1-x^2)^{\frac{3}{2}}.$$

(6) $y=x\mathrm{e}^{x^2}$.

解 $y'=\mathrm{e}^{x^2}+x\mathrm{e}^{x^2}\cdot(x^2)'=\mathrm{e}^{x^2}+x\mathrm{e}^{x^2}\cdot 2x=\mathrm{e}^{x^2}(1+2x^2)$,

$y''=2x\mathrm{e}^{x^2}(1+2x^2)+\mathrm{e}^{x^2}\cdot 4x=\mathrm{e}^{x^2}(4x^3+6x)=2x\mathrm{e}^{x^2}(2x^2+3)$.

10. 设 $f(x)=(3x+1)^{10}$，求 $f'''(0)$.

解 先求三阶导函数，再求 $x=0$ 处的三阶导数值.

$\because$ $f'(x)=30(3x+1)^9$，$f''(x)=810(3x+1)^8$，$f'''(x)=19\,440(3x+1)^7$，

$\therefore$ $f'''(0)=19\,440$.

11. 某物体的运动轨迹可以用其位移和时间关系式 $s=s(t)$：

$$s=t^3-6t^2+7t,\ 0\leqslant t\leqslant 4$$

来刻画，其中 s 以米计，t 以秒计，以起始方向为位移的正方向. 试回答以下关于物体的运动性态的问题：

(1) 物体何时处于停止状态？

(2) 何时运动方向为正或为负，何时改变运动方向？

(3) 何时运动加快、变慢？

(4) 何时运动最快、最慢？

(5) 何时离起始位置最远？

解 位移：$s=t^3-6t^2+7t$，速度：$v=\dfrac{\mathrm{d}s}{\mathrm{d}t}=3t^2-12t+7$，

加速度：$a=\dfrac{\mathrm{d}^2s}{\mathrm{d}t^2}=6t-12$.

(1) 我们知道当 v 变为零，即

$$v=3t^2-12t+7=0,$$

也即 $t=2-\dfrac{\sqrt{15}}{3}$ 秒或 $2+\dfrac{\sqrt{15}}{3}$ 秒时，物体瞬间处于停止状态.

(2) 又由于起始速度 $v(0)=7$ 米/秒，且 $v=v(t)$ 为 t 的二次函数，故不难知道 $t\in\left[0,\ 2-\dfrac{\sqrt{15}}{3}\right]\cup\left[2+\dfrac{\sqrt{15}}{3},\ 4\right]$内，物体运动方向为正；在 $t\in\left[2-\dfrac{\sqrt{15}}{3},\ 2+\dfrac{\sqrt{15}}{3}\right]$内，运动方向为负，于是也知 $t=2-\dfrac{\sqrt{15}}{3}$ 秒或 $2+\dfrac{\sqrt{15}}{3}$秒时运动变化方向.

(3) 当 $a>0$ 时，即可解得 $t\in[2,\ 4]$，运动速度加快；

当 $a<0$ 时，可解得 $t\in[0,\ 2]$，运动速度变慢.

(4) 由 (2) 的分析知道，当 $t=\dfrac{-(-12)}{2\times 3}=2$ 秒时，速度 v 值最小；又根据二次函数的性质知道，当 $t=0$ 秒或 4 秒时，速度 v 值最大.

(5) 我们可以根据 $s(t)$ 的导数

$$s'(t)=v(t)=3t^2-12t+7$$

的取值来判断 s 的单调性，且易知 $s'(t)$ 即 $v(t)$ 的零点：

$$t=2-\frac{\sqrt{15}}{3}\text{和 } t=2+\frac{\sqrt{15}}{3}$$

即为 $s(t)$ 的极值点，且知 $t=2-\frac{\sqrt{15}}{3}$时取得最大位移，$t=2+\frac{\sqrt{15}}{3}$时取得最小位移.

§2.3　导数的应用

一、主要知识归纳

表 2—3—1　　**导数的应用模型**

瞬时变化率	$\frac{\mathrm{d}A}{\mathrm{d}D}=\frac{\pi D}{2}$，该式表示圆面积 A 的瞬时变化率随着直径 D 的增大而增大.	
质点的垂直运动模型	$v(t)=\frac{\mathrm{d}s(t)}{\mathrm{d}t}$，$a(t)=\frac{\mathrm{d}^2s(t)}{\mathrm{d}t^2}$，其中 $s(t)$，$v(t)$，$a(t)$ 分别表示 t 时刻的位移，速度，加速度.	
经济学中的导数	1. 边际分析 称 $f'(x_0)$为 $f(x)$在点 $x=x_0$ 处的边际函数值，对于具体的经济函数：成本函数 $C(x)$、收入函数 $R(x)$ 与利润函数 $L(x)$ 关于生产水平 x 的导数分别称为边际成本、边际收入与边际利润.	
	2. 弹性分析 $f(x)$ 在点 x 处有， $\frac{E}{Ex}f(x)=\frac{Ey}{Ex}=\lim\limits_{\Delta x\to 0}\frac{\Delta y/y}{\Delta x/x}=\lim\limits_{\Delta x\to 0}\frac{\Delta y}{\Delta x}\cdot\frac{x}{y}=y'\cdot\frac{x}{y}$.	

二、典型例题分析

例 1　设某产品的成本函数与价格函数分别为

$$C(x)=3\,800+5x-\frac{x^2}{1\,000},\ P(x)=50-\frac{x}{100},$$

确定产品的生产量 x，以使利润达到最大.

解　收入函数为 $R(x)=xP(x)=50x-\frac{x^2}{100}$.

所以利润函数为：

$$L(x)=R(x)-C(x)=50x-\frac{x^2}{100}-(3\,800+5x-\frac{x^2}{1\,000})$$
$$=\frac{9x^2}{1\,000}+45x-3\,800$$
$$=\frac{9}{1\,000}(x-2\,500)^2+52\,450.$$

所以当生产量为 2 500 单位时，利润达到最大.

例 2　设某产品的需求函数为 $Q=100-5P$，其中 P 为价格，Q 为需求量. 求边际收入函数，以及 $x=20$、50 和 70 时的边际收入，并解释所得结果的经济意义.

解　总收入函数为 $R(Q)=PQ$，而有题设的需求函数有 $P=\frac{100-Q}{5}$，于是，总收入函数为

$$R(Q)=PQ=\frac{(100-Q)Q}{5},$$

所以边际收入函数为

$$R'(Q)=\frac{100-2Q}{5},$$
$$R'(20)=12,\ R'(50)=0,\ R'(70)=-8.$$

由所得结果可知，当销售量即需求量为 20 个单位时，再增加销售可使总收入增加，再多销售一个单位产品，总收入约增加 12 个单位；当销售量为 50 个单位时，总收入达到最大值，再扩大销售总收入不会再增加；当销售量为 70 个单位时，再多销售一个单位产品，反而使总收入约减少 8 个单位，或者说，再少销售一个单位产品，将使总收入少损失 8 个单位.

三、习题 2—3 解答

1. 现给一气球充气，在充气膨胀的过程中，我们均近似认为它为球形形状：
(1) 当气球半径为 10cm 时，其体积以什么样的变化率在膨胀？
(2) 试估算当气球半径由 10cm 吹胀到 11cm 时气球增长的体积数.

解　由 $V=\frac{4}{3}\pi r^3$，知变化率 $\frac{\mathrm{d}V}{\mathrm{d}r}=4\pi r^2$，于是

$$\frac{\mathrm{d}V}{\mathrm{d}r}(10)=4\pi 10^2=400\pi(\mathrm{cm}^3),$$

可近似认为是气球半径由 10cm 增大 1cm 后气球扩大的体积.

2. 某物体的运动轨迹可以用其位移和时间关系式 $s=s(t)$ 来刻画，其中 s 以米计，t 以秒计，下面是其两个不同的运动轨迹：

$$s_1=t^2-3t+2,\ 0\leqslant t\leqslant 2;\quad s_2=-t^3+3t^2-3t,\ 0\leqslant t\leqslant 3.$$

试分别计算：

(1) 物体在给定时间区间内的平均速度；

(2) 求物体在区间端点的速率和加速度；

(3) 物体在给定的时间区间内运动方向是否发生了变化，若是，在何时发生改变?

解 对于 $s_1=t^2-3t+2$，$0\leqslant t\leqslant 2$：

(1) 当 $t=\frac{-(-3)}{2}=\frac{3}{2}$ 时，位移 $s_1\left(\frac{3}{2}\right)$ 取得最小值 $-\frac{1}{4}$，于是，物体在两秒内的经过的路程为

$$s_1(0)-s_1\left(\frac{3}{2}\right)+s_1(2)-s_1\left(\frac{3}{2}\right)=\frac{5}{2}\text{m},$$

平均速度为 $\frac{5/2}{2}=1.25\text{m/s}$.

(2) 速度 $v=\frac{\mathrm{d}s_1}{\mathrm{d}t}=2t-3$，加速度 $a=\frac{\mathrm{d}^2s_1}{\mathrm{d}t^2}=2$，故加速度恒为 2m/s^2.

当 $t=0$ 时，其速度为 -3m/s，当 $t=2$ 时，其速度为 1m/s.

(3) 在求解 (2) 的过程中，我们注意到物体在时间区间两个端点时刻的速度值的符号发生了变化，即说明运动改变了方向，且易知当速度 v 为零即当 $v=2t-3=0$，$t=\frac{3}{2}\text{s}$ 时运动方向发生变化，我们还可发现此时刻也正好是位移取得最小值的时刻，这亦可说明物体在此刻发生变向.

对于 $s_2=-t^3+3t^2-3t$，$0\leqslant t\leqslant 3$，我们只做大致的分析：

速度 $\quad v=\frac{\mathrm{d}s_2}{\mathrm{d}t}=-3t^2+6t-3=-3(1-t)^2$，

加速度 $\quad a=\frac{\mathrm{d}^2s_2}{\mathrm{d}t^2}=-6t+6$.

物体的起始速度为 $v(0)=-3\text{m/s}$，且速度 $v=-3(1-t)^2$ 恒为非正值，这说明物体从始至终未改变运动方向.

物体在 3 秒内经过的路程为 $S_2(0)-S_2(3)=9\text{m}$，故平均速度为 $9/3=3\text{m/s}$.

当 $t=0$ 时，其速度 $v(0)=-3\text{m/s}$，$a(0)=6\text{m/s}^2$.

当 $t=3$ 时，其速度 $v(3)=-12\text{m/s}$，$a(3)=-12\text{m/s}^2$.

3. 现给一水箱放水，阀门打开 t 小时后水箱的深度 h 可近似认为由公式 $h=5\left(1-\frac{t}{10}\right)^2$ 给出.

(1) 求在时间 t 处水深下降的快慢程度 $\frac{\mathrm{d}h}{\mathrm{d}t}$；

(2) 何时水位下降最快？最慢？并求出此时对应的水深下降率$\frac{\mathrm{d}h}{\mathrm{d}t}$.

解 (1) $\frac{\mathrm{d}h}{\mathrm{d}t}=\frac{t}{10}-1(0\leqslant t\leqslant 10)$.

(2) 当 $t=10$ 时，$\frac{\mathrm{d}h}{\mathrm{d}t}=0$，值最大，故水刚放尽那一刻水位下降最快；

当 $t=0$ 时，$\frac{\mathrm{d}h}{\mathrm{d}t}=1$，值最小，故水阀刚打开那一刻时水位下降最慢.

4. 某型号电视机的生产成本（元）与生产量（台）的关系函数为：

$$C(x)=6\,000+900x-0.8x^2.$$

(1) 求生产前 100 台的平均成本.

(2) 求当第 100 台生产出来时的边际成本.

解 (1) 平均成本为 $C(100)/100=880$（元）.

(2) $C'(x)=1.6x+900$，$C'(100)=900-1.6\times100-740$（元）.

5. 某型号电视机的月销售收入（元）与月售出台数（台）的函数为：

$$Y(x)=100\,000\left(1-\frac{1}{2x}\right)$$

(1) 求销售出第 100 台电视机时的边际收入.

(2) 从边际收入函数得出什么有意义的结论，并解释当 $x\to\infty$ 时，$Y'(x)$ 的极限值表示什么含义？

解 (1) $Y'(x)=\frac{50\,000}{x^2}$，$Y'(100)=5$ 元；

(2) 由边际收入公式知：边际收入随着销售台数的增加而减少，特别地，当销售的台数趋于一个无穷大的数时，其边际收入趋于零，也就说明，销售规模无限的盲目扩张的意义不大.

6. 某煤炭公司每天生产煤 x 吨的总成本函数为

$$C(x)=2\,000+450x+0.02x^2.$$

如果每吨煤的销售价为 490 元，求

(1) 边际成本函数 $C'(x)$；

(2) 利润函数 $L(x)$ 及边际利润函数 $L'(x)$；

(3) 边际利润为 0 时的产量.

解 (1) 因为 $C(x)=2\,000+450x+0.02x^2$，所以

$$C'(x)=450+0.04x.$$

(2) 因为总收入函数 $R(x)=Px=490x$，所以利润函数为

$$L(x)=490x-(2\,000+450x+0.02x^2)=40x-0.02x^2-2\,000.$$

故边际利润函数为

$$L'(x)=40-0.04x.$$

(3) 当边际利润为 0 时，即

$$L'(x)=40-0.04x=0.$$

由此可得 $x=1\,000$(吨).

7. 设总产品的总成本函数为

$$C(x)=400+3x+0.5x^2,$$

而需求函数为 $P=100/\sqrt{x}$，其中 x 为产量（假设等于需求量），P 为价格，试求边际成本、边际收入和边际利润.

解　边际成本：$C'(x)=3+x$.

边际收入：$R'(x)=(Px)'=(100\sqrt{x})'=50/\sqrt{x}$.

边际利润：$L'(x)=[R(x)-C(x)]'=50/\sqrt{x}-3-x$.

8. 设某商品的需求函数为 $Q=400-100P$，求 $P=1，2，3$ 时的需求弹性.

解　$\eta(P)=Q'\dfrac{P}{Q}=-100\dfrac{P}{400-100P}=\dfrac{-100P}{400-100P}$.

当 $P=1$ 时，$\eta(1)=\dfrac{-100}{400-100}=-\dfrac{1}{3}$；

当 $P=2$ 时，$\eta(2)=\dfrac{-100\times2}{400-100\times2}=-1$；

当 $P=3$ 时，$\eta(3)=\dfrac{-100\times3}{400-100\times3}=-3$.

9. 某地对服装的需求函数可以表示为 $Q=aP^{-0.66}$，试求需求量对价格的弹性，并说明其经济意义.

解　$Q'=-0.66aP^{-1.66}$

$$\eta(P)=Q'\frac{P}{Q}=-0.66aP^{-1.66}\frac{P}{aP^{-0.66}}=-0.66.$$

结果表示：服装价格在 P 的基础上，若提高（或降低）1%，则对服装的需求量约降低（或提高）0.66%. 需求对价格的弹性总是取负值，表明提价会导致需求量的减少；反之，降价则会导致需求量的增加，即需求量和价格总是朝相反方向变化.

注：幂函数的弹性函数为常数，即在任意点的弹性不变，所以称为不变弹性函数.

10. 某产品滞销，现准备以降价扩大销路. 如果该产品的需求弹性在 1.5～2

之间，试问当降价 10%时，销售量可增加多少？

解 根据弹性意义，当需求弹性为 1.5 时，有

$$1.5=\frac{\frac{\Delta Q}{Q}}{10\%}\Rightarrow\frac{\Delta Q}{Q}=15\%.$$

当需求弹性为 2 时，同理可得$\frac{\Delta Q}{Q}=20\%$.

即销售量可望增加 15%～20%.

§2.4 函数的微分

一、主要知识归纳

微分的定义	设函数 $y=f(x)$ 在某区间内有定义，x_0 及 $x_0+\Delta x$ 在该区间内，如果函数的增量 $\Delta y=f(x_0+\Delta x)-f(x_0)$ 可表示为 $\Delta y=A\cdot\Delta x+o(\Delta x)$，其中 A 是与 Δx 无关的常数，则称函数 $y=f(x)$在点 x_0 处可微.
可微的条件	函数 $y=f(x)$ 在点 x_0 处可微的充分必要条件是函数 $y=f(x)$ 在点 x_0 处可导，并且函数的微分等于函数的导数与自变量的改变量的乘积，即$\mathrm{d}y=f'(x_0)\Delta x$.
基本微分公式	$\mathrm{d}(C)=0$(C 为常数)； $\mathrm{d}(x^{\mu})=\mu x^{\mu-1}\mathrm{d}x$； $\mathrm{d}(\sin x)=\cos x\mathrm{d}x$； $\mathrm{d}(\cos x)=-\sin x\mathrm{d}x$； $\mathrm{d}(\tan x)=\sec^2x\mathrm{d}x$； $\mathrm{d}(\cot x)=-\csc^2x\mathrm{d}x$； $\mathrm{d}(\sec x)=\sec x\tan x\mathrm{d}x$； $\mathrm{d}(\csc x)=-\csc x\cot x\mathrm{d}x$； $\mathrm{d}(a^x)=a^x\ln a\mathrm{d}x$； $\mathrm{d}(\mathrm{e}^x)=\mathrm{e}^x\mathrm{d}x$； $\mathrm{d}(\log_a x)=\frac{1}{x\ln a}\mathrm{d}x$； $\mathrm{d}(\ln x)=\frac{1}{x}\mathrm{d}x$； $\mathrm{d}(\arcsin x)=\frac{1}{\sqrt{1-x^2}}\mathrm{d}x$； $\mathrm{d}(\arccos x)=-\frac{1}{\sqrt{1-x^2}}\mathrm{d}x$； $\mathrm{d}(\arctan x)=\frac{1}{1+x^2}\mathrm{d}x$； $\mathrm{d}(\mathrm{arccot}x)=-\frac{1}{1+x^2}\mathrm{d}x$.
微分四则运算法则	$\mathrm{d}(Cu)=C\mathrm{d}u$ (C 为常数)； $\mathrm{d}(u\pm v)=\mathrm{d}u\pm\mathrm{d}v$； $\mathrm{d}(uv)=v\mathrm{d}u+u\mathrm{d}v$； $\mathrm{d}\left(\frac{u}{v}\right)=\frac{v\mathrm{d}u-u\mathrm{d}v}{v^2}$.
微分的几何意义	在直角坐标系中，函数 $y=f(x)$ 的图形是一条曲线. 当 Δy 是曲线 $y=f(x)$ 上的纵坐标的增量时，$\mathrm{d}y$ 就是曲线的切线上点的纵坐标的增量.
函数线性化	如果 $f(x)$ 在点 x_0 处可微，那么线性函数 $L(x)=f(x_0)+f'(x_0)(x-x_0)$ 称为 $f(x)$ 在点 x_0 处的线性化.

二、典型例题分析

例 1　设 $y=\ln(1+e^{x^2})$，求 dy.

解　$dy=d\ln(1+e^{x^2})=\frac{1}{1+e^{x^2}}d(1+e^{x^2})=\frac{1}{1+e^{x^2}}e^{x^2}d(x^2)$

$$=\frac{e^{x^2}}{1+e^{x^2}}2xdx=\frac{2xe^{x^2}}{1+e^{x^2}}dx.$$

小结：由于微分 dy 满足：$dy=f'(x)dx$，故微分的求解可归结到导数的求解.

例 2　求函数 $y=\sqrt{x-\sqrt{x}}$ 的微分 dy.

解　$dy=\frac{1}{2\sqrt{x-\sqrt{x}}}d(x-\sqrt{x})=\frac{1}{2\sqrt{x-\sqrt{x}}}(dx-d\sqrt{x})$

$$=\frac{1}{2\sqrt{x-\sqrt{x}}}\left(dx-\frac{1}{2\sqrt{x}}dx\right)=\frac{1}{2\sqrt{x-\sqrt{x}}}\cdot\frac{2\sqrt{x}-1}{2\sqrt{x}}dx$$

$$=\frac{2\sqrt{x}-1}{4\sqrt{x}\sqrt{x-\sqrt{x}}}dx.$$

例 3　因为一元函数 $y=f(x)$ 在 x_0 的可微性与可导性事等价的，所以有人说“微分就是导数，导数就是微分”，试问这种说法对吗？

解　这种说法不对.

从概念上讲，微分是从求函数增量引出线性主部而得到的，导数是从函数变化率问题归纳出函数增量与自变量增量之比的极限，它们是完全不同的概念.

从几何意义上讲：函数在某点的导数的几何意义是该函数表示的曲线方程在该点的切线的斜率；函数在某点的微分的几何意义是该函数表示的曲线方程在该点的纵坐标的增量.

例 4　设 $A>0$，且 $|B|\ll A^n$，证明 $\sqrt[n]{A^n+B}\approx A+\frac{B}{nA^{n+1}}$，并计算 $\sqrt[10]{1\,000}$ 的近似值.

证　已知当 $|x|$ 很小时，$f(x)\approx f(0)+f'(0)\cdot x$，具体令 $f(x)=\sqrt[n]{1+x}$，易得到

$$\sqrt[n]{1+x}\approx 1+\frac{x}{n},$$

于是

$$\sqrt[n]{A^n+B}=\sqrt[n]{A^n\left(1+\frac{B}{A^n}\right)}\approx A\left(1+\frac{B}{nA^n}\right)=A+\frac{B}{nA^{n-1}}.$$

故　$$\sqrt[10]{1\,000}=\sqrt[10]{2^{10}-24}\approx 2+\frac{-24}{10\times 2^9}=1.995\,312\,5.$$

三、习题 2—4 解答

1. 已知 $y=x^3-1$，在点 $x=2$ 处计算当 Δx 分别为 1，0.1，0.01 时的 Δy 及 dy 之值.

解 先求出题设函数在点 $x=2$ 处的 Δy 及 dy：

$$\begin{aligned}\Delta y|_{x=2}&=[(x+\Delta x)^3-1-(x^3-1)]|_{x=2}\\&=[3x^2\Delta x+3x(\Delta x)^2+(\Delta x)^3]|_{x=2}\\&=12\Delta x+6(\Delta x)^2+(\Delta x)^3,\end{aligned}$$

$$dy|_{x=2}=(y'dx)|_{x=2}=3x^2dx|_{x=2}=12dx=12\Delta x;$$

当 $\Delta x=1$ 时，$\Delta y=19$，$dy=12$；

当 $\Delta x=0.1$ 时，$\Delta y=1.261$，$dy=1.2$；

当 $\Delta x=0.01$ 时，$\Delta y=0.120\,601$，$dy=0.12$.

2. 将适当的函数填入下列括号内，使等式成立：

(1) $d(\quad)=5xdx$.

解 $d\left(\frac{5}{2}x^2+C\right)=5xdx$.

(2) $d(\quad)=\sin\omega xdx$.

解 $d\left(-\frac{1}{\omega}\cos\omega x+C\right)=\sin\omega xdx$.

(3) $d(\quad)=\frac{1}{2+x}dx$.

解 $d(\ln(2+x)+C)=\frac{1}{2+x}dx$.

(4) $d(\quad)=e^{-2x}dx$.

解 $d\left(-\frac{1}{2}e^{-2x}+C\right)=e^{-2x}dx$.

(5) $d(\quad)=\frac{1}{\sqrt{x}}dx$.

解 $d(2\sqrt{x}+C)=\frac{1}{\sqrt{x}}dx$.

(6) $d(\quad)=\sec^2 2xdx$.

解 $d\left(\frac{1}{2}\tan 2x+C\right)=\sec^2 xdx$.

3. 求下列函数的微分：

(1) $y=\ln x+2\sqrt{x}$.

解 $dy=d(\ln x+2\sqrt{x})=d(\ln x)+d(2\sqrt{x})$

$$=\frac{1}{x}\mathrm{d}x+\left(\frac{1}{\sqrt{x}}\right)\mathrm{d}x=\left(\frac{1}{x}+\frac{1}{\sqrt{x}}\right)\mathrm{d}x.$$

(2) $y=x\sin 2x$.

解　$\mathrm{d}y=(x\sin 2x)'\mathrm{d}x=(\sin 2x+2x\cos 2x)\mathrm{d}x$.

(3) $y=x^2\mathrm{e}^{2x}$.

解　$\mathrm{d}y=\mathrm{d}(x^2)\cdot\mathrm{e}^{2x}+x^2\mathrm{d}\mathrm{e}^{2x}$

$=(2x\mathrm{e}^{2x}+2x^2\mathrm{e}^{2x})\mathrm{d}x=2x\mathrm{e}(1+x)\mathrm{d}x$.

(4) $y=\ln\sqrt{1-x^3}$.

解　$\mathrm{d}y=\frac{1}{2}\cdot\frac{-3x^2}{1-x^2}\mathrm{d}x=-\frac{3x^2}{2(1-x^3)}\mathrm{d}x$.

(5) $y=(\mathrm{e}^x+\mathrm{e}^{-x})^2$.

解　$\mathrm{d}y=2(\mathrm{e}^x+\mathrm{e}^{-x})(\mathrm{e}^x-\mathrm{e}^{-x})\mathrm{d}x=2(\mathrm{e}^{2x}-\mathrm{e}^{-2x})\mathrm{d}x$.

4. 当 $|x|$ 较小时，证明下列近似公式：

(1) $\sin x\approx x$.

证　由微分近似公式 $f(x_0+\Delta x)\approx f(x_0)+f'(x_0)\Delta x$ 知，当 $x^0=0$，$\Delta x=x$ 时有

$$f(x)\approx f(0)+f'(0)x.$$

令 $f(x)=\sin x$，则 $f'(x)=\cos x$，$f(0)=0$，$f'(0)=1$，

从而　$\sin x\approx x$.

(2) $\mathrm{e}^x\approx 1+x$.

证　由微分近似公式 $f(x_0+\Delta x)\approx f(x_0)+f'(x_0)\Delta x$ 知，当 $x_0=0$，$\Delta x=x$ 时有 $f(x)\approx f(0)+f'(0)x$.

令 $f(x)=\mathrm{e}^x$，则

$$f'(x)=\mathrm{e}^x,\ f(0)=1,\ f'(0)=1,$$

从而　$\mathrm{e}^x\approx 1+x$.

(3) $\sqrt[n]{1+x}\approx 1+\frac{x}{n}$.

证　由微分近似公式 $f(x_0+\Delta x)\approx f(x_0)+f'(x_0)\Delta x$ 知，当 $x_0=0$，$\Delta x=x$ 时有

$$f(x)\approx f(0)+f'(0)x.$$

令 $f(x)=\sqrt[n]{1+x}$，则

$$f'(x)=\frac{1}{n}(1+x)^{\frac{1}{n}-1},\ f(0)=1,\ f'(0)=\frac{1}{n},$$

从而　$\sqrt[n]{1+x}\approx 1+\frac{1}{n}x$.

5. 选择合适的中心对下面的函数给出其线性化，然后估算在给定点的函数值.

(1) $f(x)=\sqrt[3]{1+x}$，$x_0=6.5$；　　(2) $f(x)=\dfrac{x}{1+x}$，$x_0=1.1$.

解 (1) 我们选择最接近 6.5 的整数值 7 作为中心. 因为

$$f'(x)=\frac{1}{3\sqrt[3]{(1+x)^2}},$$

所以 $f(x)$ 在 $x=7$ 处的线性化

$$L(x)=f(7)+f'(7)(x-7)=\frac{1}{12}x+\frac{17}{12},$$

将 $x_0=6.5$ 代入 $L(x)$，计算得 $L(6.5)=\dfrac{47}{24}$.

于是，我们估算 $f(x)$ 在 $x_0=6.5$ 的函数值近似为$\dfrac{47}{24}$（我们不选择 6 作为中心是因为不便于计算）.

(2) 我们选择最接近 1.1 的整数值 1 作为中心，因为

$$f'(x)=\frac{1}{(1+x)^2},$$

所以 $f(x)$ 在 $x=1$ 处的线性化

$$L(x)=f(1)+f'(1)(x-1)=\frac{1}{4}x+\frac{1}{4},$$

将 $x_0=1.1$ 代入 $L(x)$，计算得 $L(1.1)=\dfrac{21}{40}$.

于是，我们估算 $f(x)$ 在 $x_0=1.1$ 处的函数值近似为$\dfrac{21}{40}$.

6. 计算下列各式的近似值：

(1) $\sqrt[100]{1.002}$.

解 设 $f(x)=\sqrt[100]{x}$，则 $f'(x)=\dfrac{1}{100}x^{-\frac{99}{100}}$，$f'(1)=\dfrac{1}{100}$，$f(1)=1$.

从而

$$\begin{aligned}\sqrt[100]{1.002}&=f(1.002)=f(1+0.002)\approx f(1)+f'(1)\times 0.002\\&=1+\frac{1}{100}\times 0.002=1.000\,02.\end{aligned}$$

(2) cos29°.

解 由微分近似公式 $f(x_0+\Delta x)-f(x_0)\approx f'(x_0)\Delta x$ 可得：

$$\begin{aligned}\cos 29^\circ&=\cos(30^\circ-1^\circ)=f(30^\circ)+f'(30^\circ)\Delta x\\&\approx\cos\frac{\pi}{6}-\sin\frac{\pi}{6}\cdot\left(-\frac{\pi}{180}\right)\approx\frac{\sqrt{3}}{2}+\frac{1}{2}\times 0.017\,453.\end{aligned}$$

本章小结

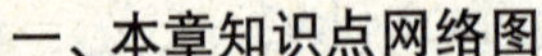

一、本章知识点网络图

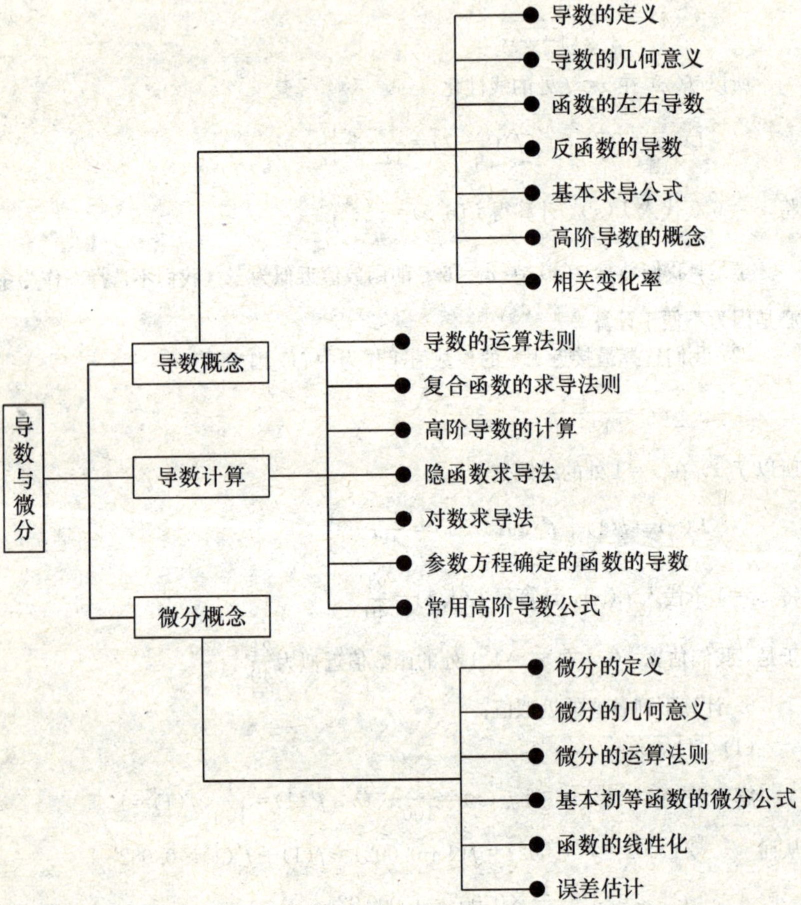

- 导数与微分
  - 导数概念
    - 导数的定义
    - 导数的几何意义
    - 函数的左右导数
    - 反函数的导数
    - 基本求导公式
    - 高阶导数的概念
    - 相关变化率
  - 导数计算
    - 导数的运算法则
    - 复合函数的求导法则
    - 高阶导数的计算
    - 隐函数求导法
    - 对数求导法
    - 参数方程确定的函数的导数
    - 常用高阶导数公式
  - 微分概念
    - 微分的定义
    - 微分的几何意义
    - 微分的运算法则
    - 基本初等函数的微分公式
    - 函数的线性化
    - 误差估计

二、题型分析

题型 1　利用导数定义解题

解题思路　(1) 求极限：如果所求极限可化为如下形式：

$$\lim_{\Delta x\to 0}\frac{f(x_0+\Delta x)-f(x_0)}{\Delta x} \text{ 或 } \lim_{x\to x_0}\frac{f(x)-f(x_0)}{x-x_0},$$

则按导数定义即是 $f'(x_0)$（如例 1）.

(2) 求函数在指定点的导数：某些函数直接求导函数较复杂，若仅仅求某指定点处的导数时，利用定义求导较方便；若函数表达式中含有抽象函数，仅知其连续，则必须用导数定义求其导数.

(3) 当命题的条件中包含“对任意实数 x，函数 $f(x)$ 满足一函数方程，且在某已知点的导数 $f'(x_0)$ 存在”时，可利用导数的定义来求解或证明命题的结论（如例 2）.

例 1 设 $f(x)$ 在 $x=a$ 的某个邻域内有定义，则 $f(x)$ 在 $x=a$ 处可导的一个充分条件是（　　）.

(A) $\lim\limits_{h\to+\infty} h[f(a+1/h)-f(a)]$ 存在；

(B) $\lim\limits_{h\to 0}[f(a+2h)-f(a+h)]/h$ 存在；

(C) $\lim\limits_{h\to 0}[f(a+h)-f(a-h)]/2h$ 存在；

(D) $\lim\limits_{h\to 0}[f(a)-f(a-h)]/h$ 存在.

解 选(D). 利用排除法.

$$\because \lim_{h\to+\infty} h[f(a+1/h)-f(a)]=\lim_{h\to+\infty}\frac{f(a+1/h)-f(a)}{1/h}=f'_+(a),$$

∴ (A) 不入选. 而 (C) 中极限的存在性并不能保证 $f(x)$ 在 $x=a$ 处的连续性，例如，

$$f(x)=\begin{cases}\cos(1/x), & x\neq 0\\ 0, & x=0\end{cases}$$

在 $x=0$ 处不连续，因此 $f(x)$ 在 $x=0$ 处不可导，但

$$\lim_{h\to 0}\frac{f(0+h)-f(0-h)}{2h}=\lim_{h\to 0}\frac{\cos(1/h)-\cos(1/h)}{2h}=0,$$

故 (C) 也不入选，类似地可说明 (B) 也不入选.

例 2 用导数定义求

$$f(x)=\begin{cases}x, & x<0\\ \ln(1+x), & x\geqslant 0\end{cases}$$

在点 $x=0$ 处的导数.

解 $f'_-(0)=\lim\limits_{x\to 0^-}\dfrac{f(x)-f(0)}{x-0}=\lim\limits_{x\to 0^-}\dfrac{x-0}{x-0}=1,$

$f'_+(0)=\lim\limits_{x\to 0^+}\dfrac{f(x)-f(0)}{x-0}=\lim\limits_{x\to 0^+}\dfrac{\ln(1+x)-0}{x-0}=1,$

所以 $f'(0)=1$.

题型 2　复合函数及反函数求导

解题思路　(1) 求复合函数的导数关键在于弄清函数的复合关系，然后从外层到里层逐层求导，这样每一步都是基本初等函数的求导，当所给函数既有四则运算又有复合运算时，应注意运算的先后次序（如例 1)；对某些形式较复杂的复合函数，可利用一阶微分形式不变性，逐层求之（如例 2)；对某些形式特殊的复合函数，可设置中间变量，通过复合函数求导法则求之.

(2) 利用反函数求导法则时，注意到微商概念的运用$\dfrac{dy}{dx}=\dfrac{1}{\dfrac{dx}{dy}}$.

(3) 求参数方程所确定的导数.

(4) 由极坐标方程所确定的函数的导数，可利用极坐标与直角坐标的关系$x=\rho\cos\theta$，$y=\rho\sin\theta$将所求极坐标方程 $\rho=\rho(\theta)$ 化为参数方程再求之（如例 3).

例 1　设 $y=e^{\tan\frac{1}{x}}\sin\dfrac{1}{x}$，求 y'.

解　$$y'=(e^{\tan\frac{1}{x}})'\sin\frac{1}{x}+e^{\tan\frac{1}{x}}\left(\sin\frac{1}{x}\right)'$$
$$=\left(e^{\tan\frac{1}{x}}\cdot\frac{1}{\cos^2\frac{1}{x}}\cdot\sin\frac{1}{x}+e^{\tan\frac{1}{x}}\cos\frac{1}{x}\right)\left(\frac{1}{x}\right)'$$
$$=-\frac{1}{x^2}e^{\tan\frac{1}{x}}\left(\tan\frac{1}{x}\sec\frac{1}{x}+\cos\frac{1}{x}\right).$$

例 2　设 $y=\sqrt[3]{1+\sqrt[3]{1+\sqrt[3]{x}}}$，求 dy，y'.

解　$$dy=d\sqrt[3]{1+\sqrt[3]{1+\sqrt[3]{x}}}=\frac{1}{3}(1+\sqrt[3]{1+\sqrt[3]{x}})^{-2/3}d(1+\sqrt[3]{1+\sqrt[3]{x}})$$
$$=\frac{1}{3}(1+\sqrt[3]{1+\sqrt[3]{x}})^{-2/3}\cdot\frac{1}{3}(1+\sqrt[3]{x})^{-2/3}d(1+\sqrt[3]{x})$$
$$=\frac{1}{9}[(1+\sqrt[3]{1+\sqrt[3]{x}})(1+\sqrt[3]{x})]^{-2/3}\frac{1}{3}x^{-2/3}dx$$
$$=\frac{1}{27}[(1+\sqrt[3]{1+\sqrt[3]{x}})(1+\sqrt[3]{x})x]^{-2/3}dx.$$

从而　$$y'=\frac{1}{27}[(1+\sqrt[3]{1+\sqrt[3]{x}})(1+\sqrt[3]{x})x]^{-2/3}.$$

例 3　求由参数方程$\begin{cases}x=\ln\sqrt{1+t^2}\\y=\arctan t\end{cases}$所确定的函数的一阶导数$\dfrac{dy}{dx}$及二阶导数$\dfrac{d^2y}{dx^2}$.

解 $\dfrac{\mathrm{d}y}{\mathrm{d}x}=\dfrac{y_t'}{x_t'}=\dfrac{\dfrac{1}{1+t^2}}{\dfrac{1}{\sqrt{1+t^2}}\cdot\dfrac{1}{2\sqrt{1+t^2}}\cdot 2t}=\dfrac{1}{t}$；

$$\frac{\mathrm{d}^2y}{\mathrm{d}x^2}=\frac{\mathrm{d}}{\mathrm{d}x}\left(\frac{1}{t}\right)=\frac{\mathrm{d}}{\mathrm{d}t}\left(\frac{1}{t}\right)\frac{\mathrm{d}t}{\mathrm{d}x}=\frac{-\dfrac{1}{t^2}}{\dfrac{1}{\sqrt{1+t^2}}\cdot\dfrac{1}{2\sqrt{1+t^2}}\cdot 2t}=-\frac{1+t^2}{t^3}.$$

题型 3　隐函数的求导

解题思路　(1) 隐函数的导数：隐函数即由方程 $F(x, y)=0$ 所确定的函数 $y=f(x)$. 直接在方程 $F(x, y)=0$ 两边对 x 求导，再解出 y' 即可，但应注意 F 对变量 y 求导时，y 是 x 的复合函数，要利用复合函数求导法则来求解.

(2) 当函数式较复杂（含乘、除、乘方、开方、幂指函数等）时，可先在方程两边取对数，然后利用隐函数的求导方法求出导数，此即所谓“对数求导法”(如例 1). 对常见的幂指函数 $y=u(x)^{v(x)}$，有如下求导公式：

$$y'=u(x)^{v(x)}\left[v'(x)\cdot\ln|u(x)|+v(x)\cdot\frac{u'(x)}{u(x)}\right].$$

例 1　求函数 $y=\sqrt{\mathrm{e}^{\frac{1}{x}}\sqrt{x\sin x}}$ 的导数.

解　在方程两边取对数得：

$$\ln y=\frac{1}{2}\left[\frac{1}{x}+\frac{1}{2}(\ln x+\ln\sin x)\right],$$

两边对 x 求导得：

$$\frac{y'}{y}=\frac{1}{2}\left[-\frac{1}{x^2}+\frac{1}{2}\left(\frac{1}{x}+\frac{\cos x}{\sin x}\right)\right],$$

$$\therefore\quad y'=\sqrt{\mathrm{e}^{\frac{1}{x}}\sqrt{x\sin x}}\left(\frac{1}{4x}-\frac{1}{2x^2}+\frac{1}{4}\cot x\right).$$

题型 4　分段函数的求导法

解题思路　(1) 分段函数求导法：若函数在各分段的开区间内可导，则按导数的运算法则直接求导，而在分段点处的导数可按以下三种方法求之：

a. 按求导法则分别求分段点处的左、右导数（如例 1).

b. 按导数定义求分段点处的导数或左、右导数（如例 2).

c. 函数在分段点连续时，求其导函数在分段点处的极限值；此外，含有绝对值的函数实质上是分段函数，应利用分段函数求导法求其导数.

(2) 函数可导性的讨论：函数可导性讨论的重点是分段函数在分段点处的可导性，主要采用导数定义或左、右导数的定义进行讨论，此类问题的讨论常常与函数连续性的讨论一起进行，还应注意利用函数连续性与可导性之间的关系（如例3）.

例 1　设 $f(x)=\begin{cases}\dfrac{\pi}{4}+\dfrac{x-1}{2}, & x>1,\\ \arctan x, & |x|\leqslant 1,\\ -\dfrac{\pi}{4}+\dfrac{x-1}{2}, & x<-1\end{cases}$ 求 $f'(1)$ 与 $f'(-1)$.

解　由 $f'_+(1)=\left(\dfrac{\pi}{4}+\dfrac{x-1}{2}\right)'\Big|_{x=1}=\dfrac{1}{2}$,

$$f'_-(1)=(\arctan x)'|_{x=1}=\frac{1}{1+x^2}\Big|_{x=1}=\frac{1}{2},$$

$$f'_+(-1)=(\arctan x)'|_{x=-1}=\frac{1}{1+x^2}\Big|_{x=-1}=\frac{1}{2},$$

$$f'_-(-1)=\left(-\frac{\pi}{4}+\frac{x-1}{2}\right)'\Big|_{x=-1}=\frac{1}{2},$$

所以，　$f'(1)=\dfrac{1}{2}$，$f'(-1)=\dfrac{1}{2}$.

例 2　讨论函数

$$y=f(x)=|x|=\begin{cases}-x, & x<0\\ x, & x\geqslant 0\end{cases}$$

在 $x_0=0$ 处的连续性与可导性.

解　先讨论函数 $y=f(x)=|x|$ 在 $x_0=0$ 处的连续性. 因为 $f(0)=0$,

$$\lim_{x\to 0^-}f(x)=\lim_{x\to 0^-}(-x)=0,\quad \lim_{x\to 0^+}f(x)=\lim_{x\to 0^+}x=0,$$

则 $\lim\limits_{x\to 0}|x|=f(0)=0$. 因此，$f(x)$ 在 $x=0$ 处连续.

但是，在 $x_0=0$ 处 $f(x)$ 没有导数，因为

$$f'_-(0)=\lim_{\Delta x\to 0^-}\frac{\Delta y}{\Delta x}=\lim_{\Delta x\to 0^-}\frac{|0+\Delta x|-0}{\Delta x}$$

$$=\lim_{\Delta x\to 0^-}\frac{|\Delta x|}{\Delta x}=\lim_{\Delta x\to 0^-}\frac{-\Delta x}{\Delta x}=-1,$$

$$f'_+(0)=\lim_{\Delta x\to 0^+}\frac{\Delta y}{\Delta x}=\lim_{\Delta x\to 0^+}\frac{|0+\Delta x|-0}{\Delta x}$$

$$=\lim_{\Delta x\to 0^+}\frac{|\Delta x|}{\Delta x}=\lim_{\Delta x\to 0^+}\frac{\Delta x}{\Delta x}=1,$$

$$f'_-(0)\neq f'_+(0).$$

如例 2 图所示，曲线 $y=|x|$ 在原点的切线不存在.

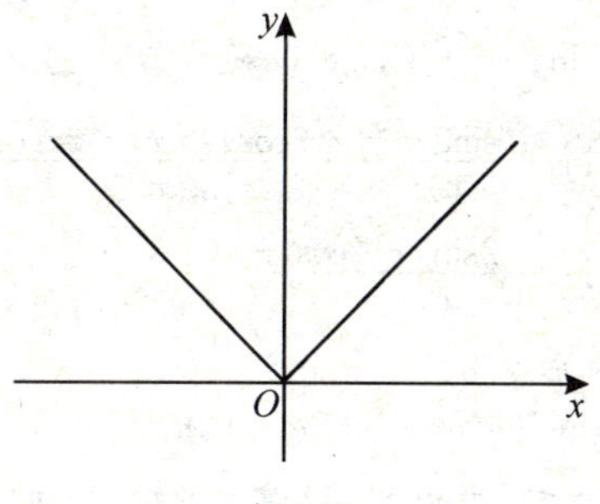

例 2 图

例 3 设函数 $F(x)=\begin{cases} f(x), & x\leqslant 0 \\ ax+b, & x>0 \end{cases}$，其中 $f(x)$ 在点 $x=0$ 处左导数存在，问如何选取常数 a 与 b，使得函数 $F(x)$ 在点 $x=0$ 处连续且可导.

解 ∵ $f'_-(x)$ 存在，∴ $f(x)$ 在点 $x=0$ 处左连续，即

$$\lim_{x\to 0^-} f(x)=f(0).$$

要使 $\lim\limits_{x\to 0}F(x)=F(0)=f(0)$，

只要 $\lim\limits_{x\to 0^+}F(x)=\lim\limits_{x\to 0^-}F(x)=\lim\limits_{x\to 0^-}f(x)=f(0)$，

即 $\lim\limits_{x\to 0^+}(ax+b)=f(0)\Rightarrow b=f(0)$.

要使 $F'(0)$ 存在，只要 $F'_+(x)=F'_-(x)$，即

$$\lim_{x\to 0^+}\frac{F(x)-F(0)}{x}=\lim_{x\to 0^-}\frac{F(x)-F(0)}{x}$$

$$\Rightarrow \lim_{x\to 0^+}\frac{ax+f(0)-f(0)}{x}=\lim_{x\to 0^-}\frac{f(x)-f(0)}{x}\Rightarrow a=f'_-(0).$$

题型 5 求高阶导数

解题思路 (1) 直接法：a. 对给定的函数，逐阶求出函数的高阶导数（如例 1）；b. 求出所给函数的前几阶导数后，分析所得结果的规律，归纳出 n 阶导数的表达式，再用数学归纳法证明之；c. 利用莱布尼茨法则求乘积的 n 阶导数（如例 2）.

(2) 间接法：利用已知的高阶导数公式，通过四则运算，变量代换等方法，求出 n 阶导数.

a. 有理函数分解法（化为真分式）；

b. 三角函数分解法（利用三角函数恒等变形）（如例 3）.

例 1 求函数 $y=\cos^2 x\cdot\ln x$ 的二阶导数.

解 $y'=2\cos x\cdot(-\sin x)\cdot\ln x+\dfrac{\cos^2 x}{x}$

$$=-\sin 2x \cdot \ln x+\frac{\cos^2 x}{x};$$

$$y''=-2\cos 2x\ln x-\frac{\sin 2x}{x}+\frac{(-2\cos x\sin x)\cdot x-\cos^2 x}{x^2}$$

$$=-2\cos 2x\ln x-\frac{2\sin 2x}{x}-\frac{\cos^2 x}{x^2}.$$

例 2　设 $y=x^3 e^x$，求 $y^{(n)}$.

解　$y^{(n)}=C_n^0 x^3 e^x+C_n^1 3x^2 e^x+C_n^2 6xe^x+C_n^3 6e^x$

$$=x^3 e^x+3nx^2 e^x+3n(n-1)xe^x+n(n-1)(n-2)e^x\ (n\geqslant 2).$$

例 3　设 $y=\sin^3 x$，求 $y^{(n)}$.

解　$\sin^3 x=\frac{1}{2}(1-\cos 2x)\sin x=\frac{1}{2}\sin x-\frac{1}{2}\cdot\frac{1}{2}(\sin 3x-\sin x)$

$$=\frac{3}{4}\sin x-\frac{1}{4}\sin 3x,$$

故
$$(\sin^3 x)^{(n)}=\frac{3}{4}(\sin x)^{(n)}-\frac{1}{4}(\sin 3x)^{(n)}$$

$$=\frac{3}{4}\sin\left(x+\frac{n\pi}{2}\right)-\frac{3^n}{4}\sin\left(3x+\frac{n\pi}{2}\right).$$

题型 6　杂例

解题思路　(1) 深刻理解基本概念，并熟练运用于各种问题的判断，通过举反例来说明命题不正确是常用的方法（如例 1）.

(2) 利用导数定义和连续函数在闭区间上的性质证明存在性命题.

(3) 求曲线的切线与法线：利用导数的几何意义和直线方程求之（如例 2）. 对于由参数方程和极坐标方程表示的曲线，其切线的斜率要注意用参数方程和极坐标方程求导法.

(4) 导数在经济学中的应用：边际分析（如例 3）和弹性分析（如例 4）.

例 1　判断题

(1) 初等函数在其定义域内必可导.

答：错.

例如 $f(x)=\sqrt[3]{x^2}$，在点 $x=0$ 处有定义，但不可导.

(2) 若函数 $f(x)$ 在 $x=x_0$ 处不可导，则曲线 $y=f(x)$ 在点 $(x_0, f(x_0))$ 处没有切线.

答：错.

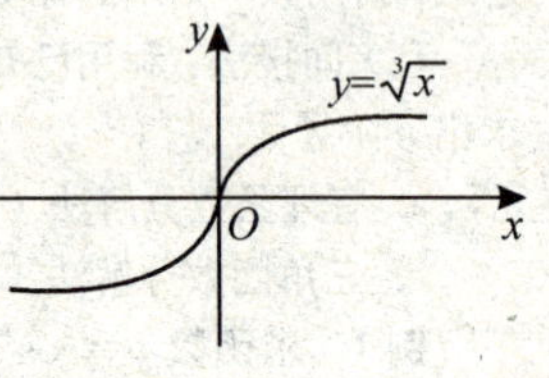

例 1(2) 图

例如 $y=\sqrt[3]{x}$ 在 $x=0$ 处不可导，但曲线 $y=\sqrt[3]{x}$

在点 (0, 0) 处有垂直于 x 轴的切线(见例 1(2) 图).

(3) 若函数 $|f(x)|$ 在点 $x=x_0$ 处可导，则 $f(x)$ 在点 $x=x_0$ 处必可导.

答： 错.

例如 $f(x)=\begin{cases} 1, & x\leqslant 0 \\ -1, & x>0 \end{cases} \Rightarrow |f(x)|=1$,

可见 $|f(x)|$ 在点 $x=0$ 处可导，而 $f(x)$ 在点 $x=0$ 处不可导.

(4) 若函数 $u=\varphi(x)$ 在点 $x=x_0$ 处可导，而 $y=f(u)$ 在点 $u_0=\varphi(x_0)$ 处不可导，则复合函数 $y=f[\varphi(x)]$ 在点 x_0 处必不可导.

答： 错.

例如 $u=\varphi(x)=x^2$ 在点 $x=0$ 处可导，而 $y=f(u)=|u|$，在点 $u_0=\varphi(0)=0$ 处不可导，但复合函数 $y=f[\varphi(x)]=x^2$ 在点 $x=0$ 处可导.

例 2 求曲线 $y=\frac{2}{x^2}$ 在 (1, 2) 点处的切线方程及法线方程.

解 因为

$$f'(x)=-\frac{4}{x^3},\ f'(1)=-4.$$

又切点为 $x_0=1$，$y_0=2$，代入到切线方程中，得

$$y-2=-4(x-1),$$

所以 $y=-4x+6$ 为所求切线方程.

因为，法线方程的斜率为

$$-\frac{1}{f'(1)}=-\frac{1}{-4}=\frac{1}{4},$$

得法线方程

$$y-2=\frac{1}{4}(x-1)，即\ y=\frac{1}{4}x+\frac{7}{4}.$$

例 3 一企业的每日成本 C(千元) 是日产量 q(台) 的函数 $C(q)=400+2q+5\sqrt{q}$，求：

(1) 当产量为 400 台时的成本；

(2) 当产量为 400 台时的平均成本；

(3) 当产量由 400 台增加到 484 台时的平均成本；

(4) 当产量为 400 台时的边际成本.

解 (1) 当产量为 400 台时的成本为：

$$C(400)=400+2\times 400+5\sqrt{400}=1\,300(\text{千元})$$

(2) 当产量为 400 台时的平均成本为：

$$\frac{C(400)}{400}=\frac{1\,300}{400}=3.25(\text{千元/台})$$

(3) 当产量由 400 台增加到 484 台时的平均成本：

$$\frac{C(484)-C(400)}{484-400}=\frac{1\,478-1\,300}{484-400}\approx 2.119(\text{千元/台})$$

(4) 当产量为 400 台时的边际成本为：

$$C'(q)=(400+2q+5\sqrt{q})'=2+\frac{5}{2\sqrt{q}}$$

所以，　$C'(400)=2+\dfrac{5}{2\sqrt{400}}=2.125(\text{千元/台})$

例 4　已知需求量为 q(单位：百件)，价格为 p(单位：千元)，需求价格函数为：

$$q(p)=15\mathrm{e}^{-\frac{p}{3}},\ p\in[3,\ 10]$$

求当 $p=9$ 时的需求弹性.

解　因为 $E_p=\dfrac{p}{q(p)}q'(p)=\dfrac{p}{15\mathrm{e}^{-\frac{p}{3}}}\times 15\times\left(-\dfrac{1}{3}\right)\times \mathrm{e}^{-\frac{p}{3}}=-\dfrac{p}{3}$,

所以　$E_p(9)=-\dfrac{9}{3}=-3.$

第 3 章　导数的应用

在第 2 章中，我们介绍了微分学的两种基本概念——导数与微分及其计算方法. 本章以微分学基本定理——微分中值定理为基础，进一步介绍利用导数研究函数的性态，例如判断函数的单调性和凹凸性，求函数的极限、极值、最大(小)值以及函数作图的方法.

本章教学基本要求：

1. 理解并会用罗尔定理，拉格朗日中值定理，了解并会用柯西中值定理；
2. 掌握用洛必达法则求未定式极限的方法；
3. 理解函数的极值概念，能用导数求函数的极值，掌握用导数判断函数的单调性的方法，会用导数判断曲线的凹凸性，会求曲线的拐点；
4. 掌握函数最大值和最小值的求法及其在抛射体运动和经济中的应用；
5. 会求水平、垂直和斜渐近线，会描绘函数的图形.

§3.1　中值定理

一、主要知识归纳

罗尔定理	若 $f(x)$ 满足：(1) 在 $[a,b]$ 上连续，(2) 在 (a,b) 内可导，(3) $f(a)=f(b)$，则至少存在一点 $\xi\in(a,b)$，使 $f'(\xi)=0$.	几何意义为曲线 $y=f(x)$ 上至少有一点的切线是水平直线.
拉格朗日中值定理	若 $f(x)$ 满足：(1) 在 $[a,b]$ 上连续，(2) 在 (a,b) 内可导，则至少存在 $\xi\in(a,b)$，使 $f(b)-f(a)=f'(\xi)(b-a)$ 或 $f(a+h)-f(a)=f'(a+\theta h)h$，其中 $h=b-a$，$0<\theta<1$.	几何意义为曲线 $y=f(x)$ 上至少有一点的切线与两端点的连线平行.
推论 1	若 $f(x)$ 在区间 I 上恒有 $f'(x)=0$，则 $f(x)=C$(常数).	
推论 2	若 $f(x)$ 与 $g(x)$ 在区间 I 上恒有 $f'(x)=g'(x)$，则 $$f(x)=g(x)+C\ (C\text{ 为常数}).$$	
柯西中值定理	若 $f(x)$ 与 $g(x)$ 满足：(1) 在 $[a,b]$ 上连续，(2) 在 (a,b) 内可导，(3) $g'(x)\neq0$，则至少存在一点 $\xi\in(a,b)$，使 $$\frac{f(b)-f(a)}{g(b)-g(a)}=\frac{f'(\xi)}{g'(\xi)}.$$	

二、典型例题分析

例 1　对函数 $f(x)=\sin^2 x$ 在区间 $[0,\pi]$ 上验证罗尔定理的正确性.

证　显然 $f(x)$ 在 $[0,\pi]$ 上连续，在 $(0,\pi)$ 内可导，且

$$f(0)=f(\pi)=0,$$

而在 $(0,\pi)$ 内确存在一点 $\xi=\frac{\pi}{2}$ 使

$$f'\left(\frac{\pi}{2}\right)=(2\sin x\cos x)\Big|_{x=\pi/2}=0.$$

小结：验证中值定理需要检验定理条件是否满足，对于满足条件的具体函数需求出定理结论中的 ξ.

例 2　验证函数 $f(x)=\arctan x$ 在 $[0,1]$ 上满足拉格朗日中值定理，并由定理结论求 ξ 值.

证　$f(x)=\arctan x$ 在 $[0,1]$ 上连续，在 $(0,1)$ 内可导，故满足拉格朗日中值定理的条件.

则　$$f(1)-f(0)=f'(\xi)(1-0)\ (0<\xi<1),$$

即　$$\arctan 1-\arctan 0=\frac{1}{1+x^2}\Big|_{x=\xi}=\frac{1}{1+\xi^2},$$

故　$$\frac{1}{1+\xi^2}=\frac{\pi}{4}\Rightarrow\xi=\sqrt{\frac{4-\pi}{\pi}}\ (0<\xi<1).$$

例 3　验证柯西中值定理对函数 $f(x)=x^3+1$，$g(x)=x^2$ 在区间 $[1,2]$ 上的正确性.

证　函数 $f(x)=x^3+1$，$g(x)=x^2$ 在闭区间 $[1,2]$ 上连续，在开区间 $(1,2)$ 内可导，且 $g'(x)=2x\neq0$.

于是 $f(x)$，$g(x)$ 满足柯西中值定理的条件.

由于

$$\frac{f(2)-f(1)}{g(2)-g(1)}=\frac{(2^3+1)-(1^3+1)}{2^2-1^2}=\frac{7}{3},\ \frac{f'(x)}{g'(x)}=\frac{3}{2}x,$$

令 $\frac{3}{2}x=\frac{7}{3}$，得 $x=\frac{14}{9}$.

取 $\xi=\frac{14}{9}\in(1,2)$，则等式 $\frac{f(2)-f(1)}{g(2)-g(1)}=\frac{f'(x)}{g'(x)}$ 成立.

这就验证了柯西中值定理对所给函数在所给区间上的正确性.

例 4　设 $f(x)$ 是在 $[0,c]$ 上可导的函数，且 $f'(x)$ 单调减少，$f(0)=0$. 试

证：对于 $0\leqslant a\leqslant b\leqslant a+b\leqslant c$，恒有 $f(a+b)\leqslant f(a)+f(b)$.

证 当 $a=0$ 时，有 $f(a)=0$，故不等式成立.

当 $a>0$ 时，在 $[0, a]$ 上应用拉氏定理知，$\exists\xi_1\in(0, a)$，使

$$\frac{f(a)}{a}=\frac{f(a)-f(0)}{a-0}=f'(\xi_1).$$

在 $[b, a+b]$ 上应用拉氏定理知 $\exists\xi_2\in(b, a+b)$，使

$$\frac{f(a+b)-f(b)}{a}=\frac{f(a+b)-f(b)}{(a+b)-b}=f'(\xi_2)$$

因为 $f'(x)$ 单调减少，所以 $f'(\xi_1)>f'(\xi_2)\Rightarrow\frac{f(a+b)-f(b)}{a}\leqslant\frac{f(a)}{a}(a>0)$

所以 $f(a+b)\leqslant f(a)+f(b)$. 证毕.

小结：证明不等式，在其所给范围内应用拉氏定理，将 $f'(\xi)$ 作适应的放大或缩小即可证明.

例 5 设 $a_1, a_2, a_3, \cdots, a_n$ 为满足 $a_1-\frac{a_2}{3}+\cdots+(-1)^{n+1}\frac{a_n}{2n-1}=0$ 的实数，试证明方程 $a_1\cos x+a_2\cos 3x+\cdots+a_n\cos(2n-1)x=0$ 在 $(0, x/2)$ 内至少存在一个实根.

证 作辅助函数

$$f(x)=a_1\sin x+\frac{1}{3}a_2\sin 3x+\cdots+\frac{1}{2n-1}a_n\sin(2n-1)x,$$

显然 $f(0)=f(\pi/2)=0$，$f(x)$ 在 $[0, \pi/2]$ 上连续，在 $(0, \pi/2)$ 内可导，故由罗尔定理知，至少存在一点 $\xi\in(0, \pi/2)$，使 $f'(\xi)=0$，即 $f'(\xi)=a_1\cos\xi+a_2\cos 3\xi+\cdots+a_n\cos(2n-1)\xi=0$，从而题设方程在 $(0, \pi/2)$ 内至少有一个实根.

小结：利用中值定理证明方程的根的问题，将所证命题化为 $f^{(n)}(\xi)=0$ 形式. 当 $n=0$ 时，用介值定理证明；当 $n=1$ 时，用罗尔定理证明；当 $n=2$ 时，对导函数 $f'(x)$ 应用罗尔定理证明；当 $n>2$ 时，反复对高阶导函数应用罗尔定理.

三、习题 3—1 解答

1. 验证函数 $f(x)=x\sqrt{3-x}$ 在区间 $[0, 3]$ 上满足罗尔定理的条件，并求出满足罗尔定理的值 ξ.

证 $f(x)$ 显然在 $[0, 3]$ 上连续，在 $(0, 3)$ 内可导. 且 $f(0)=f(3)=0$，所以 $f(x)$ 在 $[0, 3]$ 上满足罗尔定理的所有条件. 若令

$$f'(x)=\sqrt{3-x}-x\cdot\frac{1}{2\sqrt{3-x}}=0,$$

则 $x=2\in(0,3)$，即存在 $\xi=2\in(0,3)$，使 $f'(\xi)=0$，说明罗尔定理成立.

2. 验证拉格朗日中值定理对函数 $y=4x^3-5x^2+x-2$ 在区间 $[0,1]$ 上的正确性.

证　易见题设函数在整数轴上连续且可导，从而在 $[0,1]$ 上连续，在 $(0,1)$ 内可导，即它满足拉格朗日中值定理的条件，故 $\exists\xi\in(0,1)$，使得

$$y(1)-y(0)=y'(\xi)(1-0)=y'(\xi),$$

事实上，本题可具体求出 ξ 值，

$\because$ $y(1)=-2$，$y(0)=-2$，$\therefore$ $y(1)-y(0)=0$，$y'(x)=12x^2-10x+1$，

令　$$y'(\xi)=12\xi^2-10\xi+1=0\Rightarrow\xi_{1,2}=\frac{5\pm\sqrt{13}}{12}\in(0,1),$$

$\therefore$　$y'(\xi_{1,2})=y(1)-y(0)=0.$

3. 已知函数 $f(x)=x^4$ 在区间 $[1,2]$ 上满足拉格朗日中值定理的条件，试求满足定理的 ξ.

解　$f(1)=1$，$f(2)=16$，

$$f'(\xi)=4\xi^3=\frac{f(2)-f(1)}{2-1}=15\Rightarrow\xi=\sqrt[3]{\frac{15}{4}}\in(1,2).$$

4. 试证明对函数 $y=px^2+qx+r$ 应用拉格朗日中值定理时所求得的点 ξ 总是位于区间的正中间.

证　设 a，b 为任意常数，且 $a<b$. 易见本题的多项式函数在 $[a,b]\subset(-\infty,+\infty)$ 上连续，在 (a,b) 内可导，即它满足拉格朗日定理的条件，故 $\exists\xi\in(a,b)$，使得 $y'(\xi)\cdot(b-a)=f(b)-f(a)$，而 $y'(x)=2px+q$，即有

$$(2px+q)\bigg|_{x=\xi}=\frac{pb^2+qb+r-(pa^2+qa+r)}{b-a},$$

亦即 $2p\xi+q=p(b+a)+q$，所以 $\xi=\dfrac{a+b}{2}$.

5. 一位货车司机在收费亭处拿到一张罚款单，说他在限速为 65 公里/小时的收费道路上在 2 小时内走了 159 公里. 罚款单列出的违章理由为该司机超速行驶. 为什么?

解　在 2 小时内的平均速度为 159/2=79.5 (公里/小时).

由拉格朗日中值定理知，在 2 小时内必存在某一时该 $\xi=79.5$ (公里/小时). 从而

$\xi=79.5>65$,

所以，可以断定该司机超速行驶.

6. 15世纪郑和下西洋时最大的宝船能在12小时内一次航行110海里. 试解释为什么在航行过程中的某时刻宝船的速度一定超过9海里/小时.

解 在12小时内的平均速度为

$110/12\approx 9.17$(海里/小时).

由拉格朗日中值定理知，在12小时内必存在某一时刻

$\xi=9.17$(海里/小时).

从而 $\xi=9.17>9$，所以，可以断定在航行过程中的某时刻宝船的速度一定超过9海里/小时.

7. 证明下列不等式：

(1) 当 $x>1$ 时，$e^x>e\cdot x$.

证 令 $f(x)=e^x$，它在 $[1,x]$ 上连续，在 $(1,x)$ 内可导，由拉格朗日中值定理

$$e^x-e^1=e^{\xi}(x-1),\quad 1<\xi<x.$$

而 $\quad e^{\xi}>e^1,\ e^x-e>e^1(x-1)=e\cdot x-e$,

故 $\quad e^x>e\cdot x\quad (x>1)$.

(2) 当 $x>0$ 时，$\ln(1+x)<x$.

证 方法一 利用中值定理的证明. 设 $f(x)=\ln(1+x)$，对 $f(x)$ 在 $[0,x]$ 上应用拉格朗日中值定理得

$$\ln(1+x)-\ln 1=\frac{1}{1+\xi}(x-0)\quad (0<\xi<x),$$

由于 $x>0$，所以 $\frac{x}{1+\xi}<x$，从而 $\ln(1+x)<x$.

方法二 用函数的单调性证明. 设 $f(x)=\ln(1+x)-x$，则

$$f'(x)=\frac{1}{1+x}-1<0,$$

所以 $f(x)$ 在 $(0,x)$ 内单调减少，又 $f(0)=\ln(1+0)-0=0$，故 $f(x)<0$，即 $\ln(1+x)<x$.

8. 若函数 $f(x)$ 在 (a,b) 内具有二阶导函数，且

$$f(x_1)=f(x_2)=f(x_3)\ (a<x_1<x_2<x_3<b),$$

证明：在 (x_1, x_3) 内至少有一点 ξ，使得 $f''(\xi)=0$.

证　显然 $f(x)$ 在 (a, b) 内连续可导，故 $f(x)$ 在 $[x_1, x_2]$ 及 $[x_2, x_3]$ 上连续，在 (x_1, x_2) 及 (x_2, x_3) 上可导，于是由罗尔定理知，$\exists \xi_1 \in (x_1, x_2)$，$\xi_2 \in (x_2, x_3)$，使得

$$f'(\xi_1)=f'(\xi_2)=0 \quad (\xi_1<\xi_2).$$

又 $[\xi_1, \xi_2] \subset (a, b)$，故 $f'(x)$ 在 $[\xi_1, \xi_2]$ 上连续可导，再次应用罗尔定理知，

$$\exists \xi \in (\xi_1, \xi_2) \subset (x_1, x_3),$$

使得　$f''(\xi)=0, \quad \xi \in (x_1, x_3)$.

§3.2　洛必达法则

一、主要知识归纳

<table>
<tr><td rowspan="2">$\frac{0}{0}$型$\left(\text{或}\frac{\infty}{\infty}\text{型}\right)$</td><td>1. 设 $f(x)$ 与 $g(x)$ 满足：
(1) 当 $x\to a$ 时，$f(x)\to 0$ 且 $g(x)\to 0$(或 $f(x)\to\infty$, $g(x)\to\infty$)，
(2) 在点 a 的某去心邻域内，$f'(x)$ 及 $g'(x)$ 都存在且 $g'(x)\neq 0$，
(3) $\lim\limits_{x\to a}\frac{f'(x)}{g'(x)}$ 存在（或为∞），
则$\lim\limits_{x\to a}\frac{f(x)}{g(x)}=\lim\limits_{x\to a}\frac{f'(x)}{g'(x)}$.</td></tr>
<tr><td>2. 设 $f(x)$ 与 $g(x)$ 满足：
(1) 当 $x\to\infty$时，$f(x)\to 0$ 且 $g(x)\to 0$（或 $f(x)\to\infty$, $g(x)\to\infty$)，
(2) 对于充分大的 $|x|$，$f'(x)$ 及 $g'(x)$ 都存在且 $g'(x)\neq 0$，
(3) $\lim\limits_{x\to\infty}\frac{f'(x)}{g'(x)}$存在或为$\infty$，
则 $\lim\limits_{x\to\infty}\frac{f(x)}{g(x)}=\lim\limits_{x\to\infty}\frac{f'(x)}{g'(x)}$.</td></tr>
<tr><td>其它不定型转成$\frac{0}{0}$型或$\frac{\infty}{\infty}$型</td><td>(1) $0\cdot\infty=\frac{0}{\frac{1}{\infty}}=\frac{0}{0}$或 $0\cdot\infty=\frac{\infty}{\frac{1}{0}}=\frac{\infty}{\infty}$，
(2) $\infty_1-\infty_2=\frac{1}{\frac{1}{\infty_1}}-\frac{1}{\frac{1}{\infty_2}}=\frac{\frac{1}{\infty_2}-\frac{1}{\infty_1}}{\frac{1}{\infty_1\cdot\infty_2}}=\frac{0}{0}$，
(3) $1^{\infty}=e^{\infty\ln 1}=e^{\infty\cdot 0}$，
(4) $0^0=e^{0\ln 0}=e^{0\cdot\infty}$，
(5) $\infty^0=e^{0\ln\infty}=e^{0\cdot\infty}$.</td></tr>
</table>

二、典型例题分析

例 1 求$\lim\limits_{x\to 0}\dfrac{\tan x-x}{x^2\tan x}$.

解 注意到$x\to 0$时$\tan x\sim x$，则

$$\lim_{x\to 0}\frac{\tan x-x}{x^2\tan x}=\lim_{x\to 0}\frac{\tan x-x}{x^3}=\lim_{x\to 0}\frac{\sec^2 x-1}{3x^2}$$
$$=\lim_{x\to 0}\frac{2\sec^2 x\tan x}{6x}=\frac{1}{3}\lim_{x\to 0}\sec^2 x\cdot\lim_{x\to 0}\frac{\tan x}{x}=\frac{1}{3}\lim_{x\to 0}\frac{\tan x}{x}=\frac{1}{3}.$$

小结：洛必达法则虽然是求未定式的一种有效方法，但若能与其它求极限的方法结合使用，则效果更好. 例如，能化简时应尽可能先化简，可以应用等价无穷小替换或重要极限时，应尽可能应用，以使运算尽可能简捷.

例 2 求$\lim\limits_{x\to\infty}[(2+x)e^{\frac{1}{x}}-x]$.（$\infty-\infty$型）

解 原式$=\lim\limits_{x\to\infty}x\left[\left(\dfrac{2}{x}+1\right)e^{\frac{1}{x}}-1\right]=\lim\limits_{x\to\infty}\dfrac{\left(1+\dfrac{2}{x}\right)e^{\frac{1}{x}}-1}{\dfrac{1}{x}}$.

直接用洛必达法则，计算量较大. 为此作变量替换，令$t=\dfrac{1}{x}$，则当$x\to\infty$时，$t\to 0$，所以

$$\lim_{x\to\infty}[(2+x)e^{\frac{1}{x}}-x]=\lim_{t\to 0}\frac{(1+2t)e^t-1}{t}=\lim_{t\to 0}\frac{2+(2t+1)}{1}e^t=3.$$

例 3 求$\lim\limits_{x\to 0^+}x^x$.（$0^0$型）

解 $\lim\limits_{x\to 0^+}x^x=\lim\limits_{x\to 0^+}e^{x\ln x}=e^{\lim\limits_{x\to 0^+}x\ln x}=e^{\lim\limits_{x\to 0^+}\frac{\ln x}{\frac{1}{x}}}=e^{\lim\limits_{x\to 0^+}\frac{\frac{1}{x}}{-\frac{1}{x^2}}}=e^0=1.$

小结：0^0，1^∞，∞^0型，分别取对数化成$0\cdot\ln 0$，$\infty\cdot\ln 1$，$0\cdot\ln\infty$，最终按照$0\cdot\infty$型求解.

例 4 求$\lim\limits_{x\to+0}(\cos\sqrt{x})^{\frac{\pi}{x}}$.（$1^\infty$型）

解 方法一 利用洛必达法则.

$$\lim_{x\to+0}(\cos\sqrt{x})^{\frac{\pi}{x}}=e^{\lim\limits_{x\to+0}\frac{\pi}{x}\ln\cos\sqrt{x}}=e^{\pi\lim\limits_{x\to+0}\frac{-\sin\sqrt{x}}{\cos\sqrt{x}}\cdot\frac{1}{2\sqrt{x}}}=e^{-\frac{\pi}{2}}.$$

方法二 利用两个重要极限.

$$\lim_{x\to+0}(\cos\sqrt{x})^{\frac{\pi}{x}}=\lim_{x\to+0}(1+\cos\sqrt{x}-1)^{\frac{\pi}{x}}$$
$$=\lim_{x\to+0}(1+\cos\sqrt{x}-1)^{\frac{1}{\cos\sqrt{x}-1}\cdot\frac{\cos\sqrt{x}-1}{x}\cdot\pi}=e^{-\frac{\pi}{2}}.$$

例 5　求 $\lim\limits_{x\to\infty}(e^{3x}-5x)^{1/x}$．($\infty^0$ 型)

解　$\lim\limits_{x\to\infty}(e^{3x}-5x)^{1/x}=\lim\limits_{x\to\infty}e^{\frac{1}{x}\ln(e^{3x}-5x)}=e^{\lim\limits_{x\to+\infty}\frac{1}{x}\ln(e^{3x}-5x)}$

因为　$\lim\limits_{x\to\infty}\dfrac{1}{x}\ln(e^{3x}-5x)=\lim\limits_{x\to\infty}\dfrac{\ln(e^{3x}-5x)}{x}\ \left(\dfrac{\infty}{\infty}\right)$

$$=\lim_{x\to\infty}\frac{\dfrac{3e^{3x}-5}{e^{3x}-5x}}{1}=\lim_{x\to\infty}\frac{3e^{3x}-5}{e^{3x}-5x}\ \left(\frac{\infty}{\infty}\right)$$
$$=\lim_{x\to+\infty}\frac{3\cdot e^{3x}\cdot 3}{e^{3x}\cdot 3-5}=\lim_{x\to+\infty}\frac{9}{3-\dfrac{5}{e^{3x}}}=3.$$

所以　$\lim\limits_{x\to\infty}(e^{3x}-5x)^{1/x}=e^3$.

三、习题 3—2 解答

1. 用洛必达法则求下列极限：

(1) $\lim\limits_{x\to0}\dfrac{e^x-e^{-x}}{\sin x}$.

解　$\lim\limits_{x\to0}\dfrac{e^x-e^{-x}}{\sin x}=\lim\limits_{x\to0}\dfrac{e^x-e^{-x}}{x}=\lim\limits_{x\to0}(e^x+e^{-x})=2$.

(2) $\lim\limits_{x\to a}\dfrac{\sin x-\sin a}{x-a}$.

解　$\lim\limits_{x\to a}\dfrac{\sin x-\sin a}{x-a}=\lim\limits_{x\to a}\cos x=\cos a$.

(3) $\lim\limits_{x\to0}\dfrac{\tan x-x}{x-\sin x}$.

解　原式 $\overset{\left(\frac{0}{0}\right)}{=\!=\!=}\lim\limits_{x\to0}\dfrac{\sec^2x-1}{1-\cos x}=\lim\limits_{x\to0}\dfrac{\tan^2x}{\dfrac{1}{2}x^2}=2$.

(4) $\lim\limits_{x\to1}\dfrac{x^3-1+\ln x}{e^x-e}$.

解　原式 $\overset{\left(\frac{0}{0}\right)}{=\!=\!=}\lim\limits_{x\to1}\dfrac{3x^2+\dfrac{1}{x}}{e^x}=4e^{-1}$.

(5) $\lim\limits_{x\to0}x\cot 2x$.

解　$\lim\limits_{x\to0}x\cot 2x=\lim\limits_{x\to0}\dfrac{x}{\tan 2x}=\lim\limits_{x\to0}\dfrac{1}{2\sec^2 2x}=\dfrac{1}{2}$.

(6) $\lim\limits_{x\to 0}x^2 e^{1/x^2}$.

解 $\lim\limits_{x\to 0}x^2 e^{1/x^2}=\lim\limits_{x\to 0}\dfrac{e^{1/x^2}}{\dfrac{1}{x^2}}=\lim\limits_{x\to 0}e^{1/x^2}=+\infty.$

(7) $\lim\limits_{x\to\infty}x(e^{\frac{1}{x}}-1)$.

解 $\lim\limits_{x\to\infty}x(e^{\frac{1}{x}}-1)=\lim\limits_{x\to\infty}\dfrac{e^{\frac{1}{x}}-1}{\dfrac{1}{x}}\xlongequal{1/x=t}\lim\limits_{t\to 0}\dfrac{e^t-1}{t}=\lim\limits_{t\to 0}e^t=1.$

(8) $\lim\limits_{x\to 0}\left(\dfrac{1}{x}-\dfrac{1}{e^x-1}\right)$.

解 $\lim\limits_{x\to 0}\left(\dfrac{1}{x}-\dfrac{1}{e^x-1}\right)=\lim\limits_{x\to 0}\dfrac{e^x-1-x}{x(e^x-1)}=\lim\limits_{x\to 0}\dfrac{e^x-1}{e^x-1+xe^x}=\lim\limits_{x\to 0}\dfrac{e^x}{xe^x+2e^x}=\dfrac{1}{2}.$

(9) $\lim\limits_{x\to 1}\left(\dfrac{x}{x-1}-\dfrac{1}{\ln x}\right)$.

解
$$\lim_{x\to 1}\left(\frac{x}{x-1}-\frac{1}{\ln x}\right)=\lim_{x\to 1}\frac{x\ln x-x+1}{(x-1)\ln x}=\lim_{x\to 1}\frac{\ln x}{\ln x+\dfrac{x-1}{x}}$$
$$=\lim_{x\to 1}\frac{x\ln x}{x\ln x+x-1}=\lim_{x\to 1}\frac{1+\ln x}{2+\ln x}=\frac{1}{2}.$$

(10) $\lim\limits_{x\to 0^+}x^{\sin x}$.

解 设 $y=x^{\sin x}$，则 $\ln y=\sin x\ln x$，

$$\lim_{x\to 0^+}\ln y=\lim_{x\to 0^+}\sin x\ln x=\lim_{x\to 0^+}x\ln x=\lim_{x\to 0^+}\frac{\ln x}{\dfrac{1}{x}}=\lim_{x\to 0^+}\frac{\dfrac{1}{x}}{-\dfrac{1}{x^2}}=-\lim_{x\to 0^+}x=0.$$

∴ $\lim\limits_{x\to 0^+}x^{\sin x}=1.$

(11) $\lim\limits_{x\to 0^+}\left(\dfrac{1}{x}\right)^{\tan x}$.

解
$$\lim_{x\to 0^+}\left(\frac{1}{x}\right)^{\tan x}=\lim_{x\to 0^+}e^{\tan x\cdot\ln\frac{1}{x}}$$
$$=\exp[\lim_{x\to 0^+}\tan x(0-\ln x)]=\exp\left[\lim_{x\to 0^+}\frac{-\ln x}{\cot x}\right]$$
$$=\exp\left[\lim_{x\to 0^+}\frac{-1}{x\cdot(-\csc^2 x)}\right]=\exp\left[\lim_{x\to 0^+}\frac{\sin^2 x}{x}\right]$$
$$=\exp[\lim_{x\to 0^+}\sin x]=e^0=1.$$

(12) $\lim\limits_{x\to 0}(1+\sin x)^{\frac{1}{x}}$.

解 $\lim\limits_{x\to 0}(1+\sin x)^{\frac{1}{x}}=\lim\limits_{x\to 0}e^{\frac{1}{x}\ln(1+\sin x)}=\exp\left[\lim\limits_{x\to 0}\frac{\ln(1+\sin x)}{x}\right]$

$$=\exp\left[\lim_{x\to 0}\frac{\cos x}{1+\sin x}\right]=e.$$

或 $\lim\limits_{x\to 0}(1+\sin x)^{\frac{1}{x}}=\lim\limits_{x\to 0}\left[(1+\sin x)^{\frac{1}{\sin x}}\right]^{\frac{\sin x}{x}}=e.$

2. 验证极限$\lim\limits_{x\to\infty}\dfrac{x+\sin x}{x}$存在，但不能用洛必达法则求出.

证 $\lim\limits_{x\to\infty}\dfrac{x+\sin x}{x}=\lim\limits_{x\to\infty}\left(1+\dfrac{\sin x}{x}\right)=1$

若用洛必达法则，则因

$$\lim_{x\to\infty}\frac{x+\sin x}{x}=\lim_{x\to\infty}\frac{1+\cos x}{1}=1+\lim_{x\to\infty}\cos x$$

不存在，故题设极限不能用洛必达法则求出.

§3.3 函数的单调性、凹凸性与极值

一、主要知识归纳

表 3—3—1 函数单调性

函数单调性判别法	设函数 $f(x)$ 在 $[a, b]$ 上连续，在 (a, b) 内可导，则 (1) 若对 $\forall x\in(a, b)$，$f'(x)>0$，则函数 $y=f(x)$ 在 $[a, b]$ 上单调增加； (2) 若对 $\forall x\in(a, b)$，$f'(x)<0$，则函数 $y=f(x)$ 在 $[a, b]$ 上单调减少.

表 3—3—2 曲线的凹与凸的概念及判别法

定义	设 $f(x)$ 在区间 I 上连续，如果对 I 上任意两点 x_1，x_2 恒有 (1) $f\left(\dfrac{x_1+x_2}{2}\right)<\dfrac{f(x_1)+f(x_2)}{2}$，则称 $f(x)$ 在 I 上的图形是凹的； (2) $f\left(\dfrac{x_1+x_2}{2}\right)>\dfrac{f(x_1)+f(x_2)}{2}$，则称 $f(x)$ 在 I 上的图形是凸的.
判别法	设 $f(x)$ 在 $[a, b]$ 上连续，且在 (a, b) 内二阶可导，则 (1) 若在 (a, b) 内 $f''(x)>0\Rightarrow[a, b]$ 上图形是凹的； (2) 若在 (a, b) 内 $f''(x)<0\Rightarrow[a, b]$ 上图形是凸的.

表 3—3—3 曲线的拐点

定义	曲线的凹与凸的分界点称为曲线的拐点.
求法	若 $(x_0, f(x_0))$ 是曲线 $y=f(x)$ 的拐点，且 $f''(x_0)$ 存在，则 $f''(x_0)=0$.

续前表

判别法	若 x_0 的左右两侧 $f''(x)$ 改变正负号，则 $(x_0, f(x_0))$ 是曲线的拐点； 若 x_0 的左右两侧 $f''(x)$ 不变号，则 $(x_0, f(x_0))$ 不是曲线的拐点.

表 3—3—4　　函数极值概念与判别法

极值与极值点	若存在 x_0 的某邻域 $\bigcup(x_0)$，使对 $\forall x\in\mathring{\bigcup}(x_0)$，恒有 (1) $f(x)<f(x_0)$，则称 $f(x_0)$ 是 $f(x)$ 的一个极大值； (2) $f(x)>f(x_0)$，则称 $f(x_0)$ 是 $f(x)$ 的一个极小值. 极大值与极小值统称为函数的极值，取到极值的点称为函数的极值点.
驻点	导数为零的点称为驻点.
必要条件	若 $f(x)$ 在 x_0 处有极值，且 $f'(x_0)$ 存在，则 $f'(x_0)=0$. （即极值点要么是驻点要么是导数不存在的点.）
第一充分条件	设 $f(x)$ 在点 x_0 的附近可导，在点 x_0 处连续且 $f'(x_0)=0$ 或 $f'(x_0)$ 不存在，则 (1) 若 $f'(x)(x-x_0)<0$，即当 $x<x_0$ 时，$f'(x_0)>0$，当 $x>x_0$ 时，$f'(x_0)<0\Rightarrow f(x_0)$ 是函数的极大值； (2) 若 $f'(x)(x-x_0)>0$，即当 $x<x_0$ 时，$f'(x_0)<0$，当 $x>x_0$ 时，$f'(x_0)>0\Rightarrow f(x_0)$ 是函数的极小值； (3) 若在 x_0 的左右两侧导数 $f'(x)$ 不变号 $\Rightarrow f(x_0)$ 不是函数的极值.
第二充分条件	设 $f(x)$ 在点 x_0 处具有二阶导数且 $f'(x_0)=0$，$f''(x_0)\neq 0$，则 (1) 若 $f''(x_0)<0\Rightarrow f(x_0)$ 是函数的极大值； (2) 若 $f''(x_0)>0\Rightarrow f(x_0)$ 是函数的极小值.

二、典型例题分析

例 1　当 $x>0$ 时，试证 $x>\ln(1+x)$ 成立.

证　设 $f(x)=x-\ln(1+x)$，则 $f'(x)=\dfrac{x}{1+x}$.

因为 $f(x)$ 在 $[0,+\infty)$ 上连续，在 $(0,+\infty)$ 内可导，且 $f'(x)>0$，
所以 $f(x)$ 在 $[0,+\infty)$ 上单调增加，
又　$f(0)=0$，
所以当 $x>0$ 时，$x-\ln(1+x)>0$，即 $x>\ln(1+x)$.

例 2　证明方程 $\ln x=\dfrac{x}{\mathrm{e}}-1$ 在区间 $(0,+\infty)$ 内有两个实根.

证　令 $f(x)=\ln x-\dfrac{x}{\mathrm{e}}+1$，欲证题设结论等价于证 $f(x)$ 在 $(0,+\infty)$ 内有两个零点.

令 $f'(x)=\frac{1}{x}-\frac{1}{e}=0\Rightarrow x=e.$

因 $f(e)=1$，$\lim\limits_{x\to+0}f(x)=-\infty$，故 $f(x)$ 在 $(0, e)$ 内有一零点.

又因在 $(0, e)$ 内 $f'(x)>0$，故 $f(x)$ 在 $(0, e)$ 内单调增加，这零点唯一.

另一方面，$\lim\limits_{x\to+\infty}f(x)=\lim\limits_{x\to+\infty}\left(\ln x-\frac{x}{e}+1\right)=-\infty$，故在 $(e, +\infty)$ 内有一零点.

又在 $(e, +\infty)$ 内 $f'(x)<0$，所以 $f(x)$ 在 $(e, +\infty)$ 内单调减少，该零点也唯一.

因此，$f(x)$ 在 $(0, +\infty)$ 内有且仅有两个零点，证毕.

小结：连续函数的零点定理说明了方程的根的存在性，而单调性进一步反映了零点的唯一性.

例 3　求曲线 $y=\sin x+\cos x(x\in[0, 2\pi])$ 的拐点.

解　$y'=\cos x-\sin x$，　$y''=-\sin x-\cos x$，

$y'''=-\cos x+\sin x$.

令 $y''=0$，得 $x_1=\frac{3\pi}{4}$，$x_2=\frac{7\pi}{4}$.

$$f'''\left(\frac{3\pi}{4}\right)=\sqrt{2}\neq0,\ f'''\left(\frac{7\pi}{4}\right)=-\sqrt{2}\neq0,$$

所以在 $[0, 2\pi]$ 内曲线有拐点为

$$\left(\frac{3\pi}{4}, 0\right), \left(\frac{7\pi}{4}, 0\right).$$

小结：若 $f''(x_0)$ 不存在，点 $(x_0, f(x_0))$ 也可能是连续曲线 $y=f(x)$ 的拐点. 首先解得 $f''(x)=0$，再考察解的左右两侧的二阶导数的正负号，如符号相反，则相应的点是拐点，否则，不是拐点.

例 4　求函数 $f(x)=x-\frac{3}{2}x^{2/3}$ 的单调区间和极值.

解　求导数 $f'(x)=1-x^{-1/3}$，当 $x=1$ 时 $f'(x)=0$，而 $x=0$ 时 $f'(x)$ 不存在，因此，函数只可能在这两点取得极值. 列表如下.

x	$(-\infty, 0)$	0	$(0, 1)$	1	$(1, +\infty)$
$f'(x)$	+	不存在	−	0	+
$f(x)$	↗	极大值 0	↘	极小值 $-\frac{1}{2}$	↗

由上表可见：函数 $f(x)$ 在区间 $(-\infty, 0)$，$(1, +\infty)$ 上单调增加，在区间 $(0, 1)$ 上单调减少.

在点 $x=0$ 处有极大值 $f(0)=0$，在点 $x=1$ 处有极小值 $f(1)=-\frac{1}{2}$，如例 4 图所示.

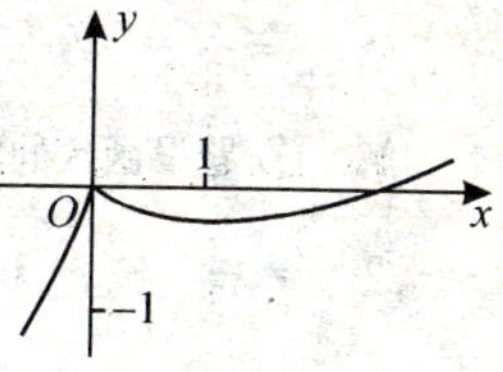

例 4 图

小结：首先找到可疑的极值点：导数为 0 的点和不可导的点，然后用极值的充分条件分别判断.

三、习题 3—3 解答

1. 证明函数 $y=x-\ln(1+x^2)$ 单调增加.

证　因　$y'=1-\frac{2x}{1+x^2}=\frac{(1-x)^2}{1+x^2}\geqslant 0$，

且只有当 $x=1$ 时，$y'(1)=0$，所以 $y=x-\ln(1+x^2)$ 在 $(-\infty, +\infty)$ 内单调增加.

2. 判定函数 $f(x)=x+\sin x(0\leqslant x\leqslant 2\pi)$ 的单调性.

解　$f'(x)=1+\cos x\geqslant 0$，$x\in[0, 2\pi]$，

且在 $(0, 2\pi)$ 内使 $f'(x)=1+\cos x=0$ 的点 $x=\pi$ 是孤立的.

故 $f(x)=x+\sin x$ 在 $[0, 2\pi]$ 上单调增加.

3. 求下列函数的单调区间：

(1) $y=\frac{1}{3}x^3-x^2-3x+1$.

解　① 题设函数的定义域为 $(-\infty, +\infty)$.

② $y'=x^2-2x-3=(x+1)(x-3)$. 令 $y'=0$，解得 $x_1=-1$，$x_2=3$.

③ 题设函数在 $(-\infty, +\infty)$ 内无导数不存在的点.

④ 作表如下：

x	$(-\infty, -1)$	-1	$(-1, 3)$	3	$(3, +\infty)$
$f'(x)$	+	0	−	0	+
$f(x)$	↗		↘		↗

从上表可知，题设函数在 $(-\infty, -1)$，$(3, +\infty)$ 上单调增加，在 $(-1, 3)$ 上单调减少.

(2) $y=2x+\frac{8}{x}(x>0)$.

解　$y'=2-\frac{8}{x^2}=\frac{2(x+2)(x-2)}{x^2}(x>0)$，

当 $0<x<2$ 时，$y'<0$，故 y 在 $(0,2)$ 上单调减少；

当 $x>2$ 时，$y'>0$，故 y 在 $(2,+\infty)$ 上的单调增加.

(3) $y=\frac{2}{3}x-\sqrt[3]{x^2}$.

解　① 题设函数的定义域是 $(-\infty,+\infty)$.

② $y'=\frac{2}{3}-\frac{2}{3}x^{-\frac{1}{3}}=\frac{2}{3}\frac{\sqrt[3]{x}-1}{\sqrt[3]{x}}$，令 $y'=0$，解得 $x=1$.

③ $x=0$ 时，导数 y' 不存在.

④ 作表如下：

x	$(-\infty,0)$	0	$(0,1)$	1	$(1,+\infty)$
$f'(x)$	+		−	0	+
$f(x)$	↗		↘		↗

从上表可知，题设函数在 $(-\infty,0)$，$(1,+\infty)$ 上单调增加，在 $(0,1)$ 上单调减少.

(4) $y=\ln(x+\sqrt{1+x^2})$.

解　$y'=\frac{1}{x+\sqrt{1+x^2}}\left(1+\frac{1}{\sqrt{1+x^2}}\right)=\frac{1}{\sqrt{1+x^2}}>0 \quad (x\in\mathbf{R})$，

故 $y=\ln(x+\sqrt{1+x^2})$ 在其定义域 $(-\infty,+\infty)$ 内都是单调增加的.

(5) $y=(1+\sqrt{x})x$.

解　因为 $f(x)$ 的定义域为 $[0,+\infty)$，又

$$\begin{aligned}f'(x)&=(1+\sqrt{x})'x+(1+\sqrt{x})(x)'\\&=\frac{x}{2\sqrt{x}}+1+\sqrt{x}=\frac{3}{2}\sqrt{x}+1>0 \quad (x\geqslant 0),\end{aligned}$$

故 $f(x)$ 在 $[0,+\infty)$ 内单调增加.

(6) $y=2x^2-\ln x$.

解　函数的定义域为 $x>0$，令

$$y'=4x-\frac{1}{x}=0\Rightarrow x=\frac{1}{2},$$

当 $0<x\leqslant\frac{1}{2}$ 时，$y'<0$，函数单调减少；当 $x\geqslant\frac{1}{2}$ 时，$y'>0$，函数单调增加.

4. 证明下列不等式：

(1) 当 $x>0$ 时，$1+\frac{1}{2}x>\sqrt{1+x}$.

证 设 $f(x)=1+\frac{x}{2}-\sqrt{1+x}$，因为

$$f'(x)=\frac{1}{2}-\frac{1}{2\sqrt{1+x}}=\frac{1}{2}\left(1-\frac{1}{\sqrt{1+x}}\right)>0,$$

故 $f(x)$ 在 $[0,+\infty]$ 内单调增加，而 $f(0)=1+0-\sqrt{1+0}=0$，所以

$$f(x)>f(0)=0,\text{ 即 } 1+\frac{1}{2}x>\sqrt{1+x},\ x\in(0,+\infty).$$

(2) 当 $x\geqslant 0$ 时，$(1+x)\ln(1+x)\geqslant\arctan x$.

证 设 $f(x)=(1+x)\ln(1+x)-\arctan x$，有 $f(0)=0$. 当 $x>0$ 时，

$$f'(x)=\ln(1+x)+1-\frac{1}{1+x^2}>0,$$

所以 $f(x)$ 在 $x\geqslant 0$ 时单调增加，从而 $f(x)\geqslant f(0)$，即

$$(1+x)\ln(1+x)\geqslant\arctan x.$$

5. 求下列函数图形的拐点及凹凸区间：

(1) $y=x+\frac{1}{x}\,(x>0)$.

解 $y'=1-\frac{1}{x^2}$，$y''=\frac{2}{x^3}>0\ (x>0)$，

所以该曲线在正半轴上是向上凹的.

(2) $y=x+\frac{x}{x^2-1}$.

解 $y'=1+\frac{x^2-1-x(2x)}{(x^2-1)^2}=1+\frac{-x^2-1}{(x^2-1)^2}$，

$$y''=\frac{-2x(x^2-1)^2+(x^2+1)2(x^2-1)2x}{(x^2-1)^4}=\frac{2x^3+6x}{(x^2-1)^3}.$$

令 $y''=0\Rightarrow x=0$.

当 $-1<x<0$ 或 $x>1$ 时，$y''(x)>0$；当 $x<-1$ 或 $0<x<1$ 时，$y''(x)<0$. 故题设函数在 $(-\infty,-1)\cup(0,1)$ 上是凸的，在 $(-1,0)\cup(1,+\infty)$ 上是凹的，且以 $(0,0)$ 为拐点.

(3) $y=x\arctan x$.

解 $y'=\arctan x+\frac{x}{1+x^2}$，$y''=\frac{1}{1+x^2}+\frac{1+x^2-x\cdot 2x}{(1+x^2)^2}=\frac{2}{(1+x^2)^2}>0$，

所以 y 在其定义域 $\mathbf{R}$ 上都是凹的.

(4) $y=\ln(x^2+1)$.

解 $y'=\dfrac{2x}{x^2+1}$, $y''=\dfrac{2(1-x^2)}{(x^2+1)^2}$.

令 $y''=0$ 得 $x_{1,2}=\mp1$；没有二阶不可导点.

x	$(-\infty, -1)$	-1	$(-1, 1)$	1	$(1, +\infty)$
y''	$-$	0	$+$	0	$-$
y	$\frown$	ln2	$\smile$	ln2	$\frown$

凸区间有 $(-\infty, -1)$ 和 $[1, +\infty)$，凹区间是 $[-1, 1]$；两个拐点是 $(\mp1, \ln2)$.

(5) $y=e^{\arctan x}$.

解 $y'=\dfrac{e^{\arctan x}}{1+x^2}$, $y''=\dfrac{e^{\arctan x}(1-2x)}{(1+x^2)^2}$.

令 $y''=0$，得 $x=1/2$.

显然，当 $x<1/2$ 时，$1-2x>0$，$y''>0$；当 $x>1/2$ 时，$1-2x<0$，$y''<0$. 所以函数的凸区间是 $[1/2, +\infty)$，凹区间是 $(-\infty, 1/2]$，拐点是 $(1/2, e^{\arctan(1/2)})$.

6. a 及 b 为何值时，点 $(1, 3)$ 为曲线 $y=ax^3+bx^2$ 的拐点？

解 $y'=3ax^2+2bx$，$y''=6ax+2b$.

$\because$ $(1, 3)$ 为拐点，由必要条件，应有 $y''(1)=0$，

$\therefore$ $6a+2b=0$. ①

又拐点 $(1, 3)$ 在曲线上，代入得 $a+b=3$. ②

联立①与②解得 $a=-\dfrac{3}{2}$，$b=\dfrac{9}{2}$.

7. 试确定曲线 $y=ax^3+bx^2+cx+d$ 中的 a、b、c、d，使得在 $x=-2$ 处曲线有水平切线，$(1, -10)$ 为拐点，且点 $(-2, 44)$ 在曲线上.

解 由题设可知，驻点与拐点都在曲线上，从而有

$$-8a+4b-2c+d=44, \quad ①$$
$$a+b+c+d=-10, \quad ②$$
$$y'=3ax^2+2bx+c,$$
$$y''=6ax+2b,$$

由驻点和拐点的条件可得

$$12a-4b+c=0, \quad ③$$
$$6a+2b=0, \quad ④$$

联立①②③④解得 $a=1$，$b=-3$，$c=-24$，$d=16$.

8. 求下列函数的极值：

(1) $f(x)=\frac{1}{3}x^3-x^2-3x$.

解 $f'(x)=x^2-2x-3$，令 $f'(x)=0$，得

$$x^2-2x-3=0,$$

即 $$(x+1)(x-3)=0,$$

解得 $x_1=-1$，$x_2=3$，由于

$$f''(x)=2x-2,$$
$$f''(-1)=-2-2=-4<0,$$
$$f''(3)=6-2=4>0,$$

因此，$f(-1)=\frac{5}{3}$ 为极大值，$f(3)=-9$ 为极小值.

(2) $y=x-\ln(1+x)$.

解 令 $y'=1-\frac{1}{1+x}=\frac{x}{1+x}=0\Rightarrow$驻点为 $x_1=0$；有一个不可导点 $x=-1$，但不在原函数的定义域中，故不在考虑范围内.

又 $$y''=\frac{1+x-x}{(1+x)^2}=\frac{1}{(1+x)^2},\ y''(0)=1>0,$$

∴ 函数在 $x_1=0$ 处取得极小值 $y(0)=0$.

(3) $y=\frac{\ln^2 x}{x}$.

解 函数的定义域为 $(0,+\infty)$，令

$$y'=(2\ln x-\ln^2 x)/x^2=[\ln x(2-\ln x)]/x^2=0,$$

易见驻点为 $x_1=1$，$x_2=\mathrm{e}^2$，列表如下：

	$(0,1)$	$(1,\mathrm{e}^2)$	$(\mathrm{e}^2,+\infty)$
y'	$-$	$+$	$-$
y	↘	↗	↘

由极值的第一充分条件知

$$y|_{x=1}=0\ 为极小值，y|_{x=\mathrm{e}^2}=\frac{4}{\mathrm{e}^2}\ 为极大值.$$

(4) $y=x+\sqrt{1-x}$.

解　$y'=1+\dfrac{-1}{2\sqrt{1-x}}=\dfrac{2\sqrt{1-x}-1}{2\sqrt{1-x}}$.

令 $y'=0$，得 $x_1=\dfrac{3}{4}$；函数的定义域为 $(-\infty, 1]$，不可导点 $x_2=1$ 虽在此定义域上，但作为右端点，它没有右邻域，故不讨论此端点处的极值问题. 而

$$y''=-\frac{1}{2}\cdot\frac{1}{(1-x)\cdot 2\sqrt{1-x}}=-\frac{1}{4}\cdot\frac{1}{(1-x)^{3/2}},$$

$$y''\left(\frac{3}{4}\right)=-\frac{1}{4}\cdot\frac{1}{(1/4)^{3/2}}<0,$$

故函数仅在 $x_1=3/4$ 处取得极大值 $y(3/4)=5/4$.

(5) $y=e^x\cos x$.

解　函数的定义域为 $(-\infty, +\infty)$，令

$$y'=e^x(\cos x-\sin x)=0,$$

得驻点　$x_0=k\pi+\pi/4$，$k\in\mathbf{Z}$.

又　$y''=e^x(\cos x-\sin x-\sin x-\cos x)=-2e^x\sin x$,

$$y''(2k\pi+\pi/4)=-\sqrt{2}e^{2k\pi+\frac{\pi}{4}}<0,$$

$$y''((2k+1)\pi+\pi/4)=\sqrt{2}e^{(2k+1)\pi+\frac{\pi}{4}}>0,\ k\in\mathbf{Z}.$$

故函数在 $x_1=2k\pi+\pi/4$ 处取得极大值$\dfrac{\sqrt{2}}{2}e^{2k\pi+\frac{\pi}{4}}$，在 $x_2=(2k+1)\pi+\pi/4$ 处取得极小值$-\dfrac{\sqrt{2}}{2}e^{(2k+1)\pi+\frac{\pi}{4}}$.

9. 试问 a 为何值时，函数 $f(x)=a\sin x+\dfrac{1}{3}\sin 3x$ 在 $x=\dfrac{\pi}{3}$处取得极值，并求此极值.

解　$f'(x)=a\cos x+\cos 3x$.

因为 $f(x)$ 在 $x_0=\dfrac{\pi}{3}$处取得极值，所以 $f'(x_0)=0$.

即　$a\cos\dfrac{\pi}{3}+\cos\left(3\cdot\dfrac{\pi}{3}\right)=0$，$\therefore a=2$.

又　$f''\left(\dfrac{\pi}{3}\right)=(-a\sin x-3\sin 3x)\Big|_{x=\pi/3}$

$$=\left(-a\sin\frac{\pi}{3}-3\sin\pi\right)\Big|_{x=\pi/3}=-\sqrt{3}<0,$$

故函数 $f(x)$ 在 $x_0=\dfrac{\pi}{3}$处取得极大值 $f\left(\dfrac{\pi}{3}\right)=\sqrt{3}$.

§3.4 数学建模——最优化

一、主要知识归纳

闭区间 $[a, b]$ 上连续函数的最值	基本步骤： (1) 解方程 $f'(x_0)=0$，记根为 x_1，x_2，$\cdots x_n$； (2) 求得导数不存在的点 y_1，y_2，$\cdots y_m$； (3) 比较函数值 $f(x_i)(i=1, 2, \cdots, n)$，$f(y_j)(j=1, 2, \cdots, m)$ 以及端点的值 $f(a)$，$f(b)$，其中最大的为 $f(x)$ 的最大值，最小的为 $f(x)$ 的最小值.
实际问题的最值	若目标函数在定义区间内有唯一驻点 x_0，则 $f(x_0)$ 即为所求最值.

二、典型例题分析

例 1 求函数 $y=\sin 2x-x$ 在 $\left[-\frac{\pi}{2}, \frac{\pi}{2}\right]$ 上的最大值及最小值.

解 函数 $y=\sin 2x-x$ 在 $\left[-\frac{\pi}{2}, \frac{\pi}{2}\right]$ 上连续，且 $f'(x)=y'=2\cos 2x-1$，令 $y'=0$，得 $x=\pm\frac{\pi}{6}$. 求得以下函数值：

$$f\left(-\frac{\pi}{2}\right)=\frac{\pi}{2}, f\left(\frac{\pi}{2}\right)=-\frac{\pi}{2}, f\left(\frac{\pi}{6}\right)=\frac{\sqrt{3}}{2}-\frac{\pi}{6},$$

$$f\left(-\frac{\pi}{6}\right)=-\frac{\sqrt{3}}{2}+\frac{\pi}{6}.$$

故 y 在 $\left[-\frac{\pi}{2}, \frac{\pi}{2}\right]$ 上的最大值为$\frac{\pi}{2}$，最小值为$-\frac{\pi}{2}$.

例 2 求内接椭圆$\frac{x^2}{a^2}+\frac{y^2}{b^2}=1$而面积最大的矩形的各边之长.

解 设 $M(x, y)$ 为椭圆上第一象限内任意一点，则以点 M 为一顶点的内接矩形的面积为

$$s(x)=2x\cdot 2y=\frac{4b}{a}x\sqrt{a^2-x^2}, 0\leqslant x\leqslant a, \text{且 } s(0)=s(a)=0.$$

$$s'(x)=\frac{4b}{a}\left[\sqrt{a^2-x^2}+x\frac{-x}{\sqrt{a^2-x^2}}\right]=\frac{4b}{a}\frac{a^2-2x^2}{\sqrt{a^2-x^2}}$$

由 $s'(x)=0$，求得驻点 $x_0=\frac{a}{\sqrt{2}}$为唯一的极值可疑点.

依题意，$s(x)$ 存在最大值，故 $x_0=\frac{a}{\sqrt{2}}$是 $s(x)$ 的最大值点，最大值为

$$s_{\max}=\frac{4b}{a}\cdot\frac{a}{\sqrt{2}}\sqrt{a^2-\left(\frac{a}{\sqrt{2}}\right)^2}=4ab$$

对应的 y 值为$\frac{b}{\sqrt{2}}$，即当边长分别为$\frac{a}{\sqrt{2}}$，$\frac{b}{\sqrt{2}}$时矩形的面积最大.

例 3　求数列 $\{a_n\}=\left\{\frac{n^2-2n-12}{\sqrt{e^n}}\right\}$ 的最大项.（已知 $23\sqrt{e}>37$.）

解　令 $f(x)=e^{-\frac{x}{2}}(x^2-2x-12)$，$1\leqslant x<+\infty$，则 $f'(x)=-\frac{1}{2}e^{-\frac{x}{2}}(x^2-6x-8)$，

由 $f'(x)=0$，得唯一驻点 $x=3+\sqrt{17}$.

当 $x\in(1, 3+\sqrt{17})$ 时，$f'(x)>0$；当 $x\in(3+\sqrt{17}, +\infty)$ 时，$f'(x)<0$，

所以当 $x=3+\sqrt{17}$ 时，函数 $f(x)$ 取得极大值，也是最大值.

由于 $7<3+\sqrt{17}<8$，又

$$f(7)=\frac{23}{\sqrt{e^7}},\ f(8)=\frac{36}{e^4},\ \frac{f(7)}{f(8)}=\frac{23\sqrt{e}}{36}>\frac{37}{36}>1,$$

因此当 $n=7$ 时，得数列的最大项 a_7，$a_7=f(7)=\frac{23}{\sqrt{e^7}}$.

三、习题 3—4 解答

1. 求下列函数的最大值、最小值：

(1) $y=x^4-8x^2+2$，$-1\leqslant x\leqslant 3$.

解　$y'=4x^3-16x=4x(x-2)(x+2)$.

令 $y'=0$ 得驻点 $x_1=0$，$x_2=2$，$x_3=-2$，但 $x_3=-2\overline{\in}[-1, 3]$，故舍去.

而　　$y(0)=2$，$y(-1)=-5$，$y(2)=-14$，$y(3)=11$.

比较可得函数 y 在 $[-1, 3]$ 上的最大值与最小值为 $y_{\max}=11$，$y_{\min}=-14$.

(2) $y=\sin x+\cos x$，$[0, 2\pi]$.

解　$y'=\cos x-\sin x$，$x\in[0, 2\pi]$.

令 $y'=0\Rightarrow x_1=\frac{\pi}{4}$ 或 $x_2=\frac{5\pi}{4}$为驻点，函数没有不可导点.

由于　$y(0)=1$，$y\left(\frac{\pi}{4}\right)=\sqrt{2}$，$y\left(\frac{5\pi}{4}\right)=-\sqrt{2}$，$y(2\pi)=1$，

比较得到函数在 $[0, 2\pi]$ 上的最大值与最小值为 $y_{\max}=\sqrt{2}$，$y_{\min}=-\sqrt{2}$.

(3) $y=x+\sqrt{1-x}$，$-5\leqslant x\leqslant 1$.

解　$y'=1+\frac{-1}{2\sqrt{1-x}}=\frac{2\sqrt{1-x}-1}{2\sqrt{1-x}}$，

令 $y'=0$，解得驻点 $x_1=3/4$；又不可导点 $x_2=1\in[-5,1]$，它也是右端点. 而

$$f(-5)=-5+\sqrt{6},\ f(3/4)=5/4,\ f(1)=1.$$

$\therefore\ y_{\max}=5/4,\ y_{\min}=-5+\sqrt{6}.$

(4) $y=\ln(x^2+1)$，$[-1,2]$.

解　$y'=\dfrac{2x}{1+x^2}$.

令 $y'=0\Rightarrow$驻点 $x=0$，求出函数值 $y(-1)=\ln2$，$y(0)=0$，$y(2)=\ln5$ 比较得：

$$y_{\min}=0,\ y_{\max}=\ln5.$$

2. 从一块边长为 a 的正方形铁皮的四角上截去同样大小的正方形（见题 2 图），然后按虚线把四边折起来做成一个无盖的盒子，问要截去多大的小方块，才能使盒子的容积最大?

解　设 x 表示截去小正方形的边长，则盒子的容积为

$$V=x(a-2x)^2,\ x\in\left(0,\frac{a}{2}\right),$$

故
$$\frac{\mathrm{d}V}{\mathrm{d}x}=(a-2x)^2-4x(a-2x)=(a-2x)(a-6x),$$

令 $\dfrac{\mathrm{d}V}{\mathrm{d}x}=0$，解得 $x_1=\dfrac{a}{2}$（舍去），$x_2=\dfrac{a}{6}\in\left(0,\dfrac{a}{2}\right)$.

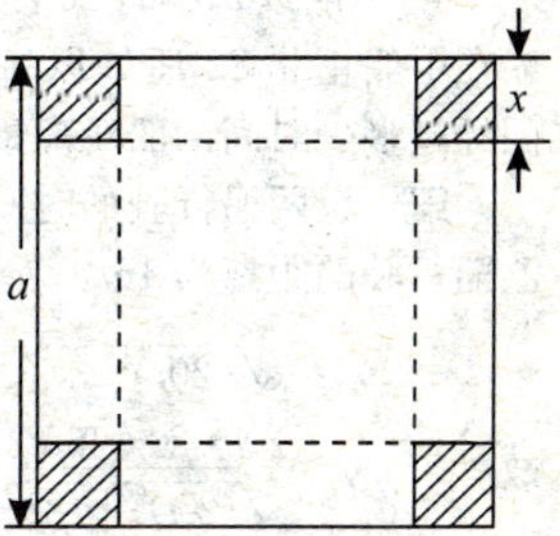

题 2 图

由于
$$V(0)=0,\ V\left(\frac{a}{2}\right)=0,\ V\left(\frac{a}{6}\right)=\frac{2a^3}{27},$$

因此，正方形的四个角各截去一块边长为$\dfrac{a}{6}$的小正方形后，才能做成容积最大的盒子.

3. 欲制造一个容积为 V 的圆柱形有盖容器，问如何设计可使材料最省?

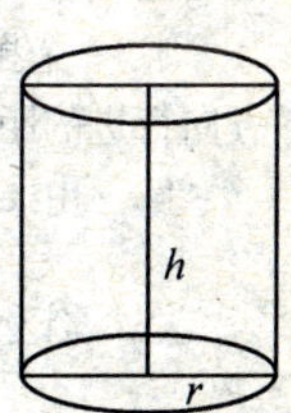

题 3 图

解　如题 3 图，设容器的高为 h，底圆半径为 r，则所需材料（表面积）为

$$S=2\pi r^2+2\pi rh,$$

由于 $V=\pi r^2h$，所以 $h=\dfrac{V}{\pi r^2}$，代入上式，得

$$S(r)=2\pi r^2+\frac{2V}{r},\ 0<r<+\infty.$$

由于 $$\frac{dS}{dr}=4\pi r-\frac{2V}{r^2}=\frac{4\pi}{r^2}\left(r^3-\frac{V}{2\pi}\right),$$

令$\frac{dS}{dr}=0$，解得 $r=\sqrt[3]{\frac{V}{2\pi}}$，而

$$\frac{d^2S}{dr^2}=4\pi+\frac{4V}{r^3},\ \frac{d^2S}{dr^2}\bigg|_{r=\sqrt[3]{\frac{V}{2\pi}}}=12\pi>0,$$

故 $r=\sqrt[3]{\frac{V}{2\pi}}$是唯一的极小值，所以它必为最小值.

因此，当 $r=\sqrt[3]{\frac{V}{2\pi}}$，即 $h=2r$ 时用料最省. 换言之，有盖圆柱形容器的高与底圆直径相等时用料最省.

4. 甲船以每小时 20 浬的速度向东行驶，同一时间乙船在甲船正北 82 浬处以每小时 16 浬的速度向南行驶，问经过多少时间两船距离最近？

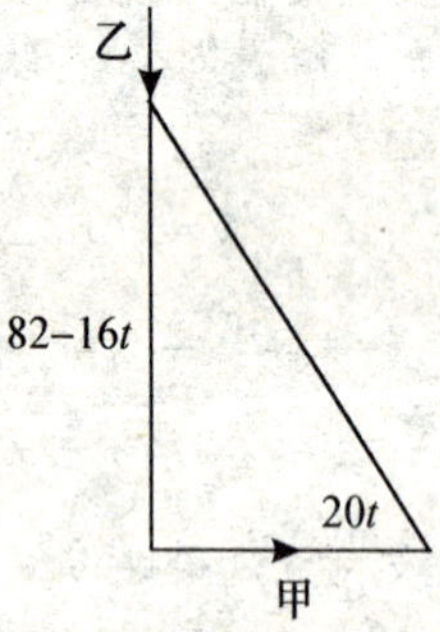

解　设两船行驶的时间为 t，甲船行驶的距离为 $20t$，乙船行驶的距离为 $16t$，两船距离为（如题 4 图）：

$$y=\sqrt{(20t)^2+(82-16t)^2},\ t>0.$$

故 $$y'=\frac{20t\cdot 20-16(82-16t)}{\sqrt{(20t)^2+(82-16t)^2}}=\frac{656t-1\,312}{\sqrt{(20t)^2+(82-16t)^2}}.$$

题 4 图

令 $y'=0$，得 $t=2$.

$$y''=\frac{656}{\sqrt{(20t)^2+(82-16t)^2}}-\frac{(656t-1\,312)^2}{[(20t)^2+(82-16t)^2]^{3/2}}$$
$$=\frac{82^2\times 400}{[(20t)^2+(82-16t)^2]^{3/2}}>0.$$

说明当 $t=2$ 时，y 达到最小，即经过 2 小时两船距离最近.

5. 一个抛射体以速度 840m/s 和抛射角 $\pi/3$ 发射. 它经过多长时间沿水平方向行进的距离为 21 千米？

解　由 $x(t)=(v\cos\alpha)t$ 知，解方程

$$21\,000=\left(840\times\cos\frac{\pi}{3}\right)t$$

得到 $t=50$(秒)，即抛射体经过 50 秒可沿水平方向行进 21 千米.

6. 求最大射程为 24.5 千米的枪的枪口速度.

解　由射程 $x(t)=\frac{v^2}{g}\sin 2\alpha$ 知.

当 $\sin 2\alpha=1$ 即 $\alpha=\frac{\pi}{4}$ 时射程最大.

解方程 $24.5=\frac{v^2}{9.8}$，得到 $v\approx 15.5$（千米/秒），即最大射程为 24.5 千米的枪的枪口速度约为 15.5 千米/秒.

7. 假设高出地面 0.5 米的一个足球被踢出时，它的初速度为 30 米/秒，并与水平线成 30°角，假定足球被踢出后在空中的运动过程中受到的阻力为零，$g=10$ 米/秒^2.

(1) 足球何时达到最大高度，且最大高度是多少？

(2) 求足球的飞行时间和射程？

解　设球刚被踢出时飞向空中的初速度为 v_0 米/秒，则

$$v_0=(30\cos 30°,\ 30\sin 30°)=(15\sqrt{3},\ 15).$$

易知足球在空中运动 t 秒后的位移方程为

$$s(t)=(x(t),\ y(t))=(15\sqrt{3}t,\ 0.5+15t-5t^2).$$

(1) 足球在其速度的竖直分量为零时达到最高点，即

$$\frac{\mathrm{d}y(t)}{\mathrm{d}t}=(0.5+15t-5t^2)'=15-10t=0\Rightarrow t=1.5(\text{秒}).$$

所以足球运动的最大高度为

$$y_{\max}=0.5+15\times 1.5-5\times 1.5^2=11.75(\text{米}).$$

(2) 足球落地时，有

$$y(t)=15t-5t^2=0\Rightarrow t=3(\text{秒}),$$

所以射程是 $x_{\max}=15\sqrt{3}\times 3=45\sqrt{3}$(米).

8. 一个运动员以与水平线成 45°的角从地面以上 2 米处以约 10 米/秒的速度推出一个 6 千克的铅球，假定铅球在空中的运动过程中受到的阻力为零，g=10m/s^2.

(1) 铅球何时达到最大高度，且最大高度是多少？

(2) 铅球在抛出后多久落地？落地点距抛出点水平距离为多少？

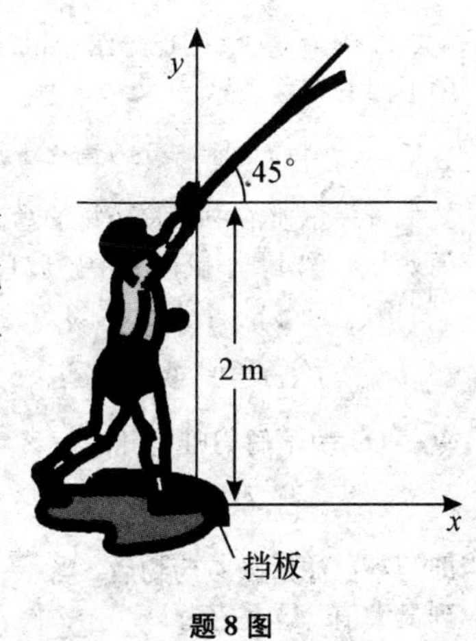

题 8 图

解　如题 8 图，设铅球刚被推出时飞向空中的初速度为 v_0 米/秒，则

$$\boldsymbol{v}_0=(10\cos45°,\ 10\sin45°)=(5\sqrt{2},\ 5\sqrt{2})$$

依题意，铅球在空中运动 t 秒后的位移方程为

$$\begin{aligned}\boldsymbol{s}(t)&=(x(t),\ y(t))\\&=(5\sqrt{2}t,\ 2+5\sqrt{2}t-5t^2)\end{aligned}$$

(1) 铅球在速度的竖直分量为零时达到最高点，即

$$\begin{aligned}\frac{\mathrm{d}y(t)}{\mathrm{d}t}&=(2+5\sqrt{2}t-5t^2)'\\&=5\sqrt{2}-10t=0\Rightarrow t=\frac{\sqrt{2}}{2}(\text{秒})\end{aligned}$$

所以铅球最大飞行高度为

$$y_{\max}=y(t)\Big|_{t=\sqrt{2}}=2+5\sqrt{2}\left(\frac{\sqrt{2}}{2}\right)-5\left(\frac{\sqrt{2}}{2}\right)^2=4.5(\text{米}).$$

(2) 铅球落地时，有

$$y(t)=2+5\sqrt{2}t-5t^2=0\Rightarrow t=\frac{5\sqrt{2}+3\sqrt{10}}{10}\approx1.66(\text{秒})$$

所以射程是

$$x_{\max}=x(t)\Big|_{t=\frac{5\sqrt{2}+3\sqrt{10}}{10}}=5\sqrt{2}\frac{5\sqrt{2}+3\sqrt{10}}{10}\approx11.71(\text{米}).$$

9. 按 1mg/kg 的比率给小鼠注射磺胺药物后，小鼠血液中磺胺药物的浓度可用下面的方程表示

$$y=f(t)=-1.06+2.59t-0.77t^2,$$

其中 y 表示血液中磺胺药物的尝试 (g/100L)，t 表示注射后经历的时间 (min). 问 t 为何值时，小鼠血液中磺胺药物的浓度 y 达到最大值?

解　函数的定义域为 $[0,\ +\infty)$，

$$f'(t)=2.59-1.54t,$$

令 $f'(t)=0$，解得唯一驻点

$$t=1.682(\text{min}),$$

即给小鼠注射磺胺药物后，当 $t=1.682(\text{min})$ 时，小鼠血液中磺胺药物的浓度达到最大值，最大值为

$$f(1.682)=1.118(\text{g}/100\text{L}).$$

10. 咳嗽的速度：当异物进入气管时，人就会咳嗽，咳嗽的速度跟异物的大小有关. 假定某人的气管其半径是 20 毫米，如果异物的半径为 r(毫米)，则用咳嗽排除异物所需的速度 V(毫米/秒) 可以表示成

$$V(r)=k(20r^2-r^3),\ 0\leqslant r\leqslant 20,$$

其中 k 是某个正常数，对于多大的异物，需用最大的速度方可排出该异物?

解　本题主要是考察了当异物的半径为 r 在 $[0,20]$ 中取多少时速度 V 达到最大.

先求速度的导数 $V'(r)=k(40r-3r^2)$.

令 $V'(r)=0$，求得驻点 $r_1=0$(舍去)，$r_2=\frac{40}{3}$.

又 $V''(r)=k(40-6r)$，因 $V''(0)=40k>0$，所以 $V(r)$ 在 $r=0$ 处取得极小值.

而 $V''\left(\frac{40}{3}\right)=-40k<0$，所以 $V(r)$ 在 $r=\frac{40}{3}$ 处取得极大值.

因此，当异物的半径为 $r=\frac{40}{3}$ 毫米时，需用最大速度方可排出异物.

11. 信鸽白天力图避免在水面上空飞行，这可能是因为水面上空的向下气流会造成飞行困难. 假设在 C 处的岛上放飞信鸽，从海岸边上的点 B 经水路径直到点 C 的距离是 5 千米. 从点 A 处的鸽巢沿海岸到点 B 的距离是 13 千米. 设鸽子在水面上空飞行所需能耗率是它在陆地上空飞行的 1.28 倍. 为使回到鸽巢 A 所需总能耗最省，按沿岸距离，鸽子应朝距 A 处多远的 S 处飞行?

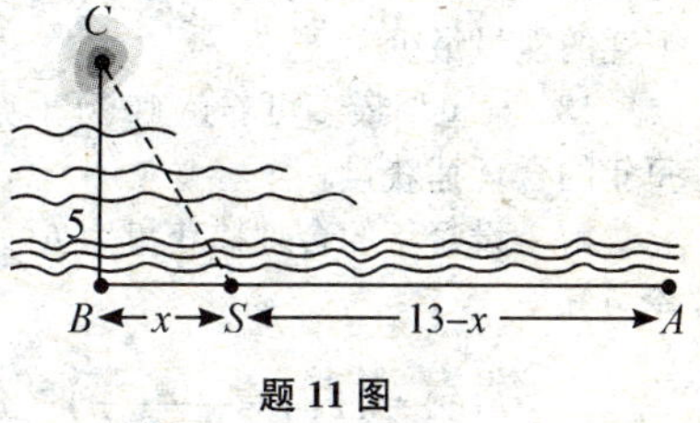

题 11 图

解　设 S 处距点 B 的距离是 x 千米，如题 11 图所示，陆地上的能耗率是 k(k 为常数)，则总能耗 Q 为

$$Q(x)=1.28k\cdot\sqrt{25+x^2}+(13-x)\cdot k,$$

然后求导数 $Q'(x)$,

$$Q'(x)=1.28k\cdot\frac{2x}{2\sqrt{25+x^2}}-k,$$

解方程 $Q'(x)=0$，得唯一驻点 $x=6.26$(千米).

由题意可知总能耗最省的点一定存在，又 $x=6.26$ 是唯一驻点，所以是总能耗最省的点，则 S 处距鸽巢 A 点的距离为

$$13-6.26=6.74\text{(千米)}.$$

12. 鲑鱼问题：通过长期的观察，人们发现鲑鱼在河中逆流行进时，如果相

对于河水的速度为 v，那么游 T 小时所消耗的能量为 $E(v, T)=cv^3T$，其中 c 是一个常数. 假设水流的速度为 4k/h，鲑鱼逆流而上 200 公里，问它游多快才能使消耗的能量最少？

解　注意变量 v、T 不是互相独立的，而是通过一个方程相联系的. 易见，鲑鱼相对于河岸的速度要比相对于河水的速度少 4km/h，则

$$v-4=\frac{200}{T}，即\ T=\frac{200}{v-4},$$

所以 $E(v, T)=cv^3T=200c\dfrac{v^3}{v-4}\ (4<v<\infty)$，

$$\frac{\mathrm{d}E}{\mathrm{d}v}=400cv^2\frac{v-6}{(v-4)^2},$$

令 $\dfrac{\mathrm{d}E}{\mathrm{d}v}=0$，解得驻点 $v=6$.

因 $v=6$ 是函数 E 在定义域内的唯一驻点，由题意可知 $E(v)$ 的最小值点一定存在，所以 $v=6$ 是 $E(v)$ 的最小值点，即鲑鱼以每小时 6 公里的速度游行时所消耗的能量最少.

13. 某鱼塘最多可养鱼 10 万千克，根据经验知鱼群年自然增长率为 4，计算每年的合理捕获量.

解　设每年的合理捕获量为 $h(x)$，x 为鱼群的限制总量，则根据上面的讨论可知

$$h(x)=4x\left(1-\frac{x}{100\,000}\right)-x,$$

现求 $h(x)$ 的最大值

$$h'(x)=3-\frac{8}{10\,000}x=0,$$

解得 $h(x)$ 的唯一驻点 $x_0=37\,500$，由于 $h''(x_0)=-0.00\,008<0$，所以 $x_0=37\,500$ 是 $h(x)$ 的极大值点.

因此，鱼群规模控制在 $x_0=37\,500$ 时，可以使我们获得最大的持续捕获量

$$h(37\,500)=56\,250(千克).$$

14. 用输油管把离岸 12 公里的一座油田和沿岸往下 20 公里处的炼油厂连接起来（见题 14 图）. 如果水下输油管的铺设成本为 5 万元/公里，陆地铺设成本为 3 万元/公里. 如何组合水下和陆地的输油管使得铺设费用最少？

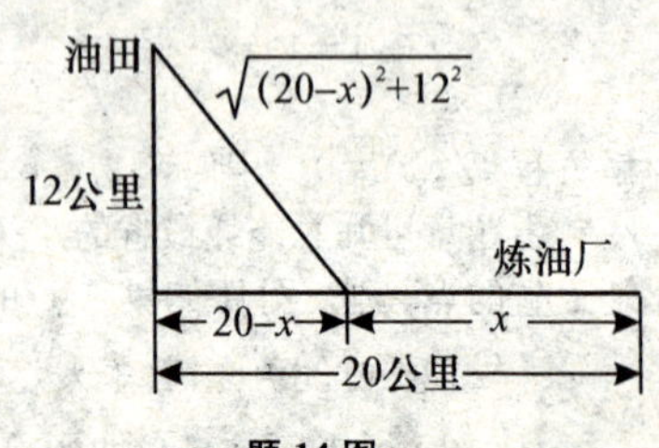

题 14 图

解 设陆地输油管的长度为 x 公里，则水下输油管的长度为 $\sqrt{(20-x)^2+12^2}$ 公里. 故输油管的成本为

$$C(x)=5\sqrt{(20-x)^2+12^2}+3x,\ 0\leqslant x\leqslant 20,$$

由于 $C'(x)=-\dfrac{100-5x}{\sqrt{(20-x)^2+12^2}}+3$,

解方程 $C'(x)=0$，得驻点 $x_1=11$，$x_2=29$（舍去）.

在驻点 $x=11$ 以及端点处的值分别为

$$C(11)=108,\quad C(0)=116.109,\quad C(20)=120.$$

花费最小的成本为 108 万元，即把水下输油管建到离炼油厂 11 公里的地方.

15. 制造和销售每个背包的成本为 C 元. 如果每个背包的售出价为 x 元，售出的背包数由 $n=\dfrac{a}{x-C}+b(100-x)$ 给出，其中 a 和 b 是正常数，什么样的售出价能带来最大利润？

解 利润函数为

$$\begin{aligned}L(x)&=n(x-C)=\left[\frac{a}{x-C}+b(100-x)\right](x-C)\\&=-bx^2+b(100+C)x+(a-100bC).\end{aligned}$$

由于 $L'(x)=-2bx+b(100+C)$,

解方程 $L'(x)=0$，得到唯一驻点 $x=\dfrac{100+C}{2}$.

所以售出价为$\dfrac{100+C}{2}$时利润最大.

16. 设生产某产品每天的固定成本为 10 000 元，可变成本与产品日产量 x 吨的立方成正比，已知日产量为 20 吨时，总成本为 10 320 元，问：日产量为多少吨时，能使平均成本最低？并求最低平均成本（假定日产量最高产量为 100 吨）.

解 设日产量为 x 吨，由题意总成本函数

$$C(x)=C_1(x)+C_0=kx^3+10\,000.$$

因为，当 $x=20$ 时，

$$C(20)=k(20)^3+10\,000=10\,320,$$

解得比例系数 $k=0.04$，故

$$C(x)=0.04x^3+10\,000,\ x\in[0,100].$$

于是，平均成本函数

$$\overline{C}(x)=\frac{C(x)}{x}=0.04x^2+\frac{10\,000}{x},\ x\in[0,100].$$

令$\frac{\mathrm{d}\overline{C}}{\mathrm{d}x}=0.08x-\frac{10\,000}{x^2}=0$，解得唯一驻点 $x=50$.

因为

$$\left.\frac{\mathrm{d}^2\overline{C}}{\mathrm{d}x^2}\right|_{x=50}=0.08+\left.\frac{2\times 10^4}{x^3}\right|_{x=50}>0.$$

所以，函数 $\overline{C}=\frac{C(x)}{x}$ 在 $x=50$ 时取到极小值，也是最小值，故当日产量为 50 吨时可使平均成本最低，最低平均成本

$$\overline{C}(50)=0.04\times 50^2+\frac{10\,000}{50}=300(\text{元/吨}).$$

§3.5　函数图形的描绘

一、主要知识归纳

画函数图像的一般步骤	(1) 确定函数 $y=f(x)$ 的定义域及函数所具有的某种特性（如奇偶性、周期性等），并求出函数的一阶导数 $f'(x)$ 和二阶导数 $f''(x)$. (2) 求出一阶导数 $f'(x)$ 和二阶导数 $f''(x)$ 在函数定义域内的全部零点，并求出函数 $f(x)$ 的间断点及 $f'(x)$ 和 $f''(x)$ 不存在的点，用这些点把函数的定义域划分成几个部分区域. (3) 确定在这些部分区间内 $f'(x)$ 和 $f''(x)$ 的符号，并由此确定函数图形的升降和凹凸、极值点和拐点. (4) 确定函数图形的水平、垂直渐近线以及其它变化趋势. (5) 算出 $f'(x)$ 和 $f''(x)$ 的零点以及不存在的点所对应的函数值，定出图形上相应的点；为了把图形描绘得准确些，有时还需要补充一些点，然后结合(3)、(4) 中得到的结果，连接这些点画出函数 $y=f(x)$ 的图形.

二、典型例题分析

例 1　求曲线 $y=\frac{1+\mathrm{e}^{-x^2}}{1-\mathrm{e}^{-x^2}}$ 的渐近线.

解　从函数本身易知 $x=0$ 不是定义域中的点.

$$\lim_{x\to 0^+}f(x)=\lim_{x\to 0^+}\frac{1+\mathrm{e}^{-x^2}}{1-\mathrm{e}^{-x^2}}=\lim_{x\to 0^+}\frac{\mathrm{e}^{x^2}+1}{\mathrm{e}^{x^2}-1}=+\infty,$$

故 $x=0$ 是曲线的垂直渐近线.

$$\lim_{x\to+\infty}\frac{y(x)}{x}=\lim_{x\to+\infty}\frac{\mathrm{e}^{x^2}+1}{x(\mathrm{e}^{x^2}-1)}=0,\quad \lim_{x\to+\infty}y(x)=\lim_{x\to+\infty}\frac{1+\frac{1}{\mathrm{e}^{x^2}}}{1-\frac{1}{\mathrm{e}^{x^2}}}=1,$$

故 $y=1$ 是曲线的水平渐近线.

例 2 作函数 $f(x)=x^3-x^2-x+1$ 的图形.

解 定义域为 $(-\infty, +\infty)$，无奇偶性及周期性.

$$f'(x)=(3x+1)(x-1),\ f''(x)=2(3x-1).$$

令 $f'(x)=0$，得 $x=-1/3$，$x=1$. 令 $f''(x)=0$，得 $x=1/3$.

列表综合如下：

x	$\left(-\infty, \frac{1}{3}\right)$	$-\frac{1}{3}$	$\left(-\frac{1}{3}, \frac{1}{3}\right)$	$\frac{1}{3}$	$\left(\frac{1}{3}, 1\right)$	1	$(1, +\infty)$
$f'(x)$	+	0	−		−	0	+
$f''(x)$	−		−		+		+
$f(x)$	↗	极大值 $\left(\frac{32}{27}\right)$	↘	拐点 $\left(\frac{1}{3}, \frac{16}{27}\right)$	↘	极小值 (0)	↘

补充点：$A(1, 0)$，$B(0, 1)$，$C\left(\frac{3}{2}, \frac{5}{8}\right)$. 综合作出图形(见例 2 图).

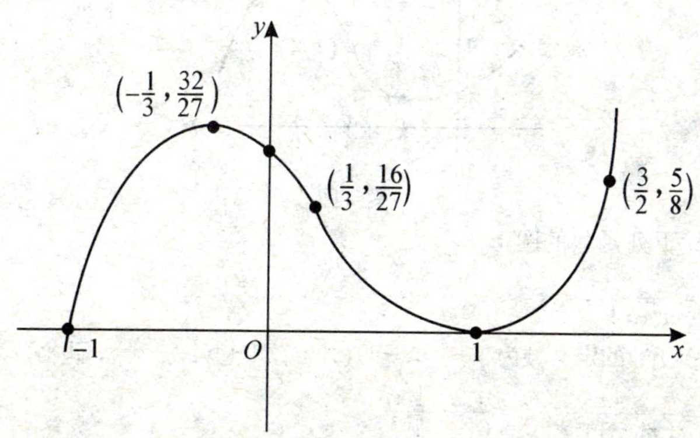

例 2 图

三、习题 3—5 解答

1. 求下列曲线的渐近线：

(1) $y=e^{-\frac{1}{x}}$.

解 ∵ $\lim\limits_{x\to\infty}e^{-\frac{1}{x}}=1$，$\lim\limits_{x\to 0^-}e^{-\frac{1}{x}}=+\infty$，

∴ $y=1$ 是水平渐近线，$x=0$ 是垂直渐近线.

(2) $y=\dfrac{e^x}{1+x}$.

解　$\because \lim\limits_{x\to -1}\dfrac{e^x}{1+x}=\infty$，$\lim\limits_{x\to -\infty}\dfrac{e^x}{1+x}=\lim\limits_{x\to -\infty}\dfrac{1}{1+x}\cdot\dfrac{1}{e^{-x}}=0$.

$\therefore x=-1$ 是垂直渐近线，$y=0$ 是水平渐近线.

2. 画出具有以下性质的二次可导函数 $y=f(x)$ 图形的略图. 在可能的地方标出坐标值.

x	y	导数
$x<2$		$y'<0$，$y''<0$
2	1	$y'=0$，$y''<0$
$2<x<4$		$y'<0$，$y''<0$
4	4	$y'>0$，$y''=0$
$4<x<6$		$y'>0$，$y''<0$
6	7	$y'=0$，$y''<0$
$x>6$		$y'<0$，$y''<0$

解　所要画出的图形见题 2 图.

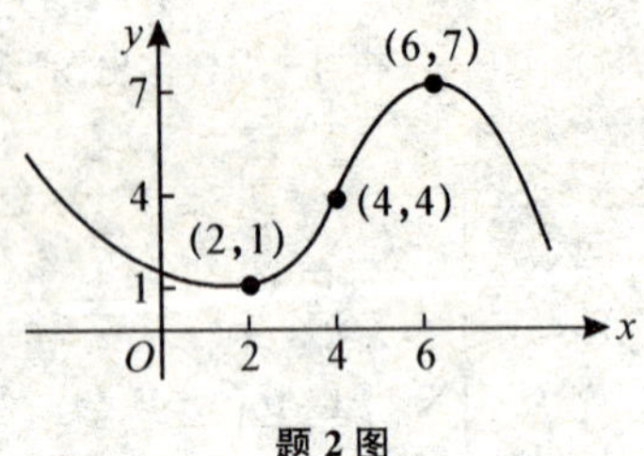

题 2 图

3. 描绘下列函数的图形：

(1) $y=\dfrac{2x^2}{x^2-1}$.

解　① 函数的定义域为 $(-\infty,\ -1)\cup(-1,\ 1)\cup(1,\ +\infty)$，偶函数，无周期性.

② $y'=\dfrac{-4x}{(x^2-1)^2}$，$y''=\dfrac{12x^2+4}{(x^2-1)^3}$，

令 $y'=0$，解得 $x=0$，而在 $x=\pm1$ 处，y，y'，y'' 均不存在.

③ 列表讨论：

x	$(-\infty,\ -1)$	-1	$(-1,\ 0)$	0	$(0,\ 1)$	1	$(1,\ +\infty)$
$f'(x)$	+	不存在	+	0	−	不存在	−
$f''(x)$	+		−	−4	−		+
$f(x)$	↗		↗	极大值 $f(0)=0$	↘		↘

④ $\lim\limits_{x\to +1}f(x)=\infty$，$\lim\limits_{x\to -1}f(x)=\infty$，所以 $x=\pm1$ 均是垂直渐近线，$\lim\limits_{x\to\infty}f(x)=2$，所以 $y=2$ 是一条水平渐近线.

⑤ 根据以上分析，可描出 $y=f(x)$ 的图形(见题 3(1)图).

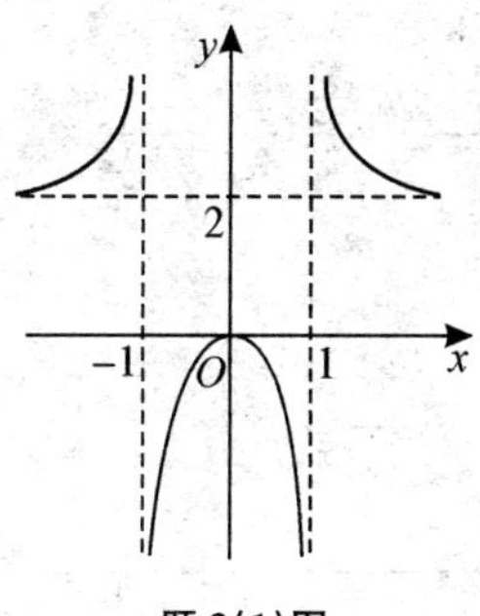

题 3(1)图

(2) $y=\dfrac{x}{1+x^2}$.

解　定义域：$(-\infty, +\infty)$，奇函数，由对称性先作 $[0, +\infty)$ 上的图形.

$$y'=\frac{1+x^2-2x^2}{(1+x^2)^2}=\frac{1-x^2}{(1+x^2)^2},$$

$$y''=\frac{-2x(1+x^2)^2-(1-x^2)\cdot 2(1+x^2)2x}{(1+x^2)^4}=\frac{2x(x^2-3)}{(1+x^2)^3},$$

令 $y'=0$，得驻点 $x=\pm1$；令 $y''=0$，得 $x=0$，$\pm\sqrt{3}$，无不可导点. 取 $x=1$，0，$\sqrt{3}$几点划分正半轴，列表讨论如下：

x	0	(0, 1)	1	$(1, \sqrt{3})$	$\sqrt{3}$	$(\sqrt{3}, +\infty)$
y'	+	+	0	−	−	−
y''	0	−	−	−	0	+
y	拐点(0, 1)	↗升凸	极大 1/2	↘降凸	拐点 $(\sqrt{3}, \sqrt{3}/4)$	↘降凹

又 $\lim\limits_{x\to\infty}y=\lim\limits_{x\to\infty}\dfrac{1}{2x}=0$，故 $y=0$ 是水平渐近线. 曲线通过原点.

综合上述信息作图(见题 3(2)图).

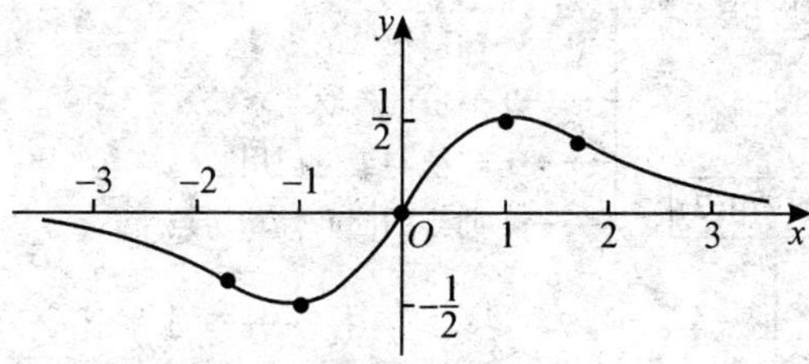

题 3(2)图

(3) $y=x\sqrt{3-x}$.

解　定义域为 $(-\infty, 3]$.

$$y'=\sqrt{3-x}-\frac{x}{2\sqrt{3-x}}=\frac{3}{2}\cdot\frac{2-x}{\sqrt{3-x}}.$$

令 $y'=0$ 的驻点 $x_1=2$.

$$y''=\frac{3}{2}\cdot\frac{-\sqrt{3-x}+(2-x)\cdot\dfrac{1}{2\sqrt{3-x}}}{3-x}=\frac{3}{4}\cdot\frac{x-4}{(3-x)^{3/2}}.$$

列表如下：

x	$(-\infty, 2)$	2	$(2, 3)$	3
y'	+	0	−	不存在
y''	−		−	
y	↗	2	↘	0

补充点的坐标：$(0, 0)$，$(-1, -2)$. 作图，见题 3(3) 图.

题 3(3) 图

本章小结

一、本章知识点网络图

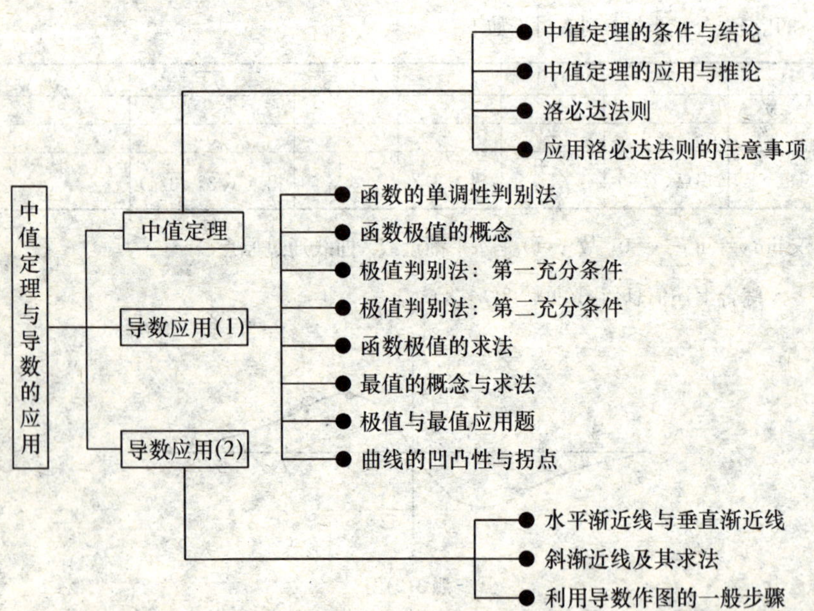

二、题型分析

题型 1　判断函数是否满足中值定理

解题思路　只需按照定理的条件逐一验证.

例 1　选择题.

(1) 下列函数中，在 $[-1, 1]$ 上满足罗尔定理条件的是（　　）.

(A) $\ln x^2$；　　(B) $|x|$；　　(C) $\cos x$；　　(D) $\frac{1}{x^2-1}$.

解　应选 (C).

对于选项 (A)：因 $[-1, 1]$ 内包含 $x=0$，该点处 $\ln x^2$ 无定义，从而函数在闭区间 $[-1, 1]$ 上不连续，不满足定理的第一个条件，不符合要求.

对于选项 (B)：$|x|$ 在 $[-1, 1]$ 上处处连续是满足的，但是 $y=|x|$ 的图形在 $x=0$ 处存在尖点，即函数在 $x=0$ 处不可导，从而函数在 $(-1, 1)$ 内不处处可导，不满足定理的第二个条件，不符合要求.

对于选项 (C)：$f(x)=\cos x$ 处处可导，处处连续，且 $f(-1)=\cos(-1)=\cos 1=f(1)$，故该函数在区间 $[-1, 1]$ 上满足定理的各个条件，符合要求，故应选该选项.

对于选项 (D)：显然 $f(-1)$、$f(1)$ 皆不存在，所以不满足定理的第三个条件，不符合要求.

(2) 下列函数中，在 $[1, e]$ 上满足拉格朗日定理条件的是（　　）.

(A) $\ln(\ln x)$　　(B) $\ln x$；　　(C) $\frac{1}{\ln x}$；　　(D) $|x-2|$.

解　应选 (B).

对于选项 (A)：$f(x)=\ln(\ln x)$，$x=1$ 时，函数无定义，从而不满足在闭区间 $[1,e]$ 上连续，不符合要求.

对于选项 (B)：$f(x)=\ln x$，它在 $(0,+\infty)$ 内连续，所以在 $[1, e]$ 上连续，又 $f'(x)=\frac{1}{x}$，故在 $(1, e)$ 内 $f'(x)$ 存在，即 $f(x)$ 在 $(1, e)$ 内可导，所以该选项满足定理的条件，符合要求，为正确选项.

对于选项 (C)：$f(x)=\frac{1}{\ln x}$ 在 $x=1$ 处无定义，不符合要求.

对于选项 (D)：$f(x)=|x-2|$，在 $x=2\in(1, e)$ 处不可导，不符合要求.

题型 2　应用微分学方法求极限

解题思路　(1) 用洛必达法则求未定式的极限：对 $\frac{0}{0}$，$\frac{\infty}{\infty}$ 型未定式，可直接应用洛必达法则求之，对其它未定型：

$0\cdot\infty$, $\infty-\infty$, 0^0, 1^∞, ∞^0

则要通过恒等变形将其转化为$\frac{0}{0}$或$\frac{\infty}{\infty}$型再求之 (如例 1).

(2) 利用洛必达法则确定无穷小的阶 (如例 2).

(3) 利用洛必达法则确定极限式中参数的值 (如例 3).

例 1　求下列极限.

(1) $\lim\limits_{x\to1}\frac{x-x^x}{1-x+\ln x}$.

解　$$\lim_{x\to1}\frac{x-x^x}{1-x+\ln x}=\lim_{x\to1}\frac{1-x^x(\ln x+1)}{-1+1/x}=\lim_{x\to1}\frac{x[1-x^x(\ln x+1)]}{1-x}$$

$$=\lim_{x\to1}\frac{1-x^x(\ln x+1)}{1-x}\cdot1=\lim_{x\to1}(-1)\frac{x^x(\ln x+1)^2+x^x\cdot\frac{1}{x}}{-1}$$

$$=1+1=2.$$

(2) $\lim\limits_{x\to+\infty}\frac{x^2+\sqrt{x^2+3}}{2x-\sqrt{2x^4-1}}$.

解　方法一　用洛必达法则.

$$\text{原极限}=\lim_{x\to+\infty}\frac{2x+\frac{x}{\sqrt{x^2+3}}}{2-\frac{4x^3}{\sqrt{2x^4-1}}}=\lim_{x\to+\infty}\frac{2+\frac{3}{(x^2+3)^{3/2}}}{\frac{-8x^6+12x^2}{(2x^4-1)^{3/2}}}=\frac{2+\lim\limits_{x\to+\infty}\frac{3}{(x^2+3)^{3/2}}}{\lim\limits_{x\to+\infty}\frac{-8x^6+12x^2}{(2x^4-1)^{3/2}}}$$

$$=\frac{2}{-2\sqrt{2}}=-\frac{\sqrt{2}}{2}.$$

方法二　$$\lim_{x\to+\infty}\frac{x^2+\sqrt{x^2+3}}{2x-\sqrt{2x^4-1}}=\lim_{x\to+\infty}\frac{1+\sqrt{\frac{1}{x^2}+\frac{3}{x^4}}}{\frac{2}{x}-\sqrt{2-\frac{1}{x^4}}}=-\frac{1}{\sqrt{2}}=-\frac{\sqrt{2}}{2}.$$

(3) $\lim\limits_{x\to0}\left(\frac{a^{x+1}+b^{x+1}+c^{x+1}}{a+b+c}\right)^{\frac{1}{x}}$ $(a>0,\ b>0,\ c>0)$.

解　令 $y=\left(\frac{a^{x+1}+b^{x+1}+c^{x+1}}{a+b+c}\right)^{\frac{1}{x}}$, 则

$$\lim_{x\to0}\ln y=\lim_{x\to0}\frac{1}{x}\ln\left(\frac{a^{x+1}+b^{x+1}+c^{x+1}}{a+b+c}\right)$$

$$=\lim_{x\to0}\frac{\ln(a^{x+1}+b^{x+1}+c^{x+1})-\ln(a+b+c)}{x}$$

$$=\lim_{x\to0}\frac{a^{x+1}\ln a+b^{x+1}\ln b+c^{x+1}\ln c}{a^{x+1}+b^{x+1}+c^{x+1}}$$

$$=\frac{a\ln a+b\ln b+c\ln c}{a+b+c}=\frac{1}{a+b+c}\ln(a^a b^b c^c)$$

$$=\ln[(a^a b^b c^c)^{\frac{1}{a+b+c}}],$$

故 原式$=(a^a b^b c^c)^{\frac{1}{a+b+c}}$.

(4) $\lim\limits_{x\to 0}(\sin^2 x)^{\frac{1}{\ln|x|}}$.

解 $\lim\limits_{x\to 0}(\sin^2 x)^{\frac{1}{\ln|x|}}=\lim\limits_{x\to 0}e^{\frac{2\ln|\sin x|}{\ln|x|}}=e^{\lim\limits_{x\to 0}2\frac{\ln|\sin x|}{\ln|x|}}=e^{2\lim\limits_{x\to 0}\frac{x\cos x}{\sin x}}=e^2$.

(5) $\lim\limits_{x\to +\infty}x^{\frac{1}{\ln(x^3+1)}}$.

解 $\lim\limits_{x\to +\infty}x^{\frac{1}{\ln(x^3+1)}}=e^{\lim\limits_{x\to +\infty}\frac{\ln x}{\ln(1+x^3)}}=e^{\lim\limits_{x\to +\infty}\frac{1+x^3}{3x^3}}=e^{1/3}=\sqrt[3]{e}$.

例 2 确定如下无穷小的阶 n：当 $x\to 1^+$ 时，$\sqrt{3x^2-2x-1}\cdot\ln x$ 与 $(x-1)^n$ 为同阶无穷小，则 $n=$________.

解 $\lim\limits_{x\to 1^+}\frac{\sqrt{3x^2-2x-1}\cdot\ln x}{(x-1)^n}=\lim\limits_{x\to 1^+}\frac{\sqrt{3x+1}\cdot\sqrt{x-1}\ln[1+(x-1)]}{(x-1)^n}$

$$\xlongequal{令 u=x-1}\lim_{u\to 0^+}\frac{\sqrt{3u+4}\sqrt{u}\ln(1+u)}{u^n}$$

$$=2\lim_{u\to 0^+}\frac{u^{2/3}}{u^n},$$

当 $n=\frac{3}{2}$ 时，其极限为 2，故取 $n=\frac{3}{2}$.

例 3 设 $\lim\limits_{x\to 1}\frac{\sqrt{x^4+3}-[A+B(x-1)+C(x-1)^2]}{(x-1)^2}=0$，求常数 A、B、C.

解 设 $f(x)=\sqrt{x^4+3}-[A+B(x-1)+C(x-1)^2]$,

由 $\lim\limits_{x\to 1}\frac{f(x)}{(x-1)^2}=\lim\limits_{x\to 1}\frac{f'(x)}{2(x-1)}=\lim\limits_{x\to 1}\frac{f''(x)}{2}=0$

$\Rightarrow f(1)=f'(1)=f''(1)=0$，由 $f(1)=0$，$2-A=0\Rightarrow A=2$;

$$f'(x)=\frac{1}{2}(x^4+3)^{-\frac{1}{2}}\cdot 4x^3-B-2C(x-1),$$

由 $f'(1)=0$，得 $\frac{1}{2}\cdot\frac{1}{2}\cdot 1-B=0\Rightarrow B=1$;

$$f''(x)=-4(x^4+3)^{-\frac{3}{2}}\cdot x^6+6x^2(x^4+3)^{-\frac{1}{2}}-2C,$$

由 $f''(1)=0$，得 $(-4)\times 1\times\frac{1}{8}+6\times 1\times\frac{1}{2}-2C=0\Rightarrow C=\frac{5}{4}$.

题型3　一元函数的极值与最值

解题思路　(1) 求函数 $f(x)$ 极值的步骤：a. 求导数 $f'(x)$；b. 求驻点及使 $f'(x)$ 不存在的点 x_k；c. 检查 $f'(x)$ 在 x_k 左右的正负号，判断 x_k 是否是极值点；d. 求极值（如例1和例2）.

(2) 求函数 $f(x)$ 最值的方法：完成 (1) 中 a，b 两步后，进一步求出所得各点的函数值和区间端点的函数值，比较各值大小，进而确定函数的最大值与最小值.

(3) 求最值的应用问题：对综合应用问题，首先要从实际问题抽象出数学模型，并建立目标函数，求其最值. 若该函数仅有一个驻点，则此点的函数值就是所求的最值，而不必再进行判断（如例3）.

例1　设 $y=y(x)$ 是由方程 $2y^3-2y^2+2xy-x^2=1$ 确定的，求 $y=y(x)$ 的驻点，并判定其驻点是否是极值点？

解　(1) 先用隐函数求导法求出 $y'(x)$，方程两边对 x 求导得

$$6y^2y'-4yy'+2xy'+2y-2x=0\Rightarrow y'=\frac{x-y}{3y^2-2y+x}.$$

(2) 由 $y'(x)=0\Rightarrow y=x$，代入原方程得

$$2x^3-2x^2+2x^2-x^2=1,$$

即

$$(x-1)(2x^2+x+1)=0.$$

该方程仅有实根 $x=1$，此时，$3y^2-2y+x\neq 0$. 故得驻点 $x=1$.

(3) 从一阶导数的表达式有

$$(3y^2-2y+x)y'=x-y.$$

两边对 x 在 $x=1$ 处求导，注意 $y'(1)=0$，$y(1)=1$，得

$$2y''(1)=1,\ y''(1)=1/2>0.$$

故 $x=1$ 是隐函数 $y(x)$ 的极小值点.

例2　设函数 $f(x)$ 满足方程 $f(x)+4f\left(-\frac{1}{x}\right)=\frac{1}{x}$，求函数 $f(x)$ 的极大值与极小值.

解　令 $t=-\frac{1}{x}$，则原方程化为 $f\left(-\frac{1}{t}\right)+4f(t)=-t$，即

$$f\left(-\frac{1}{x}\right)+4f(x)=-x.$$

解上式与原方程的联立线性方程组得：

$$f(x)=-\frac{1}{15}\left(\frac{1}{x}+4x\right)\Rightarrow f'(x)=-\frac{1}{15}\left(-\frac{1}{x^2}+4\right),\ f''(x)=-\frac{2}{15}\frac{1}{x^3},$$

令 $f'(x)=0$，得驻点：$x_1=1/2$，$x_2=-1/2$. 又

$$f''(1/2)=-16/15<0,\ f''(-1/2)=16/15>0,$$

故 $f(1/2)=-\frac{1}{15}\left(2+4\times\frac{1}{2}\right)=-\frac{4}{15}$为 $f(x)$ 的极大值，

$f(-1/2)=-\frac{1}{15}\left(-2+4\times\left(-\frac{1}{2}\right)\right)=\frac{4}{15}$为 $f(x)$ 的极小值.

例 3 周长为 $2L$ 的等腰三角形，绕其底边旋转一周，求使这种旋转体体积最大时等腰三角形的底边之长.

解 如图，设底边为 $2a$，腰为 b，则 $a+b=L$，且体积 $V=\frac{2}{3}\pi h^3 a-\frac{2}{3}\pi(b^2-a^2)a=\frac{2}{3}\pi L(b-a)a$. 因此，设目标函数为 $f(a)=(L-2a)a$.

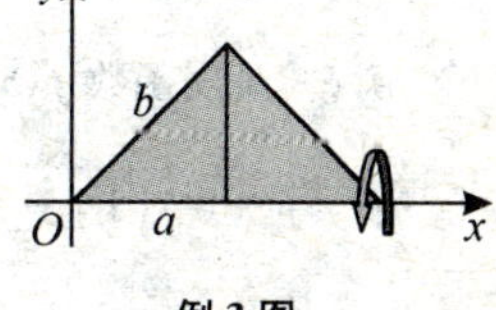

例 3 图

令 $f'(a)=L-4a=0$，得唯一驻点 $a=\frac{L}{4}$.

由实际意义知，这就是最大值点，因此，当体积最大时，等腰三角形的底边长为

$$2a=\frac{L}{2}.$$

题型 4 利用导数性质研究函数变化的命题

解题思路 (1) 证明函数恒等于零或函数恒等：通过证明函数的导数等于零或两函数的导数相等，利用拉格朗日中值定理的推论，推知函数恒等于常数或两函数相差一个常数，再讨论证得该常数等于零，从而得证（如例 1～例 2).

(2) 证明函数的单调性与凹凸性（如例 3).

(3) 求函数的单调性、凹凸性区间，极值点，拐点.

(4) 求函数的渐近线：利用渐近线定义求之. 渐近线类型：水平渐近线，垂直渐近线，斜渐近线. 对由参数方程或隐函数表达的曲线，要注意用相应的求导法（如例 4).

(5) 利用导数研究一元函数的性态并作图.

例 1 设 $f(x)$ 在 $[0,+\infty)$ 上连续，在 $(0,+\infty)$ 内可导且满足

$$f(0)=0,\ f(x)\geqslant 0,\ f(x)\geqslant f'(x)\ (\forall x>0),$$

证明：$f(x)\equiv 0$.

证 由 $f'(x)-f(x)\leqslant 0\Rightarrow \mathrm{e}^{-x}(f'(x)-f(x))=(\mathrm{e}^{-x}f(x))'\leqslant 0$,

$$f(x)\mathrm{e}^{-x}\big|_{x=0}=0$$

$$f(x)\mathrm{e}^{-x}\leqslant 0\Rightarrow f(x)\leqslant 0\quad (x\in[0,+\infty)),$$

因此　$f(x)\equiv 0(\forall x\in[0,+\infty))$.

例 2　如果 $f(0)=g(0)$，且当 $x\geqslant 0$ 时，$f'(x)>g'(x)$，证明当 $x>0$ 时，$f(x)>g(x)$.

证　作辅助函数 $F(x)=f(x)-g(x)$，在 $[0,x]$ 上应用拉格朗日中值定理得：

$$F(x)-F(0)=x\cdot F'(\xi)\quad (0<\xi<x),$$

$\because$　$F(0)=f(0)-g(0)=0$，$F'(\xi)=f'(\xi)-g'(\xi)>0$，

$\therefore$ 当 $x>0$ 时，$F(x)=x\cdot F'(\xi)>0$，即 $f(x)>g(x)$.

例 3　证明函数 $f(x)=\left(1+\dfrac{1}{x}\right)^x$ 在 $(0,+\infty)$ 上单调增加.

证　$f(x)=\left(1+\dfrac{1}{x}\right)^x=\mathrm{e}^{x\ln\left(1+\frac{1}{x}\right)}$，则

$$f'(x)=\left(1+\frac{1}{x}\right)^x\left(x\ln\left(1+\frac{1}{x}\right)\right)'=\left(1+\frac{1}{x}\right)^x\left(\ln\left(1+\frac{1}{x}\right)-\frac{1}{1+x}\right).$$

下面只需证：$\ln\left(1+\dfrac{1}{x}\right)-\dfrac{1}{1+x}>0\ (\forall x>0)$.

方法一　证　$\ln(1+x)-\ln x>\dfrac{1}{1+x}$，

为此对 $\varphi(x)=\ln x$ 在 $[x,x+1]$ 用拉格朗日中值定理得

$$\ln(1+x)-\ln x=\frac{\varphi(x+1)-\varphi(x)}{x+1-x}=\varphi'(\xi)=\frac{1}{\xi}>\frac{1}{1+x},\quad \xi\in[x,x+1].$$

故有 $f'(x)>0\ (\forall x>0)$. 因此 $f(x)$ 在 $(0,+\infty)$ 上单调上升.

方法二　利用单调性，考察 $g(x)=\ln\left(1+\dfrac{1}{x}\right)-\dfrac{1}{1+x}$，则

$$g'(x)=\frac{1}{1+x}-\frac{1}{x}+\frac{1}{(1+x)^2}=\frac{1}{(1+x)^2}-\frac{1}{x(1+x)}<0\quad (\forall x>0).$$

即 $g(x)$ 在 $(0,+\infty)$ 上单调下降，又 $\lim\limits_{x\to+\infty}g(x)=0$，则 $g(x)>0\ (\forall x>0)$，进而 $f'(x)>0\ (\forall x>0)$，因此 $f(x)$ 在 $(0,+\infty)$ 上单调上升.

例 4　讨论函数 $f(x)=x\mathrm{e}^{-x}$ 的单调性、极值及其图形的凹、凸性、拐点和渐近线.

解　函数 $f(x)=x\mathrm{e}^{-x}$ 的定义域为 $(-\infty,+\infty)$，为非奇非偶函数. 再求其一、二阶导数：

$$f'(x)=e^{-x}-xe^{-x}=e^{-x}(1-x),$$
$$f''(x)=-e^{-x}(1-x)-e^{-x}=e^{-x}(x-2).$$

$f'(x)=0$，得驻点 $x_1=1$；没有导数不存在点.

令 $f''(x)=0$，得 $x_2=2$，讨论 $f'(x)$，$f''(x)$ 的符号，并得到下表：

x	$(-\infty, 1)$	1	$(1, 2)$	2	$(2, +\infty)$
$f'(x)$	+	0	−		−
$f''(x)$	−		−	0	+
$y=f(x)$	$\uparrow\cap$	极大值 $f(1)=e^{-1}$	$\downarrow\cap$	拐点 $(2, 2e^{-2})$	$\downarrow\cup$

再求渐近线. 因为

$$\lim_{x\to+\infty}f(x)=\lim_{x\to+\infty}xe^{-x}=\lim_{x\to+\infty}\frac{x}{e^x}\overset{\frac{\infty}{\infty}}{=\!=}\lim_{x\to+\infty}\frac{1}{e^x}=0,$$

所以曲线 $y=f(x)$ 有水平渐近线 $y=0$.

第 4 章 不定积分

前面我们已经介绍了已知函数求导数的问题，现在我们要考虑其反问题：已知导数求其函数，即求一个未知函数，使其导数恰好是某一已知函数. 这种由导数或微分求其原函数的逆运算称为不定积分. 本章将介绍不定积分的概念及其计算方法.

本章教学基本要求：

1. 理解原函数的概念和不定积分的概念.
2. 熟悉不定积分的基本性质与基本积分公式.
3. 熟练掌握计算不定积分的凑微分法、换元积分法和分部积分法.

§4.1 不定积分的概念与性质

一、主要知识归纳

表 4—1—1 不定积分的概念

原函数的定义	若在区间 I 上满足：$F'(x)=f(x)$，则称 $F(x)$为 $f(x)$（或 $f(x)\mathrm{d}x$）在区间 I 上的原函数.
不定积分的定义	若在区间 I 上满足：$F'(x)=f(x)$，则 $f(x)$（或 $f(x)\mathrm{d}x$）在区间 I 上的原函数的全体 $F(x)+C$ 称为 $f(x)$(或 $f(x)\mathrm{d}x$) 在区间 I 上的不定积分，记为 $$\int f(x)\mathrm{d}x = F(x)+C,$$ 其中 $\int$ 称为积分号，$f(x)$称为被积函数，$f(x)\mathrm{d}x$ 称为被积表达式，x 称为积分变量.

表 4—1—2 不定积分的性质

不定积分与微分的关系	(1) $[\int f(x)\mathrm{d}x]' = f(x)$ 或 $\mathrm{d}[\int f(x)\mathrm{d}x] = f(x)\mathrm{d}x$; (2) $\int f'(x)\mathrm{d}x = f(x)+C$ 或 $\int \mathrm{d}f(x) = f(x)+C$.
线性性质	(1) $\int (f(x)\pm g(x))\mathrm{d}x = \int f(x)\mathrm{d}x \pm \int g(x)\mathrm{d}x$; (2) $\int kf(x)\mathrm{d}x = \int f(x)\mathrm{d}x$($k$ 为常数).

表 4—1—3 **基本积分公式**

微分公式	积分公式
$d(kx)=kdx$	$\int kdx = kx + C$
$d(x^u) = ux^{u-1}dx$	$\int x^u dx = \frac{1}{u+1}x^{u-1} + C(u \neq -1)$
$d(\ln\mid x\mid) = \frac{1}{x}dx$	$\int \frac{1}{x}dx = \ln\mid x\mid + C$
$da^x = a^x \ln a dx$	$\int a^x dx = \frac{a^x}{\ln a} + C$
$de^x = e^x dx$	$\int e^x dx = e^x + C$
$d(\sin x)\cos x dx$	$\int \cos x dx = \sin x + C$
$d(\cos x) = -\sin x dx$	$\int \sin x dx = -\cos x + C$
$d(\tan x) = \sec^2 x dx$	$\int \sec^2 x dx = \tan x + C$
$d(\cot x) = -\csc^2 x dx$	$\int \csc^2 x dx = -\cot x + C$
$d(\sec x) = \sec x \tan x dx$	$\int \sec x \tan x dx = \sec x + C$
$d(\csc x) = -\csc x \cot x dx$	$\int \csc x \cot x dx = -\csc x + C$
$d(\arcsin x) = \frac{dx}{\sqrt{1-x^2}}$	$\int \frac{dx}{1-x^2} = \arcsin x + C$
$d(\arccos x) = -\frac{dx}{\sqrt{1-x^2}}$	$\int \frac{dx}{1-x^2} = -\arccos x + C$
$d(\arctan x) = \frac{dx}{1+x^2}$	$\int \frac{dx}{1+x^2} = \arctan x + C$
$d(\text{arccot} x) = -\frac{dx}{1+x^2}$	$\int \frac{dx}{1+x^2} = -\text{arccot} x + C$
$d(\text{sh} x) = \text{ch} x dx$	$\int \text{ch} x dx = \text{sh} x + C$
$d(\text{ch} x) = \text{sh} x dx$	$\int \text{sh} x dx = \text{ch} x + C$

二、典型例题分析

例 1 符号函数 $f(x)=\text{sgn}x=\begin{cases}1, & x>0 \\ 0, & x=0 \\ -1, & x<0\end{cases}$ 在（$-\infty$，$+\infty$）内是否存在原函数？为什么？

解 不存在.

假设有原函数 $F(x)$，$F(x)=\begin{cases}x+c, & x>0\\ c, & x=0\\ -x+c, & x<0\end{cases}$，其中 $c\neq0$，但 $F(x)$ 在 $x=0$ 处不可微，假设错误，故 $f(x)$ 在 $(-\infty,+\infty)$ 内不存在原函数.

小结：不是所有的函数都可积，事实上，每一个含有第一类间断点的函数都没有原函数. 但是在其定义区间上连续的函数一定可积，故初等函数在它的定义区间上的不定积分一定存在，另外，很多可积的初等函数的不定积分（原函数）不能用初等函数表示出来.

例2 求不定积分 $\int\frac{1+x}{\sqrt[3]{x}}\mathrm{d}x$.

解 $\int\frac{1+x}{\sqrt[3]{x}}\mathrm{d}x=\int\left(x^{-\frac{1}{3}}+x^{\frac{2}{3}}\right)\mathrm{d}x=\frac{3}{2}x^{\frac{2}{3}}+\frac{3}{5}x^{\frac{5}{3}}+C.$

例3 求不定积分 $\int\frac{1+x+x^2}{x(1+x^2)}\mathrm{d}x$.

解

$$\begin{aligned}\int\frac{1+x+x^2}{x(1+x^2)}\mathrm{d}x&=\int\frac{x+(1+x^2)}{x(1+x^2)}\mathrm{d}x=\int\left(\frac{1}{1+x^2}+\frac{1}{x}\right)\mathrm{d}x\\&=\int\frac{1}{1+x^2}\mathrm{d}x+\int\frac{1}{x}\mathrm{d}x\\&=\arctan x+\ln|x|+C.\end{aligned}$$

例4 求满足下列条件的 $F(x)$.

$$F'(x)=\frac{1+x}{1+\sqrt[3]{x}},\ F(0)=1.$$

解 根据题设条件，有

$$\begin{aligned}F(x)&=\int F'(x)\mathrm{d}x=\int\frac{1+x}{1+\sqrt[3]{x}}\mathrm{d}x=\int(1-\sqrt[3]{x}+\sqrt[3]{x^2})\mathrm{d}x\\&=\int1\mathrm{d}x-\int\sqrt[3]{x}\mathrm{d}x+\int\sqrt[3]{x^2}\mathrm{d}x=x-\frac{3}{4}x^{4/3}+\frac{3}{5}x^{5/3}+C.\end{aligned}$$

又 $F(0)=1$，得 $C=1$. 所以

$$F(x)=x-\frac{3}{4}x^{4/3}+\frac{3}{5}x^{5/3}+1.$$

三、习题 4—1 解答

1. 检验下列不定积分的正确性：

(1) $\int x\sin x\mathrm{d}x=-x\cos x+C$;

(2) $\int x\cos x\mathrm{d}x = -x\cos x + \sin x + C$.

解　(1) 错误. 因为对等式的右端求导，其导函数不是被积函数：

$(-x\cos x+C)'=x\sin x-\cos x+0\neq x\sin x$.

(2) 正解. 因为

$(-x\cos x+\sin x+C)'=-\cos x+\sin x-\cos x=x\sin x$.

2. 求下列不定积分：

(1) $\int \frac{\mathrm{d}x}{x^2\sqrt{x}}$.

解　$\int \frac{\mathrm{d}x}{x^2\sqrt{x}} = \int x^{-\frac{5}{2}}\mathrm{d}x = \frac{x^{-\frac{5}{2}+1}}{-\frac{5}{2}+1} + C = -\frac{2}{3}x^{-\frac{3}{2}} + C$.

(2) $\int \left(\sqrt[3]{x} - \frac{1}{\sqrt{x}}\right)\mathrm{d}x$.

解　$\int \left(\sqrt[3]{x} - \frac{1}{\sqrt{x}}\right)\mathrm{d}x = \int (x^{1/3} - x^{1/2})\mathrm{d}x = \frac{3}{4}x^{4/3} - 2x^{1/2} + C$.

(3) $\int (2^x + x^2)\mathrm{d}x$.

解　$\int (2x + x^2)\mathrm{d}x = \frac{1}{\ln 2}\cdot 2^x + \frac{1}{3}x^3 + C$.

(4) $\int \sqrt{x}(x-3)\mathrm{d}x$.

解　$\int \sqrt{x}(x-3)\mathrm{d}x = \int (x^{3/2} - 3x^{1/2})\mathrm{d}x = \frac{2}{5}x^{5/2} - 2x^{3/2} + C$.

(5) $\int \left(\frac{3}{1+x^2} - \frac{2}{\sqrt{1-x^2}}\right)\mathrm{d}x$.

解　$$\int \left(\frac{3}{1+x^2} - \frac{2}{\sqrt{1-x^2}}\right)\mathrm{d}x = 3\int \frac{1}{1+x^2}\mathrm{d}x - 2\int \frac{1}{\sqrt{1-x^2}}\mathrm{d}x$$
$$= 3\arctan x - 2\arcsin x + C.$$

(6) $\int \frac{x^2}{1+x^2}\mathrm{d}x$.

解　$$\int \frac{x^2}{1+x^2}\mathrm{d}x = \int \frac{1+x^2-1}{1+x^2}\mathrm{d}x = \int \left(1 - \frac{1}{1+x^2}\right)\mathrm{d}x = \int \mathrm{d}x - \int \frac{1}{1+x^2}\mathrm{d}x$$
$$= x - \arctan x + C.$$

(7) $\int \frac{\mathrm{d}x}{x^2(1+x^2)}$.

解　$\int \frac{dx}{x^2(1+x^2)} = \int\left(\frac{1}{x^2} - \frac{1}{1+x^2}\right)dx = -x^{-1} - \arctan x + C.$

(8) $\int \frac{e^{2t}-1}{e^t-1}dt.$

解　$\int \frac{e^{2t}-1}{e^t-1}dt = \int (e^t+1)dt = e^t + t + C.$

(9) $\int 3^x e^x dx.$

解　$\int 3^x e^x dx = \int (3e)^x dx = \frac{(3e)^x}{\ln(3e)} + C = \frac{3^x e^x}{\ln 3 + 1} + C.$

(10) $\int \cos^2 \frac{x}{2} dx.$

解　$\int \cos^2 \frac{x}{2} dx = \int \frac{1+\cos x}{2} dx = \frac{1}{2}\int dx + \frac{1}{2}\int \cos x dx = \frac{x}{2} + \frac{1}{2}\sin x + C.$

(11) $\int \frac{dx}{1+\cos 2x}.$

解　$\int \frac{1}{1+\cos 2x}dx = \int \frac{1}{1+2\cos^2 x - 1}dx = \frac{1}{2}\int \frac{1}{\cos^2 x}dx = \frac{1}{2}\tan x + C.$

(12) $\int \frac{\cos 2x}{\cos^2 x \cdot \sin^2 x}dx.$

解　$$\int \frac{\cos 2x}{\cos^2 x \cdot \sin^2 x}dx = \int \frac{\cos^2 x - \sin^2 x}{\cos^2 x \cdot \sin^2 x}dx = \int (\csc^2 x - \sec^2 x)dx$$
$$= -\cot x - \tan x + C.$$

3. 设$\int xf(x)dx = \arccos x + C$，求 $f(x)$.

解　$\arccos x + C$ 是 $xf(x)$ 的原函数

$$\Rightarrow (\arccos x + C)' = xf(x) \Rightarrow -\frac{1}{\sqrt{1-x^2}} = xf(x)$$

$$\Rightarrow f(x) = -\frac{1}{x\sqrt{1-x^2}}.$$

4. 设 $f(x)$ 的导函数是 $\sin x$，求 $f(x)$ 的原函数的全体.

解　$\because f'(x) = \sin x$,

$\therefore f(x) = \int f'(x)dx = \int \sin x dx = -\cos x + C_1$，其中 C_1 为常数，待定.

从而 $f(x)$ 的原函数的全体为

$$\int f(x)dx = \int (-\cos x + C_1)dx = C_1 x - \sin x + C_2.$$

5. 一曲线通过点$(e^2, 3)$，且在任一点处的切线的斜率等于该点横坐标的倒数，求该曲线的方程.

解　设曲线方程为 $y = f(x)$，由题设，有

$$y' = \frac{1}{x}，即\int \frac{dy}{dx} = \frac{1}{x},$$

$$\therefore y = \frac{1}{x}dx = \ln|x| + C.$$

又点$(e^3, 3)$在该曲线上，所以

$$3 = \ln e^2 + C, C = 3 - 2\ln e = 1.$$

故该曲线的方程为：$y = \ln|x| + 1$.

§4.2　换元积分法

一、主要知识归纳

表 4—2—1　　换元积分法

<table>
<tr><td rowspan="2">换元积分法</td><td>第一类换元法</td><td>设法将被积函数 $f(x)$ 凑成 $f(x) = g[\varphi(x)]\varphi'(x)$ 且 $g(u)$ 的原函数能容易求出，则有
$$\int f(x)dx = \int g[\varphi(x)]\varphi'(x)dx = \int g(u)du = G(u) + C = G[\varphi(x)] + C,$$
其中 $u=\varphi(x)$，$G'(u)=g(u)$.</td></tr>
<tr><td>第二类换元法</td><td>作适当的变换 $x=\varphi(t)$，其中 $\varphi(t)$是单调可导的函数，且 $\varphi'(t)\neq 0$,使 $f[\varphi(t)]\varphi'(t)$ 的原函数容易求出，则有
$$\int f(x)dx = \int f[\varphi(t)]\varphi'(t)dt = F(t) + C = F[\varphi^{-1}(x)] + C,$$
其中 $F'(t)=f[\varphi(t)]\varphi'(t)$，$\varphi^{-1}(x)$是 $\varphi(x)$ 的反函数.</td></tr>
</table>

表 4—2—2　　常用的凑微分公式

1. $\int f(ax+b)dx = \frac{1}{a}\int f(ax+b)d(ax+b)$ $(a\neq 0)$
2. $\int f(ax^2+b)xdx = \frac{1}{2a}\int f(ax^2+b)d(ax^2+b)$ $(a\neq 0)$
3. $\int f(ax^\alpha+b)x^{\alpha-1}dx = \frac{1}{\alpha a}\int f(ax^\alpha+b)d(ax^\alpha+b)$ $(a\neq 0, \alpha\neq 0)$
4. $\int f\left(\frac{1}{x}\right)\frac{1}{x^2}dx = -\int f\left(\frac{1}{x}\right)d\left(\frac{1}{x}\right)$

续前表

5. $\int f(\ln x)\frac{1}{x}dx=\int f(\ln x)d\ln x$
6. $\int f(e^{ax})e^{ax}dx=\frac{1}{a}\int f(e^{ax})de^{ax}(a\neq 0)$
7. $\int f(\sin x)\cos x dx=\int f(\sin x)d\sin x$
8. $\int f(\cos x)\sin x dx=-\int f(\cos x)d\cos x$
9. $\int f(\tan x)\sec^2 x dx=\int f(\tan x)\frac{1}{\cos^2 x}dx=\int f(\tan x)d\tan x$
10. $\int f(\cot x)\csc^2 x dx=\int f(\cot x)\frac{1}{\sin^2 x}dx=-\int f(\cot x)d\cot x$
11. $\int f(\sec x)\sec x\tan x dx=\int f(\sec x)d\sec x$
12. $\int f(\arcsin x)\frac{1}{\sqrt{1-x^2}}dx=\int f(\arcsin x)d\arcsin x$
13. $\int f(\arctan x)\frac{1}{\sqrt{1+x^2}}dx=\int f(\arctan x)d\arctan x$

二、典型例题分析

例 1　求不定积分 $\int\frac{x}{(1+x)^3}dx$.

解　原式 $=\int\frac{x+1-1}{(1+x)^3}dx=\int\left[\frac{1}{(1+x)^2}-\frac{1}{(1+x)^3}\right]dx$

$$=\int\frac{1}{(1+x)^2}d(1+x)-\int\frac{1}{(1+x)^3}d(1+x)=-\frac{1}{1+x}+\frac{1}{2(1+x)^2}+C.$$

例 2　计算不定积分 $\int x\sqrt{1-x^2}dx$.

解　方法一　$\int x\sqrt{1-x^2}dx=\int(1-x^2)^{\frac{1}{2}}\left[-\frac{1}{2}(1-x^2)\right]'dx$

$$=-\frac{1}{2}\int(1-x^2)^{\frac{1}{2}}d(1-x^2)=-\frac{1}{3}(1-x^2)^{\frac{3}{2}}+C.$$

方法二　令 $x=\sin t$.

原式 $=\int\sin t\cos^2 tdt=-\int\cos^2 td\cos t$.

$$=-\frac{1}{3}\cos^3 t+C=-\frac{1}{3}(1-\sin^2 t)^{3/2}+C$$

$$=-\frac{1}{3}(1-x^2)^{3/2}+C$$

小结:不定积分的计算有多种方法，除了熟练掌握典型的积分计算外，还需根据实际问题选择较为快捷有效的途径，本例中，方法一为第一类换元积分法，方法二为第二类换元积分法. 对变量代换比较熟练后，可省去书写中间变量的换元和回代过程.

例 3 试用换元法求不定积分$\int \frac{\cos x}{\sqrt{2+\cos 2x}}dx$.

解 原式 $=\int \frac{\cos x}{\sqrt{3-2\sin^2 x}}dx=\int \frac{d(\sin x)}{\sqrt{3}\sqrt{1-\left(\sqrt{\frac{2}{3}}\sin x\right)^2}}$

$$=\frac{1}{\sqrt{2}}\int \frac{d\left(\sqrt{\frac{2}{3}}\sin x\right)}{\sqrt{1-\left(\sqrt{\frac{2}{3}}\sin x\right)^2}}$$

$$=\frac{1}{\sqrt{2}}\arcsin\left(\sqrt{\frac{2}{3}}\sin x\right)+C.$$

例 4 计算$\int 2e^x\sqrt{1-e^{2x}}dx$.

解 方法一 (第一类换元积分法)：

$$\text{原式}=2\int\sqrt{1-(e^x)^2}de^x \xlongequal{(\text{令 } e^x=t)} 2\int\sqrt{1-t^2}dt$$

$$=\arcsin t+t\sqrt{1-t^2}+C=\arcsin e^x+e^x\sqrt{1-e^{2x}}+C.$$

方法二 (第二类换元积分法)：设 $e^x=\sin t$，则 $e^x dx=\cos t dt$，所以

$$\text{原式}=2\int\cos^2 t dt=\int(1+\cos 2t)dt$$

$$=t+\frac{1}{2}\sin 2t+C$$

$$=t+\cos t\cdot\sin t+C$$

$$=\arcsin e^x+e^x\sqrt{1-e^{2x}}+C.$$

例 5 求不定积分$\int \frac{1-\ln x}{(x-\ln x)^2}dx$.

解 令 $t=\frac{1}{x}$，则

$$\text{原式}=\int \frac{1-\ln\frac{1}{t}}{\left(\frac{1}{t}-\ln\frac{1}{t}\right)^2}\cdot\left(-\frac{1}{t^2}\right)dt=-\int\frac{1+\ln t}{(1+t\ln t)^2}dt$$

$$=-\int\frac{d(1+t\ln t)}{(1+t\ln t)^2}$$

$$=\frac{1}{1+t\ln t}+C=\frac{x}{x-\ln x}+C.$$

三、习题 4—2 解答

1. 填空使下列等式成立：

(1) $dx=$____$d(7x-3)$；　(2) $xdx=$____$d(1-x^2)$；

(3) $x^3dx=$____$d(3x^4-2)$；　(4) $e^{2x}dx=$____$d(e^{2x})$；

(5) $\dfrac{dx}{x}=$____$d(5\ln|x|)$；　(6) $\dfrac{1}{\sqrt{t}}dt=$____$d(\sqrt{t})$.

答　(1) $dx=\underline{\dfrac{1}{7}}d(7x-3)$；　(2) $xdx=\underline{-\dfrac{1}{2}}d(1-x^2)$；

(3) $x^3dx=\underline{\dfrac{1}{12}}d(3x^4-2)$；　(4) $e^{2x}dx=\underline{\dfrac{1}{2}}d(e^{2x})$；

(5) $\dfrac{dx}{x}=\underline{\dfrac{1}{5}}d(5\ln|x|)$；　(6) $\dfrac{1}{\sqrt{t}}dt=\underline{2}d(\sqrt{t})$.

2. 求下列不定积分：

(1) $\int e^{3t}dt$.

解　$\int e^{3t}dt=\dfrac{1}{3}\int e^{3t}d(3t)=\dfrac{1}{3}e^{3t}+C.$

(2) $\int(3-5x)^3dx$.

解　$\int(3-5x)^3dx=-\dfrac{1}{5}\int(3-5x)^3d(3-5x)=-\dfrac{1}{20}(3-5x)^4+C.$

(3) $\int\dfrac{dx}{3-2x}$.

解　$\int\dfrac{dx}{3-2x}=-\dfrac{1}{2}\int\dfrac{d(3-2x)}{3-2x}=-\dfrac{1}{2}\ln|3-2x|+C.$

(4) $\int\dfrac{dx}{\sqrt[3]{5-3x}}$.

解
$$\int\frac{dx}{\sqrt[3]{5-3x}}=-\frac{1}{3}\int(5-3x)^{-\frac{1}{3}}d(5-3x)$$
$$=-\frac{1}{2}(5-3x)^{\frac{2}{3}}+C.$$

(5) $\int(\sin ax-e^{\frac{x}{b}})dx$.

解
$$\int(\sin ax-e^{\frac{x}{b}})dx=\int\sin ax\,dx-\int e^{\frac{x}{b}}dx=\frac{1}{a}\int\sin ax\,d(ax)-b\int e^{\frac{x}{b}}d(\frac{x}{b})$$
$$=-\frac{1}{a}\cos ax-be^{\frac{x}{b}}+C.$$

(6) $\int \frac{\cos\sqrt{t}}{\sqrt{t}}\mathrm{d}t$.

解 $\int \frac{\cos\sqrt{t}}{\sqrt{t}}\mathrm{d}t = 2\int \cos\sqrt{t} \cdot \frac{\mathrm{d}t}{2\sqrt{t}} = 2\int \cos\sqrt{t}\mathrm{d}\sqrt{t} = 2\sin\sqrt{t} + C.$

(7) $\int \frac{\mathrm{d}x}{\mathrm{e}^x + \mathrm{e}^{-x}}$.

解 $\int \frac{\mathrm{d}x}{\mathrm{e}^x + \mathrm{e}^{-x}} = \int \frac{\mathrm{d}\mathrm{e}^x}{\mathrm{e}^{2x} + 1} = \arctan\mathrm{e}^x + C.$

(8) $\int \frac{\mathrm{d}x}{x\ln x\ln\ln x}$.

解 $\int \frac{\mathrm{d}x}{x\ln x\ln\ln x} = \int \frac{\mathrm{d}\ln x}{\ln x\ln\ln x} = \int \frac{\mathrm{d}\ln\ln x}{\ln\ln x} = \ln|\ln\ln x| + C.$

(9) $\int \frac{3x^3}{1-x^4}\mathrm{d}x$.

解 $\int \frac{3x^3}{1-x^4}\mathrm{d}x = -\frac{3}{4}\int \frac{\mathrm{d}(1-x^4)}{1-x^4} = -\frac{3}{4}\ln|1-x^4| + C.$

(10) $\int x\cos(x^2)\mathrm{d}x$.

解 $\int x\cos(x^2)\mathrm{d}x = \frac{1}{2}\int \cos(x^2)\mathrm{d}(x^2) = \frac{1}{2}\sin(x^2) + C.$

(11) $\int \cos^3 x\mathrm{d}x$.

解 $\int \cos^3 x\mathrm{d}x = \int \cos^2 x\mathrm{d}\sin x = \int (1-\sin^2 x)\mathrm{d}\sin x = \sin x - \frac{1}{3}\sin^3 x + C.$

(12) $\int \frac{\sin x}{\cos^3 x}\mathrm{d}x$.

解 $\int \frac{\sin x}{\cos^3 x}\mathrm{d}x = -\int \frac{\mathrm{d}\cos x}{\cos^3 x} = -\int \cos^{-3} x\mathrm{d}\cos x = \frac{1}{2}\cos^{-2} x + C = \frac{1}{2}\sec^2 x + C.$

3. 求下列不定积分：

(1) $\int \frac{\mathrm{d}x}{\sqrt{x} + \sqrt[4]{x}}$.

解 令 $u = \sqrt[4]{x} \Rightarrow x = u^4$，$\mathrm{d}x = 4u^3\mathrm{d}u$.

$$\therefore \text{原式} = \int \frac{4u^3}{u^2+u}\mathrm{d}u = 4\int \frac{u^2}{u+1}\mathrm{d}u = 4\int \left(u - 1 + \frac{1}{u+1}\right)\mathrm{d}u$$

$$= 4\left(\frac{u^2}{2} - u + \ln|u+1|\right) + C = 2\sqrt{x} - 4\sqrt[4]{x} + 4\ln(\sqrt[4]{x}+1) + C.$$

(2) $\int \frac{\mathrm{d}x}{1+\sqrt[3]{x+1}}$.

解　利用根式代换.

令　$\sqrt[3]{x+1}=u\Rightarrow x=u^3-1,\ \mathrm{d}x=3u^2\mathrm{d}u.$

$$\therefore \text{原式}=\int\frac{3u^2}{u+1}\mathrm{d}u=3\int\frac{(u^2-1)+1}{u+1}\mathrm{d}u=3\int\left(u-1+\frac{1}{u+1}\right)\mathrm{d}u$$

$$=3\left(\frac{u^2}{2}-u+\ln|u+1|\right)+C$$

$$=\frac{3}{2}\sqrt[3]{(x+1)^2}-3\sqrt[3]{x+1}+3\ln|\sqrt[3]{x+1}+1|+C.$$

(3) $\int\sqrt{\frac{a+x}{a-x}}\mathrm{d}x.$

解　$$\int\sqrt{\frac{a+x}{a-x}}\mathrm{d}x=\int\frac{a+x}{\sqrt{a^2-x^2}}\mathrm{d}x=\int\frac{a\mathrm{d}x}{\sqrt{a^2-x^2}}+\int\frac{x}{\sqrt{a^2-x^2}}\mathrm{d}x$$

$$=a\arcsin\frac{x}{a}-\frac{1}{2}\int\frac{\mathrm{d}(a^2-x^2)}{\sqrt{a^2-x^2}}=a\arcsin\frac{x}{a}-\sqrt{a^2-x^2}+C.$$

(4) $\int\frac{\mathrm{d}x}{1+\sqrt{1-x^2}}.$

解　令 $x=\sin t\left(-\frac{\pi}{2}<t<\frac{\pi}{2}\right)$，则 $\mathrm{d}x=\cos t\mathrm{d}t$，

$$\int\frac{\mathrm{d}x}{1+\sqrt{1-x^2}}=\int\frac{\cos t}{1+\cos t}\mathrm{d}t=\int\frac{\cos t+1-1}{1+\cos t}\mathrm{d}t=\int\left(1-\frac{1}{2\cos^2(t/2)}\right)\mathrm{d}t$$

$$=t-\int\sec^2(t/2)\mathrm{d}(t/2)=t-\tan(t/2)+C.$$

由 $\sin t=x$，有

$$\cos t=\sqrt{1-x^2},\ \tan(t/2)=(1-\cos)/\sin t=[1-\sqrt{1-x^2}]/x,$$

$$\therefore \text{原式}=\arcsin x-\frac{1-\sqrt{1-x^2}}{x}+C.$$

(5) $\int\frac{\mathrm{d}x}{(x^2+a^2)^{3/2}}.$

解　令 $x=a\tan t$，则

$$\text{原式}=\int\frac{a\sec^2t\mathrm{d}t}{a^3\sec^3t}=\int\frac{\cos t}{a^2}\mathrm{d}t=\frac{\sin t}{a^2}+C$$

$$=\frac{1}{a^2}\cdot\frac{x}{\sqrt{x^2+a^2}}+C.$$

(6) $\int\frac{\mathrm{d}x}{\sqrt{(x^2+1)^3}}.$

解　令 $x=\tan t\left(-\frac{\pi}{2}<t<\frac{\pi}{2}\right)$，则 $\mathrm{d}x=\sec^2t\mathrm{d}t$，

$$\int \frac{dx}{\sqrt{(x^2+1)^3}} = \int \frac{\sec^2}{\sec^3 t} dt = \int \cos t dt = \sin t + C.$$

由 $\sec t = \sqrt{\tan^2 t + 1} = \sqrt{x^2+1}$，有

$$\cos t = \frac{1}{\sqrt{x^2+1}},\ \sin t = \tan t \cos t = \frac{x}{\sqrt{x^2+1}},$$

$\therefore$ 原式 $= \dfrac{x}{\sqrt{x^2+1}} + C.$

4. 求一个函数 $f(x)$，满足 $f'(x) = \dfrac{1}{\sqrt{x+1}}$，且 $f(0)=1$.

解 依题意，$f(x)$ 是$\dfrac{1}{\sqrt{x+1}}$的原函数，所以

$$f(x) = \int \frac{1}{\sqrt{x+1}} dx = \int \frac{1}{\sqrt{x+1}} d(x+1) = 2\sqrt{x+1} + C.$$

由于 $f(0)=1 \Rightarrow C=-1$，从而 $f(x) = 2\sqrt{x+1} - 1$.

5.（流行性感冒的扩散）在 2000—2001 年流感流行期的 34 周内，某地区每 100 000 人中感染流行性感冒的比率可近似地表示为 $I'(t)=3.389e^{0.1049t}$，其中 I 是每 100 000 人中已经感染流行性感冒的总人数，t 是时间，以周为单位.

(1) 计算 $I(t)$，即在时间 t 内每 100 000 人中已经感染流行性感冒的总人数. 可以假设 $I(0)=0$.

(2) 在前 27 周内每 100 000 人中感染了流行性感冒的总人数近似多少?

(3) 在整个 34 周内每 100 000 人中感染了流行性感冒的总人数近似为多少?

(4) 在 34 周的最后 7 周内每 100 000 人中感染了流行性感冒的总人数近似为多少?

解 (1) $I(t) = \int I\cdot(t)\cdot dt = \int 3.389e^{0.1049t}\cdot dt$

$$= \frac{3.389}{0.1049} e^{0.1049t} + C \approx 32.3100t + C,$$

又 $I(0)=0$，从而 $C=-32.3100$，所以 $I(t) = 32.3100t - 32.3100$.

(2) 当 $t=27$ 时，$I(27) = 32.3100\times 27 - 32.3100 = 840.06$(人).

(3) 当 $t=34$ 时，$I(34) = 32.3100\times 34 - 32.3100 = 1066.23$(人).

(4) 在 34 周的最后 7 周内每 100 000 人中感染了流行性感冒的总人数即 34 周内感染流行性感冒的总人数减去 27 周内感染流行性感冒的总人数，即 $1066.23 - 840.06 = 226.17$(人).

§4.3　分部积分法

一、主要知识归纳

表 4—3—1　**分部积分法**

分部积分法	由 $d(uv)=vdu+udv$ 得 $$\int udv = uv - \int vdu \text{ 或 } \int udv = uv - \int u'vdx$$ 使等式右边的积分更易求积.

表 4—3—2　**几种分部积分的类型**

幂函数乘正弦或余弦函数	$\int x^n \sin x dx = \int x^n d(-\cos x) = -x^n \cos x + n\int x^{n-1}\cos x dx$.
幂函数乘指数函数	$\int x^n e^x dx = \int x^n de^x = x^n e^x - n\int x^{n-1} e^x dx$.
幂函数乘对数函数	$\int x^n \ln x dx = \frac{1}{n+1}\int \ln x dx^{n+1} = \frac{1}{n+1}\left(x^{n+1}\ln x - \int x^n dx\right)$.
幂函数乘反三角函数	$\int x^n \arcsin x dx = \frac{1}{n+1}\int \arcsin x dx^{n+1} = \frac{1}{n+1}\left(x^{n+1}\arcsin x - \int \frac{x^{n+1}}{\sqrt{1-x^2}}dx\right)$; $\int x^n \arctan x dx = \frac{1}{n+1}\int \arctan x dx^{n+1} = \frac{1}{n+1}\left(x^{n+1}\arctan x - \int \frac{x^{n+1}}{1+x^2}dx\right)$.
指数函数乘正弦与余弦函数	对于形如 $\int e^x \sin x dx$ 的积分，先凑微分然后再分部积分，若干次后等式右边又出现所求积分，此时只需解出所求积分即可.

二、典型例题分析

例 1　求 $I = \int \frac{e^{x^{1/3}}}{\sqrt[3]{x}}dx$.

解　方法一　先分部积分，后换元.

设 $u=e^{x^{1/3}}$，$dv=\frac{1}{\sqrt[3]{x}}dx$，则

$$du=\frac{1}{3}x^{-2/3}\cdot e^{x^{1/3}}dx,\ v=\frac{3}{2}x^{2/3},$$

于是　$I=\frac{3}{2}x^{2/3}\cdot e^{x^{1/3}}-\frac{1}{2}\int e^{x^{1/3}}dx$

再设 $x=t^3$，则 $dx=3t^2dt$，于是

$$\int e^{x^{\frac{1}{3}}}dx = 3\int t^2 \cdot e^t dt = 3t^2 e^t - 6\int te^t dt = 3t^2 e^t - 6\left(te^t - \int e^t dt\right)$$
$$= 3(t^2 - 2t + 2)e^t + C.$$

代入上式，得

$$I=\frac{3}{2}x^{2/3} \cdot e^{x^{1/3}} - \frac{3}{2}\left(\sqrt[3]{x^2} - 2\sqrt[3]{x} + 2\right)e^{x^{1/3}} + c = 3(\sqrt[3]{x} - 1)e^{x^{1/3}} + C.$$

方法二　先换元，后分部积分.

设 $x=t^3$，$dx=3t^2dt$，则

$$I = \int \frac{e^t}{t} \cdot 3t^2 dt = 3\int te^t dt,$$

再设 $u=t$，$dv=e^t dt$，则

$$I = 3te^t - 3\int e^t dt = 3te^t - 3e^t + c = 3(\sqrt[3]{x} - 1)e^{x^{1/3}} + C.$$

例 2　求不定积分 $\int \frac{(1-x)\arcsin(1-x)}{\sqrt{2x-x^2}}dx$.

解　令 $t=1-x$，则 $dx=-dt$，于是

$$原式 = -\int \frac{t\arcsin t}{\sqrt{1-t^2}}dt = +\int \arcsin t\, d\left(\sqrt{1-t^2}\right)$$
$$= \sqrt{1-t^2}\arcsin t - \int \frac{1}{\sqrt{1-t^2}} \cdot \sqrt{1-t^2}dt$$
$$= \sqrt{1-t^2}\arcsin t - t + C_1$$
$$= \sqrt{2x-x^2}\arcsin(1-x) + x + C，其中\ C=C_1-1.$$

例 3　求不定积分 $\int e^{\sin x}\frac{x\cos^3 x - \sin x}{\cos^2 x}dx$.

解　先拆成两个不定积分，再利用分部积分法.

$$原式 = \int e^{\sin x} \cdot x\cos x dx - \int e^{\sin x}\frac{\sin x}{\cos^2 x}dx = \int x de^{\sin x} = \int e^{\sin x} d\left(\frac{1}{\cos x}\right)$$
$$= xe^{\sin x} - \int e^{\sin x}dx - \frac{e^{\sin x}}{\cos x} + \int e^{\sin x}dx$$
$$= xe^{\sin x} - \frac{1}{\cos x}e^{\sin x} + C.$$

例 4　利用分部积分计算 $\int \frac{x^2 e^x}{(x+2)^2}dx$.

解　选 $u=x^2e^x$，于是

$$\int \frac{x^2 e^x}{(x+2)^2}dx = \int x^2 e^x d\left(\frac{-1}{x+2}\right) = x^2 e^x\left(\frac{-1}{x+2}\right) - \int \frac{-1}{x+2}d(x^2 e^x)$$

$$=-\frac{x^2e^x}{x+2}+\int\frac{2xe^x+x^2e^x}{x+2}dx=-\frac{x^2e^x}{x+2}+\int xe^x dx$$

$$=-\frac{x^2e^x}{x+2}+\int xde^x=-\frac{x^2e^x}{x+2}+xe^x-\int e^x dx$$

$$=-\frac{x^2e^x}{x+2}+xe^x-e^x+C.$$

小结:本例选 $u=x^2e^x$ 比选 $u=\frac{x^2}{(x+2)^2}$ 更能使解题方便.

三、习题 4—3 解答

1. 求下列不定积分:

(1) $\int\arcsin x dx$.

解　$\int\arcsin x dx=x\arcsin x-\int\frac{xdx}{\sqrt{1-x^2}}=x\arcsin x+\frac{1}{2}\int\frac{d(1-x^2)}{\sqrt{1-x^2}}$

$$=x\arcsin x+\sqrt{1-x^2}+C.$$

(2) $\int\ln(x^2+1)dx$.

解　$\int\ln(x^2+1)dx=x\ln(x^2+1)-\int x\cdot d\ln(x^2+1)$

$$=x\ln(x^2+1)-\int x\cdot\frac{2x}{x^2+1}dx$$

$$=x\ln(x^2+1)-2x+2\arctan x+C.$$

(3) $\int\arctan x dx$.

解　$\int\arctan x dx=x\arctan x-\int xd\arctan x$

$$=x\arctan x-\int x\cdot\frac{1}{1+x^2}dx$$

$$=x\arctan x-\frac{1}{2}\ln(1+x^2)+C.$$

(4) $\int x\tan^2 x dx$.

解　$\int x\tan^2 x dx=\int x(\sec^2 x-1)dx=\int xd(\tan x)-\int xdx$

$$=x\tan x-\int\frac{\sin x}{\cos x}dx-\frac{x^2}{2}=x\tan x-\frac{x^2}{2}+\int\frac{d(\cos x)}{\cos x}$$

$$=-\frac{1}{2}x^2+x\tan x+\ln|\cos x|+C.$$

(5) $\int \ln^2 x\mathrm{d}x$.

解 $$\int \ln^2 x\mathrm{d}x = x\ln^2 x - 2\int x\ln x \cdot \frac{1}{x}\mathrm{d}x = x\ln^2 x - 2\int \ln x\mathrm{d}x$$

$$= x\ln^2 x - 2x\ln x + 2\int x \cdot \frac{1}{x}\mathrm{d}x$$

$$= x(\ln^2 x - 2\ln x + 2) + C.$$

(6) $\int x\cos\frac{x}{2}\mathrm{d}x$.

解 $$\int x\cos\frac{x}{2}\mathrm{d}x = 2\int x\mathrm{d}\left(\sin\frac{x}{2}\right) = 2x\sin\frac{x}{2} - 2\int \sin\frac{x}{2}\mathrm{d}x$$

$$= 2x\sin\frac{x}{2} + 4\cos\frac{x}{2} + C.$$

(7) $\int x\ln(x-1)\mathrm{d}x$.

解 $$\int x\ln(x-1)\mathrm{d}x = \frac{1}{2}\int \ln(x-1)\mathrm{d}(x^2) = \frac{1}{2}x^2\ln(x-1) - \frac{1}{2}\int \frac{x^2}{x-1}\mathrm{d}x$$

$$= \frac{1}{2}x^2\ln(x-1) - \frac{1}{2}\int \frac{x^2-1+1}{x-1}\mathrm{d}x$$

$$= \frac{1}{2}x^2\ln(x-1) - \frac{1}{2}\int \left(x+1+\frac{1}{x-1}\right)\mathrm{d}x$$

$$= \frac{1}{2}\left[x^2\ln(x-1) - \frac{1}{2}x^2 - x - \ln(x-1)\right] + C$$

$$= \frac{1}{2}(x^2-1)\ln(x-1) - \frac{1}{4}x^2 - \frac{1}{2}x + C.$$

(8) $\int x^3(\ln x)^2\mathrm{d}x$.

解 $$\int x^3(\ln x)^2\mathrm{d}x = \int (\ln x)^2\mathrm{d}\left(\frac{x^4}{4}\right) = \frac{x^4}{4}(\ln x)^2 - \int \frac{x^4}{4}(2\ln x)\frac{1}{x}\mathrm{d}x$$

$$= \frac{x^4}{4}(\ln x)^2 - \int \frac{1}{2}x^3\ln x\mathrm{d}x$$

$$= \frac{x^4}{4}(\ln x)^2 - \frac{1}{8}x^4\ln x + \frac{1}{8}\int x^4\,\frac{1}{x}\mathrm{d}x$$

$$= \frac{x^4}{8}\left[2(\ln x)^2 - \ln x + \frac{1}{4}\right] + C.$$

(9) $\int \frac{\ln x}{x^2}\mathrm{d}x$.

解 $$\int \frac{\ln x}{x^2}\mathrm{d}x = \int \ln x\mathrm{d}\left(-\frac{1}{x}\right) = -\frac{1}{x}\ln x + \int \frac{1}{x^2}\mathrm{d}x$$

$$=-\frac{1}{x}\ln x-\frac{1}{x}+C$$

$$=-\frac{1}{x}(\ln x+1)+C.$$

(10) $\int x^2 e^{-x}dx$.

解 $\int x^2 e^{-x}dx=-\int x^2 de^{-x}=-x^2e^{-x}+\int 2xe^{-x}dx=-x^2e^{-x}-2\int xde^{-x}$

$$=-x^2e^{-x}-2xe^{-x}+2\int e^{-x}dx=-(x^2+2x+2)e^{-x}+C.$$

(11) $\int e^{\sqrt[3]{x}}dx$.

解 $\int e^{\sqrt[3]{x}}dx \xlongequal{\sqrt[3]{x}=t} \int 3t^2e^t dt=3\int t^2 d(e^t)$

$$=3t^2e^t-3\int 2te^t dt=3t^2e^t-6\int tde^t$$

$$=3t^2e^t-6te^t+\int 6e^t dt=3e^t(t^2-2t+2)+C$$

$$=3e^{\sqrt[3]{x}}(\sqrt[3]{x^2}-2\sqrt[3]{x}+2)+C.$$

(12) $\int e^{-2x}\sin\frac{x}{2}dx$.

解 $\int e^{-2x}\sin\frac{x}{2}dx=-\frac{1}{2}\int\sin\frac{x}{2}d(e^{-2x})$

$$=-\frac{1}{2}e^{-2x}\sin\frac{x}{2}+\frac{1}{4}\int e^{-2x}\cos\frac{x}{2}dx$$

$$=-\frac{1}{2}e^{-2x}\sin\frac{x}{2}-\frac{1}{8}\int\cos\frac{x}{2}d(e^{-2x})$$

$$=-\frac{1}{2}e^{-2x}\sin\frac{x}{2}-\frac{1}{8}e^{-2x}\cos\frac{x}{2}-\frac{1}{16}\int e^{-2x}\sin\frac{x}{2}dx.$$

故有：$\frac{17}{16}\int e^{-2x}\sin\frac{x}{2}dx=-\frac{1}{2}e^{-2x}\sin\frac{x}{2}-\frac{1}{8}e^{-2x}\cos\frac{x}{2}$，

所以 $\int e^{-2x}\sin\frac{x}{2}dx=-\frac{8}{17}e^{-2x}\sin\frac{x}{2}-\frac{2}{17}e^{-2x}\cos\frac{x}{2}+C.$

2. 已知$\frac{\sin x}{x}$是 $f(x)$ 的原函数，求$\int xf'(x)dx$.

解 由题意条件得

$$\int f(x)dx=\frac{\sin x}{x}+C,\ f(x)=\left(\frac{\sin x}{x}\right)'=\frac{x\cos x-\sin x}{x^2}.$$

$$\therefore \int xf'(x)\mathrm{d}x = \int x\mathrm{d}f(x) = xf(x) - \int f(x)\mathrm{d}x = \cos x - \frac{2\sin x}{x} + C.$$

本章小结

一、本章知识点网络图

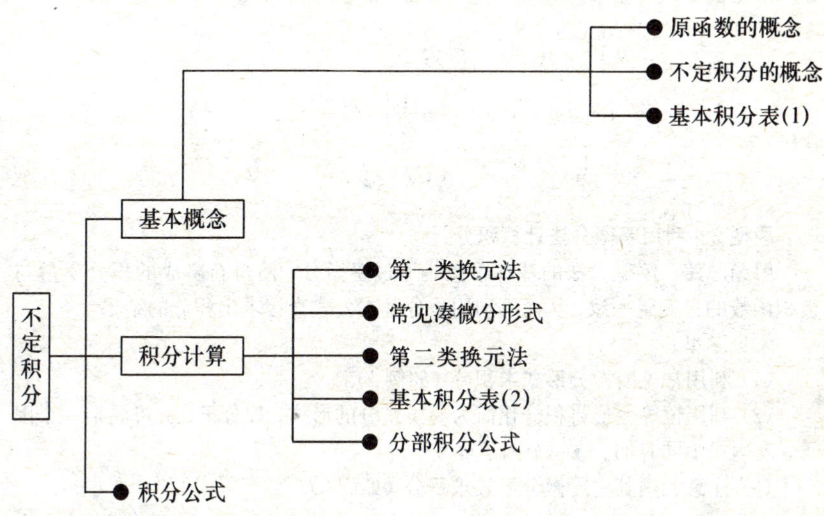

二、题型分析

题型 1　利用原函数与不定积分的概念解题

解题思路　若 $F(x)$是函数 $f(x)$的原函数，则有

$$F'(x)=f(x),$$

$$\int f(x)\mathrm{d}x = F(x) + C,$$

从而　$$[\int f(x)\mathrm{d}x]' = f(x), \int F'(x)\mathrm{d}x = F(x) + C,$$

常见题型：

(1) 已知函数的原函数，求函数本身(如例 1).

(2) 已知不定积分等式，求函数本身(例如 2).

例 1　设 $f(x)$的一个原函数是 e^{-2x}，则 $f(x)$=(　　)

(A) e^{-2x}；　(B) $-2e^{-2x}$；　(C) $-4e^{-2x}$；　(D) $4e^{-2x}$.

解　$\because f(x)$的一个原函数是 e^{-2x}，

$\therefore f(x)=(e^{-2x})'=-2e^{-2x}$，

故正确的选项(B).

例 2　设 $\int xf(x)dx = \arcsin x + C$，则 $\int \frac{dx}{f(x)} =$ ______

解　填 $-\frac{1}{3}\sqrt{(1-x^2)^3}+C$.

由题设等式，得 $(\arcsin x)'=xf(x)$，因此

$$\frac{1}{f(x)}=x\sqrt{1-x^2},$$

$$\int \frac{dx}{f(x)} = \int x\sqrt{1-x^2}dx = -\frac{1}{2}\int \sqrt{1-x^2}d(1-x^2)$$

$$=-\frac{1}{3}\sqrt{(1-x^2)^3}+C.$$

题型 2　利用凑微分法计算积分

解题思路　凑微分法的基本思想是通过凑微分，使得新凑成的积分变量与被积函数的自变量一致，从而可利用积分基本公式直接求出积分的结果.

常见题型：

(1) 利用常见凑微分形式求积分（如例 1）.

(2) 利用恒等变形将积分化简为易凑微分的形式，如分子、分母同乘一个因子，表达式中同时加、减一个因子等.

(3) 注意利用其它凑微分形式求积分（如例 2）.

$$(1+\ln x)dx=d(x\ln x),\quad \frac{dx}{\sqrt{1+x^2}}=d[\ln(x+\sqrt{1+x^2})],$$

(4) 注意利用求导或求微分的基本运算法则通过运算将积分变形抵消的方法求积分（如例 3）.

例 1　求下列不定积分：

(1) $\int \tan^4 x dx$.

解　原式 $=\int (\sec^2 x-1)\tan^2 x dx = \int \tan^2 x d\tan x - \int (\sec^2 x - 1)dx$

$$=\frac{1}{3}\tan^3 x - \tan x + x + C.$$

(2) $\int \frac{dx}{\sin^2 x\cos x}$.

解　原式 $=\int \left(\frac{1}{\cos x}+\frac{\cos x}{\sin^2 x}\right)dx = \int \sec x dx + \int \frac{d\sin x}{\sin^2 x}$

$$=\ln\left|\tan\left(\frac{x}{2}+\frac{\pi}{4}\right)\right|-\frac{1}{\sin x}+C.$$

例 2 求下列不定积分:

(1) $\int(x\ln x)^{\frac{3}{2}}(\ln x+1)\mathrm{d}x.$

解 $\because (x\ln x)'=\ln x+x\cdot\frac{1}{x}=\ln x+1,$

$\therefore$ 原式 $=\int(x\ln x)^{\frac{3}{2}}\mathrm{d}(x\ln x)=\frac{2}{5}(x\ln x)^{\frac{5}{2}}+C.$

(2) $\int\frac{\arctan\frac{1}{x}}{1+x^2}\mathrm{d}x.$

解 $\because \left(\arctan\frac{1}{x}\right)'=\frac{1}{1+\left(\frac{1}{x}\right)^2}\cdot\left(-\frac{1}{x^2}\right)=-\frac{1}{1+x^2},$

$\therefore$ 原式 $=-\int\arctan\frac{1}{x}\mathrm{d}\left(\arctan\frac{1}{x}\right)=-\frac{1}{2}\left(\arctan\frac{1}{x}\right)^2+C.$

例 3 求不定积分:$\int\frac{\mathrm{e}^x(1+\sin x)}{1+\cos x}\mathrm{d}x.$

解 原式 $=\int\frac{\mathrm{e}^x\left(1+2\sin\frac{x}{2}\cos\frac{x}{2}\right)}{2\cos^2\frac{x}{2}}\mathrm{d}x=\int\left(\frac{\mathrm{e}^x}{2\cos^2\frac{x}{2}}+\mathrm{e}^x\tan\frac{x}{2}\right)\mathrm{d}x$

$$=\int\left[\mathrm{e}^x\mathrm{d}\left(\tan\frac{x}{2}\right)+\tan\frac{x}{2}\mathrm{d}\mathrm{e}^x\right]=\int\mathrm{d}\left(\mathrm{e}^x\tan\frac{x}{2}\right)=\mathrm{e}^x\tan\frac{x}{2}+C.$$

题型 3 利用第二类换元法计算积分

解题思路 第二类换元法的中心思想是:根据被积函数的具体形式,采用变量替换的方法,将所给积分化为另一较容易计算的形式,如对积分 $\int f(u)\mathrm{d}u$,作变量替换 $u=\varphi(x)$,则

$$\mathrm{d}u=\varphi'(x)\mathrm{d}x,$$

$$\int f(u)\mathrm{d}u=\int f[\varphi(x)]\varphi'(x)\mathrm{d}x=\cdots\cdots$$

常见代换:

(1) 三角代换 通过代换将根式化为三角有理式(如例 1).

(2) 倒代换 当被积函数的分母次数较高时可用(如例 2).

(3) 其它代换举例.

例 1 求不定积分:$\int\frac{x\mathrm{d}x}{(x+2)\sqrt{x^2+4x-2}}.$

解　$\sqrt{x^2+4x-12}=\sqrt{(x+2)^2-4^2}$.

令 $x+2=4\sec t$，则 $\mathrm{d}x=4\sec t\cdot\tan t\mathrm{d}t$，于是

$$I=\int\frac{(4\sec t-2)}{4\sec t\cdot 4\tan t}\cdot 4\sec t\cdot\tan t\mathrm{d}t$$

$$=\int\sec t\mathrm{d}t-\frac{1}{2}\int\mathrm{d}t=\ln|\sec t+\tan t|-\frac{1}{2}t+C$$

$$=\ln\left|\frac{x+2}{4}+\frac{\sqrt{x^2+4x-12}}{4}\right|-\frac{1}{2}\arccos\frac{4}{x+2}+C$$

$$=\ln\left|x+2+\sqrt{x^2+4x-12}\right|-\frac{1}{2}\arccos\frac{4}{x+2}+C.$$

例 2　求下列不定积分：

(1) $\int\frac{\sqrt{a^2-x^2}}{x^4}\mathrm{d}x(a>0)$.

解　令 $x=\frac{1}{t}$，则 $\mathrm{d}x=-\frac{1}{t^2}\mathrm{d}t$，于是

$$I=\int t^4\sqrt{a^2-\frac{1}{t^2}}\left(-\frac{1}{t^2}\right)\mathrm{d}t=\int t\sqrt{(at)^2-1}\mathrm{d}t$$

$$=-\frac{1}{2a^2}\int\sqrt{(at)^2-1}\mathrm{d}(a^2t^2-1)$$

$$=-\frac{1}{2a^2}\cdot\frac{2}{3}(a^2t^2-1)^{\frac{3}{2}}+C=-\frac{1}{3a^2}\left(\frac{a^2}{x^2}-1\right)^{\frac{3}{2}}+C.$$

[另解]　令 $x=a\sin t$(略).

(2) $\int\frac{1}{(x+1)^3\sqrt{x^2+2x}}\mathrm{d}x$.

解　$I=\int\frac{1}{(x+1)^3\sqrt{(x+1)^2-1}}\mathrm{d}x\xlongequal{令 x+1=1/t}\int\frac{t^3}{\sqrt{1/t^2-1}}\left(-\frac{1}{t^2}\right)\mathrm{d}t$

$$=-\int\frac{t^2\mathrm{d}t}{\sqrt{1-t^2}}=\int\frac{(1-t^2)\mathrm{d}t}{\sqrt{1-t^2}}-\int\frac{\mathrm{d}t}{\sqrt{1-t^2}}$$

$$=\int\sqrt{1-t^2}\mathrm{d}t-\int\frac{\mathrm{d}t}{1-t^2}=\frac{1}{2}t\sqrt{1-t^2}+\frac{1}{2}\arcsin t-\arctan t+C$$

$$=-\frac{1}{2}\arcsin\frac{1}{x+1}+\frac{1}{2}\frac{\sqrt{x^2+2x}}{(x+1)^2}+C.$$

题型 4　利用分部积分法计算积分

解题思路　分部积分公式 $\int u\mathrm{d}v=uv-\int v\mathrm{d}u$.

应用要点：积分容易者选为 $\mathrm{d}v$，求导简单者选为 u，在不可兼得的情况下，

首先要保证前者.

常见题型：

(1) 掌握应用分部积分法的基本方法（例 1 ～ 例 2).

(2) 对较复杂或三个以上乘积的积分应用分部积分法，先按一般方法取定 u 后，可利用求原函数的方法来确定 $\mathrm{d}v$（如例 3 ～ 例 4).

(3) 利用分部积分法通过建立递推公式计算所求积分.

(4) 利用分部积分列表法计算所求积分（如例 5).

例 1 求不定积分：$\int \ln(1+x^2)\mathrm{d}x$.

解 原式$=x\ln(1+x^2)-\int x\cdot\frac{2x}{1+x^2}\mathrm{d}x=x\ln(1+x^2)-2\int\mathrm{d}x+2\int\frac{\mathrm{d}x}{1+x^2}$

$$=x\ln(1+x^2)-2x+2\arctan x+C.$$

例 2 求不定积分：$\int\frac{x\mathrm{e}^x}{(x+1)^2}\mathrm{d}x$.

解 原式$=-\int x\mathrm{e}^x\mathrm{d}\left(\frac{1}{x+1}\right)=-\frac{x}{x+1}\mathrm{e}^x+\int\frac{1}{x+1}\mathrm{e}^x(1+x)\mathrm{d}x$

$$=-\frac{x\mathrm{e}^x}{x+1}+\mathrm{e}^x+C=\frac{\mathrm{e}^x}{x+1}+C.$$

例 3 求不定积分：$\int\frac{\ln x}{(1+x^2)^{3/2}}\mathrm{d}x$.

解 用分部积分法，令 $u=\ln x$，$\mathrm{d}v=\frac{\mathrm{d}x}{(1+x^2)^{3/2}}$，先求出 v.

$$v=\int\mathrm{d}v=\int\frac{\mathrm{d}x}{(1+x^2)^{3/2}}\xlongequal{x=\tan t}\int\frac{\sec^2 t}{\sec^3 t}\mathrm{d}t=\int\cos t\mathrm{d}t$$

$$=\sin t+C=\frac{x}{\sqrt{1+x^2}}+C.$$

$$\text{原式}=\int\ln x\mathrm{d}\left(\frac{x}{\sqrt{1+x^2}}\right)=\frac{x}{\sqrt{1+x^2}}\ln x-\int\frac{x}{\sqrt{1+x^2}}\cdot\frac{1}{x}\mathrm{d}x$$

$$=\frac{x\ln x}{\sqrt{1+x^2}}-\int\frac{\mathrm{d}x}{\sqrt{1+x^2}}=\frac{x\ln x}{\sqrt{1+x^2}}-\ln(x+\sqrt{1+x^2})+C.$$

例 4 求不定积分：$I=\int x\cdot\arctan x\cdot\ln(1+x^2)\mathrm{d}x$.

解 令 $u=\arctan x$，$\mathrm{d}v=x\ln(1+x^2)$，则

$$v=\int x\ln(1+x^2)\mathrm{d}x=\frac{x^2}{2}\ln(1+x^2)-\int\frac{x^3}{1+x^2}\mathrm{d}x$$

$$=\frac{x^2}{2}\ln(1+x^2)-\int\frac{1}{2}\,\frac{x^2}{1+x^2}\mathrm{d}(x^2)$$

$$=\frac{x^2}{2}\ln(1+x^2)-\frac{x^2}{2}+\frac{1}{2}\ln(1+x^2)+C_1,$$

$$\therefore I=\frac{1}{2}\arctan x[(1+x^2)\ln(1+x^2)-x^2]-\frac{1}{2}\int\left[\ln(1+x^2)-\frac{x^2}{1+x^2}\right]dx.$$

而 $$\int\ln(1+x^2)dx=x\ln(1+x^2)-\int\frac{2x^2}{1+x^2}dx,$$

$$\int\frac{-3x^2}{1+x^2}dx=-3\int\frac{(1+x^2)-1}{1+x^2}dx=-3(x-\arctan x)+C_2,$$

$$\therefore I=\frac{1}{2}\arctan x[(1+x^2)\ln(1+x^2)-x^2-3]-\frac{1}{2}x\ln(1+x^2)+\frac{3}{2}x+C.$$

例 5 分别用公式法和列表法求不定积分：$\int x^2e^{-x}dx$.

解 公式法：

$$\begin{aligned}\int x^2e^{-x}dx&=\int x^2(-e^{-x})'dx=x^2(-e^{-x})-\int(-e^{-x})(x^2)'dx\\&=-x^2e^{-x}+2\int xe^{-x}dx\\&=-x^2e^{-x}+2\left[\int x(-e^{-x})'dx\right]\\&=-x^2e^{-x}+2\left[x(-e^{-x})-\int(-e^{-x})x'dx\right]\\&=-x^2e^{-x}-2xe^{-x}+2\int e^{-x}dx\\&=-x^2e^{-x}-2xe^{-x}-2e^{-x}+C\\&=-(x^2+2x+2)e^{-x}+C.\end{aligned}$$

列表法：

(+)	x^2	e^{-x}
(−)	$2x$	$-e^{-x}$
(+)	2	e^{-x}
(−)	0	$-e^{-x}$

由上列表，可直接写出积分结果为

$$\int x^2e^{-x}dx=-x^2e^{-x}-2xe^{-x}-2e^{-x}+C.$$

第5章　定积分

不定积分是微分法逆运算的一个侧面，本章要介绍的定积分则是它的另一个侧面. 定积分起源于求图形的面积和体积等实际问题. 古希腊的阿基米德用“穷竭法”，我国的刘徽用“割圆术”，都曾计算过一些几何体的面积和体积，这些均为定积分的雏形. 直到17世纪中叶，牛顿和莱布尼茨先后提出了定积分的概念，并发现了积分与微分之间的内在联系，给出了计算定积分的一般方法，从而才使定积分成为了解决有关实际问题的有力工具，并使各自独立的微分学与积分学联系在一起，构成了完整的理论体系——微积分学. 本章先从几何问题与力学问题引出定积分的定义，然后讨论定积分的性质和计算方法.

本章教学基本要求：

1. 理解定积分的概念和性质.
2. 理解变上限的定积分作为其上限的函数及其求导定理，熟悉牛顿-莱布尼茨公式.
3. 会利用定积分的基本性质、换元积分法与分部积分法计算定积分.
4. 了解广义积分收敛与发散的概念，掌握计算广义积分的基本方法.
5. 会利用定积分求解一些简单的应用问题.

§5.1　定积分概念

一、主要知识归纳

表5—1—1　　定积分的概念

定义	设 $f(x)$ 在 $[a, b]$ 上有界，在区间 $[a, b]$ 中任意插入若干个分点： $a=x_0<x_1<x_2<\cdots x_{n-1}<x_n=b$，记 $\Delta x_i=x_i-x_{i-1}(i=1, 2, \cdots n)$， 在每一小段 $[x_{i-1}, x_i]$ 上任取一点 $\xi_i\in[x_{i-1}, x_i]$，作乘积 $f(\xi_i)\Delta x_i(i=1, 2, \cdots, n)$，并作和式 $S=\sum\limits_{i=1}^{n}f(\xi_i)\Delta x_i$，记 $\lambda=\max\limits_{1\leqslant i\leqslant n}\{\Delta x_i\}$，如果对 $[a, b]$ 的任意分法以及 ξ_i 的任意取法，极限 $\lim\limits_{\lambda\to 0}S$ 总有确定的值 I，则称函数 $f(x)$ 在区间 $[a, b]$ 上可积，并称该极限 I 为 $f(x)$ 在 $[a, b]$ 上的定积分，记为 $\int_a^b f(x)\mathrm{d}x$，即 $\int_a^b f(x)\mathrm{d}x=\lim\limits_{\lambda\to 0}\sum\limits_{i=1}^{n}f(\xi_i)\Delta x_i$.

续前表

几何意义	当 $f(x)\geqslant 0$ 时，$\int_a^b f(x)\mathrm{d}x$ 表示由曲线 $y=f(x)$，直线 $x=a$，$x=b(a<b)$ 以及 x 轴围成的曲边梯形的面积；当 $f(x)\leqslant 0$ 时，$\int_a^b f(x)\mathrm{d}x(a<b)$ 表示相应的曲边梯形面积的负值.
定理	(1) 若 $f(x)$ 在 $[a,b]$ 上连续，则 $f(x)$ 在 $[a,b]$ 上可积. (2) 若 $f(x)$ 在 $[a,b]$ 上有界，且只有有限个间断点，则 $f(x)$ 在 $[a,b]$ 上可积. (3) 若 $f(x)$ 在 $[a,b]$ 上单调有界，则 $f(x)$ 在 $[a,b]$ 上可积.

表 5—1—2　　定积分的性质

性质 1	定积分只与被积函数 f 及积分区间有关，而与积分变量的记法无关，即 $$\int_a^b f(x)\mathrm{d}x=\int_a^b f(t)\mathrm{d}t.$$
性质 2	$\int_a^a f(x)\mathrm{d}x=0$，$\int_a^b f(x)\mathrm{d}x=-\int_b^a f(x)\mathrm{d}x$.
线性运算	(1) $\int_a^b[f(x)\pm g(x)]\mathrm{d}x=\int_a^b f(x)\mathrm{d}x\pm\int_a^b g(x)\mathrm{d}x$； (2) $\int_a^b kf(x)\mathrm{d}x=k\int_a^b f(x)\mathrm{d}x$ (k 为常数).
区间可加性	$\int_a^b f(x)\mathrm{d}x=\int_a^c f(x)\mathrm{d}x+\int_c^b f(x)\mathrm{d}x$，其中 a，b，c 为任意大小关系.
有序性	若在 $[a,b]$ 上满足 $f(x)\leqslant g(x)$，则 $\int_a^b f(x)\mathrm{d}x\leqslant\int_a^b g(x)\mathrm{d}x$.
估值不等式	设 $f(x)$ 在 $[a,b]$ 上有最大值 M 和最小值 m，则 $$m(b-a)\leqslant\int_a^b f(x)\mathrm{d}x\leqslant M(b-a)(a<b).$$
积分中值定理	若 $f(x)$ 在 $[a,b]$ 上连续，则至少存在一点 $\xi\in[a,b]$，使 $\int_a^b f(x)\mathrm{d}x=f(\xi)(b-a)$.

二、典型例题分析

例 1　利用定积分表示下面极限

$$\lim_{n\to\infty}\frac{\pi}{n}\left(\frac{1}{n}\cos\frac{1}{n}+\frac{2}{n}\cos\frac{2}{n}+\cdots+\frac{n-1}{n}\cos\frac{n-1}{n}+\cos 1\right).$$

解　原极限 $=\lim\limits_{n\to\infty}\pi\sum\limits_{i=1}^{n}\left(\frac{i}{n}\cos\frac{i}{n}\right)\cdot\frac{1}{n}$

如例 1 图所示，若取 $x_i=\frac{i}{n}$，则 $\Delta x_i=\frac{1}{n}$，$\xi_i=\frac{i}{n}\in[x_{i-1},x_i]$，故

$$\text{原极限} = \lim_{n\to\infty}\pi\sum_{i=1}^{n}\xi_i\cos\xi_i\Delta x_i.$$

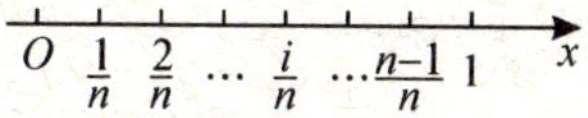

例 1 图

由此可见，被积函数应取为 $f(x)=x\cos x$，注意 $f(x)$ 在 $[0, 1]$ 上连续，因而是可积的. 故有

$$\text{原极限} = \pi\int_0^1 x\cos x\mathrm{d}x.$$

小结：今后可计算出上述积分结果为 $\pi(\sin 1+\cos 1-1)$. 用定积分计算数列求和的极限关键是根据求和数列的特征确定积分函数的上下限.

例 2 利用定积分的几何意义，说明等式：$\int_0^a\sqrt{a^2-x^2}\mathrm{d}x=\frac{\pi a^2}{4}(a>0)$.

解 被积函数 $y=\sqrt{a^2-x^2}$ 是上半圆 $x^2+y^2=a^2(y>0)$. 根据积分的几何意义，$\int_0^a\sqrt{a^2-x^2}\,\mathrm{d}x$ 表示在 $[0, a]$ 上由该半圆周与 x 轴及 y 轴所围成图形的面积，即在第一象限的四分之一圆的面积，如例 2 图所示，其面积等于 $\frac{1}{4}\cdot\pi\cdot a^2=\frac{\pi a^2}{4}$，此即为等式右端.

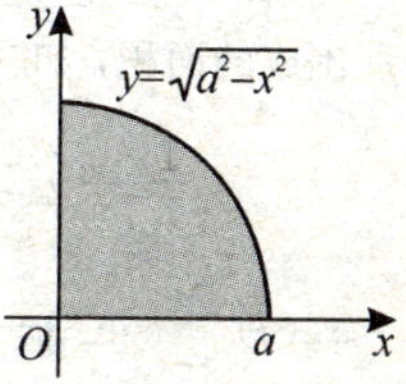

例 2 图

小结：定积分的几何意义是指积分上下限所确定的直线、积分曲线、积分变量轴（一般为 x 轴）所围成的曲边梯形的面积.

例 3 求极限 $\lim_{n\to\infty}\int_0^{\frac{\pi}{4}}\sin^n x\mathrm{d}x$.

解 设 $f(x)=\sin^n x$，则 $f(x)$ 在区间 $\left[0, \frac{\pi}{4}\right]$ 上连续，利用积分中值定理，知 $\exists\in\left[0, \frac{\pi}{4}\right]$，使得

$$\int_0^{\frac{\pi}{4}}\sin^n x\mathrm{d}x=\sin^n\xi\cdot\left(\frac{\pi}{4}-0\right)$$

从而 $$\lim_{n\to\infty}\int_0^{\frac{\pi}{4}}\sin^n x\mathrm{d}x=\frac{\pi}{4}\lim_{n\to\infty}\sin^n\xi=0.$$

小结：本例考查定积分的性质 7：定积分中值定理.

三、习题 5—1 解答

1. 试将下列极限表示成定积分.

(1) $\lim\limits_{\lambda\to 0}\sum\limits_{i=1}^{n}(\xi_i^2-3\xi_i)\Delta x_i$，$\lambda$ 是 $[-7, 5]$ 上的分割；

(2) $\lim\limits_{\lambda\to 0}\sum\limits_{i=1}^{n}\sqrt{4-\xi_i^2}\Delta x_i$，$\lambda$ 是 $[0, 1]$ 上的分割.

解　(1) $\lim\limits_{\lambda\to 0}\sum\limits_{i=1}^{n}(\xi_i^2-3\xi_i)\Delta x_i=\int_{-7}^{5}(x^2-3x)\mathrm{d}x$；

(2) $\lim\limits_{\lambda\to 0}\sum\limits_{i=1}^{n}\sqrt{4-\xi_i^2}\Delta x_i=\int_0^1\sqrt{4-x^2}\mathrm{d}x$.

2. 利用定积分的几何意义，说明下列等式：

(1) $\int_0^1 2x\mathrm{d}x=1$.

解　等式左边为直线 $y=2x$ 与 x 轴和 $x=1$ 三条直线所围成的面积，如题 2(1) 图所示，该面积等于

$$\frac{1}{2}\cdot 1\cdot 2=1(\text{等式右边}).$$

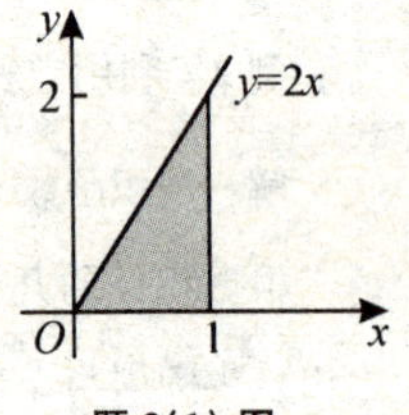

题 2(1) 图

(2) $\int_{-\pi}^{\pi}\sin x\mathrm{d}x=0$.

解　等式左边为正弦曲线 $y=\sin x$ 与 x 轴在 $x=\pi$ 及 $x=-\pi$ 之间所围成图形面积的代数和，如题 2(2) 图所示，则

$$\int_{-\pi}^{\pi}\sin x\mathrm{d}x=(-A)+A=0\ (\text{等式右边})$$

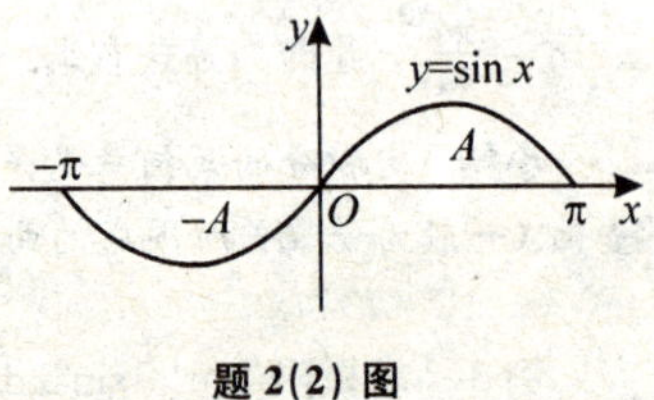

题 2(2) 图

3. 用定积分的几何意义求 $\int_a^b\sqrt{(x-a)(b-x)}\mathrm{d}x(b>0)$ 的值，

解　易知

$$\sqrt{(x-a)(b-x)}=\sqrt{\left(\frac{b-a}{2}\right)^2-\left(x-\frac{a+b}{2}\right)^2}$$

是以 $\left(\frac{a+b}{2}, 0\right)$ 为圆心，$\frac{b-a}{2}$ 为半径的上半圆，其面积为

$$S=\frac{1}{2}\pi r^2=\frac{\pi}{2}\left(\frac{b-a}{2}\right)^2=\frac{\pi(b-a)^2}{8}$$

由定积分的几何意义知

$$\int_a^b \sqrt{(x-a)(b-x)}\mathrm{d}x = \frac{\pi(b-a)^2}{8}.$$

4. 一家新诊所刚开张，对同类诊所的统计表明，总有一部分病人第一次来过之后还要来此治疗. 如果现在有 A 个病人第一次来就诊，则 t 个月后，这些病人中还有 $Af(t)$ 个病人还在此治疗，其中 $f(t)=\mathrm{e}^{-t/20}$. 现假设该诊所最开始时接受了300人的治疗，并计划从现在开始每月接受10名新病人. 试估算从现在开始15个月后，在此诊所就诊的病人有多少？

解 既然 $f(15)$ 是15个月后还要来此就诊的病人人数的比例系数，那么在开张时接受的300人中有 $300f(15)$ 个人从现在开始的15个月后还将要在此就诊.

为了计算从现在开始的15个月内新接受的病人在15个月后还在此就诊的人数，将15个月的区间 $[0, 15]$，分为 n 个等距为 Δt 的小区间，令 t_j 表示第 j 个小区间的左端点 $\left(\frac{15}{n}j\right)$.

既然每月要接收10名新病人，于是在第 j 个小区间内接收的新病人人数为 $10\Delta t$，于是 $10\Delta t f(15-t_j)$ 个病人将从 t_j 开始，$15-t_j$ 个月后还要来此就诊. 所以从现在开始15个月后新接受的病人还要在此治疗的人数总和为：

$$\sum_{j=1}^{n} 10f(15-t_j)\Delta t.$$

所以，令 P 为开张15个月后在此就诊病人总数，则 P 由上述两部分组成，即

$$P \approx 300f(15) + \sum_{j=1}^{u} 10f(15-t_j)\Delta t,$$

当 $n \to \infty$ 时有

$$P = 300f(15) + \int_0^{15} 10f(15-t)\mathrm{d}t.$$

因为 $f(t)=\mathrm{e}^{-t/20}$，所以

$$P = 300\mathrm{e}^{-3/4} + 10\mathrm{e}^{-3/4}\int_0^{15} \mathrm{e}^{t/20}\mathrm{d}t = 247.24.$$

所以，15个月后，这个诊所将要接待247名左右的病人.

5. 估计下列各积分的值：

(1) $\int_1^4 (x^2+1)\mathrm{d}x$.

解 显见，x^2 及 x^2+1 在 $[1, 4]$ 上单调增加，故

$$2\leqslant x^2+1\leqslant 17,\ x\in[1, 4]$$

而 $b-a=4-1=3$，所以

$$2\times 3=6\leqslant\int_1^4(x^2+1)\mathrm{d}x\leqslant 17\times 3=51,$$

即 $6\leqslant\int_1^4(x^2+1)\mathrm{d}x\leqslant 51$.

(2) $\int_0^1 \mathrm{e}^{x^2}\mathrm{d}x$.

解 记 $f(x)=\mathrm{e}^{x^2}$，先求 $f(x)$ 在 $[0, 1]$ 上的最值，由

$$f'(x)=\mathrm{e}^{x^2}2x=2x\mathrm{e}^{x^2}\geqslant 0,\ x\in[0,1],$$

知 $f(x)$ 在 $[0, 1]$ 上单调增加，故

$$\min_{[0,1]}f(x)=f(0)=\mathrm{e}^0=1,\ \max_{[0,1]}f(x)=f(1)=\mathrm{e}^1=\mathrm{e},$$

即 $1\leqslant f(x)\leqslant\mathrm{e}$，由定积分的性质，得

$$1=\int_0^1 1\mathrm{d}x\leqslant\int_0^1\mathrm{e}^{x^2}\mathrm{d}x\leqslant\int_0^1\mathrm{e}\mathrm{d}x=\mathrm{e}.$$

(3) $\int_1^2\frac{x}{1+x^2}\mathrm{d}x$.

解 令 $f(x)=\frac{x}{1+x^2}$，因为当 $1<x<2$ 时，

$$f'(x)=\frac{1-x^2}{(1+x^2)^2}<0,$$

故函数 $f(x)$ 在区间 $[1, 2]$ 上单调减少.

$$f_{\min}=\frac{2}{1+2^2}=\frac{2}{5},\ f_{\max}=\frac{1}{1+1^2}=\frac{1}{2}.$$

所以 $\quad\frac{2}{5}\leqslant\int_1^2\frac{x}{1+x^2}\mathrm{d}x\leqslant\frac{1}{2}$.

6. 根据定积分性质比较下列每组积分的大小：

(1) $\int_0^1 x^2\mathrm{d}x,\ \int_0^1 x^3\mathrm{d}x$.

解 $\because 0\leqslant x\leqslant 1$ 时，$x^3\leqslant x^2$，即 $x^2-x^3\geqslant 0$，且 $x^2-x^3\not\equiv 0$

$$\Rightarrow\int_0^1(x^2-x^3)\mathrm{d}x>0,$$

$\therefore \int_0^1 x^2 dx > \int_0^1 x^3 dx.$

(2) $\int_0^1 e^x dx, \int_0^1 e^{x^2} dx.$

解 $x \in (0, 1)$ 时，$x > x^2$，故 $e^x > e^{x^2}$，因此

$$\int_0^1 e^x dx > \int_0^1 e^{x^2} dx.$$

(3) $\int_0^1 e^x dx, \int_0^1 (x+1) dx.$

解 记 $f(x) = e^x - (1+x)$，则 $f'(x) = e^x - 1 \geqslant 0$，$x \in [0, 1]$，且仅当 $x = 0$ 时，$f'(0) = 0$，所以在 $[0, 1]$ 上，$f(x)$ 单调增加，故

$$f(x) = e^x - (1+x) \geqslant 0 = f(0)\text{，即 } e^x \geqslant 1+x,$$

又在 $[0, 1]$ 上，$e^x \not\equiv 1+x$，即 $f(x) \not\equiv 0$，所以

$$\int_0^1 f(x) dx = \int_0^1 [e^x - (1+x)] dx > 0,$$

即 $\int_0^1 e^x dx > \int_0^1 (1+x) dx.$

(4) $\int_0^{\frac{\pi}{2}} x dx, \int_0^{\frac{\pi}{2}} \sin x dx.$

解 记 $f(x) = x - \sin x$，则 $f'(x) = 1 - \cos x \geqslant 0$，$x \in \left[0, \frac{\pi}{2}\right]$，且仅当 $x = 0$ 时，$f'(0) = 0$，故在 $\left[0, \frac{\pi}{2}\right]$ 上，$f(x)$ 单调增加，所以

$$f(x) = x - \sin x \geqslant 0 = f(0)\text{，即 } x \geqslant \sin x,$$

又在 $[0, \frac{\pi}{2}]$ 上，$x \not\equiv \sin x$，即 $f(x) \not\equiv 0$，所以

$$\int_0^{\frac{\pi}{2}} x dx > \int_0^{\frac{\pi}{2}} \sin x dx.$$

7. 假定 $f(z)$ 是连续的，而且

$$\int_0^3 f(z) dz = 3 \text{ 和} \int_0^4 f(z) dz = 7.$$

求下列各值：

(1) $\int_3^4 f(z) dz$； (2) $\int_4^3 f(z) dz$.

解　(1) $\int_3^4 f(z)\mathrm{d}z = \int_0^4 f(z)\mathrm{d}z - \int_0^3 f(z)\mathrm{d}z$

$= 7 - 3 = 4$;

(2) $\int_4^3 f(z)\mathrm{d}z = \int_3^4 f(z)\mathrm{d}z = -4$.

§5.2　微积分基本公式

一、主要知识归纳

积分上限函数及其导数（原函数存在定理）	(1) 若 $f(x)$ 在 $[a, b]$ 上连续，则积分上限函数 $\Phi(x) = \int_a^x f(t)\mathrm{d}t$ 在 $[a, b]$ 上可导，且 $\Phi'(x) = \frac{\mathrm{d}}{\mathrm{d}x}\int_a^x f(t)\mathrm{d}t = f(x)\ (a \leqslant x \leqslant b)$.
	(2) 若 $f(x)$ 在 $[a, b]$ 上连续，$\varphi(x)$ 在 $[\alpha, \beta]$ 上可导，且 $a \leqslant \varphi(x) \leqslant b(x \in [\alpha, \beta])$，则 $\Phi(x) = \int_a^{\varphi(x)} f(t)\mathrm{d}t$ 在 $[\alpha, \beta]$ 上可导，且 $\Phi'(x) = f[\varphi(x)] \cdot \varphi'(x)$.
	(3) 若 $f(x)$ 在 $[a, b]$ 上连续，$\varphi_1(x)$，$\varphi_2(x)$ 在 $[\alpha, \beta]$ 上可导，且 $a \leqslant \varphi_1(x) \leqslant b$，$a \leqslant \varphi_2(x) \leqslant b$，则 $\Phi(x) = \int_{\varphi_1(x)}^{\varphi_2(x)} f(t)\mathrm{d}t$，在 $[\alpha, \beta]$ 上可导，且 $\Phi'(x) = f[\varphi_2(x)] \cdot \varphi'_2(x) - f[\varphi_1(x)] \cdot \varphi'_1(x)$.
牛顿-莱布尼茨公式	若 $f(x)$ 在 $[a, b]$ 上连续，且 $F'(x) = f(x)$，则 $\int_a^b f(x)\mathrm{d}x = F(x)\Big\vert_a^b = F(b) - F(a)$.

二、典型例题分析

例 1　设 $f(x)$ 在 $[a, b]$ 上连续，则 $\int_a^x f(t)\mathrm{d}t$ 与 $\int_x^b f(u)\mathrm{d}u$ 是 x 的函数还是 t 与 u 的函数？它们的导数存在吗？如果存在，等于什么？

解　$\int_a^x f(t)\mathrm{d}t$ 与 $\int_x^b f(u)\mathrm{d}u$ 是 x 的函数. 它们的导数都存在，且

$$\frac{\mathrm{d}}{\mathrm{d}x}\int_a^x f(t)\mathrm{d}t = f(x),\ \frac{\mathrm{d}}{\mathrm{d}x}\int_x^b f(u)\mathrm{d}u = -\frac{\mathrm{d}}{\mathrm{d}x}\int_b^x f(u)\mathrm{d}u = -f(x).$$

小结：一个函数的原函数可以用它本身的定积分（积分上限函数）来表示（微积分基本定理），这为牛顿-莱布尼茨公式（微积分基本公式）的出现奠定了基础.

例 2　设 $f(x)$ 是连续函数，试求下列各函数的导数.

(1) $F(x)=\int_{\cos x}^{\sin x}e^{f(t)}\mathrm{d}t$；　　(2) $F(x)=\int_0^x xf(t)\mathrm{d}t$；

(3) $F(x)=\int_0^x f(x-t)\mathrm{d}t$.

解　(1) $F'(x)=e^{f(\sin x)}\cos x+e^{f(\cos x)}\sin x$.

(2) 因为 $F(x)=x\int_0^x f(t)\mathrm{d}t$，所以 $F'(x)=xf(x)+\int_0^x f(t)\mathrm{d}t$.

(3) 因为 $F(x)=\int_0^x f(x-t)\mathrm{d}t \xlongequal{u=x-t} -\int_x^0 f(u)\mathrm{d}u=\int_0^x f(u)\mathrm{d}u$.

所以，$F'(x)-f(x)$.

例 3　计算 $\int_0^1 |2x-1|\mathrm{d}x$.

解　因为 $|2x-1|=\begin{cases}1-2x,\ x\leqslant\dfrac{1}{2}\\ 2x-1,\ x>\dfrac{1}{2}\end{cases}$，

所以
$$\int_0^1|2x-1|\mathrm{d}x=\int_0^{1/2}(1-2x)\mathrm{d}x+\int_{1/2}^1(2x-1)\mathrm{d}x$$
$$=(x-x^2)\Big|_0^{1/2}+(x^2-x)\Big|_{1/2}^{1}=\frac{1}{2}.$$

三、习题 5—2 解答

1. 设 $y=\int_0^x \sin t\mathrm{d}t$，求 $y'(0)$，$y'\left(\frac{\pi}{4}\right)$.

解　$\because y'(x)=\sin x$，

$\therefore y'(0)=0$，$y'\left(\frac{\pi}{4}\right)=\frac{\sqrt{2}}{2}$.

2. 计算下列各导数：

(1) $\frac{\mathrm{d}}{\mathrm{d}x}\int_1^x \sin e^t\mathrm{d}t$.

解　$\frac{\mathrm{d}}{\mathrm{d}x}\int_1^x \sin e^t\mathrm{d}t=\sin e^x$.

(2) $\frac{\mathrm{d}}{\mathrm{d}x}\int_{x^2}^{x^3}\frac{\mathrm{d}t}{\sqrt{1+t^4}}$.

解 $$\frac{\mathrm{d}}{\mathrm{d}x}\int_{x^2}^{x^3}\frac{\mathrm{d}t}{\sqrt{1+t^4}}=\frac{\mathrm{d}}{\mathrm{d}x}\left[\int_0^{x^3}\frac{\mathrm{d}t}{\sqrt{1+t^2}}-\int_0^{x^2}\frac{\mathrm{d}t}{\sqrt{1+t^4}}\right]$$
$$=\frac{3x^2}{\sqrt{1+x^{12}}}-\frac{2x}{\sqrt{1+x^8}}.$$

(3) $\frac{\mathrm{d}}{\mathrm{d}x}\int_{\sin x}^{\cos x}\cos(\pi t^2)\mathrm{d}t$.

解 $$\text{原式}=\frac{\mathrm{d}}{\mathrm{d}x}\left[\int_0^{\cos x}\cos(\pi t^2)\mathrm{d}t-\int_0^{\sin x}\cos(\pi t^2)\mathrm{d}t\right]$$
$$=\cos(\pi\cos^2 x)\cdot(\cos x)'-\cos(\pi\sin^2 x)\cdot(\sin x)'$$
$$=-\sin x\cos(\pi\cos^2 x)-\cos x\cos(\pi\sin^2 x)$$
$$=-\sin x\cos(\pi-\pi\sin^2 x)-\cos x\cos(\pi\sin^2 x)$$
$$=\cos(\pi\sin^2 x)(\sin x-\cos x).$$

3. 求下列极限：

(1) $\lim\limits_{x\to 0}\frac{\int_0^x\cos t^2\mathrm{d}t}{x}$.

解 因为$\lim\limits_{x\to 0}\int_0^x\cos t^2\mathrm{d}t=\int_0^0\cos^2\mathrm{d}t=0$，利用洛必达法则，有

$$\text{原式}=\lim_{x\to 0}\frac{\cos x^2}{1}=\cos 0=1.$$

(2) $\lim\limits_{x\to 0}\frac{\int_0^x\arctan t\mathrm{d}t}{x^2}$.

解 $$\lim_{x\to 0}\frac{\int_0^x\arctan t\mathrm{d}t}{x^2}=\lim_{x\to 0}\frac{\arctan x}{2x}=\lim_{x\to 0}\frac{\frac{1}{1+x^2}}{2}=\frac{1}{2}.$$

4. 当 x 为何值时，函数 $I(x)=\int_0^x te^{-t^2}\mathrm{d}t$ 有极值?

解 $\because I'(x)=xe^{-x^2}$，令 $I'=0$，得驻点 $x=0$.

当 $x<0$ 时，$I'(x)<0$；当 $x>0$ 时，$I'(x)>0$.

$\therefore x=0$ 时，函数 $I(x)$ 取得极小值.

5. 计算下列各定积分：

(1) $\int_1^2\left(x^2+\frac{1}{x^4}\right)\mathrm{d}x$.

解 $$\text{原式}=\int_1^2(x^2+x^{-4})\mathrm{d}x=\left(\frac{x^3}{3}-\frac{1}{3}x^{-3}\right)\Big|_1^2=\frac{1}{3}\left(x^3-\frac{1}{x^3}\right)\Big|_1^2$$
$$=\frac{1}{3}\left[2^3-\frac{1}{2^3}-\left(1-\frac{1}{1^3}\right)\right]=\frac{1}{3}\cdot\frac{63}{8}=\frac{21}{8}=2\frac{5}{8}.$$

(2) $\int_0^2 |x-1| \mathrm{d}x$.

解 $$\begin{aligned}\int_1^2 |x-1| \mathrm{d}x &= \int_0^1 |x-1| \mathrm{d}x + \int_1^2 |x-1| \mathrm{d}x \\ &= \int_0^1 (1-x)\mathrm{d}x + \int_1^2 (x-1)\mathrm{d}x \\ &= \left(x-\frac{x^2}{2}\right)\Big|_0^1 + \left(\frac{x^2}{2}-x\right)\Big|_1^2 \\ &= 1.\end{aligned}$$

(3) $\int_0^{\sqrt{3}a} \frac{\mathrm{d}x}{a^2+x^2}$.

解 原式 $= \frac{1}{a}\arctan\frac{x}{a}\Big|_0^{\sqrt{3}a} = \frac{1}{a}\arctan\sqrt{3} = \frac{\pi}{3a}$.

(4) $\int_{-\frac{1}{2}}^{\frac{1}{2}} \frac{\mathrm{d}x}{\sqrt{1-x^2}}$.

解 原式 $= \arcsin x\Big|_{-\frac{1}{2}}^{\frac{1}{2}} = \frac{\pi}{6} - \left(-\frac{\pi}{6}\right) = \frac{\pi}{3}$.

(5) $\int_0^{\frac{\pi}{4}} \tan^2\theta \mathrm{d}\theta$.

解 原式 $= \int_0^{\frac{\pi}{4}} (\sec^2\theta - 1)\mathrm{d}\theta = (\tan\theta - \theta)\Big|_0^{\frac{\pi}{4}} = 1 - \frac{\pi}{4}$.

(6) $\int_0^{3\pi/4} \sqrt{1+\cos 2x}$.

解 $$\begin{aligned}\text{原式} &= \int_0^{3\pi/4} \sqrt{2\cos^2 x}\mathrm{d}x = \int_0^{3\pi/4} \sqrt{2}\,|\cos x|\,\mathrm{d}x \\ &= \int_0^{\pi/2} \sqrt{2}\cos x\mathrm{d}x - \int_{\pi/2}^{3\pi/4} \sqrt{2}\cos x\mathrm{d}x \\ &= \sqrt{2}\sin x\Big|_0^{\pi/2} - \sqrt{2}\sin x\Big|_{\pi/4}^{3\pi/4} \\ &= 2\sqrt{2} - 1.\end{aligned}$$

6. 求题 6 图中阴影区域的面积.

解 由题意，得到

$$\begin{aligned}\text{阴影区域的面积} &= \int_0^{\pi} [2-(1+\cos x)]\mathrm{d}x \\ &= \int_0^{\pi} \mathrm{d}x - \int_0^{\pi} \cos x\mathrm{d}x \\ &= \pi.\end{aligned}$$

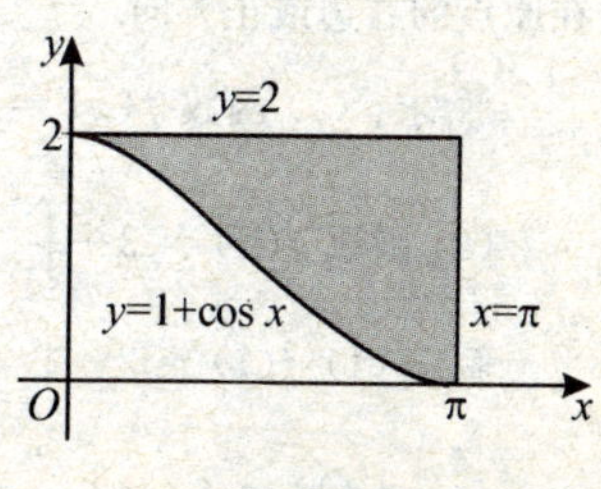

题 6 图

7. 设 f 是一个可导函数，其图形如题7图所示，一个沿坐标轴运动的质点在时刻 t(秒) 的位置是 $s(t)=\int_0^t f(x)\mathrm{d}x$ 米，利用图形回答下列问题，并给出理由.

(1) 质点在时刻 $t=5$ 的速度是多少？

(2) 质点在时刻 $t=5$ 的加速度是正还是负？

(3) 质点在时刻 $t=3$ 的位置在哪里？

(4) 在前9秒内的什么时刻 s 有最大值？

(5) 大约何时加速度是零？

(6) 质点何时向原点运动？何时离开原点运动？

(7) 质点在时刻 $t=9$ 时在原点的哪一侧？

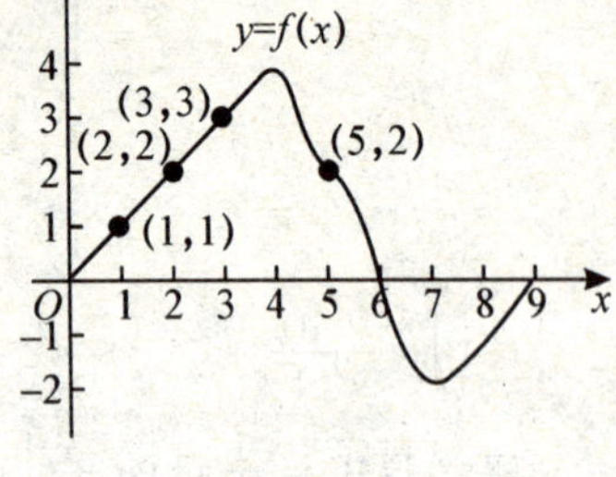

题7图

解　(1) 因为

$$v=\frac{\mathrm{d}s}{\mathrm{d}t}=\frac{\mathrm{d}}{\mathrm{d}t}\int_0^t f(x)\mathrm{d}x=f(t).$$

所以 $v(s)=f(5)=2$(米/秒).

(2) 因为在 $t=5$ 时切线的斜率是负的，所以加速度 $a=\frac{\mathrm{d}f}{\mathrm{d}t}$ 是负的.

(3) 质点在时刻 $t=3$ 时的位置等于由 $y=f(x)$，x 轴和 $x=3$ 围成的三角形的面积. 故

$$s=\int_0^3 f(x)\mathrm{d}x=\frac{1}{2}\cdot 3\cdot 3=\frac{9}{2}(\text{米}).$$

(4) 因为从 $t=6$ 到 $t=9$ 的区域位于 x 轴之下，所以 $t=6$ 时 s 有最大值.

(5) 因为在 $x=4$ 和 $x=7$ 处切线的斜率为零，所以此时加速度是零.

(6) 在 $x=0$ 和 $x=6$ 之间速度是正的，此时质点离开原点. 在 $x=6$ 和 $x=9$ 之间速度是负的，此时质点向着原点运动.

(7) 因为从0到9的积分是正的，x 轴上方的面积大于下方的面积，所以质点在原点的右边或正方向.

8. 求：(1) 函数 $f(x)=2-\int_2^{x+1}\frac{9}{1+t}\mathrm{d}t$ 在 $x=1$ 处的线性化；

(2) 函数 $f(x)=3+\int_1^{x^2}\sec(t-1)\mathrm{d}t$ 在 $x=-1$ 处的线性化.

解　(1) $f(1)=2-\int_2^{1+1}\frac{9}{1+t}\mathrm{d}t=2$,

$$f'(1)=\left(2-\int_2^{x+1}\frac{9}{1+t}\mathrm{d}t\right)'\bigg|_{x=1}=\left(-\frac{9}{1+x+1}\right)\bigg|_{x=1}=-3,$$

所以函数 $f(x)$ 在 $x=1$ 处的线性化为

$$L(x)=f(1)+f'(1)(x-1)=2-3(x-1)=-3x+5.$$

(2) $f(-1)=3+\int_1^{(-1)^2}\sec(t-1)\mathrm{d}t=3$,

$$f'(-1)=\left(3+\int_1^{x^2}\sec(t-1)\mathrm{d}t\right)'\bigg|_{x=1}=(2x\cdot\sec(x^2-1))\bigg|_{x=-1}$$
$$=-2.$$

所以函数 $f(x)$ 在 $x=-1$ 处的线性化为

$$L(x)=f(-1)+f'(-1)(x+1)=3-2(x+1)=-2x+1.$$

9. 某公司估计，其销售额将会以函数 $S'(t)=20\mathrm{e}^t$ 所给出的速度连续增长，其中 $S'(t)$ 是在时间 t 天的销售额的增长速度，以元/天为单位.

(1) 求初始 5 天的累积销售额；

(2) 求第 2 天到第 5 天的销售额.（提示：这是从 1 到 5 的积分.）

解 (1) 初始 5 天的累积销售额是

$$\int_0^5 S'(t)\mathrm{d}t=(20\mathrm{e}^t)\bigg|_0^5\approx 2\,948.26(\text{元});$$

(2) 从第 2 天到第 5 天的销售额是

$$\int_1^5 S'(t)\mathrm{d}t=(20\mathrm{e}^t)\bigg|_1^5\approx 2\,913.90(\text{元}).$$

10. 一家公司以 250 000 元购买了一台新机器. 从销售这台机器生产的产品中所获的边际利润是 $R'(t)=4\,000\,t$，机器残值以 $V'(t)=25\,000\mathrm{e}^{-0.1t}$ 的速度下降. T 年后来自机器的总利润为

$$L(t)=\begin{pmatrix}\text{来自产品}\\\text{销售的利润}\end{pmatrix}+\begin{pmatrix}\text{来自机器}\\\text{销售的利润}\end{pmatrix}-(\text{机器的成本})$$
$$=\int_0^T R'(t)\mathrm{d}t+\int_0^T V'(t)\mathrm{d}t-250\,000$$

(1) 求 $L(T)$；(2) 求 $L(10)$.

解 (1) $L(T)=\int_0^T R'(t)\mathrm{d}t+\int_0^T V'(t)\mathrm{d}t-250\,000$

$$=\int_0^T 4\,000t\mathrm{d}t+\int_0^T 25\,000\mathrm{e}^{-0.1t}\mathrm{d}t-250\,000$$
$$=2\,000T^2+250\,000-250\,000\mathrm{e}^{-0.1T}-250\,000$$
$$=2\,000T^2-250\,000\mathrm{e}^{-0.1T}.$$

(2) $L(10)=2\,000\times10^2-250\,000\mathrm{e}^{-0.1\times10}\approx 108\,030(\text{元})$.

§5.3 定积分的换元积分法和分部积分法

一、主要知识归纳

表 5—3—1 积分法

换元积分法	设 $f(x)$ 在 $[a, b]$ 上连续，$x=\varphi(t)$ 满足： (1) $\varphi(\alpha)=a$，$\varphi(\beta)=b$； (2) $\varphi(t)$ 在 $[\alpha, \beta]$（或 $[\beta, \alpha]$）上具有连续导数，且 $a\leqslant\varphi(t)\leqslant b$，则 $\int_a^b f(x)\mathrm{d}x=\int_\alpha^\beta f[\varphi(t)]\varphi'(t)\mathrm{d}t.$
分部积分法	设 $u(x)$ 和 $v(x)$ 在 $[a, b]$ 上具有连续导数，则 $\int_a^b uv'\mathrm{d}x=(uv)\Big\vert_a^b-\int_a^b vu'\mathrm{d}x$ 或 $\int_a^b u\mathrm{d}v=(uv)\Big\vert_a^b-\int_a^b v\mathrm{d}u.$

表 5—3—2 常用公式

对称区间上积分	(1) $\int_{-a}^a f(x)\mathrm{d}x=\int_0^a[f(x)+f(-x)]\mathrm{d}x$； (2) $\int_{-a}^a f(x)\mathrm{d}x=\begin{cases}0, & \text{当 } f(x) \text{ 为奇函数}\\ 2\int_0^a f(x)\mathrm{d}x, & \text{当 } f(x) \text{ 为偶函数}\end{cases}.$
周期函数积分	设 $f(x)$ 是以 T 为周期的连续函数，则 $\int_a^{a+nT}f(x)\mathrm{d}x=n\int_0^T f(x)\mathrm{d}x.$
积分变换	$\int_0^{\frac{\pi}{2}}f(\sin x)\mathrm{d}x=\int_0^{\frac{\pi}{2}}f(\cos x)\mathrm{d}x$； $\int_0^\pi f(\sin x)\mathrm{d}x=2\int_0^{\frac{\pi}{2}}f(\sin x)\mathrm{d}x$； $\int_0^\pi xf(\sin x)\mathrm{d}x=\frac{\pi}{2}\int_0^\pi f(\sin x)\mathrm{d}x.$
递推公式	$\int_0^{\frac{\pi}{2}}\sin^n x\mathrm{d}x=\int_0^{\frac{\pi}{2}}\cos^n x\mathrm{d}x=\begin{cases}\frac{(n-1)(n-3)\cdots3\cdot1}{n(n-2)\cdots4\cdot2}\cdot\frac{\pi}{2}, & \text{当 } n \text{ 为偶数}\\ \frac{(n-1)(n-3)\cdots4\cdot2}{n(n-2)\cdots3\cdot1}\cdot1, & \text{当 } n \text{ 为奇数}\end{cases}.$

二、典型例题分析

例 1 计算 $\int_{-1}^1\frac{2x^2+x\cos x}{1+\sqrt{1-x^2}}\mathrm{d}x.$

解 原式 $=\underbrace{\int_{-1}^{1}\frac{2x^2}{1+\sqrt{1-x^2}}\mathrm{d}x}_{\text{偶函数}}+\underbrace{\int_{-1}^{1}\frac{x\cos x}{1+\sqrt{1-x^2}}\mathrm{d}x}_{\text{奇函数}}$

$$=4\int_0^1\frac{x^2}{1+\sqrt{1-x^2}}\mathrm{d}x=4\int_0^1\frac{x^2(1-\sqrt{1-x^2})}{1-(1-x^2)}\mathrm{d}x$$

$$=4\int_0^1(1-\sqrt{1-x^2})\mathrm{d}x=4-\underbrace{4\int_0^1\sqrt{1-x^2}\,\mathrm{d}x}_{\text{单位元面积}}=4-\pi.$$

小结：不定积分的计算方法灵活多样，既要熟练地利用不定积分的运算方法和技巧，又需结合被积函数本身的性质和上下限考虑运算的简化.

例 2 计算下列定积分：

(1)$\int_{-1}^{1}\frac{x\mathrm{d}x}{(x^2+1)^2}$；　　(2)$\int_{\frac{1}{2}}^{1}\mathrm{e}^{\sqrt{2x-1}}\mathrm{d}x$.

解 (1) $\int_{-1}^{1}\frac{x\mathrm{d}x}{(x^2+1)^2}=\frac{1}{2}\int_{-1}^{1}\frac{1}{(x^2+1)^2}\mathrm{d}(x^2+1)$

$$=-\frac{1}{2}\cdot\frac{1}{x^2+1}\bigg|_{-1}^{1}=0.$$

(2) 令 $t=\sqrt{2x-1}$，则 $x=\frac{1}{2}(t^2+1)$.

$$\int_{\frac{1}{2}}^{1}\mathrm{e}^{\sqrt{2x-1}}\mathrm{d}x=\int_0^1 t\mathrm{e}^t\,\mathrm{d}t=t\mathrm{e}^t\bigg|_0^1-\int_0^1\mathrm{e}^t\,\mathrm{d}t=\mathrm{e}-(\mathrm{e}-1)=1.$$

例 3 求积分 $\int_0^1\frac{x^2\arcsin x}{\sqrt{1-x^2}}\mathrm{d}x$.

解 令 $x=\sin t$，则 $\mathrm{d}x=\cos t\mathrm{d}t$，且当 $x=0$ 时，$f=0$；当 $x=1$ 时，$f=\frac{\pi}{2}$，所以

$$\int_0^1\frac{x^2\arcsin x}{\sqrt{1-x^2}}\mathrm{d}x=\int_0^{\frac{\pi}{2}}\frac{\sin^2 t\cdot t}{\cos t}\cos t\mathrm{d}t=\int_0^{\frac{\pi}{2}}t\sin^2 t\mathrm{d}t$$

$$=\frac{1}{2}\int_0^{\frac{\pi}{2}}t(1-\cos 2t)\mathrm{d}t=\frac{1}{2}\left(\int_0^{\frac{\pi}{2}}t\mathrm{d}t-\frac{1}{2}\int_0^{\frac{\pi}{2}}t\mathrm{d}\sin 2t\right)$$

$$=\frac{1}{2}\left(\frac{t^2}{2}\bigg|_0^{\frac{\pi}{2}}-\frac{t\sin 2t}{2}\bigg|_0^{\frac{\pi}{2}}+\frac{1}{2}\int_0^{\frac{\pi}{2}}\sin 2t\mathrm{d}t\right)=\frac{\pi^2}{16}+\frac{1}{4}.$$

小结：换元积分法和分部积分法是计算积分的最重要的两种方法，并且经常结合使用.

三、习题5—3解答

1. 用定积分换元法计算下列定积分:

(1) $\int_{\frac{\pi}{3}}^{\pi}\sin(x+\frac{\pi}{3})\mathrm{d}x$.

解 原式$=-\cos\left(x+\frac{\pi}{3}\right)\Big|_{\frac{\pi}{3}}^{\pi}$

$$=\cos\frac{\pi}{3}+\cos\frac{2\pi}{3}=0.$$

(2) $\int_{-2}^{1}\frac{\mathrm{d}x}{(11+5x)^3}$.

解 原式$=\frac{1}{5}\int_{-2}^{1}(11+5x)^{-3}\mathrm{d}(11+5x)$

$$=-\frac{1}{10}(11+5x)^{-2}\Big|_{-2}^{1}$$

$$=-\frac{1}{10}(16^{-2}-1)=\frac{51}{512}.$$

(3) $\int_{0}^{\frac{\pi}{2}}\sin\varphi\cos^3\varphi\mathrm{d}\varphi$.

解 $\int_{0}^{\frac{\pi}{2}}\sin\varphi\cos^3\varphi\mathrm{d}\varphi=-\int_{0}^{\frac{\pi}{2}}\cos^3\varphi\mathrm{d}\cos\varphi$

$$=-\frac{1}{4}\cos^4\varphi\Big|_{0}^{\frac{\pi}{2}}=\frac{1}{4}.$$

(4) $\int_{\frac{\pi}{6}}^{\frac{\pi}{2}}\cos^2 u\mathrm{d}t$.

解 原式$=\int_{\frac{\pi}{6}}^{\frac{\pi}{2}}\frac{1+\cos 2u}{2}\mathrm{d}u=\frac{1}{2}\left[u\Big|_{\frac{\pi}{6}}^{\frac{\pi}{2}}+\frac{1}{2}\sin 2u\Big|_{\frac{\pi}{6}}^{\frac{\pi}{2}}\right]$

$$=\frac{1}{2}\left(\frac{\pi}{3}+0-\frac{1}{2}\cdot\frac{\sqrt{3}}{2}\right)=\frac{\pi}{6}-\frac{\sqrt{3}}{8}.$$

(5) $\int_{0}^{5}\frac{x^3}{x^2+1}\mathrm{d}x$.

解 $\int_{0}^{5}\frac{x^3}{x^2+1}\mathrm{d}x=\int_{0}^{5}\frac{x^3+x-x}{x^2+1}\mathrm{d}x=\int_{0}^{5}x\mathrm{d}x-\frac{1}{2}\int_{0}^{5}\frac{\mathrm{d}(x^2+1)}{x^2+1}$

$$=\frac{x^2}{2}\Big|_{0}^{5}-\frac{1}{2}\ln(x^2+1)\Big|_{0}^{5}$$

$$=\frac{25}{2}-\frac{1}{2}\ln 26.$$

(6) $\int_0^1 t\mathrm{e}^{-\frac{t^2}{2}}\mathrm{d}t$.

解 原式 $=-\int_0^1 \mathrm{e}^{-\frac{t^2}{2}}\mathrm{d}\left(-\frac{t^2}{2}\right)=-\mathrm{e}^{-\frac{t^2}{2}}\Big|_0^1=1-\mathrm{e}^{-\frac{1}{2}}$.

(7) $\int_0^{\sqrt{2}a}\frac{x\mathrm{d}x}{\sqrt{3a^2-x^2}}$.

解 令 $x=\sqrt{3}a\sin t$，则 $\mathrm{d}x=\sqrt{3}a\cos t\mathrm{d}t$，不妨设 $a>0$，故

$$原式=\int_0^{\arcsin\sqrt{\frac{2}{3}}}\frac{3a^2\sin t\cos t}{\sqrt{3}a\sqrt{1-\sin^2 t}}\mathrm{d}t=\int_0^{\arcsin\sqrt{\frac{2}{3}}}\sqrt{3}a\sin t\mathrm{d}t$$

$$=-\sqrt{3}a\cos t\Big|_0^{\arcsin\sqrt{\frac{2}{3}}}$$

$$=(\sqrt{3}-1)a.$$

(8) $\int_1^{\mathrm{e}^2}\frac{\mathrm{d}x}{x\sqrt{1+\ln x}}$.

解 $\int_1^{\mathrm{e}^2}\frac{\mathrm{d}x}{x\sqrt{1+\ln x}}=\int_1^{\mathrm{e}^2}\frac{\mathrm{d}(1+\ln x)}{\sqrt{1+\ln x}}=2\sqrt{1+\ln}\Big|_1^{\mathrm{e}^2}=2(\sqrt{3}-1)$.

(9) $\int_{\frac{3}{4}}^1\frac{\mathrm{d}x}{\sqrt{1-x}-1}$.

解 令 $\sqrt{1-x}=u$，则 $x=1-u^2$，$\mathrm{d}x=-2u\mathrm{d}u$，故

$$\int_{\frac{3}{4}}^1\frac{\mathrm{d}x}{\sqrt{1-x}-1}=\int_{\frac{1}{2}}^0\frac{-2u\mathrm{d}u}{u-1}=2\int_0^{\frac{1}{2}}\frac{u-1+1}{u-1}\mathrm{d}u$$

$$=2\int_0^{\frac{1}{2}}\left(1+\frac{1}{u-1}\right)\mathrm{d}u$$

$$=2(u+\ln|u-1|)\Big|_0^{\frac{1}{2}}=1-2\ln 2.$$

(10) $\int_{-\frac{\pi}{2}}^{\frac{\pi}{2}}\sqrt{\cos x-\cos^3 x}\mathrm{d}x$.

解 $$\int_{-\frac{\pi}{2}}^{\frac{\pi}{2}}\sqrt{\cos x-\cos^3 x}\mathrm{d}x=2\int_0^{\frac{\pi}{2}}\sqrt{\cos x\cdot\sin^2 x}\mathrm{d}x$$

$$=2\int_0^{\frac{\pi}{2}}\sqrt{\cos x}\sin x\mathrm{d}x$$

$$=-2\cdot\frac{2}{3}(\cos x)^{\frac{3}{2}}\Big|_0^{\frac{\pi}{2}}=1\frac{1}{3}.$$

(11) $\int_1^{\sqrt{3}}\frac{\mathrm{d}x}{x^2\sqrt{1+x^2}}$.

解　$\int_1^{\sqrt{3}} \frac{dx}{x^2\sqrt{1+x^2}} \xlongequal{x=\tan u} \int_{\frac{\pi}{4}}^{\frac{\pi}{3}} \frac{\sec^2 u du}{\tan^2 u \cdot \sec u}$

$$= \int_{\frac{\pi}{4}}^{\frac{\pi}{3}} \frac{d\sin u}{\sin^2 u} = -\frac{1}{\sin u}\Big|_{\frac{\pi}{4}}^{\frac{\pi}{3}}$$

$$= \sqrt{2} - \frac{2}{\sqrt{3}} = \sqrt{2} - \frac{2\sqrt{3}}{3}.$$

(12) $\int_0^1 (1+x^2)^{-3/2} dx$.

解　$\int_0^1 (1+x^2)^{-3/2} dx \xlongequal{x=\tan t} \int_0^{\pi/4} (1+\tan^2 t)^{-3/2} \cdot \sec^2 t dt$

$$= \int_0^{\pi/4} \cos t dt = \sin t \Big|_0^{\pi/4}$$

$$= \frac{\sqrt{2}}{2}.$$

2. 用分部积分法计算下列定积分：

(1) $\int_0^1 x e^{-x} dx$.

解　原式$= -\int_0^1 x de^{-x} = -(xe^{-x})\Big|_0^1 + \int_0^1 e^{-x} dx$

$$= -e^{-1} - e^{-x}\Big|_0^1 = 1 - \frac{2}{e}.$$

(2) $\int_1^e x\ln x dx$.

解　原式$= \frac{1}{2}\int_1^e \ln x d(x^2) = \frac{1}{2}\left[(x^2\ln x)\Big|_1^e - \int_1^e x dx\right]$

$$= \frac{1}{2}\left[e^2 - \frac{1}{2}x^2\Big|_1^e\right] = \frac{1}{4}(e^2+1).$$

(3) $\int_0^1 x\arctan x dx$.

解　原式$= \frac{1}{2}\int_0^1 \arctan x d(x^2)$

$$= \frac{1}{2}\left[(x^2\arctan x)\Big|_0^1 - \int_0^1 \frac{x^2}{1+x^2} dx\right]$$

$$= \frac{1}{2}\left[\frac{\pi}{4} - \int_0^1 \frac{1+x^2-1}{1+x^2} dx\right]$$

$$= \frac{\pi}{8} - \frac{1}{2}[x - \arctan x]\Big|_0^1$$

$$= \frac{\pi}{4} - \frac{1}{2}.$$

(4) $\int_1^4 \frac{\ln x}{\sqrt{x}}\mathrm{d}x$.

解 原式$=2\int_1^4 \ln x\mathrm{d}\sqrt{x}=2\left[(\sqrt{x}\ln x)\Big|_1^4-\int_1^4\frac{\sqrt{x}}{x}\mathrm{d}x\right]$

$=2\left[4\ln 2-2\sqrt{x}\Big|_1^4\right]$

$=4(2\ln 2-1)$.

(5) $\int_0^{\frac{\pi}{2}} x\sin 2x\mathrm{d}x$.

解 $\int_0^{\frac{\pi}{2}} x\sin 2x\mathrm{d}x=-\frac{1}{2}\int_0^{\frac{\pi}{2}} x\mathrm{d}\cos 2x=-\frac{1}{2}x\cos 2x\Big|_0^{\frac{\pi}{2}}+\frac{1}{2}\int_0^{\frac{\pi}{2}}\cos 2x\mathrm{d}x$

$=\frac{\pi}{4}+\frac{1}{4}\sin 2x\Big|_0^{\frac{\pi}{2}}$

$=\frac{\pi}{4}$.

(6) $\int_0^{2\pi} x\cos^2 x\mathrm{d}x$.

解 $\int_0^{2\pi} x\cos^2 x\mathrm{d}x=\frac{1}{2}\int_0^{2\pi} x(1+\cos 2x)\mathrm{d}x$

$=\frac{1}{2}\int_0^{2\pi} x\mathrm{d}x+\frac{1}{2}\int_0^{2\pi} x\cos 2x\mathrm{d}x$

$=\pi^2+\frac{1}{4}\int_0^{2\pi} x\mathrm{d}\sin 2x$

$=\pi^2+\frac{1}{4}x\sin 2x\Big|_0^{2\pi}-\frac{1}{4}\int_0^{2\pi}\sin 2x\mathrm{d}x$

$=\pi^2+\frac{1}{8}\cos 2x\Big|_0^{2\pi}=\pi^2$.

(7) $\int_0^{\frac{\pi}{2}} \mathrm{e}^{2x}\cos x\mathrm{d}x$.

解 原式$=\frac{1}{2}\int_0^{\frac{\pi}{2}}\cos x\mathrm{d}\mathrm{e}^{2x}=\frac{1}{2}\left[(\mathrm{e}^{2x}\cos x)\Big|_0^{\frac{\pi}{2}}+\int_0^{\frac{\pi}{2}}\mathrm{e}^{2x}\sin x\mathrm{d}x\right]$

$=\frac{1}{2}\left[-1+\frac{1}{2}\int_0^{\frac{\pi}{2}}\sin x\mathrm{d}\mathrm{e}^{2x}\right]$

$=-\frac{1}{2}+\frac{1}{4}\mathrm{e}^{2x}\sin x\Big|_0^{\frac{\pi}{2}}-\frac{1}{4}\int_0^{\frac{\pi}{2}}\mathrm{e}^{2x}\cos x\mathrm{d}x$

$\therefore$ 原式$=\frac{4}{5}\left(-\frac{1}{2}+\frac{1}{4}\mathrm{e}^{\pi}\right)=\frac{1}{5}(\mathrm{e}^{\pi}-2)$.

(8) $\int_0^2 \ln(x+\sqrt{x^2+1})\mathrm{d}x$.

解　原式$=[x\ln(x+\sqrt{x^2+1})]\Big|_0^2-\int_0^2 x\mathrm{d}\ln(x+\sqrt{x^2+1})$

$$=2\ln(2+\sqrt{5})-\int_0^2\frac{x}{\sqrt{x^2+1}}\mathrm{d}x$$

$$=2\ln(2+\sqrt{5})-\sqrt{x^2+1}\Big|_0^2$$

$$=2\ln(2+\sqrt{5})-\sqrt{5}+1.$$

3. 利用函数的奇偶性计算下列定积分：

(1) $\int_{-\pi}^{\pi} x^4\sin x\mathrm{d}x$.

解　被积函数是奇函数，积分区间是以原点为中心的对称区间，故

$$\int_{-\pi}^{\pi} x^4\sin x\mathrm{d}x=0.$$

(2) $\int_{-\sqrt{3}}^{\sqrt{3}} |\arctan x|\mathrm{d}x$.

解　$\int_{-\sqrt{3}}^{\sqrt{3}} |\arctan x|\mathrm{d}x=2\int_0^{\sqrt{3}}\arctan x\mathrm{d}x$

$$=2x\arctan x\Big|_0^{\sqrt{3}}-2\int_0^{\sqrt{3}}\frac{x}{1+x^2}\mathrm{d}x$$

$$=\frac{2\sqrt{3}}{3}\pi-\ln(1+x^2)\Big|_0^{\sqrt{3}}$$

$$=\frac{2\sqrt{3}}{3}\pi-2\ln 2.$$

(3) $\int_{-2}^{2}\frac{x+|x|}{2+x^2}\mathrm{d}x$.

解　原式$=\int_{-2}^{2}\frac{x}{2+x^2}\mathrm{d}x+2\int_0^2\frac{x\mathrm{d}x}{2+x^2}$

$$=0+2\int_0^2\frac{x\mathrm{d}x}{2+x^2}=\int_0^2\frac{\mathrm{d}(2+x^2)}{2+x^2}$$

$$=\ln(2+x^2)\Big|_0^2$$

$$=\ln 3.$$

4. 已知 $f(x)$ 是连续函数，证明：

$$\int_a^b f(x)\mathrm{d}x=(b-a)\int_0^1 f[a+(b-a)x]\mathrm{d}x.$$

解 设 $x=a+(b-a)t$，则

$$\int_a^b f(x)\mathrm{d}x=\int_0^1 f[a+(b-a)t](b-a)\mathrm{d}t$$
$$=(b-a)\int_0^1 f[a+(b-a)x]\mathrm{d}x.$$

§5.4 广义积分

一、主要知识归纳

表 5—4—1 **广义积分的概念**

无穷区间上广义积分	(1) 设 $f(x)$ 在 $[a,+\infty)$ 上连续，则 $\int_a^{+\infty} f(x)\mathrm{d}x=\lim\limits_{b\to+\infty}\int_a^b f(x)\mathrm{d}x$； (2) 设 $f(x)$ 在 $(-\infty,b]$ 上连续，则 $\int_{-\infty}^b f(x)\mathrm{d}x=\lim\limits_{a\to-\infty}\int_a^b f(x)\mathrm{d}x$； (3) 设 $f(x)$ 在 $(-\infty,+\infty)$ 上连续，则 $\int_{-\infty}^{+\infty} f(x)\mathrm{d}x=\lim\limits_{a\to-\infty}\int_a^0 f(x)\mathrm{d}x+\lim\limits_{b\to+\infty}\int_0^b f(x)\mathrm{d}x$ 若以上极限存在，则称相应广义积分收敛；若以上极限不存在，则称相应广义积分发散.
无界函数广义积分	(1) 若 $f(x)$ 在 $(a,b]$ 上连续，而在 $x=a$ 处附近无界，则 $\int_a^b f(x)\mathrm{d}x=\lim\limits_{\varepsilon\to0^+}\int_{a+\varepsilon}^b f(x)\mathrm{d}x$； (2) 若 $f(x)$ 在 $[a,b)$ 上连续，而在 $x=b$ 处附近无界，则 $\int_a^b f(x)\mathrm{d}x=\lim\limits_{\varepsilon\to0^+}\int_a^{b-\varepsilon} f(x)\mathrm{d}x$； (3) 若 $f(x)$ 在 $[a,c)\cup(c,b]$ 上连续，而在 $x=c$ 处附近无界，则 $\int_a^b f(x)\mathrm{d}x=\lim\limits_{\varepsilon\to0^+}\int_a^{c-\varepsilon} f(x)\mathrm{d}x+\lim\limits_{\eta\to0^+}\int_{c+\eta}^b f(x)\mathrm{d}x$. 若极限存在，则称广义积分收敛；若极限不存在，则称广义积分发散.

表 5—4—2 **两个典型的广义积分**

$\int_1^{+\infty}\frac{1}{x^p}\mathrm{d}x$	当 $p>1$ 时收敛，当 $p\leqslant1$ 时发散.
$\int_0^1\frac{1}{x^q}\mathrm{d}x$	当 $0<q<1$ 时收敛，当 $q\geqslant1$ 时发散（当 $q\leqslant0$ 时为定积分）.

二、典型例题分析

例1 计算广义积分$\int_{\frac{2}{\pi}}^{+\infty}\frac{1}{x^2}\sin\frac{1}{x}\mathrm{d}x$.

解 原式$=-\int_{\frac{2}{\pi}}^{+\infty}\sin\frac{1}{x}\mathrm{d}\left(\frac{1}{x}\right)=-\lim\limits_{b\to+\infty}\int_{\frac{2}{\pi}}^{b}\sin\frac{1}{x}\mathrm{d}\left(\frac{1}{x}\right)$

$$=\lim_{b\to+\infty}\left[\cos\frac{1}{x}\right]\Bigg|_{\frac{2}{\pi}}^{b}=\lim_{b\to+\infty}\left[\cos\frac{1}{b}-\cos\frac{\pi}{2}\right]=1.$$

小结：计算广义积分（包括无穷限广义积分和无界函数广义积分）通常要转化为求函数在无穷远处和瑕点处的极限，但是广义积分也可通过换元法转换为定积分，无需再进行极限运算.

例2 计算广义积分$\int_0^{+\infty}\frac{\mathrm{d}x}{\sqrt{x(x+1)^3}}$.

解 令$\sqrt{x}=t$，则$x=t^2$，$x\to0^+$时$t\to0$，$x\to+\infty$时$t\to+\infty$，于是

$$\int_0^{+\infty}\frac{\mathrm{d}x}{\sqrt{x(x+1)^3}}=\int_0^{+\infty}\frac{2t\mathrm{d}t}{t(t^2+1)^{3/2}}=2\int_0^{+\infty}\frac{\mathrm{d}t}{(t^2+1)^{3/2}}.$$

再令$t=\tan u$，取$u=\arctan t$，$t=0$时$u=0$，$t\to+\infty$时$u\to\frac{\pi}{2}$，于是

$$\int_0^{+\infty}\frac{\mathrm{d}x}{\sqrt{x(x+1)^3}}=2\int_0^{\frac{\pi}{2}}\frac{\sec^2u\mathrm{d}u}{\sec^3u}=2\int_0^{\frac{\pi}{2}}\cos u\mathrm{d}u=2.$$

小结：本例若采用变换$\frac{1}{x+1}=t$等，计算会更简单，请读者自行计算.

例3 判别广义积分$\int_1^{+\infty}\frac{x^{3/2}}{1+x^2}\mathrm{d}x$的敛散性.

解 因为$\lim\limits_{x\to\infty}x\frac{x^{3/2}}{1+x^2}=\lim\limits_{x\to\infty}\frac{x^2\sqrt{x}}{1+x^2}=+\infty$，故根据推论2知，题设广义积分发散.

小结：比较审敛原理及其重要推论、绝对收敛判别法都是证明收敛性问题的一般性方法. 如果广义积分可以直接求解，此时可根据计算结果直接做出是否收敛的判定.

例4 试判断广义积分$\int_0^1\frac{\ln x}{x-1}\mathrm{d}x$的瑕点.

解 该积分可能的瑕点是$x=0$，$x=1$.

又因为$\lim\limits_{x\to 1}\dfrac{\ln x}{x-1}=\lim\limits_{x\to 1}\dfrac{1}{x}=1$，所以 $x=1$ 不是瑕点. 故所讨论积分的瑕点是 $x=0$.

小结： 瑕点是无界函数的广义积分中的概念，它必须是无界间断点，并且无界是指在此瑕点的某个邻域或某左（右）半邻域内无界.

三、习题 5—4 解答

1. 判断下列各广义积分的敛散性，若收敛，计算其值：

(1) $\displaystyle\int_1^{+\infty}\frac{\mathrm{d}x}{x^3}$.

解 $\displaystyle\int_1^{+\infty}\frac{\mathrm{d}x}{x^3}=\lim_{b\to+\infty}\int_1^b x^{-3}\mathrm{d}x=\lim_{b\to+\infty}-\frac{1}{2}\cdot\frac{1}{x^2}\Big|_1^b=-\frac{1}{2}(0-1)=\frac{1}{2}$.

故题设广义积分收敛于$\dfrac{1}{2}$.

(2) $\displaystyle\int_1^{+\infty}\frac{\mathrm{d}x}{\sqrt{x}}$.

解 $\displaystyle\int_1^{+\infty}\frac{\mathrm{d}x}{\sqrt{x}}=2\sqrt{x}\Big|_1^{+\infty}=+\infty$.

故题设广义积分发散.

注： 也可由 $p-$ 积分直接判断，这时 $p=1/2<1$，故题设积分发散到 $+\infty$.

(3) $\displaystyle\int_0^{+\infty}\mathrm{e}^{-ax}\mathrm{d}x(a>0)$.

解 $\displaystyle\int_0^{+\infty}\mathrm{e}^{-ax}\mathrm{d}x=-\frac{1}{a}\mathrm{e}^{-ax}\Big|_0^{+\infty}=-\frac{1}{a}(0-1)=\frac{1}{a}$.

题设广义积分收敛于$\dfrac{1}{a}$.

(4) $\displaystyle\int_{-\infty}^{+\infty}\frac{\mathrm{d}x}{x^2+4x+5}$.

解
$$\int_{-\infty}^{+\infty}\frac{\mathrm{d}x}{x^2+4x+5}=\int_{-\infty}^{+\infty}\frac{\mathrm{d}(x+2)}{(x+2)^2+1}=\arctan(x+2)\Big|_{-\infty}^{+\infty}$$
$$=\frac{\pi}{2}-\left(-\frac{\pi}{2}\right)=\pi.$$

故题设广义积分收敛于 π.

(5) $\displaystyle\int_0^2\frac{\mathrm{d}x}{(1-x)^2}$.

解 注意到被积函数有瑕点 $x=1\in[0,2]$.

$$\int_0^2 \frac{dx}{(1-x)^2} = \int_0^1 \frac{dx}{(1-x)^2} + \int_1^2 \frac{dx}{(1-x)^2}$$
$$= \lim_{\varepsilon \to 0^+} \frac{1}{1-x}\Big|_0^{1-\varepsilon} + \lim_{\varepsilon_1 \to 0^+} \frac{1}{1-x}\Big|_{1+\varepsilon_1}^2$$
$$= \lim_{\varepsilon \to 0^+}\left(\frac{1}{\varepsilon}-1\right) + \lim_{\varepsilon_1 \to 0^+}\left(-1+\frac{1}{\varepsilon_1}\right)$$
$$= +\infty + (+\infty) = +\infty.$$

故题设瑕积分发散.

(6) $\int_1^{+\infty} \frac{dx}{x(x^2+1)}$.

解 $\int_1^{+\infty} \frac{dx}{x(x^2+1)} = \int_1^{+\infty}\left(\frac{1}{x}-\frac{x}{x^2+1}\right)dx = \ln\frac{x}{\sqrt{x^2+1}}\Big|_1^{+\infty}$

$$= -\ln\frac{1}{\sqrt{2}} = \frac{1}{2}\ln 2.$$

故题设广义积分收敛于$\frac{1}{2}\ln 2$.

2. 下列计算是否正确？为什么？

$$\int_{-1}^1 \frac{dx}{x^2} = -\frac{1}{x}\Big|_{-1}^1 = -2.$$

解 不正确. 本题是无界函数的广义积分，有瑕点 $x=0\in[-1, 1]$. 这里分母 x 的幂次 $q=2>1$，故该积分是发散的.

§5.5 定积分的应用

一、主要知识归纳

表 5—5—1 **微元法**

微元法	设所需计算的量 U 与某个变量的 x 的变化区间 $[a, b]$ 有关，且 U 关于区间 $[a, b]$ 具有可加性，则任取 $[a, b]$ 内的一个小区间 $[x, x+dx]$，首先求得该小区间上 U 的部分量 ΔU 的近似值 dU，通常可表示为某个连续函数在 x 处的值 $f(x)$ 与 dx 的乘积，即 $dU=f(x)dx$，然后在 $[a, b]$ 上作定积分，则得所求量 U 的积分表达式： $U=\int_a^b f(x)dx$.

表 5—5—2　　平面图形面积

直角坐标	设图形由 $y=f(x)$，$y=g(x)$，$x=a$，$x=b(a<b)$ 围成，且 $f(x)\leqslant g(x)$，则所围面积 A 有 $\mathrm{d}A=[g(x)-f(x)]\mathrm{d}x$，$A=\int_a^b[g(x)-f(x)]\mathrm{d}x$.
	设图形由 $x=\varphi(y)$，$x=\Psi(y)$，$y=c$，$y=d(c<d)$ 围成，且 $\varphi(y)\leqslant\Psi(y)$，则 $$\mathrm{d}A=[\Psi(y)-\varphi(y)]\mathrm{d}y,\ A=\int_c^d[\Psi(y)-\varphi(x)]\mathrm{d}y.$$
极坐标	设图形是由 $r=r(\theta)$，$\theta=\alpha$，$\theta=\beta(\alpha<\beta)$ 围成的曲边扇形，任取 $[\theta,\theta+\mathrm{d}\theta]$ 上的小曲边扇形，则 $\mathrm{d}A=\frac{1}{2}r^2(\theta)\mathrm{d}\theta$，$A=\int_\alpha^\beta\frac{1}{2}r^2(\theta)\mathrm{d}\theta$.

表 5—5—3　　空间立体体积

平行截面积函数已知	设立体在 x 轴上的投影区间为 $[a,b]$，即立体介于 $x=a$ 与 $x=b$ 之间 $(a<b)$，垂直于 x 轴的平面截立体的截面积函数为 $A(x)(a\leqslant x\leqslant b)$，任取小区间 $[x,x+\mathrm{d}x]$，则小区间所对应的薄片的体积，即体积元素 $\mathrm{d}V=A(x)\mathrm{d}x$，整个立体体积 $V=\int_a^bA(x)\mathrm{d}x$.
旋转体体积公式	$y=f(x)$，$y=0$，$x=a$，$x=b$ 所围平面图形，且 $f(x)\geqslant0$. (1) 绕 x 轴 $(a<b)$ 旋转，则 $\mathrm{d}V_x=\pi f^2(x)\mathrm{d}x$，$V_x=\int_a^b\pi f^2(x)\mathrm{d}x$； (2) 绕 y 轴 $(0\leqslant a<b)$ 旋转，则 $\mathrm{d}V_y=\pi xf(x)\mathrm{d}x$，$V_y=\int_a^b2\pi xf(x)\mathrm{d}x$.
	$x=g(y)$，$x=0$，$y=0$，$y=d$ 所围图形，且 $g(y)\geqslant0$ (1) 绕 y 轴 $(c<d)$ 旋转，则 $\mathrm{d}V_y=\pi g^2(y)\mathrm{d}y$，$V_y=\int_c^d\pi g^2(y)\mathrm{d}y$； (2) 绕 x 轴 $0\leqslant(c<d)$ 旋转，则 $\mathrm{d}V_x=2\pi yg(y)\mathrm{d}y$，$V_x=\int_c^d2\pi yg^2(y)\mathrm{d}y$.

表 5—5—4　　平面曲线

直角坐标	分段光滑曲线 $y=f(x)$，$a\leqslant x\leqslant b$，则 $$\mathrm{d}s=\sqrt{1+(y')^2}\mathrm{d}x,\ s=\int_a^b\sqrt{1+(y')^2}\mathrm{d}x.$$
参数方程	曲线方程为 $x=x(t)$，$y=y(t)$，$\alpha\leqslant t\leqslant\beta$，则 $$\mathrm{d}s=\sqrt{[x'(t)]^2+[y'(t)]^2}\mathrm{d}t,\ s=\int_\alpha^\beta\sqrt{[x'(t)]^2+[y'(t)]^2}\mathrm{d}t.$$
极坐标	曲线的极坐标方程 $r=r(\theta)(\alpha\leqslant\theta\leqslant\beta)$，则 $$\mathrm{d}s=\sqrt{r^2(\theta)+[r'(\theta)]^2}\mathrm{d}\theta,\ s=\int_\alpha^\beta\sqrt{r^2(\theta)+[r'(\theta)]^2}\mathrm{d}\theta.$$

表 5—5—5　　定积分的物理应用

变力作功	设质点的运动方向与变外力方向处于同一直线，变外力函数为 $F(x)$，质点初始位置为 $x=a$，最终位置为 $x=b$，则 $$dW=F(x)dx,\ W=\int_a^b F(x)dx.$$
水压力	由于液体的压强只与深度有关，故对深度作微元，求得压强，然后对深度积分即可求得物体所受的水压力.
引力	求细棒对质点的引力，将细棒置于坐标轴上建立直角坐标系，对细棒所处的区间取微元，求得引力元素，然后积分.

表 5—5—6　　定积分在经济分析中的应用

由边际函数求原经济函数	若对已知的边际函数 $F'(x)$ 求不定积分，则可求得原经济函数 $F(x)=\int F'(x)dx$，其中积分常数 C 可由经济函数的具体条件确定. 经济函数有如下几种基本类型： 1. 总需求函数；2. 总成本函数；3. 总收入函数；4. 总利润函数.
	由边际函数求最优化问题.
积分在其它经济问题中的应用	广告策略；消费者剩余和生产者剩余；资本现值和投资问题；国民收入分配问题.

二、典型例题分析

例 1　计算由曲线 $y=x^3-6x$ 和 $y=x^2$ 所围成的图形的面积.

解　如例 1 图所示，面积微元：

(1) $x\in[-2,0]$，$dA_1=(x^3-6x-x^2)dx$，

(2) $x\in[0,3]$，$dA_2=(x^2-x^3+6x)dx$，

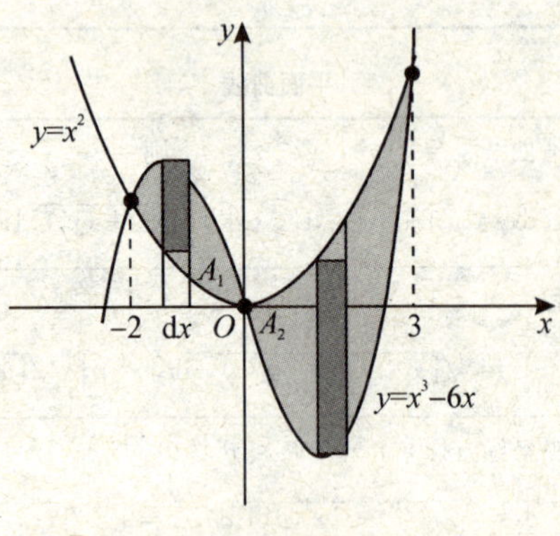

例 1 图

所求面积 $A=\int_{-2}^{0}\mathrm{d}A_1+\int_{0}^{3}\mathrm{d}A_2=\int_{-2}^{0}(x^3-6x-x^2)\mathrm{d}x+\int_{0}^{3}(x^2-x^3+6x)\mathrm{d}x$

$=\dfrac{253}{12}.$

例 2 求由曲线 $xy=1$ 及直线 $y=x$，$y=3$ 所围成的平面图形的面积.

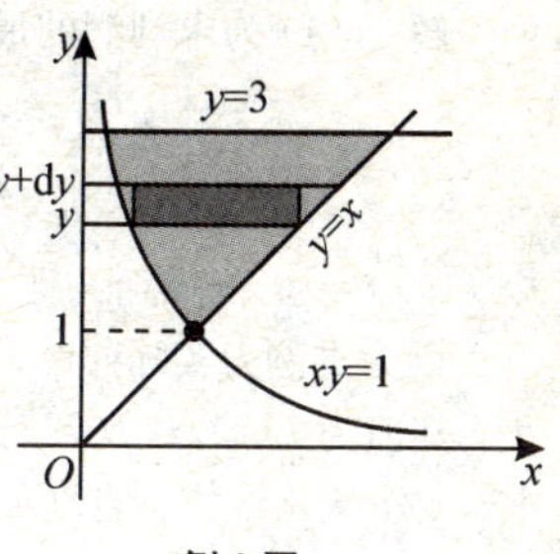

例 2 图

解 如例 2 图所示.

先求出曲线 $xy=1$ 与 $y=x$ 交点的纵坐标，

解方程组 $\begin{cases}xy=1\\ y=x\end{cases}$，得 $y_1=1$，$y_2=-1$(舍去).

面积微元为：$\mathrm{d}A=\left(y-\dfrac{1}{y}\right)\mathrm{d}y$，

所求面积为 $A=\int_1^3\left(y-\dfrac{1}{y}\right)\mathrm{d}y=\left(\dfrac{1}{2}y^2-\ln y\right)\Big|_1^3=4-\ln 3.$

例 3 在底面积为 S 的圆柱形容器中盛有一定量的气体，在等温条件下，由于气体的膨胀，把容器中的一个活塞（面积为 S）从点 a 处推移到 b 处. 计算在移动过程中，气体压力所作的功.

解 如例 3 图，活塞的位置可用坐标 x 表示. 由物理学知道，一定量的气体在等温条件下，压强 p 与体积 V 的乘积是常数 k，即

$$pV=k \text{ 或 } p=\frac{k}{V}.$$

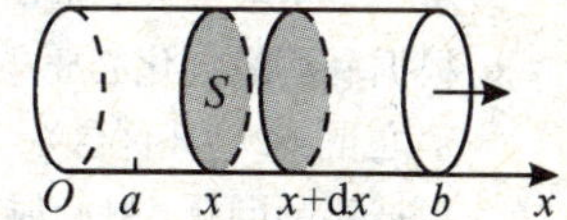

例 3 图

因为 $V=xS$，所以 $p=\dfrac{k}{xS}$.

故作用在活塞上的力 $F=p\cdot S=\dfrac{k}{xS}\cdot S=\dfrac{k}{x}$.

在气体膨胀过程中，体积 V 是可变的，因而 x 为积分变量，它的变化区间为 $[a, b]$. 设 $[x, x+\mathrm{d}x]$ 为 $[a, b]$ 上任一区间. 当活塞从 x 移动到 $x+\mathrm{d}x$ 时，变力 F 所作的功近似于 $\dfrac{k}{x}\mathrm{d}x$，即功微元为 $\mathrm{d}W=\dfrac{k}{x}\mathrm{d}x$. 于是所求的功为

$$W=\int_a^b\frac{k}{x}\mathrm{d}x=k[\ln x]\Big|_a^b=k\ln\frac{b}{a}.$$

例 4 设某产品的总利润为

$$L(x)=4x-\frac{1}{2}x^2-1(\text{万元}),$$

其中 x(百台) 为产量.

(1) 求产量等于多少时总利润最大?

(2) 从利润最大时，再生产 200 台，总利润增加多少?

解 (1) 为求利润的最大值点，先求边际利润

$$L'(x)=\left(4x-\frac{1}{2}x^2-1\right)'=4-x,$$

令 $L'(x)=0$，解得唯一驻点 $x=4$(百台).

因为本例为实际问题，且最大利润是存在的，则在 $x=4$(百台) 时，利润最大，其值为 $L(4)=7$(万元).

(2) 从 $x=4$ 百台增加到 $x=6$ 百台，总利润增加

$$\int_4^6 L'(x)\mathrm{d}x=\int_4^6(4-x)\mathrm{d}x=-2(\text{万元}),$$

即从利润最大时产量再多生产 200 台，总利润反而减少了 2 万元.

例 5 设某产品的总成本 $C(x)$(万元) 的边际成本为 $C'(x)=1$(万元 / 百台)，总收入 $R(x)$(万元) 的边际收入 $R'(x)=5-x$(万元 / 百台)，其中 x 为产量. 求:

(1) 产量等于多少时总利润 $L(x)$ 最大?

(2) 从利润最大时再生产 1 百台，总利润增加多少?

解 (1) 求最大利润时的产量.

根据利润最大化必要条件 $C'(x)=R'(x)$，得 $5-x=1$，

解之得 $x=4$(百台)

根据实际问题，驻点唯一，即当 $x=4$(百台) 时，利润最大，其值为

$$L=\int_0^4[R'(x)-C'(x)]\mathrm{d}x=\int_0^4(4-x)\mathrm{d}x$$

$$=\left(4x-\frac{x^2}{2}\right)\Big|_0^4=8(\text{万元}).$$

(2) 从 $x=4$ 百台增加到 $x=5$ 百台时，总利润的增加量为

$$L=\int_4^5[R'(x)-C'(x)]\mathrm{d}x=\int_4^5(4-x)\mathrm{d}x$$

$$=\left(4x-\frac{x^2}{2}\right)\Big|_4^5=-0.5(\text{万元}).$$

即从利润最大时产量再多生产了 1 百台，总利润反而减少了 0.5 万元.

小结: 本例属于已知边际函数求原函数及其相关的问题，计算工具就是定积分和不定积分.

三、习题 5—5 解答

1. 求由曲线 $y=\sqrt{x}$ 与直线 $y=x$ 所围图形的面积.

解　解方程组：$\begin{cases} y=x \\ y=\sqrt{x} \end{cases}$，得交点 $O(0,0)$，$A(1,1)$. 如题 1 图所示，所求面积

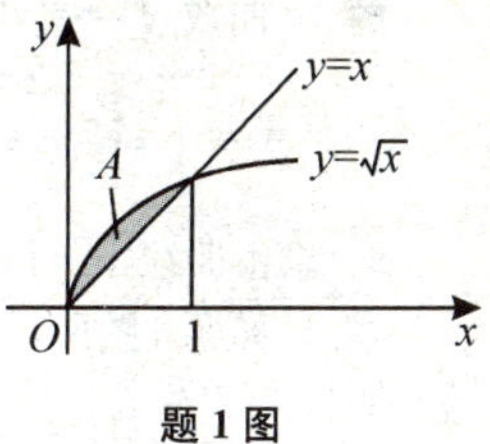

题 1 图

$$A=\int_0^1(\sqrt{x}-x)\mathrm{d}x=\left(\frac{2}{3}x^{\frac{3}{2}}-\frac{1}{2}x^2\right)\Big|_0^1$$
$$=\frac{1}{6}.$$

2. 求在区间 $[0,\pi/2]$ 上，曲线 $y=\sin x$ 与直线 $x -0$，$y=1$ 所围图形的面积.

题 2 图

解　由 $\begin{cases} y=\sin x \\ y=1 \end{cases}$，得 $\begin{cases} x=\dfrac{\pi}{2} \\ y=1 \end{cases}$.

由题 2 图，得

$$A=\int_0^{\frac{\pi}{2}}(1-\sin x)\mathrm{d}x=(x+\cos x)\Big|_0^{\frac{\pi}{2}}$$
$$=\frac{\pi}{2}-1.$$

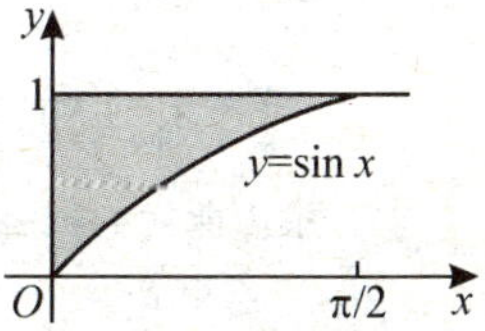

3. 求由曲线 $y^2=x$ 与 $y^2=-x+4$ 所围图形的面积.

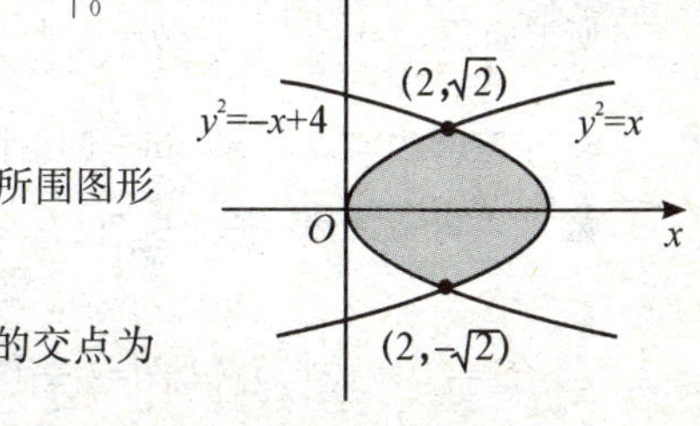

题 3 图

解　由 $\begin{cases} y^2=x \\ y^2=-x+4 \end{cases}$，解得两曲线的交点为 $(2,-\sqrt{2})$，$(2,\sqrt{2})$，见题 3 图，于是

$$A=\int_{-\sqrt{2}}^{\sqrt{2}}[(-y^2+4)-y^2]\mathrm{d}y=2\int_0^{\sqrt{2}}(4-2y^2)\mathrm{d}y$$
$$=4\left(2y\Big|_0^{\sqrt{2}}-\frac{1}{3}y^3\Big|_0^{\sqrt{2}}\right)=\frac{16}{3}\sqrt{2}.$$

4. 求由曲线 $y=\dfrac{1}{x}$ 与直线 $y=x$ 及 $x=2$ 所围图形的面积.

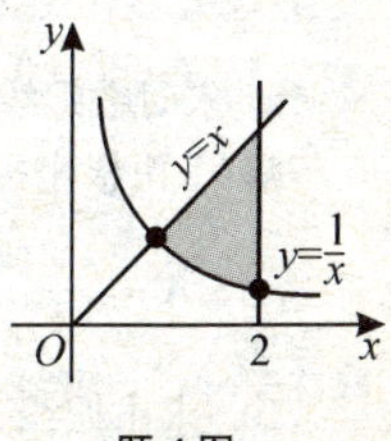

题 4 图

解　如题 4 图所示，题设三条曲线围成图形位于第一象限，其中 $y=x$ 与 $y=\dfrac{1}{x}$ 在第一象限的交点为 $(1,1)$. 于是所求面积

$$A=\int_1^2\left(x-\frac{1}{x}\right)\mathrm{d}x=\left(\frac{x^2}{2}-\ln x\right)\Big|_1^2=\frac{3}{2}-\ln 2.$$

5. 求由曲线 $y=\mathrm{e}^x$，$y=\mathrm{e}^{-x}$ 与直线 $x=1$ 所围图形的面积.

解 曲线 $y=\mathrm{e}^x$ 与 $y=\mathrm{e}^{-x}$ 交于点 (0, 1). 所求面积

$$A=\int_0^1(\mathrm{e}^x-\mathrm{e}^{-x})\mathrm{d}x=(\mathrm{e}^x+\mathrm{e}^{-x})\Big|_0^1=\mathrm{e}+\frac{1}{\mathrm{e}}-2.$$

6. 求由曲线 $y=\ln x$ 与直线 $y=\ln a$ 及 $y=\ln b$ 所围图形的面积 ($b>a>0$).

解 如题6图所示，若以 x 为积分变量，则需计算两块图形面积之和，因此改变以 y 为积分变量.

于是所求面积

$$A=\int_{\ln a}^{\ln b}\mathrm{e}^y\mathrm{d}y=\mathrm{e}^y\Big|_{\ln a}^{\ln b}=b-a.$$

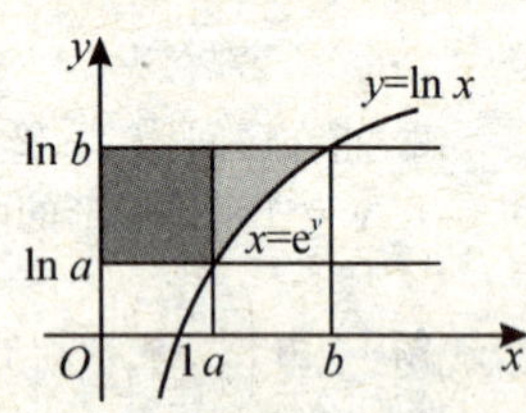

题6图

7. 求由曲线 $r=2a\cos\theta$ 所围图形的面积.

解 这里 $a>0$.

由 $r=2a\cos\theta\geqslant 0\Rightarrow\cos\theta\geqslant 0\Rightarrow-\frac{\pi}{2}\leqslant\theta\leqslant\frac{\pi}{2}$.

所求面积 $A=\frac{1}{2}\int_{-\frac{\pi}{2}}^{\frac{\pi}{2}}r^2\mathrm{d}\theta=\frac{1}{2}\int_{-\frac{\pi}{2}}^{\frac{\pi}{2}}4a^2\cos^2\theta\mathrm{d}\theta=2a^2\int_0^{\frac{\pi}{2}}(1+\cos 2\theta)\mathrm{d}\theta=\pi a^2$.

8. 求三叶玫瑰线 $r=a\sin 3\theta$ 的面积 S.

解 三叶玫瑰线一瓣对应角 θ 从 0 到 $\frac{\pi}{3}$，故所求面积

$$\begin{aligned}S&=3\times\frac{1}{2}\int_0^{\frac{\pi}{3}}r_2(\theta)\mathrm{d}\theta=\frac{3}{2}\int_0^{\frac{\pi}{3}}a^2\sin^2 3\theta\mathrm{d}\theta\\&=\frac{3a^2}{2}\int_0^{\frac{\pi}{3}}\frac{1-\cos 6\theta}{3}\mathrm{d}\theta\\&=\frac{3a^2}{2}\frac{\pi}{6}-\frac{3a^2}{4}\int_0^{\frac{\pi}{3}}\cos 6\theta\mathrm{d}\theta=\frac{\pi}{4}a^2.\end{aligned}$$

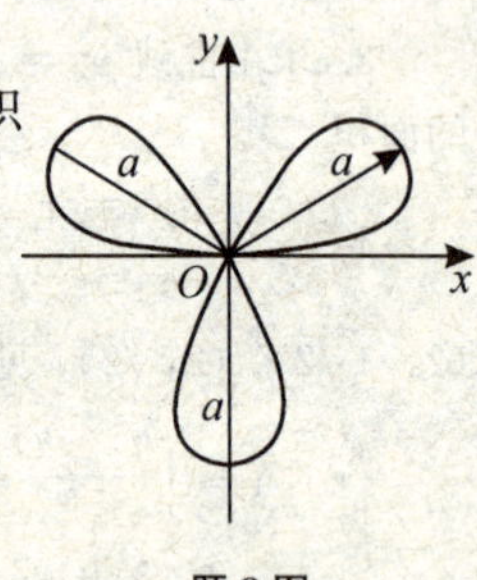

题8图

9. 求对数螺线 $\rho=a\mathrm{e}^{\theta}(-\pi\leqslant\theta\leqslant\pi)$ 及射线 $\theta=\pi$ 所围图形的面积.

解 由极坐标面积公式，得

$$A=\frac{1}{2}\int_{-\pi}^{\pi}(a\mathrm{e}^{\theta})^2\mathrm{d}\theta=\frac{a^2}{2}\int_{-\pi}^{\pi}\mathrm{e}^{2\theta}\mathrm{d}\theta=\frac{a^2}{4}\mathrm{e}^{2\theta}\Big|_{-\pi}^{\pi}=\frac{a^2}{4}(\mathrm{e}^{2\pi}-\mathrm{e}^{-2\pi}).$$

10. 求由摆线 $x=a(t-\sin t)$，$y=a(1-\cos t)(0\leqslant t\leqslant 2\pi)$ 及 x 轴所围图形的面积.

解 由参数式面积公式，所求面积

$$A=\int_0^{2\pi}a(1-\cos t)\cdot[a(t-\sin t)]'\mathrm{d}t=a^2\int_0^{2\pi}(1-2\cos t+\cos^2 t)\mathrm{d}t$$

$$=a^2[t-2\sin t]\Big|_0^{2\pi}+a^2\int_0^{2\pi}\frac{1+\cos 2t}{2}\mathrm{d}t=2\pi a^2+\frac{a^2}{2}\left[t+\frac{1}{2}\sin 2t\right]\Big|_0^{2\pi}$$

$$=3\pi a^2.$$

11. 求下列平面图形分别绕 x 轴、y 轴旋转产生的立体的体积：

(1) 曲线 $y=\sqrt{x}$ 与直线 $x=1$、$x=4$、$y=0$ 所围成的图形.

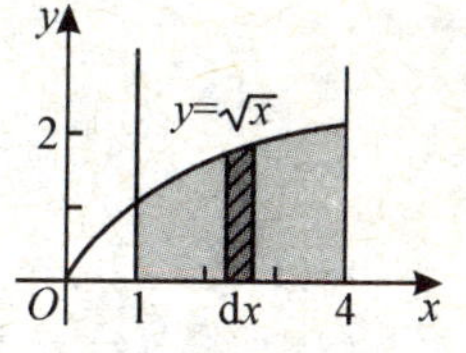

题 11(1) 图 a

解 设绕 x 轴旋转的立体体积为 V_x，如题 11(1) 图 a，则

$$V_x=\pi\int_1^4(\sqrt{x})^2\mathrm{d}x$$

$$=\frac{15}{2}\pi.$$

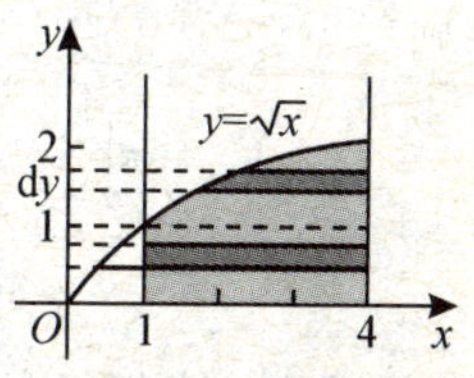

题 11(1) 图 b

设绕 y 轴旋转的立体体积为 V_y，如题 11(1) 图 b，则

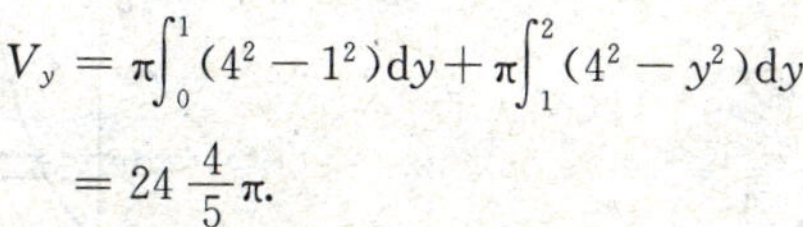

$$V_y=\pi\int_0^1(4^2-1^2)\mathrm{d}y+\pi\int_1^2(4^2-y^2)\mathrm{d}y$$

$$=24\frac{4}{5}\pi.$$

(2) 在区间 $[0,\pi/2]$ 上，曲线 $y=\sin x$ 与直线 $x=\frac{\pi}{2}$、$y=0$ 所围成的图形.

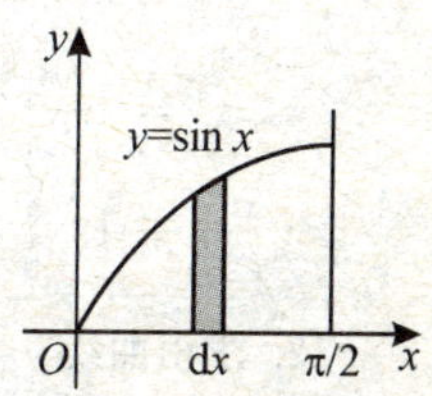

题 11(2) 图 a

解 设绕 x 轴旋转的立体体积为 V_x，如题 11(2) 图 a，则

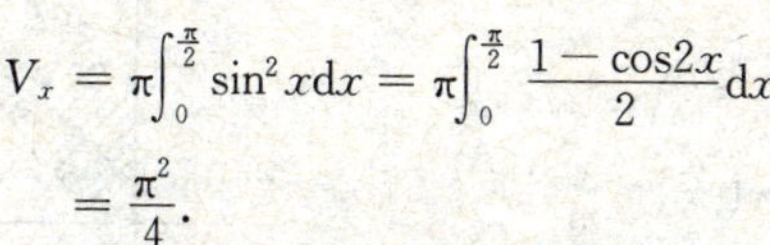

$$V_x=\pi\int_0^{\frac{\pi}{2}}\sin^2 x\mathrm{d}x=\pi\int_0^{\frac{\pi}{2}}\frac{1-\cos 2x}{2}\mathrm{d}x$$

$$=\frac{\pi^2}{4}.$$

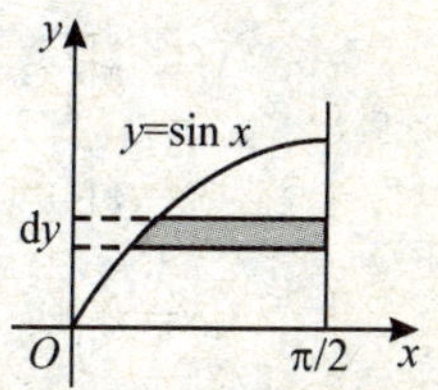

题 11(2) 图 b

设绕 y 轴旋转的立体体积为 V_y，如题 11(2) 图 b，则

$$V_y=\pi\int_0^1\left(\frac{\pi}{2}\right)^2\mathrm{d}y-\pi\int_0^1\arcsin^2 y\mathrm{d}y.$$

$$\pi\int_0^1 \arcsin^2 y\mathrm{d}y = \pi y\arcsin^2 y\Big|_0^1 - \pi\int_0^1 \frac{2y\arcsin y}{\sqrt{1-y^2}}\mathrm{d}y$$

$$= \frac{\pi^3}{4} - \pi\int_0^1 \frac{\arcsin y}{\sqrt{1-y^2}}\mathrm{d}y^2$$

$$= \frac{\pi^3}{4} + 2\pi\sqrt{1-y^2}\arcsin y\Big|_0^1 - \pi\int_0^1 2\sqrt{1-y^2}$$

$$\cdot\frac{1}{\sqrt{1-y^2}}\mathrm{d}y$$

$$= \frac{\pi^3}{4} - 2\pi,$$

所以 $V_y = 2\pi$.

(3) 曲线 $y = x^3$ 与直线 $x = 2$、$y = 0$ 所围成的图形.

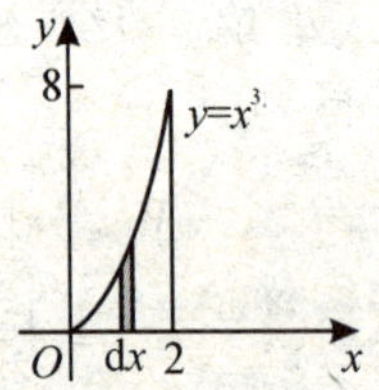

题 11(3) 图 a

解　设绕 x 轴旋转的立体体积为 V_x，如题 11(3) 图 a，则

$$V_x = \pi\int_0^2 (x^3)^2\mathrm{d}x = \pi\frac{x^7}{7}\Big|_0^2$$

$$= 18\frac{2}{7}\pi.$$

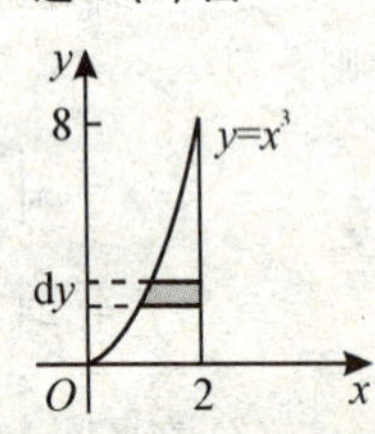

题 11(3) 图 b

设绕 y 轴旋转的立体体积为 V_y，如题 11(3) 图 b，则

$$V_y = \pi\int_0^8 [2^2 - (\sqrt[3]{y})^2]\mathrm{d}y$$

$$= 4\pi y\Big|_0^8 - \pi\cdot\frac{3}{5}y^{\frac{5}{3}}\Big|_0^8$$

$$= 12\frac{4}{5}\pi.$$

12. 求由曲线 $y = x^2$，$x = y^2$ 所围成的图形绕 y 轴旋转一周所产生的旋转体的体积.

解　如题 12 图，所求体积是两个旋转体体积之差，故

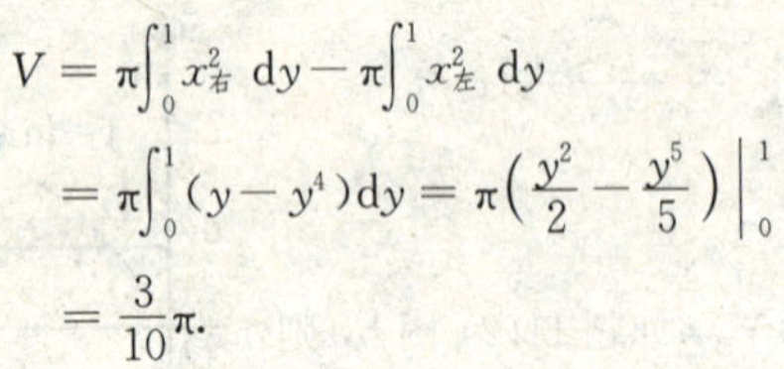

$$V = \pi\int_0^1 x_{右}^2\,\mathrm{d}y - \pi\int_0^1 x_{左}^2\,\mathrm{d}y$$

$$= \pi\int_0^1 (y - y^4)\mathrm{d}y = \pi\left(\frac{y^2}{2} - \frac{y^5}{5}\right)\Big|_0^1$$

$$= \frac{3}{10}\pi.$$

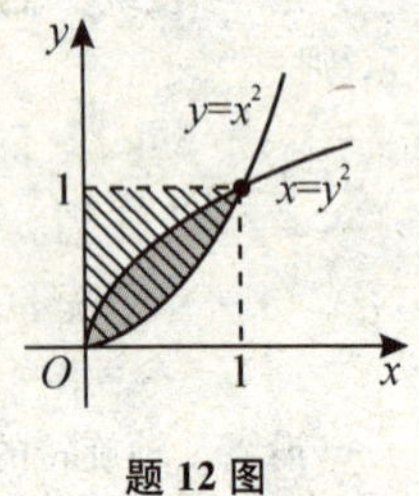

题 12 图

13. 求由曲线 $y = \sin x (0 \leqslant x \leqslant \pi)$ 与 x 轴围成的平面图形绕 y 轴旋转一周所成的旋转体的体积.

解　如题13图所示，先求出曲线梯形 $OABC$ 绕 y 轴旋转所得旋转体的体积 V_2，由于 $x_2=\pi-\arcsin y$，故

$$V_2=\pi\int_0^1 x_1^2\mathrm{d}y=\pi\int_0^1(\pi-\arcsin y)^2\mathrm{d}y.$$

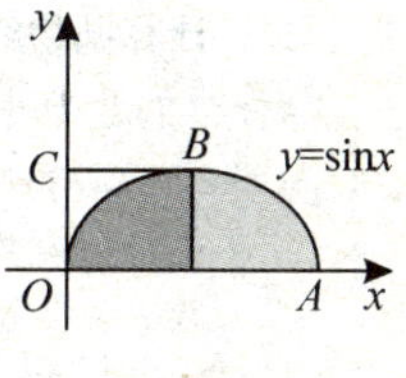

题 13 图

然而求出曲边三角形 OBC 绕 y 轴旋转所得旋转体的体积 V_1，因 $x_1=\arcsin y$，则

$$V_1=\pi\int_0^1 x_1^2\mathrm{d}y=\pi\int_0^1(\arcsin y)^2\mathrm{d}y.$$

从而所求旋转体的体积 V 等于 V_2 减去 V_1，即

$$\begin{aligned}V&=V_2-V_1=\pi\int_0^1[(\pi-\arcsin y)^2-(\arcsin y)^2]\mathrm{d}y\\&=\pi^2\int_0^1(\pi-2\arcsin y)\mathrm{d}y\\&=\pi^2\left[(\pi y-2y\arcsin y)\Big|_0^1+2\int_0^1\frac{y}{\sqrt{1-y^2}}\mathrm{d}y\right]\\&=\pi^2\left(-2\sqrt{1-y^2}\Big|_0^1\right)=2\pi^2.\end{aligned}$$

14. 用定积分表示双曲线 $xy=1$ 上从点 (1, 1) 到点 (2, 1/2) 之间的一段弧长.

解　因 $y=\dfrac{1}{x}$，$y'=-\dfrac{1}{x^2}$，故所求曲线的弧长

$$s=\int_1^2\sqrt{1+\left(\frac{\mathrm{d}y}{\mathrm{d}x}\right)^2}\mathrm{d}x=\int_1^2\frac{\sqrt{x^2+1}}{x^2}\mathrm{d}x.$$

15. 计算曲线 $y=\ln x$ 上相应于 $\sqrt{3}\leqslant x\leqslant\sqrt{8}$ 的一段弧的弧长.

解　$$\begin{aligned}s&=\int_{\sqrt{3}}^{\sqrt{8}}\sqrt{1+[(\ln x)']^2}\mathrm{d}x=\int_{\sqrt{3}}^{\sqrt{8}}\sqrt{\frac{x^2+1}{x^2}}\mathrm{d}x\\&=\frac{1}{2}\int_{\sqrt{3}}^{\sqrt{8}}\frac{\sqrt{x^2+1}}{x^2}\mathrm{d}(x^2)\\&\xlongequal{x^2=u}\frac{1}{2}\int_3^8\frac{\sqrt{1+u}}{u}\mathrm{d}u\xlongequal{\sqrt{1+u}=t}\frac{1}{2}\int_2^3\frac{t\cdot 2t}{t^2-1}\mathrm{d}t\\&=\int_2^3\frac{t^2-1+1}{t^2-1}\mathrm{d}t\\&=\int_2^3\left(1+\frac{1}{t^2-1}\right)\mathrm{d}t=\left(t+\frac{1}{2}\ln\left|\frac{t-1}{t+1}\right|\right)\Big|_2^3\\&=1+\frac{1}{2}\ln\frac{3}{2}.\end{aligned}$$

16. 计算抛物线 $y^2=2px(p>0)$ 从顶点到其上点 $M(x,y)$ 的弧长.

解　如题 16 图，选择 y 为积分变量，则所求弧长

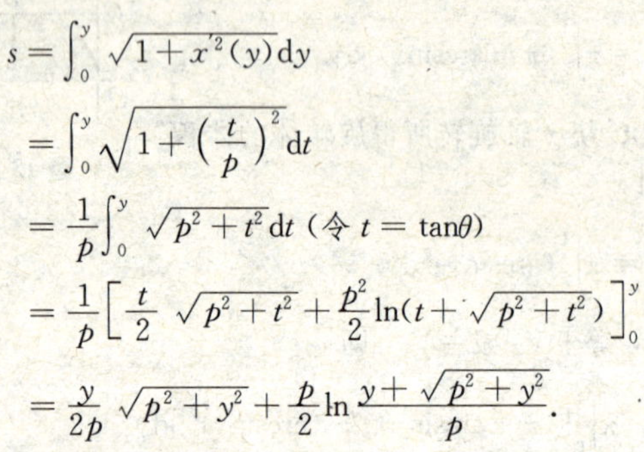

$$s=\int_0^y\sqrt{1+x'^2(y)}\,dy$$

$$=\int_0^y\sqrt{1+\left(\frac{t}{p}\right)^2}\,dt$$

$$=\frac{1}{p}\int_0^y\sqrt{p^2+t^2}\,dt\ (\text{令 } t=\tan\theta)$$

$$=\frac{1}{p}\left[\frac{t}{2}\sqrt{p^2+t^2}+\frac{p^2}{2}\ln(t+\sqrt{p^2+t^2})\right]_0^y$$

$$=\frac{y}{2p}\sqrt{p^2+y^2}+\frac{p}{2}\ln\frac{y+\sqrt{p^2+y^2}}{p}.$$

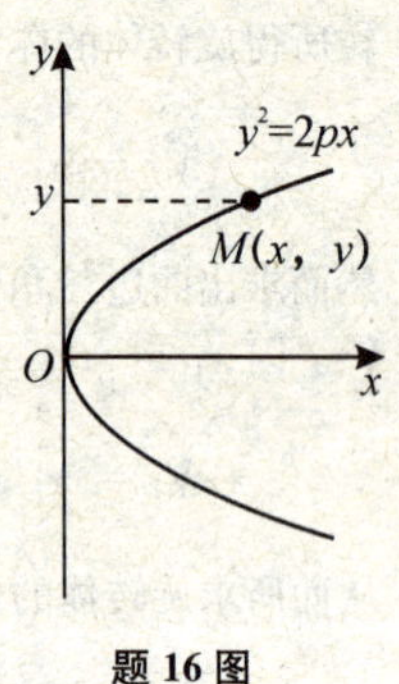

题 16 图

17. 求对数螺线 $r=e^{a\theta}$ 相应于自 $\theta=0$ 到 $\theta=\varphi$ 的一段弧的弧长.

解　由极坐标下的弧长公式，有

$$s=\int_0^{\varphi}\sqrt{r^2+r'^2}\,d\theta$$

$$=\int_0^{\varphi}\sqrt{e^{2a\theta}+a^2e^{2a\theta}}\,d\theta$$

$$=\sqrt{1+a^2}\int_0^{\varphi}e^{a\theta}\,d\theta$$

$$=\frac{\sqrt{1+a^2}}{a}(e^{a\varphi}-1).$$

18. 求曲线 $x=\arctan t$, $y=\frac{1}{2}\ln(1+t^2)$ 自 $t=0$ 到 $t=1$ 的一段弧的弧长.

解　$x'_t=(\arctan t)'=\frac{1}{1+t^2}$，$y'_t=\left[\frac{1}{2}\ln(1+t^2)\right]'=\frac{1}{1+t^2}$，

$$\therefore x_t'^2+y_t'^2=\left(\frac{1}{1+t^2}\right)^2+\left(\frac{t}{1+t^2}\right)^2=\frac{1}{1+t^2},$$

$$\therefore s=\int_0^1\sqrt{x_t'^2+y_t'^2}\,dt=\int_0^1\frac{1}{\sqrt{1+t^2}}\,dt=\ln(t+\sqrt{1+t^2})\Big|_0^1$$

$$=\ln(1+\sqrt{2}).$$

19. 设一质点距原点 x 米时，受 $F(x)=x^2+2x$ 牛顿力的作用，问质点在 F 作用下，从 $x=1$ 移动到 $x=3$，力所作的功有多大？

解　$W=\int_1^3F(x)\,dx=\int_1^3(x^2+2x)\,dx=\left(\frac{1}{3}x^3+x^2\right)\Big|_1^3=16\frac{2}{3}$(焦).

20. 由实验知道，弹簧在拉伸过程中，需要的力 F(单位：N) 与伸长量 s(单位：cm) 成正比，即 $F=ks$，k 为比例系数，如果把弹簧由原长拉伸 6 cm，计算所作的功.

解　所求功为

$$W=\int_0^6 ks\,\mathrm{d}s=\frac{k}{2}s^2\Big|_0^6=18k(\mathrm{N}\cdot\mathrm{m})=0.18k(\mathrm{J}).$$

21. 某物体作直线运动，速度为 $v=\sqrt{1+t}$(米 / 秒)，求该物体自运动开始到 10 s 末所经过的路程，并求物体在前 10 s 内的平均速度.

解　该物体自运动开始到 10 秒末所经过的路程为

$$s=\int_0^{10}\sqrt{1+t}\,\mathrm{d}t=\frac{2}{3}(1+t)^{\frac{3}{2}}\Big|_0^{10}=\frac{2}{3}(11^{\frac{3}{2}}-1)(\text{米}).$$

物体在前 10 秒内的平均速度为

$$\bar{v}=\frac{1}{10}\int_0^{10}\sqrt{1+t}\,\mathrm{d}t=\frac{2}{30}(11^{\frac{3}{2}}-1)(\text{米 / 秒}).$$

22. 半径为 R 的半球形水池充满了水，要把池内的水全部吸尽，需作多少功?

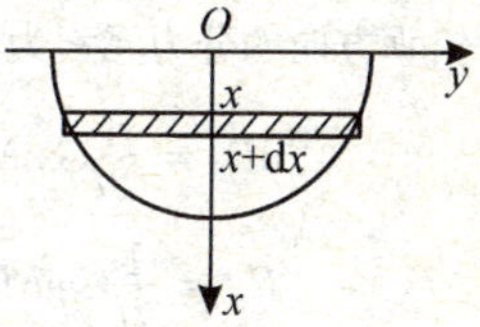

题 22 图

解　取坐标系如题 22 图所示，考察区间 $[x,x+\Delta x]$ 所对应的小薄层，此薄层水重为 $\pi(R^2-x^2)\Delta x$ 吨，将此层水提高到水池外面的距离是 x，因此所作的功

$$\Delta W\approx\pi(R^2-x^2)x\Delta x(\text{吨}\cdot\text{米}).$$

要将水池内的水全部吸尽所作的功就是

$$W=\pi\int_0^R(R^2-x^2)x\,\mathrm{d}x=\frac{1}{4}\pi R^4(\text{吨}\cdot\text{米})=\frac{10^3}{4}\pi R^4(\text{千克}\cdot\text{米}).$$

23. 有一闸门，它的形状和尺寸如题 23 图所示，水面超过门顶 2 m，求闸门上所受的水压力.

解　如题 23 图所示，位于微区间 $[x,x+\mathrm{d}x]$ 的薄片所受的微压力（水的比重取为 1）：

$$\mathrm{d}F=1\times x\times 2\times 1\,000\times g\,\mathrm{d}x=2\,000xg\,\mathrm{d}x.$$

总压力：

$$F=\int_2^5\mathrm{d}F=\int_2^5 2\,000xg\,\mathrm{d}x=1\,000x^2g\Big|_2^5=1\,000\times 21\mathrm{g}(\mathrm{kg})$$
$$=21\times 9.8(\text{千牛})=205.8(\mathrm{kN}).$$

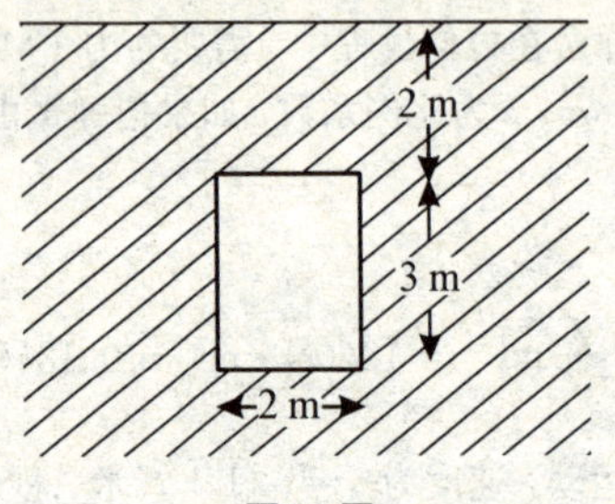

题 23 图

24. 长为 $2l$ 的杆，质量均匀分布，其总质量为 M，在其中垂线上高为 h 处有一质量为 m 的质点，求它们之间引力的大小.

解　建立如题 24 图所示的坐标系，取 x 为积分变量，$x \in [-1, 1]$，任取一微元 $[x, x+\mathrm{d}x]$. 小段与质点的距离为 $r = \sqrt{h^2+x^2}$，质点对小段的引力为

$$\Delta F \approx G\frac{\frac{M}{2l}\mathrm{d}x \cdot m}{h^2+x^2}.$$

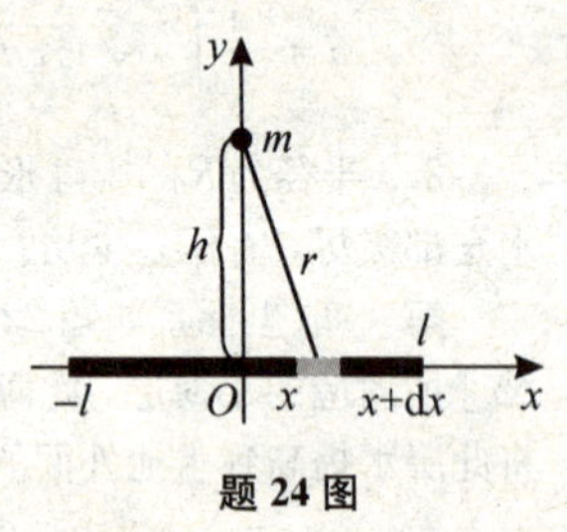

题 24 图

铅垂方向的分力元素为

$$\mathrm{d}F_y = \frac{1}{2l}GmMh\frac{\mathrm{d}x}{(h^2+x^2)^{3/2}},$$

$$F_y = \frac{1}{2l}GmMh \cdot 2\int_0^l \frac{\mathrm{d}x}{(h^2+x^2)^{3/2}}$$

$$= \frac{GmM}{h\sqrt{h^2+l^2}}.$$

由对称性在水平方向的分力为 $F_x = 0$.

25. 已知边际成本 $C'(q) = 25+30q-9q^3$，固定成本为 55，试求总成本 $C(q)$，平均成本与变动成本.

解　$C(q) = \int(25+30q-9q^2)\mathrm{d}q = 25q+15q^2-3q^3+C$,

再由 $C(0) = 55$，代入上式求得 $C = 55$，从而所求的总成本函数为

$$C(q) = 25q+15q^3-3q^3+55,$$

平均成本为 $\overline{C}(q) = \frac{C(q)}{q} = 25+15q-3q^2+\frac{55}{q}$,

变动成本为 $25q+15q^2-3q^3$.

26. 某产品生产 q 个单位时总收入 R 的变化率为

$$R'(q) = 200-\frac{q}{100},$$

求：(1) 生产 50 个单位时的总收入；

(2) 在生产 100 个单位的基础上，再生产 100 个单位时总收入的增量.

解　$R(q)=\int\left(200-\frac{q}{100}\right)\mathrm{d}q=200q-\frac{q^2}{200}+C.$

再由 $R(0)=0$，代入上式求得 $C=0$，从而总收入函数为

$$R(q)=200q-q^2/200.$$

(1) 生产 50 个单位时的总收入为

$$R(50)=200\cdot 50-\frac{50^2}{200}=9\,987.5.$$

(2) 在生产 100 个单位的基础上，再生产 100 个单位时总收入的增量为

$$\Delta R=R(200)-R(100)=19\,850.$$

27. 已知某产品产量 $F(t)$ 的变化率是时间 t 的函数

$$f(t)=at^2+bt+c\ (a,\ b,\ c\ 是常数),$$

求 $F(0)=0$ 时产量与时间的函数关系 $F(t)$.

解　依题意所求的函数关系式为

$$F(t)=\int_0^1(at^2+bt+c)\mathrm{d}t+F(0)=\frac{1}{3}at^3+\frac{1}{2}bt^2+ct.$$

28. 某新产品的销售率由下式给出：$f(x)=100-90\mathrm{e}^{-x}$，式中 x 是产品上市的天数，前四天的销售总数是曲线 $y=f(x)$ 与 x 轴在 $[0,4]$ 之间的面积（见题 28 图），求前四天总的销售量.

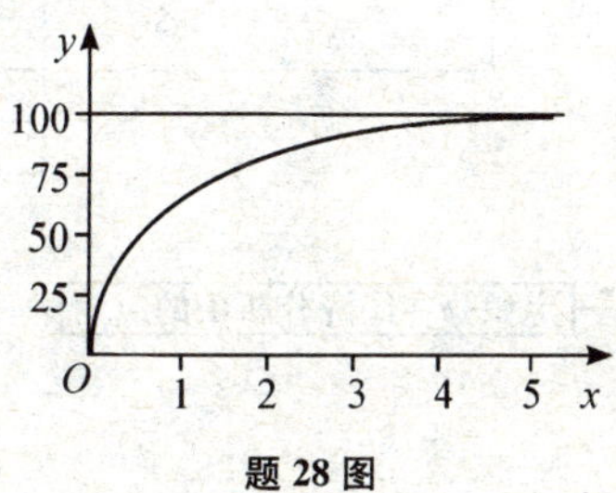

题 28 图

解　依题意，前四天总的销售量为

$$\int_0^4(100-90\mathrm{e}^{-x})\mathrm{d}x=(100x+90\mathrm{e}^{-x})\Big|_0^4=310+90\mathrm{e}^{-4}.$$

本章小结

一、本章知识点网络图

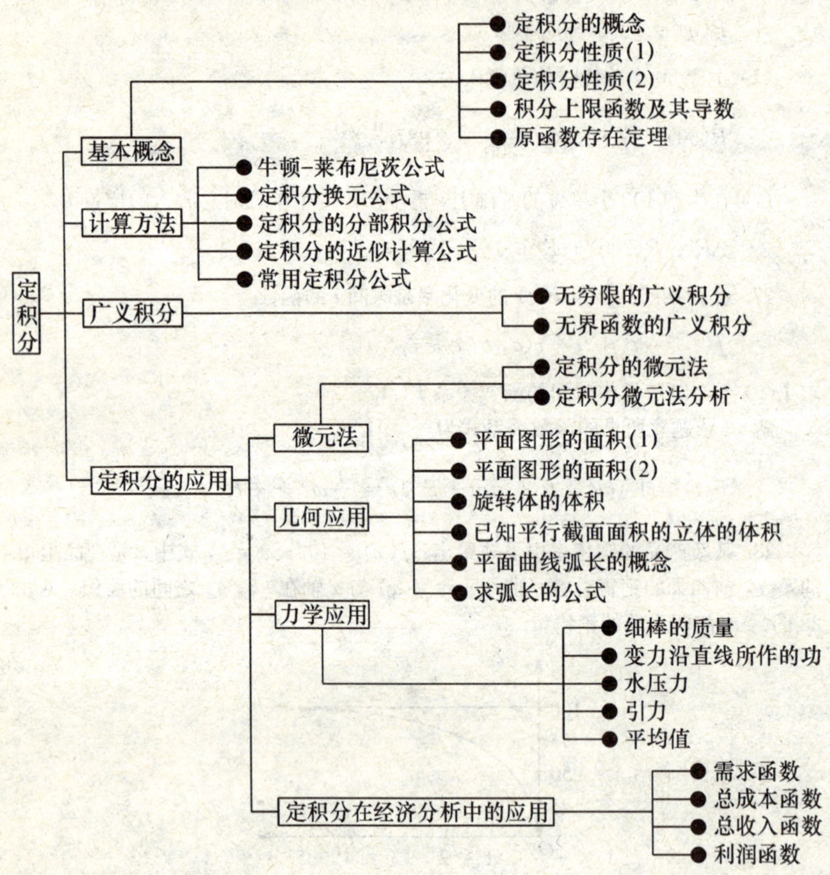

二、题型分析

题型 1　利用定积分定义和性质求极限

解题思路　(1) 直接利用定积分定义求极限. 适用于：每项可提出因子 $1/n$，而其余的各项之和可用一个通过表示为 n 项和的极限（如例 1).

(2) 利用夹逼定理求极限 (适用于：极限式为被积函数中含有以 n 为指数的定积分). 应注意提出因子 $1/n$，并将其余部分进行放大或缩小.

(3) 利用定积分中值定理求极限 (如例 2).

例 1 极限 $\lim\limits_{n\to\infty}\sum\limits_{k=1}^{n}\dfrac{e^{\frac{k}{n}}}{n+ne^{\frac{2k}{n}}}=$ ________.

解 填 $\arctan e-\dfrac{\pi}{4}$.

$$\lim_{n\to\infty}\sum_{k=1}^{n}\frac{e^{\frac{k}{n}}}{n+ne^{\frac{2k}{n}}}=\lim_{n\to\infty}\sum_{k=1}^{n}\frac{e^{\frac{k}{n}}}{1+e^{\frac{2k}{n}}}\cdot\frac{1}{n}=\int_0^1\frac{e^x}{1+e^{2x}}dx$$

$$=\arctan e^x\Big|_0^1=\arctan e-\frac{\pi}{4}.$$

例 2 利用定积分中值定理证明：$\lim\limits_{n\to\infty}\displaystyle\int_n^{n+p}\frac{\sin x}{x}dx=0$.

证 $\dfrac{\sin x}{x}$ 的原函数不是初等函数，不能直接积分. 由定积分中值定理有：

$$\int_n^{n+p}\frac{\sin x}{n}dx=\frac{\sin\xi}{\xi}p,\ \xi\in[n,\ n+p],$$

当 $n\to\infty$ 时，有

$$\xi\to\infty\Rightarrow\lim_{\xi\to\infty}\frac{\sin\xi}{\xi}=0,$$

$$\therefore\ \lim_{\xi\to\infty}\int_n^{n+p}\frac{\sin x}{x}dx=\lim_{\xi\to\infty}\frac{\sin\xi}{\xi}p=0.$$

题型 2　利用定积分定义和性质估值与证明不等式

解题思路 (1) 定积分估值问题，关键在于确定被积函数的上限与下限，再利用定积分性质估计定积分的值 (如例 1).

(2) 利用被积函数的单调性，估计定积分的值.

(3) 利用微分法求出被积函数的最大值与最小值，确定被积函数的范围，从而估计定积分值的范围 (如例 2).

(4) 利用不等式的放大与缩小确定被积函数的范围 (如例 3).

(5) 利用定积分性质证明不等式.

(6) 利用定积分定义证明不等式.

例 1 设 $f(x)$ 在 $[0, 1]$ 上连续，$f(0)=3$，且对于 $[0, 1]$ 上的一切 x 和 y，有

$$|f(x)-f(y)|\leqslant|x-y|.$$

试估计积分$\int_0^1 f(x)\mathrm{d}x$的值.

解　当$0 \leqslant x \leqslant 1$时,

$$|f(x) - f(0)| \leqslant |x - 0| = |x| = x,$$

即　$|f(x) - 3| \leqslant x \Leftrightarrow 3 - x \leqslant f(x) \leqslant 3 + x$,

于是　$\int_0^1 (3 - x)\mathrm{d}x \leqslant \int_0^1 f(x)\mathrm{d}x \leqslant \int_0^1 (3 + x)\mathrm{d}x.$

又由于　$\int_0^1 (3 - x)\mathrm{d}x = \dfrac{5}{2}, \int_0^1 (3 + x)\mathrm{d}x = \dfrac{7}{2}$,

故　$\dfrac{5}{2} \leqslant \int_0^1 f(x)\mathrm{d}x \leqslant \dfrac{7}{2}.$

例 2　利用定积分性质证明不等式：$2\mathrm{e}^{-1/4} \leqslant \int_0^2 \mathrm{e}^{x^2 - x}\mathrm{d}x \leqslant 2\mathrm{e}^2$.

分析　由估值定理知，本例的关键是确定被积函数在$[0, 2]$上的最大值与最小值. 由$\mathrm{e} > 1$可知e^x是单调增加的函数. 故只要求出$y = x^2 - x$在$[0, 2]$上的最大值及最小值.

证　设$y = x^2 - x$，因$y' = 2x - 1$，令$y' = 0$，得$x = 1/2$，由

$$y(1/2) = -1/4,\ y(0) = 0,\ y(2) = 2,$$

知$y = x^2 - x$在$[0, 2]$上的最大值和最小值分别为$M_1 = 2$, $m_1 = -1/4$.

又因$y = \mathrm{e}^x$是单调增加函数，故在$[0, 2]$上有

$$\mathrm{e}^{-1/4} \leqslant \mathrm{e}^{x^2 - x} \leqslant \mathrm{e}^2.$$

由定积分性质得

$$(2 - 0)\mathrm{e}^{-1/4} \leqslant \int_0^2 \mathrm{e}^{x^2 - x}\mathrm{d}x \leqslant (2 - 0)\mathrm{e}^2,$$

即　$2\mathrm{e}^{-1/4} \leqslant \int_0^2 \mathrm{e}^{x^2 - x}\mathrm{d}x \leqslant 2\mathrm{e}^2.$

例 3　估计下列积分值：$I = \int_0^1 \dfrac{\mathrm{d}x}{\sqrt{4 - x^2 + x^3}}$.

解　$\because 4 \geqslant 4 - x^2 + x^3 \geqslant 4 - x^2$, $x \in [0, 1]$,

$\therefore \dfrac{1}{\sqrt{4}} \leqslant \dfrac{1}{\sqrt{4 - x^2 + x^2}} \leqslant \dfrac{1}{\sqrt{4 - x^2}}.$

故 $$\frac{1}{2}=\int_0^1\frac{1}{2}\mathrm{d}x\leqslant I\leqslant\int_0^1\frac{1}{\sqrt{4-x^2}}\mathrm{d}x=\arcsin\frac{x}{2}\bigg|_0^1=\frac{\pi}{6},$$

即 $$\frac{1}{2}\leqslant\int_0^1\frac{1}{\sqrt{4-x^2+x^3}}\mathrm{d}x\leqslant\frac{\pi}{6}.$$

题型 3　利用变上限积分的可微性解题

解题思路　如果 $f(x)$ 在 $[a,b]$ 上连续，则积分上限的函数

$$F(x)=\int_a^x f(t)\mathrm{d}t$$

在 $[a,b]$ 上具有导数，且

$$F'(x)=\frac{\mathrm{d}}{\mathrm{d}x}\left(\int_a^x f(t)\mathrm{d}t\right)=f(x)\quad(a\leqslant x\leqslant b).$$

利用复合求导法则进一步得到以下常用公式：

$$F'(x)=\frac{\mathrm{d}}{\mathrm{d}x}\left(\int_a^{b(x)} f(t)\mathrm{d}t\right)=f[b(x)]b'(x),$$

$$F'(x)=\frac{\mathrm{d}}{\mathrm{d}x}\left(\int_{a(x)}^{b(x)} f(t)\mathrm{d}t\right)=f[b(x)]b'(x)-f[a(x)]a'(x).$$

例 1　设 $g(x)=\int_0^{x^2}\frac{\mathrm{d}x}{1+x^3}$，求 $g''(1)$.

解　$g'(x)=\frac{2x}{1+x^6}$，

$$g''(x)=\frac{2(1+x^6)-6x^5\cdot 2x}{(1+x^6)^2}=\frac{2-10x^6}{(1+x^6)^2},$$

$\therefore g''(1)=\frac{2-10}{2^2}=-2.$

例 2　求 $\lim\limits_{x\to 0}\frac{\int_0^{\sin^2 x}\ln(1+t)\mathrm{d}t}{\sqrt{1+x^4}-1}$.

解　当 $x\to 0$ 时，

$$\sin x\sim x,\ \ln(1+x)\sim x,\ \sqrt{1+x^4}-1\sim\frac{1}{2}x^4,$$

从而 $$\lim_{x\to 0}\frac{\int_0^{\sin^2 x}\ln(1+t)\mathrm{d}t}{\sqrt{1+x^4}-1}=\lim_{x\to 0}\frac{\int_0^{\sin^2 x}\ln(1+t)\mathrm{d}t}{\frac{1}{2}x^4}$$

$$=\lim_{x\to 0}\frac{2\sin x\cos x\ln(1+\sin^2 x)}{2x^3}=\lim_{x\to 0}\frac{x^3}{x^3}=1.$$

题型4 分段函数与含有绝对值号的定积分的计算

解题思路 (1) 若被积函数为分段函数，作积分运算之前，以其分段点将积分区间分为若干个子区间，然后利用定积分的可加性，分段进行计算（如例1）.

(2) 若被积函数含有绝对值号，作积分运算之前先去掉绝对值号. 其方法是令绝对值内的式子等于“0”，求出在积分区间内的根，并由此将积分区间分成若干个子区间，于是在各个子区间上，被积函数的绝对值号就去掉了，然后利用定积分的可加性，分段进行计算（如例2）.

例1 设 $f(x)=\begin{cases}x^2, & 0\leqslant x\leqslant 1\\ 2-x, & 1\leqslant x\leqslant 2\end{cases}$，求$\int_0^2 f(x)\mathrm{d}x$.

解 $$\int_0^2 f(x)\mathrm{d}x=\int_0^1 x^2\mathrm{d}x+\int_1^2(2-x)\mathrm{d}x=\frac{x^3}{3}\Big|_0^1+\left(2x-\frac{x^2}{2}\right)\Big|_1^2$$
$$=\frac{1}{3}+\frac{1}{2}=\frac{5}{6}.$$

例2 求$\int_0^4 |x-2|\mathrm{d}x$.

解 先去掉被积函数的绝对值符号. 因

$$|x-2|=\begin{cases}2-x, & 0\leqslant x\leqslant 2\\ x-2, & 2<x\leqslant 4\end{cases}.$$

由定积分对区间的可加性有

$$\int_0^4 |x-2|\mathrm{d}x=\int_0^2(2-x)\mathrm{d}x+\int_2^4(x-2)\mathrm{d}x$$
$$=\left(2x-\frac{x^2}{2}\right)\Big|_0^2+\left(\frac{x^2}{2}-2x\right)\Big|_2^4$$
$$=(4-2)+(-2+4)=4.$$

题型5 利用奇偶性和周期性化简定积分的计算

解题思路 (1) 凡遇对称区间上的积分，首先要想到的是验证被积函数$f(x)$是否具有奇偶性，如果是则用奇、偶函数的积分性质计算；如果不是，则可作负变换：$x=-t$，再进行计算（如例1）.

(2) 积分上、下限出现π，被积函数$f(x)$中出现三角函数的题型，首先考虑能否利用周期性积分的性质

$$\int_0^T f(x)\mathrm{d}x=\int_a^{a+T} f(x)\mathrm{d}x,$$

其中a为任意常数，T为连续函数$f(x)$周期（如例2）.

例1 利用函数的奇偶性计算下列定积分：

(1) $\int_{-5}^{5}\frac{x^3\sin^2 x\mathrm{d}x}{x^4+2x^2+1}$.

解 被积函数在对称区间上是奇函数，

∴ 原式=0.

(2) $\int_{-1}^{1}(2x+|x|+1)^2\mathrm{d}x$.

解 $原式=\int_{-1}^{1}(5x^2+2|x|+1+4x|x|+4x)\mathrm{d}x$

$$\xlongequal{由奇性}\int_{-1}^{1}(5x^2+2|x|+1)\mathrm{d}x$$

$$\xlongequal{由偶性}2\int_{0}^{1}(5x^2+2x+1)\mathrm{d}x=\frac{22}{3}.$$

例 2 计算定积分：$\int_{a}^{a+\pi}\sin^2 2x(\tan x+1)\mathrm{d}x$.

解 由于 $\sin^2 2x$ 和 $\tan x$ 均是以 π 为周期的周期函数，再由周期函数积分的性质，有

$$I=\int_{0}^{\pi}(\tan x+1)\sin^2 2x\mathrm{d}x=\int_{-\frac{\pi}{2}}^{\frac{\pi}{2}}(\tan x+1)\sin^2 2x\mathrm{d}x$$

$$=\int_{-\frac{\pi}{2}}^{\frac{\pi}{2}}\sin^2 2x\mathrm{d}x=2\int_{0}^{\frac{\pi}{2}}\frac{1-\cos 4x}{2}\mathrm{d}x=\frac{\pi}{2}.$$

题型 6　利用定积分换元法计算定积分

解题思路　利用定积分换元法计算定积分时，若只凑微分而不换元，则不改变积分限；若换元则需改变积分限，且积分限的变换需上下对应（如例 1～例 2). 由三角函数有理式与其它初等函数通过四则运算或复合而成的被积函数的定积分，其一般的解法是作变量替换，常用的变量替换有：当积分限为 $[0,\pi]$，则令 $u=\pi-x$；若为 $[0,\pi/2]$，则令 $u=\pi/2-x$；若为 $[0,\pi/4]$，则令 $u=\pi/4-x$（如例 3). 当被积函数的分母为两项，而分子为分母中的其中一项的积分时，可作变量替换，使分母不变，而分子变为分母中的另一项，再对前后两积分求和，得所求积分值（如例 4).

例 1 用换元积分法计算定积分 $\int_{1}^{e^3}\frac{\mathrm{d}x}{x\sqrt{1+\ln x}}$.

解 方法一　对原积分换元换限：令 $\ln x=t$，则 $x=e^t$，$\mathrm{d}x=e^t\mathrm{d}t$，

$$\int_{1}^{e^3}\frac{\mathrm{d}x}{x\sqrt{1+\ln x}}=\int_{0}^{3}\frac{\mathrm{d}t}{\sqrt{1+t}}.$$

x	1	e^3
t	0	3

对此积分继续作变量替换，令 $\sqrt{1+t}=u$，则 $t=u^2-1$，$\mathrm{d}t=2u\mathrm{d}u$，

由此 $$\int_0^3 \frac{\mathrm{d}t}{\sqrt{1+t}}=\int_1^2 \frac{2u\mathrm{d}u}{u}=2\int_0^2 \mathrm{d}u=2,$$

即 $$\int_1^{e^3} \frac{\mathrm{d}t}{x\sqrt{1+\ln x}}=2.$$

t	3	0
u	2	1

方法二　直接凑微分不改变积分限：

$$\text{原积分}=\int_1^{e^3} \frac{\mathrm{d}(1+\ln x)}{\sqrt{1+\ln x}}=2\sqrt{1+\ln x}\Big|_1^{e^3}=4-2=2.$$

例 2　已知 $f(x)=\tan^2 x$，求 $\int_0^{\frac{\pi}{4}} f'(x)f''(x)\mathrm{d}x$.

解　$\because f'(x)=2\tan x\cdot\sec^2 x$，

$$\therefore \int_0^{\frac{\pi}{4}} f'(x)f''(x)\mathrm{d}x=\int_0^{\frac{\pi}{4}} f'(x)\mathrm{d}f'(x)$$

$$=\frac{1}{2}[f'(x)]^2\Big|_0^{\frac{\pi}{4}}=\frac{1}{2}[2\tan x\cdot\sec^2 x]^2\Big|_0^{\frac{\pi}{4}}=8.$$

例 3　不计算积分值，证明

$$\int_0^{\frac{\pi}{2}} \cos^n x\mathrm{d}x=\int_0^{\frac{\pi}{2}} \sin^n x\mathrm{d}x.$$

证　为了将被积函数由余弦变成正弦，用定积分的换元积分法，并且令 $x=\frac{\pi}{2}-t$，则 $\mathrm{d}x=-\mathrm{d}t$，且当 t 从 $\frac{\pi}{2}$ 变到 0 时，x 单调地从 0 变到 $\frac{\pi}{2}$，所以

$$\int_0^{\frac{\pi}{2}} \cos^n x\mathrm{d}x=\int_{\frac{\pi}{2}}^0 \cos^n\left(\frac{\pi}{2}-t\right)(-1)\mathrm{d}t=\int_0^{\frac{\pi}{2}} \cos^n\left(\frac{\pi}{2}-t\right)\mathrm{d}t$$

$$=\int_0^{\frac{\pi}{2}} \sin^n t\mathrm{d}t=\int_0^{\frac{\pi}{2}} \sin^n x\mathrm{d}x \quad \text{（定积分与积分变量的字母无关）}.$$

例 4　计算定积分 $I=\int_0^2 \frac{\sqrt{4-x}}{\sqrt{4-x}+\sqrt{x+2}}\mathrm{d}x$.

解　$$I=\int_0^2 \frac{\sqrt{4-x}}{\sqrt{4-x}+\sqrt{x+2}}\mathrm{d}x$$

$$\xlongequal[u=2-x]{\text{令 } 4-x=u+2}\int_2^0 \frac{\sqrt{u+2}}{\sqrt{u+2}+\sqrt{4-u}}(-\mathrm{d}u)=\int_0^2 \frac{\sqrt{x+2}}{\sqrt{4-x}+\sqrt{x+2}}\mathrm{d}x,$$

$$2I=\int_0^2\frac{\sqrt{4-x}+\sqrt{x+2}}{\sqrt{4-x}+\sqrt{x+2}}\mathrm{d}x=\int_0^2\mathrm{d}x=2,$$

故 $I=1$.

题型 7 利用分部积分法计算定积分

解题思路 设函数 $u(x)$、$v(x)$ 在区间 $[a,b]$ 上具有连续导数，则

$$\int_a^b u\mathrm{d}v=[uv]\Big|_a^b-\int_a^b v\mathrm{d}u.$$

利用分部积分法计算定积分的一般方法与计算不定积分类似（如例 1）.

对被积函数中含有 $f'(x)$ 或 $f''(x)$ 的定积分，可将其凑微分成为 $\mathrm{d}v$，再利用分部积分法计算（如例 2）.

例 1 计算 $\int_0^1 x\mathrm{e}^{-x}\mathrm{d}x$.

解 用定积分的分部积分法，并写成凑微分的形式，有

$$\begin{aligned}\int_0^1 x\mathrm{e}^{-x}\mathrm{d}x&=\int_0^1 x\mathrm{d}(-\mathrm{e}^{-x})=-x\mathrm{e}^{-x}\Big|_0^1+\int_0^1\mathrm{e}^{-x}\mathrm{d}x\\&=\left(-x\mathrm{e}^{-x}\Big|_0^1\right)-\mathrm{e}^{-x}\Big|_0^1\\&=(0-\mathrm{e}^{-1})-\mathrm{e}^{-x}\Big|_0^1=-\mathrm{e}^{-1}+1-\mathrm{e}^{-1}=1-\frac{2}{\mathrm{e}}.\end{aligned}$$

例 2 填空：设 $f(5)=2$，$\int_0^5 f(x)\mathrm{d}x=3$，则 $\int_0^5 xf'(x)\mathrm{d}x=$ ____.

解 由定积分的分部积分法得

$$\int_0^5 xf'(x)\mathrm{d}x=\int_0^5 x\mathrm{d}(f(x))=xf(x)\Big|_0^5-\int_0^5 f(x)\mathrm{d}x=10-3=7.$$

题型 8 广义积分的计算及其敛散性判别

解题思路 (1) 计算广义积分：一般是将其先转化为定积分，再求极限. 步骤：a. 判断积分的类型，是无穷型、瑕积分，还是混合型，对混合型，一定要先拆分积分区间，使各积分或为无穷型，或为只有一个瑕点的瑕积分；b. 计算定积分；c. 求极限（如例 1）.

(2) 判别广义积分的敛散性：可采用直接法或间接法.

直接法：即由广义积分敛散性的定义进行判断.

间接法：即利用广义积分的敛散性审敛法进行判别. 判别法主要有比较审敛法及其极限形式. 对所给积分一方面要区分是无穷积分还是无界函数积分，另一方面，对无穷积分还要注意被积函数是否还有无穷间断点.

当所给积分的被积函数在积分区间内不定号时，应先判断该积分的绝对敛散性（如例3）.

例1 判断下列各广义积分的敛散性，若收敛，计算其值：

(1) $\int_{e}^{+\infty}\frac{\ln x}{x}dx$.

解 $\because \int_{e}^{b}\frac{\ln x}{x}dx=\frac{1}{2}(\ln^2 b-1)$，

且 $\lim\limits_{b\to+\infty}(\ln^2 b-1)=+\infty$，

$\therefore \int_{1}^{+\infty}\frac{\ln x}{x}dx$ 发散.

(2) $\int_{-\infty}^{+\infty}(|x|+x)e^{-|x|}dx$.

解
$$\begin{aligned}原式&=\int_{-\infty}^{0}(-x+x)e^{-x}dx+\int_{0}^{+\infty}(x+x)e^{-x}dx\\&=2\int_{0}^{+\infty}xe^{-x}dx=2\lim_{b\to+\infty}\int_{0}^{b}xe^{-x}dx\\&=2\lim_{b\to+\infty}\left[-xe^{-x}\Big|_{0}^{b}+\int_{0}^{b}e^{-x}dx\right]\\&=2\lim_{b\to+\infty}[-be^{-b}-e^{-b}+1]=2.\end{aligned}$$

故题设广义积分收敛于2.

例2 判别如下广义积分的敛散性：

$$\int_{0}^{+\infty}\frac{dx}{1+x\,|\cos x|}.$$

解 因为$\frac{1}{1+x|\cos x|}\geqslant\frac{1}{1+x}$，而$\int_{0}^{+\infty}\frac{dx}{1+x}$发散，故原积分发散.

题型9 求平面图形的面积

解题思路 应用微元法求解定积分在几何与物理中的应用问题的步骤：

(1) 选择坐标系，确定积分变量的变化区间 $[a, b]$；

(2) 在 $[a, b]$ 上，取区间微元 $[x, x+dx]$；

(3) 利用“去弯取直，以不变代变”的思想近似表示部分量：

$$dA=f(x)dx;$$

(4) 将总量表示为定积分并计算

$$A=\int_{a}^{b}dA=\int_{a}^{b}f(x)dx.$$

应用定积分计算平面图形的面积，首先要确定已知曲线所围成的区域的形状，求出边界曲线的交点，再根据区域的形状，以计算简单方便为目的选择积分变量（x 或 y），确定积分限，并按照上述步骤进行计算（如例 1～例 2）.

例 1 求曲线 $y=e^x$ 及该曲线的过原点的切线和 x 轴的负半轴所围成的平面图形的面积.

解 先求出曲线 $y=e^x$ 上过原点的切线方程.

显然，$y=e^x$ 上任一点 (x_0, y_0) 处的切线方程为

$$y-e^{x_0}=e^{x_0}(x-x_0),$$

令 $x=y=0\Rightarrow x_0=1$，因而过原点的切线方程为

$$y=e+e(x-1)=ex,$$

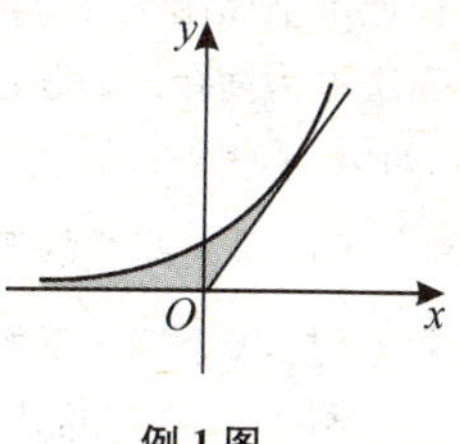

例 1 图

故所求平面图形的面积（见例 1 图）为

$$A=\int_{-\infty}^{0}e^x\,dx+\int_0^1(e^x-ex)\,dx=\int_{-\infty}^{1}e^x\,dx-\int_0^1 ex\,dx=\frac{e}{2}.$$

例 2 下列可表示由双纽线 $(x^2+y^2)^2=x^2-y^2$ 围成平面区域的面积的是（　　）.

(A) $2\int_0^{\pi/4}\cos 2\theta d\theta$；　　(B) $4\int_0^{\pi/4}\cos 2\theta d\theta$；

(C) $2\int_0^{\pi/2}\sqrt{\cos 2\theta}(d)\theta$；　　(D) $\frac{1}{2}\int_0^{\pi/4}\cos^2 2\theta d\theta$.

解 双纽线的极坐标方程是：$r^4=r^2(\cos^2\theta-\sin^2\theta)$，即 $r^2=\cos 2\theta$. 当 $\theta\in[0, 2\pi]$ 时，仅当 $|\theta|\leqslant\frac{\pi}{4}$，$|\theta|\geqslant\frac{3}{4}\pi$ 时才有 $r\geqslant 0$，由于曲线关于极轴与 y 轴均对称，只需考虑 $\theta\in\left[0, \frac{\pi}{4}\right]$ 部分（见例 2 图）. 由对称性及广义扇形面积计算公式得

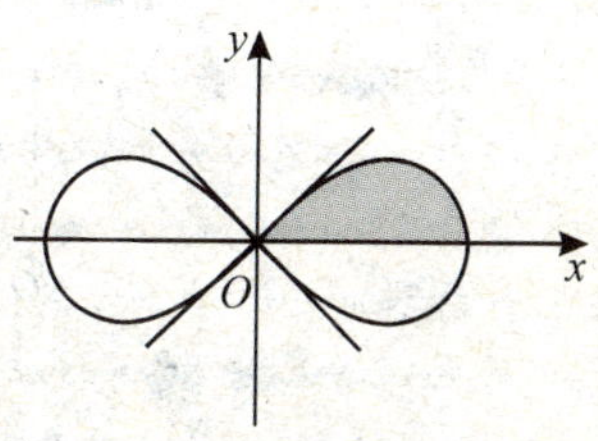

例 2 图

$$S=4\int_0^{\frac{\pi}{4}}\frac{1}{2}r^2(\theta)d\theta=2\int_0^{\frac{\pi}{4}}\cos 2\theta d\theta,$$

故应选 (A).

题型 10　求体积与平面曲线的弧长

解题思路 (1) 平行截面面积已知的立体的体积：设连续函数 $A(x)$ 表示过点 x 且垂直于 x 轴的截面面积，则其体积为

$$V=\int_a^b A(x)\,dx.$$

(2) 旋转体体积：平面曲线 $y=f(x)$，$x\in[a, b]$ 绕 x 或 y 轴旋转的旋转体的体积

$$V=\pi\int_a^b[f(x)]^2\mathrm{d}x \quad 或 \quad V=\pi\int_c^d[f^{-1}(y)]^2\mathrm{d}y.$$

计算由平面图形 $0\leqslant a\leqslant x\leqslant b$，$0\leqslant y\leqslant f(x)$ 绕 y 轴旋转而成的立体的体积用柱壳法更为简单. 解题过程中注意应用微元法进行分析，推导旋转体的侧面积(如例 1).

(3) 平面曲线的弧长：$s=\int_a^b\mathrm{d}s=\int_a^b\sqrt{\mathrm{d}x^2+\mathrm{d}y^2}$，掌握它在直角坐标系、参数方程、极坐标系下的表示方式.

例 1　(1) 试推出曲线 $y=f(x)$ $(a\leqslant x\leqslant b)$ 绕 x 轴旋转一周所成旋转体的侧面积公式；

(2) 某探照灯的反光镜面是由抛物线 $y^2=4x$ $(0\leqslant x\leqslant b)$ 绕其对称轴旋转而成的，试计算此反光镜面的面积 S.

解　(1) 应用积分元素法，如例 1 图，任取小区间 $[x, x+\mathrm{d}x]\subset[a, b]$，相应于小区间 $[x, x+\mathrm{d}x]$ 上旋转体的微侧面，可看作长为 $2\pi y$，宽为 $\mathrm{d}s$ 的窄长条矩形，故微侧面积

$$\mathrm{d}S=2\pi y\mathrm{d}s=2\pi y\sqrt{1+y'^2}\mathrm{d}x,$$

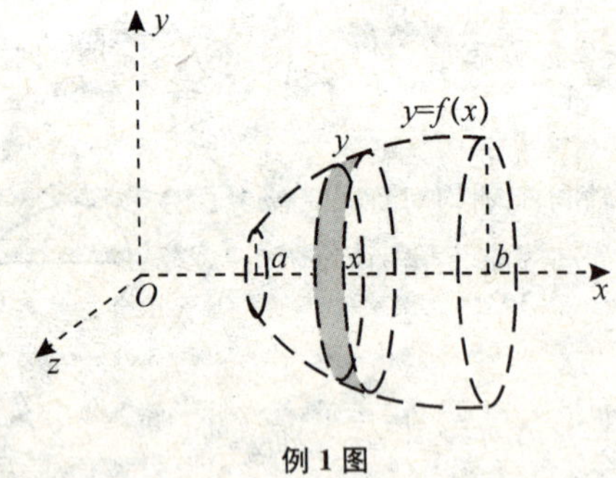

例 1 图

于是所求旋转体的侧面积

$$S=2\pi\int_a^b y\sqrt{1+y'^2}\mathrm{d}x.$$

(2) 取 $y=2\sqrt{x}(0\leqslant x\leqslant b)$ 绕 x 轴旋转一周，由 (1) 中公式

$$S=2\pi\int_0^b 2\sqrt{x}\sqrt{1+\left(\frac{1}{\sqrt{x}}\right)^2}\,\mathrm{d}x=4\pi\int_0^b\sqrt{x+1}\,\mathrm{d}(x+1)$$
$$=\frac{8}{3}\pi\left[(b+1)^{\frac{3}{2}}-1\right].$$

题型 11　用定积分求解经济分析中的问题

解题思路　已知边际函数 $F'(x)$，利用牛顿-莱布尼茨积分公式

$$\int_0^x F'(x)\mathrm{d}x=F(x)-F(0)$$

求得原经济函数 $F(x)=\int_0^x F'(x)\mathrm{d}x+F(0)$（如例 1），并可求出原经济函数从 a 到 b 的变动量（或增量）

$$\Delta F=F(b)-F(a)=\int_a^b F'(x)\mathrm{d}x \text{（如例 2）}.$$

例 1　若一年内 12 个月的销售额随着时间而增长，具体的销售曲线为 $1\,000\,000\mathrm{e}^{0.02t}$，求一年内的销售总额.

解　$u=\int_0^{12}1\,000\,000\mathrm{e}^{0.02t}\mathrm{d}t=\frac{1\,000\,000\mathrm{e}^{0.02t}}{0.02}\mathrm{e}^{0.02t}\Big|_0^{12}=13\,560\,000$(元).

例 2　若已知某企业的边际成本函数为 $2\mathrm{e}^{0.2q}$，且固定成本 $C_0=90$，求产量 q 由 100 增加至 200 时总成本增加多少.

解　方法一　$\Delta C=\int_{100}^{200}2\mathrm{e}^{0.2q}\mathrm{d}q=\frac{2\mathrm{e}^{0.2q}}{0.2}\Big|_{100}^{200}=10(\mathrm{e}^{40}-\mathrm{e}^{20}).$

方法二　$C'(q)=2\mathrm{e}^{0.2q}$，

$$C(q)=\int 2\mathrm{e}^{0.2q}\mathrm{d}q=10\mathrm{e}^{0.2q}+C_1.$$

已知 $C(0)=10+C_1=90$，得 $C_1=80$，即

$$C(q)=10\mathrm{e}^{0.2q}+80,$$
$$\Delta C=C(200)-C(100)=10(\mathrm{e}^{40}-\mathrm{e}^{20}).$$

第 6 章　微分方程

微积分研究的对象是函数关系，但在实际问题中，往往很难直接得到所研究的变量之间的函数关系，却比较容易建立起这些变量与它们的导数或微分之间的联系，从而得到一个关于未知函数的导数或微分的方程，即微分方程. 微分方程是一门独立的数学学科，有完整的理论体系. 本章我们主要讨论微分方程的一些基本概念，几种常用的微分方程的求解方法，以及线性微分方程解的理论.

本章教学基本要求：

1. 了解微分方程及其解、通解、初始条件和特解的概念；
2. 掌握变量可分离的方程及一阶线性方程的解法；
3. 会用降阶法解下列形式的微分方程：

$$y^{(n)}=f(x),\ y''=f(x,\ y'),\ y''=f(y,\ y')；$$

4. 了解线性微分方程解的性质及解的结构定理；
5. 会求自由项为多项式，指数函数以及它们的和与积的二阶常系数非齐次线性微分方程的特解和通解；
6. 会用微分方程或方程组解决一些简单的应用问题.

§6.1　微分方程的基本概念

一、主要知识归纳

表 6—1—1　　微分方程的基本概念

名称	内容
微分方程	1°含有自变量、未知函数及未知函数的偏导数的方程称为微分方程，简称方程； 2°未知函数为一元函数的方程称为常微分方程； 3°未知函数为多元函数的方程称为偏微分方程.
方程的阶	方程中未知函数的导数的最高阶数称为方程的阶.
解	若函数 $y=\varphi(x)$ 满足方程，即将 $\varphi(x)$ 代入方程能使方程成为恒等式，则函数 $y=\varphi(x)$ 称为方程的一个解.
通解	若方程的解中含有独立的任意常数，且任意常数的个数与方程的阶数相同，则这样的解称为方程的通解.

续前表

名称	内容
特解	确定通解中的任意常数后得到的解.
初始条件	确定通解中的任意常数的条件：$y\|_{x=x_0}=y_0$，$y'\|_{x=x_0}=y'_0$等称为初始条件.
初值问题	求方程的满足初始条件的特解称为方程的初值问题.
积分曲线	方程的解的图形称为方程的积分曲线.

二、典型例题分析

例 1　验证函数 $x=C_1\cos kt+C_2\sin kt$ 是微分方程 $\dfrac{d^2x}{dt^2}+k^2x=0$ 的解，并求满足初始条件 $x|_{t=0}=A$，$\left.\dfrac{dx}{dt}\right|_{t=0}=0$ 的特解.

解　因为 $\dfrac{dx}{dt}=-kC_1\sin kt+kC_2\cos kt$，$\dfrac{d^2x}{dt^2}=-k^2C_1\cos kt-k^2C_2\sin kt$，将其代入题设方程，得

$$-k^2(C_1\cos kt+C_2\sin kt)+k^2(C_1\cos kt+C_2\sin kt)\equiv 0,$$

故 $x=C_1\cos kt+C_2\sin kt$ 是原方程的解. 由条件

$$x|_{t=0}=A,\ \frac{dx}{dt}|_{t=0}=0,$$

得 $C_1=A$，$C_2=0$，代入函数 x 的表达式中，得所求特解

$$x=A\cos kt.$$

小结：微分方程非初值问题（即无初始条件）的解是通解，其几何图形是曲线族，微分方程初值问题的解是特解，其图形是一条曲线，反过来，微分方程反映了满足此方程的曲线（族）的性质特征.

例 2　求函数 $\begin{cases}x=te^t\\y=e^{-t}\end{cases}$ 所满足的一阶微分方程，并指出其是否是线性微分方程.

解　由复合函数求导法则得

$$\frac{dy}{dx}=\frac{-e^{-t}}{e^t+t\cdot e^t}=\frac{-y}{\dfrac{1}{y}+x}=\frac{-y^2}{1+xy},$$

或　$$\frac{dx}{dy}=\frac{1+xy}{-y^2}=-\frac{1}{y^2}-\frac{1}{y}x,$$

这就是函数所满足的微分方程. 以 y 为未知函数，不是线性方程，若以 x 为未知函数，所得到的微分方程为线性方程.

三、习题 6—1 解答

1. 指出下列微分方程的阶数：

(1) $x(y')^2-4yy'+3xy=0$.

答　一阶.

(2) $xy''+2y'+x^2y=0$.

答　二阶.

(3) $xy'''+5y''+2y=0$.

答　三阶.

(4) $(7x-6y)\mathrm{d}x+(x+y)\mathrm{d}y=0$.

答　一阶.

2. 指出下列各题中的函数是否为所给微分方程的解：

(1) $xy'=2y$，$y=5x^2$.

解　$y'=10x$，代入题设方程，得

$$\text{左边}=10x^2,\ \text{右边}=2(5x^2)=10x^2,$$

所以 $y=5x^2$ 是题设方程的解.

(2) $y''+\omega^2y=0$，$y=C_1\cos\omega x+C_2\sin\omega x$.

解　$\because y'=-C_1\omega\sin\omega x+C_2\omega\cos\omega x$，$y''=-C_1\omega^2\cos\omega x-C_2\omega^2\sin\omega x$，

$$\therefore \text{左边}=-C_1\omega^2\cos\omega x-C_2\omega^2\sin\omega x+\omega^2(C_1\cos\omega x+C_2\sin\omega x)$$
$$=0=\text{右边},$$

$\therefore y=C_1\cos\omega x+C_2\sin\omega x$ 是微分方程的解.

(3) $y''-(\lambda_1+\lambda_2)y'+\lambda_1\lambda_2y=0$，$y=C_1e^{\lambda_1x}+C_2e^{\lambda_2x}$.

解　$y'=C_1\lambda_1e^{\lambda_1x}+C_2\lambda_2e^{\lambda_2x}$，$y''=C_1\lambda_1^2e^{\lambda_1x}+C_2\lambda_2^2e^{\lambda_2x}$，

代入原方程得到

$$\text{左式}=C_1\lambda_1^2e^{\lambda_1x}+C_2\lambda_2^2e^{\lambda_2x}-(C_1\lambda_1^2e^{\lambda_1x}+C_2\lambda_1\lambda_2e^{\lambda_2x}+C_1\lambda_1\lambda_2e^{\lambda_1x}+C_2\lambda_2^2e^{\lambda_2x})+C_1\lambda_1\lambda_2e^{\lambda_1x}+C_2\lambda_1\lambda_2e^{\lambda_2x}$$
$$=0,$$

所以 y 是该方程的解.

3. $y=(C_1+C_2x)e^{-x}$（C_1，C_2 为任意常数）是方程 $y''+2y'+y=0$ 的通解，求满足初始条件 $y|_{x=0}=4$，$y'|_{x=0}=-2$ 的特解.

解　$\because y=(C_1+C_2x)e^{-x}$，

$\therefore\ y'=e^{-x}(C_2-C_1)-C_2xe^{-x}$；

由初始条件：$y|_{x=0}=C_1=4$，

$y'|_{x=0}=C_2-C_1=-2$；

$\Rightarrow\ \begin{cases}C_1=4\\C_2=2\end{cases}$，

$\therefore$ 满足条件的特解为

$y=(4+2x)e^{-x}$.

§6.2 一阶微分方程

一、主要知识归纳

表 6—2—1　　可分离变量的微分方程

形式	形如$\frac{dy}{dx}=f(x)g(y)$ 的方程称为可分离变量的方程.
解法	分离变量法：$\int\frac{1}{g(y)}\,dy=\int f(x)dx$.

表 6—2—2　　一阶线性微分方程

形式	形如$\frac{dy}{dx}+P(x)y=Q(x)$ 的方程称为一阶线性微分方程， ① 当 $Q(x)=0$ 时，方程称为齐次的； ② 当 $Q(x)\neq0$ 时，方程称为非齐次的.
解法	1°公式法 $y=e^{-\int P(x)dx}\left[\int Q(x)e^{\int P(x)dx}\,dx+C\right]$.
	2°常数变易法 首先求对应的齐次方程$\frac{dy}{dx}+P(x)y=0$ 的通解 $y=Ce^{-\int P(x)dx}$，然后变易常数 C，令非齐次通解为 $y=C(x)e^{-\int P(x)dx}$，代入原方程得待定函数 $C(x)$，满足： $C'(x)e^{-\int P(x)dx}=Q(x)$.

二、典型例题分析

例 1　已知 $f'(\sin^2x)=\cos2x+\tan^2x$，当 $0<x<1$ 时，求 $f(x)$.

解　设 $y=\sin^2x$，则 $\cos2x=1-2\sin^2x=1-2y$，

$$\tan^2x=\frac{\sin^2x}{\cos^2x}=\frac{\sin^2x}{1-\sin^2x}=\frac{y}{1-y}.$$

所以原方程变为 $f'(y)=1-2y+\dfrac{y}{1-y}$，即 $f'(y)=-2y+\dfrac{1}{1-y}$.

所以　$f(y)=\displaystyle\int\left(-2y+\frac{1}{1-y}\right)\mathrm{d}y=-y^2-\ln(1-y)+C$，

故　$f(x)=-[x^2+\ln(1-x)]+C\quad(0<x<1)$.

例 2　求解微分方程 $\dfrac{\mathrm{d}x}{x^2-xy+y^2}=\dfrac{\mathrm{d}y}{2y^2-xy}$.

解　原方程变形为 $\dfrac{\mathrm{d}y}{\mathrm{d}x}=\dfrac{2y^2-xy}{x^2-xy+y^2}=\dfrac{2\left(\dfrac{y}{x}\right)^2-\dfrac{y}{x}}{1-\dfrac{y}{x}+\left(\dfrac{y}{x}\right)^2}$，

令 $u=\dfrac{y}{x}$，则 $\dfrac{\mathrm{d}y}{\mathrm{d}x}=u+x\dfrac{\mathrm{d}u}{\mathrm{d}x}$，

方程化为 $u+x\dfrac{\mathrm{d}u}{\mathrm{d}x}=\dfrac{2u^2-u}{1-u+u^2}$.

分离变量得 $\left[\dfrac{1}{2}\left(\dfrac{1}{u-2}-\dfrac{1}{u}\right)-\dfrac{2}{u-2}+\dfrac{1}{u-1}\right]\mathrm{d}u=\dfrac{\mathrm{d}x}{x}$，

两边积分得 $\ln(u-1)-\dfrac{3}{2}\ln(u-2)-\dfrac{1}{2}\ln u=\ln x+\ln C$，

整理得　$\dfrac{u-1}{\sqrt{u}(u-2)^{\frac{3}{2}}}=Cx$.

所求微分方程的解为 $(y-x)^2=Cy(y-2x)^3$.

例 3　求微分方程 $y'=\dfrac{1}{2}\tan^2(x+2y)$ 的通解.

解　令 $u=x+2y$，则 $\dfrac{\mathrm{d}u}{\mathrm{d}x}=1+2\dfrac{\mathrm{d}y}{\mathrm{d}x}$，代入原方程得

$$\frac{1}{2}\left(\frac{\mathrm{d}u}{\mathrm{d}x}-1\right)=\frac{1}{2}\tan^2u\Rightarrow\frac{\mathrm{d}u}{\mathrm{d}x}=1+\tan^2u,\text{ 即 }\frac{\mathrm{d}u}{\mathrm{d}x}=\sec^2u.$$

分离变量得 $\dfrac{\mathrm{d}u}{\sec^2u}=\mathrm{d}x$ 或 $\dfrac{1+\cos2u}{2}\mathrm{d}u=\mathrm{d}x$.

两端积分得 $\dfrac{1}{2}\left(u+\dfrac{1}{2}\sin2u\right)=x+C$，

即 $\dfrac{1}{4}\sin[2(x+2y)]+\dfrac{1}{2}(x+2y)=x+C$，

故所求通解为 $y=\dfrac{x}{2}+C-\dfrac{1}{4}\sin(2x+4y)$.

例 4　求 $2yy'=\mathrm{e}^{\frac{x^2+y^2}{x}}+\dfrac{x^2+y^2}{x}-2x$ 的通解.

解　令 $u=x^2+y^2$，则$\frac{\mathrm{d}u}{\mathrm{d}x}=2x+2y\frac{\mathrm{d}y}{\mathrm{d}x}$，原方程化为$\frac{\mathrm{d}u}{\mathrm{d}x}=\mathrm{e}^{\frac{u}{x}}+\frac{u}{x}$.

再令 $v=\frac{u}{x}$，则$\frac{\mathrm{d}u}{\mathrm{d}x}=v+x\frac{\mathrm{d}v}{\mathrm{d}x}$，

代入上式，并整理得 $\mathrm{e}^{-v}\mathrm{d}v=\frac{\mathrm{d}x}{x}$，

两边积分得$-\mathrm{e}^{-v}=\ln x+C$，

变量还原得通解$-\mathrm{e}^{-\frac{x^2+y^2}{x}}=\ln x+C$.

例 5　求解方程$\frac{\mathrm{d}y}{\mathrm{d}x}+y\frac{\mathrm{d}\varphi}{\mathrm{d}x}=\varphi(x)\frac{\mathrm{d}\varphi}{\mathrm{d}x}$，$\varphi(x)$ 是 x 的已知函数.

解　原方程实际上是标准的线性方程，其中 $P(x)=\frac{\mathrm{d}\varphi}{\mathrm{d}x}$，$Q(x)=\varphi(x)\frac{\mathrm{d}\varphi}{\mathrm{d}x}$，直接代入通解公式，得通解

$$\begin{aligned}y&=\mathrm{e}^{-\int\frac{\mathrm{d}\varphi}{\mathrm{d}x}\mathrm{d}x}\left[\int\varphi(x)\frac{\mathrm{d}\varphi}{\mathrm{d}x}\mathrm{e}^{\int\frac{\mathrm{d}\varphi}{\mathrm{d}x}\mathrm{d}x}\mathrm{d}x+C\right]=\mathrm{e}^{-\varphi(x)}\left[\int\varphi(x)\mathrm{e}^{\varphi(x)}\mathrm{d}\varphi+C\right]\\&=\varphi(x)-1+C\mathrm{e}^{-\varphi(x)}.\end{aligned}$$

例 6　求微分方程$\frac{\mathrm{d}y}{\mathrm{d}x}=\frac{\cos y}{\cos y\sin 2y-x\sin y}$的通解.

解　因为 $\frac{\mathrm{d}x}{\mathrm{d}y}=\frac{\cos y\sin 2y-x\sin y}{\cos y}=\sin 2y-x\tan y$，

故原方程化为$\frac{\mathrm{d}x}{\mathrm{d}y}+(\tan y)\cdot x=\sin 2y$，从而所求通解为

$$\begin{aligned}x&=\mathrm{e}^{\ln|\cos y|}\left[\int\sin 2y\cdot\mathrm{e}^{-\ln|\cos y|}\mathrm{d}y+C\right]=\cos y\left[\int\frac{2\sin y\cos y}{\cos y}\mathrm{d}y+C\right]\\&=\cos y[C-2\cos y].\end{aligned}$$

例 7　求$\frac{\mathrm{d}y}{\mathrm{d}x}-\frac{4}{x}y=x^2\sqrt{y}$的通解.

解　两端除以$\sqrt{y}$，得

$$\frac{1}{\sqrt{y}}\frac{\mathrm{d}y}{\mathrm{d}x}-\frac{4}{x}\sqrt{y}=x^2\text{，令 }z=\sqrt{y}\text{，得 }2\frac{\mathrm{d}z}{\mathrm{d}x}-\frac{4}{x}z=x^2\text{，}$$

解得　　$z=x^2\left(\frac{x}{2}+C\right)$，

故所求通解为 $y=x^4\left(\frac{x}{2}+C\right)^2$.

三、习题 6—2 解答

1. 求下列微分方程的通解：

(1) $xy'-y\ln y=0$.

解　分离变量得：

$$\frac{dy}{y\ln y}=\frac{dx}{x};$$

积分得 $\ln\ln y=\ln x+\ln C$①，

$$\ln y=Cx,$$

$\therefore\ y=e^{Cx}$.

注：① 处对数中的 x 与 C 本应写成 $|x|$ 与 $|C|$，去绝对值符号时会出现在正负号；但这些正负号可认为含于最后答案的任意常数 C 中去了，这样书写简捷一些，可避开绝对值与正负号的冗繁讨论，使注意力集中到解法方面.

(2) $x(y^2-1)dx+y(x^2-1)dy=0$.

解　分离变量，得

$$\frac{x}{x^2-1}dx+\frac{y}{y^2-1}dy=0.$$

积分，得所求的通解为

$$\ln(y^2-1)+\ln(x^2-1)=\ln C,$$

即　$$(y^2-1)(x^2-1)=C.$$

(3) $xydx+\sqrt{1-x^2}dy=0$.

解　$\int\frac{dy}{y}=-\int\frac{xdx}{\sqrt{1-x^2}}$，于是

$$\ln|y|=\sqrt{1-x^2}+C',$$

通解为　$y=C\cdot e^{\sqrt{1-x^2}}$.

(4) $xdy+dx=e^ydx$.

解　分离变量得

$$\int\frac{1}{e^y-1}dy=\int\frac{1}{x}dx,$$

对左边积分，令 $t=e^y-1$

$$\Rightarrow\ y=\ln(t+1),$$

$$dy=\frac{dt}{t+1},$$

$$\therefore \quad \int \frac{1}{e^y-1}dy=\int \frac{1}{t}\cdot\frac{1}{t+1}dt=\int\left(\frac{1}{t}-\frac{1}{t+1}\right)dt$$

$$=\ln\left|\frac{t}{t+1}\right|+\ln C_1$$

$$=\ln\left|\frac{e^y-1}{e^y}\right|+\ln C_1$$

$$=\ln|1-e^{-y}|+\ln C_1,$$

$\therefore \ln|1-e^{-y}|+\ln C_1=\int\frac{1}{x}dx=\ln|x|.$

$\therefore$ 通解为 $e^{-y}=1-Cx$.

（5）$\tan x\dfrac{dy}{dx}=1+y$.

解　将原方程改写成$\dfrac{dy}{dx}=(1+y)\cot x$，这是一个可分离变量的微分方程，分离变量得

$$\frac{dy}{1+y}=\frac{\cos x}{\sin x}dx,$$

两边积分得

$$\ln|1+y|=\ln|\sin x|+\ln|C|,$$

由此得　$y=C\sin x-1$.

此外，$y=-1$ 也是方程的解，这个解可以认为包含在上述表达式（$C=0$）中，故得所求通解

$$y=C\sin x-1.$$

（6）$dx+xydy=y^2dx+ydy$.

解　先将含 dx 及 dy 的各项合并，则有

$$y(x-1)dy=(y^2-1)dx.$$

设 $y^2-1\neq0$，$x-1\neq0$，变量分离，得

$$\frac{y}{y^2-1}dy=\frac{1}{x-1}dx,$$

两边积分得$\dfrac{1}{2}\ln|y^2-1|=\ln|x-1|+\ln|C_1|$，

即　　$y^2-1=\pm C_1^2(x-1)^2$，

记$\pm C_1^2=C$，则得所求通解为

$$y^2-1=C(x-1)^2.$$

2. 求下列各初值问题的解：

(1) $x\mathrm{d}y+2y\mathrm{d}x=0$，$y|_{x=2}=1$.

解 $\frac{\mathrm{d}y}{y}=-\frac{2\mathrm{d}x}{x}$，

$$\ln y=-2\ln x+\ln C\Rightarrow y=Cx^{-2},$$

代入初始条件，得 $C=4$，故所求特解为

$$y=4x^{-2}=\frac{4}{x^2}.$$

(2) $\frac{x}{1+y}\mathrm{d}x-\frac{y}{1+x}\mathrm{d}y=0$，$y|_{x=0}=0$.

解 $y(1+y)\mathrm{d}y=x(1+x)\mathrm{d}x$，

$$\frac{y^2}{2}+\frac{y^3}{3}=\frac{x^2}{2}+\frac{x^3}{3}+C,$$

代入初始条件 $y|_{x=0}=0\Rightarrow C=0$.

所求特解为 $\frac{y^2}{2}+\frac{y^3}{3}=\frac{x^2}{2}+\frac{x^3}{3}$.

3. 求下列一阶线性微分方程的解：

(1) $\frac{\mathrm{d}y}{\mathrm{d}x}+2xy=4x$.

解
$$\begin{aligned}y&=\mathrm{e}^{-\int 2x\mathrm{d}x}\left(C+\int 4x\mathrm{e}^{x^2}\mathrm{d}x\right)\\&=\mathrm{e}^{-x^2}\left[C+2\int \mathrm{e}^{x^2}\mathrm{d}(x^2)\right]\\&=\mathrm{e}^{-x^2}(C+2\mathrm{e}^{x^2})=C\mathrm{e}^{-x^2}+2.\end{aligned}$$

(2) $\frac{\mathrm{d}y}{\mathrm{d}x}-\frac{1}{x}y=2x^2$.

解 该方程是一阶线性非齐次方程，这里

$$P(x)=-\frac{1}{x},\ Q(x)=2x^2,$$

利用求解公式，得

$$y=\mathrm{e}^{\int\frac{1}{x}\mathrm{d}x}\left(\int 2x^2\mathrm{e}^{-\int\frac{1}{x}\mathrm{d}x}\mathrm{d}x+C\right)=\begin{cases}x^3+Cx,\ x>0\\x^3-Cx,\ x<0\end{cases},$$

由于 C 是任意常数，所以通解为

$y=x^3+Cx$.

注：由本例可见，在解微分方程时，若对数出现在 e 的指数当中，可以不必在对数内部取绝对值.

(3) $(x-2)\dfrac{dy}{dx}=y+2(x-2)^3$.

解 $\dfrac{dy}{dx}-\dfrac{1}{x-2}y=2(x-2)^2$，

$$\begin{aligned}y&=e^{\int\frac{1}{x-2}dx}\left[C+\int 2(x-2)^2e^{-\ln(x-2)}dx\right]\\&=(x-2)\left[C+\int 2(x-2)d(x-2)\right]\\&=(x-2)[C+(x-2)^2]=C(x-2)+(x-2)^3.\end{aligned}$$

(4) $(x^2+1)y'+2xy=4x^2$.

解　原方程变为

$$\frac{dy}{dx}+\frac{2x}{x^2+1}y=\frac{4x^2}{x^2+1}.$$

所求通解为

$$\begin{aligned}y&=e^{-\int\frac{2x}{x^2+1}dx}\left(C+\int\frac{4x^2}{x^2+1}e^{\int\frac{2x}{x^2+1}dx}dx\right)\\&=e^{-\ln(x^2+1)}\left(C+\int\frac{4x^2}{x^2+1}e^{\ln(x^2+1)}dx\right)\\&=\frac{1}{x^2+1}\left(C+\int 4x^2dx\right)\\&=\frac{1}{x^2+1}\left(\frac{4}{3}x^3+C\right).\end{aligned}$$

(5) $(y^2-6x)y'+2y=0$.

解　原方程变形为：

$$\frac{dy}{dx}-\frac{3}{y}x=-\frac{y}{2},$$

所求通解为

$$\begin{aligned}x&=e^{\int\frac{3}{y}dy}\left(C+\int-\frac{y}{2}e^{-3\ln y}dy\right)=e^{3\ln y}\left[C+\int-\frac{y}{2}\left(\frac{1}{y^3}\right)dy\right]\\&=y^3\left(C+\frac{1}{2}\frac{1}{y}\right)=Cy^3+\frac{y^2}{2}.\end{aligned}$$

(6) $y\mathrm{d}x+(1+y)x\mathrm{d}y=\mathrm{e}^{y}\mathrm{d}y$.

解　将原方程变形为

$$\frac{\mathrm{d}x}{\mathrm{d}y}+\frac{1+y}{y}x=\frac{\mathrm{e}^{y}}{y},$$

所求通解为

$$x=\mathrm{e}^{-\int\frac{1+y}{y}\mathrm{d}y}\left(C+\int\frac{\mathrm{e}^{y}}{y}\mathrm{e}^{\int\frac{1+y}{y}\mathrm{d}y}\mathrm{d}y\right)=\mathrm{e}^{-(\ln y+y)}\left(C+\int\frac{\mathrm{e}^{y}}{y}\mathrm{e}^{\ln y+y}\mathrm{d}y\right)$$

$$=\frac{\mathrm{e}^{-y}}{y}\left(C+\int\mathrm{e}^{2y}\mathrm{d}y\right)=\frac{\mathrm{e}^{-y}}{y}\left(C+\frac{1}{2}\mathrm{e}^{2y}\right)=\frac{C\mathrm{e}^{-y}}{y}+\frac{\mathrm{e}^{y}}{2y}.$$

4. 求下列微分方程满足初始条件的特解：

(1) $\frac{\mathrm{d}y}{\mathrm{d}x}+3y=8$，$y|_{x=0}=2$；

解　$y=\mathrm{e}^{-\int 3\mathrm{d}y}\left(C+\int 8\mathrm{e}^{3\int\mathrm{d}x}\mathrm{d}x\right)=\mathrm{e}^{-3x}\left(C+8\int\mathrm{e}^{3x}\mathrm{d}x\right)=\mathrm{e}^{-3x}\left(C+\frac{8}{3}\mathrm{e}^{3x}\right)$.

代入 $y(0)=2$，解之得 $C=-\frac{2}{3}$，故所求特解为：

$$y=\frac{1}{3}\mathrm{e}^{-3x}(8\mathrm{e}^{3x}-2)=\frac{8}{3}-\frac{2}{3}\mathrm{e}^{-3x}.$$

(2) $\frac{\mathrm{d}y}{\mathrm{d}x}-y\tan x=\sec x$，$y|_{x=0}=0$.

解　先求出通解，再定特解：

$$y=\mathrm{e}^{\int\frac{\sin x}{\cos x}\mathrm{d}x}\left(C+\int\sec x\cdot\mathrm{e}^{\ln\cos x}\mathrm{d}x\right)$$

$$=\mathrm{e}^{-\ln\cos x\mathrm{d}x}\left(C+\int\sec x\cos x\mathrm{d}x\right)=\frac{1}{\cos x}(C+x).$$

代入始值条件 $y(0)=0$，得 $C=0$，所求特解为：

$$y=x\sec x.$$

5. 求一曲线的方程，该曲线通过原点，并且它在点 (x, y) 处的切线斜率等于 $2x+y$.

解　由题意，得始值问题：

$$\frac{\mathrm{d}y}{\mathrm{d}x}=2x+y,\ y(0)=0.$$

$$y=\mathrm{e}^{\int\mathrm{d}x}\left(C+\int 2x\mathrm{e}^{-x}\mathrm{d}x\right)=\mathrm{e}^{x}\left(C-2\int x\mathrm{d}\mathrm{e}^{-x}\right)$$

$$=e^x\left[C-2\left(xe^{-x}-\int e^{-x}dx\right)\right]=e^x(C-2xe^{-x}-2e^{-x})$$
$$=Ce^x-2x-2.$$

代入 $y(0)=0$，得 $C=2$，所求曲线的方程为 $y=2(e^x-x-1)$.

6. 某林区现有木材 10 万米^3，如果在每一瞬时木材的变化率与当时木材数成正比，假设 10 年内这林区能有木材 20 万米^3，试确定木材数 p 与时间 t 的关系.

解 由题意得$\dfrac{dp}{dt}=kp$，

且 $p|_{t=0}=10$，$p|_{t=10}=20$.

解之得 $p=10\cdot 2^{t/10}$（万米^3）.

7. 在某池塘内养鱼，该池塘最多能养鱼 1 000 尾. 在时刻 t，鱼数 y 是时间 t 的函数 $y=y(t)$，其变化率与鱼数 y 及 $1\,000-y$ 成正比. 已知在池塘内放养鱼 100 尾，3 个月后池塘内有鱼 250 尾，求放养 t 月后池塘内鱼数 $y(t)$ 的公式.

解 由题意得 $y'=ky(1\,000-y)$，

且 $y|_{t=0}=100$，$y|_{t=3}=250$.

方程变形为

$$\int\frac{1}{1\,000}\left(\frac{1}{y}+\frac{1}{1\,000-y}\right)dy=\int kdt,$$

得
$$\frac{y}{1\,000-y}=Ce^{1\,000kt}.$$

由 $y|_{t=0}=100$，$y|_{t=3}=250$，代入得

$$C=\frac{1}{9},\ 1\,000k=\frac{\ln 3}{3}.$$

从而
$$y=\frac{1\,000\cdot 3^{t/3}}{9+3^{t/3}}.$$

8. 一个煮熟了的鸡蛋有 98℃，把它放在 18℃的水池里，5 分钟后，鸡蛋的温度是 38℃. 假定没有感到水变热，鸡蛋到达 20℃需多长时间？

解 设物体的温度 T 与时间 t 的函数关系为 $T=T(t)$，得到如下模型：

$$\begin{cases}\dfrac{dT}{dt}=-k(T-18)\\ T|_{t=0}=100\end{cases}.$$

用分离变量法解之得 $T=18+80e^{-kt}$.

当 $t=5$ 时，$T=38$，所以 $38=18+80e^{-5k}$.

解得 $k=0.2\ln 4$.

当 $T=20$ 时，有 $20=18+80e^{-(0.2\ln4)t}$，

解得　　$t=\frac{\ln40}{0.2\ln4}\approx13$(分钟).

即把鸡蛋放入水池中冷却 13 分钟后鸡蛋的温度达到 20℃，因为达到 38℃用去了 5 分钟，故大约还需要 8 分钟达到 20℃.

9. 一个槽内起初盛有 100L 的盐水，内含 50g 已经溶解的盐. 每升含 2g 盐水以 5L/min 的速度注入槽内. 充分混合的溶液以 4L/min 的速度泵出在混合过程开始后 25 分钟槽中的盐的浓度是多少?

解　令 y 是在时刻 t 槽中的盐的总量. 易知 $y(0)=50$. 在时刻 t 槽中的溶液的总量

$$V(t)=100+(5-4)t=100+t,$$

因此，盐流出的速率$=\frac{y(t)}{V(t)}$,

$$溶液流出的速率=\frac{y(t)}{100+t}\cdot4=\frac{4y(t)}{100+t},$$

盐流入的速率 $2\times5=10$，故得到微分方程

$$\frac{dy}{dt}=10-\frac{4y}{100+t}.$$

求得通解为

$$\begin{aligned}y&=e^{-\int\frac{4}{100+t}dt}\left(\int10\cdot e^{\int\frac{4}{100+t}dt}dt+C\right)\\&=200+2t+\frac{C}{(100+t)^4}.\end{aligned}$$

由 $y(0)=50$ 确定 C，得 $C=-1.5\times10^{10}$，故初值问题的解是

$$y=200+2t-\frac{1.5\times10^{10}}{(100+t)^4}.$$

所以注入开始后 25 分钟时的盐总量是

$$y(25)=200+2\times25-\frac{1.5\times10^{10}}{(100+25)^4}=188.56\text{g}.$$

故此时的浓度是

$$\frac{y(25)}{100+25}=\frac{188.56}{125}\approx1.5\text{g/L}.$$

§6.3 可降阶的二阶微分方程

一、主要知识归纳

表 6—3—1　　几种可降阶的高阶方程解法

$y^{(n)}=f(x)$ 型	$y^{(n-1)}=\int f(x)\mathrm{d}x+C_1$，$y^{(n-2)}=\int\left[\int f(x)\mathrm{d}x+C_1\right]\mathrm{d}x+C_2$，如此 n 次积分，即可得通解.
$y''=f(x,y')$ 型，不显含 y	令 $y'=p$，则 $y''=\dfrac{\mathrm{d}p}{\mathrm{d}x}=p'$，化为一阶方程：$p'=f(x,p)$.
$y''=f(y,y')$ 型，不显含 x	令 $y'=p$，则 $y''=\dfrac{\mathrm{d}p}{\mathrm{d}y}\cdot\dfrac{\mathrm{d}y}{\mathrm{d}x}=p\dfrac{\mathrm{d}p}{\mathrm{d}y}=f(y,p)$ 化为一阶方程：$p\dfrac{\mathrm{d}p}{\mathrm{d}y}=f(y,p)$.

二、典型例题分析

例 1　求微分方程 $y''=\cos2x\cos3x$ 的通解.

解　原方程化简得 $y''=\dfrac{1}{2}[\cos5x+\cos x]$，

对 x 积分得 $y'=\dfrac{1}{10}\sin5x+\dfrac{1}{2}\sin x+C_1$，

再对 x 积分得 $y=-\dfrac{1}{50}\cos5x-\dfrac{1}{2}\cos x+C_1x+C_2$（$C_1$，$C_2$ 为任意常数）.

例 2　求微分方程 $xy''+2y'=1$ 满足 $y(1)=2y'(1)$，且当 $x\to0$ 时，y 有界的特解.

解　方法一　所给方程不显含 y，属 $y''=f(x,y')$ 型，令 $y'=p$，则 $y''=p'$，代入方程降阶后求解，此法留给读者练习.

方法二　因为 $xy''+2y'=(xy'+y)'$，于是原方程可写为 $(xy'+y)'=1$.

两边积分，得 $xy'+y=x+C_1$，即 $y'+\dfrac{1}{x}y=1+\dfrac{C_1}{x}$.

这是一阶线性微分方程，解得 $y=\dfrac{x}{2}+C_1+\dfrac{C_2}{x}$.

因为 $x\to0$ 时，y 有界，得 $C_2=0$，故 $y=\dfrac{x}{2}+C_1$，由此得

$$y'=\frac{1}{2}\text{ 及 }y(1)=\frac{1}{2}+C_1,$$

又由已知条件 $y(1)=2y'(1)$，得 $C_1=\dfrac{1}{2}$，

从而所求特解为 $y=\dfrac{x}{2}+\dfrac{1}{2}$.

例 3　求微分方程 $y''=y'e^y$ 满足条件 $y(0)=0$，$y'(0)=1$ 的解.

解　令 $y'=p(y)$，$y''=pp'$，得 $pp'=pe^y$.

$$dp=e^y dy,\ p=y'=e^y+C_1.$$

由条件得 $C_1=0$，$y'=e^y$，$-e^{-y}=x+C_2$.

由条件 $y(0)=0$，得 $C_2=-1$，特解为 $x=1-e^{-y}$.

例 4　求微分方程 $xyy''+x(y')^2-yy'=0$ 的通解.

解　令 $yy'=u$，则 $\dfrac{du}{dx}=yy''+(y')^2$

原方程为 $x\dfrac{du}{dx}=u\Rightarrow u=C_1x$，即 $yy'=C_1x$.

解得　　$y^2=C_1x^2+C_2$.

例 5　求微分方程 $xy'''+y''=1$ 的通解.

解　令 $y''=p(x)$，$y'''=p'$，得

$$p'+\frac{1}{x}p=\frac{1}{x},\ p=y''=\frac{1}{x}(x+C_1),\ y'=x+C_1\ln|x|+C_2,$$

$$y=\frac{x^2}{2}+C_1x(\ln|x|-1)+C_2x+C_3.$$

三、习题 6—3 解答

1. 求下列微分方程的通解：

(1) $y''=e^{3x}+\sin x$.

解　在题设方程两端积分一次，得

$$y'=\frac{1}{3}e^{3x}-\cos x+C_1,$$

再积分一次，得

$$y=\frac{1}{9}e^{3x}-\sin x+C_1x+C_2.$$

其中 C_1，C_2 为任意常数.

(2) $y''=1+y'^2$.

解　令 $y'=p$，则 $y''=p'$，原方程成为

$$\frac{\mathrm{d}p}{\mathrm{d}x}=1+p^2\Rightarrow\frac{\mathrm{d}p}{1+p^2}=\mathrm{d}x.$$

积分得 $\arctan p=x+C_1$，$y'=\tan(x+C_1)$.

$$\therefore y=\int\tan(x+C_1)\mathrm{d}x=-\ln|\cos(x+C_1)|+C_2.$$

(3) $y''=y'+x$.

解 令 $y'=p$，原方程变为 $p'=p+x$，即

$$p'-p=x.$$

此为关于 p 的一阶线性方程，利用公式法，得

$$p=\mathrm{e}^{\int\mathrm{d}x}\left(C_1+\int x\mathrm{e}^{-x}\mathrm{d}x\right)=\mathrm{e}^x(C_1-x\mathrm{e}^{-x}-\mathrm{e}^{-x})=C_1\mathrm{e}^x-x-1,$$

$$\therefore y=\int(C_1\mathrm{e}^x-x-1)\mathrm{d}x=C_1\mathrm{e}^x-\frac{1}{2}x^2-x+C_2.$$

(4) $xy''=y'+x\sin\dfrac{y'}{x}$.

解 题设方程不显含 y，故令 $y'=p$，则原方程化为

$$xp'=p+x\sin\frac{p}{x},$$

这是一个齐次方程，令 $\dfrac{p}{x}=u$，则上面的方程成为

$$xu'=\sin u\Rightarrow\tan\frac{u}{2}=C_1x,\ C_1\text{ 为任意常数},$$

即 $\dfrac{p}{x}=2\arctan C_1x$ 或 $\dfrac{\mathrm{d}y}{\mathrm{d}x}=2x\arctan C_1x$，

两端积分，即可求得原方程的通解

$$y=\begin{cases}x^2\arctan C_1x-\dfrac{x}{C_1}+\dfrac{1}{C_1^2}\arctan C_1x+C_2, & C_1\neq0\\ C_2, & C_1=0\end{cases},$$

其中 C_2 为任意常数.

(5) $y''=y'^3+y'$.

解 令 $y'=p$，则 $y''=p\dfrac{\mathrm{d}p}{\mathrm{d}y}$，原方程变为

$$p\frac{\mathrm{d}p}{\mathrm{d}y}=p^3+p.$$

设 $p\neq 0$，则

$$\frac{\mathrm{d}p}{1+p^2}=\mathrm{d}y\Rightarrow \arctan p=y-C_1\Rightarrow p=\tan(y-C_1)\Rightarrow \frac{\mathrm{d}y}{\tan(y-C_1)}=\mathrm{d}x$$

$$\Rightarrow \ln\sin(y-C_1)=x+\overline{C}_2\Rightarrow \sin(y-C_1)=C_2\mathrm{e}^x,$$

$$y=C_1+\arctan(C_2\mathrm{e}^x).$$

当 $p=0$ 时，$y=C$ 是原方程的奇解.

2. 求微分方程 $y''=\frac{3}{2}y^2$ 满足初始条件 $y|_{x=0}=1$，$y'|_{x=0}=1$ 的特解.

解 设 $y'=p(y)$，则 $y''=p\frac{\mathrm{d}p}{\mathrm{d}y}$，代入方程，得

$$p\frac{\mathrm{d}p}{\mathrm{d}y}=\frac{3}{2}y^2 \text{ 或 } 2p\mathrm{d}p=3y^2\mathrm{d}y$$

$$\Rightarrow\quad p^2=y^3+C_1.$$

由初始条件 $y'|_{x=0}=1$，得 $C_1=0$，所以

$$p^2=y^3 \text{ 或 } p=y^{3/2}.$$

其中因 $y'|_{x=0}=1>0$，所以取正号. 代入 $p=y'=\frac{\mathrm{d}y}{\mathrm{d}x}$，化为

$$y^{-3/2}\mathrm{d}y=\mathrm{d}x\Rightarrow -2y^{-1/2}=x+C_2.$$

再由初始条件 $y|_{x=0}=1$，得 $C_2=-2$，代入上式得所求特解

$$y=\frac{4}{(x-2)^2}.$$

3. 试求 $y''=x$ 的经过点 $M(0,1)$ 且在此点与直线 $y=\frac{x}{2}+1$ 相切的积分曲线.

解 方程的初始条件为 $y(0)=1$，$y'(0)=\frac{1}{2}$.

$$\therefore y'=\int x\mathrm{d}x=\frac{1}{2}x^2+C_1.$$

代入 $y'(0)=\frac{1}{2}$，得 $C_1=\frac{1}{2}$.

$$y=\int\left(\frac{1}{2}x^2+\frac{1}{2}\right)\mathrm{d}x$$

$$=\frac{1}{6}x^3+\frac{1}{2}x+C_2.$$

代入 $y(0)=1$，得 $C_2=1$，所求积分曲线为

$$y=\frac{1}{6}x^3+\frac{1}{2}x+1.$$

§6.4　二阶常系数线性微分方程

一、主要知识归纳

表 6—4—1　　　　二阶线性微分方程解的结构

线性方程的概念	1°方程 $y''+P(x)y'+Q(x)y=f(x)$　　① 称为二阶线性微分方程. 当 $f(x)\equiv 0$ 时，方程 $y''+P(x)y'+Q(x)y=0$　　② 称为齐次的；当 $f(x)\neq 0$ 时，方程 ① 称为非齐次的.
	2°方程 $y^{(n)}+a_1(x)y^{(n-1)}+\cdots+a_{n-1}(x)y'+a_n(x)y=f(x)$　　③ 称为 n 阶线性方程. 当 $f(x)\equiv 0$ 时，称方程为齐次的；当 $f(x)\neq 0$ 时，称方程为非齐次的.
齐次方程的解的结构	1°若 $y_1(x)$，$y_2(x)$ 是方程 ② 的两个解，则 $y=C_1y_1(x)+C_2y_2(x)$ 也是 ② 的解，其中 C_1，C_2 为任意常数.
	2°若 $y_1(x)$，$y_2(x)$ 是方程 ② 的两个线性无关的解，则 $y=C_1y_1(x)+C_2y_2(x)$，（C_1，C_2 为任意常数） 是方程 ② 的通解.
非齐次方程的解的结构	1°若 $y^*(x)$ 是方程 ① 的特解，$\overline{Y}(x)$ 是方程 ② 的通解，则 $y=\overline{Y}(x)+y^*(x)$ 是方程 ① 的通解.
	2°若 $y_1^*(x)$ 是方程 $y''+P(x)y'+Q(x)y=f_1(x)$ 的特解，$y_2^*(x)$ 是方程 $y''+P(x)y'+Q(x)y=f_2(x)$ 的特解，则 $y_1^*(x)+y_2^*(x)$ 是方程 $y''+P(x)y'+Q(x)y=f_1(x)+f_2(x)$ 的特解.

表 6—4—2　　**二阶常系数齐次线性微分方程**

<table>
<tr><td>定义</td><td>方程
$$y''+py'+qy=0\ (\text{其中 } p,\ q \text{ 为常数}) \quad ①$$
称为二阶常系数线性齐次方程，对应的代数方程
$$r^2+pr+q=0 \quad ②$$
称为方程 ① 的特征方程.</td></tr>
<tr><td rowspan="3">解法</td><td>1°当方程 ② 有两个不相等的实根 r_1，r_2 时，① 的通解为 $y=C_1e^{r_1}+C_2e^{r}2^{x}$；</td></tr>
<tr><td>2°当方程 ② 有两个相等的实根 $r_1=r_2=r$ 时，① 的通解为 $y=(C_1+C_2x)e^{rx}$；</td></tr>
<tr><td>3°当方程 ② 有一对共轭复根 $\alpha\pm i\beta$ 时，① 的通解为 $y=e^{\alpha x}(C_1\cos\beta x+C_2\sin\beta x)$.</td></tr>
</table>

表 6—4—3　　**二阶常系数非齐次线性微分方程**

<table>
<tr><td>定义</td><td>方程
$$y''+py'+qy=f(x)\ (\text{其中 } p,\ q \text{ 是常数},\ f(x)\not\equiv 0) \quad ①$$
称为二阶常系数非齐次线性方程.</td></tr>
<tr><td rowspan="2">特解构造法</td><td>1°$f(x)=e^{\lambda x}p_m(x)$ 型，则可用待定系数法构造特解为 $y^*=x^kQ_m(x)e^{\lambda x}$，
其中　$k=\begin{cases}0, & \lambda \text{ 不是特征根} \\ 1, & \lambda \text{ 是单重特征根}, \\ 2, & \lambda \text{ 是两重特征根}\end{cases}$
$Q_m(x)$ 是与 $P_m(x)$ 同次的多项式.</td></tr>
<tr><td>2°$f(x)=e^{\lambda x}[P_l(x)\cos wx+P_n(x)\sin wx]$ 型，则构造特解为
$$y^*=x^ke^{\lambda x}[R_m^{(1)}(x)\cos wx+R_m^{(2)}(x)\sin wx],$$
其中　$k=\begin{cases}0, & \lambda+iw \text{ 不是特征根} \\ 1, & \lambda+iw \text{ 是特征根}\end{cases}$，
$R_m^{(1)}(x)$，$R_m^{(2)}(x)$ 是 m 次多项式，$m=\max(l,n)$.</td></tr>
</table>

二、典型例题分析

例 1　(1) 已知二阶常数系数性齐次微分方程的两个特征根为 0 和 1，写出方程通解.

(2) 已知二阶常系数线性齐次微分方程的特征根为$\pm i$，写出此方程的通解.

(3) 已知二阶常系数线性齐次微分方程的两个特征根均为 1，写出此方程的通解.

解　(1) $y=C_1+C_2e^x$.　　(2) $y=e^x(C_1+C_2x)$.　　(3) $y=e^x(C_1+C_2x)$.

例 2　求解下列二阶常系数齐次线性微分方程：

(1) $y''-y'-y=0$；(2) $y''+6y'+13y=0$；(3) $y''-6y'+9y=0$.

解 (1) 题设方程的特征方程为 $r^2-r-1=0$，解得 $r_1=\frac{1-\sqrt{5}}{2}$，$r_2=\frac{1+\sqrt{5}}{2}$，故题设方程的通解为

$$y=C_1\mathrm{e}^{\frac{1+\sqrt{5}}{2}x}+C_2\mathrm{e}^{\frac{1-\sqrt{5}}{2}x}.$$

(2) 题设方程的特征方程为 $r^2+6r+13=0$，解得 $r_1=-3-2\mathrm{i}$，$r_2=-3+2\mathrm{i}$，故题设方程的通解为

$$y=\mathrm{e}^{-3x}(C_1\cos 2x+C_2\sin 2x).$$

(3)题设方程的特征方程为 $r^2-6r+9=0$，即 $(r-3)^2=0$，有重根 $r_1=r_2=3$，故题设方程的通解为

$$y=\mathrm{e}^{3x}(C_1+C_2x).$$

例 3 求微分方程 $yy''-(y')^2=y^2\ln y$ 的通解.

解 ∵ $y\neq 0$，故题设方程可化为

$$\frac{yy''-(y')^2}{y^2}=\ln y,\ 即\left(\frac{y'}{y}\right)'=\ln y,$$

注意到 $(\ln y)'=\frac{y'}{y}$，上述方程化为 $(\ln y)''=\ln y$.
令 $z=\ln y$，则原方程又化为 $z''-z=0$.
利用特征方程法，因其特征根 $\lambda=\pm 1$，故得其通解为 $z=C_1\mathrm{e}^x+C_2\mathrm{e}^{-x}$.
从而所求通解为 $\ln y=C_1\mathrm{e}^x+C_2\mathrm{e}^{-x}$.

例 4 求微分方程 $x'''+kx=0$ 的通解.

解 特征方程为 $\lambda^3+k=0$，
当 $k=0$ 时，有通解为：$x=C_1+C_2t+C_3t^2$，
当 $k\neq 0$ 时，特征根分别为 $\lambda_1=-k^{\frac{1}{3}}$，$\lambda_2=\frac{1}{2}k^{\frac{1}{3}}+\frac{\sqrt{3}}{2}k^{\frac{1}{3}}\mathrm{i}$，$\lambda_3=\frac{1}{2}k^{\frac{1}{3}}-\frac{\sqrt{3}}{2}k^{\frac{1}{3}}\mathrm{i}$，
通解为：$x=C_1\mathrm{e}^{-k^{\frac{1}{3}}\cdot t}+\mathrm{e}^{\frac{1}{2}k^{\frac{1}{3}}\cdot t}\left[C_2\cos\left(\frac{\sqrt{3}}{2}k^{\frac{1}{3}}t\right)+C_3\sin\left(\frac{\sqrt{3}}{2}k^{\frac{1}{3}}t\right)\right]$.

例 5 若 $f_1(x)$、$f_2(x)$ 是微分方程的解，且 $f_1(x)$，$f_2(x)$ 线性无关，则 $f_1(x)$、$f_2(x)$ 构成此微分方程的基本解组. 已知 $\sin^2x$，$\cos^2x$ 是方程 $y''+p(x)y'+q(x)y=0$ 的解.

(1) 证明 $\sin^2x$，$\cos^2x$ 构成基本解组；

(2) 证明 1，$\cos 2x$ 也是基本解组；

(3) 求 $p(x)$，$q(x)$.

解 (1) $\frac{\sin^2 x}{\cos^2 x}=\tan^2 x\neq$常数，所以 $\sin^2 x$，$\cos^2 x$ 线性无关，因而构成基本解组.

(2) $y=C_1\sin^2 x+C_2\cos^2 x$ 是原方程的解（其中 C_1，C_2 为任意常数），特别地，取：$C_1=1$，$C_2=1$，即得 $y_1=1$ 也是原方程的解.

又取 $C_1=-1$，$C_2=1$，即得 $y_2=\cos^2 x-\sin^2 x$ 也是原方程的解，且 $\frac{y_1}{y_2}=\frac{1}{\cos 2x}\neq$常数，故 1，$\cos 2x$ 构成基本解组.

(3) 将 $y_1=1$ 代入原方程得 $q(x)=0$；将 $y_2=\cos 2x$ 代入原方程得 $p(x)=-2\cot 2x$.

例 6　已知 $y_1(x)=e^x$ 是齐次方程 $y''-2y'+y=0$ 的解，求非齐次方程 $y''-2y'+y=\frac{1}{x}e^x$ 的通解.

解　令 $y=e^x u$，则 $y'=e^x(u'+u)$，$y''=e^x(u''+2u'+u)$，
代入非齐次方程得

$$e^x(u''+2u'+u)-2e^x(u'+u)+e^x u=\frac{1}{x}e^x,\ \text{即}\ e^x u''=\frac{1}{x}e^x\Rightarrow u''=\frac{1}{x}.$$

直接积分得 $u'=C+\ln|x|$，
再积分得 $u=C_1+Cx+x\ln|x|-x$，即 $u=C_1+C_2x+x\ln|x|$ $(C_2=C-1)$.
故所求通解为 $y=C_1e^x+C_2xe^x+xe^x\ln|x|$.

例 7　求微分方程 $y''-6y'+9y=e^x\cos x$ 的通解.

解　对应的齐次方程的特征方程为

$$r^2-6r+9=0,$$

特征根为 $r_1=r_2=3$，故该齐次方程的通解为

$$Y=e^{3x}(C_1+C_2x).$$

因 $\lambda=1$，$\omega=1$，而 $\lambda+\omega i=1+i$ 不是特征根，故可设原方程的特解形式

$$y^*=e^x(A\cos x+B\sin x),$$

则求出 $y^{*\prime}$，$y^{*\prime\prime}$，并代入方程，化简、整理后可得

$$(4A+3B)\sin x+(3A-4B)\cos x=\cos x,$$

即 $\begin{cases}4A+3B=0\\3A-4B=1\end{cases}\Rightarrow A=\dfrac{3}{25}, B=-\dfrac{4}{25}$.

于是 $y^*=e^x\left(\dfrac{3}{25}\cos x-\dfrac{4}{25}\sin x\right)$，故所求通解

$$y=Y+y^*=e^{3x}(C_1+C_2x)+e^x\left(\frac{3}{25}\cos x-\frac{4}{25}\sin x\right).$$

例 8　求微分方程 $y''+y=x+e^x$ 的通解.

解　特征方程为 $r^2+1=0$，特征根 $r_1=i$，$r_2=-i$，故对应齐次方程的通解为

$$Y=C_1\cos x+C_2\sin x.$$

观察可得，$y''+y=x$ 的一个特解为 $y_1^*=x$，$y''+y=e^x$ 的一个特解为 $y_2^*=\dfrac{1}{2}e^x$. 由非齐次线性微分方程的叠加原理知

$$y^*=y_1^*+y_2^*=x+\frac{1}{2}e^x \text{ 是原方程的一个特解，}$$

从而原方程的通解为 $Y=C_1\cos x+C_2\sin x+x+\dfrac{1}{2}e^x$.

例 9　求方程 $y''-2y'+y=(6x^2-4)e^x+x+1$ 的特解.

解　对应齐次方程的特征方程为 $r^2-2r+1=0$，解得特征根为 $r_1=r_2=1$. 由§6.4定理4知，题设方程的特解是下列两个方程特解的和：

$$y''-2y'+y=(6x^2-4)e^x; \tag{1}$$
$$y''-2y'+y=x+1. \tag{2}$$

因特征方程有重根 $r=1$，所以设方程 (1) 的特解

$$y_1^*=(b_0x^2+b_1x+b_2)x^2e^x,$$

将其代入方程 (1)，并消去 e^x，整理后得 $12b_0x^2+6b_1x+2b_2=6x^2-4$，即 $b_0=\dfrac{1}{2}$，$b_1=0$，$b_2=-2$，于是得特解 $y_1^*=\left(\dfrac{1}{2}x^2-2\right)x^2e^x$.

又因特征方程有重根 $r=1$，所以设方程 (2) 的特解为

$$y_2^*=Ax+B.$$

求导后代入方程，解出 $A=1$，$B=3$，得特解 $y_2^*=x+3$.

所以题设方程的特解为：$y^*=y_1^*+y_2^*=\left(\dfrac{1}{2}x^2-2\right)x^2e^x+x+3$.

三、习题 6—4 解答

1. 验证 $y_1=\cos\omega x$ 及 $y_2=\sin\omega x$ 都是方程 $y''+\omega^2 y=0$ 的解，并写出该方程的通解.

解　以 $y_1=\cos\omega x$ 代入，得

$$y''+\omega^2 y=-\omega^2\cos\omega x+\omega^2\cos\omega x=0,$$

所以 y_1 是该方程的解. 同理，以 $y_2=\sin\omega x$ 代入，得

$$y''+\omega^2 y=-\omega^2\sin\omega x+\omega^2\sin\omega x=0,$$

所以 y_2 也是该方程的解，

又　$\dfrac{y_1}{y_2}=\dfrac{\sin\omega x}{\cos\omega x}=\tan\omega x\neq k$（常数），

所以 y_1 与 y_2 线性无关，故该方程的通解为

$$y=C_1\cos\omega x+C_2\sin\omega x.$$

2. 验证 $y_1=e^{x^2}$ 及 $y_2=xe^{x^2}$ 都是方程 $y''-4xy'+(4x^2-2)y=0$ 的解，并写出该方程的通解.

解　$y_1'=2xe^{x^2}$，$y_1''=4x^2e^{x^2}+2e^{x^2}$，代入得

$$4x^2e^{x^2}+2e^{x^2}-4x\cdot 2xe^{x^2}+4x^2e^{x^2}-2e^{x^2}=0,$$

所以 y_1 是该方程的解，又

$$y_2'=2x^2e^{x^2}+e^{x^2},$$

$$y_2''=4xe^{x^2}+4x^3e^{x^2}+2xe^{x^2},$$

代入该方程的左边，得

$$\text{左式}=e^{x^2}(4x^3+6x)-4x(2x^2+1)e^{x^2}+(4x^2-2)xe^{x^2}=0,$$

所以 y_2 也是该方程的解，且 $\dfrac{y_1}{y_2}=\dfrac{e^{x^2}}{xe^{x^2}}=\dfrac{1}{x}\neq k$（常数），

故 y_1 与 y_2 线性无关，该方程的通解为

$$y=C_1e^{x^2}+C_2xe^{x^2}=(C_1+C_2x)e^{x^2}.$$

3. 求下列微分方程的通解：

(1) $y''+5y'+6y=0$.

解　题设方程的特征方程为

$$r^2+5r+6=0.$$

解得 $r_1=-2$，$r_2=-3$，故题设方程的通解为

$$y=C_1\mathrm{e}^{-2x}+C_2\mathrm{e}^{-3x}.$$

(2) $16y''-24y'+9y=0$.

解 题设方程的特征方程为

$$16r^2-24r+9=0,$$

即 $$(4r-3)^2=0.$$

有重根 $r_1=r_2=3/4$. 故题设方程的通解为

$$y=(C_1+C_2x)\mathrm{e}^{3/4x}.$$

(3) $y''+y'=0$.

解 特征方程

$$r^2+1=0,$$

特征根 $r=\pm\mathrm{i}$, $\alpha=0$, $\beta=1$,

方程的通解为 $y=C_1\cos x+C_2\sin x$.

(4) $y''+8y'+25y=0$.

解 方程 $y''+8y'+25y=0$ 的特征方程为

$$r^2+8r+25=0.$$

解得 $r_{1,2}=-4\pm3\mathrm{i}$，故题设方程的通解为

$$y=\mathrm{e}^{-4x}(C_1\cos3x+C_2\sin3x).$$

(5) $4\dfrac{\mathrm{d}^2x}{\mathrm{d}t^2}-20\dfrac{\mathrm{d}x}{\mathrm{d}t}+25x=0$.

解 特征方程

$$4r^2-20r+25=0,$$

即 $$(2r-5)^2=0,$$

特征根 $r_{1,2}=2.5$.

方程的通解为

$$x=(C_1+C_2t)\mathrm{e}^{2.5t}.$$

(6) $y''-4y'+5y=0$.

解 特征方程

$$r^2-4r+5=0,$$

即　$(r-2)^2=-1$,

特征根　$r=2\pm i$,

方程的通解为

$$y=e^{2x}(C_1\cos x+C_2\sin x).$$

4. 求下列微分方程满足所给初始条件的特解：

(1) $4y''+4y'+y=0$, $y|_{x=0}=2$, $y'|_{x=0}=0$.

解　特征方程

$$4r^2+4r+1=0,\ (2r+1)^2=0,\ r_{1,2}=-\frac{1}{2}.$$

通解为　$y=(C_1+C_2x)e^{-\frac{x}{2}}$,

$$y'=\left(-\frac{1}{2}C_1+C_2-\frac{1}{2}C_2x\right)e^{-\frac{x}{2}},$$

由初始条件 $y(0)=2$, $y'(0)=0$, 得

$$\begin{cases}C_1=2\\ -\frac{1}{2}C_1+C_2=0\end{cases}\Rightarrow\begin{cases}C_1=2\\ C_2=1\end{cases},$$

所求特解为

$$y=(2+x)e^{-\frac{x}{2}}.$$

(2) $y''+4y'+29y=0$, $y|_{x=0}=0$, $y'|_{x=0}=15$.

解　特征方程

$$r^2+4r+29=0,$$

特征根　$r=-2\pm\sqrt{4-29}=-2\pm 5i$,

故通解为：$y=e^{-2x}(C_1\cos 5x+C_2\sin 5x)$,

求导得　$y'=e^{-2x}[(5C_2-2C_1)\cos 5x-(5C_1+2C_2)\sin 5x]$,

代入 $y(0)=0$, $y'(0)=15$,

$$\Rightarrow\begin{cases}C_1=0\\ 5C_2-2C_1=15\end{cases}\Rightarrow\begin{cases}C_1=0\\ C_2=3\end{cases},$$

故所求特解为：$y=3e^{-2x}\sin 5x$.

5. 下列微分方程具有何种形式的特解：

(1) $y''+4y'-5y=x$;　　(2) $y''+4y'=x$;　　(3) $y''+y=2e^x$.

解 根据各微分方程右端的非齐次项和该方程特征根的情况，易写出本题各方程的特解形式：

(1) $y^*=b_0x+b_1$； (2) $y^*=b_0x^2+b_1x$； (3) $y^*=b_0e^x$.

6. 求下列各题所给微分方程的通解：

(1) $y''+y'+2y=x^2-3$.

解 由对应齐次方程的特征方程 $r^2+r+2=0$ 的特征根为

$$r_{1,2}=\frac{-1\pm\sqrt{7}i}{2},$$

得对应齐次方程的通解为

$$\bar{y}=e^{-\frac{x}{2}}(C_1\cos\sqrt{7}x+C_2\sin\sqrt{7}x).$$

又因自由项 $f(x)=x^2-3$，0 不是特征值，故题设方程的特解形式为

$$y^*=b_0x^2+b_1x+b_2,$$

将 $y^{*\prime}=2b_0x+b_1$，$y^{*\prime\prime}=2b_0$ 代入题设方程，得

$$2b_0x^2+(2b_0+2b_1)x+(2b_0+b_1+2b_2)=x^2-3,$$

比较同次幂系数，得

$$2b_0=1,\ 2b_0+2b_1=0,\ 2b_0+b_1+2b_2=-3,$$

解得

$$b_0=1/2,\ b_1=-1/2,\ b_2=-7/4,$$

所以特解为

$$y^*=\frac{1}{2}x^2-\frac{1}{2}x-\frac{7}{4}.$$

所求题设方程的通解为

$$y=e^{-\frac{x}{2}}(C_1\cos\sqrt{7}x+C_2\sin\sqrt{7}x)+\frac{1}{2}x^2-\frac{1}{2}x-\frac{7}{4}.$$

(2) $y''+a^2y=e^x$.

解 $r^2+a^2=0$，$r_{1,2}=\pm ai$（不妨设 $a>0$），

$$\bar{y}=C_1\cos ax+C_2\sin ax.$$

这里 $\lambda=1$ 不是特征根，取 $k=0$，$p_0(x)=1$ 是常数，故设

$$y^*=x^ke^xQ_0(x)=be^x,$$

则 $y^{*\prime}=be^x$，$y^{*\prime\prime}=be^x$，

代入 $be^x + a^2 be^x = e^x \Rightarrow b = \frac{1}{1+a^2}$，

$\therefore \quad y^* = \frac{e^x}{1+a^2}$，

所求通解为

$$y = C_1 \cos ax + C_2 \sin ax + \frac{e^x}{1+a^2}.$$

(3) $y'' + y' = 2x^2 e^x$.

解 特征方程 $r^2 + r = 0$ 的根为 $r = 0$，-1.

∴ 对应齐次方程的通解为

$$\bar{y} = C_1 + C_2 e^{-x}.$$

再求出非齐次方程的一个特解 y^*，因为 1 不是特征根，故 y^* 应取如下形式

$$y^* = e^x (Ax^2 + Bx + C),$$

将其代入原方程，得

$$2Ax^2 + (6A + 2B)x + 2A + 3B + 2C = 2x^2,$$

比较同次幂系数得

$$A = 1,\ B = -3,\ C = 7/2.$$

故所求特解为

$$y = e^x (x^2 - 3x + 7/2),$$

所以原方程的通解为

$$y = C_1 + C_2 e^{-x} + e^x (x^2 - 3x + 7/2).$$

§6.5 数学建模——微分方程的应用举例

一、主要知识归纳

表 6—5—1 微分方程的应用举例

应用问题	应用原理
衰变问题	$\frac{dx}{dt} = -kx$（x 表示该放射性物质在时刻 t 的质量）.

续前表

应用问题	应用原理
追迹问题	$(1-x)y''=\frac{1}{n}\sqrt{1+y'^2}$（$y$表示追赶者的轨迹方程）.
自由落体运动	$\frac{d^2y}{dt^2}=-\frac{gR^2}{y^2}$（$y=y(t)$ 表示在时刻 t 物质所在位置，R 为地球的半径）.

本章小结

一、本章知识点网络图

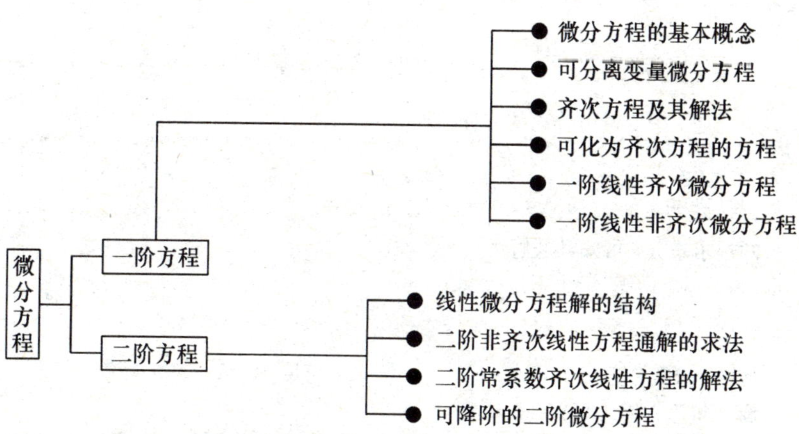

二、题型分析

题型 1　用分离变量方程

解题思路　(1) 可分离变量方程，是最基本的微分方程类型，求解方法是：将所给微分方程作变量分离后，在方程两边直接求不定积分，从而得到所给方程的通解. 求解过程中注意不要遗失方程的平凡解（如例 1).

(2) 利用变量代换可化为可分离变量方程的情形（如例 2).

(3) 一阶齐次方程$\frac{dy}{dx}=\varnothing\left(\frac{y}{x}\right)$，其特点是：方程右端为$\frac{y}{x}$或$\frac{x}{y}$的函数，或方程右端分子、分母各项均是由 x，y 的同次幂构成，此类方程可通过变量代换$u=\frac{y}{x}\left(或\frac{x}{y}\right)$化为可分离变量方程（如例 3).

(4) 利用变量代换可化为一阶齐次方程的情形.

例1　求方程 $x^2y\mathrm{d}x=(1-y^2+x^2-x^2y^2)\mathrm{d}y$ 的通解.

解　将原方程分离变量

$$\frac{x^2}{1+x^2}\mathrm{d}x=\frac{1-y^2}{y}\mathrm{d}y,$$

积分得通解 $x-\arctan x=\ln y-\frac{y^2}{2}+C$.

易见 $y=0$ 是求积分时失掉的一个解，且不能由通解得到.

例2　求方程 $y'=\frac{y}{2x}+\frac{1}{2y}\tan\frac{y^2}{x}$ 的通解.

解　令 $u=y^2/x$，则

$$u'=\frac{2yy'}{x}-\frac{y^2}{x^2}=\frac{2y}{x}\left(\frac{y}{2x}+\frac{1}{2y}\tan u\right)-\frac{y^2}{x^2}=\frac{1}{x}\tan u.$$

这也是一个变量可分离的方程，即

$$\frac{\mathrm{d}u}{\tan u}=\frac{\mathrm{d}x}{x}$$

两边求积分，可知其通解为

$$\sin\frac{y^2}{x}=Cx.$$

例3　求微分方程 $x^2\mathrm{d}y=(y^2+xy-x^2)\mathrm{d}x$ 满足 $y(-1)=3$ 的特解.

解　将原方程改写为齐次方程

$$\frac{\mathrm{d}y}{\mathrm{d}x}=\left(\frac{y}{x}\right)^2+\frac{y}{x}-1,$$

令 $\frac{y}{x}=u$，$y=xu$，则 $\frac{\mathrm{d}y}{\mathrm{d}x}=u+x\frac{\mathrm{d}u}{\mathrm{d}x}$，原方程化为

$$\frac{\mathrm{d}u}{u^2-1}=\frac{\mathrm{d}x}{x},$$

两边积分，得

$$\frac{1}{2}\ln\left|\frac{u-1}{u+1}\right|=\ln|x|+\ln C_1,$$

代入 $u=\frac{y}{x}$ 后，得 $y-x=(x+y)\cdot Cx^2\quad(C=C_1^2)$

由 $y(-1)=3$，确定 $c=2$，方程的特解为

$$y-x=2(x+y)$$

题型 2　一阶线性微分过程

解题思路　(1) 一阶线性微分方程的标准形式：

$$\frac{\mathrm{d}y}{\mathrm{d}x}+p(x)y=Q(x).$$

可直接利用公式求解（如例 1).

有时将题中自变量和因变量地位交换可化简求解（如例 2).

例 1　解方程 $\begin{cases}\dfrac{\mathrm{d}y}{\mathrm{d}x}-y=\mathrm{e}^{2x} & (1)\\ y|_{x=0}=1 & (2)\end{cases}$.

解　$y=\left\{C+\int\left[\mathrm{e}^{2x}-\mathrm{e}^{-\int\mathrm{d}x}\right]\mathrm{d}x\right\}\mathrm{e}^{\int\mathrm{d}x}=C\mathrm{e}^{x}+\mathrm{e}^{2x}$.

由 (2) 确定 $C=0$，故 (1)，(2) 的解为 $y=\mathrm{e}^{2x}$.

例 2　求微分方程 $(2y+x)\mathrm{d}y-y\mathrm{d}x=0$ 的通解.

解　该方程可以化为齐次方程

$$\frac{\mathrm{d}x}{\mathrm{d}y}-\frac{1}{y}\cdot x=2.$$

这是一个以 x 为未知函数，y 为自变量的一阶线性非齐次方程. 用公式法来解：

$$x=\mathrm{e}^{\int\frac{1}{y}\mathrm{d}y}\left[\int 2\cdot\mathrm{e}^{-\int\frac{1}{y}\mathrm{d}y}\mathrm{d}y+C\right]=y(2\ln|y|+C).$$

题型 3　高阶线性微分方程

解题思路　(1) 可降阶的高阶线性微分方程，主要指一些特殊的高阶线性微分方程，如方程不显含 x 或不显含 y 等，此类方程可通过变量替换降低方程的阶（如例 1).

(2) 高阶常系数线性微分方程，重点是二阶方程情形，难点是非齐次方程的求解，其非齐次项主要形式为：a. 多项式与指数函数的乘积；b. 多项式与正弦或余弦函数的乘积（如例 2).

例 1　求下列微分方程的通解：(1) $y''=\dfrac{1}{\sqrt{y}}$；(2) $y''=\dfrac{1+y'^2}{2y}$.

解　(1) 本题不显含 x，含 $y'=p$，则 $y''=p\dfrac{\mathrm{d}p}{\mathrm{d}y}$,

代入得　$p\dfrac{\mathrm{d}p}{\mathrm{d}y}=\dfrac{1}{\sqrt{y}}$，即 $p\mathrm{d}p=\dfrac{\mathrm{d}y}{\sqrt{y}}$,

积分得　$\frac{1}{2}p^2=2\sqrt{y}+2C_1\Rightarrow p^2=4(\sqrt{y}+C_1)$，

$\therefore \frac{dy}{dx}=\pm 2\sqrt{\sqrt{y}+C_1}$.

$$x-C_2=\pm\int\frac{dy}{2\sqrt{\sqrt{y}+C_1}}=\pm\int\frac{\sqrt{y}d\sqrt{y}}{\sqrt{\sqrt{y}+C_1}}$$

$$=\pm\left[\frac{2}{3}(\sqrt{y}+C_1)^{\frac{3}{2}}-2C_1\sqrt{\sqrt{y}+C_1}\right].$$

所求通解为

$$x=C_2\pm\left[\frac{2}{3}(\sqrt{y}+C_1)^{\frac{3}{2}}-2C_1\sqrt{\sqrt{y}+C_1}\right].$$

(2) 方程不显含 x，令 $y'=P$，则 $y''=P\frac{dP}{dy}$，

代入方程，得

$$P\frac{dP}{dy}=\frac{1+P^2}{2y}\Rightarrow\frac{2PdP}{1+P^2}=\frac{dy}{y},$$

两边积分得　$\ln(1+P^2)=\ln y+\ln C_1$，

$$\Rightarrow 1+P^2=C_1y\Rightarrow P=\pm\sqrt{C_1y-1},$$

即　$\frac{dy}{dx}=\pm\sqrt{C_1y-1}\Rightarrow\frac{dy}{\pm\sqrt{C_1y-1}}=dx$，

故方程的通解为　$\frac{2}{C_1}\sqrt{C_1y-1}=\pm x+C_2$.

例 2　求下列微分方程的通解：

(1) $2y''+5y'=5x^2-2x-1$；　　(2) $y''+3y'+2y=3xe^{-x}$.

解　(1) $2r^2+5r=0$，$r_1=0$，$r_2=-5/2$. $\bar{y}=C_1+C_2e^{-\frac{5}{2}x}$.

于是设　$y^*=x(ax^2+bx+c)=ax^3+bx^2+cx$，即

$$15ax^2+(12a+10b)x+(4b+5c)=5x^2-2x-1,$$

比较系数，知 $a=1/3$，且

$$\begin{cases}4+10b=-2\\4b+5c=-1\end{cases}\Rightarrow b=-\frac{3}{5},\ c=\frac{7}{25},$$

$$\therefore\ y^*=x\left(\frac{1}{3}x^2-\frac{3}{5}x+\frac{7}{25}\right),$$

所求通解为 $y=C_1+C_2e^{-\frac{5}{2}x}+\frac{1}{3}x^3-\frac{3}{5}x^2+\frac{7}{25}x.$

(2) $r^2+3r+2=0$，$r_1=-1$，$r_2=-2$. $\bar{y}=C_1e^{-x}+C_2e^{-\frac{5}{2}x}$.

这里 $\lambda=-1$ 是单特征根，$P_1(x)=3x$，故设

$$y^*=x(ax+b)e^{-x},$$

$$\{[ax^2+(b-4a)x+(2a-2b)]+3[-ax^2+(2a-b)x+b]$$
$$+2(ax^2+bx)\}e^{-x}=3xe^{-x},$$

$$\Rightarrow \begin{cases} b-4a+6a-3b+2b=3 \\ 2a-2b+3b=0 \end{cases} \Rightarrow \begin{cases} 2a=3 \\ 2a+b=0 \end{cases},$$

$$a=3/2,\ b=-3 \Rightarrow y^*=x(3x/2-3)e^{-x},$$

故所求通解为 $y=C_1e^{-x}+C_2e^{-\frac{5}{2}x}+3x\left(\frac{1}{2}x-1\right)e^{-x}.$

第 7 章　行 列 式

行列式实质上是由一些数值排列成的数表按一定的法则计算得到的一个数. 历史上，行列式的概念是在研究线性方程组的解的过程中产生的. 如今，它在数学的许多分支中都有着非常广泛的应用，是一种常用的计算工具. 特别是在本门课程中，它是研究后面线性方程组、矩阵及向量组的线性相关性的一种重要工具.

本章教学基本要求：

1. 了解行列式的定义；

2. 熟练掌握行列式的性质，并且会正确使用行列式的有关性质化简行列式，利用“三角化”计算行列式，了解行列式按行（列）展开法则（降阶法）；

3. 理解克莱姆法则，并会用克莱姆法则判定线性方程组解的存在性、唯一性及求出方程组的解.

§7.1　行列式的定义

一、主要知识归纳

表 7—1—1　　**二阶行列式**

定义	$\begin{vmatrix} a_{11} & a_{12} \\ a_{21} & a_{22} \end{vmatrix}=a_{11}a_{22}-a_{12}a_{21}$.
计算规律	对角线法则：$\begin{vmatrix} a_{11} & a_{12} \\ a_{21} & a_{22} \end{vmatrix}\begin{matrix} - \\ + \end{matrix}$
应用	二元线性方程组 $\begin{cases} a_{11}x_1+a_{12}x_2=b_1 \\ a_{21}x_1+a_{22}x_2=b_2 \end{cases}$ 记 $D=\begin{vmatrix} a_{11} & a_{12} \\ a_{21} & a_{22} \end{vmatrix}$，$D_1=\begin{vmatrix} b_1 & a_{12} \\ b_2 & a_{22} \end{vmatrix}$，$D_2=\begin{vmatrix} a_{11} & b_1 \\ a_{21} & b_2 \end{vmatrix}$，则 $x_1=\frac{D_1}{D}$，$x_2=\frac{D_2}{D}$.

表 7—1—2 **三阶行列式**

定义	$\begin{vmatrix} a_{11} & a_{12} & a_{13} \\ a_{21} & a_{22} & a_{23} \\ a_{31} & a_{32} & a_{33} \end{vmatrix} = a_{11}a_{22}a_{33}+a_{12}a_{23}a_{31}+a_{13}a_{21}a_{32}-a_{11}a_{23}a_{32}-a_{12}a_{21}a_{33}-a_{13}a_{22}a_{31}$.
	划去元素 a_{ij} 所在的行与列后剩下的元素按原来顺序所组成的行列式，称为 a_{ij} 的余子式，记为 M_{ij}；而 $A_{ij}=(-1)^{i+j}M_{ij}$ 为元素 a_{ij} 的代数余子式.
计算规律	按第一行（列）展开 $\begin{vmatrix} a_{11} & a_{12} & a_{13} \\ a_{21} & a_{22} & a_{23} \\ a_{31} & a_{32} & a_{33} \end{vmatrix} = a_{11}A_{11}+a_{12}A_{12}+a_{13}A_{13}=\sum\limits_{j=1}^{3}a_{1j}A_{1j}$ $=a_{11}A_{11}+a_{21}A_{21}+a_{31}A_{31}=\sum\limits_{i=1}^{3}a_{i1}A_{i1}$.

表 7—1—3 ***n* 阶行列式**

n 阶行列式	$D_n=\begin{vmatrix} a_{11} & a_{12} & \cdots & a_{1n} \\ a_{21} & a_{22} & \cdots & a_{2n} \\ \cdots & \cdots & \cdots & \cdots \\ a_{n1} & a_{n2} & \cdots & a_{nn} \end{vmatrix}$ $=a_{i1}A_{i1}+a_{i2}A_{i2}+\cdots+a_{in}A_{in}=\sum\limits_{k=1}^{n}a_{ik}A_{ik}\,(i=1, 2,\cdots, n)$ $=a_{1j}A_{1j}+a_{2j}A_{2j}+\cdots+a_{nj}A_{nj}=\sum\limits_{k=1}^{n}a_{kj}A_{kj}\,(j=1, 2,\cdots, n)$

二、典型例题分析

例 1 设 $D=\begin{vmatrix} a & 1 & 0 \\ 1 & a & 0 \\ 4 & 0 & 1 \end{vmatrix}$，试给出 $D>0$ 的充分必要条件.

解 将行列式按第一行展开有

$$D=\begin{vmatrix} a & 1 & 0 \\ 1 & a & 0 \\ 4 & 0 & 1 \end{vmatrix}=a\cdot(-1)^{1+1}\begin{vmatrix} a & 0 \\ 0 & 1 \end{vmatrix}+1\cdot(-1)^{1+2}\begin{vmatrix} 1 & 0 \\ 4 & 1 \end{vmatrix}=a^2-1>0$$

$$\Rightarrow |a|>1$$

$$\Rightarrow a>1 \text{ 或 } a<-1.$$

小结： 本题主要考查了根据行列式的展开式来计算三阶行列式，以及理解代数余子式的概念.

例2 解方程组

$$\begin{cases} bx+ay+2ab=0 \\ 2cy+3bz-bc=0 \\ cx+az=0 \end{cases}，其中 abc\neq 0.$$

解 因为

$$D=\begin{vmatrix} b & a & 0 \\ 0 & 2c & 3b \\ c & 0 & a \end{vmatrix}=5abc, \qquad D_1=\begin{vmatrix} -2ab & a & 0 \\ bc & 2c & 3b \\ 0 & 0 & a \end{vmatrix}=-5a^2bc,$$

$$D_2=\begin{vmatrix} b & -2ab & 0 \\ 0 & bc & 3b \\ c & 0 & a \end{vmatrix}=-5ab^2c, \quad D_3=\begin{vmatrix} b & a & -2ab \\ 0 & 2c & bc \\ c & 0 & 0 \end{vmatrix}=5abc^2,$$

所以

$$x=\frac{D_1}{D}=\frac{-5a^2bc}{5abc}=-a,\ y=\frac{D_2}{D}=\frac{-5ab^2c}{5abc}=-b,\ z=\frac{D_3}{D}=\frac{5abc^2}{5abc}=c.$$

小结： 本题求解三元线性方程组，但其关键在于计算相关的三阶行列式.

例3 计算 n 阶行列式 $D_n=\begin{vmatrix} 1 & 1 & 0 & \cdots & 0 & 0 \\ 0 & 1 & 1 & \cdots & 0 & 0 \\ \cdots & \cdots & \cdots & \cdots & \cdots & \cdots \\ 0 & 0 & 0 & \cdots & 1 & 1 \\ 1 & 0 & 0 & \cdots & 0 & 1 \end{vmatrix}$.

解 将行列式按第1列展开得

$$D_n=1\times(-1)^{1+1}\begin{vmatrix} 1 & 1 & \cdots & 0 & 0 \\ \cdots & \cdots & \cdots & \cdots & \cdots \\ 0 & 0 & \cdots & 1 & 1 \\ 0 & 0 & \cdots & 0 & 1 \end{vmatrix}+1\times(-1)^{n+1}\begin{vmatrix} 1 & 0 & \cdots & 0 & 0 \\ 1 & 1 & \cdots & 0 & 0 \\ \cdots & \cdots & \cdots & \cdots & \cdots \\ 0 & 0 & \cdots & 1 & 1 \end{vmatrix}$$

$$=1+(-1)^{n+1}.$$

小结： 本题根据 n 阶行列式的定义来计算行列式，并用到了上三角行列式与下三角行列式的概念和计算.

三、习题 7—1 解答

1. 计算下列二阶行列式：

(1) $\begin{vmatrix} 1 & 3 \\ 1 & 4 \end{vmatrix}$.

解 原式$=1\times4-3\times1=1$.

(2) $\begin{vmatrix} 2 & 1 \\ -1 & 2 \end{vmatrix}$.

解 原式$=2\times2-1\times(-1)=5$.

(3) $\begin{vmatrix} a & b \\ a^2 & b^2 \end{vmatrix}$.

解 原式$=a\cdot b^2-b\cdot a^2=ab(b-a)$.

2. 计算下列三阶行列式：

(1) $\begin{vmatrix} -2 & -4 & 1 \\ 3 & 0 & 3 \\ 5 & 4 & -2 \end{vmatrix}$.

解 由定义

$$\begin{vmatrix} -2 & -4 & 1 \\ 3 & 0 & 3 \\ 5 & 4 & -2 \end{vmatrix}=(-2)\cdot(-1)^{1+1}\begin{vmatrix} 0 & 3 \\ 4 & -2 \end{vmatrix}$$

$$+(-4)\cdot(-1)^{1+2}\cdot\begin{vmatrix} 3 & 3 \\ 5 & -2 \end{vmatrix}+1\cdot(-1)^{1+3}\begin{vmatrix} 3 & 0 \\ 5 & 4 \end{vmatrix}$$

$$=24-84+12=-48.$$

(2) $\begin{vmatrix} 1 & -1 & 0 \\ 4 & -5 & -3 \\ 2 & 3 & 6 \end{vmatrix}$.

解 $$\begin{vmatrix} 1 & -1 & 0 \\ 4 & -5 & -3 \\ 2 & 3 & 6 \end{vmatrix}=1\begin{vmatrix} -5 & -3 \\ 3 & 6 \end{vmatrix}-(-1)\begin{vmatrix} 4 & -3 \\ 2 & 6 \end{vmatrix}+0\begin{vmatrix} 4 & -3 \\ 2 & 3 \end{vmatrix}$$

$$=(-5\times6-(-3)\times3)+(4\times6-(-3)\times2)$$

$$=-30+9+24+6=9.$$

(3) $\begin{vmatrix} 1 & -1 & 2 \\ 1 & 1 & 1 \\ 2 & 3 & -1 \end{vmatrix}$.

解 $\begin{vmatrix} 1 & -1 & 2 \\ 1 & 1 & 1 \\ 2 & 3 & -1 \end{vmatrix} = 1\begin{vmatrix} 1 & 1 \\ 3 & -1 \end{vmatrix} - (-1)\begin{vmatrix} 1 & 1 \\ 2 & -1 \end{vmatrix} + 2\begin{vmatrix} 1 & 1 \\ 2 & 3 \end{vmatrix}$

$$= (1\times(-1)-1\times3)+(1\times(-1)-1\times2)+2\times(1\times3-1\times2)$$

$$= -1-3-1-2+6-4=-5.$$

3. 求行列式 $\begin{vmatrix} -3 & 0 & 4 \\ 5 & 0 & 3 \\ 2 & -2 & 1 \end{vmatrix}$ 中元素 2 和 -2 的代数余子式.

解 元素 2 的代数余子式为

$$(-1)^{3+1}\begin{vmatrix} 0 & 4 \\ 0 & 3 \end{vmatrix} = 0;$$

元素 -2 的代数余子式为

$$(-1)^{3+2}\begin{vmatrix} -3 & 4 \\ 5 & 3 \end{vmatrix} = 29.$$

4. 已知四阶行列式 D 中第 3 列元素依次为 -1，2，0，1，它们的余子式依次为 5，3，-7，4，求 D.

解 $D=(-1)\times5-2\times3+0\times(-7)-1\times4=-15.$

5. 证明：$\begin{vmatrix} a^2 & ab & b^2 \\ 2a & a+b & 2b \\ 1 & 1 & 1 \end{vmatrix} = (a-b)^3.$

证 左边 $\xlongequal[c_3-c_1]{c_2-c_1} \begin{vmatrix} a^2 & ab-a^2 & b^2-a^2 \\ 2a & b-a & 2b-2a \\ 1 & 0 & 0 \end{vmatrix}$

$$= (-1)^{3+1}\begin{vmatrix} ab-a^2 & b^2-a^2 \\ b-a & 2b-2a \end{vmatrix}$$

$$= (b-a)(b-a)\begin{vmatrix} a & b+a \\ 1 & 2 \end{vmatrix}$$

$$= (a-b)^3 = \text{右边}.$$

6. 按第三列展开下列行列式，并计算其值：

(1) $\begin{vmatrix} 1 & 0 & a & 1 \\ 0 & -1 & b & -1 \\ -1 & -1 & c & -1 \\ -1 & 1 & d & 0 \end{vmatrix}$.

解 原式$=a\begin{vmatrix} 0 & -1 & -1 \\ -1 & -1 & -1 \\ -1 & 1 & 0 \end{vmatrix}-b\begin{vmatrix} 1 & 0 & 1 \\ -1 & -1 & -1 \\ -1 & 1 & 0 \end{vmatrix}$

$$+c\begin{vmatrix} 1 & 0 & 1 \\ 0 & -1 & -1 \\ -1 & 1 & 0 \end{vmatrix}-d\begin{vmatrix} 1 & 0 & 1 \\ 0 & -1 & -1 \\ -1 & -1 & -1 \end{vmatrix}$$

$$=a\left(\begin{vmatrix} -1 & -1 \\ 1 & 0 \end{vmatrix}-\begin{vmatrix} -1 & -1 \\ -1 & -1 \end{vmatrix}\right)-b\left(\begin{vmatrix} -1 & -1 \\ 1 & 0 \end{vmatrix}+\begin{vmatrix} -1 & -1 \\ -1 & 1 \end{vmatrix}\right)$$

$$+c\left(\begin{vmatrix} -1 & -1 \\ 1 & 0 \end{vmatrix}-\begin{vmatrix} 0 & 1 \\ -1 & -1 \end{vmatrix}\right)-d\left(\begin{vmatrix} -1 & -1 \\ -1 & -1 \end{vmatrix}-\begin{vmatrix} 0 & 1 \\ -1 & -1 \end{vmatrix}\right)$$

$$=a+b+d.$$

(2) $\begin{vmatrix} a_{11} & a_{12} & a_{13} & a_{14} & a_{15} \\ a_{21} & a_{22} & a_{23} & a_{24} & a_{25} \\ a_{31} & a_{32} & 0 & 0 & 0 \\ a_{41} & a_{42} & 0 & 0 & 0 \\ a_{51} & a_{52} & 0 & 0 & 0 \end{vmatrix}$.

解 $\begin{vmatrix} a_{11} & a_{12} & a_{13} & a_{14} & a_{15} \\ a_{21} & a_{22} & a_{23} & a_{24} & a_{25} \\ a_{31} & a_{32} & 0 & 0 & 0 \\ a_{41} & a_{42} & 0 & 0 & 0 \\ a_{51} & a_{52} & 0 & 0 & 0 \end{vmatrix}=a_{13}\begin{vmatrix} a_{21} & a_{22} & a_{24} & a_{25} \\ a_{31} & a_{32} & 0 & 0 \\ a_{41} & a_{42} & 0 & 0 \\ a_{51} & a_{52} & 0 & 0 \end{vmatrix}-a_{23}\begin{vmatrix} a_{11} & a_{12} & a_{14} & a_{15} \\ a_{31} & a_{32} & 0 & 0 \\ a_{41} & a_{42} & 0 & 0 \\ a_{51} & a_{52} & 0 & 0 \end{vmatrix}$

$$=0.$$

§7.2 行列式的性质

一、主要知识归纳

性质 1	行列式与它的转置行列式相等，即 $D=D^{T}$.
性质 2	交换行列式的两行（列），行列式变号. 推论　若行列式中有两行（列）的对应元素相同，则此行列式为零.

续前表

性质3	用数 k 乘行列式的某一行（列），等于用数 k 乘此行列式. 推论1　行列式的某一行（列）中所有元素的公因子可以提到行列式符号的外面. 推论2　行列式中若有两行（列）元素成比例，则此行列式为零.
性质4	若行列式的某一行（列）的元素都是两数之和，则此行列式可写成两个行列式的和，这两个行列式分别以这两个数为所在行（列）位置对应的元素，其它位置元素不变.
性质5	将行列式的某一行（列）的所有元素都乘以数 k 后加到另一行（列）对应位置的元素上，行列式不变.
三角化	反复利用行列式的性质，把给定的行列式化为三角形行列式，此时行列式的值即为该三角形行列式主对角线上元素的乘积.
降价法	用按行（列）展开法则与行列式的性质将高阶行列式化为低价行列式的方法：先用行列式的性质将行列式的某一行（列）化为仅含有一个非零元素，再按此行（列）展开，化为低一阶的行列式，如此继续下去直到化为三阶或二阶行列式.

二、典型例题分析

例1　计算行列式 $D=\begin{vmatrix} 1 & -1 & 1 & x-1 \\ 1 & -1 & x+1 & -1 \\ 1 & x-1 & 1 & -1 \\ x+1 & -1 & 1 & -1 \end{vmatrix}$.

解
$$D=\begin{vmatrix} x & -1 & 1 & x-1 \\ x & -1 & x+1 & -1 \\ x & x-1 & 1 & -1 \\ x & -1 & 1 & -1 \end{vmatrix}=x\cdot\begin{vmatrix} 1 & -1 & 1 & x-1 \\ 1 & -1 & x+1 & -1 \\ 1 & x-1 & 1 & -1 \\ 1 & -1 & 1 & -1 \end{vmatrix}\xlongequal[i=2,3,4]{r_i-r_1}$$

$$x\cdot\begin{vmatrix} 1 & -1 & 1 & x-1 \\ 0 & 0 & x & -x \\ 0 & x & 0 & -x \\ 0 & 0 & 0 & -x \end{vmatrix}\xlongequal{r_2\leftrightarrow r_3}-x\cdot\begin{vmatrix} 1 & -1 & 1 & x-1 \\ 0 & x & 0 & -x \\ 0 & 0 & x & -x \\ 0 & 0 & 0 & -x \end{vmatrix}=-x^4.$$

小结：针对本题中行（列）和相等的这类行列式的计算方法为：先将各列（行）加到第一列（行）后提出公因式，再三角化. 一般在三角化过程中比较关键的一步就是把某一行（列）的元素全化为1.

例2　证明行列式 $D=\begin{vmatrix} 1 & 0 & 4 \\ 3 & 2 & 5 \\ 4 & 1 & 6 \end{vmatrix}$ 能被13整除（不计算行列式的值）.

证 将D中的每一行看成一个三位数，分别为104，325，416，它们都为13的倍数，利用行列式的性质将D的第1，2列分别乘以10^2，10都加到第3列，得

$$D=\begin{vmatrix} 1 & 0 & 104 \\ 3 & 2 & 325 \\ 4 & 1 & 416 \end{vmatrix}$$

因第3列能被13整除，由行列式可提取公因数的性质可得D也能被13整除.

小结：证明行列式能被某整数k整除，通常的方法是证明行列式的某行（列）的各元素都有公因子k，本题的关键是利用行列式的性质把第三列“凑”成13的倍数.

例3 计算n阶行列式$D_n=\begin{vmatrix} 0 & 1 & 1 & \cdots & 1 \\ 1 & 2 & 0 & \cdots & 0 \\ 1 & 0 & 3 & \cdots & 0 \\ \cdots & \cdots & \cdots & \cdots & \cdots \\ 1 & 0 & 0 & \cdots & n \end{vmatrix}$.

解 D_n类似爪型行列式$\nwarrow$，将第$i(i=2,\cdots,n)$列乘上$\left(-\frac{1}{i}\right)$后加到第一列，得

$$D_n \xlongequal[i=2,\cdots,n]{r_1+r_i\times\left(-\frac{1}{i}\right)} \begin{vmatrix} -\frac{1}{2}-\frac{1}{3}-\cdots-\frac{1}{n} & 1 & 1 & \cdots & 1 \\ 0 & 2 & 0 & \cdots & 0 \\ 0 & 0 & 3 & \cdots & 0 \\ \cdots & \cdots & \cdots & \cdots & \cdots \\ 0 & 0 & 0 & \cdots & n \end{vmatrix},$$

再将D_n按第一列展开，有

$$D_n=-\left(\frac{1}{2}+\frac{1}{3}+\cdots+\frac{1}{n}\right)\begin{vmatrix} 2 & 0 & \cdots & 0 \\ 0 & 3 & \cdots & 0 \\ \cdots & \cdots & \cdots & \cdots \\ 0 & 0 & \cdots & n \end{vmatrix},$$

$$=-\left(\frac{1}{2}+\frac{1}{3}+\cdots+\frac{1}{n}\right)n!.$$

小结：类似这种爪形行列式，一般的方法是先利用行列式的性质将行列式三角化，再用降阶法来计算.

三、习题 7—2 解答

1. 用行列式的性质计算下列行列式：

(1) $\begin{vmatrix} 34\,215 & 35\,215 \\ 28\,092 & 29\,092 \end{vmatrix}$.

解 $\begin{vmatrix} 34\,215 & 35\,215 \\ 28\,092 & 29\,092 \end{vmatrix}=\begin{vmatrix} 34\,215 & 1\,000 \\ 28\,092 & 1\,000 \end{vmatrix}=1\,000\begin{vmatrix} 34\,215 & 1 \\ 28\,092 & 1 \end{vmatrix}$

$=1\,000(34\,215-28\,092)=6\,123\,000.$

(2) $\begin{vmatrix} 103 & 100 & 204 \\ 199 & 200 & 395 \\ 301 & 300 & 600 \end{vmatrix}$.

解 行列式中第 1 列的三个数分别与 100，200，300 较接近，而第 3 列的数与 200，400，600 相近，故可把第 2 列的 -1 倍及 -2 倍分别加至第 1 列与第 3 列，第 2 列再提取公因数 100，便可化简计算，即

$$\begin{vmatrix} 103 & 100 & 204 \\ 199 & 200 & 395 \\ 301 & 300 & 600 \end{vmatrix}=\begin{vmatrix} 3 & 100 & 4 \\ -1 & 200 & -5 \\ 1 & 300 & 0 \end{vmatrix}=100\begin{vmatrix} 3 & 1 & 4 \\ -1 & 2 & -5 \\ 1 & 3 & 0 \end{vmatrix}$$

$$=100\begin{vmatrix} 3 & -8 & 4 \\ -1 & 5 & -5 \\ 1 & 0 & 0 \end{vmatrix}=100\begin{vmatrix} -8 & 4 \\ 5 & -5 \end{vmatrix}=2\,000.$$

(3) $\begin{vmatrix} -ab & ac & ae \\ bd & -cd & de \\ bf & cf & -ef \end{vmatrix}$.

解 $\begin{vmatrix} -ab & ac & ae \\ bd & -cd & de \\ bf & cf & -ef \end{vmatrix}=adf\begin{vmatrix} -b & c & e \\ b & -c & e \\ b & c & -e \end{vmatrix}=adfbce\begin{vmatrix} -1 & 1 & 1 \\ 1 & -1 & 1 \\ 1 & 1 & -1 \end{vmatrix}$

$$=adfbce\begin{vmatrix} -1 & 0 & 0 \\ 1 & 0 & 2 \\ 1 & 2 & 0 \end{vmatrix}$$

$=4adfbce.$

(4) $\begin{vmatrix} a & 1 & 0 & 0 \\ -1 & b & 1 & 0 \\ 0 & -1 & c & 1 \\ 0 & 0 & -1 & d \end{vmatrix}$.

解 $\begin{vmatrix} a & 1 & 0 & 0 \\ -1 & b & 1 & 0 \\ 0 & -1 & c & 1 \\ 0 & 0 & -1 & d \end{vmatrix} \xlongequal{r_1+ar_2} \begin{vmatrix} 0 & 1+ab & a & 0 \\ -1 & b & 1 & 0 \\ 0 & -1 & c & 1 \\ 0 & 0 & -1 & d \end{vmatrix} = (-1)(-1)^{2+1} \begin{vmatrix} 1+ab & a & 0 \\ -1 & c & 1 \\ 0 & -1 & d \end{vmatrix}$

$$\xlongequal{c_3+dc_2} \begin{vmatrix} 1+ab & a & ad \\ -1 & c & 1+cd \\ 0 & -1 & 0 \end{vmatrix} = (-1)(-1)^{3+2} \begin{vmatrix} 1+ab & ad \\ -1 & 1+cd \end{vmatrix}$$

$$= abcd+ab+cd+ad+1.$$

(5) $\begin{vmatrix} 4 & 1 & 2 & 4 \\ 1 & 2 & 0 & 2 \\ 10 & 5 & 2 & 0 \\ 0 & 1 & 1 & 7 \end{vmatrix}$.

解 $\begin{vmatrix} 4 & 1 & 2 & 4 \\ 1 & 2 & 0 & 2 \\ 10 & 5 & 2 & 0 \\ 0 & 1 & 1 & 7 \end{vmatrix} \xlongequal[c_4-7c_3]{c_2-c_3} \begin{vmatrix} 4 & -1 & 2 & -10 \\ 1 & 2 & 0 & 2 \\ 10 & 3 & 2 & -14 \\ 0 & 0 & 1 & 0 \end{vmatrix} \xlongequal[c_1-\frac{1}{2}c_4]{c_2-c_4} \begin{vmatrix} 9 & 9 & 2 & -10 \\ 0 & 0 & 0 & 2 \\ 17 & 17 & 2 & -14 \\ 0 & 0 & 1 & 0 \end{vmatrix} = 0.$

(6) $\begin{vmatrix} 1 & 1 & 1 & 1 \\ -1 & 1 & 1 & 1 \\ -1 & -1 & 1 & 1 \\ -1 & -1 & -1 & 1 \end{vmatrix}$.

解 $\begin{vmatrix} 1 & 1 & 1 & 1 \\ -1 & 1 & 1 & 1 \\ -1 & -1 & 1 & 1 \\ -1 & -1 & -1 & 1 \end{vmatrix} = \begin{vmatrix} 1 & 1 & 1 & 1 \\ 0 & 2 & 2 & 2 \\ 0 & 0 & 2 & 2 \\ 0 & 0 & 0 & 2 \end{vmatrix} = 8.$

2. 用行列式的性质证明下列等式：

$$\begin{vmatrix} y+z & z+x & x+y \\ x+y & y+z & z+x \\ z+x & x+y & y+z \end{vmatrix} = 2 \begin{vmatrix} x & y & z \\ z & x & y \\ y & z & x \end{vmatrix}.$$

证 左边 $= \begin{vmatrix} y & z+x & x+y \\ x & y+z & z+x \\ z & x+y & y+z \end{vmatrix} + \begin{vmatrix} z & z+x & x+y \\ y & y+z & z+x \\ x & x+y & y+z \end{vmatrix}$

$$=\begin{vmatrix} y & z+x & x \\ x & y+z & z \\ z & x+y & y \end{vmatrix}+\begin{vmatrix} z & x & x+y \\ y & z & z+x \\ x & y & y+z \end{vmatrix}$$

$$=\begin{vmatrix} y & z & x \\ x & y & z \\ z & x & y \end{vmatrix}+\begin{vmatrix} z & x & y \\ y & z & x \\ x & y & z \end{vmatrix}=2\begin{vmatrix} x & y & z \\ z & x & y \\ y & z & x \end{vmatrix}=\text{右边}.$$

3. 已知 255，459，527 都能被 17 整除，不求行列式的值，证明行列式 $\begin{vmatrix} 2 & 4 & 5 \\ 5 & 5 & 2 \\ 5 & 9 & 7 \end{vmatrix}$ 能被 17 整除.

解 将行列式第 1 行的 100 倍,第 2 行的 10 倍加到第 3 行，得

$$\begin{vmatrix} 2 & 4 & 5 \\ 5 & 5 & 2 \\ 5 & 9 & 7 \end{vmatrix}=\begin{vmatrix} 2 & 4 & 5 \\ 5 & 5 & 2 \\ 255 & 459 & 527 \end{vmatrix}=17\begin{vmatrix} 2 & 4 & 5 \\ 5 & 5 & 2 \\ 15 & 27 & 31 \end{vmatrix}$$

因为 $\begin{vmatrix} 2 & 4 & 5 \\ 5 & 5 & 2 \\ 15 & 27 & 31 \end{vmatrix}$ 是整数，所以 $\begin{vmatrix} 2 & 4 & 5 \\ 5 & 5 & 2 \\ 5 & 9 & 7 \end{vmatrix}$ 能被 17 整除.

4. 把下列行列式化为上三角形行列式，并计算其值：

(1) $\begin{vmatrix} -2 & 2 & -4 & 0 \\ 4 & -1 & 3 & 5 \\ 3 & 1 & -2 & -3 \\ 2 & 0 & 5 & 1 \end{vmatrix}$.

解 $$\begin{vmatrix} -2 & 2 & -4 & 0 \\ 4 & -1 & 3 & 5 \\ 3 & 1 & -2 & -3 \\ 2 & 0 & 5 & 1 \end{vmatrix}=2\begin{vmatrix} -1 & 1 & -2 & 0 \\ 4 & -1 & 3 & 5 \\ 3 & 1 & -2 & -3 \\ 2 & 0 & 5 & 1 \end{vmatrix}=2\begin{vmatrix} -1 & 1 & -2 & 0 \\ 0 & 3 & -5 & 5 \\ 0 & 4 & -8 & -3 \\ 0 & 2 & 1 & 1 \end{vmatrix}$$

$$=-2\begin{vmatrix} 1 & -1 & 2 & 0 \\ 0 & 1 & -6 & 4 \\ 0 & 0 & -10 & -5 \\ 0 & 2 & 1 & 1 \end{vmatrix}=-2\begin{vmatrix} 1 & -1 & 2 & 0 \\ 0 & 1 & -6 & 4 \\ 0 & 0 & -10 & -5 \\ 0 & 0 & 13 & -7 \end{vmatrix}$$

$$=10\begin{vmatrix} 1 & -1 & 2 & 0 \\ 0 & 1 & -6 & 4 \\ 0 & 0 & 2 & 1 \\ 0 & 0 & 13 & -7 \end{vmatrix}=10\begin{vmatrix} 1 & -1 & 2 & 0 \\ 0 & 1 & -6 & 4 \\ 0 & 0 & 2 & 1 \\ 0 & 0 & 1 & -13 \end{vmatrix}$$

$$=-10\begin{vmatrix}1&-1&2&0\\0&1&-6&4\\0&0&1&-13\\0&0&2&1\end{vmatrix}=-10\begin{vmatrix}1&-1&2&0\\0&1&-6&4\\0&0&1&-13\\0&0&0&27\end{vmatrix}=-270.$$

(2) $\begin{vmatrix}1&2&3&4\\2&3&4&1\\3&4&1&2\\4&1&2&3\end{vmatrix}$.

解 $\begin{vmatrix}1&2&3&4\\2&3&4&1\\3&4&1&2\\4&1&2&3\end{vmatrix}=\begin{vmatrix}10&2&3&4\\10&3&4&1\\10&4&1&2\\10&1&2&3\end{vmatrix}=10\begin{vmatrix}1&2&3&4\\1&3&4&1\\1&4&1&2\\1&1&2&3\end{vmatrix}$

$$=10\begin{vmatrix}1&2&3&4\\0&1&1&-3\\0&2&-2&-2\\0&-1&-1&-1\end{vmatrix}=-20\begin{vmatrix}1&2&3&4\\0&1&1&-3\\0&1&-1&-1\\0&1&1&1\end{vmatrix}=-20\begin{vmatrix}1&2&3&4\\0&1&1&-3\\0&0&-2&2\\0&0&0&4\end{vmatrix}=160.$$

(3) $\begin{vmatrix}2&1&0&0&0\\1&2&1&0&0\\0&1&2&1&0\\0&0&1&2&1\\0&0&0&1&2\end{vmatrix}$.

解 $D=\begin{vmatrix}2&1&0&0&0\\0&\frac{3}{2}&1&0&0\\0&1&2&1&0\\0&0&1&2&1\\0&0&0&1&2\end{vmatrix}=\begin{vmatrix}2&1&0&0&0\\0&\frac{3}{2}&1&0&0\\0&0&\frac{4}{3}&1&0\\0&0&1&2&1\\0&0&0&1&2\end{vmatrix}$

$$=\begin{vmatrix}2&1&0&0&0\\0&\frac{3}{2}&1&0&0\\0&0&\frac{4}{3}&1&0\\0&0&0&\frac{5}{4}&1\\0&0&0&1&2\end{vmatrix}=\begin{vmatrix}2&1&0&0&0\\0&\frac{3}{2}&1&0&0\\0&0&\frac{4}{3}&1&0\\0&0&0&\frac{5}{4}&1\\0&0&0&0&\frac{6}{5}\end{vmatrix}$$

$$=2\cdot\frac{3}{2}\cdot\frac{4}{3}\cdot\frac{5}{4}\cdot\frac{6}{5}=6.$$

5. 用降阶法计算下列行列式:

(1) $\begin{vmatrix} 1+x & 1 & 1 & 1 \\ 1 & 1-x & 1 & 1 \\ 1 & 1 & 1+y & 1 \\ 1 & 1 & 1 & 1-y \end{vmatrix}$.

解 原式 $=\begin{vmatrix} 1 & 1 & 1 & 1 \\ 1 & 1-x & 1 & 1 \\ 1 & 1 & 1+y & 1 \\ 1 & 1 & 1 & 1-y \end{vmatrix}+\begin{vmatrix} x & 1 & 1 & 1 \\ 0 & 1-x & 1 & 1 \\ 0 & 1 & 1+y & 1 \\ 0 & 1 & 1 & 1-y \end{vmatrix}$

$$=\begin{vmatrix} 1 & 0 & 0 & 0 \\ 1 & -x & 0 & 0 \\ 1 & 0 & y & 0 \\ 1 & 0 & 0 & -y \end{vmatrix}+\begin{vmatrix} x & 1 & 1 & 1 \\ 0 & 1-x & 1 & 1 \\ 0 & 1 & 1+y & 1 \\ 0 & 1 & 1 & 1-y \end{vmatrix}$$

$$=xy^2+x\begin{vmatrix} 1-x & 1 & 1 \\ 1 & 1+y & 1 \\ 1 & 1 & 1-y \end{vmatrix}=xy^2+x\begin{vmatrix} 1-x & 1 & 1 \\ 1+0 & 1+y & 1 \\ 1+0 & 1 & 1-y \end{vmatrix}$$

$$=xy^2+x\begin{vmatrix} 1 & 1 & 1 \\ 1 & 1+y & 1 \\ 1 & 1 & 1-y \end{vmatrix}+x\begin{vmatrix} -x & 1 & 1 \\ 0 & 1+y & 1 \\ 0 & 1 & 1-y \end{vmatrix}$$

$$=xy^2+x\begin{vmatrix} y & 0 \\ 0 & -y \end{vmatrix}-x^2\begin{vmatrix} 1+y & 1 \\ 1 & 1-y \end{vmatrix}$$

$$=xy^2-xy^2-x^2(1-y^2-1)=x^2y^2.$$

(2) $\begin{vmatrix} 0 & a & b & a \\ a & 0 & a & b \\ b & a & 0 & a \\ a & b & a & 0 \end{vmatrix}$.

解 将 c_2, c_3, c_4 都加到 c_1,得

原式 $=\begin{vmatrix} 2a+b & a & b & a \\ 2a+b & 0 & a & b \\ 2a+b & a & 0 & a \\ 2a+b & b & a & 0 \end{vmatrix}=(2a+b)\begin{vmatrix} 1 & a & b & a \\ 1 & 0 & a & b \\ 1 & a & 0 & a \\ 1 & b & a & 0 \end{vmatrix}$

$$=(2a+b)\begin{vmatrix}1 & a & b & a\\0 & -a & a-b & b-a\\0 & 0 & -b & 0\\0 & b-a & a-b & -a\end{vmatrix}=(2a+b)\begin{vmatrix}-a & a-b & b-a\\0 & -b & 0\\b-a & a-b & -a\end{vmatrix}$$

$$=(2a+b)(-b)\begin{vmatrix}-a & b-a\\b-a & -a\end{vmatrix}=b^2(b^2-4a^2).$$

(3) $\begin{vmatrix}x & y & 0 & \cdots & 0 & 0\\0 & x & y & \cdots & 0 & 0\\\cdots & \cdots & \cdots & \cdots & \cdots & \cdots\\0 & 0 & 0 & \cdots & x & y\\y & 0 & 0 & \cdots & 0 & x\end{vmatrix}$.

解 原式$=x\begin{vmatrix}x & y & \cdots & 0 & 0\\\cdots & \cdots & \cdots & \cdots & \cdots\\0 & 0 & \cdots & x & y\\0 & 0 & \cdots & 0 & x\end{vmatrix}+(-1)^{n+1}y\begin{vmatrix}y & 0 & \cdots & 0 & 0\\x & y & \cdots & 0 & 0\\\cdots & \cdots & \cdots & \cdots & \cdots\\0 & 0 & \cdots & x & y\end{vmatrix}$

$=x^n+(-1)^{n+1}y^n$.

(4) $\begin{vmatrix}-a_1 & a_1 & 0 & \cdots & 0 & 0\\0 & -a_2 & a_2 & \cdots & 0 & 0\\\cdots & \cdots & \cdots & \cdots & \cdots & \cdots\\0 & 0 & 0 & \cdots & -a_n & a_n\\1 & 1 & 1 & \cdots & 1 & 1\end{vmatrix}$.

解 将第 2 列至第 $n+1$ 列分别加到第 1 列，得

$$原式=\begin{vmatrix}0 & a_1 & 0 & \cdots & 0 & 0\\0 & -a_2 & a_2 & \cdots & 0 & 0\\\cdots & \cdots & \cdots & \cdots & \cdots & \cdots\\0 & 0 & 0 & \cdots & -a_n & a_n\\n+1 & 1 & 1 & \cdots & 1 & 1\end{vmatrix}$$

$$=(-1)^{n+1+1}(n+1)\begin{vmatrix}a_1 & 0 & \cdots & 0 & 0\\-a_2 & a_2 & \cdots & 0 & 0\\\cdots & \cdots & \cdots & \cdots & \cdots\\0 & 0 & \cdots & -a_n & a_n\end{vmatrix}$$

$$=(-1)^n(n+1)a_1a_2\cdots a_n.$$

§7.3　克莱姆法则

一、主要知识归纳

表 7—3—1　克莱姆法则

<table>
<tr><td>定理</td><td>若非齐次线性方程组
$$\begin{cases} a_{11}x_1+a_{12}x_2+\cdots+a_{1n}x_n=b_1 \\ a_{21}x_1+a_{22}x_2+\cdots+a_{2n}x_n=b_2 \\ \cdots\cdots\cdots\cdots\cdots\cdots \\ a_{n1}x_1+a_{n2}x_2+\cdots+a_{nn}x_n=b_n \end{cases} \quad (1)$$
的系数行列式 $D\neq 0$，则线性方程组（1）有唯一解，其解为：
$$x_j=\frac{D_j}{D}(j=1,2,\cdots,n),$$
其中 $D_j(j=1,2,\cdots,n)$是把 D 中第 j 列元素 a_{1j}，a_{2j}，…，a_{nj} 对应地换成常数项 b_1，b_2，…，b_n，而其余各列保持不变所得到的行列式.</td></tr>
<tr><td>条件</td><td>(a) 方程个数等于未知量的个数；
(b) 系数行列式不等于零.</td></tr>
</table>

表 7—3—2　线性方程组解的判定定理

<table>
<tr><td rowspan="4">定理</td><td>如果线性方程组（1）的系数行列式 $D\neq 0$，则（1）一定有解，且解是唯一的.</td></tr>
<tr><td>如果线性方程组（1）无解或解不唯一，则它的系数行列式必为零.</td></tr>
<tr><td>如果线性方程组（1）对应的齐次线性方程组的系数行列式 $D\neq 0$，则齐次线性方程组只有零解.</td></tr>
<tr><td>如果线性方程组（1）对应的齐次线性方程组有非零解，则它的系数行列式$D=0$.</td></tr>
</table>

二、典型例题分析

例 1　用克莱姆法则求解下列方程组

$$\begin{bmatrix} a_{11} & a_{12} & a_{13} & \cdots & a_{1n} \\ 0 & a_{22} & a_{23} & \cdots & a_{2n} \\ 0 & 0 & a_{33} & \cdots & a_{3n} \\ \cdots & \cdots & \cdots & \cdots & \cdots \\ 0 & 0 & 0 & \cdots & a_{nn} \end{bmatrix}\begin{bmatrix} x_1 \\ x_2 \\ x_3 \\ \cdots \\ x_n \end{bmatrix}=\begin{bmatrix} 1 \\ -1 \\ 0 \\ \cdots \\ 0 \end{bmatrix} \quad (a_{ii}\neq 0,\ i=1,2,\cdots,n)$$

解　因系数矩阵为上三角形矩阵，其行列式 $D=\prod\limits_{i=1}^{n}a_{ii}\neq 0$，由克莱姆法则可知方程组有唯一解，且

$$x_j=\frac{D_j}{D}\quad (j=1, 2, \cdots, n),$$

其中 D_j 是把 D 中第 j 列元素 $a_{1j}, a_{2j}, \cdots, a_{nj}$ 对应地换成常数项 $\boldsymbol{b}$ 中的元素，而其余各列保持不变所得的行列式，故

$$D_1=\begin{vmatrix} 1 & a_{12} & a_{13} & \cdots & a_{1n} \\ -1 & a_{22} & a_{23} & \cdots & a_{2n} \\ 0 & 0 & a_{33} & \cdots & a_{3n} \\ \cdots & \cdots & \cdots & \cdots & \cdots \\ 0 & 0 & 0 & \cdots & a_{nn} \end{vmatrix}$$

$$\xlongequal{r_2+r_1}\begin{vmatrix} 1 & a_{12} & a_{13} & \cdots & a_{1n} \\ 0 & a_{12}+a_{22} & a_{13}+a_{23} & \cdots & a_{1n}+a_{2n} \\ 0 & 0 & a_{33} & \cdots & a_{3n} \\ \cdots & \cdots & \cdots & \cdots & \cdots \\ 0 & 0 & 0 & \cdots & a_{nn} \end{vmatrix}=(a_{12}+a_{22})\prod_{i=3}^{n}a_{ii},$$

$$D_2=\begin{vmatrix} a_{11} & 1 & a_{13} & \cdots & a_{1n} \\ 0 & -1 & a_{23} & \cdots & a_{2n} \\ 0 & 0 & a_{33} & \cdots & a_{3n} \\ \cdots & \cdots & \cdots & \cdots & \cdots \\ 0 & 0 & 0 & \cdots & a_{nn} \end{vmatrix}=-a_{11}\prod_{i=3}^{n}a_{ii},$$

$$D_3=\begin{vmatrix} a_{11} & a_{12} & 1 & \cdots & a_{1n} \\ 0 & a_{22} & -1 & \cdots & a_{2n} \\ 0 & 0 & 0 & \cdots & a_{3n} \\ \cdots & \cdots & \cdots & \cdots & \cdots \\ 0 & 0 & 0 & \cdots & a_{nn} \end{vmatrix}=0,$$

同理可得 $D_4=D_5=\cdots=D_n=0$，则

$$x_1=\frac{D_1}{D}=(a_{12}+a_{22})\prod_{i=3}^{n}a_{ii}\Big/\prod_{i=1}^{n}a_{ii}=(a_{12}+a_{22})/(a_{11}a_{22}),$$

$$x_2=\frac{D_2}{D}=-a_{11}\prod_{i=3}^{n}a_{ii}\Big/\prod_{i=1}^{n}a_{ii}=-1/a_{22},$$

$$x_3=x_4=\cdots=x_n=0.$$

即原方程组的解为 $x=\left[\dfrac{a_{12}+a_{22}}{a_{11}a_{22}}, -\dfrac{1}{a_{22}}, 0, \cdots, 0\right]^{\mathrm{T}}$

小结：本题主要考查了用克莱姆法则求线性方程组的解，其关键在于相应行列式的计算.

例2 讨论 λ 为何值时，下面的方程组有唯一解，并求出该唯一解.

$$\begin{cases}\lambda x_1+x_2+x_3=1\\ x_1+\lambda x_2+x_3=\lambda\\ x_1+x_2+\lambda x_3=\lambda^2\end{cases}$$

解 因为

$$D=\begin{vmatrix}\lambda & 1 & 1\\ 1 & \lambda & 1\\ 1 & 1 & \lambda\end{vmatrix}=(\lambda-1)^2(\lambda+2),$$

所以当 $D\neq 0$，即 $\lambda\neq 1$ 且 $\lambda\neq -2$ 时，方程组有唯一解；又

$$D_1=\begin{vmatrix}1 & 1 & 1\\ \lambda & \lambda & 1\\ \lambda^2 & 1 & \lambda\end{vmatrix}=-(\lambda-1)^2(\lambda+1), D_2=\begin{vmatrix}\lambda & 1 & 1\\ 1 & \lambda & 1\\ 1 & \lambda^2 & \lambda\end{vmatrix}=(\lambda-1)^2,$$

$$D_3=\begin{vmatrix}\lambda & 1 & 1\\ 1 & \lambda & \lambda\\ 1 & 1 & \lambda^2\end{vmatrix}=(\lambda-1)^2(\lambda+1)^2$$

因此方程组的解为

$$x_1=\frac{D_1}{D}=-\frac{\lambda+1}{\lambda+2}, x_2=\frac{D_2}{D}=\frac{1}{\lambda+2}, x_3=\frac{D_3}{D}=\frac{(\lambda+1)^2}{\lambda+2}.$$

小结：本题根据克莱姆法则来判断非齐次线性方程组有唯一解的条件，即系数行列式 $D\neq 0$，并利用克莱姆法则对方程组进行求解.

例3 当 a，b 取什么值时，齐次线性方程组 $\begin{cases}ax_1+x_2+x_3=0\\ x_1+bx_2+x_3=0\\ x_1+2bx_2+x_3=0\end{cases}$

(1) 只有零解？

(2) 有非零解？

解 由方程组的系数行列式得

$$D=\begin{vmatrix} a & 1 & 1 \\ 1 & b & 1 \\ 1 & 2b & 1 \end{vmatrix}=\begin{vmatrix} a & 1 & 1 \\ 1 & b & 1 \\ 0 & b & 0 \end{vmatrix}=-b\begin{vmatrix} a & 1 \\ 1 & 1 \end{vmatrix}=-b(a-1)$$

所以由克莱姆法则可得：

(1) 当 $D\neq 0$，即 $a\neq 1$ 且 $b\neq 0$ 时，方程组只有零解；

(2) 当 $D=0$，即 $a=1$ 或 $b=0$ 时，方程组有非零解.

小结：根据克莱姆法则可知：齐次线性方程组只有零解的充要条件是系数行列式不等于零；反之，若有非零解，则系数行列式等于零. 本题的关键是计算系数行列式的值及对其进行讨论.

三、习题 7—3 解答

1. 用克莱姆法则解下列线性方程组

(1) $\begin{cases} x+y-2z=-3 \\ 5x-2y+7z=22 \\ 2x-5y+4z=4 \end{cases}$.

解 $D=\begin{vmatrix} 1 & 1 & -2 \\ 5 & -2 & 7 \\ 2 & -5 & 4 \end{vmatrix}=63$，$D_1=\begin{vmatrix} -3 & 1 & -2 \\ 22 & -2 & 7 \\ 4 & -5 & 4 \end{vmatrix}=63$，

$D_2=\begin{vmatrix} 1 & -3 & -2 \\ 5 & 22 & 7 \\ 2 & 4 & 4 \end{vmatrix}=126$，$D_3=\begin{vmatrix} 1 & 1 & -3 \\ 5 & -2 & 22 \\ 2 & -5 & 4 \end{vmatrix}=189$，

于是得

$$x=\frac{D_1}{D}=\frac{63}{63}=1，y=\frac{D_2}{D}=\frac{126}{63}=2，z=\frac{D_3}{D}=\frac{189}{63}=3.$$

(2) $\begin{cases} bx-ay+2ab=0 \\ -2cy+3bz-bc=0 \\ cx+az=0 \end{cases}$，其中 $abc\neq 0$.

解 $D=\begin{vmatrix} b & -a & 0 \\ 0 & -2c & 3b \\ c & 0 & a \end{vmatrix}=-5abc$，　$D_1=\begin{vmatrix} -2ab & -a & 0 \\ bc & -2c & 3b \\ 0 & 0 & a \end{vmatrix}=5a^2bc$，

$D_2=\begin{vmatrix} b & -2ab & 0 \\ 0 & bc & 3b \\ c & 0 & a \end{vmatrix}=-5ab^2c$，$D_3=\begin{vmatrix} b & -a & -2ab \\ 0 & -2c & bc \\ c & 0 & 0 \end{vmatrix}=-5abc^2$，

于是得

$$x=\frac{D_1}{D}=\frac{5a^2bc}{-5abc}=-a,\ y=\frac{D_2}{D}=\frac{-5ab^2c}{-5abc}=b,\ z=\frac{D_3}{3}=\frac{-5abc^2}{-5abc}=c.$$

2. 用克莱姆法则解下列线性方程组：

(1) $\begin{cases} x_1+x_2+x_3+x_4=5 \\ x_1+2x_2-x_3+4x_4=-2 \\ 2x_1-3x_2-x_3-5x_4=-2 \\ 3x_1+x_2+2x_3+11x_4=0 \end{cases}$.

解 $$D=\begin{vmatrix} 1 & 1 & 1 & 1 \\ 1 & 2 & -1 & 4 \\ 2 & -3 & -1 & -5 \\ 3 & 1 & 2 & 11 \end{vmatrix}=\begin{vmatrix} 1 & 1 & 1 & 1 \\ 1 & 1 & -2 & 3 \\ 0 & -5 & -3 & -7 \\ 0 & -2 & -1 & 8 \end{vmatrix}=\begin{vmatrix} 1 & 1 & 1 & 1 \\ 0 & 1 & -2 & 3 \\ 0 & 0 & -13 & 8 \\ 0 & 0 & -5 & 14 \end{vmatrix}$$

$$=\begin{vmatrix} 1 & 1 & 1 & 1 \\ 0 & 1 & -2 & 3 \\ 0 & 0 & -1 & -54 \\ 0 & 0 & 0 & 142 \end{vmatrix}=-142,$$

$$D_1=\begin{vmatrix} 5 & 1 & 1 & 1 \\ -2 & 2 & -1 & 4 \\ -2 & -3 & -1 & -5 \\ 0 & 1 & 2 & 11 \end{vmatrix}=-142,\ D_2=\begin{vmatrix} 1 & 5 & 1 & 1 \\ 1 & -2 & -1 & 4 \\ 2 & -2 & -1 & -5 \\ 3 & 0 & 2 & 11 \end{vmatrix}=-284,$$

$$D_3=\begin{vmatrix} 1 & 1 & 5 & 1 \\ 1 & 2 & -2 & 4 \\ 2 & -3 & -2 & -5 \\ 3 & 1 & 0 & 11 \end{vmatrix}=-426,\quad D_4=\begin{vmatrix} 1 & 1 & 1 & 5 \\ 1 & 2 & -1 & -2 \\ 2 & -3 & -1 & -2 \\ 3 & 1 & 2 & 0 \end{vmatrix}=142,$$

$$\therefore x_1=\frac{D_1}{D}=1,\ x_2=\frac{D_2}{D}=2,\ x_3=\frac{D_3}{D}=3,\ x_4=\frac{D_4}{D}=-1.$$

(2) $\begin{cases} 2x_1+3x_2+11x_3+5x_4=6 \\ x_1+x_2+5x_3+2x_4=2 \\ 2x_1+x_2+3x_3+4x_4=2 \\ x_1+x_2+3x_3+4x_4=2 \end{cases}$.

解　系数行列式 $D=\begin{vmatrix} 2 & 3 & 11 & 5 \\ 1 & 1 & 5 & 2 \\ 2 & 1 & 3 & 4 \\ 1 & 1 & 3 & 4 \end{vmatrix}=10\neq 0$，

$$D_1=\begin{vmatrix} 6 & 3 & 11 & 5 \\ 2 & 1 & 5 & 2 \\ 2 & 1 & 3 & 4 \\ 2 & 1 & 3 & 4 \end{vmatrix}=0,\ D_2=\begin{vmatrix} 2 & 6 & 11 & 5 \\ 1 & 2 & 5 & 2 \\ 2 & 2 & 3 & 4 \\ 1 & 2 & 3 & 4 \end{vmatrix}=20,$$

$$D_3=\begin{vmatrix} 2 & 3 & 6 & 5 \\ 1 & 1 & 2 & 2 \\ 2 & 1 & 2 & 4 \\ 1 & 1 & 2 & 4 \end{vmatrix}=0,\quad D_4=\begin{vmatrix} 2 & 3 & 11 & 6 \\ 1 & 1 & 5 & 2 \\ 2 & 1 & 3 & 2 \\ 1 & 1 & 3 & 2 \end{vmatrix}=0,$$

于是得

$$x_1=\frac{D_1}{D}=\frac{0}{10}=0,\ x_2=\frac{D_2}{D}=\frac{20}{10}=2,$$

$$x_3=\frac{D_3}{D}=\frac{0}{10}=0,\ x_4=\frac{D_4}{D}=\frac{0}{10}=0.$$

3. 医院营养师为病人配制的一份菜肴由蔬菜，鱼和肉松组成，这份菜肴需含 1 200cal 热量，30g 蛋白质和 300mg 维生素 C，已知三种食物每 100g 中有关营养的含量如下表所列：

	蔬菜	鱼	肉松
热量/cal	60	300	600
蛋白质/g	3	9	6
维生素 C/mg	90	60	30

试求所配菜肴中每种食物的数量.

解　设每份菜肴中蔬菜，鱼和肉松的数量分别为 x_1，x_2 和 x_3（单位 100g），那么由已知条件可得线性方程组：

$$\begin{cases} 60x_1+300x_2+600x_3=1\,200 \\ 3x_1+9x_2+6x_3=30 \\ 90x_1+60x_2+30x_3=300 \end{cases},$$

化简得

$$\begin{cases}x_1+5x_2+10x_3=20\\x_1+3x_2+2x_3=10\\3x_1+2x_2+x_3=10\end{cases},$$

由于系数行列式

$$D=\begin{vmatrix}1&5&10\\1&3&2\\3&2&1\end{vmatrix}=-46\neq0$$

故方程组有唯一解，又容易算得

$$D_1=\begin{vmatrix}20&5&10\\10&3&2\\10&2&1\end{vmatrix}=-70,\ D_2=\begin{vmatrix}1&20&10\\1&10&2\\3&10&1\end{vmatrix}=-110,$$

$$D_3=\begin{vmatrix}1&5&20\\1&3&10\\3&2&10\end{vmatrix}=-30,$$

所以方程组的解为

$$x_1=\frac{-70}{-46}\approx1.52,\ x_2=\frac{-110}{-46}\approx2.39,\ x_3=\frac{-30}{-46}\approx0.65$$

即每份菜肴中应约有蔬菜 152g，鱼 239g 和肉松 65g.

4. 判断齐次线性方程组 $\begin{cases}2x_1+2x_2-x_3=0\\x_1-2x_2+4x_3=0\\5x_1+8x_2-2x_3=0\end{cases}$ 是否仅有零解.

解 $D=\begin{vmatrix}2&2&-1\\1&-2&4\\5&8&-2\end{vmatrix}=\begin{vmatrix}0&6&-9\\1&-2&4\\0&18&-22\end{vmatrix}=-30\neq0,$

但 $D_1=D_2=D_3=0$，所以方程组仅有零解.

5. λ，μ 取何值时，齐次线性方程组 $\begin{cases}\lambda x_1+x_2+x_3=0\\x_1+\mu x_2+x_3=0\\x_1+2\mu x_2+x_3=0\end{cases}$ 有非零解?

解 $D=\begin{vmatrix}\lambda&1&1\\1&\mu&1\\1&2\mu&1\end{vmatrix}=\mu-\mu\lambda.$

齐次线性方程组有非零解，则 $D=0$，即 $\mu-\mu\lambda=0$

$\Rightarrow\mu=0$ 或 $\lambda=1$,

不难验证，当 $\mu=0$ 或 $\lambda=1$ 时，该齐次线性方程组确有非零解.

本章小结

一、本章知识点网络图

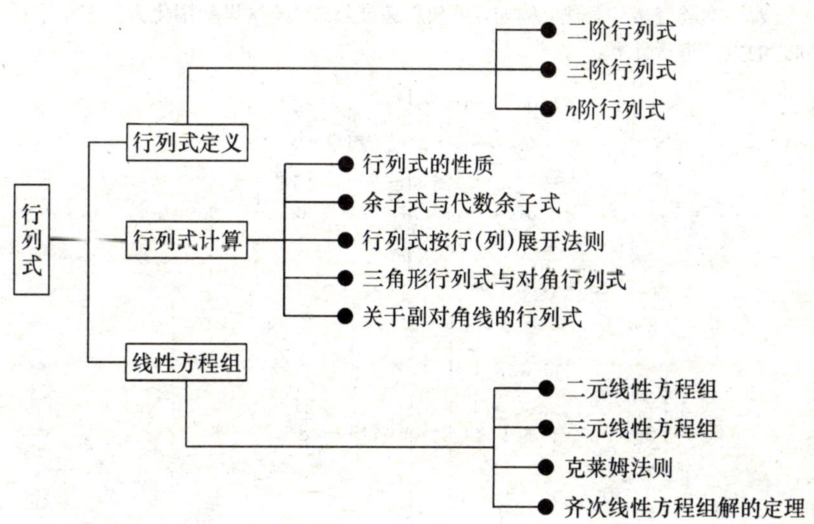

二、题型分析

题型 1　化行列式为三角形行列式进行计算

解题思路　利用行列式的性质，采用“化零”的方法，逐步将所给行列式化为三角形行列式. 化零时一般尽量选含有 1 的行（列）及含零较多的行（列）；若没有 1，则可适当选取便于化零的数，或利用行列式性质将某行（列）中的某数化为 1（见例 1）；若所给行列式中元素间具有某些特征，则应充分利用这些特征，常见的如：行列式所有行（或列）对应元素相加后相等，则可通过提取公因子将第 1 行（或列）全部元素化为 1（见例 2）；对爪形（|◸|，|◹|，|◿|，|◺|）行列式，可通过将其余各行（或列）的某一倍数加至第 1 行（或列），化为三角形行列式（如例 3）；通过作辅助行列式使其具有可利用的特征（如例 4），等等.

掌握行列式的特征是计算行列式的关键，在此基础上，充分利用行列式的性质以达到将其化为三角形行列式的目的.

例 1　求 $\begin{vmatrix} 3 & 1 & 0 & 0 & 0 \\ 1 & 3 & 1 & 0 & 0 \\ 0 & 1 & 3 & 1 & 0 \\ 0 & 0 & 1 & 3 & 1 \\ 0 & 0 & 0 & 1 & 3 \end{vmatrix}$.

解　本题有多种解法，例如，可利用递推公式法，这里利用化为上三角形行列式的方法进行计算：

$$D=3\cdot\begin{vmatrix} 1 & \frac{1}{3} & 0 & 0 & 0 \\ 0 & \frac{8}{3} & 1 & 0 & 0 \\ 0 & 1 & 3 & 1 & 0 \\ 0 & 0 & 1 & 3 & 1 \\ 0 & 0 & 0 & 1 & 3 \end{vmatrix}=\begin{vmatrix} 3 & 1 & 0 & 0 & 0 \\ 0 & \frac{8}{3} & 1 & 0 & 0 \\ 0 & 0 & \frac{21}{8} & 1 & 0 \\ 0 & 0 & 1 & 3 & 1 \\ 0 & 0 & 0 & 1 & 3 \end{vmatrix}$$

$$=\begin{vmatrix} 3 & 1 & 0 & 0 & 0 \\ 0 & \frac{8}{3} & 1 & 0 & 0 \\ 0 & 0 & \frac{21}{8} & 1 & 0 \\ 0 & 0 & 0 & \frac{55}{21} & 1 \\ 0 & 0 & 0 & 1 & 3 \end{vmatrix}=\begin{vmatrix} 3 & 1 & 0 & 0 & 0 \\ 0 & \frac{8}{3} & 1 & 0 & 0 \\ 0 & 0 & \frac{21}{8} & 1 & 0 \\ 0 & 0 & 0 & \frac{55}{21} & 1 \\ 0 & 0 & 0 & 0 & \frac{141}{55} \end{vmatrix}$$

$$=3\cdot\frac{8}{3}\cdot\frac{21}{8}\cdot\frac{55}{21}\cdot\frac{144}{55}=144.$$

例 2　计算 $D_n=\begin{vmatrix} 2 & 1 & 1 & \cdots & 1 \\ 1 & 2 & 1 & \cdots & 1 \\ 1 & 1 & 2 & \cdots & 1 \\ \cdots & \cdots & \cdots & \cdots & \cdots \\ 1 & 1 & 1 & \cdots & 2 \end{vmatrix}$.

解　注意到该行列式中每一列中的 n 个元素之和都为 $n+1$，故将第 2，3，…，n 行元素都加到第 1 行上，得

$$D_n=\begin{vmatrix} n+1 & n+1 & n+1 & \cdots & n+1 \\ 1 & 2 & 1 & \cdots & 1 \\ 1 & 1 & 2 & \cdots & 1 \\ \cdots & \cdots & \cdots & \cdots & \cdots \\ 1 & 1 & 1 & \cdots & 2 \end{vmatrix}=(n+1)\begin{vmatrix} 1 & 1 & 1 & \cdots & 1 \\ 1 & 2 & 1 & \cdots & 1 \\ 1 & 1 & 2 & \cdots & 1 \\ \cdots & \cdots & \cdots & \cdots & \cdots \\ 1 & 1 & 1 & \cdots & 2 \end{vmatrix}$$

$$
=(n+1)\begin{vmatrix} 1 & 1 & 1 & \cdots & 1 \\ 0 & 1 & 0 & \cdots & 0 \\ 0 & 0 & 1 & \cdots & 0 \\ \cdots & \cdots & \cdots & \cdots & \cdots \\ 0 & 0 & 0 & \cdots & 1 \end{vmatrix}=n+1.
$$

例 3 计算行列式

$$
D_{n+1}=\begin{vmatrix} a_0 & b_1 & b_2 & \cdots & b_{n-1} & b_n \\ c_1 & a_1 & 0 & \cdots & 0 & 0 \\ c_2 & 0 & c_2 & \cdots & 0 & 0 \\ \cdots & \cdots & \cdots & \cdots & \cdots & \cdots \\ c_n & 0 & 0 & \cdots & 0 & a_n \end{vmatrix},a_i\neq 0
$$

解 化为三角形行列式，把第 $i+1(i=1,\cdots,n)$ 列的 $-\frac{c_i}{a_i}$ 倍加到第一列，得

$$
D_{n+1}=\begin{vmatrix} a_0-\sum\limits_{i=1}^{n}\frac{b_i c_i}{a_i} & b_1 & b_2 & \cdots & b_{n-1} & b_n \\ 0 & a_1 & 0 & \cdots & 0 & 0 \\ 0 & 0 & a_2 & \cdots & 0 & 0 \\ \cdots & \cdots & \cdots & \cdots & \cdots & \cdots \\ 0 & 0 & 0 & \cdots & 0 & a_n \end{vmatrix}
$$

$$
=a_1 a_2\cdots a_n\left(a_0-\sum_{i=1}^{n}\frac{b_i c_i}{a_i}\right).
$$

例 4 计算 $D_n=\begin{vmatrix} x_1+a_1^2 & a_1 a_2 & \cdots & a_1 a_n \\ a_2 a_1 & x_2+a_2^2 & \cdots & a_2 a_n \\ \cdots & \cdots & \cdots & \cdots \\ a_n a_1 & a_n a_2 & \cdots & x_n+a_n^2 \end{vmatrix},x_1 x_2\cdots x_n\neq 0.$

解 D_n 除主对角线上的元素外，其第 i 列的元素分别为 $n-1$ 个元素 a_1，a_2，$\cdots$，a_{i-1}，a_{i+1}，$\cdots$，a_n 的 a_i 倍，故作如下辅助行列式：

$$
D_n=D_{n+1}=\begin{vmatrix} 1 & 0 & 0 & \cdots & 0 \\ a_1 & x_1+a_1^2 & a_1 a_2 & \cdots & a_1 a_n \\ a_2 & a_2 a_1 & x_2+a_2^2 & \cdots & a_2 a_n \\ \cdots & \cdots & \cdots & \cdots & \cdots \\ a_n & a_n a_1 & a_n a_2 & \cdots & x_n+a_n^2 \end{vmatrix}
$$

$$=\begin{vmatrix} 1 & -a_1 & -a_2 & \cdots-a_n \\ a_1 & x_1 & 0 & \cdots & 0 \\ a_2 & 0 & x_2 & \cdots & 0 \\ \cdots & \cdots & \cdots & \cdots & \cdots \\ a_n & 0 & 0 & \cdots & x_n \end{vmatrix}$$

$$\xlongequal{c_1-\frac{a_1}{x_1}c_2-\cdots-\frac{a_n}{x_n}c_{n+1}}\begin{vmatrix} 1+\sum_{i=1}^{n}(a_i^2/x_i) & -a_1 & -a_2 & \cdots & -a_n \\ 0 & x_1 & 0 & \cdots & 0 \\ 0 & 0 & x_2 & \cdots & 0 \\ \cdots & \cdots & \cdots & \cdots & \cdots \\ 0 & 0 & 0 & \cdots & x_n \end{vmatrix}$$

$$=\left(1+\sum_{i=1}^{n}(a_i^2/x_i)\right)\prod_{j=1}^{n}x_j.$$

题型 2 利用行列式性质和展开定理计算行列式

解题思路 利用行列式的性质和按行（列）展开定理计算行列式，一般总是先利用行列式的性质，把行列式的某行（列）的元素化为尽可能多的零，然后再按此行（列）展开以达到降低行列式的阶数、将行列式转化为较低阶行列式来计算的目的，此即所谓的降价法. 计算中，对具体的问题应具体分析，注意所给行列式的特征（见例1).

通常情况下，如果所求行列式的某一行（或某一列）至多只有两个非零元素，一般可按此行（或此列）展开降价求解（见例2～例3).

例1 求 $\begin{vmatrix} a & b & c & d \\ b & a & d & c \\ c & d & a & b \\ d & c & b & a \end{vmatrix}$.

解 将 D 的第2、3、4行都加到第1行，并从第1行中提取公因子 $a+b+c+d$ 得

$$D=(a+b+c+d)\begin{vmatrix} 1 & 1 & 1 & 1 \\ b & a & d & c \\ c & d & a & b \\ d & c & b & a \end{vmatrix},$$

再将第2、3、4列都减去第1列，得

$$D=(a+b+c+d)\begin{vmatrix}1&0&0&0\\b&a-b&d-b&c-b\\c&d-c&a-c&b-c\\d&c-d&b-d&a-d\end{vmatrix}$$

$$=(a+b+c+d)\begin{vmatrix}a-b&d-b&c-b\\d-c&a-c&b-c\\c-d&b-d&a-d\end{vmatrix}.$$

把上面右端行列式第 2 行加到第 1 行，再从第 1 行中提取公因子 $a-b-c+d$，得

$$D=(a+b+c+d)(a-b-c+d)\cdot\begin{vmatrix}1&1&0\\d-c&a-c&b-c\\c-d&b-d&a-d\end{vmatrix}$$

$$=(a+b+c+d)(a-b-c+d)\cdot\begin{vmatrix}a-d&b-c\\b-c&a-d\end{vmatrix}$$

$$=(a+b+c+d)(a-b-c+d)\cdot[(a-d)^2-(b-c)^2]$$

$$=(a+b+c+d)(a-b-c+d)(a+b-c-d)(a-b+c-d).$$

例 2 计算行列式 $D=\begin{vmatrix}a_1&0&0&b_1\\0&a_2&b_2&0\\0&b_3&a_3&0\\b_4&0&0&a_4\end{vmatrix}$.

解 按第一行展开，得

$$D=a_1\begin{vmatrix}a_2&b_2&0\\b_3&a_3&0\\0&0&a_4\end{vmatrix}-b_1\begin{vmatrix}0&a_2&b_2\\0&b_3&a_3\\b_4&0&0\end{vmatrix}$$

$$=a_1a_4(a_2a_3-b_2b_3)-b_1b_4(a_2a_3-b_2b_3)$$

$$=(a_2a_3-b_2b_3)(a_1a_4-b_1b_4).$$

例 3 $\begin{vmatrix}0&0&\cdots&0&\alpha&\beta\\0&0&\cdots&\alpha&\beta&0\\\cdots&\cdots&\cdots&\cdots&\cdots&\cdots\\\alpha&\beta&\cdots&0&0&0\\\beta&0&\cdots&0&0&\alpha\end{vmatrix}$

解题思路 利用行列式的性质和按行（列）展开定理计算行列式.

解 第1行1列均只有两个非零元素，可按第一行展开，得

$$D_n=(-1)^n\alpha\begin{vmatrix}0&0&\cdots&0&\alpha&0\\0&0&\cdots&\alpha&\beta&0\\\cdots&\cdots&\cdots&\cdots&\cdots&\cdots\\\alpha&\beta&\cdots&0&0&0\\\beta&0&\cdots&0&0&\alpha\end{vmatrix}+(-1)^{n+1}\beta\begin{vmatrix}0&0&\cdots&\alpha&\beta\\0&0&\cdots&\beta&0\\\cdots&\cdots&\cdots&\cdots&\cdots\\\alpha&\beta&\cdots&0&0\\\beta&0&\cdots&0&0\end{vmatrix}$$

$$=(-1)^n\alpha^2\begin{vmatrix}0&0&\cdots&0&\alpha\\0&0&\cdots&\alpha&\beta\\\cdots&\cdots&\cdots&\cdots&\cdots\\\alpha&\beta&\cdots&0&0\end{vmatrix}+(-1)^{n+1}\beta\cdot(-1)^{\frac{(n-1)(n-2)}{2}}\cdot\beta^{n-1}$$

$$=(-1)^n\alpha^2\cdot(-1)^{\frac{(n-2)(n-3)}{2}}\cdot\alpha^{n-2}+(-1)\frac{n(n-1)}{2}\cdot\beta^n$$

$$=(-1)^{\frac{(n-1)(n-2)}{2}}\cdot\alpha^n+(-1)^{\frac{n(n-1)}{2}}\cdot\beta^n.$$

题型3 利用展开定理求代数余子式

解题思路 设 $D=\begin{vmatrix}a_{11}&a_{12}&\cdots&a_{1n}\\a_{21}&a_{22}&\cdots&a_{2n}\\\cdots&\cdots&\cdots&\cdots\\a_{n1}&a_{n2}&\cdots&a_{nn}\end{vmatrix}$，则有

$$D=a_{i1}A_{i1}+a_{i2}A_{i2}+\cdots+a_{in}A_{in}\quad(i=1,2,\cdots,n)$$

或 $$D=a_{1j}A_{1j}+a_{2j}A_{2j}+\cdots+a_{nj}A_{nj}\quad(j=1,2,\cdots,n).$$

其中 A_{ij} 为 a_{ij} 的代数余子式. 反之，若要求某行（列）对应元素代数余子式的线性组合，可利用展开定理将其转化为一个 n 阶行列式来计算，即

$$k_1A_{i1}+k_2A_{i2}+\cdots+k_nA_{in}=\begin{vmatrix}a_{11}&a_{12}&\cdots&a_{1n}\\\cdots&\cdots&\cdots&\cdots\\a_{i-11}&a_{i-12}&\cdots&a_{i-1n}\\k_1&k_2&\cdots&k_n\\a_{i+11}&a_{i+12}&\cdots&a_{i+1n}\\\cdots&\cdots&\cdots&\cdots\\a_{n1}&a_{n2}&\cdots&a_{nn}\end{vmatrix}.$$

例1 已知4阶行列式 D 中第1行上元素分别为1，2，0，−4，第三行上元素的余子式依次为6，x，19，2，试求 x 的值.

解 由题设知，a_{11}，a_{12}，a_{13}，a_{14} 分别为1，2，0，−4；M_{31}，M_{32}，M_{33}，M_{34}

分别为 6，x，19，2.

从而得 A_{31}，A_{32}，A_{33}，A_{34} 分别为 6，$-x$，19，-2.

由行列式按行（列）展开定理，得

$$a_{11}A_{31}+a_{12}A_{32}+a_{13}A_{33}+a_{14}A_{34}=0,$$

即
$$1\times 6+2\times(-x)+0\times 19+(-4)\times(-2)=0.$$

所以 $x=7$.

例 2 设 $|a_{ij}|_{4\times 4}=\begin{vmatrix} 3 & 6 & 9 & 12 \\ 2 & 4 & 6 & 8 \\ 1 & 2 & 0 & 3 \\ 5 & 4 & 6 & 3 \end{vmatrix}$，试求 $A_{41}+2A_{42}+3A_{44}=$？其中 A_{4j} 为元素 $a_{4j}(j=1, 2, 4)$ 的代数余子式.

解 $A_{41}+2A_{42}+3A_{44}-1\cdot A_{41}+2\cdot A_{42}+0\cdot A_{43}+3\cdot A_{44}$

$$=\begin{vmatrix} 3 & 6 & 9 & 12 \\ 2 & 4 & 6 & 8 \\ 1 & 2 & 0 & 3 \\ 1 & 2 & 0 & 3 \end{vmatrix}=0.$$

例 3 已知四阶行列式 $D_4=\begin{vmatrix} 1 & 2 & 3 & 4 \\ 3 & 3 & 4 & 4 \\ 1 & 5 & 6 & 7 \\ 1 & 1 & 2 & 2 \end{vmatrix}=-6$，试求 $A_{41}+A_{42}$ 与 $A_{43}+A_{44}$，其中 $A_{4j}(j=1, 2, 3, 4)$ 是 D_4 中第四行第 j 个元素的代数余子式.

解 由题设将此行列式按第四行展开，以及用第二行元素乘以对应第四行元素的代数余子式，得

$$\begin{cases} A_{41}+A_{42}+2(A_{43}+A_{44})=-6 \\ 3(A_{41}+A_{42})+4(A_{43}+A_{44})=0 \end{cases},$$

由此解得

$$A_{41}+A_{42}=12,\ A_{43}+A_{44}=-9.$$

题型 4 利用克莱姆法则求解线性方程组

解题思路 克莱姆法则只适用于方程的个数与未知量的个数相等的线性方程组

$$\begin{cases} a_{11}x_1+a_{12}x_2+\cdots+a_{1n}x_n=b_1 \\ a_{21}x_1+a_{22}x_2+\cdots+a_{2n}x_n=b_2 \\ \cdots\cdots\cdots\cdots\cdots\cdots\cdots\cdots \\ a_{n1}x_1+a_{n2}x_2+\cdots+a_{nn}x_n=b_n \end{cases}.$$

当系数行列式 $D\neq 0$ 时，则方程组有且仅有唯一解.

注意克莱姆法则对于齐次线性方程组的几个命题与结论在解题中的应用.(见例 1).

例 1　证明平面上三条不同的直线

$$ax+by+c=0,\ bx+cy+a=0,\ cx+ay+b=0$$

相交于一点的充分必要条件是 $a+b+c=0$.

证明思路　克莱姆法则和线性方程组解的关系在几何中的应用.

证　必要性　设所给三条直线交于一点 $M(x_0, y_0)$，则 $x=x_0$，$y=y_0$，$z=1$ 可视为齐次线性方程组

$$\begin{cases} ax+by+cz=0 \\ bx+cy+az=0 \\ cx+ay+bz=0 \end{cases}$$

的非零解. 从而有系数行列式

$$\begin{vmatrix} a & b & c \\ b & c & a \\ c & a & b \end{vmatrix} = \left(-\frac{1}{2}\right)(a+b+c)\cdot\left[(a-b)^2+(b-c)^2+(c-a)^2\right]=0.$$

因为三条直线互不相同，所以 a，b，c 也不全相同，故 $a+b+c=0$.

充分性　若 $a+b+c=0$，将方程组

$$\begin{cases} ax+by=-c \\ bx+cy=-a \\ cx+ay=-b \end{cases} \tag{1}$$

的第一、二个方程加到第三个方程，得

$$\begin{cases} ax+by=-c \\ bx+cy=-a. \\ 0=0 \end{cases} \tag{2}$$

下证此方程组 (2) 有唯一解. 反证：若方程组的解不唯一，则

$$\begin{vmatrix} a & b \\ b & c \end{vmatrix} = ac-b^2=0 \Rightarrow ac=b^2\geqslant 0,$$

由 $b=-(a+c)$ 得

$$ac=[-(a+c)]^2=a^2+2ac+c^2 \Rightarrow ac=-(a^2+c^2)\leqslant 0 \Rightarrow ac=0.$$

不妨设 $a=0$，由 $b^2=ac$ 得 $b=0$. 再由 $a+b+c=0$ 得 $c=0$ 矛盾. 故 $\begin{vmatrix} a & b \\ b & c \end{vmatrix}\neq 0$.

由克莱姆法则知，方程组 (2) 有唯一解. 从而知方程组 (1) 有唯一解，即三条不同直线交于一点.

第 8 章 矩 阵

矩阵是研究线性变换、向量的线性相关性及线性方程组的解法等的有力且不可替代的工具，在线性代数中具有重要地位. 本章中我们首先要引入矩阵的概念，深入讨论矩阵的运算、矩阵的变换以及矩阵的某些内在特征.

本章教学基本要求：

1. 深入理解矩阵的概念及应用；

2. 了解单位矩阵、对角矩阵、三角矩阵、共轭矩阵、对称矩阵和反对称矩阵以及它们的性质；

3. 掌握矩阵的线性运算、乘法运算、线性变换、转置运算，以及它们的运算规律，了解方阵的幂、方阵的行列式；

4. 理解逆阵的概念和矩阵可逆的充要条件，会用伴随矩阵求逆阵；

5. 掌握矩阵的初等变换，了解初等矩阵的性质和矩阵等价的概念；

6. 清楚矩阵秩的概念，重点掌握用矩阵的初等变换求矩阵的秩和逆矩阵.

§8.1 矩阵的概念

一、主要知识归纳

定义	由 $m\times n$ 个数 a_{ij} $(i=1, 2, \cdots, m;\ j=1, 2, \cdots, n)$ 排成的行列的数表 $$\boldsymbol{A}=\begin{pmatrix} a_{11} & a_{12} & \cdots & a_{1n} \\ a_{21} & a_{22} & \cdots & a_{2n} \\ \cdots & \cdots & \cdots & \cdots \\ a_{m1} & a_{m2} & \cdots & a_{mn} \end{pmatrix}$$ 称为一个 $m\times n$ 矩阵，简记 $\boldsymbol{A}=\boldsymbol{A}_{m\times n}=(a_{ij})_{m\times n}=(a_{ij})$，其中 a_{ij} 称为矩阵 $\boldsymbol{A}$ 的第 i 行第 j 列元素.
矩阵相等	如果两个矩阵具有相同的行数与相同的列数，则称这两个矩阵为同型矩阵. 如果矩阵 $\boldsymbol{A}$, $\boldsymbol{B}$ 为同型矩阵，且对应元素相等，则称矩阵 $\boldsymbol{A}$ 与矩阵 $\boldsymbol{B}$ 相等即 $\boldsymbol{A}=(a_{ij})$，$\boldsymbol{B}=(b_{ij})$，且 $a_{ij}=b_{ij}$ $(i=1, 2, \cdots, m;\ j=1, 2, \cdots, n)$，则 $\boldsymbol{A}=\boldsymbol{B}$.

续前表

特殊矩阵	(1) 零矩阵：元素 a_{ij} 全为零的矩阵. (2) 行矩阵：只有一行的矩阵，也称行向量. (3) 列矩阵：只有一列的矩阵，也称列向量. (4) 方阵：行数和列数相等的矩阵. (5) 对角矩阵：除对角线元素外全为零的矩阵. (6) 单位矩阵：主对角线元素都为 1 的对角矩阵，记为 $\boldsymbol{E}$. (7) 数量矩阵：主对角线元素全为某一数的对角矩阵，记为 $a\boldsymbol{E}$.

二、典型例题分析

例 1 假设将货物从甲、乙、丙三个产地运往销售地 A 的货运量为 385、420、332；运往销售地 B 的货运量为 436、513、414；运往销售地 C 的货运量为 280、560、360. 用矩阵表示货物的运送情况.

解 用矩阵表示货物各产地运往各销售地的情况如下：

$$\begin{array}{c} \\ \text{甲} \\ \text{乙} \\ \text{丙} \end{array}\begin{array}{c} \begin{array}{ccc} \text{A} & \text{B} & \text{C} \end{array} \\ \begin{bmatrix} 385 & 436 & 280 \\ 420 & 513 & 560 \\ 332 & 414 & 360 \end{bmatrix} \end{array}$$

小结：本题是矩阵的概念在实际问题中的应用，关键是要理解矩阵是由数构成的一种表格.

例 2 A, B, C 三人进行某项比赛（不取并列名次）. 已知：

(1) A 是第二名或第三名；

(2) B 是第一名或第三名；

(3) C 的名次在 B 之前.

问 A, B, C 的名次到底如何？

解 设

$$M=(a_{ij})_{3\times 3}=\begin{array}{c} \begin{array}{ccc} \text{一} & \text{二} & \text{三} \end{array} \\ \begin{pmatrix} a_{11} & a_{12} & a_{13} \\ a_{21} & a_{22} & a_{23} \\ a_{31} & a_{32} & a_{33} \end{pmatrix} \end{array}\begin{array}{c} \\ \text{A} \\ \text{B} \\ \text{C} \end{array}，\text{其中 } a_{ij}=1 \text{ 或 } 0.$$

由条件 (1) 知，可令 $a_{12}=1$ 或 $a_{13}=1$，且 $a_{11}=0$；

由条件 (2) 知，可令 $a_{21}=1$ 或 $a_{23}=1$，且 $a_{22}=0$；

由条件 (3) 知，$a_{21}\neq 1$，即 $a_{21}=0$，$a_{31}=1$.

可依次对矩阵添 1 补 0 得到最终矩阵的过程为：

$$M=\begin{pmatrix}0 & & \\ 0 & & 0 \\ 1 & & \end{pmatrix}=\begin{pmatrix}0 & 1 & \\ 0 & 0 & 1 \\ 1 & & \end{pmatrix}=\begin{pmatrix}0 & 1 & 0 \\ 0 & 0 & 1 \\ 1 & 0 & 0\end{pmatrix}.$$

故 A 是第二名，B 是第三名，C 是第一名.

小结： 本题主要利用矩阵的形式来表示比赛排名情况，在所表示矩阵中同一行（列）有且只有一个元素为 1，其余元素皆为 0.

三、习题 8—1 解答

1. 二人零和对策问题. 两儿童玩石头—剪子—布的游戏，每人的出法只能在{石头，剪子，布}中选择一种，当他们各选定一个出法（亦称策略）时，就确定了一个“局势”，也就决定了各自的输赢. 若规定胜者得 1 分，负者得 −1 分，平手各得零分，则对于各种可能的局势（每一局势得分之和为零即零和），试用矩阵表示他们的输赢状况.

解题思路　利用矩阵的概念表示实际问题.

B 策略→

石头　剪子　布

解　A 策略↓ 石头、剪子、布

$$\begin{pmatrix}0 & 1 & -1 \\ -0 & 1 & 1 \\ 1 & -1 & 0\end{pmatrix}.$$

§8.2　矩阵的运算

一、主要知识归纳

表 8—2—1　　**矩阵的基本运算**

加法	$\boldsymbol{A}+\boldsymbol{B}=(a_{ij}+b_{ij})$	
数乘	$k\boldsymbol{A}=\boldsymbol{A}k=(ka_{ij})$	
线性运算规律	(1) $\boldsymbol{A}+\boldsymbol{B}=\boldsymbol{B}+\boldsymbol{A}$； (3) $\boldsymbol{A}+\boldsymbol{O}=\boldsymbol{A}$； (5) $1\boldsymbol{A}=\boldsymbol{A}$； (7) $(k+l)\boldsymbol{A}=k\boldsymbol{A}+l\boldsymbol{A}$；	(2) $(\boldsymbol{A}+\boldsymbol{B})+\boldsymbol{C}=\boldsymbol{A}+(\boldsymbol{B}+\boldsymbol{C})$； (4) $\boldsymbol{A}+(-\boldsymbol{A})=\boldsymbol{O}$； (6) $k(l\boldsymbol{A})=(kl)\boldsymbol{A}$； (8) $k(\boldsymbol{A}+\boldsymbol{B})=k\boldsymbol{A}+k\boldsymbol{B}$.
乘法	$\boldsymbol{AB}=(c_{ij})_{m\times n}$，其中 $c_{ij}=\sum a_{ik}b_{kj}=a_{i1}b_{1j}+a_{i2}b_{2j}+\cdots+a_{is}b_{sj}$， $(i=1,2,\cdots,m;\ j=1,2,\cdots,n)$	
乘法运算规律	(1) $(\boldsymbol{AB})\boldsymbol{C}=\boldsymbol{A}(\boldsymbol{BC})$； (3) $\boldsymbol{C}(\boldsymbol{A}+\boldsymbol{B})=\boldsymbol{CA}+\boldsymbol{CB}$；	(2) $(\boldsymbol{A}+\boldsymbol{B})\boldsymbol{C}=\boldsymbol{AC}+\boldsymbol{BC}$； (4) $k(\boldsymbol{AB})=(k\boldsymbol{A})\boldsymbol{B}=\boldsymbol{A}(k\boldsymbol{B})$.
转置	(1) $(\boldsymbol{A}^{T})^{T}=\boldsymbol{A}$； (3) $(k\boldsymbol{A})^{T}=k\boldsymbol{A}^{T}$；	(2) $(\boldsymbol{A}+\boldsymbol{B})^{T}=\boldsymbol{A}^{T}+\boldsymbol{B}^{T}$； (4) $(\boldsymbol{AB})^{T}=\boldsymbol{B}^{T}\boldsymbol{A}^{T}$.

表 8—2—2　　方阵的性质

方阵的幂	(1) $A^mA^n=A^{m+n}$(m, n 为非负整数)；　(2) $(A^m)^n=A^{mn}$.
方阵行列式	(1) $\|A^T\|=\|A\|$；　(2) $\|kA\|=k^n\|A\|$；　(3) $\|AB\|=\|A\|\|B\|$.
对称矩阵	$A^T=A$，即 $a_{ij}=a_{ji}$(i, $j=1, 2, \cdots, n$)，则称 A 为对称矩阵. $A^T=-A$，则称 A 为反对称矩阵.

二、典型例题分析

例 1　设 $A=\begin{pmatrix}2&0\\1&-1\end{pmatrix}$，$B=\begin{pmatrix}a&b\\3&2\end{pmatrix}$，若矩阵满足 $AB=BA$，求 a，b 的值.

解　由于 $AB=BA$，即

$$\begin{pmatrix}2&0\\1&-1\end{pmatrix}\begin{pmatrix}a&b\\3&2\end{pmatrix}=\begin{pmatrix}a&b\\3&2\end{pmatrix}\begin{pmatrix}2&0\\1&-1\end{pmatrix},$$

$$\begin{pmatrix}2a&2b\\a-3&b-2\end{pmatrix}=\begin{pmatrix}2a+b&-b\\8&-2\end{pmatrix},$$

由矩阵相等的定义可得

$$\begin{cases}2a=2a+b\\2b=-b\\a-3=8\\b-2=-2\end{cases},$$

解得：$a=11$，$b=0$.

小结：本题主要考查了矩阵的乘法运算和矩阵相等的概念，关键在于理解矩阵相等即对应元素均相等.

例 2　设 α 是 3 维列向量，满足 $\alpha\alpha^T=\begin{pmatrix}1&-1&1\\-1&1&-1\\1&-1&1\end{pmatrix}$，求 $\alpha^T\alpha$.

解　由 α 是 3 维列向量可知，$\alpha^T\alpha$ 为一个常数，则

$$(\alpha\alpha^T)^2=\alpha(\alpha^T\alpha)\alpha^T=\alpha^T\alpha(\alpha\alpha^T),$$

即

$$(\alpha\alpha^T)^2=\begin{pmatrix}1&-1&1\\-1&1&-1\\1&-1&1\end{pmatrix}^2=\begin{pmatrix}3&-3&3\\-3&3&-3\\3&-3&3\end{pmatrix}=3\alpha\alpha^T,$$

故 $\boldsymbol{\alpha}^{\mathrm{T}}\boldsymbol{\alpha}=3$.

小结：本题计算 $\boldsymbol{\alpha}^{\mathrm{T}}\boldsymbol{\alpha}$ 的值，关键是巧妙利用矩阵关于乘法具有结合律，通过 $(\boldsymbol{\alpha}\boldsymbol{\alpha}^{\mathrm{T}})^2$ 来间接求常数 $\boldsymbol{\alpha}^{\mathrm{T}}\boldsymbol{\alpha}$.

例 3　一家食品店可以做甲、乙、丙三种不同规格的生日蛋糕，每种蛋糕配料的比例（以千克为单位来度量）可以用下面的配料矩阵 $\boldsymbol{P}$ 表示：

$$\begin{array}{cc} & \begin{array}{cccccc}\text{水果} & \text{黄油} & \text{糖} & \text{面粉} & \text{鸡蛋} & \text{白兰地}\end{array} \\ \boldsymbol{P}=\begin{array}{c}\text{甲}\\ \text{乙}\\ \text{丙}\end{array} & \begin{pmatrix} 0.2 & 0.8 & 0.8 & 0.075 & 0.5 & 0.3 \\ 0.15 & 0.6 & 0.6 & 0.05 & 0.4 & 0.2 \\ 0.1 & 0.4 & 0.4 & 0.025 & 0.3 & 0.1 \end{pmatrix}\end{array}$$

某一天，这家食品店根据预购单要做甲种蛋糕 2 个，乙种蛋糕 4 个，丙种蛋糕 3 个，各种配料的单位质量的单价以元为单位，可以用物价矩阵 $\boldsymbol{Q}$ 表示出来：

$$\begin{array}{cc} & \begin{array}{cccccc}\text{水果} & \text{黄油} & \text{糖} & \text{面粉} & \text{鸡蛋} & \text{白兰地}\end{array} \\ \boldsymbol{Q}= & \begin{pmatrix} 6 & 10 & 5 & 4 & 10 & 30 \end{pmatrix}\end{array}$$

请核算一下这家食品店这一天生产生日蛋糕的总成本是多少元?

解　预购蛋糕的数量用矩阵 $\boldsymbol{R}$ 表示为

$$\begin{array}{cc} & \begin{array}{ccc}\text{甲种} & \text{乙种} & \text{丙种}\end{array} \\ \boldsymbol{R}= & \begin{pmatrix} 2 & 4 & 3 \end{pmatrix}\end{array}$$

设总成本为 W，则

$$\boldsymbol{W}=\boldsymbol{R}\cdot\boldsymbol{P}\cdot\boldsymbol{Q}^{\mathrm{T}}=(2\quad 4\quad 3)\begin{pmatrix} 0.2 & 0.8 & 0.8 & 0.075 & 0.5 & 0.3 \\ 0.15 & 0.6 & 0.6 & 0.05 & 0.4 & 0.2 \\ 0.1 & 0.4 & 0.4 & 0.025 & 0.3 & 0.1 \end{pmatrix}\begin{pmatrix} 6 \\ 10 \\ 5 \\ 4 \\ 10 \\ 30 \end{pmatrix}$$

$$=(1.5\quad 5.2\quad 5.2\quad 4.25\quad 3.5\quad 1.7)\begin{pmatrix} 6 \\ 10 \\ 5 \\ 4 \\ 10 \\ 30 \end{pmatrix}=190.0(\text{元})$$

因此食品店这一天生产生日蛋糕的总成本是 190.0 元.

小结：此题在矩阵概念应用的基础上综合了矩阵乘法运算，充分展现了矩阵在解决实际问题上的用处.

三、习题 8—2 解答

1. 计算：

(1) $\begin{pmatrix} 1 & 6 & 4 \\ -4 & 2 & 8 \end{pmatrix}+\begin{pmatrix} -2 & 0 & 1 \\ 2 & -3 & 4 \end{pmatrix}$；

(2) $\begin{pmatrix} 1 & 2 \\ 0 & 1 \end{pmatrix}-\begin{pmatrix} 2 & -2 \\ 0 & 3 \end{pmatrix}$.

解题思路 利用矩阵的线性运算.

解 (1) 原式 $=\begin{pmatrix} -1 & 6 & 5 \\ -2 & -1 & 12 \end{pmatrix}$；

(2) 原式 $=\begin{pmatrix} -1 & 4 \\ 0 & -2 \end{pmatrix}$.

2. 设 $\boldsymbol{A}=\begin{pmatrix} 1 & 2 & 1 & 2 \\ 2 & 1 & 2 & 1 \\ 1 & 2 & 3 & 4 \end{pmatrix}$，$\boldsymbol{B}=\begin{pmatrix} 4 & 3 & 2 & 1 \\ -2 & 1 & -2 & 1 \\ 0 & -1 & 0 & -1 \end{pmatrix}$，计算：

(1) $3\boldsymbol{A}-\boldsymbol{B}$.

解
$$3\boldsymbol{A}-\boldsymbol{B}=3\begin{pmatrix} 1 & 2 & 1 & 2 \\ 2 & 1 & 2 & 1 \\ 1 & 2 & 3 & 4 \end{pmatrix}-\begin{pmatrix} 4 & 3 & 2 & 1 \\ -2 & 1 & -2 & 1 \\ 0 & -1 & 0 & -1 \end{pmatrix}$$
$$=\begin{pmatrix} 3 & 6 & 3 & 6 \\ 6 & 3 & 6 & 3 \\ 3 & 6 & 9 & 12 \end{pmatrix}-\begin{pmatrix} 4 & 3 & 2 & 1 \\ -2 & 1 & -2 & 1 \\ 0 & -1 & 0 & -1 \end{pmatrix}$$
$$=\begin{pmatrix} -1 & 3 & 1 & 5 \\ 8 & 2 & 8 & 2 \\ 3 & 7 & 9 & 13 \end{pmatrix}.$$

(2) $2\boldsymbol{A}+3\boldsymbol{B}$.

解
$$2\boldsymbol{A}+3\boldsymbol{B}=2\begin{pmatrix} 1 & 2 & 1 & 2 \\ 2 & 1 & 2 & 1 \\ 1 & 2 & 3 & 4 \end{pmatrix}+3\begin{pmatrix} 4 & 3 & 2 & 1 \\ -2 & 1 & -2 & 1 \\ 0 & -1 & 0 & -1 \end{pmatrix}$$
$$=\begin{pmatrix} 2 & 4 & 2 & 4 \\ 4 & 2 & 4 & 2 \\ 2 & 4 & 6 & 8 \end{pmatrix}+\begin{pmatrix} 12 & 9 & 6 & 3 \\ -6 & 3 & -6 & 3 \\ 0 & -3 & 0 & -3 \end{pmatrix}$$

$$=\begin{pmatrix}14&13&8&7\\-2&5&-2&5\\2&1&6&5\end{pmatrix}.$$

(3) 若 $\boldsymbol{X}$ 满足 $\boldsymbol{A}+\boldsymbol{X}=\boldsymbol{B}$，求 $\boldsymbol{X}$.

解　$\boldsymbol{X}=\boldsymbol{B}-\boldsymbol{A}$

$$=\begin{pmatrix}4&3&2&1\\-2&1&-2&1\\0&-1&0&-1\end{pmatrix}-\begin{pmatrix}1&2&1&2\\2&1&2&1\\1&2&3&4\end{pmatrix}$$

$$=\begin{pmatrix}3&1&1&-1\\-4&0&-4&0\\-1&-3&-3&-5\end{pmatrix}.$$

3. 计算：

(1) $\begin{pmatrix}4&3&1\\1&-2&3\\5&7&0\end{pmatrix}\begin{pmatrix}7\\2\\1\end{pmatrix}$.

解　$\begin{pmatrix}4&3&1\\1&-2&3\\5&7&0\end{pmatrix}\begin{pmatrix}7\\2\\1\end{pmatrix}=\begin{pmatrix}4\times7+3\times2+1\times1\\1\times7+(-2)\times2+3\times1\\5\times7+7\times2+0\times1\end{pmatrix}=\begin{pmatrix}35\\6\\49\end{pmatrix}$.

(2) $\begin{pmatrix}1&2&3\\2&4&6\\3&6&9\end{pmatrix}\begin{pmatrix}-1&-2&-4\\-1&-2&-4\\1&2&4\end{pmatrix}$.

解　$\begin{pmatrix}1&2&3\\2&4&6\\3&6&9\end{pmatrix}\begin{pmatrix}-1&-2&-4\\-1&-2&-4\\1&2&4\end{pmatrix}=\begin{pmatrix}0&0&0\\0&0&0\\0&0&0\end{pmatrix}$.

(3) $(1,2,3)\begin{pmatrix}3\\2\\1\end{pmatrix}$.

解　$(1,2,3)\begin{pmatrix}3\\2\\1\end{pmatrix}=(1\times3+2\times2+3\times1)=(10)$.

(4) $\begin{pmatrix}3\\2\\1\end{pmatrix}(1\quad2\quad3)$.

解 $\begin{pmatrix}3\\2\\1\end{pmatrix}(1\quad 2\quad 3)=\begin{pmatrix}3&6&9\\2&4&6\\1&2&3\end{pmatrix}$.

(5) $\begin{pmatrix}1&2&3\\-2&1&2\end{pmatrix}\begin{pmatrix}1&2&0\\0&1&1\\3&0&-1\end{pmatrix}$.

解 $\begin{pmatrix}1&2&3\\-2&1&2\end{pmatrix}\begin{pmatrix}1&2&0\\0&1&1\\3&0&-1\end{pmatrix}=\begin{pmatrix}10&4&-1\\4&-3&-1\end{pmatrix}$.

(6) $(x_1,x_2,x_3)\begin{pmatrix}a_{11}&a_{12}&a_{13}\\a_{12}&a_{22}&a_{23}\\a_{13}&a_{23}&a_{33}\end{pmatrix}\begin{pmatrix}x_1\\x_2\\x_3\end{pmatrix}$.

解 $(x_1,x_2,x_3)\begin{pmatrix}a_{11}&a_{12}&a_{13}\\a_{12}&a_{22}&a_{23}\\a_{13}&a_{23}&a_{33}\end{pmatrix}\begin{pmatrix}x_1\\x_2\\x_3\end{pmatrix}$

$$=(a_{11}x_1+a_{12}x_2+a_{13}x_3,\ a_{12}x_1+a_{22}x_2+a_{23}x_3,\ a_{13}x_1+a_{23}x_2+a_{33}x_3)\begin{pmatrix}x_1\\x_2\\x_3\end{pmatrix}$$

$$=a_{11}x_1^2+a_{22}x_2^2+a_{33}x_3^2+2a_{12}x_1x_2+2a_{13}x_1x_3+2a_{23}x_2x_3.$$

4. 设 $\boldsymbol{A}=\begin{pmatrix}1&1&1\\1&1&-1\\1&-1&1\end{pmatrix}$，$\boldsymbol{B}=\begin{pmatrix}1&2&3\\-1&-2&4\\0&5&1\end{pmatrix}$，求 $3\boldsymbol{AB}-2\boldsymbol{A}$ 及 $\boldsymbol{A}^{\mathrm{T}}\boldsymbol{B}$.

解题思路 利用矩阵的乘法和矩阵的转置.

解 $3\boldsymbol{AB}-2\boldsymbol{A}=3\begin{pmatrix}1&1&1\\1&1&-1\\1&-1&1\end{pmatrix}\begin{pmatrix}1&2&3\\-1&-2&4\\0&5&1\end{pmatrix}-2\begin{pmatrix}1&1&1\\1&1&-1\\1&-1&1\end{pmatrix}$

$$=3\begin{pmatrix}0&5&8\\0&-5&6\\2&9&0\end{pmatrix}-2\begin{pmatrix}1&1&1\\1&1&-1\\1&-1&1\end{pmatrix}=\begin{pmatrix}-2&13&22\\-2&-17&20\\4&29&-2\end{pmatrix},$$

$$\boldsymbol{A}^{\mathrm{T}}\boldsymbol{B}=\begin{pmatrix}1&1&1\\1&1&-1\\1&-1&1\end{pmatrix}\begin{pmatrix}1&2&3\\-1&-2&4\\0&5&1\end{pmatrix}=\begin{pmatrix}0&5&8\\0&-5&6\\2&9&0\end{pmatrix}.$$

5. 某企业某年出口到三个国家的两种货物的数量以及两种货物的单位价格、重量、体积如下表：

货物＼数量＼国家	美国	德国	日本	单位价格（万元）	单位重量（吨）	单位体积（m^3）
A_1	3 000	1 500	2 000	0.5	0.04	0.2
A_2	1 400	1 300	800	0.4	0.06	0.4

利用矩阵乘法计算该企业出口到三个国家的货物总价值、总重量、总体积各为多少.

解 $\begin{bmatrix} 3\,000 & 1\,400 \\ 1\,500 & 1\,300 \\ 2\,000 & 800 \end{bmatrix} \begin{pmatrix} 0.5 & 0.04 & 0.2 \\ 0.4 & 0.06 & 0.4 \end{pmatrix} = \begin{bmatrix} 2\,060 & 204 & 1\,160 \\ 1\,270 & 138 & 720 \\ 1\,320 & 128 & 720 \end{bmatrix}$.

总价值：$2\,060+1\,270+1\,320=4\,650$（万元）；

总重量：$204+138+128=470$（吨）；

总体积：$1\,160+720+720=2\,600$（米^3）.

6. 设 $\boldsymbol{A}=\begin{pmatrix} 1 & 1 \\ 0 & 1 \end{pmatrix}$，求所有与 $\boldsymbol{A}$ 可交换的矩阵.

解 设与 $\boldsymbol{A}$ 可交换的矩阵为 $X=\begin{pmatrix} x_{11} & x_{12} \\ x_{21} & x_{22} \end{pmatrix}$，则

$$\begin{pmatrix} x_{11} & x_{12} \\ x_{21} & x_{22} \end{pmatrix}\begin{pmatrix} 1 & 1 \\ 0 & 1 \end{pmatrix}=\begin{pmatrix} 1 & 1 \\ 0 & 1 \end{pmatrix}\begin{pmatrix} x_{11} & x_{12} \\ x_{21} & x_{22} \end{pmatrix},$$

即
$$\begin{pmatrix} x_{11} & x_{11}+x_{12} \\ x_{21} & x_{21}+x_{22} \end{pmatrix}=\begin{pmatrix} x_{11}+x_{21} & x_{21}+x_{22} \\ x_{21} & x_{22} \end{pmatrix}$$

$\Rightarrow\quad x_{11}=x_{22}=a,\ x_{12}=b,\ x_{21}=0.$

所以与 $\boldsymbol{A}$ 可交换的矩阵为 $\begin{pmatrix} a & b \\ 0 & a \end{pmatrix}$，$a$，$b\in\mathbf{R}$.

7. 计算下列矩阵：

(1) $\begin{pmatrix} 1 & 1 \\ 0 & 0 \end{pmatrix}^3$.

解 $\begin{pmatrix} 1 & 1 \\ 0 & 0 \end{pmatrix}^2=\begin{pmatrix} 1 & 1 \\ 0 & 0 \end{pmatrix}\begin{pmatrix} 1 & 1 \\ 0 & 0 \end{pmatrix}=\begin{pmatrix} 1 & 1 \\ 0 & 0 \end{pmatrix}$，

$$\begin{pmatrix} 1 & 1 \\ 0 & 0 \end{pmatrix}^3=\begin{pmatrix} 1 & 1 \\ 0 & 0 \end{pmatrix}\begin{pmatrix} 1 & 1 \\ 0 & 0 \end{pmatrix}^2=\begin{pmatrix} 1 & 1 \\ 0 & 0 \end{pmatrix}\begin{pmatrix} 1 & 1 \\ 0 & 0 \end{pmatrix}=\begin{pmatrix} 1 & 1 \\ 0 & 0 \end{pmatrix},$$

(2) $\begin{pmatrix}1 & 0\\ \lambda & 1\end{pmatrix}^5$.

解 $\boldsymbol{A}^2=\begin{pmatrix}1 & 0\\ \lambda & 1\end{pmatrix}\begin{pmatrix}1 & 0\\ \lambda & 1\end{pmatrix}=\begin{pmatrix}1 & 0\\ 2\lambda & 1\end{pmatrix}$,

$$\boldsymbol{A}^3=\boldsymbol{A}^2\boldsymbol{A}=\begin{pmatrix}1 & 0\\ 2\lambda & 1\end{pmatrix}\begin{pmatrix}1 & 0\\ \lambda & 1\end{pmatrix}=\begin{pmatrix}1 & 0\\ 3\lambda & 1\end{pmatrix},$$

$$\boldsymbol{A}^4=\boldsymbol{A}^3\boldsymbol{A}=\begin{pmatrix}1 & 0\\ 3\lambda & 1\end{pmatrix}\begin{pmatrix}1 & 0\\ \lambda & 1\end{pmatrix}=\begin{pmatrix}1 & 0\\ 4\lambda & 1\end{pmatrix},$$

$$\boldsymbol{A}^5=\boldsymbol{A}^4\boldsymbol{A}=\begin{pmatrix}1 & 0\\ 4\lambda & 1\end{pmatrix}\begin{pmatrix}1 & 0\\ \lambda & 1\end{pmatrix}=\begin{pmatrix}1 & 0\\ 5\lambda & 1\end{pmatrix}.$$

(3) $\begin{pmatrix}a & 0 & 0\\ 0 & b & 0\\ 0 & 0 & c\end{pmatrix}^3$.

解 $\begin{pmatrix}a & 0 & 0\\ 0 & b & 0\\ 0 & 0 & c\end{pmatrix}^2=\begin{pmatrix}a & 0 & 0\\ 0 & b & 0\\ 0 & 0 & c\end{pmatrix}\begin{pmatrix}a & 0 & 0\\ 0 & b & 0\\ 0 & 0 & c\end{pmatrix}=\begin{pmatrix}a^2 & 0 & 0\\ 0 & b^2 & 0\\ 0 & 0 & c^2\end{pmatrix}$.

$$\begin{pmatrix}a & 0 & 0\\ 0 & b & 0\\ 0 & 0 & c\end{pmatrix}^3=\begin{pmatrix}a & 0 & 0\\ 0 & b & 0\\ 0 & 0 & c\end{pmatrix}\begin{pmatrix}a^2 & 0 & 0\\ 0 & b^2 & 0\\ 0 & 0 & c^2\end{pmatrix}=\begin{pmatrix}a^3 & 0 & 0\\ 0 & b^3 & 0\\ 0 & 0 & c^3\end{pmatrix}.$$

8. 设 $\boldsymbol{A}$，$\boldsymbol{B}$ 均为 n 阶方阵，证明下列命题等价：

(1) $\boldsymbol{AB}=\boldsymbol{BA}$；

(2) $(\boldsymbol{A}\pm\boldsymbol{B})^2=\boldsymbol{A}^2\pm2\boldsymbol{AB}+\boldsymbol{B}^2$；

(3) $(\boldsymbol{A}+\boldsymbol{B})(\boldsymbol{A}-\boldsymbol{B})=\boldsymbol{A}^2-\boldsymbol{B}^2$.

证 (1) $\Leftrightarrow$ (2)：因为

$$(\boldsymbol{A}\pm\boldsymbol{B})^2=(\boldsymbol{A}\pm\boldsymbol{B})(\boldsymbol{A}\pm\boldsymbol{B})=\boldsymbol{A}^2\pm\boldsymbol{AB}\pm\boldsymbol{BA}+\boldsymbol{B}^2$$

故当且仅当 $\boldsymbol{AB}=\boldsymbol{BA}$ 时，

$$(\boldsymbol{A}\pm\boldsymbol{B})^2=\boldsymbol{A}^2\pm2\boldsymbol{AB}+\boldsymbol{B}^2.$$

(1) $\Leftrightarrow$ (3)：因为

$$(\boldsymbol{A}+\boldsymbol{B})(\boldsymbol{A}-\boldsymbol{B})=\boldsymbol{A}^2-\boldsymbol{AB}+\boldsymbol{BA}+\boldsymbol{B}^2,$$

故当且仅当 $\boldsymbol{AB}=\boldsymbol{BA}$ 时，

$$(\boldsymbol{A}+\boldsymbol{B})(\boldsymbol{A}-\boldsymbol{B})=\boldsymbol{A}^2-\boldsymbol{B}^2.$$

证毕.

9. 设 $\boldsymbol{A}$, $\boldsymbol{B}$ 为 n 阶矩阵，且 $\boldsymbol{A}$ 为对称矩阵，证明 $\boldsymbol{B}^{\mathrm{T}}\boldsymbol{A}\boldsymbol{B}$ 也是对称矩阵.

证　已知 $\boldsymbol{A}^{\mathrm{T}}=\boldsymbol{A}$, 则

$$(\boldsymbol{B}^{\mathrm{T}}\boldsymbol{A}\boldsymbol{B})^{\mathrm{T}}=\boldsymbol{B}^{\mathrm{T}}(\boldsymbol{B}^{\mathrm{T}}\boldsymbol{A})^{\mathrm{T}}=\boldsymbol{B}^{\mathrm{T}}\boldsymbol{A}^{\mathrm{T}}\boldsymbol{B}=\boldsymbol{B}^{\mathrm{T}}\boldsymbol{A}\boldsymbol{B}$$

从而 $\boldsymbol{B}^{\mathrm{T}}\boldsymbol{A}\boldsymbol{B}$ 也是对称矩阵.

10. 设 $\boldsymbol{A}=\begin{pmatrix}a_{11} & a_{12} & a_{13}\\ & a_{22} & a_{23}\\ & & a_{33}\end{pmatrix}$, $\boldsymbol{B}=\begin{pmatrix}b_{11} & b_{12} & b_{13}\\ & b_{22} & b_{23}\\ & & b_{33}\end{pmatrix}$, 验证 $a\boldsymbol{A}$, $\boldsymbol{A}+\boldsymbol{B}$, $\boldsymbol{A}\boldsymbol{B}$ 仍为同阶同结构的上三角形矩阵（其中 a 为实数）.

证　$a\boldsymbol{A}=a\begin{pmatrix}a_{11} & a_{12} & a_{13}\\ & a_{22} & a_{23}\\ & & a_{33}\end{pmatrix}=\begin{pmatrix}aa_{11} & aa_{12} & aa_{13}\\ & aa_{22} & aa_{23}\\ & & aa_{33}\end{pmatrix}$;

$$\boldsymbol{A}+\boldsymbol{B}=\begin{pmatrix}a_{11}+b_{11} & a_{12}+b_{12} & a_{13}+b_{13}\\ & a_{22}+b_{22} & a_{23}+b_{23}\\ & & a_{33}+b_{33}\end{pmatrix};$$

$$\begin{aligned}\boldsymbol{A}\boldsymbol{B}&=\begin{pmatrix}a_{11} & a_{12} & a_{13}\\ & a_{22} & a_{23}\\ & & a_{33}\end{pmatrix}\begin{pmatrix}b_{11} & b_{12} & b_{13}\\ & b_{22} & b_{23}\\ & & b_{33}\end{pmatrix}\\&=\begin{pmatrix}a_{11}b_{11} & a_{11}b_{12}+a_{12}b_{22} & a_{11}b_{13}+a_{12}b_{23}+a_{13}b_{33}\\ & a_{22}b_{22} & a_{22}b_{23}+a_{23}b_{33}\\ & & a_{33}b_{33}\end{pmatrix}\end{aligned}$$

所以，$a\boldsymbol{A}$, $\boldsymbol{A}+\boldsymbol{B}$, $\boldsymbol{A}\boldsymbol{B}$ 仍为同阶同结构的上三角形矩阵.

11. 设矩阵 $\boldsymbol{A}$ 为三阶矩阵，且已知 $|\boldsymbol{A}|=m$, 求 $|-m\boldsymbol{A}|$.

解　设 $\boldsymbol{A}=\begin{pmatrix}a_{11} & a_{12} & a_{13}\\ a_{21} & a_{22} & a_{23}\\ a_{31} & a_{32} & a_{33}\end{pmatrix}$,

则　$-m\boldsymbol{A}=\begin{pmatrix}-ma_{11} & -ma_{12} & -ma_{13}\\ -ma_{21} & -ma_{22} & -ma_{23}\\ -ma_{31} & -ma_{32} & -ma_{33}\end{pmatrix}$,

从而 $|-m\boldsymbol{A}|=\begin{vmatrix}-ma_{11} & -ma_{12} & -ma_{13}\\ -ma_{21} & -ma_{22} & -ma_{23}\\ -ma_{31} & -ma_{32} & -ma_{33}\end{vmatrix}=-m^3|\boldsymbol{A}|=-m^4.$

§8.3 逆矩阵

一、主要知识归纳

<table>
<tr><td>定义</td><td>对于 n 阶矩阵 $\boldsymbol{A}$，如果存在一个 n 阶矩阵 $\boldsymbol{B}$，使得
$$\boldsymbol{AB}=\boldsymbol{BA}=\boldsymbol{E},$$
则称矩阵 $\boldsymbol{A}$ 为可逆矩阵，而矩阵 $\boldsymbol{B}$ 称为 $\boldsymbol{A}$ 的逆矩阵. 如果矩阵 $\boldsymbol{A}$ 可逆，则 $\boldsymbol{A}$ 的逆矩阵是唯一的.
行列式 $|\boldsymbol{A}|$ 的各个元素的代数余子式 A_{ij} 所构成的矩阵
$$\boldsymbol{A}^*=\begin{pmatrix} A_{11} & A_{21} & \cdots & A_{n1} \\ A_{12} & A_{22} & \cdots & A_{n2} \\ \cdots & \cdots & \cdots & \cdots \\ A_{1n} & A_{2n} & \cdots & A_{nn} \end{pmatrix}$$
称为矩阵 $\boldsymbol{A}$ 的伴随矩阵.</td></tr>
<tr><td>可逆条件</td><td>n 阶矩阵 $\boldsymbol{A}$ 可逆的充分必要条件是其行列式 $|\boldsymbol{A}|\neq 0$.</td></tr>
<tr><td>求逆法则</td><td>(1) 定义法：若 $\boldsymbol{AB}=\boldsymbol{E}$(或 $\boldsymbol{BA}=\boldsymbol{E}$)，则 $\boldsymbol{B}=\boldsymbol{A}^{-1}$；
(2) 伴随矩阵法：若 $|\boldsymbol{A}|\neq 0$，则 $\boldsymbol{A}^{-1}=\frac{1}{|\boldsymbol{A}|}\boldsymbol{A}^*$.</td></tr>
<tr><td>矩阵方程</td><td>(1) $\boldsymbol{AX}=\boldsymbol{B}\Rightarrow \boldsymbol{X}=\boldsymbol{A}^{-1}\boldsymbol{B}$，　(2) $\boldsymbol{XA}=\boldsymbol{B}\Rightarrow \boldsymbol{X}=\boldsymbol{BA}^{-1}$，
(3) $\boldsymbol{AXB}=\boldsymbol{C}\Rightarrow \boldsymbol{X}=\boldsymbol{A}^{-1}\boldsymbol{CB}^{-1}$.</td></tr>
</table>

二、典型例题分析

例 1 已知 n 阶矩阵 $\boldsymbol{A}$ 满足 $\boldsymbol{A}^2+3\boldsymbol{A}-5\boldsymbol{E}=\boldsymbol{0}$.

(1) 求 $\boldsymbol{A}^{-1}$；

(2) 求 $(\boldsymbol{A}-\boldsymbol{E})^{-1}$.

解 (1) 由 $\boldsymbol{A}^2+3\boldsymbol{A}-5\boldsymbol{E}=\boldsymbol{0}$ 可得

$$\boldsymbol{A}(\boldsymbol{A}+3\boldsymbol{E})=5\boldsymbol{E},$$

即 $$\boldsymbol{A}\frac{\boldsymbol{A}+3\boldsymbol{E}}{5}=\boldsymbol{E},$$

故 $$\boldsymbol{A}^{-1}=\frac{\boldsymbol{A}+3\boldsymbol{E}}{5}.$$

(2) $\boldsymbol{A}^2+3\boldsymbol{A}-5\boldsymbol{E}=(\boldsymbol{A}-\boldsymbol{E})(\boldsymbol{A}+4\boldsymbol{E})-\boldsymbol{E}=\boldsymbol{0}$,

即　　$(\boldsymbol{A}-\boldsymbol{E})(\boldsymbol{A}+4\boldsymbol{E})=\boldsymbol{E}$,

故　　$(\boldsymbol{A}-\boldsymbol{E})^{-1}=\boldsymbol{A}+4\boldsymbol{E}$.

小结：本题是根据表达式求逆阵，关键是利用逆阵的定义将表达式进行恒等变形.

例2　设 $\boldsymbol{A}=\begin{pmatrix}1&0&0\\2&2&0\\3&4&5\end{pmatrix}$，$\boldsymbol{A}^*$ 是 $\boldsymbol{A}$ 的伴随矩阵，求 $(\boldsymbol{A}^*)^{-1}$.

解　由 $\boldsymbol{A}\cdot\boldsymbol{A}^*=|\boldsymbol{A}|\boldsymbol{E}=10\boldsymbol{E}$ 可得 $\left(\frac{1}{10}\boldsymbol{A}\right)\cdot\boldsymbol{A}^*=\boldsymbol{E}$，则

$$(\boldsymbol{A}^*)^{-1}=\left(\frac{1}{10}\boldsymbol{A}\right)=\frac{1}{10}\begin{pmatrix}1&0&0\\2&2&0\\3&4&5\end{pmatrix}=\begin{pmatrix}\frac{1}{10}&0&0\\\frac{1}{5}&\frac{1}{5}&0\\\frac{3}{10}&\frac{2}{5}&\frac{1}{2}\end{pmatrix}.$$

小结：本题根据定义式 $\boldsymbol{A}^*(\boldsymbol{A}^*)^{-1}=\boldsymbol{E}$ 求伴随矩阵的逆，关键是利用了伴随矩阵的性质 $\boldsymbol{A}\cdot\boldsymbol{A}^*=|\boldsymbol{A}|\boldsymbol{E}=10\boldsymbol{E}$ 的变形式 $\left(\frac{1}{10}\boldsymbol{A}\right)\cdot\boldsymbol{A}^*=\boldsymbol{E}$.

例3　设 $\boldsymbol{A}$，$\boldsymbol{B}$ 满足 $\boldsymbol{A}^*\boldsymbol{B}\boldsymbol{A}=2\boldsymbol{B}\boldsymbol{A}-8\boldsymbol{E}$，其中 $\boldsymbol{A}=\begin{pmatrix}1&&\\&-2&\\&&1\end{pmatrix}$，求矩阵 $\boldsymbol{B}$.

解　将等式 $\boldsymbol{A}^*\boldsymbol{B}\boldsymbol{A}=2\boldsymbol{B}\boldsymbol{A}-8\boldsymbol{E}$ 两边同时左乘 $\boldsymbol{A}$，右乘 $\boldsymbol{A}^{-1}$，得

$$\begin{aligned}&(\boldsymbol{A}\boldsymbol{A}^*)\boldsymbol{B}(\boldsymbol{A}\boldsymbol{A}^{-1})=2\boldsymbol{A}\boldsymbol{B}(\boldsymbol{A}\boldsymbol{A}^{-1})-8\boldsymbol{E}\\&\Rightarrow|\boldsymbol{A}|\boldsymbol{E}\cdot\boldsymbol{B}\cdot\boldsymbol{E}=2\boldsymbol{A}\boldsymbol{B}-8\boldsymbol{E}\\&\Rightarrow-2\boldsymbol{B}=2\boldsymbol{A}\boldsymbol{B}-8\boldsymbol{E}\\&\Rightarrow(\boldsymbol{A}+\boldsymbol{E})\boldsymbol{B}=4\boldsymbol{E}\end{aligned}$$

故

$$\boldsymbol{B}=4(\boldsymbol{A}+\boldsymbol{E})^{-1}=4\begin{pmatrix}2&&\\&-1&\\&&2\end{pmatrix}^{-1}=4\begin{pmatrix}\frac{1}{2}&&\\&-1&\\&&\frac{1}{2}\end{pmatrix}=\begin{pmatrix}2&&\\&-4&\\&&2\end{pmatrix}.$$

小结：本题是求解矩阵方程，通常的方法是先用矩阵运算将矩阵方程化简，得出所要求矩阵的表达式，再进行计算.

三、习题 8—3 解答

1. 求下列矩阵的逆矩阵：

解题思路 用伴随矩阵法求逆矩阵.

(1) $\begin{pmatrix} 1 & 2 \\ 2 & 5 \end{pmatrix}$.

解 $\boldsymbol{A}=\begin{pmatrix} 1 & 2 \\ 2 & 5 \end{pmatrix}$, $|\boldsymbol{A}|=1$

$A_{11}=5, A_{21}=2\times(-1)$, $A_{12}=2\times(-1)$, $A_{22}=1$

$$\boldsymbol{A}^*=\begin{pmatrix} A_{11} & A_{21} \\ A_{12} & A_{22} \end{pmatrix}=\begin{pmatrix} 5 & -2 \\ -2 & 1 \end{pmatrix}$$

故 $\boldsymbol{A}^{-1}=\dfrac{1}{|\boldsymbol{A}|}\boldsymbol{A}^*=\begin{pmatrix} 5 & -2 \\ -2 & 1 \end{pmatrix}$.

(2) $\begin{pmatrix} 1 & 2 & -1 \\ 3 & 4 & -2 \\ 5 & -4 & 1 \end{pmatrix}$.

解 $|\boldsymbol{A}|=2$, 故 $\boldsymbol{A}^{-1}$存在，而

$A_{11}=-4$, $A_{21}=2$, $A_{31}=0$

$A_{12}=-13$, $A_{22}=6$, $A_{32}=-1$,

$A_{13}=-32$, $A_{23}=14$, $A_{33}=-2$,

故 $\boldsymbol{A}^{-1}=\dfrac{1}{|\boldsymbol{A}|}\boldsymbol{A}^*=\begin{pmatrix} -2 & 1 & 0 \\ -\dfrac{13}{2} & 3 & -\dfrac{1}{2} \\ -16 & 7 & -1 \end{pmatrix}$.

(3) $\begin{pmatrix} 1 & 2 & 3 & 4 \\ 0 & 1 & 2 & 3 \\ 0 & 0 & 1 & 2 \\ 0 & 0 & 0 & 1 \end{pmatrix}$.

解 $A_{11}=1$, $A_{21}=-2$, $A_{31}=1$, $A_{41}=0$,

$A_{12}=0$, $A_{22}=1$, $A_{32}=-2$, $A_{42}=1$,

$A_{13}=0$, $A_{23}=0$, $A_{33}=1$, $A_{43}=-2$,

$A_{14}=0$, $A_{24}=0$, $A_{34}=0$, $A_{44}=1$,

故 $A^{-1}=\begin{pmatrix}1&-2&1&0\\0&1&-2&1\\0&0&1&-2\\0&0&0&1\end{pmatrix}$.

2. 用逆矩阵解下列矩阵方程：

(1) $\begin{pmatrix}2&5\\1&3\end{pmatrix}X=\begin{pmatrix}4&-6\\2&1\end{pmatrix}$.

解　$X=\begin{pmatrix}2&5\\1&3\end{pmatrix}^{-1}\begin{pmatrix}4&-6\\2&1\end{pmatrix}=\begin{pmatrix}3&-5\\-1&2\end{pmatrix}\begin{pmatrix}4&-6\\2&1\end{pmatrix}=\begin{pmatrix}2&-23\\0&8\end{pmatrix}$.

(2) $\begin{pmatrix}1&4\\-1&2\end{pmatrix}X\begin{pmatrix}2&0\\-1&1\end{pmatrix}=\begin{pmatrix}3&1\\0&-1\end{pmatrix}$.

解　$X=\begin{pmatrix}1&4\\-1&2\end{pmatrix}^{-1}\begin{pmatrix}3&1\\0&-1\end{pmatrix}\begin{pmatrix}2&0\\-1&1\end{pmatrix}^{-1}=\frac{1}{12}\begin{pmatrix}2&-4\\1&1\end{pmatrix}\begin{pmatrix}3&1\\0&-1\end{pmatrix}\begin{pmatrix}1&0\\1&2\end{pmatrix}$

$$=\frac{1}{12}\begin{pmatrix}6&6\\3&0\end{pmatrix}\begin{pmatrix}1&0\\1&2\end{pmatrix}=\begin{pmatrix}1&1\\1/4&0\end{pmatrix}.$$

(3) $\begin{pmatrix}0&1&0\\1&0&0\\0&0&1\end{pmatrix}X\begin{pmatrix}1&0&0\\0&0&1\\0&1&0\end{pmatrix}=\begin{pmatrix}1&-4&3\\2&0&-1\\1&-2&0\end{pmatrix}$.

解　$X=\begin{pmatrix}0&1&0\\1&0&0\\0&0&1\end{pmatrix}^{-1}\begin{pmatrix}1&-4&3\\2&0&-1\\1&-2&0\end{pmatrix}\begin{pmatrix}1&0&0\\0&0&1\\0&1&0\end{pmatrix}^{-1}$

$$=\begin{pmatrix}0&1&0\\1&0&0\\0&0&1\end{pmatrix}\begin{pmatrix}1&-4&3\\2&0&-1\\1&-2&0\end{pmatrix}\begin{pmatrix}1&0&0\\0&0&1\\0&1&0\end{pmatrix}$$

$$=\begin{pmatrix}2&-1&0\\1&3&-4\\1&0&-2\end{pmatrix}.$$

3. 利用逆矩阵解下列线性方程组.

(1) $\begin{cases}x_1+2x_2+3x_3=1\\2x_1+2x_2+5x_3=2\\3x_1+5x_2+\ x_3=3\end{cases}$.

解　方程组可表示为

$$\begin{pmatrix}1&2&3\\2&2&5\\3&5&1\end{pmatrix}\begin{pmatrix}x_1\\x_2\\x_3\end{pmatrix}=\begin{pmatrix}1\\2\\3\end{pmatrix}$$

故 $\begin{pmatrix}x_1\\x_2\\x_3\end{pmatrix}=\begin{pmatrix}1&2&3\\2&2&5\\3&5&1\end{pmatrix}^{-1}\begin{pmatrix}1\\2\\3\end{pmatrix}=\begin{pmatrix}1\\0\\0\end{pmatrix}$，从而 $\begin{cases}x_1=1\\x_2=0.\\x_3=0\end{cases}$

(2) $\begin{cases}x_1-x_2-x_3=2\\2x_1-x_2-3x_3=1.\\3x_1+2x_2-5x_3=0\end{cases}$

解 方程组可表示为 $\begin{pmatrix}1&-1&-1\\2&-1&-3\\3&2&-5\end{pmatrix}\begin{pmatrix}x_1\\x_2\\x_3\end{pmatrix}=\begin{pmatrix}2\\1\\0\end{pmatrix}$，

故 $\begin{pmatrix}x_1\\x_2\\x_3\end{pmatrix}=\begin{pmatrix}1&-1&-1\\2&-1&-3\\3&2&-5\end{pmatrix}^{-1}\begin{pmatrix}2\\1\\0\end{pmatrix}=\begin{pmatrix}5\\0\\3\end{pmatrix}$，从而 $\begin{cases}x_1=5\\x_2=0.\\x_3=3\end{cases}$

4. 设方阵 $\boldsymbol{A}$ 满足 $\boldsymbol{A}^2-\boldsymbol{A}-2\boldsymbol{E}=\boldsymbol{O}$，证明 $\boldsymbol{A}$ 及 $\boldsymbol{A}+2\boldsymbol{E}$ 都可逆.

证 由 $\boldsymbol{A}^2-\boldsymbol{A}-2\boldsymbol{E}=\boldsymbol{O}\Rightarrow\boldsymbol{A}^2-\boldsymbol{A}=2\boldsymbol{E}$.

两端同时取行列式

$$|\boldsymbol{A}^2-\boldsymbol{A}|=2,$$

即 $|\boldsymbol{A}||\boldsymbol{A}-\boldsymbol{E}|=2$，

故 $|\boldsymbol{A}|\neq0$，所以 $\boldsymbol{A}$ 可逆.

而 $\boldsymbol{A}+2\boldsymbol{E}=\boldsymbol{A}^2$，

$$|\boldsymbol{A}+2\boldsymbol{E}|=|\boldsymbol{A}^2|=|\boldsymbol{A}|^2\neq0,$$

故 $\boldsymbol{A}+2\boldsymbol{E}$ 也可逆.

5. 设 n 阶矩阵 $\boldsymbol{A}$ 的伴随矩阵为 $\boldsymbol{A}^*$，证明：$|\boldsymbol{A}^*|=|\boldsymbol{A}|^{n-1}$.

证 由 $\boldsymbol{A}\boldsymbol{A}^*=|\boldsymbol{A}|\boldsymbol{E}$，两边取行列式得到：

$$|\boldsymbol{A}||\boldsymbol{A}^*|=|\boldsymbol{A}|^n,$$

若 $|\boldsymbol{A}|\neq0$，则

$$|\boldsymbol{A}^*|=|\boldsymbol{A}|^{n-1},$$

若 $|\boldsymbol{A}|=0$，由上式知 $|\boldsymbol{A}^*|=0$，此时命题也成立.

故有

$$|\boldsymbol{A}^*|=|\boldsymbol{A}|^{n-1}.$$

§8.4 矩阵的初等变换

一、主要知识归纳

表 8—4—1 初等变换

定义	矩阵的下列三种变换称为矩阵的初等行变换： (1) 交换矩阵的两行（交换 i，j 两行，记为 $r_i \leftrightarrow r_j$）； (2) 以一个非零的数 k 乘矩阵的某一行（第 i 行乘数 k，记为 $r_i \times k$）； (3) 把矩阵的某一行的 k 倍加到另一行（第 j 行乘数 k 加到第 i 行，记为 $r_i + kr_j$）. 矩阵的初等行变换与初等列变换统称为初等变换.
性质	任意一个矩阵 $\boldsymbol{A}=(a_{ij})_{m\times n}$ 经过有限次初等变换，可以化为下列标准形矩阵 $$\boldsymbol{D}=\begin{pmatrix} 1 & & & & & \\ & \ddots & & & & \\ & & 1 & & & \\ & & & 0 & & \\ & & & & \ddots & \\ & & & & & 0 \end{pmatrix} r\text{ 行}$$ 如果 $\boldsymbol{A}$ 为 n 阶可逆矩阵，则 $\boldsymbol{D}=\boldsymbol{E}$.

表 8—4—2 矩阵等价

定义	若矩阵 $\boldsymbol{A}$ 经过有限次初等变换变成矩阵 $\boldsymbol{B}$，则称矩阵 $\boldsymbol{A}$ 与 $\boldsymbol{B}$ 等价，记为 $\boldsymbol{A}\sim\boldsymbol{B}$ 或 $\boldsymbol{A}\to\boldsymbol{B}$.
性质	(1) 自反性 $\boldsymbol{A}\sim\boldsymbol{A}$； (2) 对称性 若 $\boldsymbol{A}\sim\boldsymbol{B}$，则 $\boldsymbol{B}\sim\boldsymbol{A}$； (3) 传递性 若 $\boldsymbol{A}\sim\boldsymbol{B}$，$\boldsymbol{B}\sim\boldsymbol{C}$，则 $\boldsymbol{A}\sim\boldsymbol{C}$.

表 8—4—3 初等矩阵

定义	对单位矩阵 $\boldsymbol{E}$ 施以一次初等变换得到的矩阵称为初等矩阵. 三种初等变换分别对应着三种初等矩阵. (1) $\boldsymbol{E}$ 的第 i，j 行（列）互换得到的矩阵，记为 $\boldsymbol{E}(i, j)$. (2) $\boldsymbol{E}$ 的第 i 行（列）乘以非零数 k 得到的矩阵，记为 $\boldsymbol{E}(i(k))$. (3) $\boldsymbol{E}$ 的第 j 行乘以数 k 加到第 i 行上，或 $\boldsymbol{E}$ 的第 i 列乘以数 k 加到第 j 列上得到的矩阵，记为 $\boldsymbol{E}(ij(k))$.
性质	设 $\boldsymbol{A}=(a_{ij})_{m\times n}$，对 $\boldsymbol{A}$ 施以一次某种初等行（列）变换，相当于用同种的 $m(n)$ 阶初等矩阵左（右）乘 $\boldsymbol{A}$.

表 8—4—4　　利用初等变换求矩阵的逆

性质	n 阶矩阵 $\boldsymbol{A}$ 可逆的充分必要条件是 $\boldsymbol{A}$ 可以表示为若干初等矩阵的乘积.
求逆	$(\boldsymbol{A}\quad \boldsymbol{E})\xrightarrow{\text{初等行变换}}(\boldsymbol{E}\quad \boldsymbol{A}^{-1})$.
应用	(1) 求解矩阵方程 $\boldsymbol{AX}=\boldsymbol{B}$： 即 $(\boldsymbol{A}\quad \boldsymbol{B})\xrightarrow{\text{初等行变换}}(\boldsymbol{E}\quad \boldsymbol{A}^{-1}\boldsymbol{B})$. (2) 求解矩阵方程 $\boldsymbol{XA}=\boldsymbol{B}$： $\begin{pmatrix}\boldsymbol{A}\\ \boldsymbol{B}\end{pmatrix}\xrightarrow{\text{初等列变换}}\begin{pmatrix}\boldsymbol{E}\\ \boldsymbol{BA}^{-1}\end{pmatrix}$

二、典型例题分析

例 1　求 $\begin{pmatrix}0&1&0\\1&0&0\\0&0&1\end{pmatrix}^{2\,007}\begin{pmatrix}1&2&3\\4&5&6\\7&8&9\end{pmatrix}\begin{pmatrix}0&0&1\\0&1&0\\1&0&0\end{pmatrix}^{2\,008}$.

解　用初等变换 $\boldsymbol{E}(1,\ 2)$ 左乘矩阵 $\boldsymbol{A}=\begin{pmatrix}1&2&3\\4&5&6\\7&8&9\end{pmatrix}$ 即是交换矩阵，$\boldsymbol{A}$ 的第 1 行与第 2 行，而 $\boldsymbol{E}(1,\ 2)^{2\,007}\boldsymbol{A}$，即是对 $\boldsymbol{A}$ 的第 1 行与第 2 行交换了 2 007，故

$$\boldsymbol{E}(1,\ 2)^{2\,007}\boldsymbol{A}=\begin{pmatrix}4&5&6\\1&2&3\\7&8&9\end{pmatrix}$$

而矩阵 $\begin{pmatrix}4&5&6\\1&2&3\\7&8&9\end{pmatrix}$ 右乘 $\boldsymbol{E}(1,\ 3)^{2\,008}$ 即是对该矩阵的第 1 列与第 3 列交换了 2 008 次，故

$$\boldsymbol{E}(1,\ 2)^{2\,007}\boldsymbol{AE}(1,\ 3)^{2\,008}=\begin{pmatrix}4&5&6\\1&2&3\\7&8&9\end{pmatrix}.$$

小结：矩阵左（右）乘一个初等矩阵，相当于对矩阵相应的行（行）作一次初等变换，本题的关键是要理解初等矩阵的概念.

例 2　已知矩阵 $\boldsymbol{A}$，$\boldsymbol{B}$ 均为 3 阶方阵，将 $\boldsymbol{A}$ 的第 1 行与第 2 行交换得到 $\boldsymbol{A}_1$，将 $\boldsymbol{B}$ 的第 1 列加到第 2 列得到 $\boldsymbol{B}_1$，又知 $\boldsymbol{A}_1\boldsymbol{B}_1=\begin{pmatrix}1&2&3\\0&1&2\\0&0&1\end{pmatrix}$. 判断 $\boldsymbol{AB}$ 是否可逆.

若可逆求$(\boldsymbol{AB})^{-1}$.

解　由于矩阵左（右）乘初等矩阵表示对矩阵进行初等行（列）变换，设

$$\boldsymbol{E}_1=\boldsymbol{E}(1,2)=\begin{pmatrix}0&1&0\\1&0&0\\0&0&1\end{pmatrix},\ \boldsymbol{E}_2=\boldsymbol{E}(1\quad 2(1))=\begin{pmatrix}1&1&0\\0&1&0\\0&0&1\end{pmatrix},$$

根据条件可得

$$\boldsymbol{A}_1=\boldsymbol{E}_1\boldsymbol{A},\ \boldsymbol{B}_1=\boldsymbol{B}\boldsymbol{E}_2,$$

故

$$\boldsymbol{A}_1\boldsymbol{B}_1=\boldsymbol{E}_1\boldsymbol{ABE}_2,$$

即　　$\boldsymbol{AB}=\boldsymbol{E}_1^{-1}(\boldsymbol{A}_1\boldsymbol{B}_1)\boldsymbol{E}_2^{-1}$.

由于$|\boldsymbol{AB}|=|\boldsymbol{E}_1^{-1}|\cdot|\boldsymbol{A}_1\boldsymbol{B}_1|\cdot|\boldsymbol{E}_2^{-1}|\neq 0$，故 $\boldsymbol{AB}$ 可逆，且 $(\boldsymbol{AB})^{-1}=\boldsymbol{E}_2(\boldsymbol{A}_1\boldsymbol{B}_1)^{-1}\boldsymbol{E}_1$，又

$$(\boldsymbol{A}_1\boldsymbol{B}_1)^{-1}=\begin{pmatrix}1&2&3\\0&1&2\\0&0&1\end{pmatrix}^{-1}=\begin{pmatrix}1&-2&1\\0&1&-2\\0&0&1\end{pmatrix},$$

由初等矩阵的定义可知：$(\boldsymbol{AB})^{-1}$即是将矩阵$\begin{pmatrix}1&-2&1\\0&1&-2\\0&0&1\end{pmatrix}$的第 2 行加到第 1 行，再将第 1 列与第 2 列互换而得到的矩阵，即

$$(\boldsymbol{AB})^{-1}=\begin{pmatrix}-1&1&-1\\1&0&-2\\0&0&1\end{pmatrix}.$$

小结：本题为判断矩阵可逆与求逆，但关键在于初等矩阵的性质运用即对矩阵进行初等变换等价于用相应的初等矩阵去乘矩阵.

三、习题 8—4 解答

1. 把下列矩阵化为标准形矩阵 $\boldsymbol{D}=\begin{pmatrix}\boldsymbol{E}_r&\boldsymbol{O}\\\boldsymbol{O}&\boldsymbol{O}\end{pmatrix}$

解题思路　利用初等行变换把已知矩阵化成标准形.

(1) $\begin{pmatrix}1&-1&2\\3&2&1\\1&-2&0\end{pmatrix}$.

解 $\begin{pmatrix}1 & -1 & 2\\ 3 & 2 & 1\\ 1 & -2 & 0\end{pmatrix}\xrightarrow[r_3-r_1]{r_2-3r_1}\begin{pmatrix}1 & -1 & 2\\ 0 & 5 & -5\\ 0 & -1 & -2\end{pmatrix}\xrightarrow[r_2+5r_3]{r_1-r_3}$

$\begin{pmatrix}1 & 0 & 4\\ 0 & 0 & -15\\ 0 & -1 & -2\end{pmatrix}\xrightarrow[r_3\times(-1)]{r_2\times\left(-\frac{1}{15}\right)}\begin{pmatrix}1 & 0 & 4\\ 0 & 0 & 1\\ 0 & 1 & 2\end{pmatrix}\xrightarrow[r_3-2r_2]{r_1-4r_2}$

$\begin{pmatrix}1 & 0 & 0\\ 0 & 0 & 1\\ 0 & 1 & 0\end{pmatrix}\xrightarrow{c_3\leftrightarrow c_2}\begin{pmatrix}1 & 0 & 0\\ 0 & 1 & 0\\ 0 & 0 & 1\end{pmatrix}.$

(2) $\begin{pmatrix}1 & -1 & 2\\ 3 & -3 & 1\\ -2 & 2 & -4\end{pmatrix}.$

解 $\begin{pmatrix}1 & -1 & 2\\ 3 & -3 & 1\\ -2 & 2 & -4\end{pmatrix}\xrightarrow[r_3+2r_1]{r_2-3r_1}\begin{pmatrix}1 & -1 & 2\\ 0 & 0 & -5\\ 0 & 0 & 0\end{pmatrix}\xrightarrow{r_2\times\left(-\frac{1}{5}\right)}$

$\begin{pmatrix}1 & -1 & 2\\ 0 & 0 & 1\\ 0 & 0 & 0\end{pmatrix}\xrightarrow{c_2+c_1}\begin{pmatrix}1 & 0 & 2\\ 0 & 0 & 1\\ 0 & 0 & 0\end{pmatrix}\xrightarrow{r_1-2r_2}\begin{pmatrix}1 & 0 & 0\\ 0 & 0 & 1\\ 0 & 0 & 0\end{pmatrix}\xrightarrow{c_2\leftrightarrow c_3}\begin{pmatrix}1 & 0 & 0\\ 0 & 1 & 0\\ 0 & 0 & 0\end{pmatrix}.$

(3) $\begin{pmatrix}1 & 0 & 2 & -1\\ 2 & 0 & 3 & 1\\ 3 & 0 & 4 & -3\end{pmatrix}.$

解 $\begin{pmatrix}1 & 0 & 2 & -1\\ 2 & 0 & 3 & 1\\ 3 & 0 & 4 & -3\end{pmatrix}\xrightarrow[r_3+(-3)r_1]{r_2+(-2)r_1}\begin{pmatrix}1 & 0 & 2 & -1\\ 0 & 0 & -1 & 3\\ 0 & 0 & -2 & 0\end{pmatrix}\xrightarrow[r_3\div(-2)]{r_2\div(-1)}$

$\begin{pmatrix}1 & 0 & 2 & -1\\ 0 & 0 & 1 & -3\\ 0 & 0 & 1 & 0\end{pmatrix}\xrightarrow{r_3-r_2}\begin{pmatrix}1 & 0 & 2 & -1\\ 0 & 0 & 1 & -3\\ 0 & 0 & 0 & 3\end{pmatrix}\xrightarrow{r_3\div 3}$

$\begin{pmatrix}1 & 0 & 2 & -1\\ 0 & 0 & 1 & -3\\ 0 & 0 & 0 & 1\end{pmatrix}\xrightarrow{r_2+3r_3}\begin{pmatrix}1 & 0 & 2 & -1\\ 0 & 0 & 1 & 0\\ 0 & 0 & 0 & 1\end{pmatrix}\xrightarrow[r_1+r_3]{r_1+(-2)r_2}$

$\begin{pmatrix}1 & 0 & 0 & 0\\ 0 & 0 & 1 & 0\\ 0 & 0 & 0 & 1\end{pmatrix}\xrightarrow[c_3\leftrightarrow c_4]{c_2\leftrightarrow c_3}\begin{pmatrix}1 & 0 & 0 & 0\\ 0 & 1 & 0 & 0\\ 0 & 0 & 1 & 0\end{pmatrix}.$

2. 用初等变换判定下列矩阵是否可逆，如可逆，求其逆矩阵.

(1) $\begin{pmatrix} 1 & 0 & 0 \\ 1 & 2 & 0 \\ 1 & 2 & 3 \end{pmatrix}$.

解 $\left(\begin{array}{ccc:ccc} 1 & 0 & 0 & 1 & 0 & 0 \\ 1 & 2 & 0 & 0 & 1 & 0 \\ 1 & 2 & 3 & 0 & 0 & 1 \end{array}\right) \to \left(\begin{array}{ccc:ccc} 1 & 0 & 0 & 1 & 0 & 0 \\ 0 & 2 & 0 & -1 & 1 & 0 \\ 0 & 2 & 3 & -1 & 0 & 1 \end{array}\right) \to$

$\left(\begin{array}{ccc:ccc} 1 & 0 & 0 & 1 & 0 & 0 \\ 0 & 2 & 0 & -1 & 1 & 0 \\ 0 & 0 & 3 & 0 & -1 & 1 \end{array}\right) \to \left(\begin{array}{ccc:ccc} 1 & 0 & 0 & 1 & 0 & 0 \\ 0 & 1 & 0 & -\frac{1}{2} & \frac{1}{2} & 0 \\ 0 & 0 & 1 & 0 & -\frac{1}{3} & \frac{1}{3} \end{array}\right)$,

因此所求逆矩阵为 $\begin{pmatrix} 1 & 0 & 0 \\ -\frac{1}{2} & \frac{1}{2} & 0 \\ 0 & -\frac{1}{3} & \frac{1}{3} \end{pmatrix}$.

(2) $\begin{pmatrix} 2 & 2 & -1 \\ 1 & -2 & 4 \\ 5 & 8 & 2 \end{pmatrix}$.

解 $\begin{pmatrix} 2 & 2 & -1 & 1 & 0 & 0 \\ 1 & -2 & 4 & 0 & 1 & 0 \\ 5 & 8 & 2 & 0 & 0 & 1 \end{pmatrix} \to \begin{pmatrix} 1 & -2 & 4 & 0 & 1 & 0 \\ 2 & 2 & -1 & 1 & 0 & 0 \\ 5 & 8 & 2 & 0 & 0 & 1 \end{pmatrix} \to$

$\begin{pmatrix} 1 & -2 & 4 & 0 & 1 & 0 \\ 0 & 6 & -9 & 1 & -2 & 0 \\ 0 & 18 & -18 & 0 & -5 & 1 \end{pmatrix} \to \begin{pmatrix} 1 & -2 & 4 & 0 & 1 & 0 \\ 0 & 6 & -9 & 1 & -2 & 0 \\ 0 & 0 & 9 & -3 & 1 & 1 \end{pmatrix} \to$

$\begin{pmatrix} 1 & -2 & 4 & 0 & 1 & 0 \\ 0 & 6 & 0 & -2 & -1 & 1 \\ 0 & 0 & 9 & -3 & 1 & 1 \end{pmatrix} \to \begin{pmatrix} 1 & -2 & 4 & 0 & 1 & 0 \\ 0 & 1 & 0 & -1/3 & -1/6 & 1/6 \\ 0 & 0 & 1 & -1/3 & 1/9 & 1/9 \end{pmatrix} \to$

$\begin{pmatrix} 1 & 0 & 0 & 2/3 & 2/9 & -1/9 \\ 0 & 1 & 0 & -1/3 & -1/6 & 1/6 \\ 0 & 0 & 1 & -1/3 & 1/9 & 1/9 \end{pmatrix}$

故所求逆矩阵为 $\begin{pmatrix} 2/3 & 2/9 & -1/9 \\ -1/3 & -1/6 & 1/6 \\ -1/3 & 1/9 & 1/9 \end{pmatrix}$.

(3) $\begin{pmatrix} 3 & 2 & 1 \\ 3 & 1 & 5 \\ 3 & 2 & 3 \end{pmatrix}$.

解 $$\begin{pmatrix} 3 & 2 & 1 & 1 & 0 & 0 \\ 3 & 1 & 5 & 0 & 1 & 0 \\ 3 & 2 & 3 & 0 & 0 & 1 \end{pmatrix} \to \begin{pmatrix} 3 & 2 & 1 & 1 & 0 & 0 \\ 0 & -1 & 4 & -1 & 1 & 0 \\ 0 & 0 & 2 & -1 & 0 & 1 \end{pmatrix} \to$$

$$\begin{pmatrix} 3 & 2 & 0 & 3/2 & 0 & -1/2 \\ 0 & -1 & 0 & 1 & 1 & -2 \\ 0 & 0 & 2 & -1 & 0 & 1 \end{pmatrix} \to \begin{pmatrix} 3 & 0 & 0 & 7/2 & 2 & -9/2 \\ 0 & -1 & 0 & 1 & 1 & -2 \\ 0 & 0 & 1 & -1/2 & 0 & 1/2 \end{pmatrix} \to$$

$$\begin{pmatrix} 1 & 0 & 0 & 7/6 & 2/3 & 3/2 \\ 0 & 1 & 0 & -1 & -1 & 2 \\ 0 & 0 & 1 & -1/2 & 0 & 1/2 \end{pmatrix}$$

故所求逆矩阵为 $\begin{pmatrix} 7/6 & 2/3 & -3/2 \\ -1 & -1 & 2 \\ -1/2 & 0 & 1/2 \end{pmatrix}$.

(4) $\begin{pmatrix} 3 & -2 & 0 & -1 \\ 0 & 2 & 2 & 1 \\ 1 & -2 & -3 & -2 \\ 0 & 1 & 2 & 1 \end{pmatrix}$.

解 $$\begin{pmatrix} 3 & -2 & 0 & -1 & 1 & 0 & 0 & 0 \\ 0 & 2 & 2 & 1 & 0 & 1 & 0 & 0 \\ 1 & -2 & -3 & -2 & 0 & 0 & 1 & 0 \\ 0 & 1 & 2 & 1 & 0 & 0 & 0 & 1 \end{pmatrix} \to \begin{pmatrix} 1 & -2 & -3 & -2 & 0 & 0 & 1 & 0 \\ 0 & 1 & 2 & 1 & 0 & 0 & 0 & 1 \\ 0 & 4 & 9 & 5 & 1 & 0 & -3 & 0 \\ 0 & 2 & 2 & 1 & 0 & 1 & 0 & 0 \end{pmatrix} \to$$

$$\begin{pmatrix} 1 & -2 & -3 & -2 & 0 & 0 & 1 & 0 \\ 0 & 1 & 2 & 1 & 0 & 0 & 0 & 1 \\ 0 & 0 & 1 & 1 & 1 & 0 & -3 & -4 \\ 0 & 0 & -2 & -1 & 0 & 1 & 0 & -2 \end{pmatrix} \to$$

$$\begin{pmatrix} 1 & -2 & -3 & -2 & 0 & 0 & 1 & 0 \\ 0 & 1 & 2 & 1 & 0 & 0 & 0 & 1 \\ 0 & 0 & 1 & 1 & 1 & 0 & -3 & -4 \\ 0 & 0 & 0 & 1 & 2 & 1 & -6 & -10 \end{pmatrix} \to$$

$$\begin{pmatrix}1&-2&0&0&1&-1&-2&-2\\0&1&0&0&0&1&0&-1\\0&0&1&0&-1&-1&3&6\\0&0&0&1&2&1&-6&-10\end{pmatrix}\to$$

$$\begin{pmatrix}1&0&0&0&1&1&-2&-4\\0&1&0&0&0&1&0&-1\\0&0&1&0&-1&-1&3&6\\0&0&0&1&2&1&-6&-10\end{pmatrix}$$

故所求逆矩阵为 $\begin{pmatrix}1&1&-2&-4\\0&1&0&-1\\-1&-1&3&6\\2&1&-6&-10\end{pmatrix}$.

3. 解下列矩阵方程：

解题思路 利用初等变换法求解矩阵方程.

(1) 设 $\boldsymbol{A}=\begin{pmatrix}4&1&-2\\2&2&1\\3&1&-1\end{pmatrix}$, $\boldsymbol{B}=\begin{pmatrix}1&-3\\2&2\\3&-1\end{pmatrix}$, 求 $\boldsymbol{X}$ 使 $\boldsymbol{AX}=\boldsymbol{B}$.

解 $(\boldsymbol{A}\,\vdots\,\boldsymbol{B})=\left(\begin{array}{ccc:cc}4&1&-2&1&-3\\2&2&1&2&2\\3&1&-1&3&-1\end{array}\right)\xrightarrow{\text{初等行变换}}\left(\begin{array}{ccc:cc}1&0&0&10&2\\0&1&0&-15&-3\\0&0&1&12&4\end{array}\right)$,

$\therefore \boldsymbol{X}=\boldsymbol{A}^{-1}\boldsymbol{B}=\begin{pmatrix}10&2\\-15&-3\\12&4\end{pmatrix}$.

(2) 设 $\boldsymbol{A}=\begin{pmatrix}1&-1&0\\0&1&-1\\-1&0&1\end{pmatrix}$, $\boldsymbol{AX}=2\boldsymbol{X}+\boldsymbol{A}$, 求 $\boldsymbol{X}$.

解 $(\boldsymbol{A}-2\boldsymbol{E})X=\boldsymbol{A}$, 即 $\begin{pmatrix}-1&-1&0\\0&-1&-1\\-1&0&-1\end{pmatrix}\boldsymbol{X}=\begin{pmatrix}1&-1&0\\0&1&-1\\-1&0&1\end{pmatrix}$,

$$\boldsymbol{X}=\begin{pmatrix}-1&-1&0\\0&-1&-1\\-1&0&-1\end{pmatrix}^{-1}\begin{pmatrix}1&-1&0\\0&1&-1\\-1&0&1\end{pmatrix}$$

$$=\begin{pmatrix}-1/2&1/2&-1/2\\-1/2&-1/2&1/2\\1/2&-1/2&-1/2\end{pmatrix}\begin{pmatrix}1&-1&0\\0&1&-1\\-1&0&1\end{pmatrix}=\begin{pmatrix}0&1&-1\\-1&0&1\\1&-1&0\end{pmatrix}.$$

§8.5 矩阵的秩

一、主要知识归纳

定义	在 $m\times n$ 矩阵 $\boldsymbol{A}$ 中，任取 k 行 k 列 $(1\leqslant k\leqslant m,\ 1\leqslant k\leqslant n)$，位于这些行列交叉处的 k^2 个元素，不改变它们在 $\boldsymbol{A}$ 中所处的位置次序而得到的 k 阶行列式，称为矩阵 $\boldsymbol{A}$ 的 k 阶子式.
	设 $\boldsymbol{A}$ 为 $m\times n$ 矩阵，如果存在 $\boldsymbol{A}$ 的 r 阶子式不为零，而任何 $r+1$ 阶子式皆为零，则称数 r 为矩阵 $\boldsymbol{A}$ 的秩，记为 $\mathrm{r}(\boldsymbol{A})$，并规定零矩阵的秩等于零.
性质	(1) 若矩阵 $\boldsymbol{A}$ 中有某个 s 阶子式不为 0，则 $\mathrm{r}(\boldsymbol{A})\geqslant s$； (2) 若 $\boldsymbol{A}$ 中所有 t 阶子式全为 0，则 $\mathrm{r}(\boldsymbol{A})<t$； (3) 若 $\boldsymbol{A}$ 为 $m\times n$ 矩阵，则 $0\leqslant\mathrm{r}(\boldsymbol{A})\leqslant\min\{m,n\}$； (4) $\mathrm{r}(\boldsymbol{A})=\mathrm{r}(\boldsymbol{A}^{\mathrm{T}})$.
求秩的方法	(1) 定义法 利用定义寻找矩阵中非零子式的最高阶数. (2) 初等行变换法 利用初等行变换将所给矩阵化为行阶梯形矩阵，行阶梯形矩阵中非零行的行数即为矩阵的秩.

二、典型例题分析

例 1 设 $\boldsymbol{A}=\begin{pmatrix}1&2&-1&1\\2&0&t&0\\0&-4&5&-2\end{pmatrix}$，$\boldsymbol{B}_n=\begin{pmatrix}1&a&a&\cdots&a\\a&1&a&\cdots&a\\\vdots&\vdots&\vdots&&\vdots\\a&a&a&\cdots&1\end{pmatrix}$，且 $\mathrm{r}(\boldsymbol{A})=2$，$\mathrm{r}(\boldsymbol{B}_n)=n-1$，求 t 与 a 的值.

解 (1) 由矩阵 $\boldsymbol{A}$ 的秩为 2 可知，$\boldsymbol{A}$ 的一切 3 阶子式都为 0，故

$$\begin{vmatrix}1&2&-1\\2&0&t\\0&-4&5\end{vmatrix}=0\Rightarrow 4t-12=0,$$

解得 $t=3$.

(2) 由 $\boldsymbol{B}_n$ 的秩为 $n-1$ 可知，$\boldsymbol{B}_n$ 的行列式为零，即

$$|\boldsymbol{B}_n|=\begin{vmatrix}1&a&a&\cdots&a\\a&1&a&\cdots&a\\\vdots&\vdots&\vdots&&\vdots\\a&a&a&\cdots&1\end{vmatrix}=(1-a)^{n-1}[1+(n-1)a]=0,$$

解得 $a=1$ 或 $a=\frac{1}{1-n}$.

但当 $a=1$ 时，$\mathrm{r}(\boldsymbol{B}_n)=1\neq n-1$，故

$$a=\frac{1}{1-n}.$$

小结：本题主要利用了矩阵的秩的定义来求矩阵中的未知元素值.

例 2　求矩阵 $\mathbf{A}=\begin{pmatrix}2&1&-6&4&-1\\1&1&-2&3&0\\3&2&a&7&-1\\1&-1&-6&-1&b\end{pmatrix}$ 的秩.

解　对矩阵 $\mathbf{A}$ 进行初等行变换有

$$\mathbf{A}=\begin{pmatrix}2&1&-6&4&-1\\1&1&-2&3&0\\3&2&a&7&-1\\1&-1&-6&-1&b\end{pmatrix}\to\begin{pmatrix}1&1&-2&3&0\\0&-1&-2&-2&-1\\0&-1&a+6&-2&-1\\0&-2&-4&-4&b\end{pmatrix}\to$$

$$\begin{pmatrix}1&1&-2&3&0\\0&-1&-2&-2&1\\0&0&a+8&0&0\\0&0&0&0&b+2\end{pmatrix}$$

则：

(1) 当 $a=-8$，$b=-2$ 时，$\mathrm{r}(\mathbf{A})=2$；

(2) 当 $a=-8$，$b\neq-2$ 时，$\mathrm{r}(\mathbf{A})=3$；

(3) 当 $a\neq-8$，$b=-2$ 时，$\mathrm{r}(\mathbf{A})=3$；

(4) 当 $a\neq-8$，$b\neq-2$ 时，$\mathrm{r}(\mathbf{A})=4$.

小结：本题主要利用初等行变换法，根据阶梯形矩阵非零行的行数判断矩阵秩，只不过要通过讨论字母的取值来确定非零行的行数.

三、习题 8—5 解答

1. 设矩阵 $A=\begin{pmatrix}1&-5&6&-2\\2&-1&3&-2\\-1&-4&3&0\end{pmatrix}$，试计算 A 的全部三阶子式，并求 r(A).

解题思路 利用 k 阶子式的定义和矩阵的秩的定义.

解 $$\begin{vmatrix}1&-5&6\\2&-1&3\\-1&-4&3\end{vmatrix}=\begin{vmatrix}1&-5&-2\\2&-1&-2\\-1&-4&0\end{vmatrix}=\begin{vmatrix}1&6&-2\\2&3&-2\\-1&3&0\end{vmatrix}$$

$$=\begin{vmatrix}-5&6&-2\\-1&3&-2\\-4&3&0\end{vmatrix}=0,$$

又 A 有一个不等于零的二阶子式 $\begin{vmatrix}1&-5\\2&-1\end{vmatrix}=9$，所以 r($A$)=2.

2. 在秩是 r 的矩阵中，有没有等于 0 的 $r-1$ 阶子式？有没有等于 0 的 r 阶子式？

解 在秩是 r 的矩阵中，可能存在等于 0 的 $r-1$ 阶子式，也可能存在等于 0 的 r 阶子式.

例如，$A=\begin{pmatrix}1&0&0&0\\0&1&0&0\\0&0&1&0\\0&0&0&0\\0&0&0&0\end{pmatrix}$，r($A$)=3，同时存在等于 0 到 3 阶子式和 2 阶子式.

3. 求下列矩阵的秩：

(1) $\begin{pmatrix}3&1&0&2\\1&-1&2&-1\\1&3&-4&-4\end{pmatrix}$.

解 $$\begin{pmatrix}3&1&0&2\\1&-1&2&-1\\1&3&-4&4\end{pmatrix}\xrightarrow{r_1\leftrightarrow r_2}\begin{pmatrix}1&-1&2&-1\\3&1&0&2\\1&3&-4&4\end{pmatrix}\xrightarrow[r_3-r_1]{r_2-3r_1}$$

$$\begin{pmatrix}1&-1&2&-1\\0&4&-6&5\\0&4&-6&5\end{pmatrix}\xrightarrow{r_3-r_2}\begin{pmatrix}1&-1&2&-1\\0&4&-6&5\\0&0&0&0\end{pmatrix}.$$ 原矩阵的秩为 2.

(2) $\begin{pmatrix} 3 & 2 & -1 & -3 & -2 \\ 2 & -1 & 3 & 1 & -3 \\ 7 & 0 & 5 & -1 & -8 \end{pmatrix}$.

解 $\begin{pmatrix} 3 & 2 & -1 & -3 & -2 \\ 2 & -1 & 3 & 1 & -3 \\ 7 & 0 & 5 & -1 & -8 \end{pmatrix} \xrightarrow{r_1-r_2} \begin{pmatrix} 1 & 3 & -4 & -4 & 1 \\ 2 & -1 & 3 & 1 & -3 \\ 7 & 0 & 5 & -1 & -8 \end{pmatrix}$

$\xrightarrow[r_3-7r_1]{r_2-2r_1} \begin{pmatrix} 1 & 3 & -4 & -4 & 1 \\ 0 & -7 & 11 & 9 & -5 \\ 0 & -21 & 33 & 27 & -15 \end{pmatrix}$

$\xrightarrow{r_3-3r_2} \begin{pmatrix} 1 & 3 & -4 & -4 & 1 \\ 0 & -7 & 11 & 9 & -5 \\ 0 & 0 & 0 & 0 & 0 \end{pmatrix}$,

原矩阵的秩为 2

(3) $\begin{pmatrix} 1 & -1 & 2 & 1 & 0 \\ 2 & -2 & 4 & 2 & 0 \\ 3 & 0 & 6 & -1 & 1 \\ 0 & 3 & 0 & 0 & 1 \end{pmatrix}$.

解 $\begin{pmatrix} 1 & -1 & 2 & 1 & 0 \\ 2 & -2 & 4 & 2 & 0 \\ 3 & 0 & 6 & -1 & 1 \\ 0 & 3 & 0 & 0 & 1 \end{pmatrix} \to \begin{pmatrix} 1 & -1 & 2 & 1 & 0 \\ 0 & 0 & 0 & 0 & 0 \\ 0 & 3 & 0 & -4 & 1 \\ 0 & 3 & 0 & 0 & 1 \end{pmatrix} \to \begin{pmatrix} 1 & -1 & 2 & 1 & 0 \\ 0 & 0 & 0 & 0 & 0 \\ 0 & 0 & 0 & -4 & 0 \\ 0 & 3 & 0 & 0 & 1 \end{pmatrix}$,

原矩阵的秩为 2.

4. 设矩阵 $\boldsymbol{A}=\begin{pmatrix} 1 & \lambda & -1 & 2 \\ 2 & -1 & \lambda & 5 \\ 1 & 10 & -6 & 1 \end{pmatrix}$，其中 λ 为参数，求矩阵 $\boldsymbol{A}$ 的秩.

解 对 $\boldsymbol{A}$ 作初等行变换，得

$$\boldsymbol{A} \to \begin{pmatrix} 0 & \lambda-10 & 5 & 1 \\ 0 & -21 & \lambda+12 & 3 \\ 1 & 10 & -6 & 1 \end{pmatrix} \to \begin{pmatrix} 1 & 10 & -6 & 1 \\ 0 & 9-3\lambda & \lambda-3 & 0 \\ 0 & \lambda-10 & 5 & 1 \end{pmatrix} \to$$

$$\begin{pmatrix} 1 & 10 & -6 & 1 \\ 0 & \lambda-10 & 5 & 1 \\ 0 & 9-3\lambda & \lambda-3 & 0 \end{pmatrix},$$

当 $\lambda=3$ 时，$r(\boldsymbol{A})-2$；当 $\lambda\neq 3$ 时，$r(\boldsymbol{A})=3$.

本章小结

一、本章知识点网络图

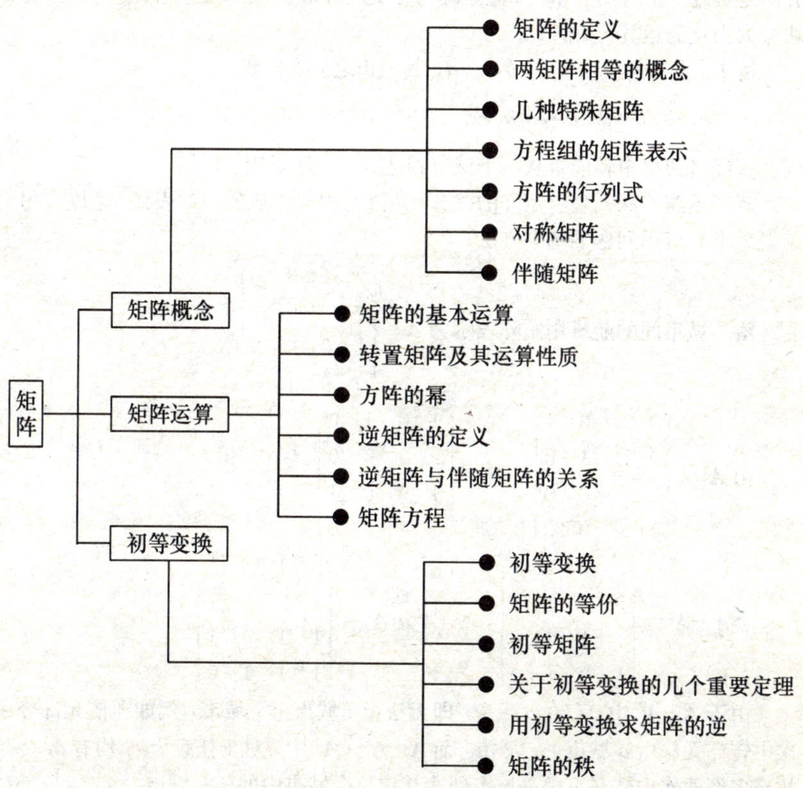

二、题型分析

题型 1　矩阵的概念与运算

解题思路　(1) 深入理解矩阵的概念，矩阵是由数构成的一种表格，掌握应用矩阵概念求解应用问题的基本方法（见例 1）；(2) 矩阵运算实质上是表格的运算，故矩阵的运算规律与数的运算法则不尽相同，掌握矩阵的加法、数乘、乘法、转置、逆矩阵和伴随矩阵的运算规律，此外，要注意矩阵与行列式的联系与区别（如例 2～例 3）；(3) 矩阵的运算一般不满足交换律 $\boldsymbol{AB}\neq\boldsymbol{BA}$，但满足结合律

$$\boldsymbol{A}(\boldsymbol{BC})=(\boldsymbol{AB})\boldsymbol{C},$$

巧妙利用矩阵的结合律往往可简化计算（如题型 2 的例 2）；(4) 掌握几类特殊方阵的定义与性质：对称矩阵、反对称矩阵、伴随矩阵、对角矩阵、三角矩阵等，并用之解题（如例 4）；(5) 掌握矩阵的分块运算规律，对某些矩阵进行适当的分块会大大化简运算（如例 5）.

例 1　设有四个城市 a，b，c，d，其城市之间有航班

$$a\to b,\ b\to d,\ c\to a,\ d\to c.$$

问至多经过两次中转能否从一个城市到达其它三个城市?

解题思路　深入理解矩阵的概念，矩阵是由数构成的一种表格，掌握应用矩阵概念求解应用问题的基本方法.

解　城市间的航班用矩阵表示为 $\boldsymbol{A}=\begin{pmatrix}0&1&0&0\\0&0&0&1\\1&0&0&0\\0&0&1&0\end{pmatrix}$.

由 $\boldsymbol{A}^2=\begin{pmatrix}0&0&0&1\\0&0&1&0\\0&1&0&0\\1&0&0&0\end{pmatrix}$，$\boldsymbol{A}^3=\begin{pmatrix}0&0&1&0\\1&0&0&0\\0&0&0&1\\0&1&0&0\end{pmatrix}$

$\Rightarrow\boldsymbol{A}+\boldsymbol{A}^2=\begin{pmatrix}0&1&0&1\\0&0&1&1\\1&1&0&0\\1&0&1&0\end{pmatrix}$，$\boldsymbol{A}+\boldsymbol{A}^2+\boldsymbol{A}^3=\begin{pmatrix}0&1&1&1\\1&0&1&1\\1&1&0&1\\1&1&1&0\end{pmatrix}$.

由于 $\boldsymbol{A}+\boldsymbol{A}^2$ 中，存在 $a_{ij}=0$，即无法由 i 城市至 j 城市，例如即使允许经一次中转亦无法由 a 城市去 c 城市. 而 $\boldsymbol{A}+\boldsymbol{A}^2+\boldsymbol{A}^3$ 中，对于任意 $i\neq j$ 均有 $a_{ij}=1$，故至多经两次中转必可由一城市到达其它三个城市中的任一城市.

例 2　设 $\boldsymbol{A}$，$\boldsymbol{B}$ 为 n 阶矩阵，下列运算正确的是（　　）.

(A) $(\boldsymbol{AB})^k=\boldsymbol{A}^k\boldsymbol{B}^k$；

(B) $|-\boldsymbol{A}|=-|\boldsymbol{A}|$；

(C) $\boldsymbol{A}^2-\boldsymbol{B}^2=(\boldsymbol{A}-\boldsymbol{B})(\boldsymbol{A}+\boldsymbol{B})$；

(D) 若 $\boldsymbol{A}$ 可逆，$k\neq0$，则 $(k\boldsymbol{A})^{-1}=k^{-1}\boldsymbol{A}^{-1}$.

解　因为 $\boldsymbol{A}$ 可逆，$k\neq0$，则

$$|k\boldsymbol{A}|=k^n|\boldsymbol{A}|\neq0,$$

所以 $k\boldsymbol{A}$ 可逆，而

$$(k\boldsymbol{A})k^{-1}\boldsymbol{A}^{-1}=kk^{-1}\boldsymbol{A}\boldsymbol{A}^{-1}=\boldsymbol{A}\boldsymbol{A}^{-1}=\boldsymbol{E}$$

即 $$(k\boldsymbol{A})^{-1}=k^{-1}\boldsymbol{A}^{-1}$$

故应选 (D).

例 3 已知 $\boldsymbol{A}=(a_{ij})_{n\times n}$，$\boldsymbol{B}=(b_{ij})_{n\times n}$，且 $\boldsymbol{A}$，$\boldsymbol{B}$ 均可逆，又

$$2b_{ij}=a_{ij}-\sum_{k=1}^{n}b_{ik}a_{kj}\quad(i,\ j=1,\ 2,\ \cdots,\ n)$$

证明 $\boldsymbol{B}=\boldsymbol{E}-2(2\boldsymbol{E}+\boldsymbol{A})^{-1}$（其中 $\boldsymbol{E}$ 为 n 阶单位矩阵）.

证 由 $2b_{ij}=a_{ij}-\sum\limits_{k=1}^{n}b_{ik}a_{kj}\,(i,\ j=1,\ 2,\ \cdots,\ n)$，有 $2\boldsymbol{B}=\boldsymbol{A}-\boldsymbol{B}\boldsymbol{A}$，即

$$\boldsymbol{B}(2\boldsymbol{E}+\boldsymbol{A})-\boldsymbol{A}=\boldsymbol{O},$$

两端同加 $-2\boldsymbol{E}$，有 $\boldsymbol{B}(2\boldsymbol{E}+\boldsymbol{A})-2\boldsymbol{E}-\boldsymbol{A}=-2\boldsymbol{E}$，即

$$(\boldsymbol{B}-\boldsymbol{E})(2\boldsymbol{E}+\boldsymbol{A})=-2\boldsymbol{E}$$

故 $$\boldsymbol{B}-\boldsymbol{E}=-2(2\boldsymbol{E}+\boldsymbol{A})^{-1},\ \boldsymbol{B}=\boldsymbol{E}-2(2\boldsymbol{E}+\boldsymbol{A})^{-1}.$$

例 4 设 $\boldsymbol{A}$，$\boldsymbol{B}$ 都是对称矩阵，$\boldsymbol{B}$ 和 $\boldsymbol{E}+\boldsymbol{A}\boldsymbol{B}$ 都可逆，求证 $\boldsymbol{B}(\boldsymbol{E}+\boldsymbol{A}\boldsymbol{B})^{-1}$ 是对称矩阵.

证 $\because \boldsymbol{B}$ 和 $\boldsymbol{E}+\boldsymbol{A}\boldsymbol{B}$ 都可逆，

$$\begin{aligned}\therefore\ \boldsymbol{B}(\boldsymbol{E}+\boldsymbol{A}\boldsymbol{B})^{-1}&=\boldsymbol{B}(\boldsymbol{B}^{-1}\boldsymbol{B}+\boldsymbol{A}\boldsymbol{B})^{-1}=\boldsymbol{B}[(\boldsymbol{B}^{-1}+\boldsymbol{A})\boldsymbol{B}]^{-1}\\&=\boldsymbol{B}\boldsymbol{B}^{-1}(\boldsymbol{B}^{-1}+\boldsymbol{A})^{-1}=(\boldsymbol{B}^{-1}+\boldsymbol{A})^{-1},\end{aligned}$$

又 $\because \boldsymbol{A}$，$\boldsymbol{B}$ 都是对称矩阵，即 $\boldsymbol{A}^{\mathrm{T}}=\boldsymbol{A}$，$\boldsymbol{B}^{\mathrm{T}}=\boldsymbol{B}$，

$$\begin{aligned}\therefore\ [\boldsymbol{B}(\boldsymbol{E}+\boldsymbol{A}\boldsymbol{B})^{-1}]^{\mathrm{T}}&=[(\boldsymbol{B}^{-1}+\boldsymbol{A}^{-1})^{T}]=[(\boldsymbol{B}^{-1}+\boldsymbol{A})^{\mathrm{T}}]^{-1}\\&=[(\boldsymbol{B}^{\mathrm{T}})^{-1}+\boldsymbol{A}^{\mathrm{T}}]^{-1}=(\boldsymbol{B}^{-1}+\boldsymbol{A})^{-1}=\boldsymbol{B}(\boldsymbol{E}+\boldsymbol{A}\boldsymbol{B})^{-1}.\end{aligned}$$

于是 $\boldsymbol{B}(\boldsymbol{E}+\boldsymbol{A}\boldsymbol{B})^{-1}$ 是对称矩阵.

例 5 设 $\boldsymbol{A}$，$\boldsymbol{B}$，$\boldsymbol{C}$，$\boldsymbol{D}$ 都是 n 阶方程，$\boldsymbol{A}$ 是非奇异的，$\boldsymbol{E}$ 是 n 阶单位矩阵，并且

$$\boldsymbol{X}=\begin{pmatrix}\boldsymbol{E}&\boldsymbol{O}\\-\boldsymbol{C}\boldsymbol{A}^{-1}&\boldsymbol{E}\end{pmatrix},\ \boldsymbol{Y}=\begin{pmatrix}\boldsymbol{A}&\boldsymbol{B}\\\boldsymbol{C}&\boldsymbol{D}\end{pmatrix},\ \boldsymbol{Z}=\begin{pmatrix}\boldsymbol{E}&-\boldsymbol{A}^{-1}\boldsymbol{B}\\\boldsymbol{O}&\boldsymbol{E}\end{pmatrix}.$$

(1) 求乘积 $\boldsymbol{XYZ}$.

解 根据分块矩阵的乘法，得

$$XYZ=\begin{pmatrix}E & O\\ -CA^{-1} & E\end{pmatrix}\begin{pmatrix}A & B\\ C & D\end{pmatrix}\begin{pmatrix}E & -A^{-1}B\\ O & E\end{pmatrix}$$

$$=\begin{pmatrix}A & B\\ O & D-CA^{-1}B\end{pmatrix}\begin{pmatrix}E & -A^{-1}B\\ O & E\end{pmatrix}=\begin{pmatrix}A & O\\ O & D-CA^{-1}B\end{pmatrix};$$

(2) 证明 $\begin{vmatrix}A & B\\ C & D\end{vmatrix}=|A|\cdot|D-CA^{-1}B|$.

证　$\because |XYZ|=\begin{pmatrix}A & O\\ O & D-CA^{-1}B\end{pmatrix}$，$|XYZ|=|X|\,|Y|\,|Z|$，而 $|X|=|Z|=1$，故

$$\begin{vmatrix}A & B\\ C & D\end{vmatrix}=|A|\cdot|D-CA^{-1}B|.$$

题型 2　求方阵的幂

解题思路　一般方阵的高次幂的计算是比较繁杂的，但对某些特殊的方阵，常常可以利用矩阵的运算规律、矩阵的分解以及递推规律等巧妙计算方阵的幂：(1) 利用矩阵的数乘与乘法运算法则计算方阵的幂（如例 1）；(2)若 $r(A)=1$，则矩阵 A 可分解为列矩阵与行矩阵的乘积，再利用矩阵乘法的结合律能方便地计算出 A 的幂（如例 2～例 3)；(3) 若矩阵 A 能分解成两个矩阵的和：$A=B+C$，则 $A^n=(B+C)^n$，再利用二项式定理展开即可计算，采用这种方法关键在于分解后的矩阵 B、C 中有一个的幂在计算中很快为 0（如例 4)；(4) 通过试算找出某种降幂的规律，并用此递推计算之（见例 5).

例 1　计算 $\begin{pmatrix}\frac{n-1}{n} & -\frac{1}{n} & \cdots & -\frac{1}{n}\\ -\frac{1}{n} & \frac{n-1}{n} & \cdots & -\frac{1}{n}\\ \cdots & \cdots & \cdots & \cdots\\ -\frac{1}{n} & -\frac{1}{n} & \cdots & \frac{n-1}{n}\end{pmatrix}_{n\times n}^2$.

解　原矩阵 $=\left[\frac{1}{n}\begin{pmatrix}n-1 & -1 & \cdots & -1\\ -1 & n-1 & \cdots & -1\\ \cdots & \cdots & \cdots & \cdots\\ -1 & -1 & \cdots & n-1\end{pmatrix}\right]^2$

$$=\frac{1}{n^2}\begin{pmatrix}n-1 & -1 & \cdots & -1\\ -1 & n-1 & \cdots & -1\\ \cdots & \cdots & \cdots & \cdots\\ -1 & -1 & \cdots & n-1\end{pmatrix}^2$$

$$=\frac{1}{n^2}\begin{pmatrix} n(n-1) & -n & \cdots & -n \\ -n & n(n-1) & \cdots & -n \\ \cdots & \cdots & \cdots & \cdots \\ -n & -n & \cdots & n(n-1) \end{pmatrix}$$

$$=\begin{pmatrix} \frac{n-1}{n} & -\frac{1}{n} & \cdots & -\frac{1}{n} \\ -\frac{1}{n} & \frac{n-1}{n} & \cdots & -\frac{1}{n} \\ \cdots & \cdots & \cdots & \cdots \\ -\frac{1}{n} & -\frac{1}{n} & \cdots & \frac{n-1}{n} \end{pmatrix}.$$

注：在此例中 $\boldsymbol{A}^2=\boldsymbol{A}$，所以 $\boldsymbol{A}$ 是幂等矩阵.

例 2 已知 $\boldsymbol{A}=\begin{pmatrix} a_1b_1 & a_1b_2 & a_1b_3 \\ a_2b_1 & a_2b_2 & a_2b_3 \\ a_3b_1 & a_3b_2 & a_3b_3 \end{pmatrix}$，证明 $\boldsymbol{A}^2=l\boldsymbol{A}$（$l$ 为一实数），并求 l.

证 因为 $\boldsymbol{A}$ 中任两行，任两列都成比例，故可把 $\boldsymbol{A}$ 分解成两个矩阵相乘，即

$$\boldsymbol{A}=\begin{pmatrix} a_1 \\ a_2 \\ a_3 \end{pmatrix}(b_1, b_2, b_3),$$

则由矩阵乘法的结合律，有

$$\boldsymbol{A}^2=\left[\begin{pmatrix} a_1 \\ a_2 \\ a_3 \end{pmatrix}(b_1, b_2, b_3)\right]\left[\begin{pmatrix} a_1 \\ a_2 \\ a_3 \end{pmatrix}(b_1, b_2, b_3)\right]$$

$$=\begin{pmatrix} a_1 \\ a_2 \\ a_3 \end{pmatrix}\left[(b_1, b_2, b_3)\begin{pmatrix} a_1 \\ a_2 \\ a_3 \end{pmatrix}\right](b_1, b_2, b_3).$$

注意到$(b_1, b_2, b_3)\begin{pmatrix} a_1 \\ a_2 \\ a_3 \end{pmatrix}=a_1b_1+a_2b_2+a_3b_3$ 是一个数，记为 l，则有

$$\boldsymbol{A}^2=l\boldsymbol{A}.$$

例 3 已知 $\boldsymbol{A}=\begin{pmatrix} 1 & 1 & 1 \\ 2 & 2 & 2 \\ 3 & 3 & 3 \end{pmatrix}$，求 $\boldsymbol{A}^2$，$\boldsymbol{A}^4$，$\boldsymbol{A}^{100}$.

解 直接计算 A^2，A^4，A^{100} 是复杂的，这里我们将 A 转化为列向量乘行向量，则可利用结合律简化计算.

因为 $A=\begin{pmatrix}1&1&1\\2&2&2\\3&3&3\end{pmatrix}=\begin{pmatrix}1\\2\\3\end{pmatrix}(1\ 1\ 1)$，令 $P=\begin{pmatrix}1\\2\\3\end{pmatrix}$，$Q=(1\ 1\ 1)$，则

$$A=PQ,$$

且 $QP=(1\ 1\ 1)\begin{pmatrix}1\\2\\3\end{pmatrix}=6$，于是

$$A^2=PQ\cdot PQ=P(QP)Q=6PQ=6A,$$
$$A^4=A^2\cdot A^2=6A\cdot 6A=6^2A^2=6^3A,$$

一般地
$$\begin{aligned}A^{100}&=PQ\cdot PQ\cdot\cdots\cdot PQ=P(QP)(QP)\cdots(QP)Q\\&=(QP)^{99}\cdot PQ=6^{99}A.\end{aligned}$$

例4 已知 $A=\begin{pmatrix}\lambda&1&0\\0&\lambda&1\\0&0&\lambda\end{pmatrix}$，求 A^n.

解 由于 $A=\lambda E+J$，其中 $J=\begin{pmatrix}0&1&0\\0&0&1\\0&0&0\end{pmatrix}$，而

$$J^2=\begin{pmatrix}0&0&1\\0&0&0\\0&0&0\end{pmatrix},\ J^3=J^4=\cdots=O,$$

因为 λE 与 A 可交换，于是

$$A^n=(\lambda E+J)^n=\lambda^nE+C_n^1\lambda^{n-1}J+C_n^2\lambda^{n-2}J^2=\begin{pmatrix}\lambda^n&C_n^1\lambda^{n-1}&C_n^2\lambda^{n-2}\\&\lambda^n&C_n^1\lambda^{n-1}\\&&\lambda^n\end{pmatrix}.$$

例5 已知 $A=\begin{pmatrix}-1&1&1&-1\\1&-1&-1&1\\1&-1&-1&1\\-1&1&1&-1\end{pmatrix}$，求 A^6.

解
$$A^2=\begin{pmatrix}-1&1&1&-1\\1&-1&-1&1\\1&-1&-1&1\\-1&1&1&-1\end{pmatrix}\begin{pmatrix}-1&1&1&-1\\1&-1&-1&1\\1&-1&-1&1\\-1&1&1&-1\end{pmatrix}$$
$$=\begin{pmatrix}4&-4&-4&4\\-4&4&4&-4\\-4&4&4&-4\\4&-4&-4&4\end{pmatrix}=-4\begin{pmatrix}-1&1&1&-1\\1&-1&-1&1\\1&-1&-1&1\\-1&1&1&-1\end{pmatrix}=-4\boldsymbol{A},$$
$$\boldsymbol{A}^3=\boldsymbol{A}^2\boldsymbol{A}=-4\boldsymbol{A}^2=(-4)^2\boldsymbol{A},\cdots,\boldsymbol{A}^6=(-4)^5\boldsymbol{A}.$$

题型 3 矩阵可逆的计算与证明

解题思路 求指定矩阵的逆矩阵常见方法有：

(1) 利用逆矩阵的定义，找出 $\boldsymbol{B}$ 使
$$\boldsymbol{AB}=\boldsymbol{E}\text{ 或 }\boldsymbol{BA}=\boldsymbol{E}\Rightarrow\boldsymbol{A}^{-1}=\boldsymbol{B}\text{（例 1～例 2）}.$$

(2) 利用公式 $\boldsymbol{A}^{-1}=\frac{1}{|\boldsymbol{A}|}\boldsymbol{A}^*$ 计算逆矩阵（见例 3），但当 $n\geqslant3$ 时，计算 $\boldsymbol{A}^*$ 十分复杂，此时可采用初等变换法.

(3) 初等变换法. 即 $(\boldsymbol{A}\,\vdots\,\boldsymbol{E})\xrightarrow{\text{初等行变换}}(\boldsymbol{E}\,\vdots\,\boldsymbol{A}^{-1})$（见例 4).

(4) 分块求逆法. 若矩阵 $\boldsymbol{A}$ 能分块为下列类型之一时，
$$\begin{pmatrix}\boldsymbol{A}_{11}&\boldsymbol{O}\\\boldsymbol{O}&\boldsymbol{A}_{22}\end{pmatrix},\begin{pmatrix}\boldsymbol{A}_{11}&\boldsymbol{A}_{12}\\\boldsymbol{O}&\boldsymbol{A}_{22}\end{pmatrix},\begin{pmatrix}\boldsymbol{A}_{11}&\boldsymbol{O}\\\boldsymbol{A}_{21}&\boldsymbol{A}_{22}\end{pmatrix},\begin{pmatrix}\boldsymbol{O}&\boldsymbol{A}_{11}\\\boldsymbol{A}_{22}&\boldsymbol{O}\end{pmatrix},$$
其中 $\boldsymbol{A}_{11}$，$\boldsymbol{A}_{22}$ 为可逆矩阵，则可用分块矩阵的运算性质化为相应分块的求逆问题（如例 5).

例 1 设 n 阶方阵 $\boldsymbol{A}$ 满足 $\boldsymbol{A}^2=3\boldsymbol{A}$，

(1) 证明 $4\boldsymbol{E}-\boldsymbol{A}$ 可逆；

(2) 如果 $\boldsymbol{A}\neq\boldsymbol{O}$，证明 $3\boldsymbol{E}-\boldsymbol{A}$ 不可逆.

证 (1) $\because$ $\boldsymbol{A}^2=3\boldsymbol{A}$，即 $\boldsymbol{A}^2-3\boldsymbol{A}=\boldsymbol{O}$，

$\therefore$ $\boldsymbol{A}^2-3\boldsymbol{A}-4\boldsymbol{E}=-4\boldsymbol{E}$，

即
$$(4\boldsymbol{E}-\boldsymbol{A})(\boldsymbol{E}+\boldsymbol{A})=4\boldsymbol{E}\quad\text{或}\quad(4\boldsymbol{E}-\boldsymbol{A})\left[\frac{1}{4}(\boldsymbol{E}+\boldsymbol{A})\right]=\boldsymbol{E},$$

于是 $4\boldsymbol{E}-\boldsymbol{A}$ 可逆，且 $(4\boldsymbol{E}-\boldsymbol{A})^{-1}=\frac{1}{4}(\boldsymbol{E}+\boldsymbol{A})$.

(2) 用反证法，假设 $3\boldsymbol{E}-\boldsymbol{A}$ 可逆，由 $\boldsymbol{A}^2=3\boldsymbol{A}$
$$\Rightarrow(3\boldsymbol{E}-\boldsymbol{A})\boldsymbol{A}=\boldsymbol{O}.$$

两端左乘 $(3\boldsymbol{E}-\boldsymbol{A})^{-1}$ 得 $\boldsymbol{A}=\boldsymbol{O}$，与已知条件 $\boldsymbol{A}\neq\boldsymbol{O}$ 矛盾，故 $3\boldsymbol{E}-\boldsymbol{A}$ 不可逆.

例2 设 $\boldsymbol{A}$，$\boldsymbol{B}$，$\boldsymbol{A}+\boldsymbol{B}$ 都是可逆矩阵，试求：$(\boldsymbol{A}^{-1}+\boldsymbol{B}^{-1})^{-1}$.

解 设 $(\boldsymbol{A}^{-1}+\boldsymbol{B}^{-1})^{-1}=\boldsymbol{X}$，则

$$(\boldsymbol{A}^{-1}+\boldsymbol{B}^{-1})\boldsymbol{X}=\boldsymbol{E},$$

上式两边左乘 $\boldsymbol{A}$，得

$$\begin{aligned}\boldsymbol{A}(\boldsymbol{A}^{-1}+\boldsymbol{B}^{-1})\boldsymbol{X}&=(\boldsymbol{A}\boldsymbol{A}^{-1}+\boldsymbol{A}\boldsymbol{B}^{-1})\boldsymbol{X}=(\boldsymbol{E}+\boldsymbol{A}\boldsymbol{B}^{-1})\boldsymbol{X}\\&=(\boldsymbol{B}\boldsymbol{B}^{-1}+\boldsymbol{A}\boldsymbol{B}^{-1})\boldsymbol{X}=(\boldsymbol{A}+\boldsymbol{B})\boldsymbol{B}^{-1}\boldsymbol{X}=\boldsymbol{A}.\end{aligned}$$

由 $(\boldsymbol{A}+\boldsymbol{B})\boldsymbol{B}^{-1}\boldsymbol{X}=\boldsymbol{A}$ 两边左乘 $(\boldsymbol{A}+\boldsymbol{B})^{-1}$，再左乘 $\boldsymbol{B}$ 得

$$X=\boldsymbol{B}(\boldsymbol{A}+\boldsymbol{B})^{-1}\boldsymbol{A},$$

故 $(\boldsymbol{A}^{-1}+\boldsymbol{B}^{-1})^{-1}=\boldsymbol{B}(\boldsymbol{A}+\boldsymbol{B})^{-1}\boldsymbol{A}$.

注：本题的关键是把矩阵加减运算转化为乘积以便求逆.

例3 设 $\boldsymbol{A}=\begin{pmatrix}1&1&-1\\2&1&0\\1&-1&0\end{pmatrix}$，试用伴随矩阵法求 $\boldsymbol{A}^{-1}$.

解 利用公式 $\boldsymbol{A}^{-1}=\dfrac{1}{|\boldsymbol{A}|}\boldsymbol{A}^{*}$ 计算.

$$\because\ |\boldsymbol{A}|=\begin{vmatrix}1&1&-1\\2&1&0\\1&-1&0\end{vmatrix}=3\neq0,$$

$\therefore\ \boldsymbol{A}^{-1}$存在. 又

$$A_{11}=(-1)^{2}\begin{vmatrix}1&0\\-1&0\end{vmatrix}=0,\ A_{21}=(-1)^{3}\begin{vmatrix}1&-1\\-1&0\end{vmatrix}=1,$$

$$A_{31}=(-1)^{4}\begin{vmatrix}1&-1\\1&0\end{vmatrix}=1,$$

$$A_{12}=(-1)^{3}\begin{vmatrix}2&0\\1&0\end{vmatrix}=0,\ A_{22}=(-1)^{4}\begin{vmatrix}1&-1\\1&0\end{vmatrix}=1,$$

$$A_{32}=(-1)^{5}\begin{vmatrix}1&-1\\2&0\end{vmatrix}=-2,$$

$$A_{13}=(-1)^{4}\begin{vmatrix}2&1\\1&-1\end{vmatrix}=-3,\ A_{23}=(-1)^{5}\begin{vmatrix}1&1\\1&-1\end{vmatrix}=2,$$

$$A_{33}=(-1)^{6}\begin{vmatrix}1&1\\2&1\end{vmatrix}=-1,$$

故 $\boldsymbol{A}^{-1}=\dfrac{1}{|\boldsymbol{A}|}\begin{pmatrix}A_{11} & A_{21} & A_{31}\\ A_{12} & A_{22} & A_{32}\\ A_{13} & A_{23} & A_{33}\end{pmatrix}=\dfrac{1}{3}\begin{pmatrix}0 & 1 & 1\\ 0 & 1 & -2\\ -3 & 2 & -1\end{pmatrix}$.

例 4 设 $\boldsymbol{A}=\begin{pmatrix}0 & 2 & -1\\ 1 & 1 & 2\\ -1 & -1 & -1\end{pmatrix}$，试用初等交换法求矩阵 $\boldsymbol{A}^{-1}$.

解 作分块矩阵 $(\boldsymbol{A}\,\vdots\,\boldsymbol{E})$，施行初等行变换.

$$\left(\begin{array}{ccc:ccc}0 & 2 & -1 & 1 & 0 & 0\\ 1 & 1 & 2 & 0 & 1 & 0\\ -1 & -1 & -1 & 0 & 0 & 1\end{array}\right)\to\left(\begin{array}{ccc:ccc}1 & 1 & 2 & 0 & 1 & 0\\ 0 & 2 & -1 & 1 & 0 & 0\\ -1 & -1 & -1 & 0 & 0 & 1\end{array}\right)\to$$

$$\left(\begin{array}{ccc:ccc}1 & 1 & 2 & 0 & 1 & 0\\ 0 & 2 & -1 & 1 & 0 & 0\\ 0 & 0 & 1 & 0 & 1 & 1\end{array}\right)\to\left(\begin{array}{ccc:ccc}1 & 1 & 0 & 0 & -1 & -2\\ 0 & 2 & 0 & 1 & 1 & 1\\ 0 & 0 & 1 & 0 & 1 & 1\end{array}\right)\to$$

$$\left(\begin{array}{ccc:ccc}1 & 1 & 0 & 0 & -1 & -2\\ 0 & 1 & 0 & 1/2 & 1/2 & 1/2\\ 0 & 0 & 1 & 0 & 1 & 1\end{array}\right)\to\left(\begin{array}{ccc:ccc}1 & 0 & 0 & -1/2 & -3/2 & -5/2\\ 0 & 1 & 0 & 1/2 & 1/2 & 1/2\\ 0 & 0 & 1 & 0 & 1 & 1\end{array}\right),$$

故 $\boldsymbol{A}^{-1}=\begin{pmatrix}-1/2 & -3/2 & -5/2\\ 1/2 & 1/2 & 1/2\\ 0 & 1 & 1\end{pmatrix}$.

例 5 设 $\boldsymbol{A}=\dfrac{1}{2}\begin{pmatrix}0 & 0 & 2\\ 1 & 3 & 0\\ 2 & 5 & 0\end{pmatrix}$，则 $\boldsymbol{A}^{-1}=$________.

解 利用矩阵分块法，有

$$\begin{pmatrix}0 & 0 & 2\\ 1 & 3 & 0\\ 2 & 5 & 0\end{pmatrix}=\begin{pmatrix}\boldsymbol{O} & \boldsymbol{B}\\ \boldsymbol{C} & \boldsymbol{O}\end{pmatrix}$$

而当 $\boldsymbol{B}$, $\boldsymbol{C}$ 均可逆时，有

$$\begin{pmatrix}\boldsymbol{O} & \boldsymbol{B}\\ \boldsymbol{C} & \boldsymbol{O}\end{pmatrix}^{-1}=\begin{pmatrix}\boldsymbol{O} & \boldsymbol{C}^{-1}\\ \boldsymbol{B}^{-1} & \boldsymbol{O}\end{pmatrix}.$$

又 $\boldsymbol{B}^{-1}=\left(\dfrac{1}{2}\right)$，$\boldsymbol{C}^{-1}=\begin{pmatrix}-5 & 3\\ 2 & -1\end{pmatrix}$，再利用公式 $(k\boldsymbol{A})^{-1}=\dfrac{1}{k}\boldsymbol{A}^{-1}$，易见空内应填

$$\begin{pmatrix} 0 & -10 & 6 \\ 0 & 4 & -2 \\ 1 & 0 & 0 \end{pmatrix}.$$

题型 4 有关伴随矩阵的命题

解题思路 伴随矩阵的概念、性质及其应用一直是考研的重要考点，应注意掌握其运算规律及其与行列式、矩阵方程、秩、方程组、特征值等知识点融合解题的方法. 涉及伴随矩阵的计算或证明问题一般均是从公式

$$\boldsymbol{A}\boldsymbol{A}^* = \boldsymbol{A}^*\boldsymbol{A} = |\boldsymbol{A}|\boldsymbol{E}.$$

及伴随矩阵的有关结论着手分析的.

(1) 伴随矩阵的基本运算性质证明（如例 1）；

(2) 低阶矩阵的伴随矩阵可直接用定义计算（如例 2），当矩阵阶数较高时可利用公式，将伴随矩阵的计算转化为行列式与逆矩阵的计算，而矩阵的逆可用初等变换法求之（见例 3）；

(3) 利用公式求解矩阵方程（如例 4）.

例 1 设 $\boldsymbol{A}=(a_{ij})_{n\times n}$，试证下列等式成立：

(1) $(\boldsymbol{A}^{\mathrm{T}})^* = (\boldsymbol{A}^*)^{\mathrm{T}}$.

证 设 $\boldsymbol{A}=\begin{pmatrix} a_{11} & \cdots & a_{1n} \\ \cdots & \cdots & \cdots \\ a_{n1} & \cdots & a_{nn} \end{pmatrix}$，则 $\boldsymbol{A}^*=\begin{pmatrix} \boldsymbol{A}_{11} & \cdots & \boldsymbol{A}_{n1} \\ \cdots & \cdots & \cdots \\ \boldsymbol{A}_{1n} & \cdots & \boldsymbol{A}_{nn} \end{pmatrix}$，又

$$\boldsymbol{A}^{\mathrm{T}}=\begin{pmatrix} a_{11} & \cdots & a_{n1} \\ \cdots & \cdots & \cdots \\ a_{1n} & \cdots & a_{nn} \end{pmatrix},\ (\boldsymbol{A}^{\mathrm{T}})^*=\begin{pmatrix} \boldsymbol{A}_{11} & \cdots & \boldsymbol{A}_{1n} \\ \cdots & \cdots & \cdots \\ \boldsymbol{A}_{n1} & \cdots & \boldsymbol{A}_{nn} \end{pmatrix},$$

显然 $(\boldsymbol{A}^{\mathrm{T}})^* = (\boldsymbol{A}^*)^{\mathrm{T}}$.

(2) 若 $|\boldsymbol{A}|\neq 0$，则 $(\boldsymbol{A}^*)^{-1} = (\boldsymbol{A}^{-1})^*$.

证 因为 $|\boldsymbol{A}|\neq 0$，故 $\boldsymbol{A}^{-1}$ 存在，由公式 $\boldsymbol{A}\boldsymbol{A}^* = \boldsymbol{A}^*\boldsymbol{A} = |\boldsymbol{A}|\boldsymbol{E}$

$$\Rightarrow \boldsymbol{A}^* = |\boldsymbol{A}|\boldsymbol{A}^{-1}.$$

于是 $(\boldsymbol{A}^{-1})^* = |\boldsymbol{A}^{-1}|(\boldsymbol{A}^{-1})^{-1} = \dfrac{1}{|\boldsymbol{A}|}\boldsymbol{A}$，而

$$(\boldsymbol{A}^*)^{-1} = (|\boldsymbol{A}|\boldsymbol{A}^{-1})^{-1} = \frac{1}{|\boldsymbol{A}|}\boldsymbol{A} = (\boldsymbol{A}^{-1})^*,$$

即有 $(\boldsymbol{A}^*)^{-1} = (\boldsymbol{A}^{-1})^*$.

(3) 若 $|\boldsymbol{A}|\neq 0$，则 $[(\boldsymbol{A}^{-1})^{\mathrm{T}}]^* = [(\boldsymbol{A}^*)^{\mathrm{T}}]^{-1}$.

证 由(1),(2)及已知结论 $(\boldsymbol{A}^{-1})^{\mathrm{T}}=(\boldsymbol{A}^{\mathrm{T}})^{-1}$，即有

$$[(\boldsymbol{A}^{-1})^{\mathrm{T}}]^{*}=[(\boldsymbol{A}^{-1})^{*}]^{\mathrm{T}}=[(\boldsymbol{A}^{*})^{-1}]^{\mathrm{T}}=[(\boldsymbol{A}^{*})^{\mathrm{T}}]^{-1}.$$

(4) 若 $|\boldsymbol{A}|\neq 0$，则 $(k\boldsymbol{A})^{*}=k^{n-1}\boldsymbol{A}^{*}$，这里 $k\neq 0$.

证 利用公式 $\boldsymbol{A}\boldsymbol{A}^{*}=\boldsymbol{A}^{*}\boldsymbol{A}=|\boldsymbol{A}|\boldsymbol{E}$ 知 $\boldsymbol{A}^{*}=|\boldsymbol{A}|\boldsymbol{A}^{-1}$，于是

$$(k\boldsymbol{A})^{*}=|k\boldsymbol{A}|(k\boldsymbol{A})^{-1}=k^{n}|\boldsymbol{A}|\cdot\frac{1}{k}\boldsymbol{A}^{-1}=k^{n-1}|\boldsymbol{A}|\boldsymbol{A}^{-1}=k^{n-1}\boldsymbol{A}^{*},$$

即 $$(k\boldsymbol{A})^{*}=k^{n-1}\boldsymbol{A}^{*}.$$

(5) 若 $|\boldsymbol{A}|\neq 0$，则 $(\boldsymbol{A}^{*})^{*}=|\boldsymbol{A}|^{n-2}\boldsymbol{A}$.

证 因 $\boldsymbol{A}^{*}=|\boldsymbol{A}|\boldsymbol{A}^{-1}$，故

$$(\boldsymbol{A}^{*})^{*}=|\boldsymbol{A}^{*}|(\boldsymbol{A}^{*})^{-1}=|\boldsymbol{A}|^{n-1}(|\boldsymbol{A}|^{-1}\boldsymbol{A})=|\boldsymbol{A}|^{n-2}\boldsymbol{A}.$$

例 2 设 $\boldsymbol{A}=\begin{pmatrix} a & b \\ c & d \end{pmatrix}$，求 $\boldsymbol{A}^{*}$.

解 由于行列式 $|\boldsymbol{A}|$ 的代数余子式分别为

$$A_{11}=d,\ A_{12}=-c,\ A_{21}=-b,\ A_{22}=a.$$

按伴随矩阵定义知 $\boldsymbol{A}^{*}=\begin{pmatrix} d & -b \\ -c & a \end{pmatrix}$.

注： 2 阶矩阵的伴随矩阵，其规律是"主对角线对换副对角线变号"；

3 阶矩阵的伴随矩阵仍可用公式计算；

4 阶以上的一般矩阵计算伴随矩阵的工作量太大，可用初等变换法通过求行列式和逆矩阵来计算.

例 3 已知 n 阶矩阵 $\boldsymbol{A}=\begin{pmatrix} 1 & 0 & 0 & \cdots & 0 \\ 1 & 1 & 0 & \cdots & 0 \\ 1 & 1 & 1 & \cdots & 0 \\ \cdots & \cdots & \cdots & \cdots & \cdots \\ 1 & 1 & 1 & \cdots & 1 \end{pmatrix}$，求 $|\boldsymbol{A}|$ 中所有元素的代数余子式的和.

解 利用公式 $\boldsymbol{A}^{*}=|\boldsymbol{A}|\boldsymbol{A}^{-1}$，先求出 $|\boldsymbol{A}|$ 及 $\boldsymbol{A}^{-1}$，再计算所求和.

显然 $|\boldsymbol{A}|=1$，又

$$(\boldsymbol{A}\,\vdots\,\boldsymbol{E})=\left(\begin{array}{ccccc:ccccc} 1 & 0 & 0 & \cdots & 0 & 1 & & & & \\ 1 & 1 & 0 & \cdots & 0 & & 1 & & & \\ 1 & 1 & 1 & \cdots & 0 & & & 1 & & \\ \cdots & \cdots & \cdots & & \cdots & & & & \cdots & \\ 1 & 1 & 1 & \cdots & 1 & & & & & 1 \end{array}\right)\to$$

$$\left(\begin{array}{ccccc|ccccc}1 & & & & & 1 & & & & \\ & 1 & & & & -1 & 1 & & & \\ & & 1 & & & & -1 & 1 & & \\ & & & \cdots & & & & \cdots & \cdots & \\ & & & & 1 & & & & -1 & 1\end{array}\right),$$

可见 $$A^* = |A|A^{-1} = A^{-1} = \begin{pmatrix}1 & & & & \\ -1 & 1 & & & \\ & -1 & 1 & & \\ & & \cdots & \cdots & \\ & & & -1 & 1\end{pmatrix}.$$

于是 $$\prod_{i,\,j=1}^{n} A_{ij} = n-(n-1)=1.$$

例 4 设四阶矩阵 $\boldsymbol{B}$ 满足

$$\left[\left(\frac{1}{2}\boldsymbol{A}\right)^*\right]^{-1}\boldsymbol{B}\boldsymbol{A}^{-1} = 2\boldsymbol{A}\boldsymbol{B}+12\boldsymbol{E},$$

其中 $\boldsymbol{E}$ 是 4 阶单位矩阵，而 $\boldsymbol{A}=\begin{pmatrix}1 & 2 & 0 & 0\\ 1 & 3 & 0 & 0\\ 0 & 0 & 0 & 2\\ 0 & 0 & -1 & 0\end{pmatrix}$，求矩阵 $\boldsymbol{B}$.

解 由分块对角矩阵的性质有 $|\boldsymbol{A}| = \begin{vmatrix}1 & 2\\ 1 & 3\end{vmatrix}\cdot\begin{vmatrix}0 & 2\\ -1 & 0\end{vmatrix} = 2.$

$\boldsymbol{A}$ 是 4 阶可逆矩阵，故 $\left(\frac{1}{2}\boldsymbol{A}\right)^* = \left(\frac{1}{2}\right)^3\cdot\boldsymbol{A}^*$，

于是 $\left[\left(\frac{1}{2}\boldsymbol{A}\right)^*\right]^{-1} = \left(\frac{1}{2^3}\boldsymbol{A}^*\right)^{-1} = 8(\boldsymbol{A}^*)^{-1} = 8\cdot\frac{\boldsymbol{A}}{|\boldsymbol{A}|} = 4\boldsymbol{A}$，

原方程化简为 $2\boldsymbol{A}\boldsymbol{B}\boldsymbol{A}^{-1} = \boldsymbol{A}\boldsymbol{B}+6\boldsymbol{E}$，

左乘 $\boldsymbol{A}^{-1}$，得 $\boldsymbol{B}(2\boldsymbol{A}^{-1}-\boldsymbol{E}) = 6\boldsymbol{A}^{-1}$，

故 $\boldsymbol{B} = 6\boldsymbol{A}^{-1}(2\boldsymbol{A}^{-1}-\boldsymbol{E})^{-1} = 6[(2\boldsymbol{A}^{-1}-\boldsymbol{E})\boldsymbol{A}]^{-1} = 6(2\boldsymbol{E}-\boldsymbol{A})^{-1}$.

用分块矩阵求逆法，可求得

$$\boldsymbol{B} = 6(2\boldsymbol{E}-\boldsymbol{A})^{-1} = 6\begin{pmatrix}1 & -2 & 0 & 0\\ -1 & -1 & 0 & 0\\ 0 & 0 & 2 & -2\\ 0 & 0 & 1 & 2\end{pmatrix}^{-1} = \begin{pmatrix}2 & -4 & 0 & 0\\ -2 & -2 & 0 & 0\\ 0 & 0 & 2 & 2\\ 0 & 0 & -1 & 2\end{pmatrix}.$$

题型 5　初等变换与矩阵求秩

解题思路

(1) 理解初等变换与初等矩阵的关系，对矩阵 $\boldsymbol{A}$ 施以行（列）变换就相当于用相应的初等矩阵左（右）乘 $\boldsymbol{A}$，熟练应用有关结论解题（见例 1,例 2）.

(2) 矩阵求秩的主要方法有：

A. 定义法：通过计算矩阵的各阶子式求秩，还可利用矩阵秩的有关已知结论一起求所给矩阵的秩（见例 3）；

B. 初等变换法：对矩阵施行初等变换不改变矩阵的秩，故可用初等行变换把矩阵变成为行阶梯形矩阵，而行阶梯形矩阵中非零行的行数就是矩阵的秩（见例 4，例 5）.

(3) 有关利用极大线性无关向量组和线性方程组的结论求矩阵的秩的方法请参见第 9 章.

例 1　填空 $\begin{pmatrix}0&0&1\\0&1&0\\1&0&0\end{pmatrix}^{2000}\begin{pmatrix}1&2&3\\4&5&6\\7&8&9\end{pmatrix}\begin{pmatrix}1&0&0\\0&0&1\\0&1&0\end{pmatrix}^{2001}=$________.

解题思路　对矩阵 $\boldsymbol{A}$ 施以行（列）变换就相当于用相应的初等矩阵左（右）乘 $\boldsymbol{A}$.

解　注意到 $\boldsymbol{P}=\begin{pmatrix}0&0&1\\0&1&0\\1&0&0\end{pmatrix}$ 与 $\boldsymbol{Q}=\begin{pmatrix}1&0&0\\0&0&1\\0&1&0\end{pmatrix}$ 均为初等矩阵，$\boldsymbol{PA}$ 是 $\boldsymbol{A}$ 做一次行变换（一、三两行互换），$\boldsymbol{P}^{2000}\boldsymbol{A}$ 为 $\boldsymbol{A}$ 的一、三两行做了偶数次对换，故

$$\boldsymbol{P}^{2000}\boldsymbol{A}=\boldsymbol{A}.$$

类似地，$\boldsymbol{AQ}^{2001}$ 相当于 $\boldsymbol{A}$ 的二、三列做了一次对换.

故应填：$\begin{pmatrix}1&3&2\\4&6&5\\7&9&8\end{pmatrix}$.

例 2　已知 $\boldsymbol{A}$，$\boldsymbol{B}$ 均是三阶矩阵，将 $\boldsymbol{A}$ 中第 3 行的 -2 倍加至第 2 行得到矩阵 $\boldsymbol{A}_1$，将 $\boldsymbol{B}$ 中第 2 列加至第 1 列得到矩阵 $\boldsymbol{B}_1$，又知 $\boldsymbol{A}_1\boldsymbol{B}_1=\begin{pmatrix}1&1&1\\0&2&2\\0&0&3\end{pmatrix}$，求 $\boldsymbol{AB}$.

解题思路　理解初等变换与初等矩阵的关系，对矩阵 $\boldsymbol{A}$ 施以行（列）变换就相当于用相应的初等矩阵左（右）乘 $\boldsymbol{A}$，熟练应用有关结论解题.

解　由题设条件，令

$$\boldsymbol{P}=\begin{pmatrix}1&0&0\\0&1&-2\\0&0&1\end{pmatrix},\ \boldsymbol{Q}=\begin{pmatrix}1&0&0\\1&1&0\\0&0&1\end{pmatrix},$$

则 $\boldsymbol{A}_1=\boldsymbol{PA},\ \boldsymbol{B}_1=\boldsymbol{BQ}\Rightarrow\boldsymbol{A}_1\boldsymbol{B}_1=\boldsymbol{PABQ}$,

$$\boldsymbol{AB}=\boldsymbol{P}^{-1}\boldsymbol{A}_1\boldsymbol{B}_1\boldsymbol{Q}^{-1}=\begin{pmatrix}1&0&0\\0&1&2\\0&0&1\end{pmatrix}\begin{pmatrix}1&1&1\\0&2&2\\0&0&3\end{pmatrix}\begin{pmatrix}1&0&0\\-1&1&0\\0&0&1\end{pmatrix}$$

$$=\begin{pmatrix}0&1&1\\-2&2&8\\0&0&3\end{pmatrix}.$$

例 3　设 $\boldsymbol{A}=\begin{pmatrix}a_1b_1&a_1b_2&\cdots&a_1b_n\\a_2b_1&a_2b_2&\cdots&a_2b_n\\\cdots&\cdots&\cdots&\cdots\\a_nb_1&a_nb_2&\cdots&a_nb_n\end{pmatrix}$，其中 $a_i\neq0$，$b_i\neq0$ $(i=1,2,\cdots,n)$，求秩 $(\boldsymbol{A})$.

解　方法一　用子式计算秩 $(\boldsymbol{A})$.

因 $\boldsymbol{A}$ 的任一二阶子式 $\begin{vmatrix}a_ib_k&a_ib_l\\a_jb_k&a_jb_l\end{vmatrix}=0$，于是

秩$(\boldsymbol{A})\leqslant1$，

又 $\boldsymbol{A}$ 为非零矩阵，故秩 $(\boldsymbol{A})\geqslant1$，从而

秩$(\boldsymbol{A})=1$.

方法二　记 $\boldsymbol{G}=\begin{pmatrix}a_1\\a_2\\\vdots\\a_n\end{pmatrix}$，$\boldsymbol{H}=(b_1,b_2,\cdots,b_n)$，则 $\boldsymbol{A}=\boldsymbol{GH}$，因

秩$(\boldsymbol{A})\leqslant\min\{$秩$(\boldsymbol{G})$，秩$(\boldsymbol{H})\}=1$，

又 $\boldsymbol{A}$ 为非零矩阵，秩 $(\boldsymbol{A})\geqslant1$，从而

秩$(\boldsymbol{A})=1$.

例 4　设三阶矩阵 $\boldsymbol{A}=\begin{pmatrix}x&1&1\\1&x&1\\1&1&x\end{pmatrix}$，试求矩阵 $\boldsymbol{A}$ 的秩.

解 利用初等变换求秩.

$$A=\begin{pmatrix}x&1&1\\1&x&1\\1&1&x\end{pmatrix}\to\begin{pmatrix}1&1&x\\1&x&1\\x&1&1\end{pmatrix}\to\begin{pmatrix}1&1&x\\0&x-1&-(x-1)\\0&-(x-1)&1-x^2\end{pmatrix}$$

$$\to\begin{pmatrix}1&1&x\\0&x-1&-(x-1)\\0&0&-(x+2)(x-1)\end{pmatrix},$$

故有：1° 当 $x\neq1$ 且 $x\neq-2$ 时，$|A|\neq0$，秩 $(A)=3$；

2°当 $x=1$ 时，$|A|=0$，且 $A=\begin{pmatrix}1&1&1\\1&1&1\\1&1&1\end{pmatrix}$，显然，秩 $(A)=1$；

3°当 $x=-2$ 时，$|A|=0$，且 $A=\begin{pmatrix}-2&1&1\\1&-2&1\\1&1&-2\end{pmatrix}$，这时有二阶子式 $\begin{vmatrix}-2&1\\1&-2\end{vmatrix}\neq0$，显然，秩 $(A)=2$.

例 5 设 A 为 5×4 矩阵，$A=\begin{pmatrix}1&2&3&1\\2&-1&k&2\\0&1&1&3\\1&-1&0&4\\2&0&2&5\end{pmatrix}$，且 A 的秩为 3，求 k.

解 用初等变换.

$$A=\begin{pmatrix}1&2&3&1\\2&-1&k&2\\0&1&1&3\\1&-1&0&4\\2&0&2&5\end{pmatrix}\to\begin{pmatrix}1&2&3&1\\0&-5&k-6&0\\0&1&1&3\\0&-3&-3&3\\0&-4&-4&3\end{pmatrix}\to$$

$$\begin{pmatrix}1&2&3&1\\0&1&1&3\\0&0&k-1&15\\0&0&0&12\\0&0&0&15\end{pmatrix}\to\begin{pmatrix}1&2&3&1\\0&1&1&3\\0&0&k-1&15\\0&0&0&1\\0&0&0&0\end{pmatrix},$$

易见若秩 $(A)=3$，则必有 $k-1=0$，即 $k=1$.

题型 6　求解矩阵方程

解题思路　利用矩阵的三种典型运算：$\boldsymbol{A}^{\mathrm{T}}$、$\boldsymbol{A}^{-1}$、$\boldsymbol{A}^*$ 可将已知条件化为下列形式的标准矩阵方程：

$$\boldsymbol{AX}=\boldsymbol{B}, \tag{1}$$

$$\boldsymbol{XA}=\boldsymbol{B}, \tag{2}$$

$$\boldsymbol{AXB}=\boldsymbol{C}, \tag{3}$$

利用矩阵乘法的运算规律和逆矩阵的运算性质，通过在方程两边左乘或右乘相应的矩阵的逆矩阵，可分别求出其解：

$$\boldsymbol{X}=\boldsymbol{A}^{-1}\boldsymbol{B}, \tag{1'}$$

$$\boldsymbol{X}=\boldsymbol{B}\boldsymbol{A}^{-1}, \tag{2'}$$

$$\boldsymbol{X}=\boldsymbol{A}^{-1}\boldsymbol{C}\boldsymbol{B}^{-1}, \tag{3'}$$

其中涉及的逆矩阵的计算，则视具体情况可采用初等变换法或伴随矩阵法等（见例 1，例 2）.

例 1　设矩阵 $\boldsymbol{A}=\begin{pmatrix}1&0&1\\0&2&6\\1&6&1\end{pmatrix}$. 满足 $\boldsymbol{AX}+\boldsymbol{E}=\boldsymbol{A}^2+\boldsymbol{X}$，求矩阵 $\boldsymbol{X}$.

解　化简矩阵方程为

$$(\boldsymbol{A}-\boldsymbol{E})\boldsymbol{X}=\boldsymbol{A}^2-\boldsymbol{E}. \tag{1}$$

由于 $\boldsymbol{A}-\boldsymbol{E}=\begin{pmatrix}0&0&1\\0&1&6\\1&6&0\end{pmatrix}$，$|\boldsymbol{A}-\boldsymbol{E}|=-1\neq0$，知 $\boldsymbol{A}-\boldsymbol{E}$ 可逆. 故可用 $(\boldsymbol{A}-\boldsymbol{E})^{-1}$ 左乘 (1) 式两端，得

$$\begin{aligned}\boldsymbol{X}&=(\boldsymbol{A}-\boldsymbol{E})^{-1}(\boldsymbol{A}^2-\boldsymbol{E})=(\boldsymbol{A}-\boldsymbol{E})^{-1}(\boldsymbol{A}-\boldsymbol{E})(\boldsymbol{A}+\boldsymbol{E})\\&=\boldsymbol{A}+\boldsymbol{E}=\begin{pmatrix}2&0&1\\0&3&6\\1&6&2\end{pmatrix}.\end{aligned}$$

注：计算中多应用恒等变形可大大减少工作量.

例 2　已知 $\boldsymbol{A}=\begin{pmatrix}1&1&-1\\-1&1&1\\1&-1&1\end{pmatrix}$，矩阵 $\boldsymbol{X}$ 满足 $\boldsymbol{A}^*\boldsymbol{X}=\boldsymbol{A}^{-1}+2\boldsymbol{X}$，其中 $\boldsymbol{A}^*$ 是 $\boldsymbol{A}$ 的伴随矩阵，求矩阵 $\boldsymbol{X}$.

解　由 $\boldsymbol{AA}^*=|\boldsymbol{A}|\boldsymbol{E}$，用矩阵 $\boldsymbol{A}$ 左乘方程的两端，得

$$|\boldsymbol{A}|\ \boldsymbol{X}=\boldsymbol{E}+2\boldsymbol{A}\boldsymbol{X}\Rightarrow(|\boldsymbol{A}|\boldsymbol{E}-2\boldsymbol{A})\boldsymbol{X}=\boldsymbol{E}\Rightarrow\boldsymbol{X}=(|\boldsymbol{A}|\boldsymbol{E}-2\boldsymbol{A})^{-1}.$$

由于

$$|\boldsymbol{A}|=\begin{vmatrix}1&1&-1\\-1&1&1\\1&-1&1\end{vmatrix}=4,\ |\boldsymbol{A}|\boldsymbol{E}-2\boldsymbol{A}=2\begin{pmatrix}1&-1&1\\1&1&-1\\-1&1&1\end{pmatrix},$$

故
$$\boldsymbol{X}=\frac{1}{2}\begin{pmatrix}1&-1&1\\1&1&-1\\-1&1&1\end{pmatrix}^{-1}=\frac{1}{4}\begin{pmatrix}1&1&0\\0&1&1\\1&0&1\end{pmatrix}.$$

第 9 章　线性方程组

线性方程组是线性代数的核心，本章将借助线性方程组简单而具体地介绍线性代数的核心概念，深入理解它们将有助于我们感受线性代数的力与美.

本章教学基本要求：

1. 牢记线性方程组有解的判定定理；
2. 掌握用行初等变换求线性方程组通解的方法；
3. 理解齐次线性方程组解的性质、基础解系、通解、解的结构；
4. 理解非齐次线性方程组解的性质，通解的概念以及解的结构；
5. 会将线性代数方程组运用到数学模型中.

§9.1　消 元 法

一、主要知识归纳

增广矩阵	线性方程组 $\boldsymbol{A}x=\boldsymbol{b}$ 的增广矩阵为 $\widetilde{\boldsymbol{A}}=(\boldsymbol{A}\quad\boldsymbol{b})$.
判定定理	(1) $\mathrm{r}(\boldsymbol{A})=\mathrm{r}(\widetilde{\boldsymbol{A}})=n$ 当且仅当 $\boldsymbol{Ax}=\boldsymbol{b}$ 有唯一解； (2) $\mathrm{r}(\boldsymbol{A})=\mathrm{r}(\widetilde{\boldsymbol{A}})<n$ 当且仅当 $\boldsymbol{Ax}=\boldsymbol{b}$ 有无穷多解； (3) $\mathrm{r}(\boldsymbol{A})\neq\mathrm{r}(\widetilde{\boldsymbol{A}})$ 当且仅当 $\boldsymbol{Ax}=\boldsymbol{b}$ 无解； (4) $\mathrm{r}(\boldsymbol{A})=n$ 当且仅当 $\boldsymbol{Ax}=\boldsymbol{0}$ 只有零解； (5) $\mathrm{r}(\boldsymbol{A})<n$ 当且仅当 $\boldsymbol{Ax}=\boldsymbol{0}$ 有非零解.
消元法	(1) 写出方程组对应的增广矩阵； (2) 对增广矩阵进行初等行变换，化为行阶梯形矩阵或行最简形矩阵； (3) 分析方程组是否有解，在有解的情况下，判断解的个数（唯一或无穷）； (4) 写出行阶梯形矩阵对应的方程组，它与原方程组同解； (5) 确定自由变量（自由变量的选取不唯一）； (6) 写成方程组的解的一般形式.

二、典型例题分析

例 1　解线性方程组

$$\begin{cases}x_1+x_2+x_3+x_4+x_5=a\\3x_1+2x_2+x_3+x_4-3x_5=0\\x_2+2x_3+2x_4+6x_5=b\\5x_1+4x_2+3x_3+3x_4-x_5=2\end{cases}.$$

解 对增广矩阵 $\widetilde{\mathbf{A}}$ 施行初等行变换：

$$\widetilde{\mathbf{A}}=\begin{pmatrix}1&1&1&1&1&a\\3&2&1&1&-3&0\\0&1&2&2&6&b\\5&4&3&3&-1&2\end{pmatrix}\xrightarrow[r_4-5r_1]{r_2-3r_1}\begin{pmatrix}1&1&1&1&1&a\\0&-1&-2&-2&-6&-3a\\0&1&2&2&6&b\\0&-1&-2&-2&-6&2-5a\end{pmatrix}$$

$$\rightarrow\begin{pmatrix}1&0&-1&-1&-5&-2a\\0&1&2&2&6&3a\\0&0&0&0&0&b-3a\\0&0&0&0&0&2-2a\end{pmatrix}.$$

(1) 当 $b-3a=0$ 且 $2-2a=0$，即 $a=1$ 且 $b=3$ 时，$\mathrm{r}(\mathbf{A})=\mathrm{r}(\widetilde{\mathbf{A}})=2<5$，方程组有无穷多解；

(2) 当 $a\neq1$ 或 $b\neq3$ 时，$\mathrm{r}(\mathbf{A})\neq\mathrm{r}(\widetilde{\mathbf{A}})$，方程组无解.

当 $a=1$ 且 $b=3$ 时，方程组有解，由初等行变换的结果可得与原方程组同解的方程组

$$\begin{cases}x_1=-2+x_3+x_4+5x_5\\x_2=3-2x_3-2x_4-6x_5\end{cases},$$

故原方程组的全部解为

$$\begin{cases}x_1=-2+c_1+c_2+5c_3\\x_2=3-2c_1-2c_2-6c_3\\x_3=c_1\\x_4=c_2\\x_5=c_3\end{cases}\quad(c_1,c_2,c_3\text{ 为任意常数}).$$

小结：本题主要利用了初等行变换法和解的判定定理来求解线性方程组，只不过方程组含有待定参数，要通过讨论字母的取值来讨论解的情况.

例 2 问参数 λ 取何值时，线性方程组

$$\begin{cases}\lambda x_1+x_2+x_3+x_4=1\\ x_1+\lambda x_2+x_3+x_4=\lambda\\ x_1+x_2+\lambda x_3+x_4=\lambda^2\\ x_1+x_2+x_3+\lambda x_4=\lambda^3\end{cases},$$

有唯一解、无解、有无穷多解？有无穷多解时，求其一般解.

解　该方程组的系数行列式

$$D=\begin{vmatrix}\lambda & 1 & 1 & 1\\ 1 & \lambda & 1 & 1\\ 1 & 1 & \lambda & 1\\ 1 & 1 & 1 & \lambda\end{vmatrix}=(\lambda+3)(\lambda-1)^3.$$

由克莱姆法则可知，当 $\lambda\neq-3$ 且 $\lambda\neq1$ 时，方程组有唯一解.

(1) 当 $\lambda=-3$ 时，对增广矩阵进行初等行变换，有

$$\widetilde{\mathbf{A}}=\begin{bmatrix}-3 & 1 & 1 & 1 & 1\\ 1 & -3 & 1 & 1 & -3\\ 1 & 1 & -3 & 1 & 9\\ 1 & 1 & 1 & -3 & -27\end{bmatrix}\xrightarrow[\substack{r_2-r_4\\ r_3-r_4}]{\substack{r_1+r_2\\ r_1+r_3\\ r_1+r_4}}\begin{bmatrix}0 & 0 & 0 & 0 & -20\\ 0 & -4 & 0 & 4 & 24\\ 0 & 0 & -4 & 4 & 36\\ 1 & 1 & 1 & -3 & -27\end{bmatrix}$$

$$\xrightarrow{r_1\leftrightarrow r_4}\begin{bmatrix}1 & 1 & 1 & -3 & -27\\ 0 & -4 & 0 & 4 & 24\\ 0 & 0 & -4 & 4 & 36\\ 0 & 0 & 0 & 0 & -20\end{bmatrix},$$

故 $r(\widetilde{\mathbf{A}})=4$，$r(\mathbf{A})=3$，方程组无解.

(2) 当 $\lambda=1$ 时，对增广矩阵进行初等变换，得

$$\widetilde{\mathbf{A}}=\begin{bmatrix}1 & 1 & 1 & 1 & 1\\ 1 & 1 & 1 & 1 & 1\\ 1 & 1 & 1 & 1 & 1\\ 1 & 1 & 1 & 1 & 1\end{bmatrix}\rightarrow\begin{bmatrix}1 & 1 & 1 & 1 & 1\\ 0 & 0 & 0 & 0 & 0\\ 0 & 0 & 0 & 0 & 0\\ 0 & 0 & 0 & 0 & 0\end{bmatrix}.$$

故 $r(\widetilde{\mathbf{A}})=r(\mathbf{A})=1<4$，方程组有无穷多解，同解方程组为

$$x_1=1-x_2-x_3-x_4,$$

则通解为 $\begin{cases}x_1=1-k_1-k_2-k_3\\ x_2=k_1\\ x_3=k_2\\ x_4=k_3\end{cases}$　　$(k_1, k_2, k_3$ 为任意值$)$.

小结：本题若直接对增广矩阵进行初等行变换则计算较复杂，由于方程个数与未知量个数相等，先利用克莱姆法则判断方程组有唯一解时待定系数的取值，再进而根据解的判定定理和待定系数的取值情况来讨论方程组的解.

三、习题 9—1 解答

1. 用消元法解下列齐次线性方程组：

(1) $\begin{cases} x_1+2x_2-x_3=0 \\ 2x_1+4x_2+7x_3=0 \end{cases}$.

解 对系数矩阵 $\boldsymbol{A}$ 施以初等行变换变为行最简形矩阵：

$$\boldsymbol{A}=\begin{pmatrix} 1 & 2 & -1 \\ 2 & 4 & 7 \end{pmatrix} \xrightarrow{r_2-r_1} \begin{pmatrix} 1 & 2 & -1 \\ 0 & 0 & 9 \end{pmatrix} \xrightarrow{r_2\div 9} \begin{pmatrix} 1 & 2 & -1 \\ 0 & 0 & 1 \end{pmatrix} \xrightarrow{r_1+r_2} \begin{pmatrix} 1 & 2 & 0 \\ 0 & 0 & 1 \end{pmatrix},$$

得原方程组的同解方程组 $\begin{cases} x_1+2x_2=0 \\ x_3=0 \end{cases}$，即

$$\begin{cases} x_1=-2x_2 \\ x_3=0 \end{cases} \quad (x_2 \text{ 可任意取值}).$$

令 $x_2=c$，得所求方程组的解为

$$\begin{cases} x_1=-2c \\ x_2=c \\ x_3=0 \end{cases}，\quad \text{其中 } c \text{ 为任意实数}.$$

(2) $\begin{cases} x_1+2x_2-3x_3=0 \\ 2x_1+5x_2+2x_3=0 \\ 3x_1-x_2-4x_3=0 \end{cases}$.

解 对系数矩阵 $\boldsymbol{A}$ 施以初等行变换：

$$\boldsymbol{A}=\begin{pmatrix} 1 & 2 & -3 \\ 2 & 5 & 2 \\ 3 & -1 & -4 \end{pmatrix} \xrightarrow[r_3-3r_1]{r_2-2r_1} \begin{pmatrix} 1 & 2 & -3 \\ 0 & 1 & 8 \\ 0 & -7 & 5 \end{pmatrix} \xrightarrow{r_3+7r_2} \begin{pmatrix} 1 & 2 & -3 \\ 0 & 1 & 8 \\ 0 & 0 & 61 \end{pmatrix},$$

可知 $\mathrm{r}(\boldsymbol{A})=3$，所以此齐次线性方程组只有零解.

(3) $\begin{cases} x_1+x_2+2x_3-x_4=0 \\ 2x_1+x_2+x_3-x_4=0 \\ 2x_1+2x_2+x_3+2x_4=0 \end{cases}$.

解 对系数矩阵实施初等行变换：

$$\begin{pmatrix}1&1&2&-1\\2&1&1&-1\\2&2&1&2\end{pmatrix}\to\begin{pmatrix}1&0&0&-4/3\\0&1&0&3\\0&0&1&-4/3\end{pmatrix},$$

即得

$$\begin{cases}x_1=\dfrac{4}{3}x_4\\x_2=-3x_4\\x_3=\dfrac{4}{3}x_4\\x_4=x_4\end{cases},$$

故方程组的解为

$$\begin{pmatrix}x_1\\x_2\\x_3\\x_4\end{pmatrix}=k\begin{pmatrix}4/3\\-3\\4/3\\1\end{pmatrix},\ k\in\mathbf{R}.$$

(4) $\begin{cases}x_1+2x_2+x_3-x_4=0\\3x_1+6x_2-x_3-3x_4=0\\5x_1+10x_2+x_3-5x_4=0\end{cases}$.

解　对系数矩阵实施初等行变换：

$$\begin{pmatrix}1&2&1&-1\\3&6&-1&-3\\5&10&1&-5\end{pmatrix}\to\begin{pmatrix}1&2&0&-1\\0&0&1&0\\0&0&0&0\end{pmatrix},$$

即得

$$\begin{cases}x_1=-2x_2+x_4\\x_2=x_2\\x_3=0\\x_4=x_4\end{cases},$$

故方程组的解为

$$\begin{pmatrix}x_1\\x_2\\x_3\\x_4\end{pmatrix}=k_1\begin{pmatrix}-2\\1\\0\\0\end{pmatrix}+k_2\begin{pmatrix}1\\0\\0\\1\end{pmatrix},\ k_1,\ k_2\in\mathbf{R}.$$

2. 用消元法解下列非齐次线性方程组：

(1) $\begin{cases}4x_1+2x_2-x_3=2\\3x_1-x_2+2x_3=10.\\11x_1+3x_2=8\end{cases}$

解 对系数的增广矩阵施行初等行变换，有

$$\begin{pmatrix}4&2&-1&2\\3&-1&2&10\\11&3&0&8\end{pmatrix}\to\begin{pmatrix}1&3&-3&-8\\0&-10&11&34\\0&0&0&-6\end{pmatrix}$$

因为 $\mathrm{r}(\boldsymbol{A})=2$ 而 $\mathrm{r}(\boldsymbol{B})=3$，故方程组无解.

(2) $\begin{cases}2x+y\quad z+w=1\\3x-2y+z-3w=4\\x+4y-3z+5w=-2\end{cases}$.

解 对系数的增广矩阵施行初等行变换：

$$\begin{pmatrix}2&1&-1&1&1\\3&-2&1&-3&4\\1&4&-3&5&-2\end{pmatrix}\to\begin{pmatrix}1&4&-3&5&-2\\0&1&-5/7&9/7&-5/7\\0&0&0&0&0\end{pmatrix}\to$$

$$\begin{pmatrix}1&0&-1/7&-1/7&6/7\\0&1&-5/7&9/7&-5/7\\0&0&0&0&0\end{pmatrix}$$

得 $\begin{cases}x=\dfrac{1}{7}z+\dfrac{1}{7}w+\dfrac{6}{7}\\y=\dfrac{5}{7}z-\dfrac{9}{7}w-\dfrac{5}{7}\\z=z\\w=w\end{cases}$，

即 $\begin{pmatrix}x\\y\\z\\w\end{pmatrix}=k_1\begin{pmatrix}1/7\\5/7\\1\\0\end{pmatrix}+k_2\begin{pmatrix}1/7\\-9/7\\0\\1\end{pmatrix}+\begin{pmatrix}6/7\\-5/7\\0\\0\end{pmatrix}$，$k_1$，$k_2\in\mathbf{R}$.

3. λ 取何值时，下列非齐次线性方程组有唯一解、无解或有无穷多解？并在有无穷多解时求出其解.

(1) $\begin{cases}\lambda x_1+x_2+x_3=1\\x_1+\lambda x_2+x_3=\lambda\\x_1+x_2+\lambda x_3=\lambda^2\end{cases}$.

解 $\widetilde{\mathbf{A}}=\begin{pmatrix}\lambda & 1 & 1 & 1\\ 1 & \lambda & 1 & \lambda\\ 1 & 1 & \lambda & \lambda^2\end{pmatrix}\rightarrow\begin{pmatrix}1 & 1 & \lambda & \lambda^2\\ 0 & \lambda-1 & 1-\lambda & \lambda(1-\lambda)\\ 0 & 0 & (-\lambda)(2+\lambda) & (1-\lambda)(\lambda+1)^2\end{pmatrix}$

当 $\lambda\neq1,\ -2$ 时，$r(\mathbf{A})=r(\widetilde{\mathbf{A}})=3$，所以方程组有唯一解；

当 $\lambda=-2$ 时，$r(\mathbf{A})=2<r(\widetilde{\mathbf{A}})=3$，所以方程组无解；

当 $\lambda=1$ 时，$r(\mathbf{A})=r(\widetilde{\mathbf{A}})=1<3$，所以方程组有无穷多个解.

$$\widetilde{\mathbf{A}}\rightarrow\begin{pmatrix}1 & 1 & 1 & 1\\ 0 & 0 & 0 & 0\\ 0 & 0 & 0 & 0\end{pmatrix}.$$

故所求方程组的全部解为

$$\begin{pmatrix}x_1\\ x_2\\ x_3\end{pmatrix}=k_1\begin{pmatrix}-1\\ 1\\ 0\end{pmatrix}+k_2\begin{pmatrix}-1\\ 0\\ 1\end{pmatrix}+\begin{pmatrix}1\\ 0\\ 0\end{pmatrix}\ (k_1,\ k_2\in\mathbf{R}).$$

(2) $\begin{cases}-2x_1+x_2+x_3=-2\\ x_1-2x_2+x_3=\lambda\\ x_1+x_2-2x_3=\lambda^2\end{cases}.$

解 $\widetilde{\mathbf{A}}=\begin{pmatrix}-2 & 1 & 1 & -2\\ 1 & -2 & 1 & \lambda\\ 1 & 1 & -2 & \lambda^2\end{pmatrix}\rightarrow\begin{pmatrix}1 & -2 & 1 & \lambda\\ 0 & 1 & -1 & -2(\lambda-1)/3\\ 0 & 0 & 0 & (\lambda-1)(\lambda+2)\end{pmatrix}$

方程组有解，须 $(1-\lambda)(\lambda+2)=0$，得 $\lambda=1,\ \lambda=-2$.

当 $\lambda=1$ 时，方程组解为

$$\begin{pmatrix}x_1\\ x_2\\ x_3\end{pmatrix}=k\begin{pmatrix}1\\ 1\\ 1\end{pmatrix}+\begin{pmatrix}1\\ 0\\ 0\end{pmatrix}\ (k\in\mathbf{R});$$

当 $\lambda=-2$ 时，方程组解为

$$\begin{pmatrix}x_1\\ x_2\\ x_3\end{pmatrix}=k\begin{pmatrix}1\\ 1\\ 1\end{pmatrix}+\begin{pmatrix}2\\ 2\\ 0\end{pmatrix}\ (k\in\mathbf{R});$$

当 $\lambda\neq1$ 且 $\lambda\neq-2$ 时，方程组无解；

因 $r(\mathbf{A})=2$，所以方程组不存在有唯一解的情况.

§9.2 线性方程组解的结构

一、主要知识归纳

表 9—2—1 齐次线性方程组解的结构

解向量	n 元齐次线性方程组 $\boldsymbol{Ax}=\boldsymbol{0}$ 的解 $\boldsymbol{x}=(x_1, \cdots, x_n)^{\mathrm{T}}$ 称为该方程组的解向量.
解的性质	(1) 若 $\boldsymbol{\xi}_1$，$\boldsymbol{\xi}_2$ 为方程组 $\boldsymbol{Ax}=\boldsymbol{0}$ 的解，则 $\boldsymbol{\xi}_1+\boldsymbol{\xi}_2$ 也是该方程组的解； (2) 若 $\boldsymbol{\xi}$ 为方程组 $\boldsymbol{Ax}=\boldsymbol{0}$ 的解，k 为实数，则 $k\boldsymbol{\xi}$ 也是该方程组的解； (3) 若 $\boldsymbol{\xi}_1$，$\boldsymbol{\xi}_2$，…，$\boldsymbol{\xi}_s$ 为方程组 $\boldsymbol{Ax}=\boldsymbol{0}$ 的解，k_1，k_2，…，k_s 为实数，则线性组合 $k_1\boldsymbol{\xi}_1+k_2\boldsymbol{\xi}_2+\cdots+k_s\boldsymbol{\xi}_s$ 也是方程组 $\boldsymbol{Ax}=\boldsymbol{0}$ 的解.
基础解系	若齐次线性方程组 $\boldsymbol{Ax}=\boldsymbol{0}$ 的有限个解 $\boldsymbol{\eta}_1$，$\boldsymbol{\eta}_2$，…，$\boldsymbol{\eta}_t$ 满足： (1) $\boldsymbol{\eta}_1$，$\boldsymbol{\eta}_2$，…，$\boldsymbol{\eta}_t$ 线性无关， (2) $\boldsymbol{Ax}=\boldsymbol{0}$ 的任意一个解均可由 $\boldsymbol{\eta}_1$，$\boldsymbol{\eta}_2$，…，$\boldsymbol{\eta}_t$ 线性表示， 则称 $\boldsymbol{\eta}_1$，$\boldsymbol{\eta}_2$，…，$\boldsymbol{\eta}_t$ 是齐次线性方程组 $\boldsymbol{Ax}=\boldsymbol{0}$ 的一个基础解系. 若 $\mathrm{r}(\boldsymbol{A})=r<n$，则 $\boldsymbol{Ax}=\boldsymbol{0}$ 的基础解系一定存在，且每个基础解系中所含解向量的个数均等于 $n-r$，其中 n 是方程组所含未知量的个数.

表 9—2—2 非齐次线性方程组的解

解的性质	非齐次线性方程组 $\boldsymbol{Ax}=\boldsymbol{b}$ 对应的齐次线性方程组（或导出组）为 $\boldsymbol{Ax}=\boldsymbol{0}$. (1) 若 $\boldsymbol{\eta}_1$，$\boldsymbol{\eta}_2$ 是非齐次线性方程组 $\boldsymbol{Ax}=\boldsymbol{b}$ 的解，则 $\boldsymbol{\eta}_1-\boldsymbol{\eta}_2$ 是对应的齐次线性方程组 $\boldsymbol{Ax}=\boldsymbol{0}$ 的解. (2) 设 $\boldsymbol{\eta}$ 是非齐次线性方程组 $\boldsymbol{Ax}=\boldsymbol{b}$ 的解，$\boldsymbol{\xi}$ 为对应的齐次线性方程组 $\boldsymbol{Ax}=\boldsymbol{0}$ 的解，则 $\boldsymbol{\xi}+\boldsymbol{\eta}$ 为非齐次线性方程组 $\boldsymbol{Ax}=\boldsymbol{b}$ 的解. (3) 设 $\boldsymbol{\eta}^*$ 是非齐次线性方程组 $\boldsymbol{Ax}=\boldsymbol{b}$ 的一个解，$\boldsymbol{\xi}$ 是对应齐次线性方程组 $\boldsymbol{Ax}=\boldsymbol{0}$ 的通解，则 $\boldsymbol{\xi}+\boldsymbol{\eta}^*$ 是非齐次线性方程组 $\boldsymbol{Ax}=\boldsymbol{b}$ 的通解.

二、典型例题分析

例 1 设 n 阶方阵 $\boldsymbol{A}$ 的各行元素之和都为零，且 $\mathrm{r}(\boldsymbol{A})=n-1$，求 $\boldsymbol{Ax}=\boldsymbol{0}$ 的通解.

解 根据题意可知，$\boldsymbol{Ax}=\boldsymbol{0}$ 的基础解系中所含解向量的个数为

$$n-\mathrm{r}(\boldsymbol{A})=n-(n-1)=1,$$

设 $\boldsymbol{A}=(a_{ij})_{n\times n}$，由条件可知

$$a_{i1}+a_{i2}+\cdots+a_{in}=0 \quad (i=1, 2, \cdots, n),$$

即
$$\begin{pmatrix} a_{11} & a_{12} & \cdots & a_{1n} \\ a_{21} & a_{22} & \cdots & a_{2n} \\ \cdots & \cdots & \cdots & \cdots \\ a_{n1} & a_{n2} & \cdots & a_{nn} \end{pmatrix}\begin{pmatrix} 1 \\ 1 \\ \cdots \\ 1 \end{pmatrix}=\begin{pmatrix} 0 \\ 0 \\ 0 \\ 0 \end{pmatrix} \Rightarrow \boldsymbol{A}\begin{pmatrix} 1 \\ 1 \\ \cdots \\ 1 \end{pmatrix}=\boldsymbol{0}.$$

则 $\boldsymbol{\xi}=(1, 1, \cdots, 1)^{\mathrm{T}}$ 是 $\boldsymbol{Ax}=\boldsymbol{0}$ 的一个解向量，也是 $\boldsymbol{Ax}=\boldsymbol{0}$ 的一个基础解系，所以通解为

$$x=k\boldsymbol{\xi}(k\in\mathbf{R}).$$

小结：齐次线性方程组的通解为基础解系的线性组合，本题计算的关键在于利用系数矩阵的秩确定基础解系中解向量的 个数，再根据条件得出基础解系.

例 2 已知 4 阶方阵 $\mathbf{A}$,而 $\boldsymbol{\alpha}_1, \boldsymbol{\alpha}_2, \boldsymbol{\alpha}_3, \boldsymbol{\alpha}_4$ 是 $\mathbf{A}$ 的列向量，其中 $\boldsymbol{\alpha}_2, \boldsymbol{\alpha}_3, \boldsymbol{\alpha}_4$ 线性无关，$\boldsymbol{\alpha}_1=2\boldsymbol{\alpha}_2-\boldsymbol{\alpha}_3$，如果 $\boldsymbol{\beta}=\boldsymbol{\alpha}_1+\boldsymbol{\alpha}_2+\boldsymbol{\alpha}_3+\boldsymbol{\alpha}_4$，求线性方程组 $\mathbf{A}\boldsymbol{x}=\boldsymbol{\beta}$ 的通解.

解 方法一：令 $x=(x_1, x_2, x_3, x_4)^{\mathrm{T}}$，由 $\mathbf{A}\boldsymbol{x}=\boldsymbol{\beta}$ 可得

$$x_1\boldsymbol{\alpha}_1+x_2\boldsymbol{\alpha}_2+x_3\boldsymbol{\alpha}_3+x_4\boldsymbol{\alpha}_4=\boldsymbol{\alpha}_1+\boldsymbol{\alpha}_2+\boldsymbol{\alpha}_3+\boldsymbol{\alpha}_4,$$

又 $\boldsymbol{\alpha}_1=2\boldsymbol{\alpha}_2-\boldsymbol{\alpha}_3$，故

$$(2x_1+x_2-3)\boldsymbol{\alpha}_2+(-x_1+x_3)\boldsymbol{\alpha}_3+(x_4-1)\boldsymbol{\alpha}_4=\boldsymbol{0},$$

由 $\boldsymbol{\alpha}_2, \boldsymbol{\alpha}_3, \boldsymbol{\alpha}_4$ 线性无关可得

$$\begin{cases}2x_1+x_2-3=0\\-x_1+x_3=0\\x_4-1=0\end{cases}\Rightarrow\begin{cases}2x_1+x_2=3\\-x_1+x_3=0,\\x_4=1\end{cases}$$

因此通解为

$$\boldsymbol{x}=\begin{pmatrix}x_1\\x_2\\x_3\\x_4\end{pmatrix}=\begin{pmatrix}0\\3\\0\\1\end{pmatrix}+k\begin{pmatrix}1\\-2\\1\\0\end{pmatrix}\quad(k\text{ 为任意常数}).$$

方法二 由条件 $\boldsymbol{\alpha}_2, \boldsymbol{\alpha}_3, \boldsymbol{\alpha}_4$ 线性无关和 $\boldsymbol{\alpha}_1=2\boldsymbol{\alpha}_2-\boldsymbol{\alpha}_3$ 可知，$\mathbf{A}$ 的秩为 3，故 $\mathbf{A}\boldsymbol{x}=\boldsymbol{0}$ 的基础解系中只含一个非零解向量，且

$$\boldsymbol{\alpha}_1-2\boldsymbol{\alpha}_2+\boldsymbol{\alpha}_3+0\boldsymbol{\alpha}_4=\boldsymbol{0},$$

则 $(1, -2, 1, 0)^{\mathrm{T}}$ 是 $\mathbf{A}\boldsymbol{x}=\boldsymbol{0}$ 的非零解，可作为是 $\mathbf{A}\boldsymbol{x}=\boldsymbol{0}$ 的基础解系，又

$$\boldsymbol{\beta}=\boldsymbol{\alpha}_1+\boldsymbol{\alpha}_2+\boldsymbol{\alpha}_3+\boldsymbol{\alpha}_4=(\boldsymbol{\alpha}_1, \boldsymbol{\alpha}_2, \boldsymbol{\alpha}_3, \boldsymbol{\alpha}_4)\cdot\begin{pmatrix}1\\1\\1\\1\end{pmatrix}=\mathbf{A}\cdot\begin{pmatrix}1\\1\\1\\1\end{pmatrix},$$

所以 $(1, 1, 1, 1)^{\mathrm{T}}$ 是 $\mathbf{A}\boldsymbol{x}=\boldsymbol{\beta}$ 的一个特解，故 $\mathbf{A}\boldsymbol{x}=\boldsymbol{\beta}$ 的通解为

$$x=k\cdot\begin{bmatrix}1\\-2\\1\\0\end{bmatrix}+\begin{bmatrix}1\\1\\1\\1\end{bmatrix}(k\text{为任意常数}).$$

小结：本题中的第一种方法是根据非齐次线性方程组解的结构来求解；第二种方法主要利用了解向量的定义和基础解系的性质，两种方法比较起来，第二种方法的计算量更小.

三、习题 9—2 解答

1. 求下列齐次线性方程组的基础解系：

(1) $\begin{cases}x_1-8x_2+10x_3+2x_4=0\\2x_1+4x_2+5x_3-x_4=0\\3x_1+8x_2+6x_3-2x_4=0\end{cases}$.

解 $A=\begin{pmatrix}1&-8&10&2\\2&4&5&-1\\3&8&6&-2\end{pmatrix}\xrightarrow{\text{初等行变换}}\begin{pmatrix}1&0&4&0\\0&1&-3/4&-1/4\\0&0&0&0\end{pmatrix}$

所以原方程组等价于$\begin{cases}x_1=-4\ x_3\\x_2=\dfrac{3}{4}x_3+\dfrac{1}{4}x_4\end{cases}$,

取 $x_3=1$, $x_4=-3$, 得 $x_1=-4$, $x_2=0$;取 $x_3=0$, $x_4=4$, 得 $x_1=0$, $x_2=1$.
因此基础解系为

$$\boldsymbol{\xi}_1=\begin{pmatrix}-4\\0\\1\\-3\end{pmatrix},\boldsymbol{\xi}_2=\begin{pmatrix}0\\1\\0\\4\end{pmatrix}.$$

(2) $\begin{cases}2x_1-3x_2-2x_3+x_4=0\\3x_1+5x_2+4x_3-2x_4=0\\8x_1+7x_2+6x_3-3x_4=0\end{cases}$.

解 $A=\begin{pmatrix}2&-3&-2&1\\3&5&4&-2\\8&7&6&-3\end{pmatrix}\xrightarrow{\text{初等行变换}}\begin{pmatrix}1&0&2/19&-1/19\\0&1&14/19&-7/19\\0&0&0&0\end{pmatrix}$

所以原方程组等价于 $\begin{cases}x_1=-\dfrac{2}{19}x_3+\dfrac{1}{19}x_4\\x_2=-\dfrac{14}{19}x_3+\dfrac{7}{19}x_4\end{cases}$,

取 $x_3=1$, $x_4=2$, 得 $x_1=0$, $x_2=0$;取 $x_3=0$, $x_4=19$, 得 $x_1=1$, $x_2=7$.

因此基础解系为

$$\boldsymbol{\xi}_1=\begin{pmatrix}0\\0\\1\\2\end{pmatrix}, \boldsymbol{\xi}_2=\begin{pmatrix}1\\7\\0\\19\end{pmatrix}.$$

(3) $nx_1+(n-1)x_2+\cdots+2x_{n-1}+x_n=0$.

解　原方程组即为 $x_n=-nx_1-(n-1)x_2-\cdots-2x_{n-1}$,

取 $x_1=1$, $x_2=x_3=\cdots=x_{n-1}=0$ 得 $x_n=-n$,

取 $x_2=1$, $x_1=x_3=x_4=\cdots=x_{n-1}=0$ 得 $x_n=-(n-1)=-n+1$,

……

取 $x_{n-1}=1$, $x_1=x_2=\cdots=x_{n-2}=0$ 得 $x_n=-2$,

所以基础解系为 $(\boldsymbol{\xi}_1, \boldsymbol{\xi}_2, \cdots, \boldsymbol{\xi}_{n-1})=\begin{pmatrix}1&0&\cdots&0\\0&1&\cdots&0\\\vdots&\vdots&&\vdots\\0&0&\cdots&1\\-n&-n+1&\cdots&-2\end{pmatrix}$.

2. 设 $\boldsymbol{\alpha}_1$, $\boldsymbol{\alpha}_2$ 是某个齐次线性方程组的基础解系. 证明: $\boldsymbol{\alpha}_1+\boldsymbol{\alpha}_2$, $2\boldsymbol{\alpha}_1-\boldsymbol{\alpha}_2$ 是该线性方程组的基础解系.

证明思路　根据基础解系的定义, 需要验证三条.

证　令 $\boldsymbol{\beta}_1=\boldsymbol{\alpha}_1+\boldsymbol{\alpha}_2$, $\boldsymbol{\beta}_2=2\boldsymbol{\alpha}_1-\boldsymbol{\alpha}_2$, 设 $k_1\boldsymbol{\beta}_1+k_2\boldsymbol{\beta}_2=\mathbf{0}$

$\Rightarrow (k_1+2k_2)\boldsymbol{\alpha}_1+(k_1-k_2)\boldsymbol{\alpha}_2=\mathbf{0}$.

因 $\boldsymbol{\alpha}_1$, $\boldsymbol{\alpha}_2$ 是方程组的基础解系.

故线性无关 $\Rightarrow\begin{cases}k_1+2k_2=0\\k_1-k_2=0\end{cases}\Rightarrow k_1=k_2=0$.

于是知 $\boldsymbol{\beta}_1$, $\boldsymbol{\beta}_2$ 线性无关, 又因为 $\boldsymbol{\beta}_1$, $\boldsymbol{\beta}_2$ 是 $\boldsymbol{\alpha}_1$, $\boldsymbol{\alpha}_2$ 的线性组合, 故 $\boldsymbol{\beta}_1$, $\boldsymbol{\beta}_2$ 是齐次线性方程组的解.

又向量组 $\boldsymbol{\beta}_1$, $\boldsymbol{\beta}_2$ 的个数等于基础解系所含向量个数, 因此 $\boldsymbol{\beta}_1$, $\boldsymbol{\beta}_2$ 构成齐次线性方程组的基础解系.

3. 求下列非齐次线性方程组的一个解及对应的齐次方程组的基础解系:

(1) $\begin{cases}x_1+x_2=5\\2x_1+x_2+x_3+2x_4=1\\5x_1+3x_2+2x_3+2x_4=3\end{cases}$.

解　$\boldsymbol{B}=\begin{pmatrix}1&1&0&0&5\\2&1&1&2&1\\5&3&2&2&3\end{pmatrix}\xrightarrow{\text{初等行变换}}\begin{pmatrix}1&0&1&0&-8\\0&1&-1&0&13\\0&0&0&1&2\end{pmatrix}$,

$\therefore\quad \boldsymbol{\eta}=\begin{pmatrix}-8\\13\\0\\2\end{pmatrix},\boldsymbol{\xi}=\begin{pmatrix}-1\\1\\1\\0\end{pmatrix}$.

(2) $\begin{cases}x_1-5x_2+2x_3-3x_4=11\\5x_1+3x_2+6x_3-x_4=-1.\\2x_1+4x_2+2x_3+x_4=-6\end{cases}$

解　$\boldsymbol{B}=\begin{pmatrix}1&-5&2&-3&11\\5&3&6&-1&-1\\2&4&2&1&-6\end{pmatrix}\xrightarrow{\text{初等行变换}}\begin{pmatrix}1&0&9/7&-1/2&1\\0&1&-1/7&1/2&2\\0&0&0&0&0\end{pmatrix}$,

$\therefore\quad \boldsymbol{\eta}=\begin{pmatrix}1\\-2\\0\\0\end{pmatrix},\boldsymbol{\xi}_1=\begin{pmatrix}-9\\1\\7\\0\end{pmatrix},\boldsymbol{\xi}_2=\begin{pmatrix}1\\-1\\0\\2\end{pmatrix}$.

4. 设 $\boldsymbol{A}=\begin{pmatrix}1&2&1\\2&3&a+2\\1&a&-2\end{pmatrix},\boldsymbol{b}=\begin{pmatrix}1\\3\\0\end{pmatrix},\boldsymbol{x}=\begin{pmatrix}x_1\\x_2\\x_3\end{pmatrix}$.

(1) 齐次方程组 $\boldsymbol{Ax}=\boldsymbol{0}$ 只有零解，则 $a=$______.

解　因 $|\boldsymbol{A}|=\begin{vmatrix}1&2&1\\2&3&a+2\\1&a&-2\end{vmatrix}=3+2a-a^2$，所以 $a\neq-1$ 或 3 时，行列式 $|\boldsymbol{A}|\neq0$. 即 $\boldsymbol{Ax}=\boldsymbol{0}$ 只有零解.

故应填 $a\neq-1$ 或 3.

(2) 线性方程组 $\boldsymbol{Ax}=\boldsymbol{b}$ 无解，则 $a=$______.

解　对增广矩阵作初等行变换，有

$$\left(\begin{array}{ccc:c}1&2&1&1\\2&3&a+2&3\\1&a&-2&0\end{array}\right)\Rightarrow\left(\begin{array}{ccc:c}1&2&1&1\\0&-1&a&1\\0&0&a^2-2a-3&a-3\end{array}\right),$$

此时方程组无解必然是

$\mathrm{r}(\boldsymbol{A})=2,\ \mathrm{r}(\widetilde{\boldsymbol{A}})=3$,

即　$a^2-2a-3=0$，$a-3\neq 0$.

故应填 $a=-1$.

5. 设矩阵 $\boldsymbol{A}=\begin{pmatrix}1&2&1&2\\0&1&t&t\\1&t&0&1\end{pmatrix}$，齐次线性方程组 $\boldsymbol{Ax}=\boldsymbol{0}$ 的基础解系含有 2 个线性无关的解向量，试求方程组 $\boldsymbol{Ax}=\boldsymbol{0}$ 的全部解.

解题思路　利用基础解系含有 2 个线性无关的解向量确定 t 的值，再按照常规思路求解方程组 $\boldsymbol{Ax}=\boldsymbol{0}$.

解　作初等行变换，得 $\boldsymbol{A}\Rightarrow\begin{pmatrix}1&0&1-2t&2-2t\\0&1&t&t\\0&0&(t-1)^2&(t-1)^2\end{pmatrix}$.

由于齐次线性方程组 $\boldsymbol{Ax}=\boldsymbol{0}$ 的基础解系含有 2 个线性无关的解向量，即

$$n-\mathrm{r}(\boldsymbol{A})=4-\mathrm{r}(\boldsymbol{A})=2,$$

从而知道 $\mathrm{r}(\boldsymbol{A})=2$.

因此 $t=1$. 方程组 $\boldsymbol{Ax}=\boldsymbol{0}$ 的全部解为

$$\begin{pmatrix}x_1\\x_2\\x_3\\x_4\end{pmatrix}=c_1\begin{pmatrix}1\\-1\\1\\0\end{pmatrix}+c_2\begin{pmatrix}0\\-1\\0\\1\end{pmatrix}\quad(c_1,\ c_2\text{ 为任意常数}).$$

§9.3　线性方程组的应用

一、主要知识归纳

网络流模型	基本假设是网络中流入与流出的总量相等，并且每个联结点流入量和流出量也相等. 网络中流入总量与流出总量的相等关系形成一个线性方程，每个联结点流入和流出量的相等关系各形成一个线性方程，联立这些线性方程组就得到网络流模型的数学模型——线性方程组. 网络流模型广泛应用于交通、运输、通讯、电力分配、城市规划、任务分派以及计算机辅助设计等众多领域.
人口迁移模型	以差分方程 $\boldsymbol{x}_{n+1}=\boldsymbol{A}\boldsymbol{x}_n(n=0,1,2,\cdots)$ 为理论、以历史数据为基础而建立的人口迁移模型，经验证基本符合实际情况的话，我们就可以利用它来进一步预测未来一段时间内人口分布变化的情况，为下一步的决策提供科学的依据. 此模型还可以广泛应用于生态学、经济学和工程学的许多领域.

二、典型例题分析

例 1 给出如例 1 图所示的高速公路网络的流量模式，当流量为 x_4 的路面关闭即 $x_4=0$ 时，x_1 的最小值是多少?

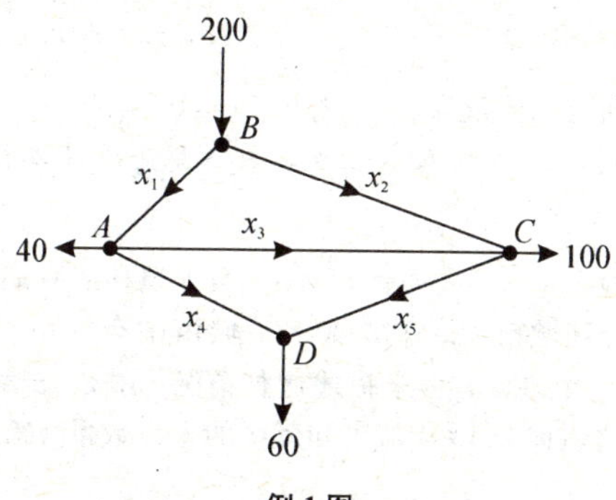

例 1 图

解 根据网络流模型的基本假设，在节点 A、B、C、D 处，可分别得到如下方程

A：$x_1=40+x_3+x_4$　　　　B：$200=x_1+x_2$

C：$x_2+x_3=100+x_5$　　　　D：$x_4+x_5=60$

此外，该网络的总流入（200）等于网络的总流出（40+100+60），得到如下方程组：

$$\begin{cases}x_1-x_3-x_4=40\\x_1+x_2=200\\x_2+x_3-x_5=100\\x_4+x_5=60\end{cases},$$

对增广矩阵施行初等行变换：

$$\begin{pmatrix}1&0&-1&-1&0&40\\1&1&0&0&0&200\\0&1&1&0&-1&100\\0&0&0&1&1&60\end{pmatrix}\to\begin{pmatrix}1&0&-1&-1&0&40\\0&1&1&1&0&160\\0&0&0&-1&-1&-60\\0&0&0&0&0&0\end{pmatrix},$$

即得与原方程组同解的方程组

$$\begin{cases}x_1-x_3-x_4=40\\x_2+x_3+x_4=160,\\x_4+x_5=60\end{cases}$$

又由条件可知 $x_4=0$，则 $\begin{cases}x_1-x_3=40\\x_2+x_3=160.\\x_5=60\end{cases}$

取 $x_3=c$（c 为任意非负常数），则网络流的流量模式表示为：

$$x_1=40+c,\ x_2=160-c,\ x_3=c,\ x_4=0,\ x_5=60,$$

由条件可知，显然所有的流量都非负，则 $0\leqslant c\leqslant 160$，即 x_1 的最小值为 40.

小结：本题利用网络流的基本假设，主要考查线性方程组在网络模型中的应用.

例 2　在某一地区，每年大约有 3%的城市人口移居到周围的郊区，大约有 7%的郊区人口移居到城市中. 在 2000 年，城市中有 500 000 居民，郊区中有 800 000居民. 建立一个差分方程来描述这种情况，用 $\boldsymbol{x}_0$ 表示 2008 年的初始人口. 然后估计三年之后即 2011 年城市和郊区的人口数量（忽略其它因素对人口规模的影响）.

解　由条件可知迁移矩阵 $\boldsymbol{M}=\begin{pmatrix}0.97 & 0.07\\0.03 & 0.93\end{pmatrix}$，初始变量 $\boldsymbol{x}_0=\begin{pmatrix}500\,000\\800\,000\end{pmatrix}$，故

$$\boldsymbol{x}_{n+1}=\boldsymbol{M}\boldsymbol{x}_n\quad(n=0,1,2,\cdots)$$

对 2009 年有　$\boldsymbol{x}_1=\boldsymbol{M}\boldsymbol{x}_0=\begin{pmatrix}0.97 & 0.07\\0.03 & 0.93\end{pmatrix}\begin{pmatrix}500\,000\\800\,000\end{pmatrix}=\begin{pmatrix}541\,000\\759\,000\end{pmatrix}$，

对 2010 年有　$\boldsymbol{x}_2=\boldsymbol{M}\boldsymbol{x}_1=\begin{pmatrix}0.97 & 0.07\\0.03 & 0.93\end{pmatrix}\begin{pmatrix}541\,000\\759\,000\end{pmatrix}=\begin{pmatrix}577\,900\\722\,100\end{pmatrix}$，

对 2011 年有　$\boldsymbol{x}_3=\boldsymbol{M}\boldsymbol{x}_2=\begin{pmatrix}0.97 & 0.07\\0.03 & 0.93\end{pmatrix}\begin{pmatrix}577\,900\\722\,100\end{pmatrix}=\begin{pmatrix}611\,110\\688\,890\end{pmatrix}$.

即 2011 年人口分布情况是：城市人口为 611 110 人，郊区人口为 688 890 人.

小结：本题主要利用了人口迁移模型的原理.

三、习题 9—3 解答

1. 给出如题 1 图所示的流量模式. 假设所有的流量都非负，x_3 的最大可能值是多少？

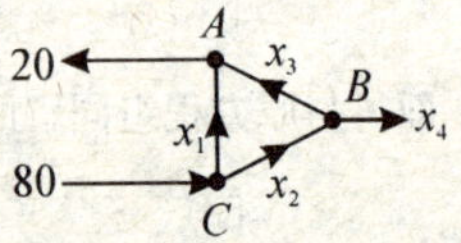

解　根据网络流模型的基本假设，在节点（交叉口）A，B，C 处，我们可以分别得到下列方程：

题 1 图

A：$x_1+x_3=20$

B：$x_3+x_4=x_2$

C：$x_1+x_2=80$

此外，该网络的总流入 80 等于网络的总流出 $(20+x_4)$，化简得 $x_4=60$. 把这个方程与整理后的前三个方程联立，得如下方程组：

$$\begin{cases} x_1+x_3=20 \\ -x_2+x_3+x_4=0 \\ x_1+x_2=80 \\ x_4=60 \end{cases},$$

取 $x_3=c$（c 为任意常数），则网络的流量模式表示为

$$x_1-20-c,\ x_2=60+c,\ x_3=c,\ x_4=60,$$

由于所有的流量都非负，故 $x_1\geqslant 0$，即 x_3 的最大可能值是 20.

2. 某地的道路交叉口处通常建成单行的小环岛. 如题 2 图. 假设交通行进方向必须如图示那样，请求出该网络流的通解，并找出 x_6 的最小可能值.

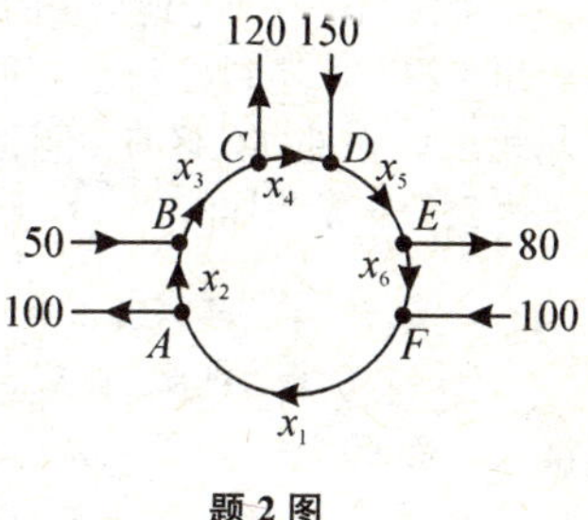

题 2 图

解 根据网络流模型的基本假设，在节点（交叉口）A, B, C, D, E, F 处，我们可以分别得到下列方程：

$$A:\ x_1=x_2+100 \qquad B:\ x_2+50=x_3 \qquad C:\ x_3=120+x_4$$
$$D:\ x_4+150=x_5 \qquad E:\ x_5=80+x_6 \qquad F:\ x_6+100=x_1$$

取 $x_6=c$（c 为任意常数），则网络的通解为

$$x_1=100+c,\ x_2=c,\ x_3=50+c,\ x_4=c-70,\ x_5=80+c,\ x_6=c,$$

由于所有的流量都非负，故 $x_4\geqslant 0$，即 x_6 的最小可能值是 70.

3. 在某一个地区，每年约有 5%的城市人口移居到周围的郊区，大约 4%的郊区人口移居到城市中. 在 2008 年，城市中有 400 000 居民. 郊区有600 000 居民. 建立一个差分方程来描述这种情况，用 $\boldsymbol{x}_0$ 表示 2008 年的初始人口. 然后估计两年后，即 2010 年城市和郊区的人口数量.（忽略其它因素对人口规模的影响.）

解 由题意知，迁移矩阵

$$\boldsymbol{M}=\begin{pmatrix} 0.95 & 0.04 \\ 0.05 & 0.96 \end{pmatrix}.$$

因 2008 年的初始人口为 $\boldsymbol{x}_0=\begin{pmatrix}400\,000\\600\,000\end{pmatrix}$，故对 2009 年，有

$$\boldsymbol{x}_1=\begin{pmatrix}0.95 & 0.04\\0.05 & 0.96\end{pmatrix}\begin{pmatrix}400\,000\\600\,000\end{pmatrix}=\begin{pmatrix}404\,000\\596\,000\end{pmatrix},$$

对 2010 年，有

$$\boldsymbol{x}_2=\begin{pmatrix}0.95 & 0.04\\0.05 & 0.96\end{pmatrix}\begin{pmatrix}404\,000\\596\,000\end{pmatrix}=\begin{pmatrix}407\,640\\592\,360\end{pmatrix}.$$

即 2010 年的城市人口为 407 640，农村人口为 592 360.

4. 某公司有一个车队，大约有 450 辆车，分布在三个地点. 一个地点租出去的车可以归还到三个地点中的任意一个，但租出的车必须当天归还. 下面的矩阵给出了汽车归还到每个地点的不同比率. 假设星期一在机场有 304 辆车（或从机场租出），东部办公区有 48 辆车，西部办公区有 98 辆车. 那么在星期三时，车辆的大致分布是怎样？

车辆出租地			
机场	东部	西部	归还到
0.97	0.05	0.1	机场
0	0.9	0.05	东部
0.03	0.05	0.85	西部

解　由题意知，迁移矩阵

$$\boldsymbol{M}=\begin{pmatrix}0.97 & 0.05 & 0.1\\0 & 0.9 & 0.05\\0.03 & 0.05 & 0.85\end{pmatrix}.$$

因星期一的初始车辆分布为

$$\boldsymbol{x}_0=\begin{pmatrix}304\\48\\98\end{pmatrix},$$

故对星期二，有

$$\boldsymbol{x}_1=\boldsymbol{M}\boldsymbol{x}_0=\begin{pmatrix}0.97 & 0.05 & 0.1\\0 & 0.9 & 0.05\\0.03 & 0.05 & 0.85\end{pmatrix}\begin{pmatrix}304\\48\\98\end{pmatrix}\approx\begin{pmatrix}307\\48\\95\end{pmatrix},$$

对星期三，有

$$\boldsymbol{x}_2=\boldsymbol{M}^2\boldsymbol{x}_0=\begin{pmatrix}0.97 & 0.05 & 0.1\\ 0 & 0.9 & 0.05\\ 0.03 & 0.05 & 0.85\end{pmatrix}^2\begin{pmatrix}304\\ 48\\ 98\end{pmatrix}\approx\begin{pmatrix}310\\ 48\\ 92\end{pmatrix}.$$

即星期三的机场约为 310 辆车，东部办公区约有 48 辆车，西部办公区约有 92 辆车.

本章小结

一、本章知识点网络图

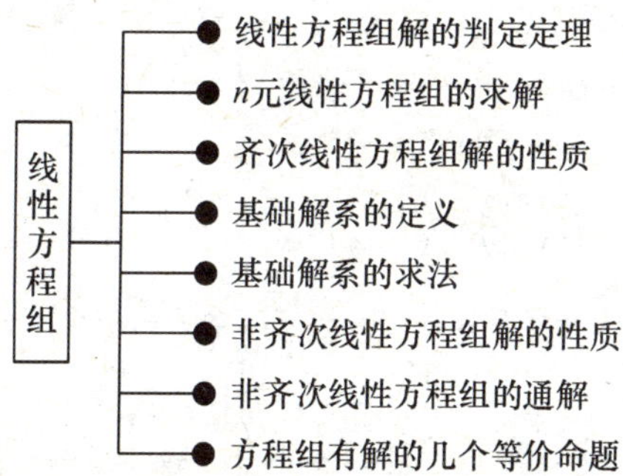

二、题型分析

题型 1　线性方程组的求解

解题思路　1. 初等行变换法：对方程组的增广矩阵施行初等行变换，将其化为阶梯形矩阵，然后根据方程组系数矩阵与增广矩阵的秩的情况判断方程组是否有解？以及在有解时求出方程的一般解（如例 1）；如果所求线性方程组含有待定参数，还要进一步讨论参数方程组解的情况（例 2～例 3）；初等行变换法是求解线性方程组的最一般方法，而克莱姆法则只在特殊情况（如方程组有唯一解且系数行列式容易计算等）下才使用.

2. 求两个方程组的公共解：设有线性方程组

$$(\text{I})\ \boldsymbol{Ax}=\boldsymbol{0};\qquad (\text{II})\ \boldsymbol{Bx}=\boldsymbol{0};$$

其公共解可通过求解这两个方程组的联立方程组得到，亦可由上述两个方程组的通解表达式相等求得（如例 4）.

3. 线性方程组的应用题：线性方程组除在工程、经济领域有大量的实际应用外，在考试中常常应用于对几何中直线、平面位置的判断.

例 1　求下列线性方程组的基础解系及通解.

(1) $\begin{cases} x_1+2x_2+5x_3=0 \\ x_1+3x_2-2x_3=0 \\ 3x_1+7x_2+8x_3=0 \\ x_1+4x_2-9x_3=0 \end{cases}$.

解　对系数矩阵作初等行变换，变为行最简形矩阵，得

$$\mathbf{A}=\begin{pmatrix} 1 & 2 & 5 \\ 1 & 3 & -2 \\ 3 & 7 & 8 \\ 1 & 4 & -9 \end{pmatrix} \xrightarrow[r_4-r_1]{\substack{r_2-r_1 \\ r_3-3r_1}} \begin{pmatrix} 1 & 2 & 5 \\ 0 & 1 & -7 \\ 0 & 1 & -7 \\ 0 & 2 & -14 \end{pmatrix} \xrightarrow[r_4-2r_2]{\substack{r_1-2r_2 \\ r_3-r_2}} \begin{pmatrix} 1 & 0 & 19 \\ 0 & 1 & -7 \\ 0 & 0 & 0 \\ 0 & 0 & 0 \end{pmatrix},$$

于是　$\begin{cases} x_1=-19x_3 \\ x_2=7x_3 \end{cases}$.

令 $x_3=1$，则对应有 $\begin{pmatrix} x_1 \\ x_2 \end{pmatrix}=\begin{pmatrix} -19 \\ 7 \end{pmatrix}$.

由于 $\mathrm{r}(\mathbf{A})=2$，未知量个数 $n=3$，故基础解系由一个解向量构成，即为 $\boldsymbol{\xi}=\begin{pmatrix} -19 \\ 7 \\ 1 \end{pmatrix}$，于是方程组的通解为 $\begin{pmatrix} x_1 \\ x_2 \\ x_3 \end{pmatrix}=c\begin{pmatrix} -19 \\ 7 \\ 1 \end{pmatrix}$ $(c\in\mathbf{R})$.

(2) $\begin{cases} x_1+2x_2+3x_3-x_4=1 \\ 3x_1+2x_2+x_3-x_4=1 \\ 2x_1+3x_2+x_3+x_4=1 \\ 2x_1+2x_2+2x_3-x_4=1 \\ 5x_1+5x_2+2x_3=2 \end{cases}$

解　对增广矩阵 $\widetilde{\mathbf{A}}=(\mathbf{A},\boldsymbol{b})$ 作初等行变换化为行最简形.

$$\widetilde{\mathbf{A}}=\begin{pmatrix} 1 & 2 & 3 & -1 & 1 \\ 3 & 2 & 1 & -1 & 1 \\ 2 & 3 & 1 & 1 & 1 \\ 2 & 2 & 2 & -1 & 1 \\ 5 & 5 & 2 & 0 & 2 \end{pmatrix} \xrightarrow[\substack{r_4+r_3 \\ r_5-r_2-r_3}]{\substack{r_1+r_3 \\ r_2+r_3}} \begin{pmatrix} 3 & 5 & 4 & 0 & 2 \\ 5 & 5 & 2 & 0 & 2 \\ 2 & 3 & 1 & 1 & 1 \\ 4 & 5 & 3 & 0 & 2 \\ 0 & 0 & 0 & 0 & 0 \end{pmatrix} \xrightarrow[r_4-r_2]{r_1-r_2}$$

$$\begin{pmatrix} -2 & 0 & 2 & 0 & 0 \\ 5 & 5 & 2 & 0 & 2 \\ 2 & 3 & 1 & 1 & 1 \\ -1 & 0 & 1 & 0 & 0 \\ 0 & 0 & 0 & 0 & 0 \end{pmatrix} \xrightarrow[\substack{r_4-\frac{1}{2}r_1 \\ r_1\div 2}]{r_2-2r_3} \begin{pmatrix} -1 & 0 & 1 & 0 & 0 \\ 1 & -1 & 0 & -2 & 0 \\ 2 & 3 & 1 & 1 & 1 \\ 0 & 0 & 0 & 0 & 0 \\ 0 & 0 & 0 & 0 & 0 \end{pmatrix} \xrightarrow[r_3+2r_1+3r_2]{r_2+r_1}$$

$$\begin{pmatrix} -1 & 0 & 1 & 0 & 0 \\ 0 & -1 & 1 & -2 & 0 \\ 0 & 0 & 6 & -5 & 1 \\ 0 & 0 & 0 & 0 & 0 \\ 0 & 0 & 0 & 0 & 0 \end{pmatrix} \xrightarrow[\substack{r_2\div(-1)+\frac{r_3}{6} \\ r_3\div 6}]{r_1\div(-1)+\frac{r_3}{6}} \begin{pmatrix} 1 & 0 & 0 & -5/6 & 1/6 \\ 0 & 1 & 0 & 7/6 & 1/6 \\ 0 & 0 & 1 & -5/6 & 1/6 \\ 0 & 0 & 0 & 0 & 0 \\ 0 & 0 & 0 & 0 & 0 \end{pmatrix}.$$

由此可知 $\mathrm{r}(\boldsymbol{A})=\mathrm{r}(\boldsymbol{A})=3$，而原方程组中未知量的个数是 $n=4$，故有一个自由未知数.

令自由未知量 $x_4=k$，可得原方程组的通解

$$\boldsymbol{x}=\begin{pmatrix} x_1 \\ x_2 \\ x_3 \\ x_4 \end{pmatrix}=\begin{pmatrix} 1/6 \\ 1/6 \\ 1/6 \\ 0 \end{pmatrix}+k\begin{pmatrix} 5/6 \\ -7/6 \\ 5/6 \\ 1 \end{pmatrix}，k \text{ 取任意常数}.$$

例 2 当 λ 取何值时，线性方程组

$$\begin{cases} (\lambda+3)x_1+x_2+2x_3=\lambda \\ \lambda x_1+(\lambda-1)\,x_2+x_3=\lambda \\ 3(\lambda+1)x_1+\lambda x_2+(\lambda+3)\,x_3=3 \end{cases}$$

有唯一解、无解、无穷多解，当方程组有无穷多解时求出它的解.

解 方程组的系数行列式为 $\begin{vmatrix} \lambda+3 & 1 & 2 \\ \lambda & \lambda-1 & 1 \\ 3(\lambda+1) & \lambda & \lambda+3 \end{vmatrix}=\lambda^2(\lambda-1)$，则当 $\lambda\neq 0$ 且 $\lambda\neq 1$ 时，方程组有唯一解；

当 $\lambda=0$ 时，方程组的增广矩阵作初等行变换：

$$\widetilde{\boldsymbol{A}}=\begin{pmatrix} 3 & 1 & 2 & 0 \\ 0 & -1 & 1 & 0 \\ 3 & 0 & 3 & 3 \end{pmatrix} \xrightarrow{r_3-r_1} \begin{pmatrix} 3 & 1 & 2 & 0 \\ 0 & -1 & 1 & 0 \\ 0 & -1 & 1 & 3 \end{pmatrix} \xrightarrow{r_3-r_2} \begin{pmatrix} 3 & 1 & 2 & 0 \\ 0 & -1 & 1 & 0 \\ 0 & 0 & 0 & 3 \end{pmatrix},$$

因 $\mathrm{r}(\boldsymbol{A})=2$，$\mathrm{r}(\widetilde{\boldsymbol{A}})=3$，所以方程组无解；

当 $\lambda=1$ 时，增广矩阵为

$$\widetilde{\mathbf{A}}=\begin{pmatrix}4&1&2&1\\1&0&1&1\\6&1&4&3\end{pmatrix}\xrightarrow[r_1\leftrightarrow r_2]{r_3-r_1}\begin{pmatrix}1&0&1&1\\4&1&2&1\\2&0&2&2\end{pmatrix}\xrightarrow[r_3-2r_1]{r_2-4r_1}\begin{pmatrix}1&0&1&1\\0&1&-2&-3\\0&0&0&0\end{pmatrix},$$

因 $r(\mathbf{A})=r(\widetilde{\mathbf{A}})=2<3$，所以方程组有无穷多个解，其通解为

$$\begin{cases}x_1=1-x_3\\x_2=-3+2x_3\\x_3=x_3\end{cases}，即\begin{pmatrix}x_1\\x_2\\x_3\end{pmatrix}=c\begin{pmatrix}-1\\2\\1\end{pmatrix}+\begin{pmatrix}1\\-3\\0\end{pmatrix}\quad(c\in\mathbf{R}).$$

例 3　已知线性方程组$\begin{cases}ax_1+x_2+x_3=4\\x_1+bx_2+x_3=3\\x_1+3bx_2+x_3=9\end{cases}$. 问方程组什么时候有解？什么时候无解？有解时，求出相应解.

解　方法一　方程组的系数行列式为

$$|\mathbf{A}|=\begin{vmatrix}a&1&1\\1&b&1\\1&3b&1\end{vmatrix}=2b(1-a),$$

(1) 当 $a\neq1$ 且 $b\neq0$ 时，方程组有唯一解，其解为

$$x_1=\frac{3-4b}{b(1-a)},\quad x_2=\frac{3}{b},\quad x_3=\frac{4b-3}{b(1-a)}.$$

(2) 当 $b=0$ 时，原方程组的增广矩阵 $\widetilde{\mathbf{A}}$ 为

$$\widetilde{\mathbf{A}}=\begin{pmatrix}a&1&1&4\\1&0&1&3\\1&0&1&9\end{pmatrix}\Rightarrow\begin{pmatrix}a&1&1&4\\1&0&1&3\\0&0&0&6\end{pmatrix},$$

显然方程组无解.

(3) 当 $b\neq0$，$a=1$ 时，

$$\widetilde{\mathbf{A}}=\begin{pmatrix}1&1&1&4\\1&b&1&3\\1&3b&1&9\end{pmatrix}\Rightarrow\begin{pmatrix}1&1&1&4\\0&b-1&0&-1\\0&3b-1&0&5\end{pmatrix}\Rightarrow$$

$$\begin{pmatrix}1&1&1&4\\0&b-1&0&-1\\0&2&0&8\end{pmatrix}\Rightarrow\begin{pmatrix}1&0&1&0\\0&1&0&4\\0&0&0&-4b+3\end{pmatrix},$$

可见当 $b\neq3/4$ 时，秩$(\mathbf{A})=2<$秩$(\widetilde{\mathbf{A}})=3$，方程组无解.

当 $b=3/4$ 时，原方程组的导出组等价于

$$\begin{cases} x_1+x_3=0 \\ x_2=0 \end{cases},$$

所求通解为 $x=\begin{pmatrix} x_1 \\ x_2 \\ x_3 \end{pmatrix}=\begin{pmatrix} 0 \\ 4 \\ 0 \end{pmatrix}+k\begin{pmatrix} -1 \\ 0 \\ 1 \end{pmatrix}$，其中 k 为任意常数.

方法二　利用初等行变换化增广矩阵 $\mathbf{A}$ 为阶梯形矩阵.

(1) 如 $b\neq 0$，则 $\widetilde{\mathbf{A}} \Rightarrow \cdots \Rightarrow \begin{pmatrix} 1 & b & 1 & 3 \\ 0 & 2b & 0 & 6 \\ 0 & 0 & 1-a & \dfrac{4b-3}{b} \end{pmatrix}$,

因此当 $b\neq 0$，$a\neq 1$ 时，秩 $(\mathbf{A})=$秩$(\widetilde{\mathbf{A}})=3$，方程组有唯一解

$$x_1=\frac{3-4b}{b(1-a)}, \quad x_2=\frac{3}{b}, \quad x_3=\frac{4b-3}{b(1-a)}.$$

当 $b=\dfrac{3}{4}$ 时，原方程组的导出组等价于 $\begin{cases} x_1+x_3=0 \\ x_2=0 \end{cases}$,

所求通解为 $x=\begin{pmatrix} x_1 \\ x_2 \\ x_3 \end{pmatrix}=\begin{pmatrix} 0 \\ 4 \\ 0 \end{pmatrix}+k\begin{pmatrix} -1 \\ 0 \\ 1 \end{pmatrix}$，其中 k 为任意常数.

(2) 如 $b=0$，则 $\widetilde{\mathbf{A}} \Rightarrow \begin{pmatrix} a & 1 & 1 & 4 \\ 1 & 0 & 1 & 3 \\ 0 & 0 & 0 & 6 \end{pmatrix}$，故秩$(\mathbf{A})=2<$秩$(\widetilde{\mathbf{A}})=3$，方程无解.

例 4　设方程组 $\begin{cases} x_1+2x_2-x_3+x_4=r \\ 3x_1+px_2+3x_3+2x_4=-11 \\ 2x_1+2x_2+qx_3+x_4=-4 \end{cases}$　(1)

与方程组 $\begin{cases} x_1+x_3=-2 \\ x_2-2x_3=5 \\ x_4=-10 \end{cases}$　(2)

是同解方程组，试确定方程组 (1) 中的 p，q，r 的值.

解 (2) 的同解方程组为 $\begin{cases} x_1=-2-3x_3, \\ x_2=5+2x_3, \\ x_4=-10 \end{cases}$　(3)

令 $x_3=0$，得 (2) 的解 $\boldsymbol{\eta}^*=(-2, 5, 0, -10)^{\mathrm{T}}$.

与 (3) 对应的齐次线性方程组为 $\begin{cases} x_1=-3x_3, \\ x_2=2x_3, \\ x_4=0, \end{cases}$ (4)

令 $x_3=1$, 则 (4) 的基础解系为 $\boldsymbol{\xi}=(-3, 2, 1, 0)^{\mathrm{T}}$.

故方程组 (2) 的通解为

$$\begin{pmatrix} x_1 \\ x_2 \\ x_3 \\ x_4 \end{pmatrix}=\lambda\begin{pmatrix} -3 \\ 2 \\ 1 \\ 0 \end{pmatrix}+\begin{pmatrix} -2 \\ 5 \\ 0 \\ -10 \end{pmatrix} \quad (\lambda\in\mathbf{R}).$$

将其代入 (1) 中, 得

$$\begin{cases} (-3\lambda-2)+2(2\lambda+5)-\lambda-10=r, \\ 3(-3\lambda-2)+p(2\lambda+5)+3\lambda-20=-11, \\ 2(-3\lambda-2)+2(2\lambda+5)+q\lambda-10=-4. \end{cases}$$

即 $$\begin{cases} -2=r \\ (p-3)(2\lambda+5)=0(\lambda\in\mathbf{R}) \\ (-2+q)\lambda=0 \end{cases}$$

令 $\lambda=1$, 得 $r=-2$, $p=3$, $q=2$.

题型 2　利用线性方程组解的性质解题

解题思路　1. 用线性方程组解的判定定理解题: 设线性方程组

$$\boldsymbol{Ax}=\boldsymbol{b}, \quad \text{记增广矩阵 } \boldsymbol{B}=(\boldsymbol{A}\quad \boldsymbol{b}),$$

则有
$$\mathrm{r}(\boldsymbol{A})=\mathrm{r}(\boldsymbol{B})=n \Leftrightarrow \boldsymbol{Ax}=\boldsymbol{b} \text{ 有唯一解};$$
$$\mathrm{r}(\boldsymbol{A})=\mathrm{r}(\boldsymbol{B})<n \Leftrightarrow \boldsymbol{Ax}=\boldsymbol{b} \text{ 有无穷多解};$$
$$\mathrm{r}(\boldsymbol{A})<n \Leftrightarrow \boldsymbol{Ax}=\boldsymbol{0} \text{ 有非零解}.$$

解题过程中还常涉及行列式、向量组等知识 (例 1～例 2).

2. 综合运用线性方程组解的判定、性质、结构定理解题:

设非齐次方程组　$\boldsymbol{Ax}=\boldsymbol{b}$,　(1)

对应齐次方程组　$\boldsymbol{Ax}=\boldsymbol{0}$,　(2)

A. 若 $\boldsymbol{\eta}_1, \boldsymbol{\eta}_2$ 是 (1) 的解, 则 $\boldsymbol{\eta}_1-\boldsymbol{\eta}_2$ 为 (2) 的解;

B. 若 $\boldsymbol{\eta}$ 是 (1) 的解, $\boldsymbol{\xi}$ 为 (2) 的解, 则 $\boldsymbol{\xi}+\boldsymbol{\eta}$ 是 (1) 的解.

题型包括: 利用基础解系定义和解的结构解题 (如例 3, 例 4); 已知方程组的某些特定解, 反过来求系数矩阵或系数矩阵中的参数等 (如例 5).

例 1 齐次线性方程组$\begin{cases}x_1+3x_3+4x_4-5x_5=0\\x_2-2x_3-3x_4+x_5=0\end{cases}$的解空间的维数是______.

解 原方程组可化为

$$\begin{cases}x_1=-3x_3-4x_4+5x_5\\x_2=2x_3+3x_4-5x_5\end{cases},$$

其中 x_3，x_4，x_5 是自由未知量，分别取

$$\begin{pmatrix}x_3\\x_4\\x_5\end{pmatrix}=\begin{pmatrix}1\\0\\0\end{pmatrix},\begin{pmatrix}0\\1\\0\end{pmatrix},\begin{pmatrix}0\\0\\1\end{pmatrix},$$

得到原方程组的基础解系：

$$\boldsymbol{\eta}_1=\begin{pmatrix}-3\\2\\1\\0\\0\end{pmatrix},\boldsymbol{\eta}_2=\begin{pmatrix}-4\\3\\0\\1\\0\end{pmatrix},\boldsymbol{\eta}_3=\begin{pmatrix}5\\-5\\0\\0\\1\end{pmatrix}$$

所以原齐次线性方程组的维数是 3.

例 2 要使 $\boldsymbol{\xi}_1=(1,0,2)^{\mathrm{T}}$，$\boldsymbol{\xi}_2=(0,1,-1)^{\mathrm{T}}$ 都是线性方程组 $\boldsymbol{Ax}=\boldsymbol{0}$ 的解，只要系数矩阵 $\boldsymbol{A}$ 为（　　）.

(A) $(-2,1,1)$；

(B) $\begin{pmatrix}2&0&-1\\0&1&1\end{pmatrix}$；

(C) $\begin{pmatrix}-1&0&2\\0&1&-1\end{pmatrix}$；

(D) $\begin{pmatrix}0&1&-1\\4&-2&-2\\0&1&1\end{pmatrix}$.

解 应选 (A).

直接把 (A)，(B)，(C)，(D) 四个答案逐一代入 $\boldsymbol{Ax}=\boldsymbol{0}$ 验证，可知 (A) 项为正确答案.

或由 $\boldsymbol{Ax}=\boldsymbol{0}$ 至少有两个线性无关的解向量 $\boldsymbol{\xi}_1$，$\boldsymbol{\xi}_2$，即其基础解系所含的线性无关的解向量个数至少为 2，故秩 $(\boldsymbol{A})\leqslant 3-2=1$ $(3-$秩$(\boldsymbol{A})\geqslant 2)$，只有 (A) 项中矩阵的秩不超过 1，也可得到正确答案为 (A) 项.

例 3 已知 $\boldsymbol{\beta}_1$，$\boldsymbol{\beta}_2$ 是 $\boldsymbol{Ax}=\boldsymbol{b}$ 的两个不同的解，$\boldsymbol{\alpha}_1$，$\boldsymbol{\alpha}_2$ 是相应齐次方程组 $\boldsymbol{Ax}=\boldsymbol{0}$的基础解系，$k_1$，$k_2$ 是任意常数，则 $\boldsymbol{Ax}=\boldsymbol{b}$ 的通解是（　　）.

(A) $k_1\boldsymbol{\alpha}_1+k_2(\boldsymbol{\alpha}_1+\boldsymbol{\alpha}_2)+\dfrac{\boldsymbol{\beta}_1-\boldsymbol{\beta}_2}{2}$；

(B) $k_1\boldsymbol{\alpha}_1+k_2(\boldsymbol{\alpha}_1-\boldsymbol{\alpha}_2)+\dfrac{\boldsymbol{\beta}_1+\boldsymbol{\beta}_2}{2}$；

(C) $k_1\boldsymbol{\alpha}_1+k_2(\boldsymbol{\beta}_1-\boldsymbol{\beta}_2)+\dfrac{\boldsymbol{\beta}_1-\boldsymbol{\beta}_2}{2}$；

(D) $k_1\boldsymbol{\alpha}_1+k_2(\boldsymbol{\beta}_1-\boldsymbol{\beta}_2)+\dfrac{\boldsymbol{\beta}_1+\boldsymbol{\beta}_2}{2}$.

解　应选 (B).

在 (A), (C) 中, 没有 $\boldsymbol{Ax}=\boldsymbol{b}$ 的特解, 按解的结构知 (A), (C) 均错.

在 (D) 中, 虽然 $\boldsymbol{\alpha}_1$, $\boldsymbol{\beta}_1-\boldsymbol{\beta}_2$ 都是导出组 $\boldsymbol{Ax}=\boldsymbol{0}$ 的解, 但它们是否线性无关不能判定, 故 (D) 也不正确.

故 (B) 正确.

例 4　设 $\boldsymbol{A}$ 是秩为 3 的 5×4 矩阵, $\boldsymbol{\alpha}_1$, $\boldsymbol{\alpha}_2$, $\boldsymbol{\alpha}_3$ 是非齐次线性方程组 $\boldsymbol{Ax}=\boldsymbol{b}$ 的三个不同的解. 若

$$\boldsymbol{\alpha}_1+\boldsymbol{\alpha}_2+2\boldsymbol{\alpha}_3=(2,0,0,0)^{\mathrm{T}},\ 3\boldsymbol{\alpha}_1+\boldsymbol{\alpha}_2=(2,4,6,8)^{\mathrm{T}},$$

则方程组 $\boldsymbol{Ax}=\boldsymbol{b}$ 的通解是______.

解　应填 $(1/2,0,0,0)^{\mathrm{T}}+k(0,2,3,4)^{\mathrm{T}}$.

由于秩 $\mathrm{r}(\boldsymbol{A})=3$, 所以齐次方程组 $\boldsymbol{Ax}=\boldsymbol{0}$ 的解空间维数是 $4-\mathrm{r}(\boldsymbol{A})=1$. 因为

$$\boldsymbol{\alpha}_1+\boldsymbol{\alpha}_2+2\boldsymbol{\alpha}_3-(3\boldsymbol{\alpha}_1+\boldsymbol{\alpha}_2)=2(\boldsymbol{\alpha}_3-\boldsymbol{\alpha}_1)=(0,-4,-6,-8)^{\mathrm{T}},$$

而 $\boldsymbol{\alpha}_3-\boldsymbol{\alpha}_1$ 是 $\boldsymbol{Ax}=\boldsymbol{0}$ 的解, 即其基础解系. 由

$$\boldsymbol{A}(\boldsymbol{\alpha}_1+\boldsymbol{\alpha}_2+2\boldsymbol{\alpha}_3)=\boldsymbol{A\alpha}_1+\boldsymbol{A\alpha}_2+2\boldsymbol{A\alpha}_3=4\boldsymbol{b}$$

知 $\frac{1}{4}(\boldsymbol{\alpha}_1+\boldsymbol{\alpha}_2+2\boldsymbol{\alpha}_3)$ 是方程组 $\boldsymbol{Ax}=\boldsymbol{b}$ 的一个解, 那么根据方程组的解的结构知其通解是:

$$(1/2,0,0,0)^{\mathrm{T}}+k(0,2,3,4)^{\mathrm{T}}.$$

例 5　设 $\boldsymbol{A}=\begin{pmatrix}2&1&1&2\\0&1&3&1\\1&\lambda&\mu&1\end{pmatrix}$, $\boldsymbol{b}=\begin{pmatrix}0\\1\\0\end{pmatrix}$, $\boldsymbol{\eta}=\begin{pmatrix}1\\-1\\1\\-1\end{pmatrix}$, 如果 $\boldsymbol{\eta}$ 是方程组 $\boldsymbol{Ax}=\boldsymbol{b}$ 的一个解, 试求方程组 $\boldsymbol{Ax}=\boldsymbol{b}$ 的全部解.

解　因为 $\boldsymbol{\eta}$ 是方程组 $\boldsymbol{Ax}=\boldsymbol{b}$ 的一个解, 于是由 $\boldsymbol{A\eta}=\boldsymbol{b}$, 解得 $\lambda=\mu$. 作初等行变换, 得

$$\widetilde{\boldsymbol{A}}\Rightarrow\left(\begin{array}{cccc|c}1&0&-2\lambda&1-\lambda&-\lambda\\0&1&3&1&1\\0&0&2(1-2\lambda)&1-2\lambda&1-2\lambda\end{array}\right)$$

(1) 当 $\lambda=\mu=1/2$ 时, 方程组有无穷多解, 全部解为

$$\begin{pmatrix}x_1\\x_2\\x_3\\x_4\end{pmatrix}=\begin{pmatrix}-1/2\\1\\0\\0\end{pmatrix}+c_1\begin{pmatrix}1\\-3\\1\\0\end{pmatrix}+c_2\begin{pmatrix}-1\\-2\\0\\2\end{pmatrix}\quad(c_1,\ c_2\text{ 为任意常数}).$$

(2) 当 $\lambda=\mu\neq 1/2$ 时，方程组有无穷多解，全部解为

$$\begin{pmatrix}x_1\\x_2\\x_3\\x_4\end{pmatrix}=\begin{pmatrix}0\\-1/2\\1/2\\0\end{pmatrix}+c\begin{pmatrix}-2\\1\\-1\\2\end{pmatrix}\quad (c\text{ 为任意常数})$$

题型 3 有关线性方程组的证明

解题思路 有关线性方程组基础解系的证明：根据定义，欲证明某一向量组 $\boldsymbol{\alpha}_1, \boldsymbol{\alpha}_2, \cdots, \boldsymbol{\alpha}_s$ 是 n 元线性方程组 $\boldsymbol{Ax}=\boldsymbol{0}$ 的基础解系，要证明以下三个结论：

(1) 该向量组的每个向量都是方程组 $\boldsymbol{Ax}=\boldsymbol{0}$ 的解；

(2) 该向量组线性无关；

(3) 方程组的任一解均可由该向量组线性表示或 $s=n-\mathrm{r}(\boldsymbol{A})$.

而 (3) 提供了证明基础解系的两种基本方法 (如例 1～例 2).

例 1 已知 $\boldsymbol{\alpha}_1, \boldsymbol{\alpha}_2, \boldsymbol{\alpha}_3$ 是齐次线性方程组 $\boldsymbol{Ax}=\boldsymbol{0}$ 的一个基础解系. 证明 $\boldsymbol{\alpha}_1+\boldsymbol{\alpha}_2, \boldsymbol{\alpha}_2+\boldsymbol{\alpha}_3, \boldsymbol{\alpha}_3+\boldsymbol{\alpha}_1$ 也是该方程组的一个基础解系.

证 由 $\boldsymbol{A}(\boldsymbol{\alpha}_1+\boldsymbol{\alpha}_2)=\boldsymbol{A\alpha}_1+\boldsymbol{A\alpha}_2=\boldsymbol{0}+\boldsymbol{0}=\boldsymbol{0}$, 知 $\boldsymbol{\alpha}_1+\boldsymbol{\alpha}_2$ 是齐次方程组 $\boldsymbol{Ax}=\boldsymbol{0}$ 的解，类似可知 $\boldsymbol{\alpha}_2+\boldsymbol{\alpha}_3, \boldsymbol{\alpha}_3+\boldsymbol{\alpha}_1$ 也是 $\boldsymbol{Ax}=\boldsymbol{0}$ 的解.

若 $k_1(\boldsymbol{\alpha}_1+\boldsymbol{\alpha}_2)+k_2(\boldsymbol{\alpha}_2+\boldsymbol{\alpha}_3)+k_3(\boldsymbol{\alpha}_3+\boldsymbol{\alpha}_1)=\boldsymbol{0}$, 即

$$(k_1+k_3)\boldsymbol{\alpha}_1+(k_1+k_2)\boldsymbol{\alpha}_2+(k_2+k_3)\boldsymbol{\alpha}_3=\boldsymbol{0}.$$

因为 $\boldsymbol{\alpha}_1, \boldsymbol{\alpha}_2, \boldsymbol{\alpha}_3$ 是基础解系，它们是线性无关的，故

$$\begin{cases}k_1+k_3=0\\k_1+k_2=0.\\k_2+k_3=0\end{cases}$$

由于此方程组系数行列式

$$D=\begin{vmatrix}1&0&1\\1&1&0\\0&1&1\end{vmatrix}=2\neq 0,$$

故必有 $k_1=k_2=k_3=0$, 所以 $\boldsymbol{\alpha}_1+\boldsymbol{\alpha}_2, \boldsymbol{\alpha}_2+\boldsymbol{\alpha}_3, \boldsymbol{\alpha}_3+\boldsymbol{\alpha}_1$ 线性无关.

根据题设，$\boldsymbol{Ax}=\boldsymbol{0}$ 的基础解系含有三个线性无关的向量，所以 $\boldsymbol{\alpha}_1+\boldsymbol{\alpha}_2, \boldsymbol{\alpha}_2+\boldsymbol{\alpha}_3, \boldsymbol{\alpha}_3+\boldsymbol{\alpha}_1$ 是方程组 $\boldsymbol{Ax}=\boldsymbol{0}$ 的基础解系.

例 2 设 $\boldsymbol{\alpha}_0, \boldsymbol{\alpha}_1, \cdots, \boldsymbol{\alpha}_{n-r}$ 为 $\boldsymbol{Ax}=\boldsymbol{b}(\boldsymbol{b}\neq\boldsymbol{0})$ 的 $n-r+1$ 个线性无关的解向量，$\boldsymbol{A}$ 的秩为 r, 证明：

$$\boldsymbol{\alpha}_1-\boldsymbol{\alpha}_0,\ \boldsymbol{\alpha}_2-\boldsymbol{\alpha}_0,\cdots,\ \boldsymbol{\alpha}_{n-r}-\boldsymbol{\alpha}_0,$$

是对应的齐次线性方程组 $\boldsymbol{Ax}=\boldsymbol{0}$ 的基础解系.

证　所给向量组为 $n-r$ 个向量，如能证明它们均是 $\boldsymbol{Ax}=\boldsymbol{0}$ 的解向量，且线性无关，则它们为 $\boldsymbol{Ax}=\boldsymbol{0}$ 的基础解系.

因 $\boldsymbol{A\alpha}_0=\boldsymbol{b}$，$\boldsymbol{A\alpha}_1=\boldsymbol{b},\cdots$，$\boldsymbol{A\alpha}_{n-r}=\boldsymbol{b}$，
故 $\boldsymbol{A}(\boldsymbol{\alpha}_i-\boldsymbol{\alpha}_0)=\boldsymbol{A\alpha}_i-\boldsymbol{A\alpha}_0=\boldsymbol{b}-\boldsymbol{b}=\boldsymbol{0}(i=1,2,\cdots,n-r)$，
即 $\boldsymbol{\alpha}_i-\boldsymbol{\alpha}_0$ 为 $\boldsymbol{Ax}=\boldsymbol{0}$ 的解向量，下面证它们线性无关.

设 $k_1(\boldsymbol{\alpha}_1-\boldsymbol{\alpha}_0)+k_2(\boldsymbol{\alpha}_2-\boldsymbol{\alpha}_0)+\cdots+k_{n-r}(\boldsymbol{\alpha}_{n-r}-\boldsymbol{\alpha}_0)=\boldsymbol{0}$，
即 $k_1\boldsymbol{\alpha}_1+\cdots+k_{n-r}\boldsymbol{\alpha}_{n-r}+(-k_1-k_2-\cdots-k_{n-r})\boldsymbol{\alpha}_0=\boldsymbol{0}$.

因 $\boldsymbol{\alpha}_0,\boldsymbol{\alpha}_1,\cdots,\boldsymbol{\alpha}_{n-r}$ 线性无关，故 $k_1=k_2=\cdots=k_{n-r}=0$，即

$$\boldsymbol{\alpha}_1-\boldsymbol{\alpha}_0,\ \boldsymbol{\alpha}_2-\boldsymbol{\alpha}_0,\cdots,\boldsymbol{\alpha}_{n-r}-\boldsymbol{\alpha}_0$$

线性无关，从而为 $\boldsymbol{Ax}=\boldsymbol{0}$ 的一个基础解系.

第 10 章　随机事件及其概率

概率论与数理统计是从数量化的角度来研究现实世界中一类不确定现象（随机现象）及其规律性的一门应用数学学科. 20 世纪以来，它已广泛应用于工业、国防、国民经济及工程技术等各个领域. 本章介绍的随机事件及其概率是概率论中最基本、最重要的概念之一.

本章教学基本要求：

1. 理解随机事件的概念，了解样本空间的概念，掌握事件之间的关系与运算；
2. 了解概率、条件概率的定义，掌握概率的基本性质，会计算古典概型的概率；
3. 掌握概率的加法公式，乘法公式，会应用全概率公式和贝叶斯公式；
4. 理解事件独立性的概念，掌握应用事件独立性进行概率计算的方法.

§10.1　随机事件

一、主要知识归纳

表 10—1—1　随机试验及其特征

定义	在一定条件下我们对事先无法准确预知其结果的现象（即随机现象）的观察，称为随机试验. 随机试验的每一种可能的结果（样本点）组成的集合 S 称为样本空间. 样本空间的子集称为事件. 由样本空间的样本点构成的单元子集称为基本事件.
特征	(1) 可重复性：试验可以在相同的条件下重复进行； (2) 可观察性：每次试验的可能结果不止一个，并且能事先明确试验的所有可能结果； (3) 不确定性：每次试验出现的结果事先不能准确预知，但可以肯定会出现上述所有可能结果中的一个.

表 10—1—2　事件的关系与运算

事件的关系	表示形式	意义
包含	$A\subset B$	事件 A 发生必然导致事件 B 发生. 特例：$\varnothing\subset A\subset S$.
相等	$A=B$	$A\subset B$，且 $B\subset A$.

续前表

事件的关系	表示形式	意义
互不相容	$A\cap B=\varnothing$	事件 A 与事件 B 不能同时发生.
对立	$A\cup B=S$ 且 $A\cap B=\varnothing$	事件 A 与 B 有且仅有一个发生. 显然：$\overline{A}=S-A$.
和（或并）	$A\cup B=\{w\mid w\in A$ 或 $w\in B\}$	事件 A 与 B 至少有一个发生.
积（或交）	$A\cap B=\{w\mid w\in A$ 且 $w\in B\}$	事件 A 与事件 B 同时发生.
差	$A-B=\{w\mid w\in A$ 且 $w\notin B\}$	事件 A 发生，但事件 B 不发生.

表 10—1—3　　事件的运算规律

(1) 交换律	$A\cup B=B\cup A$，$A\cap B=B\cap A$；
(2) 结合律	$(A\cup B)\cup C=A\cup(B\cup C)$，$(A\cap B)\cap C=A\cap(B\cap C)$；
(3) 分配律	$(A\cup B)\cap C=(A\cap C)\cup(B\cap C)$，$(A\cap B)\cup C=(A\cup C)\cap(B\cup C)$；
(4) 自反律	$\overline{\overline{A}}=A$；
(5) 对偶律	$\overline{A\cup B}=\overline{A}\cap\overline{B}$，$\overline{A\cap B}=\overline{A}\cup\overline{B}$（又称德摩根公式）.

注：上述运算律可推广到有限个或可数个事件的情形.

二、典型例题分析

例 1　设 $A=\{x\mid 1\leqslant x\leqslant 5\}$，$B=\{x\mid 3<x\leqslant 7\}$，$C=\{x\mid x<1\}$ 都是 $R=\{x\mid -\infty<x<+\infty\}$ 中的集合，试求下列各集合：

(1) $A\cup B$；　(2) $B\cap\overline{C}$；　(3) $\overline{A}\cap\overline{B}\cap\overline{C}$；　(4) $(A\cup B)\cap C$.

解　首先在坐标轴上标出集合 A，B，C 所包含的区间. 由例 1 图可知

$$A\cup B=\{x\mid 1\leqslant x\leqslant 7\};$$
$$B\cap\overline{C}=B=\{x\mid 3<x\leqslant 7\};$$
$$\overline{A}\cap\overline{B}\cap\overline{C}=\overline{A\cup B\cup C}=\{x\mid x>7\};$$
$$(A\cup B)\cap C=\varnothing.$$

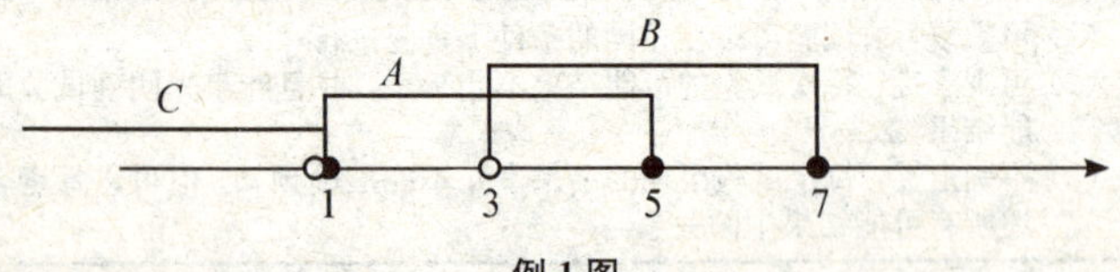

例 1 图

小结：概率论的任务之一是研究随机事件的规律，通过对较简单事件规律的研究去掌握更复杂事件的规律，因此，熟练掌握事件的关系与运算是学习概率论的基础. 对于同一个集合可以有概率论和集合论两种解释，要学会用概率论的语言解释集合间的关系及运算，并能运用它们. 而数形结合是解决这类问题的一种简便方法.

例 2　设某工厂连续生产了 4 个零件，A_i 表示生产的第 i 个零件是正品

($i=1, 2, 3, 4$)，试用 A_i 表示下列事件：

(1) 没有 1 个是次品；

(2) 4 个都是次品；

(3) 只有 1 个是次品；

(4) 至少有 3 个不是次品；

(5) 恰好有 3 个是次品；

(6) 至多有 1 个是次品.

解　(1) $A_1A_2A_3A_4$；

(2) $\overline{A}_1\overline{A}_2\overline{A}_3\overline{A}_4$；

(3) $\overline{A_1}A_2A_3A_4+A_1\overline{A_2}A_3A_4+A_1A_2\overline{A_3}A_4+A_1A_2A_3\overline{A_4}$；

(4) $A_1A_2A_3\overline{A_4}+A_1A_2\overline{A_3}A_4+A_1\overline{A_2}A_3A_4+\overline{A_1}A_2A_3A_4+A_1A_2A_3A_4$；

(5) $A_1\overline{A}_2\overline{A}_3\overline{A}_4+\overline{A_1}A_2\overline{A}_3\overline{A}_4+\overline{A}_1\overline{A}_2A_3A_4+\overline{A}_1\overline{A}_2\overline{A}_3A_4$；

(6) $A_1A_2A_3A_4+\overline{A_1}A_2A_3A_4+A_1\overline{A_2}A_3A_4+A_1A_2\overline{A_3}A_4+A_1A_2A_3\overline{A_4}$.

小结： 将复合事件用简单事件通过运算来表示，是计算复合事件概率的关键. 基本的思路是：(1) 弄清楚所给随机试验有哪些基本事件，所求复合事件由哪些简单事件复合而成；(2) 分析该复合事件与这些简单事件间的关系，利用事件间的关系所对应的运算及事件的运算律，将复合事件用简单事件表示出来.

例 3　指出下列关系中哪些成立，哪些不成立：

(1) $A\cup B=A\bar{B}\cup B$;

(2) $\overline{A}B=A\cup B$;

(3) $(AB)(A\bar{B})=\varnothing$;

(4) 若 $AB=\varnothing$，且 $C\subset A$，则 $BC=\varnothing$;

(5) 若 $A\subset B$，则 $A\cup B=B$;

(6) 若 $A\subset B$，则 $AB=A$;

(7) $(\overline{A\cup B})C=\overline{A}\,\overline{B}C$.

解　(1) 成立. 由分配律得

$$A\bar{B}\cup B=(A\cup B)(\bar{B}\cup B)=(A\cup B)\cap S=A\cup B.$$

(2) 不成立. 由于 $A\not\subset\overline{A}B$，而 $A\subset A\cup B$.

(3) 成立. 由结合律得 $(AB)(A\bar{B})=AB\bar{B}=A\cap\varnothing=\varnothing$.

(4) 成立. 由 $C\subset A$ 及 $AB=\varnothing$，显然得 $CB=\varnothing$.

(5) 成立. 由并及包含的定义易证.

(6) 成立. 由交及包含的定义易证.

(7) 不成立. 由对偶律得 $(\overline{A\cup B})C=\overline{A}\,\overline{B}C\neq\overline{A}\cdot\overline{B}\,\overline{C}$.

例 4　从一批含有正品和次品产品中，任意抽取 5 件产品，记

A_1＝"至少有一件次品"；　　　A_2＝"至少有两件次品"

A_3＝"至多有两件正品"；　　　A_4＝"5 件全是正品".

试问 $\overline{A}_1$，$\overline{A}_2$，$\overline{A}_3$，$\overline{A}_4$ 各表示什么事件.

解　由题意知，抽得的次品数可能为 0，1，2，3，4，5，则样本空间为 $\Omega=\{1, 2, 3, 4, 5\}$. 从而

(1) A_1＝"至少有一件次品"$=\{1, 2, 3, 4, 5\}$，

故 $\overline{A}_1=\Omega-A_1=\{0\}$＝"次品数为 0"＝"全是正品"；

(2) A_2＝"至少有两件次品"$=\{2, 3, 4, 5\}$，

故 $\overline{A}_2=\Omega-A_2=\{0, 1\}$＝"至多有一件次品"＝"至少有 4 件正品"；

(3) A_3＝"至多有两件正品"＝"至少有 3 件次品"$=\{3, 4, 5\}$，

故 $\overline{A}_3=\Omega-A_3=\{0, 1, 2\}$＝"至多有 2 件次品"＝"至少有 3 件正品"；

(4) A_4＝"5 件全是正品"＝"没有次品"$=\{0\}$，

故 $\overline{A}_4=\Omega-A_4=\{1, 2, 3, 4, 5\}$＝"至少有 1 件次品"＝"至多有 4 件正品".

小结：一般地，不难得到 A_i＝"n 件产品中至少有 i 件次品" 的对立事件 $\overline{A}_i$＝"n 件产品中至多有 $(i-1)$ 件次品"＝"n 件产品中至少有 $[n-(i-1)]$ 件正品".

B_i＝"n 件产品中至多有 i 件次品" 的对立事件为 $\overline{B}_i$＝"n 件产品中至少有 $(i+1)$ 件次品"＝"n 件产品中至多有 $[n-(i+1)]$ 件正品"$(i=0, 1, 2, \cdots, n)$.

三、习题 10—1 解答

1. 试说明随机试验应具有的三个特点.

答　(1) 可以在相同的条件下重复进行；

(2) 每次试验的可能结果不止一个，并且能事先明确试验的所有可能结果；

(3) 进行一次试验之前不能确定哪一个结果会出现.

2. 将一枚均匀的硬币抛两次，事件 A，B，C 分别表示 "第一次出现正面"，"两次出现同一面"，"至少有一次出现正面". 试写出样本空间及事件 A，B，C 中的样本点.

解　$S=\{$(正，正)，(正，反)，(反，正)，(反，反)$\}$；

$A=\{$(正，正)，(正，反)$\}$；

$B=\{$(正，正)，(反，反)$\}$；

$C=\{$(正，正)，(正，反)，(反，正)$\}$.

3. 掷一颗骰子，观察其出现的点数，事件 A＝"偶数点"，B＝"奇数点"，C＝"点数小于 5"，D＝"点数为小于 5 的偶数". 讨论上述事件的关系.

解　易知样本空间 $S=\{1, 2, 3, 4, 5, 6\}$，则

$$A=\{2, 4, 6\},\ B=\{1, 3, 5\},\ C=\{1, 2, 3, 4\},\ D=\{2, 4\}.$$

从而 $D\subset A$, $D\subset C$, $\overline{A}=B$, $B\cap D=\varnothing$.

4. 设某人向靶子射击3次，用 A_i 表示“第 i 次射击击中靶子”($i=1, 2, 3$)，试用语言描述下列事件：

(1) $\overline{A}_1\cup\overline{A}_2\cup\overline{A}_3$.

解 $\overline{A}_1\cup\overline{A}_2\cup\overline{A}_3$ 表示3次射击至少有一次没击中靶子.

(2) $\overline{A_1\cup A_2}$.

解 $\overline{A_1\cup A_2}$表示前两次射击都没有击中靶子.

(3) $(A_1A_2\overline{A}_3)\cup(\overline{A}_1A_2A_3)$.

解 $(A_1A_2\overline{A}_3)\cup(\overline{A}_1A_2A_3)$ 表示恰好连续两次击中靶子.

5. 某棉麦连作地区，因受气候条件的影响，棉花、小麦都可能减产，如果记 $A=\{$棉花减产$\}$, $B=\{$小麦减产$\}$，试用 A, B 表示事件：

(1) 棉花、小麦都减产；

(2) 棉花减产，小麦不减产；

(3) 棉花、小麦至少有一样减产.

解 $A=\{$棉花减产$\}$，则 $\overline{A}=\{$棉花不减产$\}$,

$B=\{$小麦减产$\}$，则 $\overline{B}=\{$小麦不减产$\}$.

(1) AB; (2) $A\overline{B}$; (3) $A\cup B$.

6. 判断下列各式哪个成立，哪个不成立，说明为什么.

(1) 若 $A\subset B$，则 $\overline{B}\subset\overline{A}$.

解 成立. 否则 B 不发生不导致 A 不发生，换言之，B 不发生导致 A 发生，即 $\overline{B}\subset A$，又因为 $A\subset B$，则 $\overline{B}\subset B$，矛盾.

(2) $(A\cup B)-B=A$.

解 $(A\cup B)-B=(A\cup B)\overline{B}=A\overline{B}\cup\varnothing=A\overline{B}=A-AB\subset A$，当 A, B 互不相容时，等式成立.

(3) $A(B-C)=AB-AC$.

解 右边$=AB\overline{AC}=AB(\overline{A}\cup\overline{C})=\varnothing\cup AB\overline{C}=A(B\overline{C})=A(B-C)=$左边. 以上等式关系是可逆的，所以又可以证明左边=右边. 因此

$$A(B-C)=AB-AC$$

是正确的.

7. 两个事件互不相容与两个事件对立有何区别？举例说明.

解 事件 A, B 互不相容，是说事件 A, B 不同时发生，即 $A\cap B=\varnothing$；事件 A, B 互为对立事件，是说事件 A, B 有且仅有一个发生，即 $A\cap B=\varnothing$ 且 $A\cup B=S$.

因此，对立事件与互不相容事件的区别与联系是：

(1) 若两事件对立，则必定互不相容，但两事件互不相容未必对立；

(2) 互不相容可用于多个事件，而互为对立事件仅是用于两个事件；

(3) 两个事件互不相容只是说明两个事件不能同时发生，即至多发生其中一个事件，但可以都不发生，而两事件对立说明两事件有且仅有一个发生.

例如，题 3 中，B 与 D 互不相容，但不是对立事件；而 B 与 A 既是互不相容事件又是对立事件.

若令 $E=\{6\}$，则事件 B、D、E 互不相容，且 $B\cup D\cup E=S$.

§10.2　随机事件的概率

一、主要知识归纳

表 10—2—1　　**频率及其性质**

定义	若在相同的条件下进行 n 次试验，事件 A 发生的次数为 $r_n(A)$，则称 $f_n(A)=\frac{r_n(A)}{n}$ 为事件 A 发生的频率.
性质	(1) $0\leqslant f_n(A)\leqslant 1$； (2) $f_n(S)=1$； (3) 设 $A_1, A_2, \cdots, A_n$ 是两两互不相容的事件，则 $f_n(A_1\cup A_2\cup\cdots\cup A_n)=f_n(A_1)+f_n(A_2)+\cdots+f_n(A_n)$.

表 10—2—2　　**概率**

统计定义	在相同条件下进行 n 次重复试验，若事件 A 发生的频率 $f_n(A)=\frac{r_n(A)}{n}$ 随着试验次数 n 的增大而稳定地在某个常数 p 附近摆动，则称 p 为事件 A 的概率，记为 $P(A)$. 显然，概率与频率有相同的性质： (1) $0\leqslant P(A)\leqslant 1$； (2) $P(S)=1$； (3) 设 $A_1, A_2, \cdots, A_n$ 是两两互不相容的事件，则 $P(A_1\cup A_2\cup\cdots\cup A_n)=P(A_1)+P(A_2)+\cdots+P(A_n)$.
性质	(1) 对任一事件 A，有 $0\leqslant P(A)\leqslant 1$； (2) $P(S)=1$，$P(\varnothing)=0$； (3) 有限可加性：设 A，B 是两个互不相容的事件，则有 $P(A\cup B)=P(A)+P(B)$； (4) $P(\overline{A})=1-P(A)$； (5) $P(A-B)=P(A)-P(AB)$，特别地，若 $B\subset A$，则 (a) $P(A-B)=P(A)-P(B)$， (b) $P(A)\geqslant P(B)$； (6) 加法公式：$P(A\cup B)=P(A)+P(B)-P(AB)$. 注：性质 (3)、(6) 可推广到任意有限个事件的并的情形.

续前表

古典概型	具有下列特征的随机试验模型称为古典概型： (1) 随机试验的结果只有有限个可能结果； (2) 每一个可能结果发生的可能性相同. 若随机试验模型为古典概型，则事件 A 发生的概率为 $P(A)=\dfrac{A\text{包括的基本事件数}}{S\text{中基本事件的总数}}.$

二、典型例题分析

例 1 设 $AB=\varnothing$，$P(A)=0.6$，$P(A\cup B)=0.8$，求事件 B 的逆事件的概率.

解 由 $P(A\cup B)=P(A)+P(B)-P(AB)=P(A)+P(B)$，

得 $P(B)=P(A\cup B)-P(A)=0.8-0.6=0.2$，

故 $P(\bar{B})=1-P(B)=1-0.2=0.8$.

小结： 概率的性质 $P(A\cup B)=P(A)+P(B)-P(AB)$ 可以推广到 n 个事件的情形. 一般地，设 $A_1, A_2, \cdots, A_n$ 为 n 个事件，则有

$$P(A_1\cup A_2\cup\cdots\cup A_n)=\sum_{i=1}^{n}P(A_i)-\sum_{1\leqslant i<j\leqslant n}P(A_iA_j)+\sum_{1\leqslant i<j<k\leqslant n}P(A_iA_jA_k)-\cdots+(-1)^{n-1}P(A_1A_2\cdots A_n).$$

例 2 设 A 和 B 为两随机事件，A 和 B 至少有一个发生的概率为 $\frac{1}{4}$，A 发生且 B 不发生的概率为 $\frac{1}{12}$，求 $P(B)$.

解 由题意知 $P(A\cup B)=\frac{1}{4}$，$P(A\bar{B})=\frac{1}{12}$. 而 $B\cap(A\bar{B})=\varnothing$，故由概率的有限可加性得

$$P(A\cup B)=P(B\cup A\bar{B})=P(B)+P(A\bar{B}).$$

从而 $$P(B)=P(A\cup B)-P(A\bar{B})=\frac{1}{4}-\frac{1}{12}=\frac{1}{6}.$$

小结： 要求 $P(B)$，需要根据已知事件的概率利用概率的性质求解. 概率的 6 条性质要熟练掌握，并能够根据需要灵活变形.

例 3 设 A, B 是两个事件，$P(A)=0.4$，$P(A\cup B)=0.7$，

(1) 当 A, B 互不相容时，求 $P(B)$；

(2) 当 A, B 相互独立时，求 $P(B)$.

解 (1) 若 A, B 互不相容，即 $A\cap B=\varnothing$，由概率的性质有

$$P(A\cup B)=P(A)+P(B)-P(AB)=P(A)+P(B),$$

故　　$P(B)=P(A\cup B)-P(A)=0.7-0.4=0.3.$

(2) 若 A, B 相互独立，即 $P(A\cap B)=P(A)P(B)$，由概率的性质有

$$P(A\cup B)=P(A)+P(B)-P(AB)=P(A)+P(B)-P(A)P(B),$$

故

$$P(B)=\frac{P(A\cup B)-P(A)}{1-P(A)}=\frac{0.7-0.4}{0.6}=0.5.$$

小结：事件互不相容与事件独立是两个完全不同的概念.

A, B 互不相容 $\Leftrightarrow A\cap B=\varnothing$；而 A, B 相互独立 $\Leftrightarrow P(A\cap B)=P(A)P(B)$. 当 $P(A)>0$, $P(B)>0$ 时，若 A, B 相互独立，则 $P(A\cap B)=P(A)P(B)>0$，而若 A, B 互不相容，则 $P(A\cap B)=0$，这说明：在 $P(A)>0$，$P(B)>0$ 的情况下，相互独立的事件不能同时互不相容.

例 4　某油漆公司发出 17 桶油漆，其中白漆 10 桶，黑漆 4 桶，红漆 3 桶，在搬运中所有标签脱落，交货人随意将这些油漆发给顾客，问一个订货 4 桶白漆、3 桶黑漆和 2 桶红漆的顾客，能按所给的颜色如数得到订货的概率是多少？

解　由题意知，这是一个古典概型，设 $A=$“订货 4 桶白漆、3 桶黑漆和 2 桶红漆”，则 A 的基本事件数为 $C_{10}^4C_4^3C_3^2=2\,520$，基本事件总数为 $C_{17}^{4+3+2}=24\,310$，则所求概率为

$$P(A)=\frac{2\,520}{24\,310}\approx 0.103\,7.$$

小结：对古典概型问题，关键是找出其基本事件总数，以及所求事件包含的基本事件件数. 同时要注意，两者要在同一个样本空间中.

三、习题 10—2 解答

1. 设 $P(A)=0.1$, $P(A\cup B)=0.3$，且 A 与 B 互不相容，求 $P(B)$.

解　$\because P(A\cup B)=P(A)+P(B)-P(AB)$,

$\therefore P(B)=P(A\cup B)+P(AB)-P(A)=0.3+0-0.1=0.2.$

2. 设 $P(A)=\frac{1}{3}$, $P(B)=\frac{1}{4}$, $P(A\cup B)=\frac{1}{2}$，求 $P(\overline{A}\cup\overline{B})$.

解　$$\begin{aligned}P(\overline{A}\cup\overline{B})&=P(\overline{AB})=1-P(AB)\\&=1-[P(A)+P(B)-P(A\cup B)]=\frac{11}{12}.\end{aligned}$$

3. 设 A, B 是任意两个事件，证明：

$$P(A-B)=P(A)-P(AB).$$

证 $\because A-B=A\overline{B}=A\overline{A}\cup A\overline{B}$

$=A(\overline{A}\cup\overline{B})=A(\overline{AB})$

$=A-AB,$

又$\because$ $AB\subset A$,

$\therefore$ $P(A-B)=P(A-AB)=P(A)-P(AB).$

4. 10 把钥匙中有 3 把能打开门，今任取两把，求能打开门的概率.

解 方法一 要想把门打开，取出的两把钥匙至少有一把从能把门打开的三把钥匙中获得，从而“能把门打开”这一事件所包含的样本点数为 $m=C_3^2+C_7^1C_3^1=24$，故所求概率为 $P=\dfrac{m}{n}=\dfrac{24}{45}=\dfrac{8}{15}\approx 0.53.$

方法二 随机试验是从 10 把钥匙中任取两把，从而样本空间 S 的样本点总数为

$$n=C_{10}^2=45.$$

记事件 A 为“能把门打开”，则 $\overline{A}$ 为“不能把门打开”，从 7 把不能把门打开的钥匙中任取 2 把，共有 $C_7^2=21$ 种取法，即事件 $\overline{A}$ 共包含 21 个样本点，从而

$$P(A)=1-P(\overline{A})=1-\frac{21}{45}=\frac{24}{45}\approx 0.53.$$

5. 两封信随机地投入四个邮筒，求前两个邮筒内没有信的概率及第一个邮筒内只有一封信的概率.

解 样本空间的样本点总数为 $4\times 4=16$，记事件 A 为“前两个邮筒内没有信”，此时两封信投在后两个邮筒中，从而事件 A 所包含的样本点数为 $m_1=2\times 2=4$，于是

$$P(A)=\frac{m_1}{n}=\frac{4}{16}=0.25.$$

记事件 B 为“第一个邮筒内只有一封信”，此时，需将两封信中的一封放入第一个邮筒，共有 2 种放法，剩下的一封放入其他三个邮筒中的一个，共有 3 种放法，从而事件 B 包含的样本点数为 $m_2=2\times 3=6$，故

$$P(B)=\frac{m_2}{n}=\frac{1}{16}=0.375.$$

6. 从 0，1，2，…，9 中任意选出 3 个不同的数字，试求下列事件的概率：

$$A_1=\{三个数字中不含 0 与 5\},\ A_2=\{三个数字中不含 0 或 5\}.$$

解 $P(A_1)=\dfrac{C_8^3}{C_{10}^3}=\dfrac{7}{15}$;

$$P(A_2)=\frac{2C_9^3-C_8^3}{C_{10}^3}=\frac{14}{15}\quad 或\quad P(A_2)=1-\frac{C_8^1}{C_{10}^3}=\frac{14}{15}.$$

7. 从一副扑克牌（52 张）任取 3 张（不重复），计算取出的 3 张牌中至少有 2 张花色相同的概率.

解　$P=\frac{C_4^1C_{13}^3+C_4^1C_{13}^2C_{39}^1}{C_{52}^3}\approx 0.602$,

或　$P=1-\frac{C_4^3C_{13}^1C_{13}^1C_{13}^1}{C_{52}^3}\approx 0.602$.

8. 袋中装有 5 个白球，3 个黑球，从中一次任取两个.

(1) 求取到的两个球颜色不同的概率；

(2) 求取到的两个球中有黑球的概率.

解　(1) S 中基本事件的总数 $C_8^2=28$，取到的两个球颜色不同的事件总数为 $C_5^1C_3^1=15$，则由古典概型有

$$P(A)=\frac{C_5^1C_3^1}{C_8^2}=\frac{15}{28}.$$

(2) 取到的两个球中有黑球的事件总数为

$$C_5^1C_3^1+C_5^0C_3^2=18,$$

则由古典概型有

$$P=\frac{18}{C_8^2}=\frac{9}{14}.$$

9. 在 1 500 个产品中有 400 个次品、1 100 个正品，任取 200 个.

(1) 求恰有 90 个次品的概率.

解　$P=\frac{C_{400}^{90}C_{1\,100}^{100}}{C_{1\,500}^{200}}$.

(2) 求至少有 2 个次品的概率.

解　$P=1-P(无次品)-P(恰有 1 个次品)$

$$=1-\frac{C_{1\,100}^{200}}{C_{1\,500}^{200}}-\frac{C_{400}^{1}C_{1\,100}^{199}}{C_{1\,500}^{200}}.$$

10. 从 5 双不同的鞋子中任取 4 只，问这 4 只鞋子中至少有两只配成一双的概率是多少？

解　方法一　试验为从 5 双不同的鞋子中任取 4 只，若一只接一只取出，总共有

$$N=10\cdot 9\cdot 8\cdot 7$$

种取法. 设A为{4只鞋中至少有2只配对}. 因为涉及"至少", 为和事件, 故可先考虑对立事件的概率, 求出$\overline{A}$中的样本点数. 仍一只只取出, 第一只可以在10只鞋中任取一只, 第二只只能在剩下的与第一只不配对的8只鞋中任取一只, 第三只又只能在剩下的与前两只都不配对的6只鞋中任取一只, 第4只只有4种取法, 所以$\overline{A}$中的样本点总数

$$k=10\cdot 8\cdot 6\cdot 4,$$

得
$$P(A)=1-P(\overline{A})=1-\frac{10\cdot 8\cdot 6\cdot 4}{10\cdot 9\cdot 8\cdot 7}=1-\frac{8}{21}=\frac{13}{21}.$$

方法二 仍沿用方法一中的记号, 不考虑次序, 一次取出4只, 试验结果总数为C_{10}^4种. 有利于$\overline{A}$的样本点数为自5双鞋中取4双, 然后每双任取一只的不同取法共有

$$C_5^4\cdot 2^4$$

种, 所以

$$P(A)=1-P(\overline{A})=1-\frac{C_5^4\cdot 2^4}{C_{10}^4}=1-\frac{8}{21}=\frac{13}{21}.$$

方法三 可以直接求$P(A)$. 因为A是和事件, 所以设$B_1=${取出的4只鞋子恰有2只配成一双}, $B_2=${取出的4只鞋子恰配成2双}, 于是

$$A=B_1\cup B_2 \text{ 且 } B_1B_2=\varnothing.$$

B_1中的样本点数为$C_5^1\cdot C_4^2\cdot 2^2$或$C_5^1(C_8^2-C_4^1)$, 而$B_2$中的样本点数为$C_5^2$.

因此
$$P(A)=P(B_1)+P(B_2)=\frac{C_5^1\cdot C_4^2\cdot 2^2}{C^4}+\frac{C_5^2}{C^4}=\frac{4}{7}+\frac{1}{21}=\frac{13}{21}.$$

11. 若A表示昆虫出现残翅, B表示昆虫有退化性眼睛, 且$P(A)=0.125$, $P(B)=0.075$, $P(AB)=0.025$, 求下列事件的概率:

(1) 昆虫出现残翅或退化性眼睛;

(2) 昆虫出现残翅, 但没有退化性眼睛;

(3) 昆虫未出现残翅, 也无退化性眼睛.

解 (1) 由概率性质(6), 得

$$P(A\cup B)=P(A)+P(B)-P(AB)=0.175;$$

(2) 由概率性质(4), 得

$$P(A\overline{B})=P(A-AB)=P(A)-P(AB)=0.1;$$

(3) 由事件运算的对偶律(又称德摩根律)及概率性质, 得

$$P(\overline{AB})=P(\overline{A}\cup\overline{B})=1-P(A\cup B)=0.825.$$

§10.3　条件概率

一、主要知识归纳

条件概率	定义：若 $P(A)>0$，称 $P(B\|A)=\dfrac{P(AB)}{P(A)}$ 为在事件 A 发生的条件下，事件 B 发生的条件概率. 性质：(1) 对任一事件 B，有 $0\leqslant P(B\|A)\leqslant 1$； (2) $P(S\|A)=1$； (3) 设 $A_1, A_2, \cdots, A_n$ 互不相容，则 $P(A_1\cup A_2\cup\cdots\cup A_n\|A)=P(A_1\|A)+\cdots+P(A_n\|A)$. 注：前面所有概率的性质都适用于条件概率.
乘法公式	若 $P(A)>0$，则 $P(AB)=P(A)P(B\|A)$； 若 $P(B)>0$，则 $P(AB)=P(B)P(A\|B)$； 推广到有限个事件积的情形： 设 $A_1, A_2, \cdots, A_n$ 为 n 个事件，且 $P(A_1A_2\cdots A_{n-1})>0$，则 $P(A_1A_2\cdots A_n)=P(A_1)P(A_2\|A_1)\cdots P(A_n\|A_1A_2\cdots A_{n-1})$.
全概率公式	设 $A_1, A_2, \cdots, A_n, \cdots$ 是一个完备事件组，且 $P(A_i)>0$，$i=1, 2, \cdots$，则对任一事件 B，有 $P(B)=P(A_1)P(B\|A_1)+\cdots+P(A_n)P(B\|A_n)+\cdots$. 特别地，$P(B)=P(A)P(B\|A)+P(\overline{A})P(B\|\overline{A})$.
贝叶斯公式	设 $A_1, A_2, \cdots, A_n, \cdots$ 是一个完备事件组，则对任一事件 B ($P(B)>0$)，有 $P(A_i \mid B)=\dfrac{P(A_iB)}{P(B)}=\dfrac{P(A_i)P(B \mid A_i)}{\sum\limits_{j=1}^{\infty}P(A_j)P(B \mid A_j)}$, $i=1, 2, \cdots$.

二、典型例题分析

例 1　假设一个小孩是男是女是等可能的，若某家庭有三个孩子，在已知至少有一个女孩的条件下，求这个家庭中至少有一个男孩的概率.

解　方法一　在原样本空间中用条件概率的定义求解.

以“b”表示男孩，以“g”表示女孩，则一个家庭中有三个孩子的样本空间

为

$$S=\{bbb, bbg, bgb, gbb, bgg, gbg, ggb, ggg\},$$

共 8 个基本事件.

设　A="三个孩子中至少一个是女孩",

　　B="三个孩子中至少一个是男孩",

则　$A=\{bbg, bgb, gbb, bgg, gbg, ggb, ggg\}$，共 7 个基本事件；

　　$B=\{bbb, bbg, bgb, gbb, bgg, gbg, ggb\}$，共 7 个基本事件；

　　$AB=\{bbg, bgb, gbb, bgg, gbg, ggb\}$，共 6 个基本事件.

故　$P(AB)=\frac{6}{8}=\frac{3}{4}$，　$P(A)=\frac{7}{8}$.

由条件概率的定义得

$$P(B|A)=\frac{P(AB)}{P(A)}=\frac{6}{7}.$$

方法二　在缩小的样本空间中考虑概率.

缩小后的样本空间为 $A=\{bbg, bgb, gbb, bgg, gbg, ggb, ggg\}$，共 7 个基本事件；在此空间中"至少有一个男孩"的事件为
$C=\{bbg, bgb, gbb, bgg, gbg, ggb\}$，共 6 个基本事件. 由概率的定义得：

$$P(B|A)=P(C)=\frac{6}{7}.$$　（注：此时事件 $C=AB$.）

小结：求条件概率有两种方法：(1) 在样本空间 S 中，先求概率 $P(AB)$ 和 $P(A)$，再按条件概率的定义计算 $P(B|A)$；(2) 在缩减的样本空间 A 中求事件 B 的概率，从而得到 $P(B|A)$.

例 2　10 个人用轮流抽签的方法，分配 7 张电影票（每张电影票只能分给一个人），试求事件"在第三个人抽中的情况下，第一个人抽中而第二个人没有抽中"的概率.

解　设 A_i="第 i 个人抽中"$(i=1, 2, 3)$，易证 $P(A_i)=\frac{7}{10}$，$i=1, 2, 3$，由条件概率的定义及乘法公式得

$$P(A_1\overline{A}_2|A_3)=\frac{P(A_1\overline{A}_2A_3)}{P(A_3)}=\frac{P(A_1)P(\overline{A}_2|A_1)P(A_3|A_1\overline{A}_2)}{P(A_3)}$$

$$=\frac{\frac{7}{10}\times\frac{3}{9}\times\frac{6}{8}}{\frac{7}{10}}=\frac{1}{4}.$$

小结：$P(A_i)$ 与 i 无关，可以通过条件概率来得到验证，即

$$P(A_1)=\frac{7}{10},$$

$$P(A_2)=P(A_1)P(A_2\mid A_1)+P(\overline{A}_1)P(A_2\mid \overline{A}_1)=\frac{7}{10}\times\frac{6}{9}+\frac{3}{10}\times\frac{7}{9}=\frac{7}{10},$$

$$\begin{aligned}P(A_3)=&P(A_1A_2)P(A_3\mid A_1A_2)+P(\overline{A}_1A_2)P(A_3\mid \overline{A}_1A_2)\\&+P(\overline{A}_1A_2)P(A_3\mid \overline{A}_1A_2)+P(\overline{A}_1\overline{A}_2)P(A_3\mid \overline{A}_1\overline{A}_2)=\frac{7}{10}.\end{aligned}$$

即 10 个人抽签，尽管抽签的先后次序不同，但每个人抽中的概率是一样的，大家机会相同，即抽签与顺序无关. 这也是在各种比赛和购买彩票时，使用这种方法的原因.

例 3　某物价指数由三种商品价格构成，其比重依次为 0.4，0.3，0.3，设三种商品价格上涨的可能性依次为 0.6，0.8，0.5.

(1) 求该物价指数上涨的概率；

(2) 如果已知该物价指数上涨，哪种商品价格上涨的可能性大.

解　设该物价的三种商品分别为 A_1，A_2，A_3，设 B 表示商品的价格上涨，则由题意知，

$$P(A_1)=0.4,\qquad P(A_2)=0.3,\qquad P(A_3)=0.3,$$
$$P(B|A_1)=0.6,\qquad P(B|A_2)=0.8,\qquad P(B|A_3)=0.5.$$

(1) 由全概率公式得，该物价指数上涨的概率

$$\begin{aligned}P(B)&=P(A_1)P(B|A_1)+P(A_2)P(B|A_2)+P(A_3)P(B|A_3)\\&=0.4\times0.6+0.3\times0.8+0.3\times0.5=0.63.\end{aligned}$$

(2) 若已知该物价指数上涨，则由贝叶斯公式得，三种商品价格上涨的概率分别为

$$P(A_1|B)=\frac{P(A_1)P(B|A_1)}{P(B)}=\frac{0.4\times0.6}{0.63}\approx0.3810,$$

$$P(A_2|B)=\frac{P(A_1)P(B|A_2)}{P(B)}=\frac{0.3\times0.8}{0.63}\approx0.3810,$$

$$P(A_3|B)=\frac{P(A_3)P(B|A_3)}{P(B)}=\frac{0.3\times0.5}{0.63}\approx0.2381.$$

这就是说，若已知该物价指数上涨，则第一种和第二种商品价格上涨的可能性比较大.

小结：在复杂情况下直接计算 $P(B)$ 不易时，可根据具体情况构造一组完备

事件 $\{A_i\}$，然后应用全概率公式求解. 贝叶斯公式可由条件概率和全概率公式推出.

全概率公式是已知原因，求结果；而贝叶斯公式是已知结果，求原因.

例 4 某地区一工商银行的贷款范围内，有甲、乙两家同类企业，设一年内甲申请贷款的概率为 0.25，乙申请贷款的概率为 0.2，当甲未申请贷款时，乙向银行申请贷款的概率为 0.1，求在乙未申请贷款时，甲向银行申请贷款的概率.

解 记 A="甲向银行申请贷款"，B="乙向银行申请贷款"，则由题意知 $P(A)=0.25$，$P(B)=0.2$，$P(B|\overline{A})=0.1$，所求为 $P(A|\overline{B})$.

由于 $P(B|\overline{A})=\dfrac{P(\overline{A}B)}{P(\overline{A})}=0.1\Rightarrow P(\overline{A}B)=0.1\times(1-0.25)=0.075$，故

$$P(AB)=P(B)-P(\overline{A}B)=0.2-0.075=0.125.$$

从而
$$P(A|\overline{B})=\frac{P(A\overline{B})}{P(\overline{B})}=\frac{P(A)-P(AB)}{1-P(B)}=\frac{0.25-0.125}{1-0.2}=\frac{5}{32}.$$

三、习题 10—3 解答

1. 一批产品 100 件，有 80 件正品，20 件次品，其中甲厂生产的为 60 件，有 50 件正品，10 件次品，余下的 40 件均由乙厂生产. 现从该批产品中任取一件，记 A="正品"，B="甲厂生产的产品"，求 $P(A)$，$P(B)$，$P(AB)$，$P(B|A)$，$P(A|B)$.

解 由题意知

$$P(B)=\frac{60}{100}=\frac{3}{5}=0.6,\qquad P(\overline{B})=\frac{40}{100}=\frac{2}{5},$$

$$P(A|B)=\frac{50}{60}=\frac{5}{6}\approx 0.83,\qquad P(A|\overline{B})=\frac{80-50}{40}=\frac{3}{4}.$$

则由全概率公式得

$$P(A)=P(B)P(A|B)+P(\overline{B})P(A|\overline{B})=\frac{4}{5}=0.8;$$

由乘法公式得，

$$P(AB)=P(B)P(A|B)=\frac{1}{2}=0.5;$$

由贝叶斯公式得，

$$P(B|A)=\frac{P(AB)}{P(A)}=\frac{0.5}{0.8}=\frac{5}{8}=0.625.$$

2. 假设一批产品中一、二、三等品各占 60%，30%，10%，从中任取 1 件，结果不是三等品，求取到的是一等品的概率.

解 令 A_i =“取到的是 i 等品”，$i=1, 2, 3$，则

$$P(A_1|\overline{A}_3)=\frac{P(A_1\overline{A}_3)}{P(\overline{A}_3)}=\frac{P(A_1)}{P(\overline{A}_3)}=\frac{0.6}{0.9}=\frac{2}{3}.$$

3. 设某动物由出生算起活 20 岁以上的概率为 0.8，活 25 岁以上的概率为 0.4. 如果现有一个 20 岁的这种动物，试求它能够活 25 岁以上的概率.

解 设 A：该动物能活 20 岁以上；B：该动物能活 25 岁以上，则

$$P(A)=0.8,\ P(B)=0.4,\ 且\ A\cap B=B,$$

故由条件概率的定义知

$$P(B|A)=\frac{P(AB)}{P(A)}=\frac{0.4}{0.8}=0.5.$$

4. 设 10 件产品中有 4 件不合格品，从中任取 2 件，已知所取 2 件产品中有 1 件不合格品，求另一件也是不合格品的概率.

解 令A=“两件中至少有一件不合格”，B=“两件都不合格”.

$$P(B|A)=\frac{P(AB)}{P(A)}=\frac{P(B)}{1-P(\overline{A})}=\frac{\dfrac{C_4^2}{C_{10}^2}}{1-\dfrac{C_6^2}{C_{10}^2}}=\frac{1}{5}.$$

5. 已知 $P(A)=\frac{1}{4}$，$P(B|A)=\frac{1}{3}$，$P(A|B)=\frac{1}{2}$，求 $P(A\cup B)$.

解 由于 $P(AB)=P(A)P(B|A)=\frac{1}{4}\times\frac{1}{3}=\frac{1}{12}$，

又 $P(AB)=P(B)P(A|B)$，

所以 $P(B)=\frac{P(AB)}{P(A|B)}=\frac{1/12}{1/2}=\frac{1}{6}$，

于是 $P(A\cup B)=P(A)+P(B)-P(AB)=\frac{1}{4}+\frac{1}{6}-\frac{1}{12}=\frac{4}{12}=\frac{1}{3}$.

6. 设事件 A 与 B 互斥，且 $0<P(B)<1$，试证明：$P(A|\overline{B})=\frac{P(A)}{1-P(B)}$.

证 因为 A 与 B 互斥，故 $A=A(B\cup\overline{B})=AB\cup A\overline{B}=A\overline{B}$，所以，$P(A)=P(A\overline{B})$，而

$$P(A|\overline{B})=\frac{P(A\overline{B})}{P(\overline{B})},$$

且 $P(\bar{B})=1-P(B)$，所以

$$P(A|\bar{B})=\frac{P(A)}{1-P(B)}.$$

7. 用 3 个机床加工同一种零件，零件由各机床加工的概率分别为 0.5、0.3、0.2，各机床加工的零件为合格品的概率分别等于 0.94、0.9、0.95，求全部产品中的合格率.

解　设事件 A、B、C 分别表示三个机床加工的产品，事件 E 表示合格品，依题意，

$$P(A)=0.5,\quad P(B)=0.3,\quad P(C)=0.2,$$
$$P(E|A)=0.94,\ P(E|B)=0.9,\ P(E|C)=0.95.$$

由全概率公式得

$$\begin{aligned}P(E)&=P(A)P(E|A)+P(B)P(E|B)+P(C)P(E|C)\\&=0.5\times0.94+0.3\times0.9+0.2\times0.95=0.93.\end{aligned}$$

8. 某仓库有同样规格的产品六箱，其中三箱是甲厂生产的，两箱是乙厂生产的，另一箱是丙厂生产的，且它们的次品率依次为$\frac{1}{10}$，$\frac{1}{15}$，$\frac{1}{20}$，现从中任取一件产品，试求取得的一件产品是正品的概率.

解　设 A_1，A_2，A_3 分别表示所取一箱产品是甲，乙，丙厂生产的；B 表示取得的一件产品为正品. 则由题意知

$$P(A_1)=\frac{3}{6},\ P(B|A_1)=\frac{9}{10},$$

$$P(A_2)=\frac{2}{6},\ P(B|A_2)=\frac{14}{15},$$

$$P(A_3)=\frac{1}{6},\ P(B|A_3)=\frac{19}{20}.$$

故由全概率公式得

$$\begin{aligned}P(B)&=\sum_{i=1}^{3}P(A_i)P(B\mid A_i)=\frac{3}{6}\times\frac{9}{10}+\frac{2}{6}\times\frac{14}{15}+\frac{1}{6}\times\frac{19}{20}\\&=\frac{162+112+57}{360}=\frac{331}{360}(\approx0.92).\end{aligned}$$

9. 甲，乙两个盒子里各装有 10 只螺钉，每个盒子的螺钉中各有一只是次品，其余均为正品，现从甲盒中任取两只螺钉放入乙盒中，再从乙盒中取出两

只，问从乙盒中取出的恰好是一只正品，一只次品的概率是多少？

解　设 $A_i(i=1, 2)$ 表示放入乙盒的螺钉中有 i 只正品. B 表示乙盒中取出的两只螺钉是一只次品，一只正品. 则由题意知

$$P(A_1)=\frac{C_1^1C_9^1}{C_{10}^2}=\frac{1}{5},\qquad P(B|A_1)=\frac{C_2^1C_{10}^1}{C_{12}^2}=\frac{10}{33}.$$

$$P(A_2)=\frac{C_9^2}{C_{10}^2}=\frac{4}{5},\qquad P(B|A_2)=\frac{C_1^1C_{11}^1}{C_{12}^2}=\frac{1}{6}.$$

从而由全概率公式得

$$\begin{aligned}P(B) &= \sum_{i=1}^{2}P(A_i)P(B\mid A_i)\\ &=\frac{1}{5}\times\frac{10}{33}+\frac{4}{5}\times\frac{1}{6}=\frac{10+22}{165}=\frac{32}{165}\approx 0.194.\end{aligned}$$

10. 某地成年人中肥胖者占 10%，中等者占 82%，瘦小者占 8%，又肥胖者、中等者、瘦小者患高血压的概率分别为 20%，10%，5%. 求：

(1) 该地成年人患高血压病的概率；

(2) 若如某人患高血压病，他最可能属于哪种体型？

解　设肥胖者、中等者、瘦小者分别用 A_1，A_2，A_3 来表示，某人患高血压用 B 来表示，根据题意知道，

$$P(A_1)=0.10,\qquad P(A_2)=0.82,\qquad P(A_3)=0.08,$$
$$P(B|A_1)=0.20,\quad P(B|A_2)=0.10,\quad P(B|A_3)=0.05,$$

由全概率公式得

$$\begin{aligned}P(B)&=P(A_1)P(B|A_1)+P(A_2)P(B|A_2)+P(A_3)P(B|A_3)\\&=0.106.\end{aligned}$$

(2) 由贝叶斯公式得

$$P(A_1|B)=\frac{P(A_1)P(B|A_1)}{P(B)}=\frac{0.02}{0.106}=0.189,$$

$$P(A_2|B)=\frac{P(A_2)P(B|A_2)}{P(B)}=\frac{0.082}{0.106}=0.774,$$

$$P(A_3|B)=\frac{P(A_3)P(B|A_3)}{P(B)}=\frac{0.004}{0.106}=0.038,$$

故若某人患高血压病，他最可能是中等者.

§10.4 事件的独立性

一、主要知识归纳

表 10—4—1 **基本概念及定理**

两个事件的独立性	定义 若两事件 A，B 满足 $P(AB)=P(A)P(B)$，则称 A，B（相互）独立. 注：当 $P(A)>0$，$P(B)>0$ 时，A，B 相互独立与 A，B 互不相容不能同时成立；但 $\varnothing$ 与 S 既相互独立又互不相容. 定理 1 设 A，B 是两事件，且 $P(B)>0$，则 A，B 相互独立 $\Leftrightarrow P(A\|B)=P(A)$. 定理 2 设事件 A，B 相互独立，则下列各对事件也相互独立： A 与 $\overline{B}$，$\overline{A}$ 与 B，$\overline{A}$ 与 $\overline{B}$.
多个事件的独立性	定义 设 A_1，A_2，…，A_n 是 $n(n>1)$ 个事件，若对任意 $k(1<k\leqslant n)$ 个事件 A_{i_1}，A_{i_2}，…，A_{i_k} $(1\leqslant i_1<i_2<\cdots<i_k\leqslant n)$ 均满足等式 $$P(A_{i_1}A_{i_2}\cdots A_{i_k})=P(A_{i_1})P(A_{i_2})\cdots P(A_{i_k}),$$ 则称事件 A_1，A_2，…，A_n 相互独立. 性质 1 若事件 A_1，A_2，…，$A_n(n\geqslant 2)$ 相互独立，则其中任意 k $(1<k\leqslant n)$ 个事件也相互独立； 性质 2 若 n 个事件 A_1，A_2，…，$A_n(n\geqslant 2)$ 相互独立，则将 A_1，A_2，…，A_n 中任意 m $(1\leqslant m\leqslant n)$ 个事件换成它们的对立事件，所得的 n 个事件仍相互独立； 性质 3 设 A_1，A_2，…，A_n 相互独立，则 $$P(A_1\cup A_2\cup\cdots\cup A_n)=1-P(\overline{A}_1)P(\overline{A}_2)\cdots P(\overline{A}_n).$$
伯努利概型	定义 若随机试验只有两种可能的结果：A 和 $\overline{A}$，且 $P(A)=p$，$P(\overline{A})=1-p=q(0<p,q<1,p+q=1)$，将此随机试验（即伯努利试验）独立地重复进行 n 次，称这一串独立重复的试验为 n 重伯努利试验（或伯努利概型）. 定理 设在一次试验中，事件 A 发生的概率为 $p(0<p<1)$，则在 n 重伯努利试验中， (1) 事件 A 恰好发生 k 次的概率为 $$P\{X=k\}=\mathrm{C}_n^k p^k(1-p)^{n-k}\quad (k=0,1,\cdots,n).$$ (2) 事件 A 在第 k 次试验中才首次发生的概率为 $$p(1-p)^{k-1}\quad (k=0,1,\cdots,n).$$

二、典型例题分析

例 1 设事件 A_1，A_2，…，A_n 相互独立，而 $P(A_k)=p_k(k=1,2,\cdots,n)$，试求：

(1) 诸事件中至少发生一次的概率；

(2) 诸事件中恰好发生一次的概率.

解　(1) $P(\text{至少发生一次})=P(A_1\cup A_2\cup\cdots\cup A_n)=1-P(\overline{A}_1\overline{A}_2\cdots\overline{A}_n)$

$$=1-P(\overline{A}_1)P(\overline{A}_2)\cdots P(\overline{A}_n)$$

$$=1-(1-p_1)(1-p_2)\cdots(1-p_n);$$

(2) $P(\text{恰好发生一次})=P(A_1\overline{A}_2\cdots\overline{A}_n)+P(\overline{A}_1A_2\cdots\overline{A}_n)+\cdots+P(\overline{A}_1\overline{A}_2\cdots A_n)$

$$=p_1(1-p_2)\cdots(1-p_n)+(1-p_1)p_2\cdots(1-p_n)+\cdots+(1-p_1)(1-p_2)\cdots p_n.$$

小结：至少发生其一的问题，通常转化为其对立事件来考虑. 多个事件相互独立的性质在概率的计算中有重要的应用.

例 2　发行体育彩票每周开奖两次，每次中奖率为百万分之一，如果每次开奖之前买 1 张，每周买 2 张，坚持一年（每年 52 周），求从未中过奖的概率.

解　这是一个伯努利概型的问题，共进行 $52\times2=104$ 次独立试验，每次试验成功的概率为中奖率 $p=1/10^6$. 则由伯努利定理知，从未中奖的概率为

$$b(k;n,p)=b(0;104,1/10^6)=C_{104}^0\left(\frac{1}{10^6}\right)^0\left(1-\frac{1}{10^6}\right)^{104-0}$$

$$=\left(1-\frac{1}{10^6}\right)^{104}.$$

例 3　电灯泡使用时数在 1 000 小时以上的概率为 0.2，求三个灯泡在使用 1 000小时以后最多只有一个损坏的概率.

解　设事件 $A=\{\text{一个灯泡可使用 1 000 小时以上}\}$，则 $p=P(A)=0.2$，$q=1-p=0.8$. 三个灯泡作为三次独立重复试验，最多只有一个损坏，即 A 在三次试验中至少出现两次，因此这是一个典型的伯努利概型，其中 $n=3$，$p=0.2$，$k=2$ 或 3. 则所求概率为

$$b(2;3,0.2)+b(3;3,0.2)=C_3^2p^2q+C_3^3p^3q^0=0.104.$$

小结：利用伯努利定理计算概率，首先要验证随机试验是否满足伯努利试验的两个条件：(1) 每一次试验只有两个可能结果 A 和 $\overline{A}$，且 $P(A)=p$，$P(\overline{A})=1-p=q(0<p,q<1,p+q=1)$；(2) n 次试验是相互独立的.

在实际问题中，真正满足伯努利概型的条件并不多，当差别很小时，一般可用伯努利概型来近似处理，这在计件抽样检验中常用到.

三、习题 10—4 解答

1. 设 $P(AB)=0$，则（　　）.

(A) A 和 B 不相容；　　(B) A 和 B 独立；

(C) $P(A)=0$ 或 $P(B)=0$；　　(D) $P(A-B)=P(A)$.

解　应选 (D).

由概率的性质知

$$P(A-B)=P(A)-P(AB)$$
$$=P(A)-0=P(A).$$

2. 设每次试验成功率为 $p(0<p<1)$，进行重复试验，求直到第 10 次试验才取得 4 次成功的概率.

解　由于第 10 次试验时才取得第 4 次成功，即表明第 10 次试验出现概率为 p，前 9 次试验中有 3 次成功的概率为

$$C_9^3 p^3(1-p)^6,$$

由积事件知，所求概率为

$$C_9^3 p^4(1-p)^6.$$

3. 甲、乙两人射击，甲击中的概率为 0.8，乙击中的概率为 0.7，两人同时射击，并假定中靶与否是独立的. 求

(1) 两人都中靶的概率；

(2) 甲中乙不中的概率；

(3) 甲不中乙中的概率.

解　记事件 A 为“甲击中目标”，事件 B 为“乙击中目标”，则两人都中靶可以表示为 AB，甲中乙不中可表示为 $A\overline{B}$，甲不中乙中可表示为 $\overline{A}B$，从而

(1) $P(AB)=P(A)P(B)=0.8\times0.7=0.56$；

(2) $P(A\overline{B})=P(A)P(\overline{B})=0.8\times0.3=0.24$；

(3) $P(\overline{A}B)=P(\overline{A})P(B)=0.2\times0.7=0.14$.

4. 一个自动报警器由雷达和计算机两部分组成，两部分有任何一个失灵，这个报警器就失灵. 若使用 100 小时后，雷达失灵的概率为 0.1，计算机失灵的概率为 0.3，若两部分失灵与否为独立的，求这个报警器使用 100 小时而不失灵的概率.

解　记事件 A 为“报警器使用 100 小时后雷达失灵”，事件 B 为“报警器使用 100 小时后计算机失灵”，依题意知，

$$P(A)=0.1,\ P(B)=0.3,$$

从而所求概率为

$$P=P(\overline{A}\,\overline{B})=P(\overline{A})P(\overline{B})=(1-0.1)\times(1-0.3)=0.63.$$

5. 制造一种零件可采用两种工艺，第一种工艺有三道工序，每道工序的废品率分别为 0.1，0.2，0.3；第二种工艺有两道工序，每道工序的废品率都是 0.3. 如果用第一种工艺，在合格零件中，一级品率为 0.9；而用第二种工艺，合格品中的一级品率只有 0.8，试问哪一种工艺能保证得到一级品的概率较大?

解　第一种工艺的合格品率为

$$P(A_1)=(1-0.1)\times(1-0.2)\times(1-0.3)=0.504,$$

则由第一种工艺得到的一级品率为

$$p_1=0.9P(A_1)=0.9\times0.504=0.4536;$$

第二种工艺的合格品率为

$$P(A_2)=(1-0.3)\times(1-0.3)=0.49,$$

则由第二种工艺得到的一级品率为

$$p_2=0.8P(A_2)=0.8\times0.49=0.392.$$

由 $p_1>p_2$ 知，第一种工艺的一级品率较大.

6. 设有 4 个独立工作的元件 1，2，3，4，它们的可靠性分别为 p_1，p_2，p_3，p_4，将它们按题 6 图的方式连接（称为并串联系统），求这个系统的可靠性.

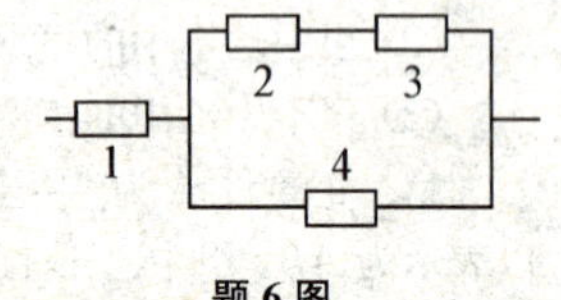

题 6 图

解　设事件 A，B，C，D 分别表示元件 1，2，3，4 工作正常，$G=\{$系统工作正常$\}$. 对右图串联系统.

显然有　$G=ABC\cup AD$.

则所求概率

$$\begin{aligned}P(G)&=P(ABC\cup AD)=P(ABC)+P(AD)-P(ABCD)\\&=P(A)P(B)P(C)+P(A)P(D)-P(A)P(B)P(C)P(D)\\&=p_1p_2p_3+p_1p_4-p_1p_2p_3p_4.\end{aligned}$$

7. 设事件 A 在每一次试验中发生的概率为 0.3，当 A 发生不少于 3 次时，指示灯发出信号.

(1) 进行了 5 次重复独立试验，求指示灯发出信号的概率；

(2) 进行了 7 次重复独立试验，求指示灯发出信号的概率.

解　(1) 设 X 表示 5 次重复独立试验中事件 A 发生的次数，则该试验为 5 重伯努利试验.

$p=P(A)=0.3$,

$P(\text{指示灯发出信号})=P(X\geqslant 3)$
$=P(X=3)+P(X=4)+P(X=5)$
$=C_5^3\cdot(0.3)^3\cdot(0.7)^2+C_5^4\cdot(0.3)^4\cdot 0.7+C_5^5\cdot(0.3)^5$
$=0.163.$

(2) 设Y表示7次重复独立试验中事件A发生的次数，则为7重伯努利试验.

$P(\text{指示灯发出信号})=P(Y\geqslant 3)$
$=1-P(Y=0)-P(Y=1)-P(Y=2)$
$=1-C_7^0\cdot(0.7)^7-C_7^1\cdot 0.3\cdot(0.7)^6-C_7^2\cdot 0.3^2\cdot(0.7)^5$
$=0.353.$

8. 某种子公司通过多次试验得知，某批西瓜种子的发芽率为95%. 出售时将10粒装成一包，并保证至少有9粒能够发芽，否则退赔，试计算出售的任意一包需要退赔的概率.

解　这是一个伯努利概型$b(k;n,p)$，其中

$n=10,\ p=1-0.95=0.05$,

则$P(\text{需要退赔})=1-P(\text{至少有 9 粒能够发芽})$
$=1-P(\text{至多有一粒不能够发芽})$
$=1-[b(0;10,0.05)+b(1;10,0.05)]$
$=1-(0.599+0.315)$
$\approx 0.086.$

9. 如果因接受输血而发生不良反应的概率是0.001，试计算2 000人接受输血后，

(1) 有两人发生不良反应的概率；

(2) 至少有两人发生不良反应的概率.

解　这是一个伯努利概型$b(k;n,p)$，其中$n=2\,000$，$P=0.001$，则

(1) $P(\text{有两人发生不良反应})=b(2;2\,000,0.001)$
$=C_{2\,000}^2(0.001)^2-(1-0.001)^{2\,000-2}$
$\approx 0.271.$

(2) $P(\text{至少有两人发生不良反应})$
$=1-P(\text{至多有一人发生不良反应})$
$=1-b(1;2\,000,0.001)-b(0;2\,000,0.001)$
$=1-0.271-0.135=0.594.$

本章小结

一、本章知识点网络图

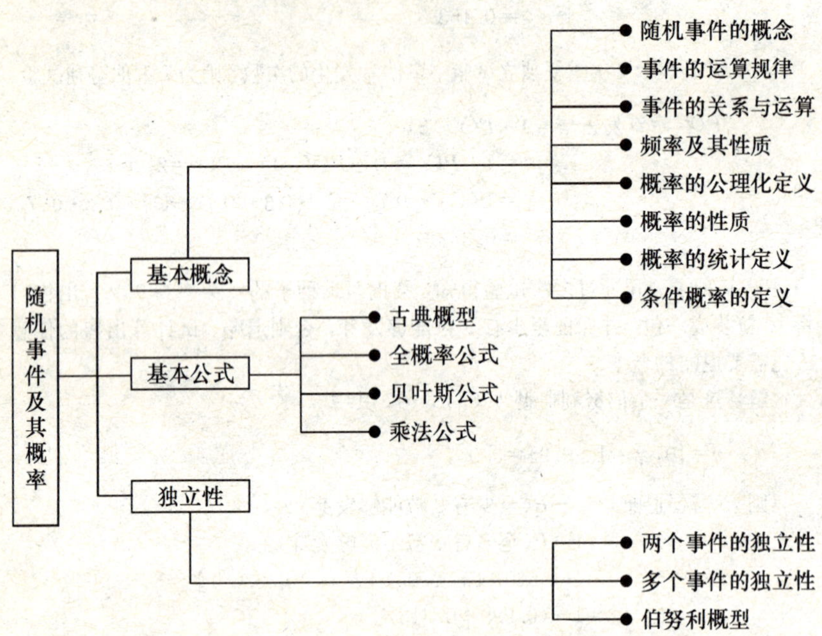

二、题例分析

题型 1　利用运算性质与规律将复合事件化简

解题思路　可以利用集合的维恩图分析事件间的关系，找出等价的简单事件(见例 1～例 2).

例 1　设 A 和 B 是任意两事件，化简下列各式：

(1) $(A\cup B)(A\cup\overline{B})(\overline{A}\cup B)(\overline{A}\cup\overline{B})$；

(2) $AB\cup\overline{A}B\cup A\overline{B}\cup\overline{A}\,\overline{B}-\overline{AB}$.

解　(1) 由事件运算的性质，有

$$(A\cup B)(A\cup\overline{B})=AA\cup A\overline{B}\cup BA\cup B\overline{B}=A\cup A(\overline{B}\cup B)=A,$$
$$(\overline{A}\cup B)(\overline{A}\cup\overline{B})=\overline{A}\,\overline{A}\cup\overline{A}\,\overline{B}\cup B\overline{A}\cup B\overline{B}=\overline{A}\cup\overline{A}(B\cup\overline{B})=\overline{A},$$

从而　$(A\cup B)(A\cup\overline{B})(\overline{A}\cup B)(\overline{A}\cup\overline{B})=A\overline{A}=\varnothing.$

(2) 由事件运算的性质，有

$$AB\cup\overline{A}B\cup A\overline{B}\cup\overline{A}\,\overline{B}-\overline{AB}=(A\cup\overline{A})B\cup(A\cup\overline{A})\overline{B}-\overline{AB}$$
$$=B\cup\overline{B}-\overline{AB}=S-\overline{AB}=AB.$$

例 2 设有随机事件 A，B，C，满足 $C\supset AB$，$\overline{C}\supset\overline{A}\,\overline{B}$，证明：$AC=C\overline{B}\cup AB$.

证 因为 $\overline{C}\supset\overline{A}\,\overline{B}$，所以 $C\subset A\cup B$，于是，

$$C\overline{B}\subset(A\cup B)\overline{B}=A\overline{B},$$

而 $$CA\overline{B}=C\overline{B}\cap A\overline{B}=C\overline{B},$$

$$ACB=C\cap AB=AB.$$

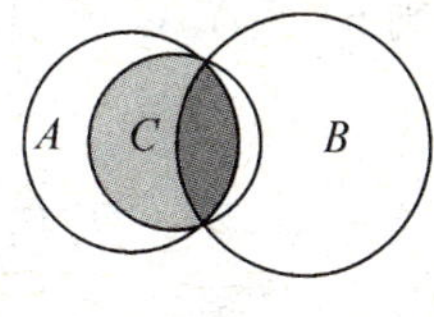

例 2 图

故 $$AC=AC(B\cup\overline{B})=AC\overline{B}\cup ACB=C\overline{B}\cup AB.$$

由维恩图（如例 2 图）可以清楚地看出 AC 为全部阴影部分，$C\overline{B}$ 为左侧阴影部分，AB 为右侧阴影部分，所以结论成立.

题型 2　利用古典概型与加法公式计算概率

解题思路　(1) 如果各个基本事件是等可能事件，则利用古典概型：

$$P(A)=\frac{\text{事件 }A\text{ 的基本事件数}}{\text{基本事件总数}}.\qquad\text{(见例 1)}$$

(2) 属于“至少存在一个”的命题，用对立事件求简便.（见例 2）

(3) 属于古典概型的问题，虽然可在不同的样本空间中考虑，但是计算某事件 A 的概率时，计算基本事件总数与事件 A 的基本事件个数时必须在同一确定的样本空间中考虑.（见例 3）

(4) 当用古典概率直接计算概率遇到困难时，如果一个复杂的事件能分解成若干个简单事件的和，就可以利用概率的加法公式计算复杂事件的概率.

例 1 袋中有 s 个白球，t 个黑球，从中接连无放回地取出 3 个，求它们依次是“白、黑、白”的概率.

解 方法一　由所求概率的事件可知，摸球是无放回的，与顺序有关，故属排列问题. 每个基本事件对应着从 $s+t$ 个球中依次取出 3 个球的取法，于是基本事件的总数$=\mathrm{P}_{s+t}^{3}$，设 B 表示取出的三个球依次是白、黑、白的事件，取球的方式是不放回取球. 事件 B 可分三步完成，第一次从 s 个白球中任取一个白球，共有 P_s^1 种取法；第二次从 t 个黑球中任取一个黑球，共有 P_t^1 种取法；第三次从剩下的$s-1$个白球中任取一个白球，共有 P_{s-1}^1种取法. 这三步依次完成，事件 B 才完成. 由乘法原理知，完成事件 B 的方法总数即事件 B 包含的基本事件数

$$m=\mathrm{P}_s^1\mathrm{P}_t^1\mathrm{P}_{s-1}^1.$$

于是所求概率为

$$P(A)=\frac{P_s^1 P_t^1 P_{s-1}^1}{P_{s+t}^3}=\frac{s(s-1)t}{(s+t)(s+t-1)(s+t-2)}.$$

方法二　设A_1＝“第一次取得白球”，A_2＝“第二次取得黑球”，

A_3＝“第三次取得白球”，B＝“依次取得白、黑、白球”，

则 $B=A_1A_2A_3$，且 $A_1A_2A_3$ 不独立，于是

$$P(B)=P(A_1A_2A_3)=P(A_1)P(A_2|A_1)P(A_3|A_1A_2)$$
$$=\frac{s}{s+t}\cdot\frac{t}{s+t-1}\cdot\frac{s-1}{s+t-2}=\frac{s(s-1)t}{(s+t)(s+t-1)(s+t-2)}.$$

注：无放回摸球要注意以下几点：

(1) 无放回摸球是指每次摸出的一球放在袋外，下次再摸球时总数比前次少 1.

(2) 各次抽取不是相互独立的.

(3) A＝“无放回地逐个取 k 个球”与事件 B＝“一次任取 k 个球”的概率相等，即 $P(A)=P(B)$. 与此相反，有放回地摸球是指每次摸出一球放在袋内，下次再摸球时袋内的总数不变；各次抽取是相互独立的；事件 A＝“有放回地逐个取 k 个球”与事件 B＝“一次任取 k 个球”的概率一般是不相等的，即 $P(A)\neq P(B)$.

例 2　某宾馆一楼有 3 部电梯，今有 5 人要乘坐电梯，假定各人选哪部电梯是随机的，求：每部电梯中至少有一人的概率.

解　(从对立事件考虑)

设 A_i 表示“第 i 部电梯内无人”($i=1, 2, 3$)，W 表示“每部电梯中至少有一人”，则 $\overline{W}$ 表示“至少有一部电梯中无人”，由于一个人对电梯有 5 种选择，于是

$$P(A_i)=\frac{2^5}{3^5}=\left(\frac{2}{3}\right)^5 (i=1, 2, 3),$$

$$P(A_iA_j)=\left(\frac{1}{3}\right)^5 (i, j=1, 2, 3;\ i\neq j),$$

$$P(A_1A_2A_3)=0,$$

则由加法公式知

$$P(\overline{W})=P(A_1\cup A_2\cup A_3)$$
$$=P(A_1)+P(A_2)+P(A_3)-P(A_1A_2)-P(A_1A_3)$$
$$-P(A_2A_3)+P(A_1A_2A_3)$$
$$=3\left(\frac{2}{3}\right)^5-3\left(\frac{1}{3}\right)^5+0=0.38,$$

从而 $P(W)=1-P(\overline{W})=1-0.38=0.62.$

例 3 袋中装有 6 个白球，2 个黑球，从中一次任取两个，

(1) 求取到的两个球颜色不同的概率；

(2) 求取到的两个球中有黑球的概率.

解 (1) 设 A=“取到的两个球颜色不同”，则

$$P(A)=\frac{C_6^1C_2^1}{C_8^2}=\frac{12}{28}=\frac{3}{7}.$$

(2) 设 A_i=“取到 i 个黑球”，$i=1, 2$，B=“取到黑球” 则由题意有

$$P(B)=P(A_1+A_2)=P(A_1)+P(A_2)$$
$$=\frac{C_6^1C_2^1}{C_8^2}+\frac{C_6^0C_2^2}{C_8^2}=\frac{13}{28}.$$

题型 3 利用条件概率、乘法公式及事件的独立性计算概率

解题思路 解这类题关键是弄清楚用 $P(B|A)$ 还是 $P(AB)$. 可从如下两个方面去分辨：

凡涉及事件 A 与 B “同时” 发生的用 $P(AB)$；凡有 “包含” 关系、“先后” 关系、“主次” 关系的用 $P(B|A)$ (见例 1～例 3).

注：解题前要设好事件. 运用好独立性解题技巧. 记住如下公式：

①$P(A\cup B\cup C)=P(A)+P(B)+P(C)-P(AB)-P(BC)-P(AC)+P(ABC)$

当 A, B, C 互斥时，$P(A\cup B\cup C)=P(A)+P(B)+P(C)$.

当 A, B, C 互相独立时（独立不一定互斥），

$$P(A\cup B\cup C)=P(A)+P(B)+P(C)-P(A)P(B)-P(B)P(C)-P(A)P(C)+P(A)P(B)P(C).$$

②$P(ABCD)=P(D|ABC)P(C|AB)P(B|A)P(A)$

当 A, B, C, D 互相独立时，$P(ABCD)=P(A)P(B)P(C)P(D)$.

例 1 假设一批产品中一、二、三等品各占 50%，25%，25%，从中任取 1 件，结果不是三等品，求取到的是一等品的概率.

解 令 A_i=“取到的是 i 等品”，$i=1, 2, 3$，则

$$P(A_1|\overline{A}_3)=\frac{P(A_1\overline{A}_3)}{P(\overline{A}_3)}=\frac{P(A_1)}{P(\overline{A}_3)}=\frac{0.5}{0.75}=\frac{2}{3}.$$

例 2 设一个工人看管三台机床，在 1 小时内机床需要工人看管的概率：第一、二、三台分别是 0.9，0.8，0.7. 求在 1 小时内：

(1) 没有一台机床需要看管的概率；

(2) 至少有一台机床不需要看管的概率；

(3) 至多只有一台机床需要看管的概率.

解　设 A——“第一台机床需要看管”，B——“第二台机床需要看管”，C——“第三台机床需要看管”.

显然三台机床需不需要看管是相互独立的，因此

(1) $P(\overline{A}\,\overline{B}\,\overline{C})=P(\overline{A})P(\overline{B})P(\overline{C})=[1-P(A)][1-P(B)][1-P(C)]$

$=(1-0.9)(1-0.8)(1-0.7)=0.006$；

(2) $P(\overline{A}\cup\overline{B}\cup\overline{C})=P(\overline{ABC})=1-P(ABC)=1-P(A)P(B)P(C)$

$=0.496$；

(3) 设 D——“至多只有一台需要看管”，

$$\begin{aligned}P(D)&=P(\overline{A}\,\overline{B}\,\overline{C})+P(A\,\overline{B}\,\overline{C})+P(\overline{A}\,B\,\overline{C})+P(\overline{A}\,\overline{B}\,C)\\&=0.006+0.9\times0.2\times0.3+0.1\times0.8\times0.3+0.1\times0.2\times0.7\\&=0.098.\end{aligned}$$

例3　甲、乙两选手进行乒乓球单打比赛，甲先发球，甲发球成功后，乙回球失误的概率为0.3；若乙回球成功，甲回球失误的概率为0.4；若甲回球成功，乙再次回球失误的概率为0.5，试计算这几个回合中乙输掉1分的概率.

解　设事件 $A=\{$甲选手回球失误$\}$，$B_i=\{$乙选手第 i 次回球失误$\}$ $(i=1,2)$.

依题意，已知

$$P(B_1)=0.3,\ P(A|\overline{B}_1)=0.4,\ P(B_2|\overline{A}\,\overline{B}_1)=0.5,$$

所以$P\{$乙输掉1分$\}=P(B_1\cup\overline{B}_1\overline{A}B_2)$

$$=P(B_1)+P(\overline{B}_1)P(\overline{A}|\overline{B}_1)P(B_2|\overline{A}\,\overline{B}_1)$$

$$=0.3+(1-0.3)\times0.6\times0.5=0.51.$$

题型4　利用全概率公式和贝叶斯公式计算概率

解题思路　(1) 如果是由因导果的问题，则属于全概问题. 或者说是由诸事件引发某一事件，而这一事件又不能简单地看作这诸多互相排斥事件的和，这样的问题属于全概问题（见例1）.

(2) 由果导因的问题属于逆概（贝叶斯）问题（见例2）.

例1　在记有1，2，3，4，5五个数字的五张卡片上，无放回地抽取两次，一次一张，求：(1) 已知第一次取到是偶卡，求第二次取到奇数卡的概率；(2) 在第二次才取到奇数卡的概率；(3) 第二次取到奇数卡的概率.

解 设 A——“第一次取到奇数卡”，B——“第二次取到奇数卡”.

(1) 这是 $\overline{A}$ 发生的条件下 B 发生的概率 $P(B|\overline{A})=\frac{3}{4}$.

(2)“第二次才取到奇数卡”，意味着“第一次取到偶数卡”，即第一次 $\overline{A}$ 发生，故“第二次才取到奇数卡”为 $\overline{A}$ 与 B 同时发生的事件. 于是

$$P(\overline{A}B)=P(\overline{A})P(B|\overline{A})=\frac{2}{5}\cdot\frac{3}{4}=\frac{3}{10}.$$

(3)“第二次取到奇数卡”是由“第一次取到奇数卡”与“第一次取到偶数卡”两件事引发的结果.“第二次取到奇数卡”显然不能看作这两者简单的和. 因此是全概类型.

$$P(B)=P(A)P(B|A)+P(\overline{A})P(B|\overline{A})=\frac{3}{5}\cdot\frac{2}{4}+\frac{2}{5}\cdot\frac{3}{4}=\frac{3}{5}.$$

[另解] 用传统“抓阄”的方法处理，即可得 $P(B)=\frac{3}{5}$.

例 2 发报台分别以概率 0.6 和 0.4 发出信号“·”及“—”，由于通信系统受到干扰，当发出信号“·”时，收报台分别以概率 0.8 及 0.2 收到“·”及“—”；又当发出信号“—”时，收报台分别以概率 0.9 及 0.1 收到“—”及“·”，求当收报台收到“·”时，发报台确系发出信号“·”的概率，以及收到“—”时，确系发出“—”的概率.

解 记 A 为发报台发出信号“·”，B 为收报台收到信号“·”，依题意，

$$P(A)=0.6,\ P(\overline{A})=0.4,$$
$$P(B|A)=0.8,\ P(\overline{B}|A)=0.2,\ P(B|\overline{A})=0.1,\ P(\overline{B}|\overline{A})=0.9,$$

由贝叶斯公式，所求概率

$$\begin{aligned}P(A|B)&=\frac{P(A)P(B|A)}{P(A)P(B|A)+P(\overline{A})P(B|\overline{A})}\\&=\frac{0.6\times0.8}{0.6\times0.8+0.4\times0.1}\approx0.923,\\P(\overline{A}|\overline{B})&=\frac{P(\overline{A})P(\overline{B}|\overline{A})}{P(\overline{A})P(\overline{B}|\overline{A})+P(A)P(\overline{B}|A)}\\&=\frac{0.4\times0.9}{0.4\times0.9+0.6\times0.2}=0.75.\end{aligned}$$

第 11 章 随机变量及其分布

在随机试验中，人们除了对某些特定事件发生的概率感兴趣外，往往还关心某个与随机试验的结果相联系的变量. 由于这一变量的取值依赖于随机试验的结果，因而被称为随机变量. 与普通的变量不同，人们无法事先预知随机变量的确切取值，但可以研究其取值的统计规律性.

本章教学基本要求：

1. 理解随机变量及其概率分布的概念；

2. 理解随机变量分布函数的概念及性质，会计算与随机变量有关的事件的概率；

3. 理解离散型随机变量及其概率分布的概念，掌握 0—1 分布、二项分布、泊松分布及其应用；

4. 理解连续型随机变量及其概率密度的概念，掌握概率密度与分布函数之间的关系；

5. 掌握正态分布，均匀分布和指数分布及其应用；

6. 会求简单随机变量函数的概率分布；

7. 理解二维随机变量的概念，了解二维均匀分布，了解二维正态分布的概率密度；

8. 理解随机变量数字特征（数学期望、方差）的概念；并会运用数字特征的基本性质计算具体分布的数字特征；

9. 了解切比雪夫不等式、大数定理、林德伯格-勒维中心极限定理和棣莫佛-拉普拉斯中心极限定理.

§11.1 随机变量

一、主要知识归纳

表 11—1—1 **随机变量的定义及其引入意义**

定义	设随机试验的样本空间为 S，称定义在样本空间 S 上的实值单值函数 $X=X(e)$ 为随机变量. 注：随机变量 $X=X(e)$ 为定义在样本空间上的实值函数，其中 e 为样本空间 S 中的样本点，它与高等数学中函数的定义域不同.

续前表

引入的意义	随机变量的引入，使得随机试验中的各种事件可通过随机变量的关系式表达出来. 引入随机变量后，对随机现象统计规律的研究，就由对事件及事件概率的研究转化为对随机变量及其取值规律的研究，使人们可利用数学分析的方法对随机试验的结果进行广泛而深入的研究.

二、典型例题分析

例 1 从一批产品中任意抽取 20 件，检验其合格品的件数，试用随机变量来表示，并说明其取值的意义.

解 由于试验的样本空间为 $S=\{$合格，不合格$\}$，设随机变量 X 表示合格品的件数，X 作为样本空间 S 的实值函数定义为

$$X(w)=\begin{cases}1, & w=\text{合格} \\ 0, & w=\text{不合格}\end{cases}.$$

则 X 的一切可能的取值为 0，1，2，…，20. 且

$X=0$ 表示抽检的 20 件产品中没有合格品；

$X=1$ 表示抽检的 20 件产品中恰好有 1 件合格品；

$X=k$ 表示抽检的 20 件产品中恰好有 k 个合格品（$k=0$，1，2，…，20).

小结： 随机变量作为实单值函数与普通函数的区别是：

(1) 随机变量的取值具有随机性，它随试验结果的不同而取不同的值，试验之前仅知道它可取值的范围，而不能预知它取什么值；

(2) 随机变量的取值具有统计规律性. 由于试验结果的出现具有一定的概率，因而随机变量取各个值也有一定的概率；

(3) 随机变量是定义在样本空间 S 上的函数，S 中的元素不一定是实数，而普通函数只是定义在实数轴上.

例 2 若一个家庭中有三个孩子，观察该家庭中分别出现“仅有一个男孩”，“全部为女孩”的情况，试定义一个随机变量来表达上述随机试验的结果，并写出该随机变量取每一个特定值的概率.

解 设男孩用 b 表示，女孩用 g 表示，则样本空间为

$$S=\{bbb, bbg, bgb, gbb, bgg, gbg, ggb, ggg\},$$

设该家庭中有男孩的总个数为随机变量 X，则 $X=0$，1，2，3. 且有

w	bbb	bbg	bgb	gbb	bgg	gbg	ggb	ggg
X	3	2	2	2	1	1	1	0

则 $P\{X=1\}=\dfrac{3}{8}$，$P\{X=0\}=\dfrac{1}{8}$.

小结： 概率统计是从数量这一侧面来研究随机现象的统计规律的，为便于描

述、处理、计算与随机现象有关的理论和应用问题，便于用数学分析的方法研究随机现象，必须把随机事件数量化，于是引入了随机变量的概念，用该变量的不同取值来对应试验的样本空间的各个样本点.

三、习题 11—1 解答

1. 随机变量的特征是什么？

解　①随机变量是定义在样本空间上的一个实值函数.

②随机变量的取值是随机的，事先或试验前不知道取哪个值.

③随机变量取特定值的概率大小是确定的.

2. 试述随机变量的分类.

解　①若随机变量 X 的所有可能取值能够一一列举出来，则称 X 为离散型随机变量；否则称为非离散型随机变量.

②若 X 的可能值不能一一列出，但可在一段连续区间上取值，则称 X 为连续型随机变量.

3. 盒中装有大小相同的球 10 个，编号为 0，1，2，…，9，从中任取 1 个，观察号码是“小于 5”，“等于 5”，“大于 5” 的情况，试定义一个随机变量来表达上述随机试验结果，并写出该随机变量取每一个特定值的概率.

解　分别用 ω_1，ω_2，ω_3 表示试验的三个结果“小于 5”，“等于 5”，“大于 5”，则样本空间 $S=\{\omega_1, \omega_2, \omega_3\}$，定义随机变量 X 如下：

$$X=X(\omega)=\begin{cases}0, & \omega=\omega_1\\ 1, & \omega=\omega_2,\\ 2, & \omega=\omega_3\end{cases}$$

则 X 取每个值的概率为

$$P\{X=0\}=P\{\text{取出球的号码小于 }5\}=5/10,$$
$$P\{X=1\}=P\{\text{取出球的号码等于 }5\}=1/10,$$
$$P\{X=2\}=P\{\text{取出球的号码大于 }5\}=4/10.$$

§11.2　离散型随机变量及其概率分布

一、主要知识归纳

表 11—2—1　　**离散型随机变量及其概率分布**

定义	设 X 是一个随机变量，若它全部可能取值只有有限个或可数无穷个，则称 X 为一个离散型随机变量. 若 X 的所有可能取值为 $x_i(i=1, 2, \cdots)$，则称 $P\{X=x_i\}=p_i$，$i=1, 2, \cdots$为 X 的概率分布或分布律.

续前表

<table>
<tr><td>表示形式</td><td>常用表格形式来表示 X 的概率分布：

X	x_1	x_2	…	x_n	…
p_i	p_1	p_2	…	p_n	…
</td></tr>
<tr><td>性质</td><td>$\{p_i\}$ 为某离散型随机变量的概率分布 $\Leftrightarrow$ $\{p_i\}$ 满足条件：
(1) $p_i\geqslant 0$，$i=1, 2, \cdots$；　　(2) $\sum\limits_i p_i = 1$.</td></tr>
</table>

表 11—2—2　　几种常见的离散型随机变量及其概率分布

<table>
<tr><th>离散分布</th><th>定义</th></tr>
<tr><td>两点分布
$b(1, p)$</td><td>若随机变量 X 只有两个可能取值，且其分布为
$P\{X=x_1\}=p$，$P\{X=x_2\}=1-p(0<p<1)$.</td></tr>
<tr><td>0—1 分布</td><td>若随机变量 X 只在 0，1 处取值，且其分布为
X: 0, 1
p_i: $q=1-p$, p</td></tr>
<tr><td>二项分布
$b(n, p)$</td><td>n 重伯努利试验中，事件 A 恰好发生 k 次.
$P\{X=k\}=C_n^k p^k(1-p)^{n-k}$，$k=0, 1, \cdots n$.
注：$n=1$ 时为 0—1 分布.</td></tr>
<tr><td>泊松分布
$P(\lambda)$</td><td>若随机变量 X 所有可能取值为全体非负整数.
$P\{X=k\}=e^{-\lambda}\frac{\lambda^k}{k!}$，$\lambda>0$，$k=0, 1, \cdots$.</td></tr>
<tr><td>二项分布的
泊松近似</td><td>对二项分布 $b(n, p)$，当 n 很大，p 很小时，有
$C_n^k p_n^k(1-p_n)^{n-k}\approx\frac{\lambda^k}{k!}e^{-\lambda}(\lambda=np)$.</td></tr>
</table>

二、典型例题分析

例 1　已知 $p_k=\frac{b}{k(k+1)}(k=1, 2, \cdots)$ 为离散型随机变量的概率分布，求常数 b 的值.

解　因为数列 $p_k=\frac{b}{k(k+1)}(k=1, 2, \cdots)$ 为离散型随机变量的概率分布，且

$$1=\sum_{k=1}^{\infty}p_k=\sum_{k=1}^{\infty}\frac{b}{k(k+1)}=b\sum_{k=1}^{\infty}\left(\frac{1}{k}-\frac{1}{k+1}\right)$$

$$=b\lim_{n\to\infty}\sum_{k=1}^{n}\left(\frac{1}{k}-\frac{1}{k+1}\right)=b\lim_{n\to\infty}\left(1-\frac{1}{n+1}\right)=b,$$

所以　　$b=1$.

小结：数列 $p_k(k=1, 2, \cdots)$ 为离散型随机变量的概率分布 $\Leftrightarrow$ 满足以下两个

条件：

(1) 非负性：$p_k=\dfrac{b}{k(k+1)}\geqslant 0,\ k=1,2,\cdots$；

(2) 完备性：$\sum\limits_{k=1}^{\infty}p_k=\sum\limits_{k=1}^{\infty}\dfrac{b}{k(k+1)}=1$.

例 2　一袋中装有 6 只球，编号为 1，2，3，4，5，6. 在袋中同时取 4 只球，设 X 表示取出的 4 只球中的最大号码，试写出随机变量 X 的概率分布.

解　由题意知，X 的所有可能取值为 3，4，5，6. 且

$$P\{X=4\}=P\{\text{取编号为 1, 2, 3, 4 的球}\}=\frac{1}{C_6^4}=\frac{1}{15},$$

$$P\{X=5\}=P\{\text{取编号为 5 的球，另 3 球从编号 1, 2, 3, 4 中取}\}=\frac{C_4^3}{C_6^4}=\frac{4}{15},$$

$$P\{X=6\}=P\{\text{取编号为 6 的球，另 3 球从编号 1, 2, 3, 4, 5 中取}\}=\frac{C_5^3}{C_6^4}=\frac{10}{15}=\frac{2}{3}.$$

故随机变量 X 的概率分布为

X	4	5	6
p	1/15	4/15	2/3

小结：这是求离散型随机变量概率分布的问题. 首先要求出 X 的所有可能取值，然后根据题意来确定 X 取不同值时的概率.

例 3　某单位订购 1 000 只灯泡，在运输途中，灯泡被打破的概率为 0.003. 设 X 为收到灯泡时，被打破的灯泡数，试求 $P\{X=2\}$；$P\{X<2\}$；$P\{X>2\}$；$P\{X\geqslant 1\}$.

解　根据题意知 $X\sim b(n,p)$，由于 $n=1\,000$，$p=0.003$，$\lambda=np=3$，故由泊松定理知 $X\sim P(\lambda)$，从而

$$P\{X=2\}=\frac{\lambda^2}{2!}e^{-\lambda}=\frac{9}{2}e^{-3}\approx 0.224\,0;$$

$$P\{X<2\}=P\{X=0\}+P\{X=1\}=\frac{\lambda^0}{0!}e^{-\lambda}+\frac{\lambda^1}{1!}e^{-\lambda}\approx 0.199\,1;$$

$$\begin{aligned}P\{X>2\}&=1-P\{X\leqslant 2\}=1-P\{X<2\}-P\{X=2\}\\&=1-0.199\,1-0.224\,0=0.576\,9;\end{aligned}$$

$$P\{X\geqslant 1\}=1-P\{X<1\}=1-P\{X=0\}=1-e^{-3}\approx 0.950\,2.$$

小结：这是一个二项分布的问题，但由于试验次数 $n=1\,000$，故用泊松分布

来近似.

三、习题 11—2 解答

1. 设随机变量 X 服从参数为 λ 的泊松分布，且

$$P\{X=1\}=P\{X=2\},$$

求 λ.

解 由泊松分布的概率分布及 $P\{X=1\}=P\{X=2\}$，得

$$\lambda e^{-\lambda}=\frac{\lambda}{2}e^{-\lambda},$$

解得

$$\lambda=2.$$

2. 设随机变量 X 的分布律为 $P\{X=k\}=\frac{k}{15}$，$k=1, 2, 3, 4, 5$，试求：

(1) $P\left\{\frac{1}{2}<X<\frac{5}{2}\right\}$.

解 $P\left\{\frac{1}{2}<X<\frac{5}{2}\right\}=P\{X=1\}+P\{X=2\}=\frac{1}{15}+\frac{2}{15}=\frac{1}{5}$.

(2) $P\{1\leqslant X\leqslant 3\}$.

解 $P\{1\leqslant X\leqslant 3\}=P\{X=1\}+P\{X=2\}+P\{X=3\}=\frac{1}{15}+\frac{2}{15}+\frac{3}{15}=\frac{2}{5}$.

(3) $P\{X>3\}$.

解 $P\{X>3\}=P\{X=4\}+P\{X=5\}=\frac{4}{15}+\frac{5}{15}=\frac{3}{5}$.

3. 一批花生种子的发芽率为 0.9，如果每穴播种 3 粒，试求发芽数 X 的分布律.

解 根据题意知，$X=0, 1, 2, 3$.

则 $P(X=k)=C_3^k(0.9)^k(1-0.9)^{3-k}$，$k=0, 1, 2, 3$.

故 X 的概率分布为

X	0	1	2	3
p	0.001	0.027	0.243	0.729

4. 一袋中装有 5 只球，编号为 1，2，3，4，5. 在袋中同时取 3 只，以 X 表示取出的 3 只球中的最大号码，写出随机变量 X 的分布律.

解 随机变量 X 的可能取值为 3，4，5. 则由题意知

$$P\{X=3\}=\frac{C_2^2\cdot 1}{C_5^3}=\frac{1}{10},\ P\{X=4\}=\frac{C_3^2\cdot 1}{C_5^3}=\frac{3}{10},\ P\{X=5\}=\frac{C_4^2\cdot 1}{C_5^3}=\frac{6}{10},$$

所以 X 的分布律为

X	3	4	5
p_k	1/10	3/10	6/10.

5. 某加油站替公共汽车站代营出租汽车业务，每出租一辆汽车，可从出租公司得到 3 元. 因代营业务，每天加油站要多付给职工服务费 60 元，设每天出租汽车数 X 是一个随机变量，它的概率分布如下：

X	10	20	30	40
p_i	0.15	0.25	0.45	0.15

求因代营业务得到的收入大于当天的额外支出费用的概率.

解　因代营业务得到的收入大于当天的额外支出费用的概率为 $P\{3X>60\}$，而

$$P\{3X>60\}=P\{X>20\}=P\{X=30\}+P\{X=40\}=0.6.$$

这就是说，加油站因代营业务得到的收入大于当天的额外支出费用的概率为 0.6.

6. 设自动生产线在调整以后出现废品的概率为 $p=0.1$，当生产过程中出现废品时立即进行调整，X 代表在两次调整之间生产的合格品数，试求：

(1) X 的概率分布；

(2) $P\{X\geqslant 5\}$.

解　(1) 由于废品首次出现时立即进行调整，故

$$P\{X=k\}=(1-p)^k p=(0.9)^k\times 0.1,\ k=0,1,2,\cdots.$$

(2) 由等比数列计算公式解得

$$P\{X\geqslant 5\}=\sum_{k=5}^{\infty}P\{X=k\}=\sum_{k=5}^{\infty}(0.9)^k\times 0.1=(0.9)^5.$$

7. 某种产品共 10 件，其中有 3 件次品，现从中任取 3 件，求取出的 3 件产品中次品数的概率分布.

解　设 X 表示取出 3 件产品中的次品数，则 X 的所有可能取值为 0，1，2，3. 对应的概率分布为

$$P\{X=0\}=\frac{C_7^3}{C_{10}^3}=\frac{35}{120},\quad P\{X=1\}=\frac{C_7^2C_3^1}{C_{10}^3}=\frac{63}{120},$$

$$P\{X=2\}=\frac{C_7^1C_3^2}{C_{10}^3}=\frac{21}{120},\ P\{X=3\}=\frac{C_3^3}{C_{10}^3}=\frac{1}{120}.$$

从而 X 的分布律为

X	0	1	2	3
p	$\frac{35}{120}$	$\frac{36}{120}$	$\frac{21}{120}$	$\frac{1}{120}$

8. 有甲，乙两种味道和颜色都极为相似的名酒各 4 杯. 如果从中挑 4 杯，能将甲种酒全部挑出来，算是试验成功一次.

(1) 某人随机地去猜，问他试验成功一次的概率是多少？

(2) 某人声称他通过品尝能区分两种酒，他连续试验 10 次，成功 3 次，试推断他是猜对的，还是他确有区分的能力（设各次试验是相互独立的）.

解 (1) $P\{\text{试验成功一次}\}=\frac{C_4^4}{C_8^4}=\frac{1}{70}$.

(2) 设 X 表示品尝试验中成功的次数，则

$$X\sim b(10,1/70),$$

$$P\{X=3\}=C_{10}^3\cdot(1/70)^3\cdot(1-1/70)^7\approx 3\times10^{-4}=0.000\,3,$$

因他猜对的概率仅有万分之三. 按实际推断原理，故可断定他有区分能力.

9. 设书籍上每页的印刷错误的个数 X 服从泊松分布，经统计发现在某本书上，有一个印刷错误与有两个印刷错误的页数相同，求任意检验 4 页，每页上都没有印刷错误的概率.

解 由题意知 $P\{X=1\}=P\{X=2\}$,

即 $$\frac{\lambda^1}{1!}e^{-\lambda}=\frac{\lambda^2}{2!}e^{-\lambda}\Rightarrow\lambda=2,$$

则每页上没有印刷错误的概率为 $P\{X=0\}=e^{-2}$,

从而所求概率为 $P=(e^{-2})^4=e^{-8}$.

§11.3 随机变量的分布函数

一、主要知识归纳

1. 随机变量的分布函数（见表 11—3—1）

表 11—3—1 **随机变量的分布函数**

<table>
<tr><td>定义</td><td>设 X 是一个随机变量，称 $F(x)=P\{X\leqslant x\}(-\infty<x<+\infty)$ 为 X 的分布函数，记为 $X\sim F(x)$ 或 $F_X(x)$.
注：
(1)若将 X 看作数轴上随机点的坐标，则分布函数 $F(x)$ 的值就表示 X 落在区间 $(-\infty,x]$ 的概率；
(2)对任意实数 $x_1,x_2(x_1<x_2)$，有
$P\{x_1<X\leqslant x_2\}=P\{X\leqslant x_2\}-P\{X\leqslant x_1\}=F(x_2)-F(x_1)$.</td></tr>
</table>

续前表

性质	(1)单调非减. 若 $x_1<x_2$，则 $F(x_1)\leqslant F(x_2)$； (2)$F(-\infty)=\lim\limits_{x\to-\infty}F(x)=0$，$F(+\infty)=\lim\limits_{x\to+\infty}F(x)=1$； (3)右连续性. 即 $\lim\limits_{x\to x_0^+}F(x)=F(x_0)$. 注：函数 $F(x)$ 满足上述三条性质 $\Leftrightarrow$ $F(x)$ 是某随机变量的分布函数.

2. 离散型随机变量的分布函数

若离散型随机变量 X 的概率分布为

X	x_1	x_2	…	x_n	…
p_i	p_1	p_2	…	p_n	…

则 X 的分布函数为

$$F(x)=P\{X\leqslant x\}=\sum_{x_i\leqslant x}P\{X=x_i\}=\sum_{x_i\leqslant x}p_i.$$

注：随机变量 X 的分布函数 $F(x)$ 为阶梯形函数 $\Leftrightarrow$ X 是一个离散型随机变量，其概率分布由 $F(x)$ 唯一确定.

二、典型例题分析

例 1　对于某商店销售的一种礼品，同行提供的资料表明，月销售量服从参数 $\lambda=5$ 的泊松分布，试求在月初此类礼品的库存至少应有多少件，才能以 99% 以上的概率满足市场的需求？

解　由题意知，月销售量 X 的概率分布列为

$$P\{X=k\}=\frac{\lambda^k}{k!}e^{-\lambda}=\frac{5^k}{k!}e^{-5},\ k=0,1,2,\cdots,$$

假设月初库存至少为 m 件，则所求的 m 应满足不等式

$$P\{X\leqslant m\}=\sum_{k=0}^{m}\frac{5^k}{k!}e^{-5}>0.99$$

的最小整数. 查泊松分布表得

$$P\{X\leqslant 10\}=\sum_{k=0}^{10}\frac{5^k}{k!}e^{-5}=0.986\,3<0.99,$$

$$P\{X\leqslant 11\}=\sum_{k=0}^{11}\frac{5^k}{k!}e^{-5}=0.994\,5>0.99.$$

由此可知，在月初此类礼品的库存至少应有 11 件，才能以 99% 以上的概率满足市场的需求.

例 2　甲、乙两人比赛下棋，甲胜的概率为 0.6，设 X 表示 5 局中甲胜的次数. 求：

(1) X 的分布律； (2) $P(0.5\leqslant X<2)$； (3) 5 局中甲至少胜 3 局的概率.

解 由题意知，随机变量 X 服从二项分布 $b(n, p)=b(5, 0.6)$. 则

(1) X 的分布律为

$$P(X=k)=C_5^k(0.6)^k(1-0.6)^{5-k}, k=0, 1, 2, \cdots, 5.$$

即

X	0	1	2	3	4	5
p	0.010 24	0.076 8	0.230 4	0.345 6	0.259 2	0.077 76

(2) $P(0.5\leqslant X<2)=P(X=1)=C_5^1(0.6)^1(1-0.6)^{5-1}=0.076\,8$.

(3) 5 局中甲至少胜 3 局的概率为

$$P(X\geqslant 3)=P(X=3)+P(X=4)+P(X=5)=0.682\,56.$$

例 3 设随机变量 X 的分布函数为

$$F(x)=P(X\leqslant x)=\begin{cases}0, & x<-1\\ 1/8, & x=-1\\ ax+b, & -1<x<1\\ 1, & x\geqslant 1\end{cases},$$

且已知 $P(X=1)=\frac{1}{4}$，试求 a，b 的值.

解 由分布函数右连续性质得 $\lim\limits_{x\to -1+}(ax+b)=F(-1)$，即 $-a+b=\frac{1}{8}$，又由于 $P(X=1)=P(X\leqslant 1)-P(X<1)=1-(a+b)=\frac{1}{4}$，故得

$$a=\frac{5}{16}, \quad b=\frac{7}{16}.$$

小结：作为随机变量的分布函数，必须满足分布函数的三条性质.

例 4 设随机变量 X 的分布函数为

$$F(x)=\begin{cases}0, & x<0\\ \frac{x}{4}, & 0\leqslant x<1\\ \frac{1}{2}+\frac{x-1}{4}, & 1\leqslant x<2,\\ \frac{11}{12}, & 2\leqslant x<3\\ 1, & x\geqslant 3\end{cases}$$

试求：(1)$P\{X=k\}$，$k=1, 2, 3$； (2)$P\left\{\frac{1}{2}<X\leqslant\frac{3}{2}\right\}$.

解　由题意作图（如例 4 图）.

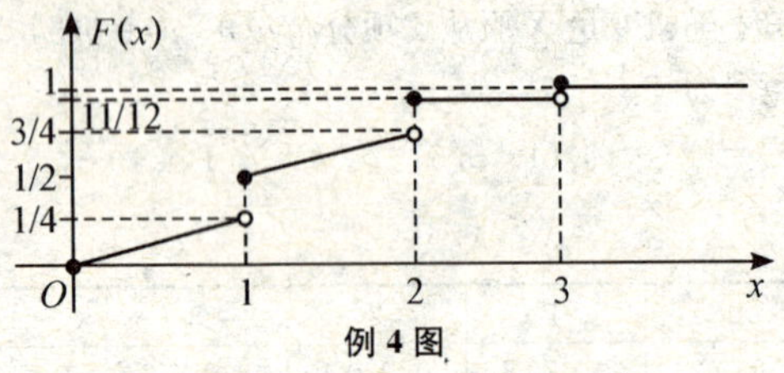

例 4 图

由 $P\{X=k\}=P\{X\leqslant k\}-P\{X<k\}=F(k)-F(k-0)$知

$$P\{X=1\}=\frac{1}{2}-\frac{1}{4}=\frac{1}{4},$$

$$P\{X=2\}=\frac{11}{12}-\left(\frac{1}{2}+\frac{1}{4}\right)=\frac{1}{6},\ P\{X=3\}=1-\frac{11}{12}=\frac{1}{12},$$

$$P\left\{\frac{1}{2}<X\leqslant\frac{3}{2}\right\}=F\left(\frac{3}{2}\right)-F\left(\frac{1}{2}\right)=\frac{1}{2}.$$

三、习题 11—3 解答

1. $F(x)=\begin{cases}0, & x<-2\\ 0.4 & -2\leqslant x<0\\ 1, & x\geqslant 0\end{cases}$ 是随机变量 X 的分布函数，则 X 是______型的随机变量.

解　答案为：离散.

由于 $F(x)$ 是一个阶梯函数，故知 X 是一个离散型随机变量.

2. 已知离散型随机变量 X 的概率分布为

$$P\{X=1\}=0.3,\ P\{X=3\}=0.5,\ P\{X=5\}=0.2,$$

试写出 X 的分布函数 $F(x)$，并画出图形.

解　由定义 解得其分布函数为

$$F(x)=P\{X\leqslant x\}=\begin{cases}0, & x<1\\ 0.3, & 1\leqslant x<3\\ 0.8, & 3\leqslant x<5\\ 1, & x\geqslant 5\end{cases}.$$

从而可得 $F(x)$ 的图形（如题 2 图）.

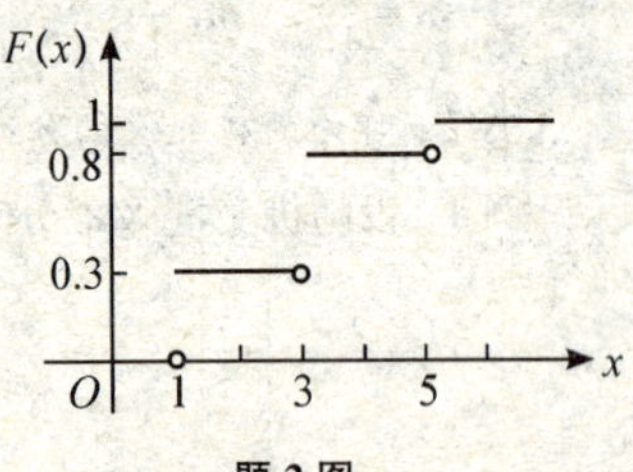

题 2 图

3. 设离散型随机变量 X 的分布函数为

$$F(x)=\begin{cases}0, & x<-1\\ 0.4, & -1\leqslant x<1\\ 0.8, & 1\leqslant x<3\\ 1, & x\geqslant 3\end{cases},$$

试求：(1)X 的概率分布；

(2)$P\{X<2|X\neq 1\}$.

解　(1) 由分布函数与概率分布的关系式得

X	-1	1	3
p_k	0.4	0.4	0.2

.

(2) 由条件概率及 (1) 得

$$P\{X<2|X\neq 1\}=\frac{P\{X=-1\}}{P\{X\neq 1\}}=\frac{2}{3}.$$

4. 设 X 的分布函数为

$$F(x)=\begin{cases}0, & x<0\\ \dfrac{x}{2}, & 0\leqslant x<1\\ x-\dfrac{1}{2}, & 1\leqslant x<1.5\\ 1, & x\geqslant 1.5\end{cases},$$

求 $P\{0.4<X\leqslant 1.3\}$，$P\{X>0.5\}$，$P\{1.7<X\leqslant 2\}$.

解　$P\{0.4<X\leqslant 1.3\}=F(1.3)-F(0.4)=(1.3-0.5)-0.4/2=0.6$,

$P\{X>0.5\}=1-P\{X\leqslant 0.5\}=1-F(0.5)=1-0.5/2=0.75$,

$P\{1.7<X\leqslant 2\}=F(2)-F(1.7)=1-1=0.$

§ 11.4　连续型随机变量及其概率密度

一、主要知识归纳

表 11—4—1　　**连续型随机变量及其概率密度**

定义	若对随机变量 X 的分布函数 $F(x)$，存在非负可积函数 $f(x)$，使得对于任意实数 x 有 $$F(x)=P\{X\leqslant x\}=\int_{-\infty}^{x}f(t)\mathrm{d}t,$$ 则称 X 为连续型随机变量，称 $f(x)$ 为 X 的概率密度函数，简称为概率密度或密度函数.

续前表

性质	(1) 对一个连续型随机变量 X，$P\{a<X\leqslant b\}=F(b)-F(a)=\int_a^b f(x)\mathrm{d}x$. (2) 连续型随机变量 X 取任一指定值 a $(a\in\mathbf{R})$ 的概率为 0. (3) 若 $f(x)$ 在点 x 处连续，则 $F'(x)=f(x)$. (4) X 落在小区间 $(x, x+\Delta x]$ 上的概率近似等于 $f(x)\Delta x$，即 $P\{x<X\leqslant x+\Delta x\}\approx f(x)\Delta x$. (5) $f(x)$ 满足：$f(x)\geqslant 0$；$\int_{-\infty}^{+\infty}f(x)\mathrm{d}x=1 \Leftrightarrow f(x)$ 是某连续型随机变量的概率密度函数.

表 11—4—2　　常用的连续型随机变量

	概率密度	分布函数
均匀分布 $U(a, b)$	$f(x)=\begin{cases}\frac{1}{b-a}, & a<x<b\\ 0, & 其它\end{cases}$	$F(x)=\begin{cases}0, & x<a\\ \frac{x-a}{b-a}, & a\leqslant x<b\\ 1, & x\geqslant b\end{cases}$
指数分布 $e(\lambda)$	$f(x)=\begin{cases}\lambda e^{-\lambda x}, & x>0\\ 0, & 其它\end{cases}, \lambda>0$	$F(x)=\begin{cases}1-e^{-\lambda x}, & x>0\\ 0, & 其它\end{cases}$
正态分布 $N(\mu, \sigma^2)$	$f(x)=\frac{1}{\sqrt{2\pi}\sigma}\exp\left\{-\frac{(x-\mu)^2}{2\sigma^2}\right\}$ $x\in\mathbf{R}$	$F(x)=\frac{1}{\sqrt{2\pi}\sigma}\int_{-\infty}^{x}\exp\left\{-\frac{(t-\mu)^2}{2\sigma^2}\right\}\mathrm{d}t$ $x\in\mathbf{R}$
标准正态分布 $N(0, 1)$	$\varphi(x)=\frac{1}{\sqrt{2\pi}}e^{-x^2/2}$	$\Phi(x)=\frac{1}{\sqrt{2\pi}}\int_{-\infty}^{x}e^{-t^2/2}$

二、典型例题分析

例 1　设随机变量 X 服从 $N(\mu, \sigma^2)$，试求 $P\{|X-\mu|<\sigma\}$ 的值. 已知标准正态分布函数 $\Phi(x)$ 的值为

$$\Phi(1)=0.841\,3, \Phi(0.5)=0.691\,5, \Phi(2)=0.977\,2.$$

解　由 $X\sim N(\mu, \sigma^2)$，知 $Y=\frac{X-\mu}{\sigma}\sim N(0, 1)$，若随机变量 $Y\sim N(0, 1)$，对任意常数 $a>0$，有

$$\begin{aligned}P\{|Y|<a\}&=P\{-a<Y<a\}=\Phi(a)-\Phi(-a)=\Phi(a)-(1-\Phi(a))\\&=2\Phi(a)-1.\end{aligned}$$

故
$$\begin{aligned}P\{|X-\mu|<\sigma\}&=P\left\{\left|\frac{X-\mu}{\sigma}\right|<1\right\}=2\Phi(1)-1=2\times 0.841\,3-1\\&=0.682\,6.\end{aligned}$$

小结：对于正态分布的计算，一般先将其标准化，化为标准正态分布. 标准

正态分布表的使用包括：

(1) $\Phi(x)=1-\Phi(-x)$，$\Phi(0)=\dfrac{1}{2}$；

(2) 若 $X\sim N(0,1)$，则 $P\{a<x\leqslant b\}=\Phi(b)-\Phi(a)$；

(3) 若 $X\sim N(\mu,\sigma^2)$，则 $Y=\dfrac{X-\mu}{\sigma}\sim N(0,1)$，

$$F(x)=P\{X\leqslant x\}=\Phi\left(\frac{x-\mu}{\sigma}\right),\ P\{a<x\leqslant b\}=\Phi\left(\frac{b-\mu}{\sigma}\right)-\Phi\left(\frac{a-\mu}{\sigma}\right);$$

(4) 若 $X\sim N(0,1)$，则 $P\{|X|<b\}=2\Phi(b)-1$.（$b>0$）

例 2 设随机变量 $X\sim U[1,5]$，若 $x_1<1<x_2<5$，试求 $P\{x_1<X<x_2\}$.

解 由 $X\sim U[1,5]$ 知，X 的概率密度函数为 $f(x)=\begin{cases}\dfrac{1}{4}, & 1\leqslant x\leqslant 5\\ 0, & x<1 \text{ 或 } x>5\end{cases}$

则 $P(x_1<X<x_2)=P(x_1<X<1)+P(1\leqslant X<x_2)=\displaystyle\int_1^{x_2}\frac{1}{4}\mathrm{d}x=\frac{1}{4}(x_2-1)$.

小结： 若已知连续型随机变量的概率密度 $f(x)$，则用积分方法求其分布函数. 若密度函数 $f(x)$ 为分段函数，求 $F(x)$ 要分段求积分，且始终是 $f(x)$ 在 $(-\infty,x]$ 上的积分. 所求出的分布函数也是分段函数.

例 3 设连续型随机变量 X 的分布函数是

$$F(x)=\begin{cases}A+B\mathrm{e}^{-\lambda x}, & x>0\\ 0, & x\leqslant 0\end{cases}\quad(\text{其中 }\lambda>0\text{ 是常数}),$$

试确定 A 及 B 的值，并求相应的概率密度函数 $f(x)$.

解 由分布函数的性质知，$F(+\infty)=\lim\limits_{x\to+\infty}(A+B\mathrm{e}^{-\lambda x})=A=1$，因 $F(x)$ 连续，故有 $\lim\limits_{x\to0^+}F(x)=\lim\limits_{x\to0^+}(1+B\mathrm{e}^{-\lambda x})=1+B=0$，所以 $A=1$，$B=-1$.

从而

$$F(x)=\begin{cases}1-\mathrm{e}^{-\lambda x}, & x>0\\ 0, & x\leqslant 0\end{cases},\ f(x)=F'(x)=\begin{cases}\lambda\mathrm{e}^{-\lambda x}, & x>0\\ 0, & x\leqslant 0\end{cases}.$$

小结： 连续型随机变量的分布函数除具有一般分布函数的三条性质外，还具有另一条性质：$F(x)$ 一定是连续函数. 此外分布函数与概率密度之间有关系式 $f(x)=F'(x)$.

例 4 设某公司月营业额 X 服从参数为 $\lambda=1/2$ 的指数分布.

(1) 试求 c，使 $P\{X\geqslant c\}=P\{X<c\}$；

(2) 任选三个月，求至少有一个月营业额大于 $2c$ 的概率.

解　由题意知 $X\sim e(1/2)$，则 X 的概率密度为 $f(x)=\frac{1}{2}e^{-\frac{1}{2}x}$，$x>0$.

(1) 显然 $c\leqslant 0$ 时，$P\{X\geqslant c\}\neq P\{X<0\}$.

$c>0$ 时，由于 $P\{X\geqslant c\}=\int_c^{+\infty}\frac{1}{2}e^{-\frac{1}{2}x}dx=e^{-\frac{1}{2}c}$，

$$P\{X<c\}=\int_0^c\frac{1}{2}e^{-\frac{1}{2}x}\,dx=1-e^{-\frac{1}{2}c}.$$

要使 $P\{X\geqslant c\}=P\{X<c\}$，故只需 $c=2\ln 2$.

(2) 月营业额大于 $2c$ 的概率为

$$p=P\{X>2c\}=P\{X>4\ln 2\}=\int_{4\ln 2}^{+\infty}\frac{1}{2}e^{-\frac{1}{2}x}dx=\frac{1}{4}=0.25.$$

任选三个月，相当于是进行三次独立的伯努利试验，每次试验成功的概率为 0.25，则至少有一个月营业额大于 $2c$ 的概率为

$$\begin{aligned}&b(1;3,0.25)+b(2;3,0.25)+b(3;3,0.25)=1-b(0;3,0.25)\\&=1-C_3^0(0.25)^0(1-0.25)^{3-0}=0.578\,125.\end{aligned}$$

小结：将实际生活中的问题转化为数学的语言，是解本题的关键．二项分布在很多实际问题中经常用到，要正确确定各个参数的取值.

三、习题 11—4 解答

1. 设随机变量 X 的概率密度为

$$f(x)=\frac{1}{2\sqrt{\pi}}e^{-\frac{(x+3)^2}{4}}\quad(-\infty<x<+\infty),$$

则 $Y=$ ______ $\sim N(0,1)$.

解　应填 $\frac{3+X}{\sqrt{2}}$.

由正态分布的概率密度知

$$\mu=-3,\ \sigma=\sqrt{2}.$$

又 $Y=\frac{X-\mu}{\sigma}\sim N(0,1)$，所以

$$Y=\frac{3+X}{\sqrt{2}}\sim N(0,1).$$

2. 已知 X 的概率密度函数为 $f(x)=\begin{cases}2x, & 0<x<1\\0, & \text{其它}\end{cases}$，求 $P\{X\leqslant 0.5\}$；$P\{X=0.5\}$；$F(x)$.

解　$P\{X\leqslant 0.5\}=\int_{-\infty}^{0.5}f(x)\mathrm{d}x=\int_{-\infty}^{0}0\mathrm{d}x+\int_{0}^{0.5}2x\mathrm{d}x=x^2\Big|_0^{0.5}=0.25$，

$$P\{X=0.5\}=P\{X\leqslant 0.5\}-P\{X<0.5\}=\int_{-\infty}^{0.5}f(x)\mathrm{d}x-\int_{-\infty}^{0.5}f(x)\mathrm{d}x=0.$$

当 $x\leqslant 0$ 时，$F(x)=0$；

当 $0<x<1$ 时，

$$F(x)=\int_{-\infty}^{x}f(t)\mathrm{d}t=\int_{-\infty}^{0}0\mathrm{d}t+\int_{0}^{x}2t\mathrm{d}t=t^2\Big|_0^x=x^2;$$

当 $x\geqslant 1$ 时，

$$F(x)=\int_{-\infty}^{x}f(t)\mathrm{d}t=\int_{-\infty}^{0}0\mathrm{d}t+\int_{0}^{1}2t\mathrm{d}t+\int_{1}^{x}0\mathrm{d}t=t^2\Big|_0^1=1.$$

故
$$F(x)=\begin{cases}0, & x\leqslant 0\\ x^2, & 0<x<1.\\ 1, & x\geqslant 1\end{cases}$$

3. 设连续型随机变量 X 的分布函数为

$$F(x)=\begin{cases}A+B\mathrm{e}^{-2x}, & x>0\\ 0, & x\leqslant 0\end{cases},$$

试求：(1) A，B 的值；

(2) $P\{-1<X<1\}$；

(3) 概率密度函数 $f(x)$.

解　(1) 由分布函数的性质有：

$$F(+\infty)=\lim_{x\to+\infty}(A+B\mathrm{e}^{-2x})=1,$$

得　$A=1$；

由右连续性　$\lim\limits_{x\to 0^+}(A+B\mathrm{e}^{-2x})=F(0)=0$，

得　$B=-A=-1$.

(2) $P\{-1<X<1\}=F(1)-F(-1)=1-\mathrm{e}^{-2}$.

(3) $f(x)=F'(x)=\begin{cases}2\mathrm{e}^{-2x}, & x>0\\ 0, & x\leqslant 0\end{cases}$.

4. 某型号电子管，其寿命（以小时计）为一随机变量，概率密度为

$$f(x)=\begin{cases}\dfrac{100}{x^2}, & x\geqslant 100\\ 0, & \text{其它}\end{cases},$$

某一电子设备内配有三个这样的电子管，求电子管使用 150 小时都不需要更换的概率.

解　设电子管的使用寿命为 X，则一个电子管使用 150 小时以上的概率为

$$P\{X>150\}=\int_{150}^{+\infty}f(x)\mathrm{d}x=\int_{150}^{+\infty}\frac{100}{x^2}\mathrm{d}x=-\frac{100}{x}\bigg|_{150}^{+\infty}=\frac{100}{150}=\frac{2}{3},$$

从而三个电子管在使用 150 小时以上不需要更换的概率为

$$p=(2/3)^3=8/27.$$

5. 设一个汽车站上，某路公共汽车每 5 分钟有一辆车到达，而乘客在 5 分钟内任一时间到达是等可能的，试计算在车站候车的 10 位乘客中只有 1 位等待时间超过 4 分钟的概率.

解　设 X 为每位乘客的候车时间，则 X 服从 $[0, 5]$ 上的均匀分布，设 Y 表示车站上 10 位候车乘客中等待时间超过 4 分钟的人数. 由于每人到达时间是相互独立的. 这是 10 重伯努利概型. Y 服从二项分布，其参数为

$$n=10,\ p=P\{X\geqslant 4\}=\frac{1}{5}=0.2,$$

所以　$P\{Y=1\}=C_{10}^1\times 0.2\times 0.8^9\approx 0.268.$

6. 设 $X\sim N(3, 2^2)$. (1) 确定 c，使得 $P\{X>c\}=P\{X\leqslant c\}$.

解　因为 $X\sim N(3, 2^2)$，所以$\dfrac{X-3}{2}=Z\sim N(0, 1)$.

欲使　$P\{X>c\}=P\{X\leqslant c\}$，

必有　$1-P\{X\leqslant c\}=P\{X\leqslant c\}$，

即　$P\{X\leqslant c\}=1/2$，

亦即　$\Phi\left(\dfrac{c-3}{2}\right)=\dfrac{1}{2}$，

所以$\dfrac{c-3}{2}=0$，故 $c=3$.

(2) 设 d 满足 $P\{X>d\}\geqslant 0.9$，问 d 至多为多少?

解　由 $P\{X>d\}\geqslant 0.9$ 可得 $1-P\{X\leqslant d\}\geqslant 0.9$，即

$$P\{X\leqslant d\}\leqslant 0.1.$$

于是　$\Phi\left(\dfrac{d-3}{2}\right)\leqslant 0.1$，$\Phi\left(\dfrac{3-d}{2}\right)\geqslant 0.9$.

查表得$\dfrac{3-d}{2}\geqslant 1.282$，所以 $d\leqslant 0.436$.

7. 某玩具厂装配车间准备实行计件超产奖，为此需对生产定额作出规定，根据以往记录，各工人每月装配产品数服从正态分布 $N(4\,000, 3\,600)$. 假定车间主任希望 10%的工人获得超产奖，求：工人每月需完成多少件产品才能获奖？

解 用 X 表示工人每月需装配的产品数，则 $X \sim N(4\,000, 3\,600)$，设工人每月需完成 x 件产品才能获奖，依题意得

$$P\{X \geqslant x\} = 0.1,$$

即
$$1 - P\{X < x\} = 0.1,$$

所以 $1 - F(x) = 0.1$，即

$$1 - \Phi\left(\frac{x - 4\,000}{60}\right) = 0.1,$$

所以
$$\Phi\left(\frac{x - 4\,000}{60}\right) = 0.9.$$

查标准正态分布表得 $\Phi(1.28) = 0.899\,7$，因此

$$\frac{x - 4\,000}{60} \approx 1.28,$$

即 $x = 4\,077$ 件，就是说，想获超产奖的工人，每月必须装配产品 4 077 件以上.

8. 设某城市男子身高 $X \sim N(170, 36)$，问应如何选择公共汽车车口的高度使男子与车门碰头的几率小于 0.01.

解 $X \sim N(170, 36)$，则 $\frac{X - 170}{6} \sim N(0, 1)$. 设公共汽车门的高度为 $x$cm，由题意知，

$$P\{X > x\} < 0.01，而\ P\{X > x\} = 1 - P\{X \leqslant x\} = 1 - \Phi\left(\frac{x - 170}{6}\right) < 0.01,$$

即
$$\Phi\left(\frac{x - 170}{6}\right) > 0.99.$$

查标准正态分布表得 $\frac{x - 170}{6} > 2.33$，故 $x > 183.98$cm.

因此，车门的高度超过 183.98cm 时，男子与车口碰头的几率小于 0.01.

9. 某人去火车站乘车，有两条路可以走. 第一条路程较短，但交通拥挤，所需时间（单位：分钟）服从正态分布 $N(40, 10^2)$；第二条路程较长，但意外阻塞较少，所需时间服从正态分布 $N(50, 4^2)$，求：

(1) 若动身时离火车开车时间只有 60 分钟，应走哪一条路线？

解 设 X, Y 分别为该人走第一、二条路到达火车站所用时间，则 $X \sim$

$N(40, 10^2)$，$Y \sim N(50, 4^2)$. 哪一条路线在开车之前到达火车站的可能性大就走哪一条路线.

因为 $P\{X<60\}=\Phi\left(\frac{60-40}{10}\right)=\Phi(2)=0.977\,25$,

$$P\{Y<60\}=\Phi\left(\frac{60-50}{4}\right)=\Phi(2.5)=0.993\,79,$$

所以只有 60 分钟时应走第二条路.

(2) 若动身时离火车开车时间只有 45 分钟，应走哪一条路线？

解　因为 $P\{X<45\}=\Phi\left(\frac{45-40}{10}\right)=\Phi(0.5)=0.691\,5$,

$$P\{Y<45\}=\Phi\left(\frac{45-50}{4}\right)=\Phi(-1.25)=1-\Phi(1.25)=0.105\,6,$$

所以只有 45 分钟时应走第一条路.

10. 设顾客排队等待服务的时间 X（以分计）服从 $\lambda=1/5$ 的指数分布，某顾客等待服务，若超过 10 分钟，他就离开，他一个月要去等待服务 5 次，以 Y 表示一个月内他未等到服务而离开的次数，试求 Y 的概率分布和 $P\{Y\geqslant 1\}$.

解　由题意知，

$$P\{X\geqslant 10\}=1-P\{X<10\}=1-(1-\mathrm{e}^{-1/5\times 10})=\mathrm{e}^{-2},$$

则 $Y\sim b(5, \mathrm{e}^{-2})$. 故

$$P\{Y=k\}=C_5^k(\mathrm{e}^{-2})^k(1-\mathrm{e}^{-2})^{5-k},\ k=0, 1, 2, 3, 4, 5,$$

$$P\{Y\geqslant 1\}=1-(1-\mathrm{e}^{-2})^5\approx 0.516\,7.$$

§11.5　随机变量函数的分布

一、主要知识归纳

表 11—5—1　　随机变量的函数的求法

定义	若存在一个函数 $g(X)$，使得随机变量 X，Y 满足：$Y=g(X)$，则称随机变量 Y 是随机变量 X 的函数.
概率关系	一般地，对区间 I，令 $C=\{x\mid g(x)\in I\}$，则 $P\{Y\in I\}=P\{g(X)\in I\}=P\{X\in C\}$.
离散型随机变量函数的求法	先根据自变量 X 的可能取值确定因变量 Y 的所有可能取值，然后对 Y 的每一个可能取值 $y_i(i=1, 2, \cdots)$ 确定相应的 $C_i=\{x_j\mid g(x_j)=y_i\}$，于是 $P\{Y=y_i\}=P\{X\in C_i\}=\sum\limits_{x_j\in C_i}P\{X=x_j\}$.

续前表

连续型随机变量函数的求法	**分布函数法**：若已知 X 的分布函数 $F_X(x)$ 或概率密度函数 $f_X(x)$，记 $C_y=\{x\mid g(x)\leqslant y\}$，则随机变量函数 $Y=g(X)$ 的分布函数为 $$F_Y(y)=P\{Y\leqslant y\}=P\{g(X)\leqslant y\}=P\{X\in C_y\}=\int_{C_y}f_X(x)\mathrm{d}x.$$ **公式法**：若 $y=g(x)$ 是严格单调可微函数，则 $Y=g(x)$ 是连续型随机变量，其概率密度为 $$f_Y(y)=f_X[h(y)]\lvert h'(y)\rvert,$$ 其中 $x=h(y)$ 是 $y=g(x)$ 的反函数，且 y 的取值范围原则上将由 $f_X(x)$ 中 x 的取值范围确定.

二、典型例题分析

例 1 设随机变量 X 的分布律为

X	-2	-1	0	1	2	3
p	0.10	0.20	0.25	0.20	0.15	0.10

求：(1)$Y=-2X$；(2)$Y=X^2$ 的分布律.

解 由题意知

X	-2	-1	0	1	2	3
$-2X$	4	2	0	-2	-4	-6
X^2	4	1	0	1	4	9
p	0.10	0.20	0.25	0.20	0.15	0.10

则有

(1) 对 $Y=-2X$，Y 的所有可能取值为 -6，-4，-2，0，2，4，其分布律为

Y	-6	-4	-2	0	2	4
p	0.10	0.15	0.20	0.25	0.20	0.10

(2) 对 $Y=X^2$ 的所有可能取值为 0，1，4，9，其中

$$P(Y=1)=P(X^2=1)=P(X=-1)+P(X=1)=0.20+0.20=0.40,$$
$$P(Y=4)=P(X^2=4)=P(X=-2)+P(X=2)=0.10+0.15=0.25,$$

其分布律为

Y	0	1	4	9
p	0.25	0.40	0.25	0.10

小结：若 $g(x_i)$ 的值全不相等，则 $P\{Y=g(x_i)\}=P\{X=x_i\}$；若 $g(x_i)$ 的值

有相等的，则应先把那些相等的值分别合并，同时把对应的概率 p_i 相加，即

$$P\{Y=g(x_i)\}=\sum_j P\{X=x_j\}\text{，其中 } j\in\{j\mid g(x_j)=g(x_i)\}.$$

例 2　设随机变量 X 的概率密度 $\varphi(x)=\dfrac{1}{\pi}\dfrac{1}{1+x^2}$，求随机变量 $Y=aX^2$ $(a<0)$ 的概率密度.

解　当 $y<0$ 时，Y 的分布函数

$$\begin{aligned}F_Y(y)&=P\{Y\leqslant y\}=P\left\{X\leqslant -\sqrt{\frac{y}{a}}\right\}+P\left\{X\geqslant\sqrt{\frac{y}{a}}\right\}\\&=\int_{-\infty}^{-\sqrt{\frac{y}{a}}}\frac{1}{\pi(1+x^2)}\mathrm{d}x+\int_{\sqrt{\frac{y}{a}}}^{+\infty}\frac{1}{\pi(1+x^2)}\mathrm{d}x;\end{aligned}$$

当 $y\geqslant 0$，$F_Y(y)=1$.

故 Y 的概率密度为

$$f(y)=F'_Y(y)=\begin{cases}-\dfrac{1}{\pi(a+y)}\sqrt{\dfrac{a}{y}}, & y<0\ (a<0)\\ 0, & y\geqslant 0\end{cases}.$$

小结：用分布函数法求连续型随机变量函数的概率密度，一般是先求 Y 的分布函数 $F_Y(y)$，将 $F_Y(y)$ 转化为 X 的分布函数 $F_X(x)$，建立 X 与 Y 的函数之间的关系，然后通过对 y 求导可得 Y 的概率密度. 上述过程的关键是找出事件 $\{g(X)\leqslant y\}$ 与 X 在某些区间 $\Delta_k(y)$ 取值的等价事件 $\{X\in\bigcup\limits_k\Delta_k(y)\}$，一般可通过解不等式 $g(X)\leqslant y$ 求出 $\Delta_k(y)$，或者借助普通函数 $y=g(x)$ 的图形找出与 $g(x)\leqslant y$ 对应的 x 的所在区间 $\Delta_k(y)$.

例 3　过点 (0，1) 任意作直线与 x 轴正向成角 α，α 在 $(0,\pi)$ 上均匀分布，试求该直线在 x 轴上的截距的概率密度.

解　设该直线在 x 轴上的截距为随机变量 U，取值 u，它与 x 轴的交角为随机变量 α，取值 θ，则 U 与 α 有函数关系 $U=-\mathrm{ctg}\alpha$，其中 α 均匀分布于 $(0,\pi)$，其概率密度为

$$f(\theta)=\begin{cases}\dfrac{1}{\pi}, & 0<\theta<\pi\\ 0, & \text{其它}\end{cases},$$

函数 $u=-\mathrm{ctg}\theta$ 的反函数 $\theta=h(u)=\mathrm{arcctg}(-u)$. 当 θ 在 $(0,\pi)$ 内变化时，u 在 $(-\infty,+\infty)$ 内变化，且

$$h'(u)=\frac{1}{1+u^2},\ f[h(u)]=\frac{1}{\pi},\ -\infty<u<+\infty,$$

则 U 的概率密度为

$$g(u)=f[h(u)]h'(u)=\frac{1}{\pi(1+u^2)},\ -\infty<u<+\infty.$$

小结：由题意知，直线方程为 $y=x\cdot\operatorname{tg}\theta+1$，令 $y=0$，可得直线在 x 轴上的截距为 $x=-\operatorname{ctg}\theta$，而 θ 服从均匀分布 $U(0,\pi)$，且 $x=-\operatorname{ctg}\theta$ 在 $(0,\pi)$ 上是单调的. 故可用公式法求连续随机变量的函数的概率密度.

三、习题 11—5 解答

1. 已知 X 的概率分布为

X	-2	-1	0	1	2	3
P_i	$2a$	$1/10$	$3a$	a	a	$2a$

，

试求：(1) a；

(2) $Y=X^2-1$ 的概率分布.

解 (1) 由概率的性质知 $2a+1/10+3a+a+a+2a=1$，解得 $a=1/10$.

(2) 将 X 的取值代入并合并 Y 取值相同的概率，得

Y	-1	0	3	8
p_i	$3/10$	$1/5$	$3/10$	$1/5$

.

2. 设 X 的分布律为

$$P\{X=k\}=\frac{1}{2^k},\ k=1,2,\cdots,$$

求 $Y=\sin\left(\frac{\pi}{2}X\right)$ 的分布律.

解 因为

$$\sin\frac{n\pi}{2}=\begin{cases}-1, & n=4k-1\\ 0, & n=2k\\ 1, & n=4k-3\end{cases},$$

所以 $Y=\sin\left(\frac{\pi}{2}X\right)$ 只有三个可能值 -1，0，1. 容易求得

$$P\{Y=-1\}=\sum_{k=1}^{\infty}P\{X=4k-1\}=\frac{2}{15}$$

$$P\{Y=0\}=\sum_{k=1}^{\infty}P\{X=2k\}=\frac{1}{3},$$

$$P\{Y=1\}=\sum_{k=1}^{\infty}P\{X=4k-3\}=\frac{8}{15}.$$

故 Y 的分布律列表表示为

Y	-1	0	1
P	$\frac{2}{15}$	$\frac{1}{3}$	$\frac{8}{15}$

3. 设随机变量 X 服从 $[a, b]$ 上的均匀分布，令 $Y=cY+d(c\neq0)$，试求随机变量 Y 的密度函数.

解　由随机变量函数的概率密度求解定理易得

$$f_Y(y)=\begin{cases}f_X\left(\frac{y-d}{c}\right)\cdot\frac{1}{|c|}, & a\leqslant\frac{y-d}{c}\leqslant b\\0, & 其它\end{cases},$$

当 $c>0$ 时，

$$f_Y(y)=\begin{cases}\frac{1}{c(b-a)}, & ca+d\leqslant y\leqslant cb+d\\0, & 其它\end{cases},$$

当 $c<0$ 时，

$$f_Y(y)=\begin{cases}-\frac{1}{c(b-a)}, & cb+d\leqslant y\leqslant ca+d\\0, & 其它\end{cases},$$

4. 设随机变量 X 服从 $[0, 1]$ 上的均匀分布，求随机变量函数 $Y=e^X$ 的概率密度 $f_Y(y)$.

解　由题意知

$$f(x)=\begin{cases}1, & 0\leqslant x\leqslant 1\\0, & 其它\end{cases},$$

由于 $y=e^x$，$x\in(0, 1)$是单调可导函数，$y\in(1, e)$，其反函数为

$$x=\ln y,$$

故由随机变量函数概率密度求解定理可得

$$f_Y(y)=\begin{cases}f_x(\ln y)|\ln' y|, & 1<y<e\\0, & 其它\end{cases}$$

$$=\begin{cases}\frac{1}{y}, & 1<y<e\\0, & 其它\end{cases}.$$

5. 某物体的温度 $T(^\circ F)$是一个随机变量，且有 $T\sim N(98.6, 2)$，已知

$\theta=5(T-32)/9$,

试求 θ(°F) 的概率密度.

解　已知 $T\sim N(98.6, 2)$, $\theta=\frac{5}{9}(T-32)$.

则反函数为 $T=\frac{9}{5}\theta+32$, 是单调函数, 所以

$$f_\theta(y)=f_T\left(\frac{9}{5}y+32\right)\cdot\frac{9}{5}=\frac{1}{\sqrt{2\pi}\cdot\sqrt{2}}e^{-\frac{\left(\frac{9}{5}y+32-98.6\right)^2}{4}}\cdot\frac{9}{5}$$

$$=\frac{9}{10\sqrt{\pi}}e^{-\frac{81}{100}(y-37)^2}.$$

§11.6　二维随机变量及其分布

一、主要知识归纳

表 11—6—1　　**二维随机变量及其分布函数**

定义	设随机试验的样本空间为 $S=\{e\}$, 而 $X=X(e)$, $Y=Y(e)$ 是定义在 S 上的两个随机变量, 称 (X, Y) 为定义在 S 上的二维随机变量或二维随机向量.
联合分布函数	设 (X, Y) 是二维随机变量, 对任意实数 x, y, 二元函数 $F(x, y)=P\{(X\leqslant x)\cap(Y\leqslant y)\}=P\{X\leqslant x, Y\leqslant y\}$ 称为二维随机变量 (X, Y) 的分布函数, 或称为随机变量 X 和 Y 的联合分布函数.
联合分布函数性质	(1) $0\leqslant F(x,y)\leqslant 1$, 且 对任意固定的 y, $F(-\infty,y)=0$; 对任意固定的 x, $F(x,-\infty)=0$; $F(-\infty, -\infty)=0$, $F(+\infty, +\infty)=1$. (2) $F(x, y)$ 关于 x 和 y 均为单调非减函数, 即 对任意固定的 y, 当 $x_2>x_1$, $F(x_2, y)\geqslant F(x_1, y)$; 对任意固定的 x, 当 $y_2>y_1$, $F(x, y_2)\geqslant F(x, y_1)$. (3) $F(x, y)$ 关于 x 和 y 均为右连续, 即 $F(x, y)=F(x+0, y)$, $F(x, y)=F(x, y+0)$.
边缘分布函数	X 和 Y 各自的分布函数 $F_X(x)$ 和 $F_Y(y)$ 称为随机变量 X 和 Y 的边缘分布函数. 且 $F_X(x)=P\{X\leqslant x\}=P\{X\leqslant x, Y<+\infty\}=F(x, +\infty)$, $F_Y(x)=P\{Y\leqslant y\}=P\{X<+\infty, Y\leqslant y\}=F(+\infty, y)$.

续前表

独立性	若对任意实数 x, y, 有 $F(x, y)=F_X(x)F_Y(y)$，则称随机变量 X 和 Y 相互独立. 此时，联合分布可由边缘分布唯一确定. 定理 1　X 和 Y 相互独立$\Leftrightarrow X$ 所生成的任何事件与 Y 所生成的任何事件独立，即对任意实数集 A, B, 有 $P\{X\in A, Y\in B\}=P\{X\in A\}P\{Y\in B\}$. 定理 2　若 X 和 Y 相互独立，则对任意函数 $g_1(x)$, $g_2(y)$ 均有 $g_1(X)$, $g_2(Y)$ 相互独立.

表 11—6—2　二维连续型随机变量及其概率密度

定义	设 (X, Y) 为二维随机变量，$F(x, y)$ 为其分布函数，若存在一个非负可积的二元函数 $f(x, y)$，使对任意实数 x, y, 有 $F(x, y)=\int_{-\infty}^{x}\int_{-\infty}^{y}f(s, t)\mathrm{d}s\mathrm{d}t$, 则称 (X, Y) 为二维连续型随机变量，称 $f(x, y)$ 为 (X, Y) 的联合概率密度.
边缘概率密度	随机变量 (X, Y) 关于 X 和 Y 的边缘概率密度分别为： $f_X(x)=\int_{-\infty}^{+\infty}f(x, y)\mathrm{d}y$, $f_Y(y)=\int_{-\infty}^{+\infty}f(x, y)\mathrm{d}x$. 则 (X, Y) 关于 X 和 Y 的边缘分布函数分别为： $F_X(x)=P\{X\leqslant x\}=\int_{-\infty}^{x}\left[\int_{-\infty}^{+\infty}f(s, t)\mathrm{d}t\right]\mathrm{d}s$, $F_Y(y)=P\{Y\leqslant y\}=\int_{-\infty}^{y}\left[\int_{-\infty}^{+\infty}f(s, t)\mathrm{d}s\right]\mathrm{d}t$.
联合概率密度性质	(1) $f(x, y)\geqslant 0$;　(2) $\int_{-\infty}^{+\infty}\int_{-\infty}^{+\infty}f(x, y)\mathrm{d}x\mathrm{d}y=F(+\infty, +\infty)=1$; (3) 设 D 是 xOy 平面上的区域，点 (X, Y) 落入 D 内的概率为 $P\{(x, y)\in D\}=\iint\limits_{D}f(x, y)\mathrm{d}x\mathrm{d}y$; (4) 若 $f(x, y)$ 在点 (x, y) 处连续，则有 $\frac{\partial^2 F(x, y)}{\partial x\partial y}=f(x, y)$.
独立性	若对任意的 x, y, 有 $f(x, y)=f_X(x)f_Y(y)$ 几乎处处成立，则称 X 和 Y 相互独立.

二、典型例题分析

例 1 一仪器由两个部件组成，分别以 X, Y 表示这两个部件的寿命（小时）. 已知 (X, Y) 的分布函数

$$F(x, y)=\begin{cases}1-e^{-0.01x}-e^{-0.01y}+e^{-0.01(x+y)}, & x>0, y>0\\0, & 其它\end{cases},$$

试求：

(1) 边缘分布函数 $F_X(x)$, $F_Y(y)$;

(2) $P\{1<X\leqslant 2, 1<Y\leqslant 2\}$;

(3) 密度函数 $f(x, y)$.

解 (1) 由边缘分布函数的定义知

$$F_X(x)=F(x, +\infty)=\begin{cases}1-e^{-0.01x}, & x>0\\0, & 其它\end{cases},$$

$$F_Y(y)=F(+\infty, y)=\begin{cases}1-e^{-0.01y}, & y>0\\0, & 其它\end{cases}.$$

(2) 由联合分布函数的定义知

$$\begin{aligned}P\{1<X\leqslant 2, 1<Y\leqslant 2\}&=F(2, 2)-F(2, 1)-F(1, 2)+F(1, 1)\\&=(1-e^{-0.02}-e^{-0.02}+e^{-0.04})-(1-e^{-0.02}-e^{-0.01}+e^{-0.03})\\&\quad-(1-e^{-0.01}-e^{-0.02}+e^{-0.03})+1-e^{-0.01}-e^{-0.01}+e^{-0.02}\\&=e^{-0.02}-2e^{-0.03}+e^{-0.04}.\end{aligned}$$

(3) $$f(x, y)=\frac{\partial^2 F(x, y)}{\partial x\partial y}=\begin{cases}(0.01)^2 e^{-0.01(x+y)}, & x>0, y>0\\0, & 其它\end{cases}.$$

小结：由联合分布可以确定边缘分布；但由边缘分布一般不能确定联合分布.

例 2 设随机变量 (X, Y) 的分布函数为

$$F(x, y)=A\left(B+\operatorname{arctg}\frac{x}{2}\right)\left(C+\operatorname{arctg}\frac{y}{3}\right),$$

求：(1) 系数 A, B 及 C 的值；

(2) (X, Y) 的联合概率密度 $f(x, y)$.

解 (1) 由联合分布函数的性质得，

$$F(+\infty, +\infty)=A\left(B+\frac{\pi}{2}\right)\left(C+\frac{\pi}{2}\right)=1,$$

$$F(-\infty, +\infty)=A\left(B-\frac{\pi}{2}\right)\left(C+\frac{\pi}{2}\right)=0,$$

$$F(+\infty, -\infty)=A\left(B+\frac{\pi}{2}\right)\left(C-\frac{\pi}{2}\right)=0,$$

由此可得 $A=\frac{1}{\pi^2}$, $B=C=\frac{\pi}{2}$. 故

$$F(x, y)=\frac{1}{\pi^2}\left(\frac{\pi}{2}+\text{arctg}\,\frac{x}{2}\right)\left(\frac{\pi}{2}+\text{arctg}\,\frac{y}{3}\right).$$

(2) 从而 $f(x, y)=\frac{\partial^2 F(x, y)}{\partial x \partial y}=\frac{6}{\pi^2(4+x^2)(9+y^2)}$.

小结： 首先注意到 $\lim\limits_{x\to+\infty}\text{arctg}x=\frac{\pi}{2}$, $\lim\limits_{x\to-\infty}\text{arctg}x=-\frac{\pi}{2}$. 分布函数能统一完整地描述离散型和连续型随机变量的概率分布，使求概率值的问题归结为求分布函数的函数值. 另外，分布函数是一个普通的实值函数，是高等数学中早已熟悉的对象，它有相当好的性质，这样引入随机变量和分布函数就好像在随机现象和高等数学之间架起了一座桥梁，从而可以用高等数学的方法来研究随机现象的规律性.

例 3　袋中有 2 个白球，3 个黑球，不放回地连续取两次球，每次取一个，若设随机变量 X, Y 分别为第一、二次取得白球的个数. 试求：

(1) (X, Y) 的联合分布律；

(2) 关于 X 及关于 Y 的边缘分布律；

(3) 判断 X 与 Y 是否相互独立.

解　(1) (2) 由题意知 (X, Y) 的所有可能取值为 $(0, 0)$, $(0, 1)$, $(1, 0)$, $(1, 1)$. 且由古典概率可以求得其联合分布律及边缘分布律（见下表）.

X \ Y	0	1	$p_{i\cdot}$
0	6/20	6/20	3/5
1	6/20	2/20	2/5
$p_{\cdot j}$	3/5	2/5	

(3) 由于 $P\{X=0, Y=0\}=\frac{6}{20}\neq P\{X=0\}P\{Y=0\}=\frac{9}{25}$，故 X 与 Y 不相互独立.

小结： 关于 X 的边缘分布为 $P\{X=k\}=\sum\limits_{j}P\{X=k, Y=j\}$，关于 Y 的边缘分布为 $P\{Y=k\}=\sum\limits_{i}P\{X=i, Y=k\}$. 离散型随机变量的联合分布及边缘概率分布常用表格的形式表出.

三、习题 11—6 解答

1. 设 (X, Y) 的分布律为

X \ Y	1	2	3
1	1/6	1/9	1/18
2	1/3	a	1/9

求 a.

解　由分布律的性质 $\sum_{i,j} p_{ij} = 1$，可知

$$1/6+1/9+1/18+1/3+a+1/9=1,$$

解得 $a=2/9$.

2. 二维随机变量 (X, Y) 的分布律为

X \ Y	0	1
0	7/15	7/30
1	7/30	1/15

(1) 求 Y 的边缘分布律；

(2) 求 $P\{Y=0|X=0\}$，$P\{Y=1|X=0\}$；

(3) 判定 X 与 Y 是否独立？

解　(1) 由 (X, Y) 的分布律知，Y 只取 0 及 1 两个值.

$$P\{Y=0\}=P\{X=0, Y=0\}+P\{X=1, Y=0\}$$
$$=\frac{7}{15}+\frac{7}{30}=0.7,$$

$$P\{Y=1\}=\sum_{i=0}^{1} P\{X=i, Y=1\}=\frac{7}{30}+\frac{1}{15}=0.3.$$

(2) $P\{Y=0|X=0\}=\dfrac{P\{X=0, Y=0\}}{P\{X=0\}}=\dfrac{2}{3}$,

$$P\{Y=1|X=0\}=\frac{1}{3}.$$

(3) 已知 $P\{X=0, Y=0\}=\dfrac{7}{15}$，由 (1) 知 $P\{Y=0\}=0.7$，

类似可得　$P\{X=0\}=0.7$.

因为 $P\{X=0, Y=0\} \neq P\{X=0\} \cdot P\{Y=0\}$，所以 X 与 Y 不相互独立.

3. 设 (X, Y) 的分布函数为 $F(x, y)$，试用 $F(x, y)$ 表示：

(1) $P\{a \leqslant X \leqslant b, Y < c\}$；　(2) $P\{0 < Y < b\}$；　(3) $P\{X \geqslant a, Y < b\}$.

解　由分布函数的定义知

(1) $P\{a \leqslant X \leqslant b, Y < c\} = F(b, c) - F(a, c)$；

(2) $P\{0 < Y < b\} = F(+\infty, b) - F(+\infty, 0)$；

(3) $P\{X \geqslant a, Y < b\} = F(+\infty, b) - F(a, b)$.

4. 设随机变量 (X, Y) 的概率密度为

$$f(x, y) = \begin{cases} k(6-x-y), & 0<x<2,\ 2<y<4 \\ 0, & \text{其它} \end{cases},$$

(1) 确定常数 k；

(2) 求 $P\{X<1, Y<3\}$；

(3) 求 $P\{X<1.5\}$；

(4) 求 $P\{X+Y \leqslant 4\}$.

解　(1) 如题 4 图所示.

由 $\int_{-\infty}^{+\infty}\int_{-\infty}^{+\infty} f(x, y)\mathrm{d}x\mathrm{d}y = 1$，确定常数 k.

$$\int_0^2\int_2^4 k(6-x-y)\mathrm{d}y\mathrm{d}x = k\int_0^2 (6-2x)\mathrm{d}x = 8k = 1,$$

所以　$k = \frac{1}{8}$.

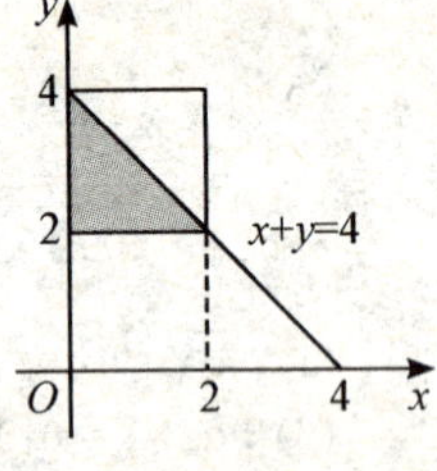

题 4 图

(2) $P\{X<1, Y<3\} = \int_0^1 \mathrm{d}x \int_2^3 \frac{1}{8}(6-x-y)\mathrm{d}y = \frac{3}{8}$.

(3) $P\{X<1.5\} = \int_0^{1.5} \mathrm{d}x \int_2^4 \frac{1}{8}(6-x-y)\mathrm{d}y = \frac{27}{32}$.

(4) $P\{X+Y \leqslant 4\} = \int_0^2 \mathrm{d}x \int_2^{4-x} \frac{1}{8}(6-x-y)\mathrm{d}y = \frac{2}{3}$.

5. 已知 X 和 Y 的联合密度为

$$f(x, y) = \begin{cases} cxy, & 0 \leqslant x \leqslant 1,\quad 0 \leqslant y \leqslant 1 \\ 0, & \text{其它} \end{cases},$$

试求：(1) 常数 c；

(2) X 和 Y 的联合分布函数 $F(x, y)$.

解　(1) 由于 $1 = \int_{-\infty}^{+\infty}\int_{-\infty}^{+\infty} f(x, y)\mathrm{d}x\mathrm{d}y = c\int_0^1\int_0^1 xy\mathrm{d}x\mathrm{d}y = \frac{c}{4}$，$c = 4$.

(2) 当 $x\leqslant 0$ 或 $y\leqslant 0$ 时，显然 $F(x, y)=0$；当 $x\geqslant 1$，$y\geqslant 1$ 时，显然 $F(x, y)=1$. 当 $0\leqslant x\leqslant 1$，$0\leqslant y\leqslant 1$ 时，有

$$F(x, y)=\int_{-\infty}^{x}\int_{-\infty}^{y}f(u, v)\mathrm{d}u\mathrm{d}v=4\int_{0}^{x}u\mathrm{d}u\int_{0}^{y}v\mathrm{d}v=x^2y^2.$$

当 $0\leqslant x\leqslant 1$，$y>1$ 时，有

$$F(x, y)=P\{X\leqslant x, Y\leqslant 1\}=4\int_{0}^{x}u\mathrm{d}u\int_{0}^{1}y\mathrm{d}y=x^2.$$

最后，当 $x>1$，$0\leqslant y\leqslant 1$ 时，有

$$F(x, y)=P\{X\leqslant 1, Y\leqslant y\}=4\int_{0}^{1}x\mathrm{d}x\int_{0}^{y}v\mathrm{d}v=y^2.$$

函数 $F(x, y)$ 在平面各区域的表达式为（如题 5 图）

$$F(x, y)=\begin{cases}0, & x\leqslant 0 \text{ 或 } y\leqslant 0\\ x^2, & 0\leqslant x\leqslant 1, y>1\\ x^2y^2, & 0\leqslant x\leqslant 1, 0\leqslant y\leqslant 1.\\ y^2, & x>1, 0\leqslant y\leqslant 1\\ 1, & x>1, y>1\end{cases}$$

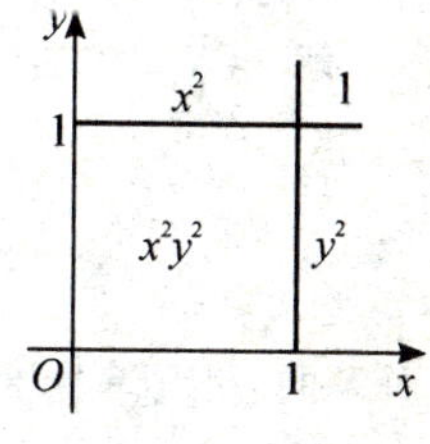

题 5 图

6. 设二维随机变量 (X, Y) 的概率密度为

$$f(x, y)=\begin{cases}4.8y(2-x), & 0\leqslant x\leqslant 1, x\leqslant y\leqslant 1\\ 0, & \text{其它}\end{cases},$$

求边缘概率密度 $f_Y(y)$.

解 $f_X(x)=\int_{-\infty}^{+\infty}f(x, y)\mathrm{d}y$

$$=\begin{cases}\int_{0}^{x}4.8y(2-x)\mathrm{d}y, & 0\leqslant y\leqslant 1\\ 0, & \text{其它}\end{cases}$$

$$=\begin{cases}2.4x^2(4y-y^2), & 0\leqslant y\leqslant 1\\ 0, & \text{其它}\end{cases}.$$

$f_Y(y)=\int_{-\infty}^{+\infty}f(x, y)\mathrm{d}x$

$$=\begin{cases}\int_{y}^{1}4.8y(2-x)\mathrm{d}x, & 0\leqslant y\leqslant 1\\ 0, & \text{其它}\end{cases}$$

$$=\begin{cases}2.4y(3-4y+y^2), & 0\leqslant y\leqslant 1\\ 0, & \text{其它}\end{cases}.$$

7. 已知 (X, Y) 的概率密度函数为

$$f(x, y)=\begin{cases}3x, & 0<x<1, \quad 0<y<x \\ 0, & \text{其它}\end{cases},$$

试求其边缘概率密度函数.

解 $f_X(x)=\int_{-\infty}^{+\infty} f(x, y)\mathrm{d}y=\begin{cases}3x^2, & 0<x<1 \\ 0, & \text{其它}\end{cases},$

$$f_Y(y)=\int_{-\infty}^{+\infty} f(x, y)\mathrm{d}x=\begin{cases}\dfrac{3}{2}(1-y^2), & 0<y<1 \\ 0, & \text{其它}\end{cases}.$$

8. 设 (X, Y) 服从矩形区域 $a\leqslant x\leqslant b$, $c\leqslant y\leqslant d$ 上的均匀分布，求两个边缘概率密度.

解 (X, Y) 的概率密度为

$$f(x, y)=\begin{cases}\dfrac{1}{(b-a)(d-c)}, & a\leqslant x\leqslant b, c\leqslant y\leqslant d \\ 0, & \text{其它}\end{cases},$$

而 X 的边缘概率密度为

$$f_X(x)=\int_{-\infty}^{+\infty} f(x, y)\mathrm{d}y.$$

当 $x<a$ 或 $x>b$ 时，$f(x, y)=0$，从而 $f_X(x)=0$；当 $a\leqslant x\leqslant b$ 时，

$$f_X(x)=\int_c^d \frac{1}{(b-a)(d-c)}\mathrm{d}y=\frac{1}{b-a},$$

于是 $\quad f_X(x)=\begin{cases}\dfrac{1}{b-a}, & a\leqslant x\leqslant b \\ 0, & \text{其它}\end{cases}.$

同理可得 $f_X(y)=\begin{cases}\dfrac{1}{d-c}, & c\leqslant x\leqslant d \\ 0, & \text{其它}\end{cases}.$

即 $X\sim U(a, b)$, $Y\sim U(c, d)$.

9. 某旅客到达火车站的时间 X 均匀分布在早上 7:55～8:00，而火车这段时间开出的时间 Y 的密度函数为 $f_Y(y)=\begin{cases}\dfrac{2(5-y)}{25}, & 0\leqslant y\leqslant 5 \\ 0, & \text{其它}\end{cases}$，求此人能及时上火车的概率.

解 由题意知 X 的密度函数为

$$f_X(x)=\begin{cases}\frac{1}{5}, & 0\leqslant x\leqslant 5\\ 0, & \text{其它}\end{cases}.$$

因为 X 与 Y 相互独立，所以 X 与 Y 的联合密度为：

$$f_{XY}(x,y)=f_X(x)f_Y(y)=\begin{cases}\frac{2(5-y)}{125}, & 0\leqslant y\leqslant 5,\ 0\leqslant x\leqslant 5\\ 0, & \text{其它}\end{cases},$$

故此人能及时上火车的概率为

$$P\{Y>X\}=\int_0^5\int_x^5\frac{2(5-y)}{125}\mathrm{d}y\mathrm{d}x=\frac{1}{3}.$$

10. 设随机变量 (X,Y) 有联合密度

$$p(x,y)=\begin{cases}10\mathrm{e}^{-(2x+5y)} & x>0,\ y>0\\ 0, & \text{其它}\end{cases},$$

试考察随机变量 X 与 Y 的独立性.

解　$p_X(x)=\int_0^{+\infty}10\mathrm{e}^{-(2x+5y)}\mathrm{d}y=2\mathrm{e}^{-2x}\int_0^{+\infty}\mathrm{e}^{-5y}\mathrm{d}(5y)=2\mathrm{e}^{-2x}(x>0)$;

$$p_Y(y)=\int_0^{+\infty}10\mathrm{e}^{-(2x+5y)}\mathrm{d}x=5\mathrm{e}^{-5y}\int_0^{+\infty}\mathrm{e}^{-2x}\mathrm{d}(2x)=5\mathrm{e}^{-5y}(y>0).$$

因此，对于任意 x，y 都有

$$p(x,y)=p_X(x)p_Y(y),$$

所以 X 与 Y 独立.

§11.7　随机变量的数字特征

一、主要知识归纳

1. 随机变量及其函数的数学期望

离散型	设 X 是离散型随机变量，其概率分布为 $P\{X=x_i\}=p_i(i=1,2,\cdots)$，则 (1) 若 $\sum_{i=1}^{\infty}x_ip_i$ 绝对收敛，则定义 $E(X)=\sum_{i=1}^{\infty}x_ip_i$ 为 X 的数学期望； (2) 若 $Y=g(X)$ 且 $E(Y)$ 存在，则定义 $E(Y)=\sum_{i=1}^{\infty}g(x_i)p_i$ 为 Y 的数学期望.

续前表

连续型	设 X 是连续型随机变量，其密度函数为 $f(x)$，则 (1) 若 $\int_{-\infty}^{+\infty} xf(x)\mathrm{d}x$ 绝对收敛，则定义 $E(X)=\int_{-\infty}^{+\infty} xf(x)\mathrm{d}x$ 为 X 的数学期望； (2) 若 $Y=g(X)$ 且 $E(Y)$ 存在，则定义 $E(Y)=\int_{-\infty}^{+\infty} g(x)f(x)\mathrm{d}x$ 为 Y 的数学期望.

2. 数学期望的性质

性质 1　设 C 是常数，则 $E(C)=C$；

性质 2　若 C 是常数，则 $E(CX)=CE(X)$；

性质 3　$E(X+Y)=E(X)+E(Y)$；

注：推广到 n 个随机变量的情形，有 $E\left[\sum_{i=1}^{n} C_iX_i\right]=\sum_{i=1}^{n} C_iE(X_i)$，其中 $C_i(i=1, 2, \cdots, n)$ 是常数.

性质 4　若 X，Y 相互独立，则 $E(XY)=E(X)E(Y)$.

注：推广到 n 个随机变量的情形，有 $E\left[\prod_{i=1}^{n} X_i\right]=\prod_{i=1}^{n} E(X_i)$　(X_1，X_2，$\cdots$，X_n 相互独立).

3. 方差的定义与计算

	方　差
定义	设 X 是一个随机变量，若 $E[X-E(X)]^2$ 存在，则定义 X 的方差为 $D(X)=E[X-E(X)]^2=E(X^2)-[E(X)]^2$.
离散型	若 X 为离散型随机变量，其概率分布为 $P\{X=x_i\}=p_i$，$i=1, 2, \cdots$，则 $D(X)=\sum_{i=1}^{\infty}[x_i-E(X)]^2 p_i$.
连续型	若 X 为连续型随机变量，其概率密度为 $f(x)$，则 $D(X)=\int_{-\infty}^{+\infty}[x-E(X)]^2 f(x)\mathrm{d}x$.

4. 方差的性质

性质 1　设 C 是常数，则 $D(C)=0$；

性质 2　设 X 是随机变量，若 C 是常数，则 $D(CX)=C^2D(X)$；

性质 3　若 X，Y 相互独立，则 $D(X\pm Y)=D(X)+D(Y)$.

二、典型例题分析

例 1　有 0～999 张奖票，每张奖票售价 a 元，奖票号若是 888，则得头等奖

500 元，若尾数是 88，则得二等奖 100 元，若尾数是 8，则得三等奖 1 元，问 a 应为何值时，才能保证抽奖活动的组织者不亏.

解 由题意知，当抽奖者的平均中奖金额不大于购买奖票的金额时，抽奖活动的组织者才不会亏. 故只需求平均中奖金额.

(1) 在 0～999 中，奖票号为 888 的只有 1 个，此时可得头等奖 500 元；

(2) 在 0～999 中，奖票号尾数为 88 的有 88，188，…，788，988，共 9 个，此时可得二等奖 100 元；

(3) 在 0～999 中，奖票号尾数为 8 的有 8，18，…，78，98，108，…，178，198，…，978，998，共 $1+8+9+9+\cdots+9=1+8+9\times9=90$ 个，此时可得三等奖 1 元；

(4) 其它奖票号，可得奖金 0 元.

设 X 为一次抽奖的中奖金额，则 X 的分布律为

X	500	100	1	0
p	1/1 000	9/1 000	90/1 000	900/1 000

从而

$$E(X)=500\times\frac{1}{1\,000}+100\times\frac{9}{1\,000}+1\times\frac{90}{1\,000}+0\times\frac{900}{1\,000}=1.49.$$

这就是说，当售价 $a\geqslant1.49$ 元时，才能保证抽奖活动的组织者不亏.

例 2 某工厂生产一种灯泡，其寿命 X(单位：年) 服从参数为 $\frac{1}{4}$ 的指数分布. 工厂规定售出的产品在一年内损坏可以调换. 已知售出一个产品若在一年内不损坏，工厂可获利 100 元，若在一年内损坏，调换一个产品，工厂净损失 300 元. 试求该厂售出一个产品平均可获利多少元?

解 方法一 设该厂售出一个产品获利为 Y(单位：元)，则由题意知，

$$Y=\begin{cases}100, & X>1\\ -300, & X\leqslant1\end{cases}.$$

又 X 服从参数为 $\frac{1}{4}$ 的指数分布，即 X 的概率密度为 $f(x)=\frac{1}{4}\mathrm{e}^{-1/4x}$，$x>0$.

由随机变量函数的数学期望定义知

$$\begin{aligned}E(Y)&=\int_{-\infty}^{+\infty}g(x)f(x)\mathrm{d}x\\&=\int_{1}^{+\infty}100\times\frac{1}{4}\mathrm{e}^{-1/4x}\mathrm{d}x+\int_{0}^{1}(-300)\times\frac{1}{4}\mathrm{e}^{-1/4x}\mathrm{d}x\\&=400\mathrm{e}^{-1/4}-300.\end{aligned}$$

方法二　先求售出一个产品获利 Y(单位：元) 的分布律，由题意得，

$$P\{Y=100\}=P\{X>1\}=\int_1^{+\infty}\frac{1}{4}e^{-1/4x}dx=e^{-1/4},$$

$$P\{Y=-300\}=P(X\leqslant 1)=\int_0^1\frac{1}{4}e^{-1/4x}dx=1-e^{-1/4}.$$

则 Y 的分布律为

Y	100	-300
p	$e^{-1/4}$	$1-e^{-1/4}$

从而由数学期望的定义得

$$E(Y)=100\times e^{-1/4}+(-300)\times(1-e^{-1/4})=400e^{-1/4}-300.$$

小结：对数学期望计算，可以直接应用其定义，也可以应用随机变量函数的数字期望的定义，这要根据具体情况选择简单的求解方法.

例 3　从学校乘汽车到火车站的途中有三个交通岗，设在各交通岗遇到的红灯的事件是相互独立的，其概率均为$\frac{2}{5}$，用 X 表示途中遇到的红灯的次数，求 X 的分布律，分布函数，数学期望及方差.

解　(1) 由题意知，这是一个伯努利试验问题，$X\sim B\left(3,\frac{2}{5}\right)$，且

$$P\{X=0\}=C_3^0\left(\frac{3}{5}\right)^3=\frac{27}{125},\ P\{X=1\}=C_3^1\frac{2}{5}\times\left(\frac{3}{5}\right)^2=\frac{54}{125},$$

$$P\{X=2\}=C_3^2\left(\frac{2}{5}\right)^2\times\frac{3}{5}=\frac{36}{125},\ P\{X=3\}=C_3^3\left(\frac{2}{5}\right)^3=\frac{8}{125}.$$

故 X 的分布律为

X	0	1	2	3
p	27/125	54/125	36/125	8/125

(2) 设 X 的分布函数为 $F(x)=P\{X\leqslant x\}$，则

当 $x<0$ 时，$F(x)=P\{X\leqslant x\}=0$，

当 $0\leqslant x<1$ 时，$F(x)=P\{X=0\}=\frac{27}{125}$，

当 $1\leqslant x<2$ 时，$F(x)=P\{X=0\}+P\{X=1\}=\frac{27}{125}+\frac{54}{125}=\frac{81}{125}$，

当 $2\leqslant x<3$ 时，$F(x)=P\{X=0\}+P\{X=1\}+P\{X=2\}=\frac{27}{125}+\frac{54}{125}+\frac{36}{125}=\frac{117}{125}$，

当 $x\geqslant 3$ 时，$F(x)=P\{X=0\}+P\{X=1\}+P\{X=2\}+P\{X=3\}=1.$

故 X 的分布函数为

$$F(x)=\begin{cases}0, & x<0\\ \frac{27}{125}, & 0\leqslant x<1\\ \frac{81}{125}, & 1\leqslant x<2.\\ \frac{117}{125}, & 2\leqslant x<3\\ 1, & x\geqslant 3\end{cases}$$

(3) $E(X)=\sum_i x_i p_i=0\times\frac{27}{125}+1\times\frac{54}{125}+2\times\frac{36}{125}+3\times\frac{8}{125}=\frac{6}{5}.$

$$E(X^2)=\sum_i x_i^2 p_i=0^2\times\frac{27}{125}+1^2\times\frac{54}{125}+2^2\times\frac{36}{125}+3^2\times\frac{8}{125}=\frac{54}{25},$$

$$D(X)=E(X^2)-[E(X)]^2=\frac{18}{25}.$$

小结：将生活中的实际问题转化为数学语言加以解决，是我们学习《概率统计》这门课的重要意义. 伯努利概型的特点是：事件 A 在每次试验中发生的概率均为 p，且不受其他各次试验中 A 是否发生的影响.

例 4　设随机变量 X_1，X_2，X_3 相互独立，其中 X_1 服从 $[0, 1]$ 上的均匀分布，X_2 服从正态分布 $N(0, 2^2)$，X_3 服从参数为 $\lambda=3$ 的泊松分布，求 $E[(X_1-2X_2+3X_3)^2]$.

解　由于 $X_1\sim U[0, 1]$，$X_2\sim N(0, 2^2)$，$X_3\sim p(3)$，则

$$E(X_1)=\frac{1}{2}, E(X_2)=0, E(X_3)=3$$

$$D(X_1)=\frac{1}{12}, D(X_2)=4, D(X_3)=3$$

又由于 X_1，X_2，X_3 相互独立，则由数学期望及方差的性质知，

$$E(X_1-2X_2+3X_3)=E(X_1)-2E(X_2)+3E(X_3)=\frac{19}{2},$$

$$D(X_1-2X_2+3X_3)=D(X_1)+4D(X_2)+9D(X_3)=\frac{517}{12},$$

故

$$E[(X_1-2X_2+3X_3)^2]=D(X_1-2X_2+3X_3)+[E(X_1-2X_2+3X_3)]^2=\frac{400}{3}.$$

小结：充分灵活地利用数字特征的性质及方差的简化计算公式，能大大化简求解过程. 解题过程中要熟记常用分布的数字特征.

例 5　设随机变量 X 的分布律为

X	α	0	β
p	0.4	r	0.1

且 $E(X)=0$，$D(X)=2$，试求待定系数 α，β，r，其中 $\alpha<\beta$.

解　由离散型随机变量分布律的性质得 $1=0.4+r+0.1\Rightarrow r=0.5$.
又由数学期望与方差的定义得

$$E(X)=0=0.4\alpha+0\times0.5+0.1\beta\Rightarrow0.4\alpha+0.1\beta=0\Rightarrow\beta=-4\alpha,$$
$$D(X)=2=0.4(\alpha-0)^2+0.5\times(0-0)^2+0.1(\beta-0)^2\Rightarrow0.4\alpha^2+0.1\beta^2=2,$$

解得　$\alpha=\pm1$，$\beta=\mp4$.
又 $\alpha<\beta$，故 $\alpha=-1$，$\beta=4$，$r=0.5$.

小结：随机变量的分布律（或概率密度）的性质、数学期望和方差的定义在确定待定系数的题目中经常用到，要灵活掌握三者之间的相互转化关系.

三、习题 11—7 解答

1. 设随机变量 X 服从泊松分布，且 $P\{X=1\}=P\{X=2\}$，求 $E(X)$，$D(X)$.

解　由题设知，X 的分布律为

$$P\{X=k\}=\frac{\lambda^k}{k!}e^{-\lambda}\quad(\lambda>0),$$

由 $P\{X=1\}=P\{X=2\}$，得

$$\frac{\lambda^1}{1!}e^{-\lambda}=\frac{\lambda^2}{2!}e^{-\lambda},$$

即　$\lambda^2-2\lambda=0$，
解得　$\lambda=0$（舍去），$\lambda=2$.
所以　$E(X)=2$，$D(X)=2$.

2. 下列命题中错误的是（　　）.

(A) 若 $X\sim P(\lambda)$，则 $E(X)=D(X)=\lambda$；

(B) 若 X 服从参数为 λ 的指数分布，则 $E(X)=D(X)=\frac{1}{\lambda}$；

(C) 若 $X\sim B(1,\theta)$，则 $E(X)=\theta$，$D(X)=\theta(1-\theta)$；

(D) 若 X 服从区间 $[a,b]$ 上的均匀分布，则 $E(X^2)=\frac{a^2+ab+b^2}{3}$.

解　应选 (B).

$E(X)=\lambda$, $D(X)=\lambda^2$.

3. 若 $X_i \sim N(\mu_i, \sigma_i^2)(i=1, 2, \cdots, n)$，且 $X_1, X_2, \cdots, X_n$ 相互独立，则 $Y=\sum_{i=1}^{n}(a_iX_i+b_i)$ 服从的分布是________.

解 应填 $N\left(\sum_{i=1}^{n}(a_i\mu_i+b_i), \sum_{i=1}^{n}a_i^2\sigma_i^2\right)$.

由多维随机变量函数的分布知：

有限个相互独立的正态随机变量的线性组合仍然服从正态分布，且

$$E(Y)=\sum_{i=1}^{n}(a_i\mu_i+b_i),\ D(Y)=\sum_{i=1}^{n}a_i^2\sigma_i^2.$$

4. 设随机变量 X 服从泊松分布，且

$$3P\{X=1\}+2P\{X=2\}=4P\{X=0\},$$

求 X 的期望与方差.

解 X 的分布律为

$$P\{X=k\}=\frac{\lambda^k}{k!}e^{-\lambda},\ k=0, 1, 2, \cdots,$$

于是由已知条件得

$$3\times\frac{\lambda^1}{1!}e^{-\lambda}+2\times\frac{\lambda^2}{2!}e^{-\lambda}=4\times\frac{\lambda^0}{0!}e^{-\lambda},$$

即 $\lambda^2+3\lambda-4=0$,

解之得 $\lambda=-4$(舍), $\lambda=1$,

故 $E(X)=\lambda=1$, $D(X)=\lambda=1$.

5. 设甲、乙两家灯泡厂生产的灯泡的寿命（单位:小时）X 和 Y 的分布律分别为

X	900	1 000	1 100
p_i	0.1	0.8	0.1

，

Y	950	1 000	1 050
p_i	0.3	0.4	0.3

，

试问哪家工厂生产的灯泡质量较好？

解 哪家工厂的灯泡寿命期望值大，哪家的灯泡质量就好.

由期望的定义有

$$E(X)=900\times0.1+1\,000\times0.8+1\,100\times0.1=1\,000,$$
$$E(Y)=950\times0.3+1\,000\times0.4+1\,050\times0.3=1\,000.$$

今两厂灯泡的期望值相等：

$$E(X)=E(Y)=1\,000,$$

即甲、乙两厂的生产水平相当，需要进一步考察哪家工厂灯泡的质量比较稳定，即看哪家工厂的灯泡的寿命取值更集中一些，这就需要比较其方差，方差小的，寿命值较稳定，灯泡质量较好. 由方差的定义式得

$$D(X)=(900-1\,000)^2\times0.1+(1\,000-1\,000)^2\times0.8+(1\,100-1\,000)^2\times0.1$$
$$=2\,000,$$
$$D(Y)=(950-1\,000)^2\times0.3+(1\,000-1\,000)^2\times0.4+(1\,050-1\,000)^2\times0.3$$
$$=1\,500.$$

因 $D(X)>D(Y)$，故乙厂生产的灯泡质量较甲厂稳定.

6. 设随机变量 X 服从参数为 p 的 0—1 分布，求 $E(X)$.

解　依题意，X 的分布律为

X	0	1
P	$1-p$	p

由 $E(X)=\sum\limits_{i=1}^{\infty}x_ip_i$，有

$$E(X)=0\cdot(1-p)+1\cdot p=p.$$

7. 某产品的次品率为 0.1，检验员每天检验 4 次，每次随机地取 10 件产品进行检验，如发现其中的次品数多于 1，就去调整设备. 以 X 表示一天中调整设备的次数，试求 $E(X)$.（设诸产品是否为次品是相互独立的.）

解　X 的可能取值为 0，1，2，3，4，且知 $X\sim b(4,\ p)$，其中

$$p=P\{\text{调整设备}\}=1-C_{10}^{1}\times0.1\times0.9^9-0.9^{10}=0.263\,9,$$

所以　$E(X)=4\times p=4\times0.263\,9=1.055\,6.$

8. 据统计，一位 60 岁的健康（一般体检未发生病症）者，在 5 年之内仍然活着和自杀死亡的概率为 $p(0<p<1,\ p$ 为已知)，在 5 年之内非自杀死亡的概率为 $1-p$，保险公司开办 5 年人寿保险，条件是参加者需交纳人寿保险费 a 元（a 已知)，若 5 年内死亡，公司赔偿 b 元（$b>a$)，应如何确定 b 才能使公司可期望获益？若有 m 人参加保险，公司可期望从中收益多少？

解　令 X="从一个参保人身上所得的收益"，则 X 的概率分布为：

X	a	$a-b$
p_k	p	$1-p$

$\therefore$　$E(X)=ap+(a-b)(1-p)=a-b(1-p)>0,$

即 $a<b<\dfrac{a}{1-p}$ 才能使公司可期望获益.

对于 m 个人，有 $E(mX)=mE(X)=ma-mb(1-p)$.

9. 对任意随机变量 X，若 $E(X)$ 存在，则 $E\{E[E(X)]\}$ 等于________.

解 由数学期望的性质 1 及 $E(X)$ 为一常数知

$$E\{E[E(X)]\}=E[E(X)]=E(X).$$

10. 设随机变量 X 的分布律为

X	-2	0	2
p_i	0.4	0.3	0.3

，

求 $E(X)$，$E(X^2)$，$E(3X^2+5)$.

解 $E(X)=-2\times0.4+2\times0.3=-0.2$，

$E(X^2)=(-2)^2\times0.4+2^2\times0.3=2.8$，

$$E(3X^2+5)=[3\times(-2)^2+5]\times0.4+(3\times0^2+5)\times0.3+(3\times2^2+5)\times0.3=13.4.$$

11. 设连续型随机变量 X 的概率密度为

$$f(x)=\begin{cases}kx^a, & 0<x<1\\ 0, & \text{其它}\end{cases},$$

其中 k，$a>0$，又已知 $E(X)=0.75$，求 k，a 的值.

解 $\because \int_{-\infty}^{+\infty}f(x)\mathrm{d}x=1,\ \int_{-\infty}^{+\infty}xf(x)\mathrm{d}x=0.75,$

$\therefore$ $\int_0^1 kx^a\mathrm{d}x=1,\ \int_0^1 x\cdot kx^a\mathrm{d}x=0.75,$

即 $\dfrac{k}{a+1}x^{a+1}\Big|_0^1=1,\ \dfrac{k}{a+2}x^{a+2}\Big|_0^1=0.75,$

即 $\begin{cases}\dfrac{k}{a+1}=1\\ \dfrac{k}{a+2}=0.75\end{cases},$

$\therefore k=3,\ a=2.$

12. 设随机变量 X 的概率密度为

$$f(x)=\begin{cases}\mathrm{e}^{-x}, & x>0\\ 0, & x\leqslant 0\end{cases},$$

求：(1) $Y=2X$ 的数学期望；

(2) $Y=\mathrm{e}^{-2X}$ 的数学期望.

解　(1) $E(Y)=E(2X)=\int_{-\infty}^{+\infty}2xf(x)\mathrm{d}x=\int_{0}^{+\infty}2x\mathrm{e}^{-x}\mathrm{d}x=2.$

(2) $E(\mathrm{e}^{-2X})=\int_{-\infty}^{+\infty}\mathrm{e}^{-2x}f(x)\mathrm{d}x=\int_{0}^{+\infty}\mathrm{e}^{-3x}\mathrm{d}x=\dfrac{1}{3}.$

13. 5 家商店联营，它们每两周售出的某种农产品的数量（以 kg 计）分别为 X_1，X_2，X_3，X_4，X_5. 已知 $X_1\sim N(200,\ 225)$，$X_2\sim N(240,\ 240)$，$X_3\sim N(180,\ 225)$，$X_4\sim N(260,\ 265)$，$X_5\sim N(320,\ 270)$，X_1，X_2，X_3，X_4，X_5 相互独立.

(1) 求 5 家商店两周的总销售量的均值和方差；

(2) 商店每隔两周进货一次，为了使新的供货到达前商店不会脱销的概率大于 0.99，问商店的仓库应至少储存该产品多少千克?

解　(1) 设总销售量为 X，由题设条件知

$$X=X_1+X_2+X_3+X_4+X_5,$$

于是

$$E(X)=\sum_{i=1}^{5}E(X_i)=200+240+180+260+320=1\,200,$$

$$D(X)=\sum_{i=1}^{5}D(X_i)=225+240+225+265+270=1\,225.$$

(2) 设商店的仓库应至少储存 y 千克该产品，为使

$$P\{X\leqslant y\}>0.99,$$

求 y. 由 (1) 易知，$X\sim N(1\,200,\ 1\,225)$，

$$P\{X\leqslant y\}=P\left\{\frac{X-1\,200}{\sqrt{1\,225}}\leqslant\frac{y-1\,200}{\sqrt{1\,225}}\right\}=\Phi\left(\frac{y-1\,200}{\sqrt{1\,225}}\right)>0.99.$$

查标准正态分布表得　$\dfrac{y-1\,200}{\sqrt{1\,225}}=2.33,$

$$y=2.33\times\sqrt{1\,225}+1\,200\approx1\,282(\mathrm{kg}).$$

14. 细菌有一个有意思的现象是会发生“倒转”，即对同一妇女在两个不同时间点上测量细菌情况，结果不会总是相同. 在时间 0 时检测有细菌的妇女中，在时间 1（1 年后）时检测仅 20%的有细菌；反之，在时间 0 时检测没有细菌的妇女中，约 4.2%的妇女在时间 1 时检测有细菌，以 X 代表一个妇女在 2 次检测中有细菌的事件次数的随机变量，假设一个妇女在任何时间的检测中，细菌呈阳性的概率都是 5%.

(1) 求 X 的概率分布；(2) 求 X 的均值；(3) 求 X 的方差.

解　(1) 设 $X_i=\begin{cases}1, & \text{第 } i \text{ 次检测有细菌}\\ 0, & \text{第 } i \text{ 次检测没有细菌}\end{cases}$，$i=1,\ 2,$

根据题意知 $X=X_1+X_2$，则

$$P(X=0)=P(X_1=0,\ X_2=0)=P(X_1=0)P(X_2=0|X_1)$$
$$=0.95\times0.958=0.9101)$$
$$P(X=1)=P(X_1=1,\ X_2=0)+P(X_1=0,\ X_2=1)$$
$$=P(X_1=1)P(X_2=0|X_1=1)+P(X_1=0)P(X_2=1|X_1=0)$$
$$=0.05\times0.8+0.95\times0.042=0.0799.$$
$$P(X=2)=P(X_1=1,\ X_2=1)=P(X_1=1)P(X_2=1|X_1=1)$$
$$=0.05\times0.20=0.01.$$

故 X 的分布律为

X	0	1	2
p	0.910 1	0.079 9	0.01

.

(2) $EX=0\times0.9101+1\times0.0799+2\times0.01=0.0999.$

(3) $EX^2=1\times0.0799+4\times0.01=0.1199,$

$DX=EX^2-(EX)^2=0.1099.$

§11.8 大数定理与中心极限定理简介

一、主要知识归纳

表 11—8—1　　大数定理与中心极限定理

切比雪夫不等式	设随机变量 X 有期望 $E(X)=\mu$ 和方差 $D(X)=\sigma^2$，则对 $\forall\varepsilon$ $(\varepsilon>0)$，有 $$P\{\|X-\mu\|\geqslant\varepsilon\}\leqslant\frac{\sigma^2}{\varepsilon^2}\text{ 或 }P\{\|X-\mu\|<\varepsilon\}\geqslant1-\frac{\sigma^2}{\varepsilon^2}.$$
切比雪夫大数定律	设 $X_1,X_2,\cdots,X_n$ 是两两不相关的随机变量序列，它们的期望和方差均存在，且 $\exists$ 常数 K，使 $D(X_i)\leqslant K$，$i=1,2,\cdots$，则对 $\forall\varepsilon$ $(\varepsilon>0)$，有 $$\lim_{n\to\infty}P\left\{\left\|\frac{1}{n}\sum_{i=1}^{n}X_i-\frac{1}{n}\sum_{i=1}^{n}E(X_i)\right\|<\varepsilon\right\}=1.$$
伯努利大数定律	设 n_A 是 n 重伯努利试验中事件 A 发生的次数，p 是事件 A 在每次试验中发生的概率，则对 $\forall\varepsilon$ $(\varepsilon>0)$，有 $$\lim_{n\to\infty}P\left\{\left\|\frac{n_A}{n}-p\right\|<\varepsilon\right\}=1.$$

续前表

林德伯格-勒维中心极限定理	设随机变量序列 $X_1, X_2, \cdots, X_n$ 独立同分布，且 $E(X_i)=\mu$，$D(X_i)=\sigma^2$，$i=1, 2, \cdots, n$，则 $$\lim_{n\to\infty}P\left\{\frac{\sum_{i=1}^{n}X_i-n\mu}{\sigma\sqrt{n}}\leqslant x\right\}=\int_{-\infty}^{x}\frac{1}{\sqrt{2\pi}}e^{-t^2/2}dt.$$
棣莫佛-拉普拉斯中心极限定理	设随机变量 Y_n 服从参数为 n，$p(0<p<1)$ 的二项分布，则对 $\forall x$，有 $$\lim_{n\to\infty}P\left\{\frac{Y_n-np}{\sqrt{np(1-p)}}\leqslant x\right\}=\int_{-\infty}^{x}\frac{1}{\sqrt{2\pi}}e^{-t^2/2}dt.$$

二、典型例题分析

例 1　设随机事件 A 在第 i 次独立试验中发生的概率为 p_i，$i=1, 2, \cdots, n$. m 表示事件 A 在 n 次试验中发生的次数，则对于任意正数 ε $(\varepsilon>0)$，证明

$$\lim_{n\to\infty}P\left(\left|\frac{m}{n}-\frac{1}{n}\sum_{i=1}^{n}p_i\right|<\varepsilon\right)=1.$$

证　记

$$X_i=\begin{cases}1, & \text{第 } i \text{ 次试验中 } A \text{ 发生}\\ 0, & \text{第 } i \text{ 次试验中 } A \text{ 不发生}\end{cases}.$$

由于　$E(X_i)=p_i$，$D(X_i)=p_i(1-p_i)<1$，$i=1, 2, \cdots, n$，

故　$E\left(\frac{1}{n}\sum_{i=1}^{n}X_i\right)=\frac{1}{n}\sum_{i=1}^{n}p_i$，$D\left(\frac{1}{n}\sum_{i=1}^{n}X_i\right)=\frac{1}{n^2}\sum_{i=1}^{n}p_i(1-p_i)<\frac{1}{n}$，

从而由切比雪夫不等式，得

$$P\left(\left|\frac{1}{n}\sum_{i=1}^{n}X_i-E\left(\frac{1}{n}\sum_{i=1}^{n}X_i\right)\right|<\varepsilon\right)\geqslant 1-\frac{1}{\varepsilon^2}D\left(\frac{1}{n}\sum_{i=1}^{n}X_i\right),$$

即有

$$1\geqslant P\left(\left|\frac{m}{n}-\frac{1}{n}\sum_{i=1}^{n}p_i\right|<\varepsilon\right)\geqslant 1-\frac{1}{\varepsilon^2}D\left(\frac{1}{n}\sum_{i=1}^{n}X_i\right)>1-\frac{1}{n\varepsilon^2},$$

所以

$$\lim_{n\to\infty}P\left(\left|\frac{m}{n}-\frac{1}{n}\sum_{i=1}^{n}p_i\right|<\varepsilon\right)=1.$$

小结： 这实际上是切比雪夫大数定律在 n 个独立的 0—1 分布中的应用. 通

常情况下我们把比较复杂的表示总试验次数的随机变量 X 分解成 n 个比较简单的随机变量 X_i 之和 $X=\sum_{i=1}^{n}X_i$，进而可根据随机变量数字特征的性质易于求出 X 的数学期望和方差.

例 2 某市有 50 个无线寻呼台，每个寻呼台在每分钟内收到的电话呼叫次数服从参数为 $\lambda=0.05$ 的泊松分布. 求该市某时刻一分钟内的呼叫次数的总和大于 3 次的概率.

解 设随机变量 $X_i(i=1,2,\cdots,50)$ 表示第 i 个寻呼台在给定时刻一分钟内收到的呼叫次数. 则该市在给定时刻一分钟内的呼叫总次数为 $X=\sum_{i=1}^{50}X_i$. 由题意知，随机变量序列 $X_1, X_2, \cdots, X_{50}$ 独立同分布于泊松分布，且

$$E(X_i)=\lambda=0.05,\quad D(X_i)=\lambda=0.05,\quad i=1,2,\cdots,50.$$

则由林德伯格-勒维中心极限定理知，随机变量 X 近似服从正态分布 $N(n\lambda, n\lambda)$，即 $X\sim N(2.5, 2.5)$. 从而

$$\begin{aligned}P\{X>3\}&=P\left\{\frac{X-2.5}{\sqrt{2.5}}>\frac{3-2.5}{\sqrt{2.5}}\right\}=1-\Phi(\sqrt{0.1})\\&\approx 1-\Phi(0.3162)=1-0.6255=0.3745.\end{aligned}$$

即该市某时刻一分钟内的呼叫次数的总和大于 3 的概率约为 0.374 5.

小结：中心极限定理得到的极限运算等式

$$\lim_{n\to\infty}P\left\{\frac{Y_n-n\mu}{\sigma\sqrt{n}}\leqslant x\right\}=\int_{-\infty}^{x}\frac{1}{\sqrt{2\pi}}e^{-t^2/2}dt,$$

实际上说明随机变量 Y_n 近似服从于 $N(n\mu, n\sigma^2)$，其中 $E(Y_n)=n\mu$，$D(Y_n)=n\sigma^2$.

利用中心极限定理求概率时：(1) 要构造一串独立同分布且期望和方差已知的随机变量；(2) 将所求事件的概率转化为这一串随机变量之和 X 在某一区间内取值的概率；(3) 用正态分布的概率计算公式求之.

三、习题 11—8 解答

1. 一颗骰子连续掷 4 次，点数总和记为 X，试估计

$P\{10<X<18\}$.

解 记 X_i 为掷一骰子出现的点数，则 X_i 的分布为

X_i	1	2	3	4	5	6
p_i	1/6	1/6	1/6	1/6	1/6	1/6

.

$$E(X_i)=\frac{1}{6}(1+2+3+4+5+6)=3.5,$$

$$E(X_i^2)=\frac{1}{6}(1+4+9+16+25+36)=\frac{91}{6},$$

$$D(X_i)=E(X_i^2)-[E(X_i)]^2=\frac{91}{6}-\frac{49}{4}=\frac{35}{12},$$

一颗骰子连续掷 4 次，点数总和

$$X=\sum_{i=1}^{4}X_i,\ E(X)=\sum_{i=1}^{4}E(X_i)=4\times3.5=14,$$

$$D(X)=\sum_{i=1}^{4}D(X_i)=4\times\frac{35}{12}=\frac{35}{3},$$

于是
$$P\{10<X<18\}=P\{10-14<X-14<18-14\}$$
$$=P\{|X-14|<4\}\geqslant1-\frac{1}{16}\times\frac{35}{3}\approx0.271.$$

2. 从某厂产品中任取 200 件，检查结果发现其中有 4 件废品，我们能否相信该产品的废品率不超过 0.005?

解　若该工厂的废品率不大于 0.005，则检查 200 件产品中发现 4 件废品的概率应该不大于

$$p=C_{200}^{4}\times0.005^4\times0.995^{196},$$

则用泊松定理作近似计算

$$\lambda=200\times0.005=1,$$

即
$$p\approx\frac{1^4e^{-1}}{4!}=0.0153.$$

这一概率很小，根据实际推断原理，这一小概率事件实际上不太会发生，故不能相信该工厂的废品率不超过 0.005.

3. 一保险公司有 10 000 人投保，每人每年付 12 元保险费，已知一年内投保人死亡率为 0.006，如死亡，公司付给死者家属 1 000 元，求：

(1) 保险公司年利润为 0 的概率；

(2) 保险公司年利润不少于 60 000 元的概率.

解　令 X="一年内死亡的人数"，则 $X\sim b(10\,000,\ 0.006)$，公司利润为

$$L=10\,000\times12-1\,000X.$$

(1) $P\{L=0\}=P\{10\,000\times 12-1\,000X=0\}=P\{X=120\}\approx 0.$

(2) $P\{L\geqslant 60\,000\}=P\{10\,000\times 12-1\,000X\geqslant 60\,000\}$

$$=P\{X\leqslant 60\}\approx\Phi\left(\frac{60-10\,000\times 0.006}{\sqrt{10\,000}\times 0.006\times 0.994}\right)=0.5.$$

4. 某城市的市民在一年里遭遇交通事故的概率达到千分之一，为此，一家保险公司决定在这个城市新开一种交通事故险，每个投保人每年缴付 18 元保险费，一旦发生事故，将得到 1 万元的赔偿，经调查，预计有 10 万人购买这种保险，假设其它成本为 40 万元，问保险公司亏本的概率有多大？平均利润是多少？

解 设 X 表示遭遇交通事故的人数，则 $X\sim b(10^5,0.001)$，从而

$$E(X)=100,\ D(X)=99.9,$$

于是保险公司亏本的概率为

$$P\{X>180-40\}=P\left\{\frac{X-E(X)}{\sqrt{D(X)}}>\frac{140-100}{\sqrt{99.9}}\right\}$$

$$\approx 1-\Phi\left(\frac{40}{9.995}\right)=1-\Phi(4.002)$$

$$=1-0.999\,97=0.000\,03;$$

又保险公司的利润 $Y=180-40-X$（万元），故保险公司的平均利润为

$$E(Y)=E(140-X)=140-E(X)=40(\text{万元}).$$

5. 一部件包括 10 部分，每部分的长度是一个随机变量，它们相互独立，服从同一分布，其数学期望为 2mm，均方差为 0.05mm，规定总长度为 (20±0.1)mm 时产品合格，试求产品合格的概率.

解 设各部分长度为 $X_i(i=1,2,\cdots,10)$，总长度

$$Z=\sum_{i=1}^{10}X_i.$$

已知 $E(X_i)=2$，$D(X_i)=(0.05)^2$，则依题意，并用林德伯格-勒维定理得产品合格的概率为

$$P\{20-0.1\leqslant Z\leqslant 20+0.1\}=P\left\{\frac{-0.1}{0.05\sqrt{10}}\leqslant\frac{Z-2\times 10}{0.05\sqrt{10}}\leqslant\frac{0.1}{0.05\sqrt{10}}\right\}$$

$$\approx\Phi(0.63)-\Phi(-0.63)$$

$$=2\Phi(0.63)-1=2\times 0.735\,7-1$$

$$=0.471\,4.$$

6. 某商店负责供应某地区 1 000 人所需的商品，某种商品在一段时间内每人需用一件的概率为 0.6，假定在这一段时间各人购买与否彼此无关，问商店应预备多少件这种商品，才能以 99.7%的概率保证不会脱销（假定该商品在某一段时间内每人最多可以买一件）.

解　假定 1 000 人中需要该商品的人数为 X，则

$$X \sim b(1\,000, 0.6).$$

由拉普拉斯定理

$$P\{X<k\}=\Phi\left(\frac{k-1\,000\times 0.6}{\sqrt{1\,000\times 0.6\times 0.4}}\right)\geqslant 0.997,$$

查表得　$\dfrac{k-600}{\sqrt{240}}=2.75,$

从而　　$k=643.$

7. 一食品店有三种蛋糕出售，由于售出哪一种蛋糕是随机的，因而，售出一块蛋糕的价格是一个随机变量，它取 1（元），1.2（元），1.5（元）各个值的概率分别为 0.3，0.2，0.5. 某天售出 300 块蛋糕.

(1) 求这天的收入至少为 400（元）的概率；

(2) 求这天售出价格为 1.2（元）的蛋糕多于 60 块的概率.

解　(1) 设 X 表示售出的蛋糕的价格.

由于

X_i	1	1.2	1.5
p_i	0.3	0.2	0.5

，$i=1, 2, \cdots, 300$，所以

$$E(X_i)=1\times 0.3+1.2\times 0.2+1.5\times 0.5=1.29,$$

$$\begin{aligned}D(X_i)&=E(X_i^2)-[E(X_i)]^2\\&=0.3+1.2^2\times 0.2+1.5^2\times 0.5-1.29^2\\&=0.05.\end{aligned}$$

令 $S=\sum\limits_{i=1}^{300}X_i$，则所求概率为

$$\begin{aligned}P\{S\geqslant 400\}&=P\left\{\frac{S-300\times 1.29}{\sqrt{300\times 0.05}}\geqslant\frac{400-300\times 1.29}{\sqrt{300\times 0.05}}\right\}\\&\approx 1-\Phi\left(\frac{13}{3.87}\right)=1-\Phi(3.36)\\&=1-0.999\,7=0.000\,3.\end{aligned}$$

(2) 设 $Y_i=\begin{cases}1, & \text{第 } i \text{ 块蛋糕为 1.2 元}\\0, & \text{其它}\end{cases}$，$i=1, 2, \cdots, 300.$

记 $Y=\sum_{i=1}^{300}Y_i$，且 $Y\sim b(300,0.2)$，因为

$$P\{Y_i=1\}=0.2=p,$$

所以所求概率为

$$\begin{aligned}P\{Y>60\}&=1-\{Y\leqslant 60\}\\&=1-P\left\{\frac{Y-300\times 0.2}{\sqrt{300\times 0.2\times 0.8}}\leqslant\frac{60-60}{\sqrt{300\times 0.2\times 0.8}}\right\}\\&\approx 1-\Phi(0)=1-0.5=0.5.\end{aligned}$$

8. 有一批建筑房屋用的木柱，其中 80%的长度不小于 3m，现从这批木柱中随机地取出 100 根，问其中至少有 30 根短于 3m 的概率是多少？

解 设 X 表示从 100 根中取出的短于 3m 的木柱数，则

$$X\sim b(100,0.2),\ EX=20,\ DX=16$$

由中心极限定理得，

$$\begin{aligned}P\{X\geqslant 30\}&=P\left\{\frac{X-20}{\sqrt{16}}<\frac{30-20}{\sqrt{16}}\right\}\\&\approx 1-\Phi(2.5)\\&=0.0062.\end{aligned}$$

9. 根据孟德尔遗传理论，红、黄两种番茄杂交第二代红果植株和黄果植株的比例为 3∶1. 现在种植杂交种 400 株，试求黄果植株在 84 和 117 之间的概率.

解 设 $X_i=\begin{cases}1, & \text{第 } i \text{ 植株为黄果植株}\\0, & \text{第 } i \text{ 植株为红果植株}\end{cases}, i=1,2,\cdots,400,$

则 $X=\sum_{i=1}^{400}X_i$.

根据题意知 $X\sim b(400,1/4)$，则 $EX=100$，$DX=75$，由棣莫佛-拉普拉斯定理得

$$\begin{aligned}P(84<X<117)&=P\left(\frac{-16}{\sqrt{75}}<\frac{X-100}{\sqrt{75}}<\frac{17}{\sqrt{75}}\right)\\&\approx\Phi\left(\frac{17}{\sqrt{75}}\right)-\Phi\left(\frac{-16}{\sqrt{75}}\right)\\&=\Phi(1.963)-1+\Phi(1.848)=0.9428.\end{aligned}$$

本章小结

一、本章知识点网络图

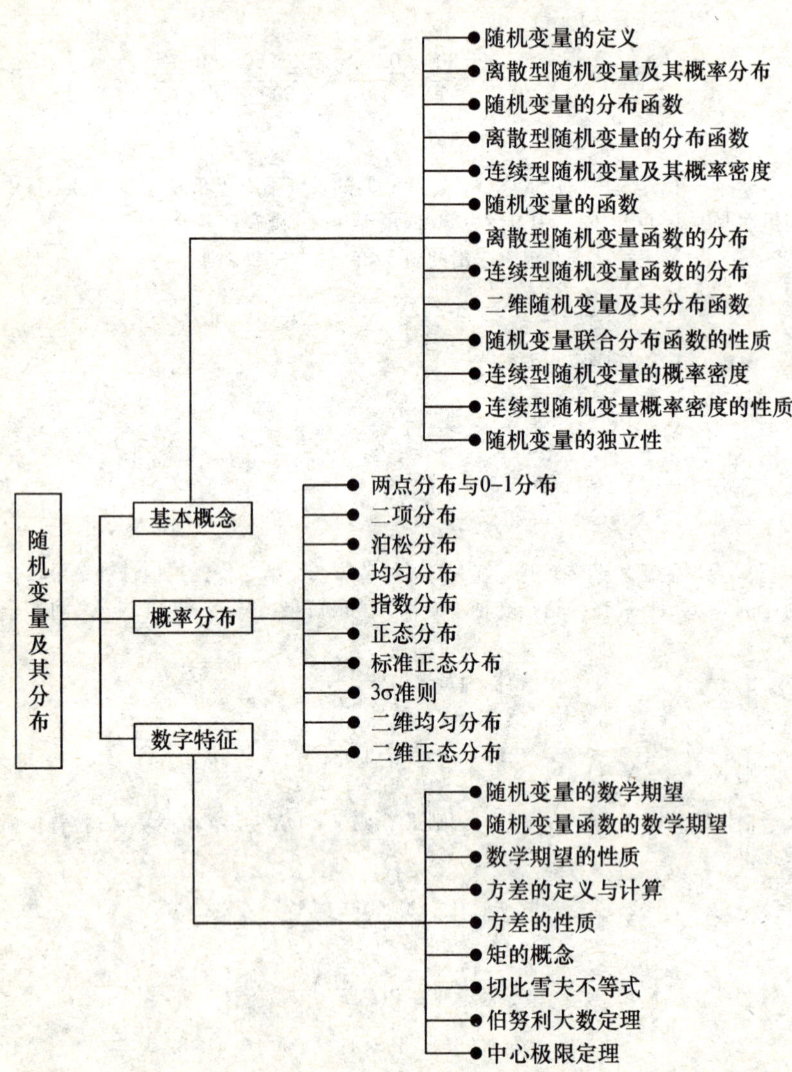

二、题型分析

题型 1　一维随机变量的分布函数及概率密度

解题思路　(1) 分布函数 $F(x)$ 中待定常数的确定是利用 $F(x)$ 的性质:

$$\lim_{x\to-\infty}F(x)=0,\ \lim_{x\to+\infty}F(x)=1 \text{ 或 } F(x+0)=F(x).\text{(如例 1)}$$

(2) 概率密度 (或离散型的分布律) 中待定常数的确定是利用密度函数 (或分布律) 的性质:

$$\int_{-\infty}^{+\infty}f(x)\mathrm{d}x=1(\text{或}\sum_i P\{X=x_i\}=1).\qquad\text{(如例 2～例 3)}$$

(3) 求离散型随机变量的分布律关键在于写出随机变量 X 的可能取值, 并写出对应于各个取值的事件的概率. 明确事件 $\{X=x_k\}$ 的具体含义, 或归结为常见的离散型分布求之. (如例 4)

(4) 求离散型随机变量的分布函数利用公式 $F(x)=\sum\limits_{x_k\leqslant x}p_k$. (如例 5)

(5) 关于连续型随机变量, 如果已知分布函数 $F(x)$, 求概率密度 $f(x)$, 只要在 $F(x)$ 可导的相应区间内将 $F(x)$ 对 x 求导, 即 $F'(x)=f(x)$, 而端点处的值不必处理, 最后将 $f(x)$ 写成分段函数形式; 如果已知概率密度 $f(x)$, 求分布函数 $F(x)$, 则只要在相应的区间内将 $F(x)$ 写成 $f(x)$ 的变上限积分:

$$F(x)=\int_{-\infty}^{x}f(t)\mathrm{d}t,$$

最后将 $F(x)$ 写成分段函数形式. (如例 6～例 7)

例 1　设随机变量 X 的分布函数为

$$F(x)=\begin{cases}a, & x<1\\ bx\ln x+cx+d, & 1\leqslant x\leqslant \mathrm{e}\\ d, & x>\mathrm{e}\end{cases}$$

(1) 试确定 $F(x)$ 中的常数 a, b, c, d 的值;

(2) 求 $P\{|X|\leqslant \mathrm{e}/2\}$.

解　(1) 因 $F(x)$ 在 $x=1$, $x=\mathrm{e}$ 处右连续, 所以

$$F(1)=\lim_{x\to1^+}F(x)\Rightarrow c+d=a$$

$$F(\mathrm{e})=\lim_{x\to\mathrm{e}^+}F(x)\Rightarrow b\mathrm{e}+c\mathrm{e}+d=d$$

又由分布函数的性质, 有

$$0=F(-\infty)=\lim_{x\to-\infty}F(x)=a,$$
$$1=F(+\infty)=\lim_{x\to+\infty}F(x)=d,$$

解上述关于 a, b, c, d 的四元一次方程组求得

$$a=0,\ b=1,\ c=-1,\ d=1.$$

于是 $$F(x)=\begin{cases}0, & x\leqslant 1\\ x\ln x-x+1, & 1<x\leqslant \mathrm{e}\\ 1, & x>\mathrm{e}\end{cases}$$

(2) $$P\left\{|X|\leqslant\frac{\mathrm{e}}{2}\right\}=P\left\{-\frac{\mathrm{e}}{2}\leqslant X\leqslant\frac{\mathrm{e}}{2}\right\}=F\left(\frac{\mathrm{e}}{2}\right)-F\left(-\frac{\mathrm{e}}{2}\right)$$
$$=\frac{\mathrm{e}}{2}\ln\frac{\mathrm{e}}{2}-\frac{\mathrm{e}}{2}+1-0=\frac{\mathrm{e}}{2}\ln\frac{\mathrm{e}}{2}-\frac{\mathrm{e}}{2}+1.$$

例 2 设随机变量 X 的分布律为 $P\{X=k\}=a\dfrac{\lambda^k}{k!}(k=0,1,2,\cdots)$，$\lambda>0$ 为常数，求常数 a.

解 由 $\sum\limits_{k=0}^{\infty}P\{X=k\}=1$，即

$$\sum_{k=0}^{\infty}a\frac{\lambda^k}{k!}=a\sum_{k=0}^{\infty}\frac{\lambda^k}{k!}=a\mathrm{e}^{\lambda}=1\Rightarrow a=\mathrm{e}^{-\lambda}.$$

例 3 设随机变量的概率密度为：

$$f(x)=\begin{cases}A\cos x, & |x|\leqslant\pi/2\\ 0, & |x|>\pi/2\end{cases}.$$

求：(1) 常数 A；(2) X 落在 $(0,\pi/4)$ 内的概率；(3) 分布函数 $F(x)$.

解 (1) $\int_{-\infty}^{+\infty}f(x)\mathrm{d}x=1$，即

$$\int_{-\infty}^{+\infty}f(x)\mathrm{d}x=\int_{-\frac{\pi}{2}}^{\frac{\pi}{2}}A\cos x\mathrm{d}x=2A=1\Rightarrow 2A=1\Rightarrow A=\frac{1}{2}.$$

(2) $$P\left\{0<X<\frac{\pi}{4}\right\}=\int_0^{\frac{\pi}{4}}f(x)\mathrm{d}x=\int_0^{\frac{\pi}{4}}\frac{1}{2}\cos x\mathrm{d}x=\frac{1}{2}\sin x\Big|_0^{\pi/4}=\frac{\sqrt{2}}{4}.$$

(3) $$F(x)=\int_{-\infty}^{x}f(t)\mathrm{d}t,$$

当 $x<-\dfrac{\pi}{2}$ 时，$F(x)=\int_{-\infty}^{x}f(t)\mathrm{d}t=0$；

当 $-\dfrac{\pi}{2}\leqslant x<\dfrac{\pi}{2}$ 时，$F(x)=\int_{-\infty}^{x}f(t)\mathrm{d}t=\int_{-\infty}^{-\frac{\pi}{2}}0\mathrm{d}t+\int_{-\frac{\pi}{2}}^{x}\frac{1}{2}\cos t\mathrm{d}t=\dfrac{\sin x+1}{2}$；

当 $x\geqslant\frac{\pi}{2}$ 时，$F(x)=\int_{-\infty}^{x}f(t)\mathrm{d}t=\int_{-\infty}^{-\frac{\pi}{2}}0\mathrm{d}t+\int_{-\frac{\pi}{2}}^{\frac{\pi}{2}}\frac{1}{2}\cos t\mathrm{d}t+\int_{\frac{\pi}{2}}^{x}0\mathrm{d}t=1.$

故 $$F(x)=\begin{cases}0, & x<-\frac{\pi}{2}\\ \frac{\sin x+1}{2}, & -\frac{\pi}{2}\leqslant x<\frac{\pi}{2}.\\ 1, & x\geqslant\frac{\pi}{2}\end{cases}$$

例 4 一批产品中有 10 件正品，3 件次品，从中随机抽取若干次，每次抽一件，在下述三种情况下，试求直到取得正品为止所需抽取次数 X 的分布律：

(1) 取后放回，再进行下次抽取；

(2) 取后不放回，再进行下次抽取；

(3) 取出一件后总是放回一件正品.

解 先看 X 的所有可能值，因事件 $\{X=k\}$ 表示"前 $k-1$ 次都取得次品，第 k 次首次取到正品"，在情形 (1) 下，每次都是有放回地抽取，故首次抽到正品所需的抽取次数 k 的可能值为一切自然数，即 1，2，3，…；对于情形 (2)，因取后不放回，而总共只有 3 件正品，故 $k-1$ 最多等于 3，从而 k 最多等于 4，即 X 的所有可能值为 1，2，3，4；对于情形 (3) 虽然是有放回地抽取，但若取到次品，次品不放回而另换一件正品放回，所以同情形 (2)，X 的所有可能值为 1，2，3，4，求 $P\{X=k\}$. 记 A_i="第 i 次取到正品".

(1) $P\{X=k\}=P\{$前 $k-1$ 次取到次品，第 k 次取到正品$\}$

$$=P(\overline{A}_1\overline{A}_2\cdots\overline{A}_{k-1}A_k)=P(\overline{A}_1)P(\overline{A}_2)\cdots P(\overline{A}_{k-1})P(A_k)$$

$$=\left(1-\frac{10}{13}\right)^{k-1}\cdot\frac{10}{13}=\frac{10}{13}\cdot\left(\frac{3}{13}\right)^{k-1},\ k=1,2,3,\cdots$$

即 X 服从 $p=\frac{10}{13}$ 的几何分布.

(2) $P\{X=1\}=P(A_1)=\frac{10}{13}$,

$$P\{X=2\}=P(\overline{A}_1A_2)=P(\overline{A}_1)P(A_2|\overline{A}_1)=\frac{3}{13}\cdot\frac{10}{12}=\frac{5}{26},$$

$$P\{X=3\}=P(\overline{A}_1\overline{A}_2A_3)=P(\overline{A}_1)P(\overline{A}_2|\overline{A}_1)P(A_3|\overline{A}_1\overline{A}_2)$$

$$=\frac{3}{13}\cdot\frac{2}{12}\cdot\frac{10}{11}=\frac{5}{143},$$

$$P\{X=4\}=P(\overline{A}_1\overline{A}_2\overline{A}_3A_4)$$

$$=P(\overline{A}_1)P(\overline{A}_2|\overline{A}_1)P(\overline{A}_3|\overline{A}_1\overline{A}_2)P(A_4|\overline{A}_1\overline{A}_2\overline{A}_3)$$

$$=\frac{3}{13}\cdot\frac{2}{12}\cdot\frac{1}{11}\cdot\frac{10}{10}=\frac{1}{286}.$$

故 X 的分布律为

X	1	2	3	4
p_i	10/13	5/26	5/143	1/286

.

(3) 仿 (2) 求得：

$$P\{X=1\}=\frac{10}{13},\ P\{X=2\}=\frac{3}{13}\times\frac{11}{13}=\frac{33}{169},$$

$$P\{X=3\}=\frac{3}{13}\times\frac{2}{13}\times\frac{12}{13}=\frac{72}{2\,197},$$

$$P\{X=4\}=\frac{3}{13}\times\frac{2}{13}\times\frac{1}{13}\times\frac{13}{13}=\frac{6}{2\,197},$$

故 X 的分布律为

X	1	2	3	4
p_i	10/13	33/169	72/2 197	6/2 197

.

例 5　一盒中有 5 个纪念章，编号为 1，2，3，4，5. 在其中等可能地任取 3 个，用 X 表示取出的 3 个纪念章上的最大号码，求随机变量 X 的分布律，分布函数.

解　X 的可能取值为：3，4，5. 从 5 个纪念章中任取 3 个，共有 $C_5^3=10$ 种取法，每种取法的概率相等.

$X=3$，相当于取出号码为 (1，2，3)，

所以　$P\{X=3\}=1/10$；

$X=4$，相当于取出号码为 (1，2，4)(1，3，4)(2，3，4)，

所以　$P\{X=4\}=3/10$；

$X=5$，相当于取出号码为 (1，2，5)，(1，3，5)，(1，4，5)，(2，3，5)，(2，4，5)，(3，4，5)，

所以　$P\{X=5\}=6/10$.

故 X 的分布律为

X	3	4	5
p_k	1/10	3/10	6/10

分布函数 $F(x)=\begin{cases}0, & x<3\\ 1/10, & 3\leqslant x<4\\ 2/5, & 4\leqslant x<5\\ 1, & x\geqslant 5\end{cases}$.

例 6 设连续型随机变量 X 的概率密度为

$$f(x)=\begin{cases} x, & 0<x\leqslant 1 \\ 2-x, & 1<x\leqslant 2, \\ 0, & \text{其它} \end{cases}$$

求其分布函数 $F(x)$.

解 当 $x\leqslant 0$ 时，$F(x)=\int_{-\infty}^{x} 0\mathrm{d}t=0$；

当 $0<x\leqslant 1$ 时，$F(x)=\int_{-\infty}^{x} f(t)\mathrm{d}t=\int_{-\infty}^{0} 0\mathrm{d}t+\int_{0}^{x} t\mathrm{d}t=\frac{1}{2}x^{2}$；

当 $1<x\leqslant 2$ 时，$F(x)=\int_{-\infty}^{x} f(t)\mathrm{d}t=\int_{-\infty}^{0} 0\mathrm{d}t+\int_{0}^{1} t\mathrm{d}t+\int_{1}^{x}(2-t)\mathrm{d}t$

$$=0+\frac{1}{2}+\left(2t-\frac{1}{2}t^{2}\right)\Big|_{1}^{x}=-1+2x-\frac{x^{2}}{2};$$

当 >2 时，$F(x)=\int_{-\infty}^{0} 0\mathrm{d}t+\int_{0}^{1} t\mathrm{d}t+\int_{1}^{2}(2-t)\mathrm{d}t+\int_{2}^{x} 0\mathrm{d}t=1$.

故

$$F(x)=\begin{cases} 0, & x\leqslant 0 \\ \frac{1}{2}x^{2}, & 0<x\leqslant 1 \\ -1+2x-\frac{x^{2}}{2}, & 1<x\leqslant 2 \\ 1, & x>2 \end{cases}.$$

例 7 设随机变量 X 的分布函数为

$$F(x)=\begin{cases} 0, & x<a \\ \frac{x-a}{b-a}, & a\leqslant x<b, \\ 1, & x\geqslant b \end{cases}$$

求 X 的概率密度.

解 由概率密度性质，有

$$F'(x)=f(x)=\begin{cases} 0, & x<a \\ \frac{1}{b-a}, & a<x<b, \\ 0, & x>b \end{cases}$$

又

$$F'_{+}(a)=\lim_{x\to a+0}\frac{F(x)-F(a)}{x-a}=\lim_{x\to a+0}\frac{\frac{x-a}{b-a}-0}{x-a}=\frac{1}{b-a},$$

$$F'_{-}(a)=\lim_{x\to a-0}\frac{F(x)-F(a)}{x-a}=\lim_{x\to a-0}\frac{0-0}{x-a}=0$$

在 $x=a$ 点，$F(x)$ 的导数不存在，同理 $F(x)$ 在 $x=b$ 点，导数也不存在，在这两点上可补充定义. $f(x)=0$，当 $x=a$ 或 $x=b$ 时（补充定义其他值也可以，两个点的函数值并不影响 $f(x)$ 在一个区间上的积分值）.

这时显然有 $F(x)=\int_{-\infty}^{x}f(t)\mathrm{d}t$ 成立. 因此 $F(x)$ 的概率密度为

$$f(x)=\begin{cases}\dfrac{1}{b-a}, & a<x<b\\ 0, & \text{其它}\end{cases}.$$

题型 2　一维随机变量函数 $Y=g(X)$ 分布律（概率密度）的求法

解题思路　(1) 若 X 是离散型随机变量，已知 $P\{X=x_k\}=p_k$，$Y=g(X)$ 是随机变量的函数，则

$$P\{Y=g(x_k)\}=p_k$$

注：①若 $g(x_k)$ 的值全不相等，则 $P\{Y=g(x_k)\}=p_k$ 就是 $Y=g(X)$ 的分布律；②若 $g(x_k)$ 的值有相等的，则应把那些相等的值分别合并，同时把对应的概率 p_k 相加，即得 $Y=g(X)$ 的分布律.　(见例 1)

(2) 设 X 是连续型随机变量，已知其概率密度为 $f_X(x)$，$-\infty<x<+\infty$，

①若函数 $g(x)$ 处处可导且 $g'(x)\neq 0$. 则 $Y=g(X)$ 是连续型随机变量，其概率密度为 $f_Y(y)=\begin{cases}f_X[h(y)]|h'(y)|, & \alpha<y<\beta\\ 0, & \text{其它}\end{cases}$，其中 $h(y)$ 是 $y=g(x)$ 的反函数，

$$\alpha=\min(g(-\infty),\ g(+\infty)),\ \beta=\max(g(-\infty),\ g(+\infty)).$$

②先求出 y 的分布函数 $F(y)=P\{Y\leqslant y\}=P\{g(X)\leqslant y\}$，

再把 $F(y)$ 对 y 求导，即得 $f_Y(y)=\dfrac{\mathrm{d}F(y)}{\mathrm{d}y}$.　(见例 2)

例 1　已知随机变量 X 的分布律为

X	$\pi/4$	$\pi/2$	$3\pi/4$
p_k	0.2	0.7	0.1

求随机变量 $Y=\sin X$ 的分布律.

解　因为 Y 的所有可能取值为 $\sqrt{2}/2$，1，而

$$P\{Y=\sqrt{2}/2\}=P\{X=\pi/4\}+P\{X=3\pi/4\}=0.2+0.1=0.3,$$

$$P\{Y=1\}=P\{X=\pi/2\}=0.7,$$

所以 Y 的分布律为

Y	$\sqrt{2}/2$	1
p_k	0.3	0.7

例 2 100 件产品中，90 个一等品，10 个二等品，随机取 2 个安装在一台设备上，若一台设备中有 i 个（$i=0, 1, 2$）二等品，则此设备的使用寿命服从参数为 $\lambda=i+1$ 的指数分布.

(1) 试求设备寿命超过 1 的概率；

(2) 已知设备寿命超过 1，求安装在设备上的两个零件都是一等品的概率.

解 (1) 设 $B_i(i=0, 1, 2)$ 表示事件"一台设备中有 i 个二等品"，A 表示事件"设备寿命超过 1"，则由题意知，

$$P(B_0)=\frac{C_{90}^2}{C_{100}^2},\ P(B_1)=\frac{C_{90}^1C_{10}^1}{C_{100}^2},\ P(B_2)=\frac{C_{10}^2}{C_{100}^2}.$$

$$P(A|B_0)=\int_1^{+\infty}e^{-x}dx=e^{-1},$$

$$P(A\mid B_1)=\int_1^{+\infty}2e^{-2x}dx=e^{-2},$$

$$P(A\mid B_2)=\int_1^{+\infty}3e^{-3x}dx=e^{-3},$$

由全概率公式有：$P(A)=\sum_{i=0}^{2}P(B_i)P(A\mid B_i)\approx 0.32.$

(2) 由贝叶斯公式有：$P(B_0|A)=\dfrac{P(B_0)P(A|B_0)}{P(A)}=0.93.$

题型 3 二维随机变量 (X, Y) 及其概率分布

解题思路 (1) 联合分布函数 $F(x, y)$ 中待定常数的确定是利用 $F(x, y)$ 的性质：

$$F(-\infty, -\infty)=0 \quad 或 \quad F(+\infty, +\infty)=1,$$
$$F(-\infty, +\infty)=F(+\infty, -\infty)=0,$$

以及 $\quad F(x, y)=F(x+0, y),\ F(x, y)=F(x, y+0).$

(2) 分布密度 $f(x, y)$ 中待定常数的确定是利用密度函数的性质：

$$\int_{-\infty}^{+\infty}\int_{-\infty}^{+\infty}f(x, y)dxdy=1.$$

联合分布律中的待定常数由 $\sum_{i=1}^{\infty}\sum_{j=1}^{\infty}p_{ij}=1$ 确定.

(3) 求联合分布函数 $F(x, y)$:

$$F(x, y)=\int_{-\infty}^{y}\int_{-\infty}^{x} f(x, y)\mathrm{d}x\mathrm{d}y;$$

或 $$F(x, y)=\sum_{x_i \leqslant x}\sum_{y_i \leqslant y} P_{ij}.$$

(4) 在 $f(x, y)$ 的连续点，有

$$\frac{\partial^2 F(x, y)}{\partial x \partial y}=f(x, y).$$

(5) 已知联合分布密度 $f(x, y)$，求边缘分布密度:

$$f_X(x)=\int_{-\infty}^{+\infty} f(x, y)\mathrm{d}y;$$

$$f_Y(y)=\int_{-\infty}^{+\infty} f(x, y)\mathrm{d}x.$$

(6) 已知联合分布，计算二维随机变量概率:

① 画出对应随机变量 X, Y 所满足的某种关系的区域 D;

② 求区域 D 上的二重积分

$$P\{(X, Y)\in D\}=\iint_D f(x, y)\mathrm{d}x\mathrm{d}y$$

或 $$P\{(X, Y)\in D\}=\sum_{(x_i, y_j)\in D}\sum P_{ij}.$$ (如例 1～例 3)

例 1 设 (X, Y) 的分布函数为 $F(x, y)$，试用 $F(x, y)$ 表示:

(1) $P\{a\leqslant X\leqslant b, Y<c\}$; (2) $P\{0<Y<b\}$; (3) $P\{X\geqslant a, Y<b\}$.

解 $P\{a\leqslant X\leqslant b, Y<c\}=F(b, c)-F(a, c)$;

$P\{0<Y<b\}=F(+\infty, b)-F(+\infty, 0)$;

$P\{X\geqslant a, Y<b\}=1+F(a, b)-F(+\infty, b)-F(a, +\infty)$.

例 2 设随机变量 (X, Y) 的联合概率密度为

$$f(x, y)=\begin{cases} c(R-\sqrt{x^2+y^2}), & x^2+y^2<R^2, \\ 0, & x^2+y^2\geqslant R^2 \end{cases}$$

求: (1) 常数 c;

(2) $P\{X^2+Y^2\leqslant r^2\}$ $(r<R)$.

解 (1) 由概率密度的性质知

$$1=\int_{-\infty}^{+\infty}\int_{-\infty}^{+\infty} f(x, y)\mathrm{d}x\mathrm{d}y=\iint_{x^2+y^2<R^2} c(R-\sqrt{x^2+y^2})\mathrm{d}x\mathrm{d}y$$

$$=\int_0^{2\pi}\int_0^R c(R-\rho)\rho\mathrm{d}\rho\mathrm{d}\theta=\frac{c\pi R^3}{3},$$

所以有 $c=\dfrac{3}{\pi R^3}$.

(2) $$P\{X^2+Y^2\leqslant r^2\}=\iint\limits_{x^2+y^2<r^2}\frac{3}{\pi R^3}[R-\sqrt{x^2+y^2}]\mathrm{d}x\mathrm{d}y$$
$$=\int_0^{2\pi}\int_0^r\frac{3}{\pi R^3}(R-\rho)\rho\mathrm{d}\rho\mathrm{d}\theta=\frac{3r^2}{R^2}\left(1-\frac{2r}{3R}\right).$$

例 3 设 $f(x,y)=\begin{cases}1, & 0\leqslant x\leqslant 2,\ \max(0,x-1)\leqslant y\leqslant\min(1,x)\\ 0, & 其它\end{cases}$，求 $f_X(x)$ 和 $f_Y(y)$.

解 因为 $\max(0,x-1)=\begin{cases}0, & x<1\\ x-1, & x\geqslant 1\end{cases}$，

$$\min(1,x)=\begin{cases}x, & x<1\\ 1, & x\geqslant 1\end{cases}.$$

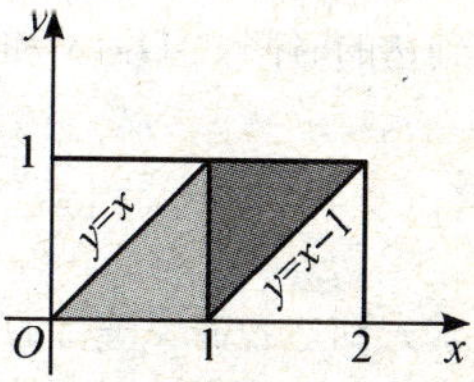

所以，$f(x,y)$ 有意义的区域（如例 3 图）可分为

$\{0\leqslant x\leqslant 1,\ 0\leqslant y\leqslant x\}$，

$\{1\leqslant x\leqslant 2,\ x-1\leqslant y\leqslant 1\}$，

例 3 图

即 $$f(x,y)=\begin{cases}1, & 0\leqslant x\leqslant 1,\ 0\leqslant y\leqslant x\\ 1, & 1\leqslant x\leqslant 2,\ x-1\leqslant y\leqslant 1,\\ 0, & 其它\end{cases}$$

所以 $$f_X(x)=\begin{cases}\int_0^x\mathrm{d}y=x, & 0\leqslant x<1\\ \int_{x-1}^1\mathrm{d}y=2-x, & 1\leqslant x\leqslant 2,\\ 0, & 其它\end{cases}$$

$$f_Y(y)=\begin{cases}\int_y^{y+1}\mathrm{d}x=1, & 0\leqslant y\leqslant 1\\ 0, & 其它\end{cases}.$$

题型 4 一维随机变量的数字特征

解题思路 (1) 如果已知随机变量 X 的分布律（分布密度），或由题意能求出随机变量 X 的分布律（分布密度），则求随机变量 X 的数字特征，一般只需按公式计算.

① 离散型随机变量 X，由其分布律

X	x_1	x_2	…	x_k	…
p	p_1	p_2	…	p_k	…

按公式　$E(X)=\sum_k x_k p_k$，$D(X)=\sum_k [x_k-E(X)]^2 p_k$.　　（见例 1～例 2）

② 连续型随机变量 X，由其概率密度 $f(x)$，按公式

$$E(X)=\int_{-\infty}^{+\infty} xf(x)\mathrm{d}x,\ D(X)=\int_{-\infty}^{+\infty}[x-E(X)]^2 f(x)\mathrm{d}x.$$

（见例 3 ～ 例 4）

(2) X 的分布未知时，通常不求分布函数，而是利用数字特征的定义或数字特征之间的关系来计算，常需要记住 0—1 分布、二项分布、泊松分布、均匀分布、指数分布和正态分布的数字特征，并且要熟悉 $E(X)$ 及 $D(X)$ 的常用性质（见例 5）.

例 1　甲，乙两人相约于 12:00～13:00 在某地会面，设 X，Y 分别是甲，乙到达的时间，且设 X 和 Y 相互独立，已知 X，Y 的概率密度分别为

$$f_X(x)=\begin{cases}3x^2, & 0<x<1\\ 0, & \text{其它}\end{cases},\ f_Y(y)=\begin{cases}2y, & 0<y<1\\ 0, & \text{其它}\end{cases},$$

求先到达者需要等待的时间的数学期望.

解　X 和 Y 的联合概率密度为

$$f(x,y)=\begin{cases}6x^2y, & 0<x<1,\ 0<y<1\\ 0, & \text{其它}\end{cases}.$$

按题意需要求的是 $|X-Y|$ 的数学期望，即有

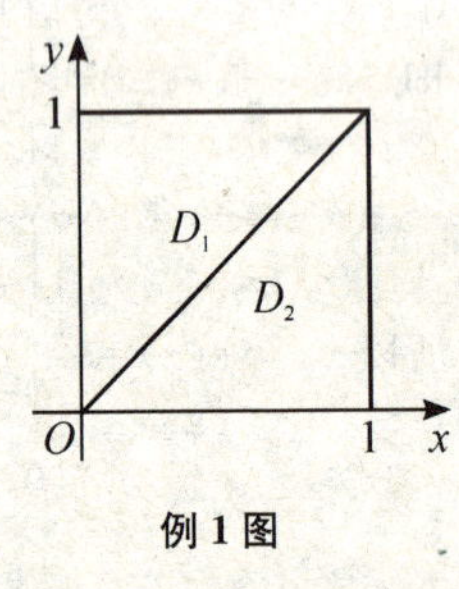

例 1 图

$$\begin{aligned}E(|X-Y|)&=\int_0^1\int_0^1 |x-y|\,6x^2y\mathrm{d}x\mathrm{d}y\\&=\iint_{D_1}-(x-y)6x^2y\mathrm{d}x\mathrm{d}y\\&\quad+\iint_{D_2}(x-y)6x^2y\mathrm{d}x\mathrm{d}y\\&=\frac{1}{12}+\frac{1}{6}=\frac{1}{4}\ (\text{小时}).\end{aligned}$$

（D_1，D_2 如例 1 图所示）

例 2　设某厂生产的某种产品不合格率为 10%，假设生产一件不合格品，要亏损 2 元，每生产一件合格品，则获利 10 元，求每件产品的平均利润.

解　X 表示每件产品的利润，则 X 取 -2，10，求每件产品的平均利润，即求 X 的数学期望.

$$E(X)=-2\times 0.1+10\times 0.9=8.8.$$

例 3 设随机变量 X 的密度为

$$f(x)=\frac{1}{2}e^{-|x-\mu|},\ (-\infty,\ +\infty),$$

求 $E(X)$, $D(X)$.

解
$$\begin{aligned}E(X)&=\int_{-\infty}^{+\infty}x\frac{1}{2}e^{-|x-\mu|}\,dx\\&=\frac{1}{2}\int_{-\infty}^{+\infty}(x-\mu)e^{-|x-\mu|}\,dx+\frac{\mu}{2}\int_{-\infty}^{+\infty}e^{-|x-\mu|}\,dx\\&=\frac{1}{2}\int_{-\infty}^{+\infty}te^{-|t|}\,dt+\mu\int_{-\infty}^{+\infty}\frac{1}{2}e^{-|x-\mu|}\,dx.\end{aligned}$$

因为 $te^{-|t|}$ 在 $(-\infty,\ +\infty)$ 上是奇函数，且 $\int_{-\infty}^{+\infty}te^{-|t|}\,dt$ 收敛，

故 $\int_{-\infty}^{+\infty}te^{-|t|}\,dt=0$，又 $\frac{1}{2}e^{-|x-\mu|}$ 为密度，$\int_{-\infty}^{+\infty}\frac{1}{2}e^{-|x-\mu|}\,dx=1$，

故 $E(X)=\mu$，

$$\begin{aligned}D(X)&=E(X-E(X))^2=\int_{-\infty}^{+\infty}(x-\mu)^2\frac{1}{2}e^{-|x-\mu|}\,dx\\&\xlongequal{\text{令 } x-\mu=t}\frac{1}{2}\int_{-\infty}^{+\infty}t^2e^{-|t|}\,dt\xlongequal{\text{偶数积分性质}}\int_0^{+\infty}t^2e^{-t}\,dt\\&=-t^2e^{-t}\Big|_0^{+\infty}+2\int_0^{+\infty}te^{-t}\,dt=0+(-2te^{-t}-2e^{-t})\Big|_0^{+\infty}=2.\end{aligned}$$

例 4 某类型电话呼叫的时间长短 T 满足：

$$P\{T>t\}=ae^{-\lambda t}+(1-a)e^{-\mu t}\quad(t\geqslant 0),$$

其中 $0\leqslant a\leqslant 1$, $\lambda>0$, $\mu>0$, 是常数，求 $E(T)$ 和 $D(T)$.

解 先求 T 的分布函数 $F(t)=P\{T\leqslant t\}$.

当 $t<0$ 时，$F(t)=P(\varnothing)=0$;

当 $t\geqslant 0$ 时，

$$F(t)=P\{T\leqslant t\}=1-P\{T>t\}=1-ae^{-\lambda t}-(1-a)e^{-\mu t}.$$

两边对 t 求导得 T 的概率密度为

$$f(t)=\begin{cases}a\lambda e^{-\lambda t}+\mu(1-a)e^{-\mu t}, & t\geqslant 0\\0, & t<0\end{cases},$$

于是
$$\begin{aligned}E(T)&=\int_{-\infty}^{+\infty}tf(t)\,dt=\int_0^{+\infty}a\lambda te^{-\lambda t}\,dt+\int_0^{+\infty}\mu(1-a)te^{-\mu t}\,dt\\&=\frac{a}{\lambda}+\frac{1-a}{\mu}.\end{aligned}$$

$$E(T^2)=\int_0^{+\infty}a\lambda t^2\mathrm{e}^{-\lambda t}\mathrm{d}t+\int_0^{+\infty}\mu(1-a)t^2\mathrm{e}^{-\mu t}\mathrm{d}t$$
$$=\frac{a}{\lambda^2}\int_0^{+\infty}x^2\mathrm{e}^{-x}\mathrm{d}x+\frac{1-a}{\mu^2}\int_0^{+\infty}x^2\mathrm{e}^{-x}\mathrm{d}x$$
$$=\frac{a}{\lambda^2}\Gamma(3)+\frac{1-a}{\mu^2}\Gamma(3)=\frac{2a}{\lambda^2}+\frac{2(1-a)}{\mu^2},$$

例 5　卡车装运水泥，设每袋水泥重量 X（以 kg 计）服从 $N(50,\ 2.5^2)$，问最多装多少袋水泥使总重量超过 2 000kg 的概率不大于 0.05？

解　设最多装 n 袋水泥．由题设，每袋水泥重量

$$X_i\sim N(50,\ 2.5^2),\ i=1,\ 2,\ \cdots,\ n,$$

且 $X_1,\ X_2,\ \cdots,\ X_n$ 相互独立，总重量 $\sum_{i=1}^{n}X_i$，要求 $P\left\{\sum_{i=1}^{n}X_i>2\,000\right\}\leqslant 0.05$，求 n.

$$\sum_{i=1}^{n}X_i\sim N(50n,\ n\cdot 2.5^2),$$

所以

$$P\left\{\sum_{i=1}^{n}X_i>2\,000\right\}=P\left\{\frac{\sum_{i=1}^{n}X_i-50n}{2.5\sqrt{n}}>\frac{2\,000-50n}{2.5\sqrt{n}}\right\}$$
$$=1-\Phi\left(\frac{2\,000-50n}{2.5\sqrt{n}}\right)\leqslant 0.05,$$

即　$$\Phi\left(\frac{4\,000-100n}{5\sqrt{n}}\right)\geqslant 0.95,$$

查标准正态分布表得 $\frac{4\,000-100n}{5\sqrt{n}}=1.645$.

由方程 $400n^2-32\,002.706n+800^2=0$ 解得 $n=39.483$(袋)，在总重量超过 2 000kg 的概率不大于 0.05 的前提下，最多可装 39 袋.

题型 5　一维随机变量函数的数字特征.

解题思路　设 Y 是随机变量 X 的函数：$Y=g(X)$，其中 g 是连续函数，

(1) 若已知随机变量 X 的分布：

① X 是离散型随机变量，且其分布律为

X	x_1	x_2	$\cdots$	x_k	$\cdots$
p	p_1	p_2	$\cdots$	p_k	$\cdots$

，则

$$E(Y)=E[g(X)]=\sum_k g(x_k)p_k,$$

$$D(Y)=E[g(X)^2]-[E(g(X))]^2. \quad \text{（见例 1）}$$

② X 是连续型随机变量，其分布密度函数为 $f(x)$，则

$$E(Y)=E[g(X)]=\int_{-\infty}^{+\infty} g(x)f(x)\mathrm{d}x,$$

$$D(Y)=E[g(X)^2]-[E(g(X))]^2. \quad \text{（见例 2～例 3）}$$

(2) 若未知随机变量 X 的分布，利用期望和方差的公式和性质求之.（见例 4）

例 1 设随机变量 X 的分布律如下表所示：

X	1	2	3
p_i	0.3	0.5	0.2

求：(1) $Y=2X-1$ 的期望与方差； (2) $Z=X^2$ 的期望与方差.

解 (1)方法一 利用 $E(Y)=\sum_{k=1}^{3} g(x_k)p_k$ 计算，其中 $g(x)=2x-1$.

$\therefore E(Y)=(2\times1-1)\times0.3+(2\times2-1)\times0.5+(3\times2-1)\times0.2=2.8$;

$D(Y)=(1-2.8)^2\times0.3+(3-2.8)^2\times0.5+(5-2.8)^2\times0.2=1.96.$

方法二 用性质计算

$$E(X)=1\times0.3+2\times0.5+3\times0.2=1.9,$$
$$E(Y)=E(2X-1)=2E(X)-1=2.8,$$
$$D(X)=E(X^2)-[E(X)]^2=0.49,$$
$$D(Y)=D(2X-1)=4D(X)=1.96.$$

(2) $E(Z)=\sum_{k=1}^{3} g(x_k)p_k$，其中 $g(x)=x^2$，

$\therefore E(Z)=1^2\times0.3+2^2\times0.5+3^2\times0.2=4.1,$

$$\begin{aligned}D(Z)&=E(Z-4.1)^2\\&=(1-4.1)^2\times0.3+(4-4.1)^2\times0.5+(9-4.1)^2\times0.2\\&=7.69,\end{aligned}$$

或
$$\begin{aligned}D(Z)&=E(Z^2)-[E(Z)]^2\\&=1^2\times0.3+4^2\times0.5+9^2\times0.2-(4.1)^2\\&=7.69.\end{aligned}$$

例 2 设 X 服从参数为 1 的指数分布，且 $Y=X+\mathrm{e}^{-2X}$，求 $E(Y)$ 与 $D(Y)$.

解 由于 X 服从 $\lambda=1$ 的指数分布，因此 $E(X)=1$，$D(X)=1$，

$$E(X^2)=D(X)+(E(X))^2=2.$$

$$E(Y)=E(X+\mathrm{e}^{-2x})=E(X)+E(\mathrm{e}^{-2X})=1+\int_0^{+\infty}\mathrm{e}^{-2x}\mathrm{e}^{-x}\mathrm{d}x$$

$$= 1 + 1/3 = 4/3.$$

$$E(Y^2) = E(X + e^{-2X})^2 = E(X^2 + 2Xe^{-2X} + e^{-4X}).$$

$$E(Xe^{-2X}) = \int_0^{+\infty} xe^{-2x}e^{-x}dx = \int_0^{+\infty} xe^{-3x}dx = \frac{1}{9}.$$

$$E(e^{-4X}) = \int_0^{+\infty} e^{-4x}e^{-x}dx = \int_0^{+\infty} e^{-5x}dx = \frac{1}{5}.$$

$$E(Y^2)=E(X^2)+2E(Xe^{-2X})+E(e^{-4X})=2+2/9+1/5=109/45.$$

$$D(Y)=E(Y^2)-[E(Y)]^2=109/45-16/9=29/45.$$

例 3　设连续型随机变量 X 的分布密度为

$$f(x)=\begin{cases} ax, & 0<x<2, \\ cx+b, & 2\leqslant x<4, \\ 0, & \text{其它}. \end{cases}$$

已知 $E(X)=2$，$P\{1<X<3\}=\frac{3}{4}$，求：

(1) 常数 a，b，c 之值；

(2) 随机变量 $Y=e^X$ 的期望与方差.

解　(1) 由分布密度的性质 $\int_{-\infty}^{+\infty} f(x)dx = 1$，得

$$1= \int_0^2 ax\,dx + \int_2^4 (cx + b)\,dx=2a+6c+2b \qquad ①$$

又 $E(X)=2= \int_0^2 ax^2dx + \int_2^4 (cx^2 + bx)dx = \frac{8}{3}a + \frac{56}{3}c + 6b \qquad ②$

再由 $P\{1<X<3\}=\frac{3}{4}= \int_1^2 ax\,dx + \int_2^3 (cx + b)dx = \frac{3}{2}a + \frac{5}{2}c + b \qquad ③$

解联立方程①，②，③，得 $a=\frac{1}{4}$，$b=1$，$c=-\frac{1}{4}$；

(2) $E(Y)=E(e^X)=\int_0^2 \frac{1}{4}xe^x dx + \int_2^4 \left(-\frac{1}{4}x+1\right)e^x dx$

$$=\frac{1}{4}(e^2-1)^2,$$

$$E(Y^2)=E(e^{2X})=\int_0^2 \frac{1}{4}xe^{2x}dx + \int_2^4 \left(-\frac{1}{4}x+1\right)e^{2x}dx$$

$$=\frac{1}{16}(e^4-1)^2,$$

$$D(Y)=E(Y^2)-[E(Y)]^2=\frac{1}{16}(e^4-1)^2-\frac{1}{16}(e^2-1)^4$$

$$=\frac{1}{4}e^2(e^2-1)^2.$$

例 8 设随机变量 X_1，X_2，X_3 相互独立，其中 X_1 在 $[0, 1]$ 上服从均匀分布，X_2 服从正态分布 $N(0, 2^2)$，X_3 服从参数 $\lambda=3$ 的泊松分布，求

$$E[(X_1-2X_2+3X_3)^2].$$

解 因 X_1 在 $[0, 1]$ 上服从均匀分布，故

$$E(X_1)=\frac{0+1}{2}=\frac{1}{2},\ D(X_1)=\frac{(1-0)^2}{12}=\frac{1}{12};$$

又因 $X_2\sim N(0, 2^2)$，$X_3\sim P(3)$，于是

$$E(X_2)=0,\ D(X_2)=4,\ E(X_3)=3,\ D(X_3)=3.$$

根据期望的性质得

$$\begin{aligned}E(X_1-2X_2+3X_3)&=E(X_1)-2E(X_2)+3E(X_3)\\&=\frac{1}{2}-2\times0+3\times3=\frac{19}{2}.\end{aligned}$$

因 X_1，X_2，X_3 相互独立，故 X_1，$2X_2$，$3X_3$ 也相互独立，由方差的性质有

$$\begin{aligned}D(X_1-2X_2+3X_3)&=D(X_1)+4D(X_2)+9D(X_3)\\&=\frac{1}{12}+4\times4+9\times3=\frac{517}{12}.\end{aligned}$$

最后利用计算方差的简化公式得

$$\begin{aligned}E[(X_1-2X_2+3X_3)^2]&=D(X_1-2X_2+3X_3)+[E(X_1-2X_2+3X_3)]^2\\&=\frac{517}{12}+\left(\frac{19}{2}\right)^2=\frac{400}{3}.\end{aligned}$$

题型 5 随机变量数字特征的求解技巧——0—1 分布分解法.

解题思路 (1) 分析欲求解的随机变量 X 是否可看成若干随机变量 X_i 的和，而 X_i 服从 0—1 分布；

(2) 引入新随机变量 X_i，$X_i=\begin{cases}0, \text{第 } i \text{ 事件不发生}\\1, \text{第 } i \text{ 事件发生}\end{cases}$；

(3) 求 $E(X_i)$，$D(X_i)$；

(4) 再分析 X_i 与 X_j 是否相互独立，再根据公式求出 $E(X)$，$D(X)$.

设 $P\{X_i=1\}=p$，$P\{X_i=0\}=1-p$，则 $E(X_i)=p$，$D(X_i)=p(1-p)$，从而

$$E(X)=\sum_i E(X_i),$$

$$D(X)=D\left(\sum_i X_i\right)\xlongequal{X_i\text{ 与 }Y_j\text{ 相互独立}}\sum_i D(X_i)=\sum_i p(1-p),$$

$$D(X)=D\left(\sum_i X_i\right)\xlongequal{X_i\text{ 与 }Y_j\text{ 不相互独立}}\sum_i D(X_i +=2\sum_i\sum_j \operatorname{cov}(X_i, Y_j).$$

(见例 1).

例 1 将 n 个球随机地放入 N 个盒中，每个球放入各个盒是等可能的，求有球的盒子数 X 的数学期望.

解 引入随机变量

$$X_i=\begin{cases}0, & \text{第 } i \text{ 个盒中无球}\\ 1, & \text{第 } i \text{ 个盒中有球}\end{cases},\quad i=1, 2, \cdots, N.$$

显然 $X=X_1+X_2+\cdots+X_N$.

$\because P\{X_i=0\}=\left(\dfrac{N-1}{N}\right)^n$,

$P\{X_i=1\}=1-\left(\dfrac{N-1}{N}\right)^n$, $i=1, 2, \cdots, N$,

于是 $E(X_i)=1-\left(\dfrac{N-1}{N}\right)^n$,

故 $E(X)=\sum\limits_{i=1}^{N}E(X_i)=N\left[1-\left(\dfrac{N-1}{N}\right)^n\right]$.

题型 6 关于随机变量数字特征的证明题

解题思路 证明随机变量数字特征的方法与计算随机变量数字特征的方法一样. 一是按定义；二是由随机变量的数字特征之间的关系来计算.（见例 1～例 2）

例 1 设 X 为取值于 (a, b) 的连续型随机变量. 证明：

(1) $a\leqslant E(X)\leqslant b$； (2) $D(X)\leqslant(b-a)^2/4$.

证 (1) 因为在 (a, b) 内，$f(x)\neq 0$，所以

$$E(X)=\int_a^b xf(x)\mathrm{d}x\geqslant a\int_a^b f(x)\mathrm{d}x=a\cdot 1=a,$$

$$E(X)=\int_a^b xf(x)\mathrm{d}x\leqslant b\int_a^b f(x)\mathrm{d}x=b\cdot 1=b,$$

证得 $a\leqslant E(X)\leqslant b$.

(2) 由 $a\leqslant X\leqslant b$，得

$$-\frac{b-a}{2}\leqslant X-\frac{a+b}{2}\leqslant b-\frac{a+b}{2}=\frac{b-a}{2},$$

即$\left(X-\frac{a+b}{2}\right)^2\leqslant\left(\frac{b-a}{2}\right)^2\Rightarrow E\left[\left(X-\frac{a+b}{2}\right)^2\right]\leqslant\left(\frac{b-a}{2}\right)^2$.

于是
$$\begin{aligned}D(X)&=E\{[X-E(X)]^2\}\\&=E\left(\left\{\left[X-\frac{a+b}{2}\right]+\left[\frac{a+b}{2}-E(X)\right]\right\}^2\right)\\&=E\left[\left(X-\frac{a+b}{2}\right)^2\right]-\left[\frac{a+b}{2}-E(X)\right]^2\\&\leqslant E\left[\left(X-\frac{a+b}{2}\right)^2\right]\leqslant\frac{(b-a)^2}{4}.\end{aligned}$$

例 2 设随机变量 X 的密度函数为 $f(x)$，若对于常数 c，有

$$f(c+x)=f(c-x),\ x>0,$$

且 $E(X)$ 存在，证明：$E(X)=c$.

证 要用积分技巧来证. 因为

$$\begin{aligned}E(X)&=\int_{-\infty}^{+\infty}xf(x)\mathrm{d}x=\int_{-\infty}^{+\infty}(c+t)f(c+t)\,\mathrm{d}t\ (\text{令 } t=x-c)\\&=\int_{-\infty}^{+\infty}cf(c+t)\mathrm{d}t+\int_{-\infty}^{+\infty}tf(c+t)\mathrm{d}t,\end{aligned}$$

而 $\displaystyle\int_{-\infty}^{+\infty}cf(c+t)\mathrm{d}t=c\int_{-\infty}^{+\infty}f(u)\mathrm{d}u=c\cdot1=c\ (\text{令 } c+t=u)$,

$$\begin{aligned}\int_{-\infty}^{0}tf(c+t)\mathrm{d}t&=\int_{-\infty}^{0}tf(c-t)\mathrm{d}t\ (\text{由题设})\\&\xlongequal{(\text{令 } u=-t)}\int_{-\infty}^{0}uf(c+u)\,\mathrm{d}u=-\int_{0}^{+\infty}uf(c+u)\mathrm{d}u.\end{aligned}$$

所以 $\displaystyle\int_{-\infty}^{+\infty}tf(c+t)=\int_{-\infty}^{0}tf(c+t)\mathrm{d}t+\int_{0}^{+\infty}tf(c+t)\mathrm{d}t=0$,

$$E(X)=c+0=c.$$

题型 7 估算随机事件的概率

解题思路 常用的方法有两种：

(1) 利用切比雪夫不等式：设随机变量 X 具有数学期望 $E(X)$ 和方差 $D(X)$，则如下不等式称为切比雪夫不等式

$$P\{|X-E(X)|\geqslant\varepsilon\}\leqslant\frac{D(X)}{\varepsilon^2}\quad\text{或者}\quad P\{|X-E(X)|<\varepsilon\}\geqslant1-\frac{D(X)}{\varepsilon^2}.$$

解题步骤：① 依题意选择随机变量 X，求出 $E(X)$，$D(X)$；

② 将 $P\{a<X<b\}$ 化为 $P\{|X-E(X)|<\varepsilon\}$ 或 $P\{|X-E(X)|\geqslant\varepsilon\}$；

③ 由切比雪夫不等式作出 $P\{a<X<b\}$ 的估计.（如例 1）

(2) 利用中心极限定理：

定理 1　林德伯格-勒维定理（独立同分布的中心极限定理）

设 X_1, X_2, …, X_n, …是独立同分布的随机变量，且

$$E(X_i)=\mu,\ D(X_i)=\sigma^2\neq 0\ (i=1,\ 2,\ \cdots),$$

则对任何实数 x，有

$$\lim_{n\to\infty}P\left\{\frac{\sum_{i=1}^{n}X_i-n\mu}{\sqrt{n}\sigma}\leqslant x\right\}=\int_{-\infty}^{x}\frac{1}{\sqrt{2\pi}}e^{-\frac{t^2}{2}}\,dt.$$

定理 2　棣莫佛-拉普拉斯定理（二项分布以正态为极限）

设随机变量 $\eta_n(n=1,\ 2,\ \cdots)$ 服从参数为 n，$p(0<p<1)$ 的二项分布，则对任何实数 x，有

$$\lim_{n\to\infty}P\left\{\frac{\eta_n-np}{np(1-p)}\leqslant x\right\}=\int_{-\infty}^{x}\frac{1}{\sqrt{2\pi}}e^{-\frac{t^2}{2}}\,dt.$$

解题步骤：① 判别随机变量序列是属于伯努利分布，还是独立同分布，求出$E(X)=\mu$，$D(X)=\sigma^2$；

② 写出相应的随机变量

$$U=\frac{\overline{X}-E\overline{X}}{\sqrt{D\overline{X}}}=\begin{cases}\dfrac{\eta_n-np}{\sqrt{np(1-p)}}, & X_i \text{ 服从伯努利分布}\\[2ex] \dfrac{\sum_{i=1}^{n}X_i-n\mu}{\sqrt{n}\sigma}, & X_i \text{ 服从独立同分布}\end{cases}.$$

③ $P\{U\leqslant x\}=\int_{-\infty}^{x}\frac{1}{\sqrt{2\pi}}e^{-\frac{t^2}{2}}\,dt=\Phi(x)$，

常用形式：$P\{a<\eta_n<b\}\approx\Phi\left(\frac{b-np}{\sqrt{np(1-p)}}\right)-\Phi\left(\frac{a-np}{\sqrt{np(1-p)}}\right)$

$$P\{|\eta_n|<\varepsilon\}\approx 2\Phi\left(\left|\frac{\varepsilon-np}{\sqrt{np(1-p)}}\right|\right)-1.$$　（如例 2）

例 1　设随机变量 X 和 Y 的数学期望分别为 -2 和 2，方差分别为 1 和 4，而相关系数为 -0.5，根据切比雪夫不等式估计 $P\{|X+Y|\geqslant 6\}$.

解　依题意有

$$E(X+Y)=E(X)+E(Y)=0,$$

$$D(X+Y)=D(X)+2\text{cov}(X,Y)+D(Y)$$
$$=D(X)+2\rho_{XY}\sqrt{D(X)}\sqrt{D(Y)}+D(Y)$$
$$=3.$$

根据切比雪夫不等式

$$P\{|X+Y|\geqslant 6\}\leqslant\frac{D(X+Y)}{6^2},$$

即 $P\{|X+Y|\geqslant 6\}\leqslant\frac{1}{12}.$

例 2 检查员逐个地检查某种产品，每次花 10 秒钟检查一个，但也可能有的产品需要再花 10 秒钟重复检查一次，假设每个产品需要复检的概率为 0.5，求在 8 小时内检查员检查的产品个数多于 1 600 个的概率是多少？

解 引入随机变量 X_i（表示第 i 个产品花费的时间）

$$X_i=\begin{cases}10, & \text{第 } i \text{ 个不需复检}\\ 20, & \text{第 } i \text{ 个需复检}\end{cases},\quad (i=1,2,\cdots,1\,600)$$

则 $X=\sum\limits_{i=1}^{1\,600}X_i$ 为检查 1 600 个产品所需花时间.

$$E(X_i)=10\times 0.5+20\times 0.5=15,$$
$$D(X_i)=E(X_i^2)-[E(X_i)]^2$$
$$=10^2\times 0.5+20^2\times 0.5-15^2=25.$$

由独立同分布的林德伯格-勒维定理可知

$$P\{X\leqslant 8\times 3\,600\}=P\left\{\frac{X-nE(X_i)}{\sqrt{n}\sigma}\leqslant\frac{8\times 3\,600-nE(X_i)}{\sqrt{n}\sigma}\right\}$$
$$=P\left\{\frac{X-1\,600\times 15}{\sqrt{1\,600}\times 5}\leqslant\frac{8\times 3\,600-1\,600\times 15}{\sqrt{1\,600}\times 5}\right\}$$

题型 8 由中心极限定理确定试验次数 n

解题思路 一般是由中心极限定理求解 n. 具体步骤如下：

(1) 将 $a<X\leqslant n$ 变形为$\frac{a-E(X)}{\sqrt{D(X)}}<\frac{X-E(X)}{\sqrt{D(X)}}\leqslant\frac{n-E(X)}{\sqrt{D(X)}}$；

(2) $P\{a<X\leqslant n\}=P\left\{\frac{a-E(X)}{\sqrt{D(X)}}<\frac{X-E(X)}{\sqrt{D(X)}}\leqslant\frac{n-E(X)}{\sqrt{D(X)}}\right\}$

$$=\Phi\left(\frac{n-E(X)}{\sqrt{D(X)}}\right)-\Phi\left(\frac{a-E(X)}{\sqrt{D(X)}}\right)\geqslant p.$$

(3) 查正态分布表，解不等式得 n 值.（如例 1）

例 1　设各零件的重量都是随机变量，它们相互独立，且服从相同的分布，其数学期望为 0.5 kg，均方差为 0.1 kg，问 5 000 只零件的总重量超过 2 510 kg 的概率是多少？

解　设各零件的重量为 $X_i(i=1, 2, \cdots, 5\,000)$，已知

$$\mu=E(X_i)=0.5\text{ kg},\ \sqrt{D(X_i)}=\sigma=0.1\text{ kg},$$

总重量 $Z=\sum\limits_{i=1}^{5\,000} X_i$，故所求概率为

$$\begin{aligned}P\{Z>2\,510\}&=P\left\{\frac{Z-5\,000\times0.5}{0.1\sqrt{5\,000}}>\frac{2\,510-5\,000\times0.5}{0.1\sqrt{5\,000}}\right\}\\&\approx1-\Phi\left(\frac{10}{0.1\sqrt{5\,000}}\right)\\&=1-\Phi(1.414)=1-0.921\,4=0.078\,7.\end{aligned}$$

题型 9　有关大数定律与中心极限定理的证明题

例 1　设 X 为连续型随机变量，且 $E(\mathrm{e}^{kX})(k>0)$ 存在，则

$$P\{X\geqslant\varepsilon\}\leqslant\frac{E(\mathrm{e}^{kX})}{\mathrm{e}^{k\varepsilon}}.$$

证　$\because$ $E(\mathrm{e}^{kX})$ 存在，

$$\begin{aligned}\therefore P\{X\geqslant\varepsilon\}&=P\{kX\geqslant k\varepsilon\}=P\{\mathrm{e}^{kX}\geqslant\mathrm{e}^{k\varepsilon}\}\\&=\int_{\mathrm{e}^{kx}\geqslant\mathrm{e}^{k\varepsilon}}f(x)\mathrm{d}x\quad(f(x)\text{ 为 }X\text{ 的分布密度})\\&\leqslant\int_{\mathrm{e}^{kx}\geqslant\mathrm{e}^{k\varepsilon}}\frac{\mathrm{e}^{kx}}{\mathrm{e}^{k\varepsilon}}f(x)\mathrm{d}x\leqslant\int_{-\infty}^{+\infty}\frac{1}{\mathrm{e}^{k\varepsilon}}[\mathrm{e}^{kx}f(x)]\mathrm{d}x\\&=\frac{1}{\mathrm{e}^{k\varepsilon}}E(\mathrm{e}^{kX}).\end{aligned}$$

第 12 章　数理统计的基础知识

前面介绍的概率论是在已知随机变量服从某种分布的条件下，来研究随机变量的性质、数字特征及其应用的. 从本章开始介绍的数理统计是以概率论为基础，根据试验或观察得到的数据来研究随机现象，以便对研究对象的客观规律性作出合理的估计和判断. 本章主要讲述统计推断的基本内容.

本章教学基本要求：

1. 理解总体、简单随机样本、统计量、样本均值、样本方差及样本矩的概念；

2. 了解 χ^2 分布、t 分布和 F 分布的定义及性质，了解分位数的概念并会查表计算；

3. 了解正态总体的某些常用抽样的分布.

§12.1　数理统计的基本概念

一、主要知识归纳

表 12—1—1　　**基本概念**

总体	具有一定共性的研究对象的全体称为总体. 统计学中称随机变量（或向量）X 为总体，并把随机变量（或向量）的分布称为总体分布.
样本	从总体 X 中第 i 次抽取的个体指标记为 X_i，则称 X_1，…，X_n 为总体 X 的样本. 样本是一个随机变量，一旦具体取定一组样本，便得到样本的一次具体的观察值 x_1，…，x_n，称其为样本值.
频率直方图	频率直方图能直观地表示出组频数的分布，其步骤如下： 设 x_1，x_2，…，x_n 是样本的 n 个观察值. (1) 求出 x_1，x_2，…，x_n 中的最小者 $x_{(1)}$ 和最大者 $x_{(n)}$. (2) 选取常数 a（略小于 $x_{(1)}$）和 b(略大于 $x_{(n)}$)，并将区间 $[a, b]$ 等分成 m 个小区间（一般取 m 使 m/n 在 1/10 左右，且小区间不包含右端点）： $[t_i, t_i+\Delta t]$，$\Delta t=\dfrac{b-a}{m}$，$i=1, 2, \cdots, m$. (3) 求出组频数 n_i，组频率 $n_i/n \xlongequal{记为} f_i$，以及 $h_i=\dfrac{f_i}{\Delta t}$，$(i=1, 2, \cdots, n)$.

续前表

频率直方图	(4) 在 $[t_i, t_i+\Delta t]$ 上以 h_i 为高，Δt 为宽作小矩形，其面积恰为 f_i，所有小矩形合在一起就构成了频率直方图.
常用统计量	设 $X_1, X_2, \cdots, X_n$ 为总体 X 的一个样本，称此样本的任一不含总体分布未知参数的函数为该样本的统计量. 常用统计量有： (1) 样本均值 $\overline{X}=\frac{1}{n}\sum_{i=1}^{n}X_i$； (2) 样本方差 $S^2=\frac{1}{n-1}\sum_{i=1}^{n}(X_i-\overline{X})^2$； (3) 样本标准差 $S=\sqrt{\frac{1}{n-1}\sum_{i=1}^{n}(X_i-\overline{X})^2}$； (4) 样本（$k$ 阶）原点距 $A_k=\frac{1}{n}\sum_{i=1}^{n}X_i^k$，$k=1, 2, \cdots$； (5) 样本（$k$ 阶）中心距 $B_k=\frac{1}{n}\sum_{i=1}^{n}(X_i-\overline{X})^k$，$k=2, 3, \cdots$.

二、典型例题分析

例 1　设 $X_1, X_2, \cdots, X_n$ 是来自正态总体 $N(\mu, \sigma^2)$ 的简单随机样本，其中 μ, σ^2 未知，则下面不是统计量的是（　　）.

(A) X_i；　　(B) $\overline{X}=\frac{1}{n}\sum_{i=1}^{n}X_i$；

(C) $S^2=\frac{1}{n-1}\sum_{i=1}^{n}(X_i-\overline{X}^2)$；　　(D) $\frac{1}{n}\sum_{i=1}^{n}(X_i-\mu)^2$.

解　答案为 (D). 统计量的定义：样本的任一不含总体分布未知参数的函数为该样本的统计量.

小结：样本来自总体，样本的性质在一定程度上可以反映总体的性质；但是样本本身往往不能提供有效的信息. 因此，为了通过样本了解总体，我们必须对样本进行"加工"，以提取其中有益的信息. 所谓对样本"加工"，就是针对不同的统计问题构造一个不含未知参数的样本的连续函数，即统计量，通过统计量 T 的取值对总体的未知参数进行推断，所以统计量 T 是一个随机变量，不含未知参数是非常必要的.

例 2　设 $X_1, X_2, \cdots, X_n$ 为来自泊松分布 $P(\lambda)$ 的一个样本. $\overline{X}$, S^2 分别为样本均值和样本方差.

(1) 试写出 $X_1, X_2, \cdots, X_n$ 的联合概率分布；

(2) 计算 $E(\overline{X})$，$D(\overline{X})$，$E(S^2)$.

解　(1) 由于总体 $X\sim P(\lambda)$，即 X 的概率分布为

$$P\{X=k\}=\frac{\lambda^k}{k!}e^{-\lambda},\ k=0,1,2,\cdots.$$

则 $X_1,X_2,\cdots,X_n$ 的联合概率分布为

$$P\{X_1=x_1,X_2=x_2,\cdots,X_n=x_n\}=\prod_{i=1}^{n}P\{X_i=x_i\}$$
$$=e^{-\lambda n}\prod_{i=1}^{n}\frac{\lambda^{x_i}}{x_i!},$$

(2) 已知 $E(X)=\lambda$, $D(X)=\lambda$, 则

$$E(\overline{X})=\frac{1}{n}\sum_{i=1}^{n}E(X_i)=\lambda,\ D(\overline{X})=\frac{1}{n^2}\sum_{i=1}^{n}D(X_i)=\frac{\lambda}{n},$$

$$E(S^2)=\frac{1}{n-1}\sum_{i=1}^{n}E(X_i-\overline{X})^2=\frac{1}{n-1}\sum_{i=1}^{n}E(X_i^2+\overline{X}^2-2\overline{X}X_i)$$
$$=\frac{1}{n-1}\Big[\sum_{i=1}^{n}E(X_i^2)-nE(\overline{X}^2)\Big]=\frac{1}{n-1}\Big[\sum_{i=1}^{n}E(X_i^2)-nE(\overline{X}^2)\Big]$$

由于 $E(X^2)=D(X)+[E(X)]^2=\lambda+\lambda^2$, $E(\overline{X}^2)=D(\overline{X})+[E(\overline{X})]^2=\frac{\lambda}{n}+\lambda^2$,

故 $$E(S^2)=\frac{1}{n-1}\Big[\sum_{i=1}^{n}E(X_i^2)-nE(\overline{X}^2)\Big]=\frac{n}{n-1}(\lambda+\lambda^2)=\lambda.$$

小结：为了保证样本能更好地反映总体的情况，抽取的样本需满足下列两个条件：

(1) 代表性：每个个体被抽取的机会均等，并且抽取一个个体后总体成分不变；

(2) 独立性：$X_1,X_2,\cdots,X_n$ 都是与总体 X 同分布的随机变量，且相互独立.

要求样本是简单随机样本，可以更好地用概率论中独立条件下的一系列结论，正是这些结论为数理统计提供了必要的理论基础.

三、习题 12—1 解答

1. 已知总体 X 服从 $[0,\lambda]$ 上的均匀分布 (λ 未知), $X_1,X_2,\cdots,X_n$ 为 X 的样本, 则 (　　).

(A) $\frac{1}{n}\sum_{i=1}^{n}X_i-\frac{\lambda}{2}$ 是一个统计量;

(B) $\frac{1}{n}\sum_{i=1}^{n}X_i-E(X)$ 是一个统计量;

(C) X_1+X_2 是一个统计量;

(D) $\frac{1}{n}\sum_{i=1}^{n}X_i^2-D(X)$ 是一个统计量.

解　应选 (C).

统计量的定义为：样本的任一不含总体分布未知参数的函数称为该样本的统计量. 而 (A)、(B)、(D) 中均含未知参数.

2. 从总体 X 中任意抽取一个容量为 10 的样本，样本值为

$$4.5,\ 2.0,\ 1.0,\ 1.5,\ 3.5,\ 4.5,\ 6.5,\ 5.0,\ 3.5,\ 4.0,$$

试分别计算样本均值 $\overline{x}$ 及样本方差 s^2.

解　样本均值为

$$\overline{x}=\frac{4.5+2.0+1.0+1.5+3.5+4.5+6.5+5.0+3.5+4.0}{10}=3.6,$$

因为

$$\begin{aligned}\sum_{i=1}^{10}x_i^2 &= (4.5)^2+(2.0)^2+(1.0)^2+(1.5)^2+(3.5)^2+(4.5)^2\\ &\quad+(6.5)^2+(5.0)^2+(3.5)^2+(4.0)^2\\ &=155.5,\end{aligned}$$

所以，样本方差为

$$s^2=\frac{1}{10-1}\left(\sum_{i=1}^{10}x_i^2-10\overline{x}^2\right)=\frac{1}{10-1}(155.5-10\times 3.6^2)\approx 2.88.$$

3. A 厂生产的某种电器的使用寿命服从指数分布，参数 λ 未知. 为此，抽查了 n 件电器，测量其使用寿命，试确定本问题的总体、样本及其密度.

解　总体是这种电器的使用寿命，其概率密度为

$$f(x)=\begin{cases}\lambda e^{-\lambda x}, & x>0\\ 0, & x\leqslant 0\end{cases}\ (\lambda\text{ 未知}),$$

样本 $X_1, X_2, \cdots, X_n$ 是 n 件某种电器的使用寿命，抽到的 n 件电器的使用寿命是样本的一组观察值. 样本 $X_1, X_2, \cdots, X_n$ 相互独立，来自同一总体 X，所以样本的联合密度为

$$f(x_1, x_2, \cdots, x_n)=\begin{cases}\lambda^n e^{-\lambda(x_1+x_2+\cdots+x_n)}, & x_1, x_2, \cdots, x_n>0\\ 0, & \text{其它}\end{cases}.$$

4. 设 $X_1, \cdots, X_n$ 是取自总体 X 的样本，$\overline{X}$，S^2 分别为样本均值与样本方差，假定 $\mu=E(X)$，$\sigma^2=D(X)$ 均存在，试求 $E(\overline{X})$，$D(\overline{X})$，$E(S^2)$.

解　利用样本的独立性和同分布性，有

$$E(\overline{X})=\frac{1}{n}\sum_{i=1}^{n}E(X_i)=\frac{1}{n}\sum_{i=1}^{n}E(X)=\mu,$$

$$D(\overline{X})=\frac{1}{n^2}\sum_{i=1}^{n}D(X_i)=\frac{1}{n^2}\sum_{i=1}^{n}D(X)=\frac{\sigma^2}{n},$$

$$\begin{aligned}E(S^2)&=E\left(\frac{1}{n-1}\left(\sum_{i=1}^{n}X_i^2-n\overline{X}^2\right)\right)=\frac{1}{n-1}\left(\sum_{i=1}^{n}E(X_i^2)-nE(\overline{X}^2)\right)\\&=\frac{1}{n-1}\left(\sum_{i=1}^{n}E(X^2)-nE(\overline{X}^2)\right)\\&=\frac{1}{n-1}\left(\sum_{i=1}^{n}(\mu^2+\sigma^2)-n\left(\mu^2+\left(\frac{\sigma^2}{n}\right)\right)\right)=\sigma^2.\end{aligned}$$

注： 本题证明了对于任何存在均值 μ 与方差 σ^2 的总体分布，均有 $E(\overline{X})-\mu$，$E(S^2)=\sigma^2$.

§12.2 常用统计分布

一、主要知识归纳

表 12—2—1 **χ^2 分布**

定义	设 $X_1, X_2, \cdots, X_n$ 是取自总体 $N(0, 1)$ 的样本，称统计量 $\chi^2=X_1^2+X_2^2+\cdots+X_n^2$ 服从自由度为 n 的 χ^2 分布，记为 $\chi^2\sim\chi^2(n)$.
概率密度	$f(x)=\begin{cases}\dfrac{1}{2^{n/2}\Gamma(n/2)}x^{n/2-1}\mathrm{e}^{-x/2}, & x>0\\0, & x\leqslant 0\end{cases}$
性质	(1) 若 $\chi^2\sim\chi^2(n)$，则 $E(\chi^2)=n$，$D(\chi^2)=2n$ (2) 可加性：若 $\chi_1^2\sim\chi^2(m)$，$\chi_2^2\sim\chi^2(n)$，且 χ_1^2，χ_2^2 相互独立，则 $\chi_1^2+\chi_2^2\sim\chi^2(m+n)$.
分位数	设 $\chi^2\sim\chi^2(n)$，对给定的实数 $\alpha(0<\alpha<1)$，称满足条件 $P\{\chi^2>\chi_\alpha^2(n)\}=\int_{\chi_\alpha^2(n)}^{+\infty}f(x)\mathrm{d}x=\alpha$ 的 $\chi_\alpha^2(n)$ 为 $\chi^2(n)$ 分布的水平 α 的上侧分位数，简称为上侧 α 分位数.

表 12—2—2　**t 分布**

定义	设 $X\sim N(0,1)$，$Y\sim\chi^2(n)$，且 X 与 Y 相互独立，则称 $$T=\frac{X}{\sqrt{Y/n}}$$ 服从自由度为 n 的 t 分布，记为 $T\sim t(n)$.
概率密度	$f(x)=\dfrac{\Gamma[(n+1)/2]}{\sqrt{\pi n}\Gamma(n/2)}\left(1+\dfrac{x^2}{n}\right)^{-\frac{n+1}{2}}$，$-\infty<x<+\infty$.
性质	(1) $f(x)$ 的图形关于 y 轴对称，且 $\lim\limits_{x\to\infty}f(x)=0$. (2) 当 n 充分大时，t 分布近似于标准正态分布. 事实上，$$\lim_{n\to+\infty}f(x)=\frac{1}{\sqrt{2\pi}}e^{-x^2/2}.$$ 但当 n 较小时，t 分布与标准正态分布相差较大.
分位数	设 $T\sim t(n)$，对给定的实数 $\alpha(0<\alpha<1)$，称满足条件 $$P\{T>t_\alpha(n)\}=\int_{t_\alpha(n)}^{+\infty}f(x)\mathrm{d}x=\alpha$$ 的数 $t_\alpha(n)$ 为 $t(n)$ 分布的水平 α 的上侧分位数. 由密度函数 $f(x)$ 的对称性，可得　$t_{1-\alpha}(n)=-t_\alpha(n)$.

表 12—2—3　**F 分布**

定义	设 $X\sim\chi^2(m)$，$Y\sim\chi^2(n)$，且 X 与 Y 相互独立，则称 $$F=\frac{X/m}{Y/n}=\frac{nX}{mY}$$ 服从自由度为 (m,n) 的 F 分布，记为 $F\sim F(m,n)$.
概率密度	$f(x)=\begin{cases}\dfrac{\Gamma[(m+n)/2]}{\Gamma(m/2)\Gamma(n/2)}\left(\dfrac{m}{n}\right)\left(\dfrac{m}{n}x\right)^{\frac{m}{2}-1}\left(1+\dfrac{m}{n}x\right)^{-\frac{1}{2}(m+n)}, & x>0\\ 0, & x\leqslant 0\end{cases}$
性质	(1) 若 $X\sim t(n)$，则 $X^2\sim F(1,n)$； (2) 若 $F\sim F(m,n)$，则 $\dfrac{1}{F}\sim F(n,m)$； (3) $F_\alpha(m,n)=\dfrac{1}{F_{1-\alpha}(n,m)}$. 注：此式常常用来求 F 分布表中没有列出的某些上侧分位数.
分位数	设 $F\sim F(n,m)$，对给定的实数 $\alpha(0<\alpha<1)$，称满足条件 $$P\{F>F_\alpha(n,m)\}=\int_{F_\alpha(n,m)}^{+\infty}f(x)\mathrm{d}x=\alpha$$ 的数 $F_\alpha(n,m)$ 为 $F(n,m)$ 分布的水平 α 的上侧分位数.

二、典型例题分析

例 1 设 X_1, X_2, X_3, X_4 是来自正态总体 $N(0, 3^2)$ 的简单随机样本，若随机变量 $X=a(X_1-3X_2)^2+b(2X_3-5X_4)^2$，试求 a，b 的值，使统计量 X 服从 χ^2 分布，并求其自由度.

解 由题意知 $E(X_i)=0$，$D(X_i)=3^2$，且 X_i 相互独立（$i=1, 2, 3, 4$），则

$$X_1-3X_2\sim N(0, 90),\ 2X_3-5X_4\sim N(0, 261).$$

从而

$$\frac{X_1-3X_2}{\sqrt{90}}\sim N(0, 1),\quad \frac{2X_3-5X_4}{\sqrt{261}}\sim N(0, 1).$$

由 χ^2 分布的可加性知，

$$\frac{1}{90}(X_1-3X_2)^2+\frac{1}{261}(2X_3-5X_4)^2\sim\chi^2(2),$$

与 $X=a(X_1-3X_2)^2+b(2X_3-5X_4)^2$ 相比较得

$$a=\frac{1}{90},\ b=\frac{1}{261}，且自由度为 2.$$

小结：若随机变量 X 的概率密度为

$$f(x)=\begin{cases}\dfrac{1}{2^{n/2}\Gamma\left(\dfrac{n}{2}\right)}x^{n/2-1}\mathrm{e}^{-x/2}, & x>0\\ 0, & x\leqslant 0\end{cases},$$

则称 X 服从自由度为 n 的 χ^2 分布.

因此，根据随机变量函数的分布的求法，可得：若 $X\sim N(0, 1)$，则 $Y=X^2\sim\chi^2(1)$. 这与 $n=1$ 时，χ^2 分布的定义是一致的.

例 2 设随机变量 X 和 Y 相互独立均服从 $N(0, 4^2)$，而 $X_1, X_2, \cdots, X_{16}$ 和 $Y_1, Y_2, \cdots, Y_{16}$ 分别来自总体 X 和 Y 的样本，求统计量

$$V=\frac{\sum\limits_{i=1}^{16}X_i}{\sqrt{\sum\limits_{i=1}^{16}Y_i^2}}$$

服从的分布及其自由度.

解　根据题意知 $\frac{1}{16}\sum_{i=1}^{16}X_i \sim N(0,1)$，$\sum_{i=1}^{16}\left(\frac{Y_i}{4}\right)^2 \sim \chi^2(16)$，则由 t 分布的定义知，

$$V=\frac{\sum_{i=1}^{16}X_i}{\sqrt{\sum_{i=1}^{16}Y_i^2}} \sim t(16).$$

小结：解决这类问题，首先要根据独立同分布随机变量的性质求解其运算的数字特征和服从的分布，然后利用三大常用的统计分布的定义来构造相应的统计量.

例 3　假定 X_1，X_2 是取自正态总体 $X\sim N(0,\sigma^2)$ 的一个样本，试求概率

$$P\left\{\frac{(X_1+X_2)^2}{(X_1-X_2)^2}<4\right\}.$$

解　由 $X_i\sim N(0,\sigma^2)$，$i=1,2$ 知

$$X_1+X_2\sim N(0,2\sigma^2),\quad X_1-X_2\sim N(0,2\sigma^2),$$

从而

$$\frac{X_1+X_2}{\sqrt{2}\sigma}\sim N(0,1),\quad \frac{X_1-X_2}{\sqrt{2}\sigma}\sim N(0,1).$$

则由 χ^2 分布的定义知 $\frac{(X_1+X_2)^2}{(\sqrt{2}\sigma)^2}\sim\chi^2(1)$，$\frac{(X_1-X_2)^2}{(\sqrt{2}\sigma)^2}\sim\chi^2(1)$，

又 $\mathrm{cov}(X_1+X_2, X_1-X_2)=0$，即 X_1+X_2 与 X_1-X_2 是相互独立的，
则由 F 分布的定义知，

$$\frac{(X_1+X_2)^2}{(X_1-X_2)^2}\sim F(1,1),$$

从而　$$P\left\{\frac{(X_1+X_2)^2}{(X_1-X_2)^2}<4\right\}=\int_0^4\frac{1}{\pi(1+x)x^{1/2}}\mathrm{d}x=\frac{2}{\pi}\arctan 2=0.70.$$

三、习题 12—2 解答

1. 查表求标准正态分布的下列上侧分位数：

$u_{0.4}$，$u_{0.2}$，$u_{0.1}$，$u_{0.05}$.

答　$u_{0.4}=0.253$，$u_{0.2}=0.841\,6$，$u_{0.1}=1.28$，$u_{0.05}=1.65$.

2. 查表求 χ^2 分布的下列上侧分位数：

$\chi^2_{0.95}(5)$，$\chi^2_{0.05}(5)$，$\chi^2_{0.99}(10)$，$\chi^2_{0.01}(10)$.

答 1.145，11.071，2.558，23.209.

3. 查表求 t 分布的下列上侧分位数：

$t_{0.05}(3)$，$t_{0.01}(5)$，$t_{0.10}(7)$，$t_{0.005}(10)$.

答 2.353，3 365，1.415，3.169.

4. 设总体 $X\sim N(0,1)$，X_1，X_2，…，X_n 为简单随机样本，问下列各统计量服从什么分布？

(1) $\dfrac{X_1-X_2}{\sqrt{X_3^2+X_4^2}}$.

解 因为 $X_i\sim N(0,1)$，$i=1,2,\cdots,n$，所以

$$X_1-X_2\sim N(0,2),$$

$$\frac{X_1-X_2}{\sqrt{2}}\sim N(0,1),$$

$$X_3^2+X_4^2\sim\chi^2(2),$$

故

$$\frac{X_1-X_2}{\sqrt{X_3^2+X_4^2}}=\frac{(X_1-X_2)/\sqrt{2}}{\sqrt{\dfrac{X_3^2+X_4^2}{2}}}\sim t(2).$$

(2) $\dfrac{\sqrt{n-1}X_1}{\sqrt{X_2^2+X_3^2+\cdots+X_n^2}}$.

解 因为 $X_i\sim N(0,1)$，$\sum\limits_{i=2}^{n}X_i^2\sim\chi^2(n-1)$，所以

$$\frac{\sqrt{n-1}X_1}{\sqrt{X_2^2+X_3^2+\cdots+X_n^2}}=\frac{X_1}{\sqrt{\sum\limits_{i=2}^{n}X_i^2/(n-1)}}\sim t(n-1).$$

(3) $\left(\dfrac{n}{3}-1\right)\sum\limits_{i=1}^{3}X_i^2\Big/\sum\limits_{i=4}^{n}X_i^2$.

解 因为 $\sum\limits_{i=1}^{3}X_i^2\sim\chi^2(3)$，$\sum\limits_{i=4}^{n}X_i^2\sim\chi^2(n-3)$，所以

$$\left(\frac{n}{3}-1\right)\sum_{i=1}^{3}X_i^2\Big/\sum_{i=4}^{n}X_i^2=\frac{\sum\limits_{i=1}^{3}X_i^2/3}{\sum\limits_{i=4}^{n}X_i^2/(n-3)}\sim F(3,n-3).$$

5. 设随机变量 X 和 Y 相互独立且都服从正态分布 $N(0, 3^2)$. $X_1, X_2, \cdots, X_9$ 和 $Y_1, Y_2, \cdots, Y_9$ 是分别取自总体 X 和 Y 的简单随机样本. 试证统计量

$$T=\frac{X_1+X_2+\cdots+X_9}{\sqrt{Y_1^2+Y_2^2+\cdots+Y_9^2}}$$

服从自由度为 9 的 t 分布.

证　首先将 X_i, Y_i 分别除以 3，使之化为标准正态.

令 $X_i'=\frac{X_i}{3}$, $Y_i'=\frac{Y_i}{3}$, $i=1, 2, \cdots, 9$，则

$$X_i' \sim N(0, 1),\ Y_i' \sim N(0, 1);$$

再令 $X'=X_1'+X_2'+\cdots+X_9'$，则

$$X' \sim N(0, 9),\ \frac{X'}{3} \sim N(0, 1),$$
$$Y'^2=Y_1'^2+Y_2'^2+\cdots+Y_9'^2,$$
$$Y'^2 \sim \chi^2(9).$$

注意到 X', Y'^2 相互独立，因此

$$T=\frac{X_1+X_2+\cdots+X_9}{\sqrt{Y_1^2+Y_2^2+\cdots+Y_9^2}}=\frac{X_1'+X_2'+\cdots+X_9'}{\sqrt{Y_1'^2+Y_2'^2+\cdots+Y_9'^2}}=\frac{X'}{\sqrt{Y'^2}}$$
$$=\frac{X'/3}{\sqrt{Y'^2/9}} \sim t(9).$$

6. 假设 $X_1, X_2, \cdots, X_9$ 是来自总体 $X \sim N(0, 2^2)$ 的简单随机样本，求系数 a, b, c，使 $Q=a(X_1+X_2)^2+b(X_3+X_4+X_5)^2+c(X_6+X_7+X_8+X_9)^2$ 服从 χ^2 分布，并求其自由度.

解　由于 $X_1, X_2, \cdots, X_9$ 相互独立且取自总体 $X \sim N(0, 2^2)$，则由正态分布的线性运算性质有

$$X_1+X_2 \sim N(0, 8),$$
$$X_3+X_4+X_5 \sim N(0, 12),$$
$$X_6+X_7+X_8+X_9 \sim N(0, 16).$$

于是，由 $\chi^2=\chi_1^2+\cdots+\chi_k^2$ 有

$$Q=\frac{(X_1+X_2)^2}{8}+\frac{(X_3+X_4+X_5)^2}{12}+\frac{(X_6+X_7+X_8+X_9)^2}{16} \sim \chi^2(3),$$

故 $a=1/8$, $b=1/12$, $c=1/16$，自由度为 3.

§12.3　正态总体的抽样分布

一、主要知识归纳

表 12—3—1　　正态总体的抽样分布

<table>
<tr><td>单正态总体</td><td>设总体 $X\sim N(\mu,\sigma^2)$，X_1，X_2，…，X_n 是取自 X 的一个样本，$\overline{X}$ 与 S^2 分别为该样本的样本均值与样本方差，则有
(1) $\overline{X}\sim N(\mu,\sigma^2/n)$；　(2) $U=\dfrac{\overline{X}-\mu}{\sigma/\sqrt{n}}\sim N(0,1)$；
(3) $\chi^2=\dfrac{n-1}{\sigma^2}S^2=\dfrac{1}{\sigma^2}\sum\limits_{i=1}^{n}(X_i-\overline{X})^2\sim\chi^2(n-1)$；(4) $\overline{X}$ 与 S^2 相互独立；
(5) $\chi^2=\dfrac{1}{\sigma^2}\sum\limits_{i=1}^{n}(X_i-\mu)^2\sim\chi^2(n)$；　(6) $T=\dfrac{\overline{X}-\mu}{S/\sqrt{n}}\sim t(n-1)$.</td></tr>
<tr><td>双正态总体</td><td>设 $X\sim N(\mu_1,\sigma_1^2)$ 与 $Y\sim N(\mu_2,\sigma_2^2)$ 是两个相互独立的正态总体，又设 X_1，X_2，…，X_{n_1} 是取自总体 X 的样本，$\overline{X}$ 与 S_1^2 分别为该样本均值与样本方差. Y_1，Y_2，…，Y_{n_2} 是取自总体 Y 的样本，$\overline{Y}$ 与 S_2^2 分别为此样本的样本均值与样本方差，则
(1) 当 σ_1^2，σ_2^2 已知时，
$$U=\frac{(\overline{X}-\overline{Y})-(\mu_1-\mu_2)}{\sqrt{\sigma_1^2/n_1+\sigma_2^2/n_2}}\sim N(0,1)；$$
$$\frac{\dfrac{1}{n_1}\sum\limits_{i=1}^{n_1}(X_i-\mu_1)^2}{\dfrac{1}{n_2}\sum\limits_{j=1}^{n_2}(Y_j-\mu_2)^2}\cdot\frac{\sigma_2^2}{\sigma_1^2}\sim F(n_1,n_2).$$
(2) 当 σ_1^2，σ_2^2 未知时，
$$F=\left(\frac{\sigma_2}{\sigma_1}\right)^2\frac{S_1^2}{S_2^2}\sim F(n_1-1,n_2-1)；$$
若进一步有 $\sigma_1^2=\sigma_2^2=\sigma^2$，则
$$T=\frac{(\overline{X}-\overline{Y})-(\mu_1-\mu_2)}{S_w\sqrt{1/n_1+1/n_2}}\sim t(n_1+n_2-2)；$$
其中 $S_w^2=\dfrac{(n_1-1)S_1^2+(n_2-1)S_2^2}{n_1+n_2-2}$ 为 S_1^2 与 S_2^2 的加权平均.</td></tr>
</table>

二、典型例题分析

例1 设 X_1, X_2, X_3, X_4 是来自正态总体 $N(0, \sigma^2)$ 的样本，记

$$V=\frac{\sqrt{3}X_1}{\sqrt{X_2^2+X_3^2+X_4^2}},$$

求证：$V\sim t(3)$.

证 由题意知 $\frac{X_1}{\sigma}\sim N(0, 1)$，$\frac{X_2^2+X_3^2+X_4^2}{\sigma^2}\sim\chi^2(3)$，且两者相互独立，则由 t 分布的定义得

$$V=\frac{\frac{X_1}{\sigma}}{\sqrt{\frac{X_2^2+X_3^2+X_4^2}{3\sigma^2}}}=\frac{\sqrt{3}X_1}{\sqrt{X_2^2+X_3^2+X_4^2}}\sim t(3).$$

例2 设 $X_1, X_2, \cdots, X_n$ 是来自正态总体 $N(\mu, \sigma^2)$ 的一个简单随机样本，S^2 为其样本方差，且 $P\left\{\frac{S^2}{\sigma^2}\leqslant 1.5\right\}\geqslant 0.95$，若样本容量 n 满足 $\chi_{0.05}^2(n-1)\geqslant 38.9$，求满足上述条件的 n 的最小值.

解 由单正态总体抽样分布的知识知，$\frac{n-1}{\sigma^2}S^2\sim\chi^2(n-1)$，故

$$P\left\{\frac{S^2}{\sigma^2}\leqslant 1.5\right\}=P\left\{\frac{(n-1)S^2}{\sigma^2}\leqslant 1.5(n-1)\right\}\geqslant 0.95,$$

即 $$P\left\{\frac{(n-1)S^2}{\sigma^2}>1.5(n-1)\right\}\leqslant 0.05,$$

从而由 χ^2 分布的分位数定义得 $\chi_{0.05}^2(n-1)=1.5(n-1)$，要使 $\chi_{0.05}^2(n-1)\geqslant 38.9$，即 $1.5(n-1)\geqslant 38.9$，得 $n\geqslant 26.933$，这就是说样本容量 n 的最小值应为27.

小结：有的教材中定义上侧分位数为：设随机变量 X 的分布函数为 $F(x)$，对给定的实数 $\alpha(0<\alpha<1)$，若实数 F_α 满足 $P\{X<F_\alpha\}=\alpha$，则称 F_α 为随机变量 X 分布的水平为 α 的上侧分位数. 使用哪种定义需要根据具体情况来确定，但本质是一样的，故最终的结论也是一致的.

例3 设某厂生产的灯泡的使用寿命 $X\sim N(1\,000, \sigma^2)$（单位：小时），随机抽取一容量为9的样本，并测得了样本均值及样本方差. 但是由于工作上的失误，事后失去了此试验的结果，只记得样本方差为 $S^2=100^2$，试求 $P\{\overline{X}>$

1 062}.

解 由于方差 σ^2 未知，故不能直接用 $\overline{X}$ 来求解，但是样本方差 S^2 已知，由单正态总体抽样分布的知识知

$$T=\frac{\overline{X}-\mu}{S/\sqrt{n}}\sim t(n-1).$$

故

$$P\{\overline{X}>1\,062\}=P\left\{\frac{\overline{X}-1\,000}{100/\sqrt{9}}>\frac{1\,062-1\,000}{100/\sqrt{9}}\right\}=P\left\{\frac{\overline{X}-1\,000}{100/\sqrt{9}}>1.86\right\}.$$

对自由度 $n=8$，查 t 分布表得 $t_{0.05}(8)=1.859\,5$，故

$$P\{\overline{X}>1\,062\}=P\left\{\frac{\overline{X}-1\,000}{100/\sqrt{9}}>1.86\right\}=0.05.$$

小结： 若一般统计量的概率不易于直接求出，一般考虑将其转化为常用的统计分布，利用抽样分布的知识求解. 同时要正确理解分位数的定义和熟悉三大分布的临界值表.

三、习题 12—3 解答

1. 设总体 X 服从正态分布 $N(10,\ 3^2)$，X_1，X_2，…，X_6 是它的一组样本，$\overline{X}=\frac{1}{6}\sum\limits_{i=1}^{6}X_i$.

(1) 写出 $\overline{X}$ 所服从的分布； (2) 求 $\overline{X}>11$ 的概率.

解 (1) 由定理知 $\overline{X}\sim N\left(10,\ \frac{3^2}{6}\right)$，即 $\overline{X}\sim N\left(10,\ \frac{3}{2}\right)$.

(2) $$P\{\overline{X}>11\}=1-F(11)=1-\Phi\left(\frac{11-10}{\sqrt{\frac{3}{2}}}\right)$$
$$=1-\Phi(0.816\,5)\approx 1-\Phi(0.82)$$
$$=0.206\,1.$$

2. 设 X_1，X_2，…，X_n 是总体 X 的样本，$\overline{X}=\frac{1}{n}\sum\limits_{i=1}^{n}X_i$，分别按总体服从下列指定分布求 $E(\overline{X})$，$D(\overline{X})$.

(1) X 服从 0—1 分布 $b(1,\ p)$； *(2) X 服从二项分布 $b(m,\ p)$；

(3) X 服从泊松分布 $P(\lambda)$； (4) X 服从均匀分布 $U[a,\ b]$；

(5) X 服从指数分布 $e(\lambda)$.

解　(1) 由题意，X 的分布律为：

$$P\{X=k\}=p^k(1-p)^{1-k}\quad (k=0,\ 1).$$
$$E(X)=p,\ D(\overline{X})=p(1-p).$$

所以

$$E(\overline{X})=E\Big(\frac{1}{n}\sum_{i=1}^{n}X_i\Big)=\frac{1}{n}\sum_{i=1}^{n}E(X_i)=\frac{1}{n}\cdot np=p,$$

$$D(\overline{X})=D\Big(\frac{1}{n}\sum_{i=1}^{n}X_i\Big)=\frac{1}{n^2}\sum_{i=1}^{n}D(X_i)=\frac{1}{n^2}\cdot np(1-p)=\frac{1}{n}p(1-p).$$

(2) 由题意，X 的分布律为：

$$P\{X=k\}=\mathrm{C}_m^k p^k(1-p)^{m-k}\quad (k=0,\ 1,\ 2,\ \cdots,\ m).$$
$$E(X)=mp,\ D(X)=mp(1-p).$$

同 (1) 可得 $E(\overline{X})=mp,\ D(\overline{X})=\frac{1}{n}mp(1-p)$.

(3) 由题意，X 的分布律为：

$$P\{X=k\}=\frac{\lambda^k}{k!}\mathrm{e}^{-\lambda}\quad (\lambda>0,\ k=0,\ 1,\ 2,\ \cdots).$$
$$E(X)=\lambda,\ D(X)=\lambda.$$

同 (1) 可得 $E(\overline{X})=\lambda,\ D(\overline{X})=\frac{1}{n}\lambda$.

(4) 由 $E(X)=\frac{a+b}{2},\ D(X)=\frac{(b-a)^2}{12}$,

同 (1) 可得 $E(\overline{X})=\frac{a+b}{2},\ D(\overline{X})=\frac{(b-a)^2}{12n}$.

(5) 由 $E(X)=\frac{1}{\lambda},\ D(X)=\frac{1}{\lambda^2}$,

同 (1) 可得 $E(\overline{X})=\frac{1}{\lambda},\ D(\overline{X})=\frac{1}{n\lambda^2}$.

3. 在天平上重复称一重量为 a 的物品，假设各次称量的结果相互独立，且服从正态分布 $N(a,\ 0.2^2)$. 若以 $\overline{X}$ 表示 n 次称量结果的算术平均值，求使 $P\{|\overline{X}-a|<0.1\}\geqslant 0.95$，成立的称量次数 n 的最小值.

解　因为

$$\overline{X}=\frac{1}{n}\sum_{i=1}^{n}X_i\sim N\Big(a,\ \frac{(0.2)^2}{n}\Big),$$

所以

$$\frac{\overline{X}-a}{0.2/\sqrt{n}}\sim N(0,1),$$

故

$$P\{|\overline{X}-a|<0.1\}=P\left\{\left|\frac{\overline{X}-a}{0.2/\sqrt{n}}\right|<\frac{0.1}{0.2/\sqrt{n}}\right\}=2\Phi\left(\frac{\sqrt{n}}{2}\right)-1\geqslant 0.95,$$

即 $\Phi\left(\frac{\sqrt{n}}{2}\right)\geqslant 0.975$，查正态分布表得$\frac{\sqrt{n}}{2}\geqslant 1.96$，所以 $n\geqslant 15.37$，即$n=16$.

4. 某厂生产的搅拌机平均寿命为 5 年，标准差为 1 年，假设这些搅拌机的寿命近似服从正态分布，求：

(1) 大小为 9 的随机样本平均寿命落在 4.4 和 5.2 年之间的概率；

(2) 大小为 9 的随机样本平均寿命小于 6 年的概率.

解 由题意知 $\overline{X}\sim N\left(5,\frac{1}{n}\right)$，$n=9$，则标准化变量

$$Z=\frac{\overline{X}-5}{1/\sqrt{9}}=\frac{\overline{X}-5}{1/3}\sim N(0,1).$$

从(1)

$$\begin{aligned}P\{4.4<\overline{X}<5.2\}&=P\left\{\frac{4.4-5}{1/3}<\frac{\overline{X}-5}{1/3}<\frac{5.2-5}{1/3}\right\}\\&=P\{-1.8<Z<0.6\}\approx\Phi(0.6)-\Phi(-1.8)\\&=0.7257-0.0359=0.6898.\end{aligned}$$

(2) $P\{\overline{X}<6\}=P\left\{\frac{\overline{X}-5}{1/3}<\frac{6-5}{1/3}\right\}=P\{Z<3\}\approx\Phi(3)=0.9987.$

5. 设 $X_1, X_2, \cdots, X_{16}$ 及 $Y_1, Y_2, \cdots, Y_{25}$ 分别是两个独立总体 $N(0,16)$ 及 $N(1,9)$ 的样本，以 $\overline{X}$ 和 $\overline{Y}$ 分别表示两个样本均值，求 $P\{|\overline{X}-\overline{Y}|>1\}$.

解 由题意知 $\overline{X}\sim N\left(0,\frac{16}{16}\right)$，$\overline{Y}\sim N\left(1,\frac{9}{25}\right)$，

$$\overline{X}-\overline{Y}\sim N\left(-1,1+\frac{9}{25}\right),$$

即

$$\overline{X}-\overline{Y}\sim N\left(-1,\frac{34}{25}\right).$$

标准化变量 $\overline{X}-\overline{Y}$，则 $Z=\frac{\overline{X}-\overline{Y}+1}{\sqrt{34}/5}\sim N(0,1)$，

所以

$$P\{|\overline{X}-\overline{Y}|\geqslant 1\}=1-P\{|\overline{X}-\overline{Y}|\leqslant 1\}=1-P\{-1\leqslant\overline{X}-\overline{Y}\leqslant 1\}$$
$$=1-P\left\{0\leqslant\frac{\overline{X}-\overline{Y}+1}{\sqrt{34}/5}\leqslant\frac{2}{\sqrt{34}/5}\right\}$$
$$\approx 1-\Phi(1.715)+\Phi(0)=1-0.9569+0.5=0.5431.$$

6. 假设总体 X 服从正态分布 $N(20, 3^2)$，样本 $X_1, \cdots, X_{25}$ 来自总体 X，计算

$$P\left\{\sum_{i=1}^{16}X_i-\sum_{i=17}^{25}X_i\leqslant 182\right\}.$$

解　令　$Y_1=\sum_{i=1}^{16}X_i, Y_2=\sum_{i=17}^{25}X_i$. 由于 $X_1, \cdots, X_{25}$ 相互独立同正态分布 $N(20, 3^2)$，因此有 Y_1 与 Y_2 相互独立，且

$$Y_1\sim N(320, 12^2), Y^2\sim N(180, 9^2),$$
$$Y_1-Y_2\sim N(140, 15^2),$$

故

$$P\left\{\sum_{i=1}^{16}X_i-\sum_{i=17}^{25}X_i\leqslant 182\right\}=P\{Y_1-Y_2\leqslant 182\}$$
$$=P\left\{\frac{Y_1-Y_2-140}{15}\leqslant 2.8\right\}$$
$$\approx\Phi(2.8)=0.997.$$

7. 从一正态总体中抽取容量为 $n=16$ 的样本，假定样本均值与总体均值之差的绝对值大于 2 的概率为 0.01，试求总体的标准差.

解　设总体 $X\sim N(\mu, \sigma^2)$，样本均值为 $\overline{X}$，则有

$$Z=\frac{\overline{X}-\mu}{\sigma/\sqrt{n}}=\frac{\overline{X}-\mu}{\sigma/4}\sim N(0, 1).$$

因为

$$P\{|\overline{X}-\mu|>2\}=P\left\{\left|\frac{\overline{X}-\mu}{\sigma/4}\right|>\frac{8}{\sigma}\right\}=2P\left\{Z>\frac{8}{\sigma}\right\}$$
$$=2\left[1-\Phi\left(\frac{8}{\sigma}\right)\right]=0.01.$$

所以

$$\Phi\left(\frac{8}{\sigma}\right)=0.995.$$

查标准正态分布表，得

$$\frac{8}{\sigma}=2.575,$$

从而

$$\sigma=\frac{8}{2.575}\approx 3.11.$$

8. 设总体 $X\sim N(\mu, 16)$，X_1，X_2，…，X_{10} 为取自该总体的样本，已知 $P\{S^2>a\}=0.1$，求常数 a.

解 因为 $\frac{(n-1)S^2}{\sigma^2}\sim\chi^2(n-1)$，$n=10$，$\sigma=4$，所以

$$P\{S^2>a\}=P\left\{\frac{9S^2}{16}>\frac{9}{16}a\right\}=0.1.$$

查自由度为 9 的 χ^2 分布表得，$\frac{9}{16}a=14.684$，所以 $a\approx 26.105$.

9. 分别从方差为 20 和 35 的正态总体中抽取容量为 8 和 10 的两个样本，求第一个样本方差不小于第二个样本方差的两倍的概率.

解 用 S_1^2 和 S_2^2 分别表示两个样本方差，由定理知

$$F=\frac{S_1^2/\sigma_1^2}{S_2^2/\sigma_2^2}=\frac{S_1^2/20}{S_2^2/35}=1.75\,\frac{S_1^2}{S_2^2}\sim F(8-1, 10-1)=F(7, 9).$$

又设事件 $A=\{S_1^2\geqslant 2S_2^2\}$，下面求 $P\{S_1^2\geqslant 2S_2^2\}$，因

$$P\{S_1^2\geqslant 2S_2^2\}=P\left\{\frac{S_1^2}{S_2^2}\geqslant 2\right\}=P\left\{\frac{S_1^2/20}{S_2^2/35}\geqslant 2\times\frac{35}{20}\right\}=P\{F\geqslant 3.5\}.$$

查 F 分布表得到自由度为 $n_1=7$，$n_2=9$ 的 F 分布上 α 分位点 $F_\alpha(n_1=7, n_2=9)$ 有如下数值：

$$F_{0.05}(7, 9)=3.29, F_{0.025}(7, 9)=4.20,$$

因而

$$F_{0.05}(7, 9)=3.29<3.5<F_{0.025}(7, 9)=4.20,$$

即事件 A 的概率介于 0.025 和 0.05 之间，故

$$0.025\leqslant P\{S_1^2\geqslant 2S_2^2\}\leqslant 0.05.$$

本章小结

一、本章知识点网络图

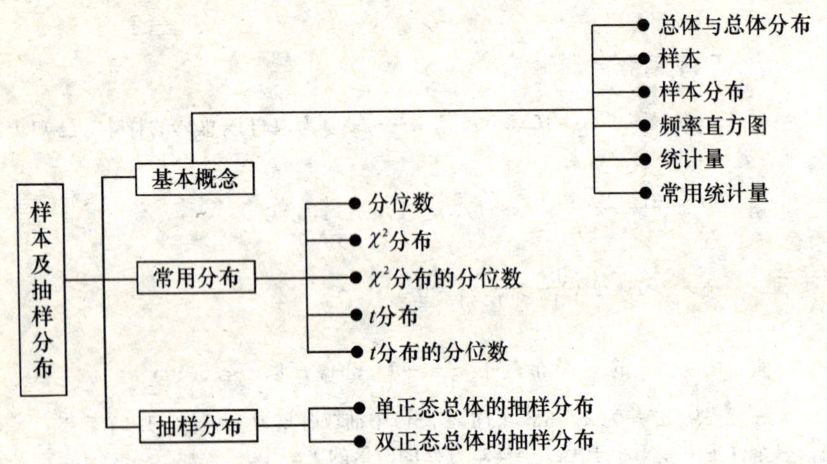

二、题型分析

题型 1　样本容量 (n)、均值及方差的分布和数字特征

解题思路　(1) 总体、样本及分布 (见例 1);

(2) 样本统计量的概率与样本容量的确定: 由总体的分布确定样本统计量的分布, 然后查表, 求出概率, 或者由概率与样本容量的关系式确定 n(见例 2);

(3) 利用总体的数字特征和样本的独立性, 解有关样本均值及方差的数字特征的题型 (见例 3, 例 4).

例 1　A 厂生产的某种电器的使用寿命服从指数分布, 参数 λ 未知. 为此, 抽查了 n 件电器, 测量其使用寿命. 试确定本问题的总体、样本及其密度.

解　总体是这种电器的使用寿命, 其概率密度为

$$f(x)=\begin{cases}\lambda e^{-\lambda x}, & x>0\\ 0, & x\leqslant 0\end{cases} (\lambda \text{ 未知}),$$

样本 $X_1, X_2, \cdots, X_n$ 是 n 件该种电器的使用寿命, 抽到的 n 件电器的使用寿命是样本的一组观察值. 样本 $X_1, X_2, \cdots, X_n$ 相互独立, 来自同一总体 X, 所以样本的联合密度为

$$f(x_1, x_2, \cdots, x_n)=\begin{cases}\lambda^n e^{-\lambda(x_1+x_2+\cdots+x_n)}, & x_1, x_2, \cdots, x_n>0 \\ 0, & \text{其它}\end{cases}.$$

例 2 设总体 $X\sim N(20, 3)$，从 X 中抽取两个样本 $X_1, X_2, \cdots, X_{10}$ 和 $Y_1, Y_2, \cdots, Y_{15}$，求概率 $P\{|\overline{X}-\overline{Y}|>0.3\}$.

解 因为 $X_1, X_2, \cdots, X_{10}$ 和 $Y_1, Y_2, \cdots, Y_{15}$ 独立同分布，所以

$$\overline{X}\sim N(20, 0.3), \overline{Y}\sim N(20, 0.2),$$

于是 $\overline{X}-\overline{Y}\sim N(0, 0.5)$，所以

$$\begin{aligned}P\{|\overline{X}-\overline{Y}|>0.3\}&=P\{|\overline{X}-\overline{Y}|/\sqrt{0.5}>0.3/\sqrt{0.5}\}\\&=1-P\{|\overline{X}-\overline{Y}|/\sqrt{0.5}<0.3/\sqrt{0.5}\}\\&=2[1-\Phi(0.3/\sqrt{0.5})]\\&=2[1-0.662\,8]=0.674\,4 \quad (\text{查正态分布表}).\end{aligned}$$

例 3 设总体 $X\sim f(x)=\begin{cases}|x|, & |x|<1 \\ 0, & \text{其它}\end{cases}$，$X_1, X_2, \cdots, X_{50}$ 为取自 X 的一个样本，试求：

(1) $\overline{X}$ 的数学期望与方差；

(2) S^2 的数学期望；

(3) $P\{|\overline{X}|>0.02\}$.

解 (1) 由 $\mu=E(X)=\int_{-1}^{1}x|x|\,\mathrm{d}x=0$,

$$\sigma^2=D(X)=E(X^2)-[E(X)]^2=E(X^2)=\int_{-1}^{1}x^2|x|\,\mathrm{d}x=\frac{1}{2}.$$

$$\overline{X}=\frac{1}{n}\sum_{i=1}^{n}X_i\,(n=50)$$

$$\Rightarrow E(\overline{X})=E\left(\frac{1}{n}\sum_{i=1}^{n}X_i\right)=\frac{1}{n}\sum_{i=1}^{n}E(X_i)=0,\ D(\overline{X})=\frac{\sigma^2}{n}=\frac{1}{2n}=\frac{1}{100}.$$

$$\begin{aligned}(2)\ E(S^2)&=E\left[\frac{1}{n-1}\sum_{i=1}^{n}(X_i-\overline{X})^2\right]=\frac{1}{n-1}E\left[\sum_{i=1}^{n}(X_i-\overline{X})^2\right]\\&=\frac{1}{n-1}E\left(\sum_{i=1}^{n}X_i^2-n\overline{X}^2\right)=\frac{1}{n-1}\left(\sum_{i=1}^{n}D(X_i)-nD(\overline{X})\right)\\&=\frac{1}{n-1}\left(n\cdot\frac{1}{2}-n\cdot\frac{1}{2n}\right)=\frac{1}{2}.\end{aligned}$$

(3) $P\{|\overline{X}|>0.02\}=1-P\{|\overline{X}|\leqslant 0.02\}$

$$=1-P\left\{\left|\frac{\overline{X}-\mu}{\sqrt{D(\overline{X})}}\right|\leqslant\frac{0.02-\mu}{\sqrt{D(\overline{X})}}\right\}$$

$$=1-P\left\{\left|\frac{\overline{X}}{1/10}\right|\leqslant 0.2\right\}$$

$$=1-\Phi(0.2)=0.841\,4.$$

例 4　设 $X\sim N(\mu,\sigma^2)$，X_1，X_2，…，X_n 为来自总体 X 的简单随机样本，$\overline{X}$，S^2 分别为样本均值与样本方差，证明：

$$E[(\overline{X}S^2)^2]=\left(\frac{\sigma^2}{n}+\mu^2\right)\left(\frac{2\sigma^2}{n-1}+\sigma^4\right).$$

证　因为 $\overline{X}$，S^2 相互独立，所以

$$E[(\overline{X}S^2)^2]=E(\overline{X}^2)E(S^4).$$

因为 $\overline{X}\sim N\left(\mu,\frac{\sigma^2}{n}\right)$，所以

$$E(\overline{X}^2)=D(\overline{X})+[E(\overline{X})]^2=\frac{\sigma^2}{n}+\mu^2.$$

又因为 $\frac{(n-1)S^2}{\sigma^2}\sim\chi^2(n-1)$，所以

$$E\left[\frac{(n-1)S^2}{\sigma^2}\right]=n-1,\ D\left[\frac{(n-1)S^2}{\sigma^2}\right]=2(n-1)$$

$$E\left\{\left[\frac{(n-1)S^2}{\sigma^2}\right]^2\right\}=D\left[\frac{(n-1)S^2}{\sigma^2}\right]+\left\{E\left[\frac{(n-1)S^2}{\sigma^2}\right]\right\}^2$$

$$=2(n-1)+(n-1)^2$$

故　$E(S^4)=[2(n-1)+(n-1)^2]\frac{\sigma^2}{(n-1)^2}=\left(\frac{2\sigma^2}{n-1}+\sigma^4\right).$

所以　$E[(\overline{X}S^2)^2]=\left(\frac{\sigma^2}{n}+\mu^2\right)\left(\frac{2\sigma^2}{n-1}+\sigma^4\right).$

题型 2　求抽样分布

解题思路　将要求的随机变量化为已知概率密度的四种抽样分布：u 分布，χ^2 分布，t 分布，F 分布或直接求出随机变量的概率密度.

(1) 求样本统计量的分布（确定分布类型及分布中的参数）（见例 1）；

(2) 计算抽样分布的概率（见例 2）；

(3) 证明抽样分布的等式或不等式（见例 3）.

例 1　假设 X_1，X_2，…，X_9 是来自总体 $X\sim N(0,2^2)$ 的简单随机样本，求

系数 a, b, c，使 $Q=a(X_1+X_2)^2+b(X_3+X_4+X_5)^2+c(X_6+X_7+X_8+X_9)^2$ 服从 χ^2 分布，并求其自由度.

解 由于 $X_1, X_2, \cdots, X_9$ 相互独立且取自总体 $X\sim N(0, 2^2)$，则由正态分布的线性运算性质有

$$X_1+X_2\sim N(0, 8),\ X_3+X_4+X_5\sim N(0, 12),$$
$$X_6+X_7+X_8+X_9\sim N(0, 16).$$

于是，由 $\chi^2=\chi_1^2+\cdots+\chi_k^2$ 有

$$Q=\frac{(X_1+X_2)^2}{8}+\frac{(X_3+X_4+X_5)^2}{12}+\frac{(X_6+X_7+X_8+X_9)^2}{16}\sim\chi^2(3),$$

故 $a=1/8$, $b=1/12$, $c=1/16$，自由度为 3.

例 2 设 $X_1, X_2, \cdots, X_{10}$ 是总体 $X\sim N(\mu, 0.5)$ 的一个样本，

(1) 已知 $\mu=0$，求 $P\left\{\sum_{i=1}^{10}X_i^2\geqslant 4\right\}$；

(2) μ 未知，求 $P\left\{\sum_{i=1}^{10}(X_i-\overline{X})^2\geqslant 2.85\right\}$.

解 (1) $\mu=0$ 时，$\chi_1^2=\frac{1}{\sigma^2}\sum_{i=1}^{10}X_i^2\sim\chi^2(10)$.

有 $$P\left\{\sum_{i=1}^{10}X_i^2\geqslant 4\right\}=P\left\{\frac{1}{\sigma^2}\sum_{i=1}^{10}X_i^2\geqslant\frac{4}{0.5^2}\right\}$$
$$=P\{\chi^2\geqslant 16\}\xlongequal{\text{(查表得)}}0.10.$$

(2) μ 未知时，$\chi_2^2=\frac{1}{\sigma^2}\sum_{i=1}^{10}(X_i-\overline{X})^2\sim\chi^2(9)$.

有 $$P\left\{\sum_{i=1}^{10}(X_i-\overline{X})^2\geqslant 2.85\right\}=P\left\{\frac{1}{\sigma^2}\sum_{i=1}^{10}(X_i-\overline{X})^2\geqslant\frac{2.85}{0.5^2}\right\}$$
$$=P\{\chi_2^2\geqslant 11.4\}\xlongequal{\text{(查表得)}}0.25.$$

例 3 设 $X_1, X_2, \cdots, X_n$ 是总体 $X\sim N(\mu, \sigma^2)$ 的一个样本，证明：

$$E\left[\sum_{i=1}^{n}(X_i-\overline{X})^2\right]^2=(n^2-1)\sigma^4.$$

证 因为

$$\chi^2=\sum_{i=1}^{n}(X_i-\overline{X})^2/\sigma^2\sim\chi^2(n-1),\ E(\chi^2)=n-1,\ D(\chi^2)=2(n-1),$$

所以
$$E\Big[\sum_{i=1}^{n}(X_i-\overline{X})^2\Big]^2=\sigma^4E\Big[\sum_{i=1}^{n}(X_i-\overline{X})^2/\sigma^2\Big]^2=\sigma^4E(\chi^2)^2$$
$$=\sigma^4[D(\chi^2)+[E(\chi^2)]^2]$$
$$=\sigma^4[2(n-1)+(n-1)^2]$$
$$=(n^2-1)\sigma^4.$$

第 13 章 参数估计与假设检验

在实际问题中，当所研究的总体分布类型已知，但分布中含有一个或多个未知参数时，如何根据样本来估计未知参数，这就是参数估计问题.

参数估计问题分为点估计问题和区间估计问题两类，所谓点估计就是用某一个函数值作为总体未知参数的估计值；区间估计就是对于未知参数给出一个范围，并且在一定的可靠度下使这个范围包含未知参数的真值.

本章教学基本要求：

1. 理解参数的点估计、估计量与估计值的概念；
2. 掌握矩估计法，了解估计量的无偏性的概念；
3. 了解区间估计的概念，会求单正态总体的均值与方差的置信区间；
4. 理解显著性检验的基本思想，掌握假设检验的基本步骤；
5. 了解正态总体均值与方差的假设检验方法.

§13.1 参数估计

一、主要知识归纳

1. 矩估计法（见表 13—1—1）

表 13—1—1 **矩估计法**

定义	用相应的样本矩去估计总体矩的方法称为矩估计法. 相应的估计量称为矩估计量. 即用样本矩 $A_k=\dfrac{1}{n}\sum\limits_{i=1}^{n}X_i^k$ 估计总体矩 $\mu_k=E(X^k)$.
求法	设总体 X 的分布函数 $F(x;\theta_1,\cdots,\theta_k)$ 中含有 k 个未知参数 $\theta_1,\cdots,\theta_k$，则 (1) 求总体 X 的前 k 阶矩 $\mu_1,\cdots,\mu_k$，一般都是这 k 个未知参数的函数，记为 $\mu_i=g_i(\theta_1,\cdots,\theta_k)$，$i=1,2,\cdots,k$. (2) 从 (1) 中解得 $\theta_j=h_j(\mu_1,\cdots,\mu_k)$，$j=1,2,\cdots,k$. (3) 再用 $\mu_i(i=1,2,\cdots,k)$ 的估计量 A_i 分别代替上式中的 μ_i，即可得 $\theta_j(j=1,2,\cdots,k)$ 的矩估计量：$\hat{\theta}_j=h_j(A_1,\cdots,A_k)$，$j=1,2,\cdots,k$.
无偏性	设 $\hat{\theta}(X_1,\cdots,X_n)$ 是未知参数 θ 的估计量，若 $E(\hat{\theta})=\theta$，则称 $\hat{\theta}$ 为 θ 的无偏估计量. 特别地，$E(\overline{X})=\mu$，$E(S^2)=\sigma^2$，但 $E\left[\dfrac{1}{n}\sum\limits_{i=1}^{n}(X_i-\overline{X})^2\right]\neq\sigma^2$. 注：若 $\hat{\theta}$ 为 θ 的无偏估计量，$g(\theta)$ 是 θ 的函数，未必有 $g(\hat{\theta})$ 是 $g(\theta)$ 的无偏估计量.

2. 置信区间及其求法（见表 13—1—2）

表 13—1—2　　**置信区间**

定义	设 θ 为总体分布的未知参数，X_1，X_2，…，X_n 是取自总体 X 的一个样本，对给定的数 $1-\alpha(0<\alpha<1)$， (1) 若存在统计量 $\underline{\theta}=\underline{\theta}(X_1, X_2, \cdots, X_n)$，$\bar{\theta}=\bar{\theta}(X_1, X_2, \cdots, X_n)$， 使得　$P\{\underline{\theta}<\theta<\bar{\theta}\}=1-\alpha$，则称随机区间 $(\underline{\theta}, \bar{\theta})$ 为 θ 的置信度为 $1-\alpha$ 的双侧置信区间； (2) 若存在统计量 $\underline{\theta}=\underline{\theta}(X_1, X_2, \cdots, X_n)$，满足 $P\{\underline{\theta}<\theta\}=1-\alpha$，则称 $(\underline{\theta}, +\infty)$ 为 θ 的置信度为 $1-\alpha$ 单侧置信区间，称 $\underline{\theta}$ 为 θ 的单侧置信下限； (3) 若存在统计量 $\bar{\theta}=\bar{\theta}(X_1, X_2, \cdots, X_n)$，满足 $P\{\theta<\bar{\theta}\}=1-\alpha$，则称 $(-\infty, \bar{\theta})$ 为 θ 的置信度为 $1-\alpha$ 单侧置信区间，称 $\bar{\theta}$ 为 θ 的单侧置信上限.
求法	寻求置信区间就是在点估计的基础上，构造合适的函数，并针对给定的置信度导出置信区间. 一般步骤为： (1) 选取未知参数 θ 的某个较优估计量 $\hat{\theta}$； (2) 围绕 $\hat{\theta}$ 构造一个依赖于样本与参数 θ 的函数 $U=U(X_1, \cdots, X_n, \theta)$； (3) 对给定的置信水平 $1-\alpha$，确定 λ_1 与 λ_2，使 $P\{\lambda_1\leqslant U\leqslant\lambda_2\}=1-\alpha$，通常可选取满足 $P\{U\leqslant\lambda_1\}=P\{U\geqslant\lambda_2\}=\frac{\alpha}{2}$ 的 λ_1 与 λ_2，在常用分布情况下，这可由分位数表查得； (4) 对不等式作恒等变形化为 $P\{\underline{\theta}\leqslant\theta\leqslant\bar{\theta}\}=1-\alpha$，则 $(\underline{\theta}, \bar{\theta})$ 就是 θ 的置信度为 $1-\alpha$ 的置信区间.

3. 单正态总体的置信区间

设总体 $X\sim N(\mu, \sigma^2)$，X_1，X_2，…，X_n 是取自总体 X 的一个样本，则对给定的置信度 $1-\alpha$，有

(1) 若 σ^2 已知，则均值 μ 的置信区间为 $\left(\overline{X}-u_{\alpha/2}\cdot\frac{\sigma}{\sqrt{n}}, \overline{X}+u_{\alpha/2}\cdot\frac{\sigma}{\sqrt{n}}\right)$；

(2) 若 σ^2 未知，则均值 μ 的置信区间为 $\left(\overline{X}-t_{\alpha/2}\cdot\frac{S}{\sqrt{n}}, \overline{X}+t_{\alpha/2}\cdot\frac{S}{\sqrt{n}}\right)$；

(3) 若 μ 未知，则方差 σ^2 的置信区间为 $\left(\frac{(n-1)S^2}{\chi^2_{\alpha/2}(n-1)}, \frac{(n-1)S^2}{\chi^2_{1-\alpha/2}(n-1)}\right)$.

二、典型例题分析

例 1　设总体 X 服从参数为 $\lambda(\lambda>0)$ 的指数分布，X_1，X_2，…，X_n 为一随机样本，令 $Y=\min(X_1, X_2, \cdots, X_n)$，问常数 C 为何值时，才能使 CY 是 λ 的无偏估计.

解 因 $X_1, X_2, \cdots, X_n$ 相互独立，且都服从参数为 λ 的指数分布，故 X_i $(i=1, 2, \cdots, n)$ 的概率密度和分布密度分别为

$$f_X(x)=\begin{cases}\lambda e^{-\lambda x}, & x>0\\ 0, & x<0\end{cases}, F_X(x)=\begin{cases}1-e^{-\lambda x}, & x>0\\ 0, & x\leqslant 0\end{cases}.$$

于是

$$\begin{aligned}F_Y(y)&=P\{Y<y\}=P\{\min(X_1, X_2, \cdots, X_n)<y\}\\&=1-P\{\min(X_1, X_1, \cdots, X_n)\geqslant y\}\\&=1-P\{X_1\geqslant y, X_2\geqslant y, \cdots, X_n\geqslant y\}\\&=1-P\{X_1\geqslant y\}P\{X_2\geqslant y\}\cdots P\{X_n\geqslant y\}\\&=1-(1-P\{X_1<y\})(1-P\{X_2<y\})\cdots(1-P\{X_n<y\})\\&=1-(1-F_X(y))(1-F_X(y))\cdots(1-F_X(y))\\&=1-[1-F_X(y)]^n\end{aligned}$$

即 $$F_Y(y)=1-[1-F_X(x)]^n=\begin{cases}1-e^{-n\lambda y}, & y>0\\ 0, & y\leqslant 0\end{cases},$$

$$f_Y(y)=F'_Y(y)=\begin{cases}n\lambda e^{-n\lambda y}, & y>0\\ 0, & y\leqslant 0\end{cases}.$$

这就是说 Y 服从参数为 $n\lambda$ 的指数分布，故 $E(Y)=n\lambda$.
要使 CY 成为 λ 的无偏估计，即 $E(CY)=\lambda$，则 $Cn\lambda=\lambda$，从而 $C=1/n$.

小结：要使 CY 为 λ 的无偏估计，只需 $E(CY)=\lambda$. 在以后的计算中 $Y=\min(X_1, X_2, \cdots, X_n)$ 的分布函数可直接利用.

例 2 设总体 $X\sim N(\mu, \sigma^2)$，$X_1, X_2, \cdots, X_n$ 为来自总体 X 的样本，当用 $2\overline{X}-X_1$，$\overline{X}$，$\frac{1}{2}X_1+\frac{2}{3}X_2-\frac{1}{6}X_3$ 及 X_1 作为 μ 的估计时，试证明：$\overline{X}$ 是 μ 的最有效的估计.

证 先求各估计的数学期望.

$$E(2\overline{X}-X_1)=2\mu-\mu=\mu,$$
$$E(\overline{X})=\mu, E(X_1)=\mu$$
$$E\left(\frac{1}{2}X_1+\frac{2}{3}X_2-\frac{1}{6}X_3\right)=\frac{1}{2}\mu+\frac{2}{3}\mu-\frac{1}{6}\mu=\mu,$$

故 $2\overline{X}-X_1$，$\overline{X}$，$\frac{1}{2}X_1+\frac{2}{3}X_2-\frac{1}{6}X_3$ 及 X_1 均为 μ 的无偏估计.

再求方差，其中方差最小者为最有效.

$$D(2\overline{X}-X_1)=D\left(\frac{2}{n}\sum_{i=1}^{n}X_i-X_1\right)=D\left(\frac{2-n}{n}X_1+\frac{2}{n}\sum_{i=2}^{n}X_i\right)$$
$$=\left(\frac{2-n}{n}\right)^2\sigma^2+\left(\frac{2}{n}\right)^2(n-1)\sigma^2=\sigma^2.$$

$$D(\overline{X})=\frac{\sigma^2}{n},\ D(X_1)=\sigma^2.$$

$$D\left(\frac{1}{2}X_1+\frac{2}{3}X_2-\frac{1}{6}X_3\right)=\frac{1}{4}\sigma^2+\frac{4}{9}\sigma^2+\frac{1}{36}\sigma^2=\frac{13}{18}\sigma^2,$$

由上可知，$D(\overline{X})$ 最小，即在上述各估计中 $\overline{X}$ 最有效.

小结: $\overline{X}$ 与 X_1 不是独立的，故求 $2\overline{X}-X_1$ 的方差时要先转化为独立的形式，再利用方差的性质.

例 3　在总体均值 μ 的区间估计中，下列正确的说法是（　　）.

(A) 置信度 $1-\alpha$ 一定时，样本容量增加，则置信区间的长度变长；

(B) 置信度 $1-\alpha$ 一定时，样本容量增加，则置信区间的长度变短；

(C) 置信度 $1-\alpha$ 变小，则置信区间的长度变短；

(D) 置信度 $1-\alpha$ 变大，则置信区间的长度变短.

解　答案选 (B). 由 $P\{\underline{\theta}<\theta<\bar{\theta}\}=1-\alpha$，当 $1-\alpha$ 一定时，即置信区间$(\underline{\theta},\bar{\theta})$包含 θ 的真值的频率（或概率）一定. 当样本容量 n 增加时，$P\{\underline{\theta}<\theta<\bar{\theta}\}$ 应变大，而此时不变，所以置信区间 $(\underline{\theta},\bar{\theta})$ 的长度变短. 对于 (C) 和 (D)，由于其它条件未知，故不能得出上述结论.

小结: 置信度 $1-\alpha$ 越大，置信区间 $(\underline{\theta},\bar{\theta})$ 包含 θ 的真值的概率就越大，区间 $(\underline{\theta},\bar{\theta})$ 的长度也就越长，对未知参数 θ 的估计精度就越低.

例 4　某灯泡厂某天生产了一大批灯泡，从中抽取了 10 个进行寿命试验，得数据如下（单位：小时）

1 050，　1 100，　1 080，　1 120，　1 200，
1 250，　1 040，　1 130，　1 300，　1 200，

若知道该天生产的灯泡寿命的方差是 8，试求灯泡平均寿命的置信区间（$\alpha=0.05$）.

解　设灯泡的寿命为随机变量 X，由题意知 $D(X)=8$，已知切比雪夫不等式，

$$P\{|\overline{X}-E(X)|<\varepsilon\}\geqslant 1-\frac{D(X)}{n\varepsilon^2},$$

故要使 $P\{|\overline{X}-E(X)|<\varepsilon\}\geqslant 1-\alpha$，只需取 $\varepsilon=\sqrt{\dfrac{D(X)}{\alpha n}}$，

从而 $P\left\{|\overline{X}-E(X)|<\sqrt{\frac{D(X)}{\alpha n}}\right\}\geqslant 1-\alpha$，故 $E(X)$ 的置信区间为

$$\left(\overline{X}-\sqrt{\frac{D(X)}{\alpha n}},\ \overline{X}+\sqrt{\frac{D(X)}{\alpha n}}\right).$$

将试验数据 $\overline{X}=1\,147$，$D(X)=8$ 代入上式得灯泡平均寿命 $\overline{X}$ 的置信区间为 $(1\,143,\ 1\,151)$.

小结：对总体分布未知的情形进行区间估计时，我们可以考虑利用切比雪夫不等式进行估计.

例 5 某手表厂生产的手表，它的走时误差（单位：秒/日）服从正态分布，检验员从装配线上随机地抽取 9 只进行检测，检测的结果如下：

$$-4.0\quad 3.1\quad 2.5\quad -2.9\quad 0.9\quad 1.1\quad 2.0\quad -3.0\quad 2.8$$

若置信水平为 0.95，求该手表的走时误差的均值 μ 和方差 σ^2 的置信区间.

解 (1) 求走时误差的均值 μ 的置信区间. 由于方差 σ^2 未知，选用枢轴变量

$$\frac{\overline{X}-\mu}{S/\sqrt{n}}\sim t(n-1),$$

则均值 μ 的 $1-\alpha$ 的置信区间为

$$\left(\overline{X}-t_{\alpha/2}(n-1)\cdot\frac{S}{\sqrt{n}},\ \overline{X}+t_{\alpha/2}(n-1)\cdot\frac{S}{\sqrt{n}}\right).$$

对置信水平 $1-\alpha=0.95$，查 t 分布表得 $t_{\alpha/2}(n-1)=t_{0.025}(9-1)=2.306\,0$，将 $\bar{x}\approx 0.28$，$s^2=7.80$，$s\approx 2.79$，$n=9$ 代入，得均值 μ 的置信水平为 0.95 的置信区间为 $(-1.865,\ 2.425)$.

(2) 求走时误差的方差 σ^2 的置信区间. 选用枢轴变量

$$\frac{n-1}{\sigma^2}S^2\sim\chi^2(n-1),$$

则方差 σ^2 的 $1-\alpha$ 的置信区间为

$$\left(\frac{(n-1)S^2}{\chi^2_{\alpha/2}(n-1)},\ \frac{(n-1)S^2}{\chi^2_{1-\alpha/2}(n-1)}\right).$$

将 $s^2=7.80$，$n=9$，$\alpha=0.05$，$\chi^2_{0.025}(8)=17.535$，$\chi^2_{1-0.025}(8)=2.180$ 代入，得方差 σ^2 的置信区间为 $(3.559,\ 28.624)$.

小结：这是求单正态总体均值和方差的置信区间问题，要根据参数的已知情

况，选择不同的枢轴变量，从而得到相应的置信区间.

三、习题 13—1 解答

1. 对参数的一种区间估计及一组样本观察值（x_1，x_2，…，x_n）来说，下列结论中正确的是（　　）.

(A) 置信度越大，对参数取值范围估计越准确；

(B) 置信度越大，置信区间越长；

(C) 置信度越大，置信区间越短；

(D) 置信度大小与置信区间的长度无关.

解　应选 (B).

置信度越大，置信区间包含真值的概率就越大，置信区间的长度就越大，对未知参数的估计精度就越低.

反之，对参数的估计精度越高，置信区间的长度就越小，它包含真值的概率就越低，置信度就越小.

2. 设（θ_1，θ_2）是参数 θ 的置信度为 $1-\alpha$ 的区间估计，则以下结论正确的是（　　）.

(A) 参数 θ 落在区间（θ_1，θ_2）之内的概率为 $1-\alpha$；

(B) 参数 θ 落在区间（θ_1，θ_2）之外的概率为 α；

(C) 区间（θ_1，θ_2）包含参数 θ 的概率为 $1-\alpha$；

(D) 对不同的样本观察值，区间（θ_1，θ_2）的长度相同.

解　应选 (C).

由于 θ_1，θ_2 都是统计量，即（θ_1，θ_2）是随机区间，而 θ 是一个客观存在的未知常数，故 (A)，(B) 不正确.

3. 设总体 X 的数学期望为 μ，X_1，X_2，…，X_n 是来自 X 的样本，a_1，a_2，…，a_n 是任意常数，验证 $\left(\sum_{i=1}^{n} a_i X_i\right) \Big/ \sum_{i=1}^{n} a_i \left(\sum_{i=1}^{n} a_i \neq 0\right)$ 是 μ 的无偏估计量.

证　$E(X)=\mu$，

$$E\left(\frac{\sum_{i=1}^{n} a_i X_i}{\sum_{i=1}^{n} a_i}\right) = \frac{1}{\sum_{i=1}^{n} a_i} \cdot \sum_{i=1}^{n} a_i E(X_i)$$

$$= \frac{\mu}{\sum_{i=1}^{n} a_i} \sum_{i=1}^{n} a_i = \mu \ (E(X_i)=E(X)=\mu),$$

综上所述，可知 $\dfrac{\sum_{i=1}^{n} a_i X_i}{\sum_{i=1}^{n} a_i}$ 是μ的无偏估计量.

4. 设 X_1，X_2，…，X_n 为来自参数为n，p的二项分布总体，试求 p^2 的无偏估计量.

解 因总体 $X \sim b(n, p)$，故

$$E(X)=np,$$
$$E(X^2)=D(X)+[E(X)]^2=np(1-p)+n^2p^2$$
$$=np+n(n-1)p^2=E(X)+n(n-1)p^2,$$
$$\frac{E(X^2)-E(X)}{n(n-1)}=E\left[\frac{1}{n(n-1)}(X^2-X)\right]=p^2.$$

于是，用样本矩 A_2，A_1 分别代替相应的总体矩 $E(X^2)$，$E(X)$，便得 p^2 的无偏估计量

$$\hat{p}^2=\frac{A_2-A_1}{n(n-1)}=\frac{1}{n^2(n-1)}\sum_{i=1}^{n}(X_i^2-X_i).$$

5. 设总体 X 服从均匀分布 $U[0, \theta]$，它的密度函数为

$$f(x;\theta)=\begin{cases}\dfrac{1}{\theta}, & 0\leqslant x\leqslant\theta,\\ 0, & \text{其它}\end{cases}$$

(1) 求未知参数θ的矩估计量；

解 因为

$$E(X)=\int_{-\infty}^{+\infty}xf(x;\theta)\mathrm{d}x=\frac{1}{\theta}\int_0^{\theta}x\mathrm{d}x=\frac{\theta}{2}.$$

令 $E(X)=\dfrac{1}{n}\sum_{i=1}^{n}X_i$，即$\dfrac{\theta}{2}=\overline{X}$，所以$\hat{\theta}=2\overline{X}$.

(2) 当样本观察值为 0.3，0.8，0.27，0.35，0.62，0.55 时，求θ的矩估计值.

解 由所给样本的观察值算得

$$\bar{x}=\frac{1}{6}\sum_{i=1}^{n}x_i=\frac{1}{6}(0.3+0.8+0.27+0.35+0.62+0.55)$$
$$=0.4817,$$

所以 $\hat{\theta}=2\bar{x}=0.9634.$

6. 设总体 X 以等概率 $\frac{1}{\theta}$ 取值 1, 2, …, θ, 求未知参数 θ 的矩估计量.

解　由 $E(X)=1\times\frac{1}{\theta}+2\times\frac{1}{\theta}+\cdots+\theta\times\frac{1}{\theta}=\frac{1+\theta}{2}=\frac{1}{n}\sum_{i=1}^{n}X_i=\overline{X}$, 得 θ 的矩估计量为

$$\hat{\theta}=2\overline{X}-1.$$

7. 一批产品中含有废品, 从中随机地抽取 60 件, 发现废品 4 件, 试用矩估计法估计这批产品的废品率.

解　设 p 为抽得废品的概率, $1-p$ 为抽得正品的概率 (放回抽取). 为了估计 p, 引入随机变量 $X_i=\begin{cases}1, & \text{第 } i \text{ 次抽取到的是废品}\\ 0, & \text{第 } i \text{ 次抽取到的是正品}\end{cases}$. 于是

$$P\{X_i=1\}=p,\ P(X_i=0)=1-p=q,\ \text{其中 } i=1,\ 2,\ \cdots,\ 60,$$

且 $E(X_i)=p$, 故对于样本 X_1, X_2, …, X_{60} 的一个观测值 x_1, x_2, …, x_{60}, 由矩估计法得 p 的估计值为

$$\hat{p}=\frac{1}{60}\sum_{i=1}^{60}x_i=\frac{4}{60}=\frac{1}{15},$$

即这批产品的废品率为 $\frac{1}{15}$.

8. 已知灯泡寿命的标准差 $\sigma=50$ 小时, 抽出 25 个灯泡检验, 得平均寿命 $\overline{x}=500$ 小时, 试以 95%的可靠性对灯泡的平均寿命进行区间估计 (假设灯泡寿命服从正态分布).

解　由于 $X\sim N(\mu,\ 50^2)$, 所以 μ 的置信度为 95%的置信区间为

$$\left(\overline{X}\pm u_{\alpha/2}\frac{\sigma}{\sqrt{n}}\right),$$

这里 $\overline{x}=500$, $n=25$, $\sigma=50$, $u_{\alpha/2}=1.96$, 所以灯泡的平均寿命的置信区间为

$$\left(\overline{x}\pm u_{\alpha/2}\frac{\sigma}{\sqrt{n}}\right)=\left(500\pm\frac{50}{\sqrt{25}}\times1.96\right)$$
$$=(500\pm19.6)=(480.4,\ 519.6).$$

9. 设某种电子管的使用寿命服从正态分布. 从中随机抽取 15 个进行检验, 得平均使用寿命为 1 950 小时, 标准差 s 为 300 小时, 以 95%的可靠性估计整批电子管平均使用寿命的置信上、下限.

解　由 $X\sim N(\mu,\ \sigma^2)$, 知 μ 的 95%的置信区间为

$$\left(\overline{X}\pm\frac{S}{\sqrt{n}}t_{\alpha/2}(n-1)\right).$$

这里 $\bar{x}=1\ 950$，$s=300$，$n=15$，$t_{\alpha/2}(14)=2.145$，于是

$$\left(\bar{x}\pm\frac{s}{\sqrt{n}}t_{\alpha/2}(n-1)\right)=\left(1\ 950\pm\frac{300}{\sqrt{15}}\times 2.145\right)$$

$$\approx(1\ 950\pm 166.15)=(1\ 783.85,\ 2\ 116.15).$$

即整批电子管平均使用寿命的置信上限为 2 116.15，下限为 1 783.85.

10. 人的身高服从正态分布，从初一女生中随机抽取 6 名，测其身高如下（单位：cm）：

149　158.5　152.5　165　157　142

求初一女生平均身高的置信区间（$\alpha=0.05$）.

解　由题意，设人的身高 $X\sim N(\mu,\sigma^2)$，μ 的置信度为 95%的置信区间为

$$\left(\overline{X}\pm\frac{S}{\sqrt{n}}t_{\alpha/2}(n-1)\right).$$

这里 $\bar{x}=154$，$s=8.018\ 7$，$t_{0.025}(5)=2.571$，于是

$$\left(\bar{x}\pm\frac{s}{\sqrt{n}}t_{\alpha/2}(n-1)\right)=\left(154\pm\frac{8.018\ 7}{\sqrt{6}}\times 2.571\right)$$

$$\approx(154\pm 8.416)\approx(145.58,\ 162.42).$$

11. 设某批铝材料的比重 X 服从正态分布 $N(\mu,\sigma^2)$，现测量它的比重 16 次，算得 $\bar{x}=2.705$，$s=0.029$，分别求 μ 和 σ^2 的置信度为 0.95 的置信区间.

解　(1) 对 $1-\alpha=0.95$，即 $\alpha=0.05$，查 t 分布表得 $t_{\alpha/2}(15)=2.131$，于是

$$\bar{x}+t_{\alpha/2}(15)\frac{s}{\sqrt{n}}=2.705+2.131\times\frac{0.029}{\sqrt{16}}=2.705+0.015=2.720,$$

$$\bar{x}-t_{\alpha/2}(15)\frac{s}{\sqrt{n}}=2.705-0.015=2.690.$$

所以，关于 μ 的置信度为 0.95 的置信区间为 (2.690, 2.720).

(2) 对 $\alpha=0.05$，查 χ^2 分布表，得

$$\chi^2_{0.025}(15)=27.5,\ \chi^2_{0.975}(15)=6.26.$$

于是，σ^2 的 $1-\alpha$ 的置信区间为

$$\left(\frac{(n-1)s^2}{\chi^2_{\alpha/2}(n-1)},\ \frac{(n-1)s^2}{\chi^2_{1-\alpha/2}(n-1)}\right)=(0.000\ 459,\ 0.002\ 015).$$

§13.2　假设检验

一、主要知识归纳

1. 假设检验的基本概念（见表 13—2—1）

表 13—2—1　　假设检验的基本概念

基本思想	假设检验的基本思想实质上是带有某种概率性质的反证法. 原理是小概率事件在一次试验中是几乎不发生的.
两类错误	把要检验的假设 H_0 称为原假设，定义 第一类错误（弃真）：$P\{拒绝\ H_0 \mid H_0\ 为真\}=\alpha$； 第二类错误（取伪）：$P\{接受\ H_0 \mid H_0\ 不真\}=\beta$. 注：在实际应用中，一般原则是：控制犯第一类错误的概率，即给定 α，然后通过增大样本容量 n 来减小 β.
一般步骤	(1) 根据实际问题的要求，充分考虑和利用已知的背景知识，提出原假设 H_0 及备择假设 H_1； (2) 给定显著性水平 α 以及样本容量 n； (3) 确定检验统计量 U，并在原假设 H_0 成立的前提下导出 U 的概率分布，要求 U 的分布不依赖于任何未知参数； (4) 确定拒绝域，即依据直观分析先确定拒绝域的形式，然后根据给定的显著性水平 α 和 U 的分布，由 $P\{拒绝\ H_0 \mid H_0\ 为真\}=\alpha$ 确定拒绝域的临界值，从而确定拒绝域 W； (5) 作一次具体的抽样，根据得到的样本观察值和所得的拒绝域，对假设 H_0 作出拒绝或接受的判断.

2. 单正态总体均值的假设检验

设总体 $X\sim N(\mu,\sigma^2)$，$X_1, X_2, \cdots, X_n$ 是取自 X 的一个样本，$\overline{X}$ 和 S^2 分别为样本均值和样本方差. 检验假设 $H_0:\mu=\mu_0$，$H_1:\mu\neq\mu_0$，其中 μ_0 为已知常数.

(1) 若方差 σ^2 已知，用 u 检验法，拒绝域为 $|u|=\left|\dfrac{\overline{x}-\mu_0}{\sigma/\sqrt{n}}\right|>u_{\alpha/2}$；

(2) 若方差 σ^2 未知，用 t 检验法，拒绝域为 $|t|=\left|\dfrac{\overline{x}-\mu_0}{s/\sqrt{n}}\right|>t_{\alpha/2}(n-1)$.

3. 单正态总体方差的假设检验

设总体 $X\sim N(\mu,\sigma^2)$，$X_1, X_2, \cdots, X_n$ 是取自 X 的一个样本，$\overline{X}$ 和 S^2 分别为样本均值和样本方差. 检验假设 $H_0:\sigma^2=\sigma_0^2$，$H_1:\sigma^2\neq\sigma_0^2$，其中 σ_0^2 为已知常数.

用 χ^2 检验法，拒绝域为 $\chi^2=\frac{(n-1)s^2}{\sigma_0^2}<\chi^2_{1-\alpha/2}(n-1)$ 或 $\chi^2=\frac{(n-1)s^2}{\sigma_0^2}>\chi^2_{\alpha/2}(n-1)$.

二、典型例题分析

例 1 用传统工艺加工的某种水果罐头中，每瓶平均维生素 C 的含量为 19mg. 现改进了加工工艺，抽查了 16 瓶罐头，测得维生素含量(单位：mg) 为

23， 20.5， 21， 22， 20， 22.5，19， 20，
23， 20.5， 18.8， 20， 19.5， 22， 18， 23

已知水果罐头中的维生素 C 含量服从正态分布. 分别在方差 $\sigma^2=4$ 和 σ^2 未知的情况下，问新工艺下维生素 C 含量是否比旧工艺下维生素 C 含量有显著提高 $(\alpha=0.01)$?

解 设 X 为新工艺下水果罐头中的维生素 C 含量，则 $X\sim N(\mu,\sigma^2)$.

当方差 $\sigma^2=4=2^2$ 时，

(1) 建立假设 $H_0:\mu\leqslant 19$，$H_1:\mu>19$;

(2) 选择统计量 $U=\frac{\overline{X}-19}{2/\sqrt{16}}=2(\overline{X}-19)$;

(3) 确定拒绝域为 $u>u_\alpha$，对于给定的显著性水平 $\alpha=0.01$，由于 $\Phi(u_\alpha)=\Phi(u_{0.01})=1-\alpha=0.99$，查正态分布表得 $u_\alpha=2.33$;

(4) 由于 $\bar{x}=\frac{1}{16}\sum_{i=1}^{16}x_i=20.8$，所以 $u=2\times(20.8-19)=3.6>2.33$，故应拒绝 H_0，即认为新工艺下维生素 C 含量比旧工艺下维生素 C 含量有显著提高.

当方差 σ^2 未知时，

(1) 建立假设 $H_0:\mu\leqslant 19$，$H_1:\mu>19$;

(2) 选择统计量 $T=\frac{\overline{X}-19}{S/\sqrt{16}}=\frac{4(\overline{X}-19)}{S}$;

(3) 确定拒绝域为 $t>t_\alpha(15)$，对给定的显著性水平 $\alpha=0.01$，查 t 分布表得 $t_\alpha(15)=2.6025$.

(4) 由于 $\bar{x}=\frac{1}{16}\sum_{i=1}^{16}x_i=20.8$，$S=\sqrt{\frac{1}{16-1}\sum_{i=1}^{16}(x_i-\bar{x})}\approx 1.617$，所以

$$t=\frac{4\times(20.8-19)}{1.617}\approx 4.45>2.6025,$$

故应拒绝 H_0，即认为新工艺下维生素 C 含量比旧工艺下维生素 C 含量有显著提高.

小结：这是单正态总体均值的假设检验问题. 对于 σ^2 已知和未知两种情况，所选取的检验统计量是不同的.

例 2　从一台车床加工的成批轴料中抽取 15 件测量其椭圆度（设椭圆度服从正态分布），计算得 $s^2=0.025$，问该批轴料的椭圆度的总体方差与规定的方差 $\sigma_0^2=0.04$ 有无显著差别（已知 $\alpha=0.05$，$\chi^2_{0.975}(14)=5.629$，$\chi^2_{0.025}(14)=26.119$）？

解　根据题意，建立假设 $H_0:\sigma^2=\sigma_0^2=0.04$；$H_1:\sigma^2\neq\sigma_0^2=0.04$.

由于是单正态总体方差的假设检验，故用 χ^2 检验法，计算得

$$\chi^2=\frac{(n-1)s^2}{\sigma_0^2}=\frac{14\times0.025}{0.04}=8.75$$

由于 $\chi^2_{1-\alpha/2}(n-1)=\chi^2_{0.975}(14)=5.629<\chi^2=8.75<26.119=\chi^2_{0.025}(14)$，故接受 H_0，即认为该批轴料的椭圆度的总体方差与规定的方差 0.04 无显著差别.

例 3　有一批枪弹，其初速 $V\sim N(\mu,\sigma^2)$，其中 $\mu=950$，$\sigma=10$，经过较长时间储存后，随机抽 9 发试射，测得初速为（单位：米/秒）

914，920，910，934，953，945，912，924，940.

给定显著性水平 $\alpha=0.05$，问这批枪弹初速是否起了变化（设 σ 不变，已知若 $\xi\sim N(0,1)$，则 $P(\xi<-1.65)=0.05$）？

解　根据题意建立假设检验 $H_0:\mu=950$，$H_1:\mu<950$.

由于是单正态总体均值的假设检验，且方差已知，故选用 u 检验法，将样本数据 $n=9$，$\bar{x}=928$，$\sigma=10$ 代入，得

$$u=\frac{\bar{x}-950}{\sigma/\sqrt{n}}=\frac{928-950}{10/3}=-6.6.$$

由于 $u=-6.6<-1.65=-u_{0.95}=-u_{1-\alpha}$，故应拒绝 H_0，即认为这批枪弹初速度变小.

小结：在做假设检验的题目时，首先必须按照题意正确地建立原假设 H_0 和备择假设 H_1，因为拒绝域的建立不但与使用的统计量有关，而且与建立的假设有关.

例 4　某种洗衣粉由自动线包装，每袋的标准重量是 1 000 克，根据以往的经验，标准差为 40 克，为了保证该种洗衣粉的重量符合出厂的规定标准，质量检验员随机抽取容量为 100 的样本进行检查，试计算犯第二类错误的概率 β（此时每袋的标准重量为 1 012 克，$\alpha=0.05$）.

解　设 X 表示每袋洗衣粉的重量，则由题意知 $X\sim N(\mu,40^2)$，要检验

$$H_0:\mu=1\,000,\quad H_1:\mu\neq 1\,000\,.$$

选 u 检验统计量 $U=\dfrac{\overline{X}-1\,000}{40/\sqrt{n}}\sim N(0,1)$.

由于 $n=100$，$\alpha=0.05$，则拒绝域为 $\{|u|>u_{\alpha/2}\}$，即

$$\left\{\left|\frac{\overline{X}-1\,000}{40/\sqrt{100}}\right|>1.96\right\}\Leftrightarrow\{\overline{X}>1\,007.84\}\cup\{\overline{X}<992.16\},$$

从而接受域为 $\{992.16\leqslant\overline{X}\leqslant 1\,007.84\}$. 故犯第二类错误的概率

$$\begin{aligned}\beta&=P\{\text{接受 }H_0\,|\,H_0\text{ 不真}\}=P\{992.16\leqslant\overline{X}\leqslant 1\,007.84\,|\,\mu=1\,012\}\\&=P\left\{\frac{992.16-1\,012}{40/\sqrt{100}}\leqslant\frac{\overline{X}-1\,012}{40/\sqrt{100}}\leqslant\frac{1\,007.84-1\,012}{40/\sqrt{100}}\right\}\\&=\Phi(-1.04)-\Phi(-4.96)=0.149\,2.\end{aligned}$$

小结： 建立了正确的假设检验后，拒绝域和接受域就可以完全确定. 进而可以确定犯两类错误的概率.

三、习题 13—2 解答

1. 如何理解假设检验所作出的“拒绝原假设 H_0”和“接受原假设 H_0”的判断？

解 拒绝 H_0 是有说服力的，接受 H_0 是没有充分说服力的.

因为假设检验的方法是概率性质的反证法，作为反证法就是必然要“推出矛盾”，才能得出“拒绝 H_0”的结论，这是有说服力的，如果“推不出矛盾”，这时只能说“目前还找不到拒绝 H_0 的充分理由”，因此“不拒绝 H_0”或“接受 H_0”，这并没有肯定 H_0 一定成立. 由于样本观察值是随机的，因此拒绝 H_0，不意味着 H_0 是假的，接受 H_0 也不意味着 H_0 是真的，都存在着错误决策的可能.

原假设 H_0 为真，而作出了拒绝 H_0 的判断，这类决策错误称为第一类错误，又叫弃真错误，显然犯这类错误的概率为前述的小概率 α：$\alpha=P$(拒绝 $H_0\,|\,H_0$ 为真)；而原假设 H_0 不真，却作出接受 H_0 的判断，称这类错误为第二类错误，又称取伪错误，它发生的概率 β 为 $\beta=P$(接受 $H_0\,|\,H_0$ 不真).

2. 在假设检验中，如何确定原假设 H_0 和备择假设 H_1？

解 在实际中，通常把那些需要着重考虑的假设视为原假设 H_0，而与之对应的假设视为 H_1.

(1) 如果问题是要决定新方案是否比原方案好，往往将原方案取为原假设，而将新方案取为备择假设.

(2) 若提出一个假设，检验的目的仅仅是为了判断这个假设是否成立，这时直接取此假设为原假设 H_0 即可.

3. 假设检验与区间估计有何异同?

解　假设检验与区间估计的提法虽不同，但解决问题的途径是相通的. 参数 θ 的置信度为 $1-\alpha$ 的置信区间对应于双边假设检验在显著性水平 α 下的接受域；参数 θ 的置信度为 $1-\alpha$ 的单侧置信区间对应于单边假设检验在显著性水平 α 下的接受域. 在总体的分布已知的条件下，假设检验与区间估计是从不同的角度回答同一个问题. 假设检验是判别原假设 H_0 是否成立，而区间估计解决的是“多少”(或范围)，前者是定性的，后者是定量的.

4. 某天开工时，需检验自动包装机工作是否正常. 根据以往的经验，其包装的质量在正常情况下服从正态分布 $N(100, 1.5^2)$(单位：kg). 现抽测了 9 包，其质量为：

99.3　98.7　100.5　101.2　98.3　99.7　99.5　102.0　100.5

问这天包装机工作是否正常？将这一问题化为假设检验问题. 写出假设检验的步骤 ($\alpha=0.05$).

解　(1) 提出假设检验问题

$H_0: \mu=100$，$H_1: \mu\neq 100$；

(2) 选取检验统计量 U：$U=\dfrac{\overline{X}-100}{1.5}\sqrt{9}$，$H_0$ 成立时，$U\sim N(0, 1)$；

(3) $\alpha=0.05$，$u_{\alpha/2}=1.96$，则拒绝 $W=\{|u|>1.96\}$；

(4) $\bar{x}=99.97$，$u=0.06$. 因 $|u|<u_{\alpha/2}=1.96$，故接受 H_0，即认为包装机工作正常.

5. 长期统计资料表明，某市轻工业产品月产值占该市工业产品总月产值的百分比 X 服从正态分布，方差 $\sigma^2=1.21$，再任意抽查 10 个月，得轻工业产品产值的百分比为：

31.31%，　30.10%，　32.16%，　32.56%，　29.66%，
31.64%，　30.00%，　31.87%，　31.03%，　30.95%.

问在置信度为 95%时，可否认为过去该市轻工业产品月产值占该市工业产品总月产值百分比的平均数为 32.50%.

解　(1) 要检验的假设是

$H_0: \mu=32.50\%$，$H_1: \mu\neq 32.50\%$；

(2) 因为 σ^2 已知，所以应选取检验统计量

$$U=\frac{\overline{X}-\mu_0}{\sigma/\sqrt{n}},$$

若假设 H_0 为真，则 $U\sim N(0, 1)$；

(3) 注意到$\alpha=0.05$，查正态分布表得$u_{0.025}=1.96$，故接受域为$\{|u|\leqslant 1.96\}$；

(4) 已知$\mu_0=32.50\%$，$n=10$，$\sigma=1.1$，计算样本均值得

$$\bar{x}=31.1277\%,$$

由此得统计量的观察值为$u=-3.9442$，

(5) 因为$|u|>1.96$，所以拒绝原假设H_0，即不可以认为过去该市轻工业产品月产值占该市工业产品总月产值的百分比的平均数为32.50%.

6. 要求一种元件平均使用寿命不得低于1 000小时，生产者从一批这种元件中随机抽取25件，测得其寿命的平均值为950小时. 已知该种元件寿命服从标准差为$\sigma=100$小时的正态分布. 试在显著性水平$\alpha=0.05$下确定这批元件是否合格？设总体均值为μ，μ未知，即需检验假设$H_0:\mu\geqslant 1000$，$H_1:\mu<1000$.

解 检验假设$H_0:\mu\geqslant 1000$，$H_1:\mu<1000$.

这是单边假设检验问题. 由于方差$\sigma^2=100^2$，故用u检验法. 对于显著性水平$\alpha=0.05$，拒绝域为

$$W=\left\{\frac{\overline{X}-1000}{\sigma/\sqrt{n}}<-u_\alpha\right\}.$$

查标准正态分布表，得$u_{0.05}=1.645$.

又知 $n=25$，$\bar{x}=950$，

故可计算出样本值

$$u=\frac{\bar{x}-1000}{\sigma/\sqrt{n}}=\frac{950-1000}{100/\sqrt{25}}=-2.5.$$

因为$-2.5<-1.645$，故在$\alpha=0.05$下拒绝H_0，即认为这批元件不合格.

7. 机器包装食盐，假设每袋盐的净重服从正态分布，规定每袋标准含量为500g. 某天开工后，随机抽取9袋，测得净重如下（单位：g）：

497， 507， 510， 475， 515， 484， 488， 524， 491 .

试在显著性水平$\alpha=0.05$下检验假设：

$$H_0:\mu=500,\ H_1:\mu\neq 500.$$

解 由题意知，$\bar{x}=499$，$s\approx 16.031$，$n=9$，故用t检验法，样本值为

$$t=\frac{\bar{x}-\mu_0}{s}\sqrt{n}=\frac{499-500}{16.031}\sqrt{9}\approx -0.1871,$$

且 $\alpha=0.05$，$t_{0.025}(8)=2.306$.

因$|t|<t_{0.025}(8)$，故接受H_0，即认为该天每袋平均质量可视为500g.

8. 某特殊润滑油容器的容量服从正态分布，其方差为0.03升，在$\alpha=0.01$的显著性水平下，抽取样本10个，测得样本标准差为$s=0.246$升，检验假设：

$H_0:\sigma^2=0.03$，$H_1:\sigma^2\neq 0.03$.

解　设总体 X 为润滑油容器的容量，则 $X\sim N(\mu,\sigma^2)$，

$\sigma_0^2=0.03$，$n=10$，$\alpha=0.01$，$s=0.246$.

用 χ^2 检验法，检验

$H_0:\sigma^2=\sigma_0^2=0.03$，$H_1:\sigma^2\neq\sigma_0^2$，

拒绝域为

$$W=\{\chi^2>\chi^2_{\alpha/2}(n-1)\cup\chi^2<\chi^2_{1-\alpha/2}(n-1)\}.$$

查 χ^2 分布表得 $\chi^2_{0.005}(9)=23.589$，$\chi^2_{0.995}(9)=1.735$.

计算 χ^2 值，得

$$\chi^2=\frac{(n-1)s^2}{\sigma_0^2}=\frac{9\times(0.246)^2}{0.03}\approx 18.15.$$

由于 $1.735<18.15<23.589$，故接受 H_0，即 $\sigma^2=0.03$.

本章小结

一、本章知识点网络图

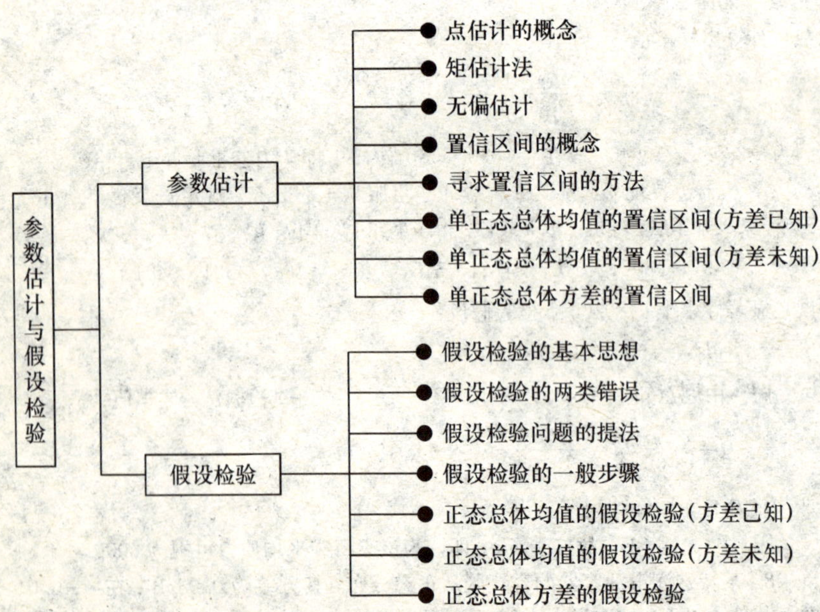

二、题型分析

题型1　统计量的点估计

解题思路　矩估计法步骤：

① 求出总体 X 的各阶原点矩 $E(X^i)=\int_{-\infty}^{+\infty}x^i f(x;\theta_1,\theta_2,\cdots,\theta_k)\mathrm{d}x$ 或 $E(X^i)=\sum_j x_j^i p(x_j;\theta_1,\theta_2,\cdots,\theta_k)$，$i=1,2,\cdots,k$.

② 用样本矩作为总体矩的估计量，以样本矩的连续函数作为相应总体矩的连续函数的估计量.

特别地，令 $E(X)=\overline{X}=\frac{1}{n}\sum_{i=1}^{n}X_i$；$D(X)=S^2=\frac{1}{n-1}\sum_{i=1}^{n}(X_i-\overline{X})^2$，解出估计量的表达式即可.（见例1～例2）

例1　设总体 X 的概率密度为

$$f(x)=\begin{cases}\frac{6x}{\theta^3}(\theta-x), & 0<x<\theta\\ 0, & \text{其它}\end{cases},$$

$X_1,X_2,\cdots,X_n$ 是取自总体 X 的简单随机样本.

(1) 求 θ 的矩估计量 $\hat{\theta}$；　　(2) 求 $\hat{\theta}$ 的方差 $D(\hat{\theta})$.

解　(1) 由于仅有一个未知参数 θ，故只需求 $E(X)$.

$$E(X)=\int_0^\theta x\cdot\frac{6x}{\theta^3}(\theta-x)\mathrm{d}x=\frac{\theta}{2}.$$

所以，θ 的矩估计为 $\hat{\theta}=2\overline{X}=\frac{2}{n}\sum_{i=1}^{n}X_i$.

(2) $D(\hat{\theta})=D\left(\frac{2}{n}\sum_{i=1}^{n}X_i\right)=\frac{4}{n^2}\sum_{i=1}^{n}D(X_i)$.

为求 $D(\hat{\theta})$，需先求 $D(X)$.

$$E(X^2)=\int_0^\theta x^2\cdot\frac{6x}{\theta^3}(\theta-x)\mathrm{d}x=\frac{6\theta^2}{20},$$

$$D(X)=E(X^2)-[E(X)]^2=\frac{6\theta^2}{20}-\left(\frac{\theta}{2}\right)^2=\frac{\theta^2}{20}.$$

所以　$D(\hat{\theta})=\frac{4}{n^2}\cdot n\cdot\frac{\theta^2}{20}=\frac{\theta^2}{5n}$.

例2　设 $X_1,X_2,\cdots,X_n$ 为总体 X 的一个样本，求 X 的概率密度为下述情形时参数的矩估计量：

$$f(x)=\begin{cases}\frac{1}{\theta}e^{-(x-\mu)/\theta}, & x\geqslant\mu \\ 0, & \text{其它}\end{cases}\quad(\theta,\mu\text{ 均未知}).$$

解　$E(X)=\int_{\mu}^{+\infty}\frac{1}{\theta}xe^{-(x-\mu)/\theta}dx=\mu+\theta$,

$$E(X^2)=\int_{\mu}^{+\infty}\frac{1}{\theta}x^2\cdot e^{-(x-\mu)/\theta}dx=\mu^2+2\theta(\mu+\theta).$$

令　$E(X)=\overline{X}$, $E(X^2)=\frac{1}{n}\sum_{i=1}^{n}X_i^2=\frac{1}{n}\sum_{i=1}^{n}(X_i-\overline{X})^2+\overline{X}^2$，故

$$\begin{cases}\overline{X}=\hat{\mu}+\hat{\theta} \\ \frac{1}{n}\sum_{i=1}^{n}(X_i-\overline{X})^2+\overline{X}^2=\hat{\mu}^2+2\hat{\theta}(\hat{\mu}+\hat{\theta}).\end{cases}$$

可解得

$$\hat{\theta}=\sqrt{\frac{1}{n}\sum_{i=1}^{n}(X_i-\overline{X})^2},\ \hat{\mu}=\overline{X}-\sqrt{\frac{1}{n}\sum_{i=1}^{n}(X_i-\overline{X})^2}.$$

题型 2　正态总体均值与方差的区间估计

解题思路　(1) 根据实际问题的条件，确定恰当的枢轴变量（枢轴变量的分布已知：正态分布、χ^2 分布、t 分布、F 分布等），选择好区间估计的形式$\left(\text{分清是单侧置信区间还是双侧置信区间，以便确定用 }\alpha\text{ 还是}\frac{\alpha}{2}\right)$，然后直接计算可得置信区间（见例 1～例 3).

(2) 在给定置信度 $1-\alpha$ 下要求样本容量 n，使置信区间长度不大于给定的数（见例 4).

例 1　在某校的一个班体检记录中，随意抄录 25 名男生的身高数据，测得平均身高为 170 厘米，标准差为 12 厘米，试求该班男生的平均身高 μ 和身高的标准差 σ 的置信度为 0.95 的置信区间（假设身高近似服从正态分布).

解　由题设身高

$$X\sim N(\mu,\sigma^2),\ n=25,\ \bar{x}=170,\ s=12,\ \alpha=0.05.$$

(1) 先求 μ 的置信区间（σ^2 未知）

取 $U=\frac{\overline{X}-\mu}{S/\sqrt{n}}\sim t(n-1)$，$t_{\alpha/2}(n-1)=t_{0.025}(24)=2.06$，故 μ 的 0.95 的置信区间为

$$\left(170-\frac{12}{\sqrt{25}}\times2.06,\ 170+\frac{12}{\sqrt{25}}\times2.06\right)=(170-4.94,\ 170+4.94)$$

$$=(165.06, 174.94).$$

(2) 再求 σ^2 的置信区间（μ 未知）

取 $U=\frac{(n-1)S^2}{\sigma^2}\sim\chi^2(n-1)$，

$$\chi^2_{\alpha/2}(n-1)=\chi^2_{0.025}(24)=39.364, \quad \chi^2_{1-\alpha/2}(n-1)=\chi^2_{0.975}(24)=12.401,$$

故 σ^2 的 0.95 的置信区间为

$$\left(\frac{24\times12^2}{39.364}, \frac{24\times12^2}{12.401}\right)\approx(87.80, 278.69),$$

从而 σ 的 0.95 的置信区间为

$$(\sqrt{87.80}, \sqrt{278.69})\approx(9.34, 16.69).$$

例 2 设总体 $X\sim N(\mu, \sigma^2)$，μ 已知，σ^2 未知，$X_1, X_2, \cdots, X_n$ 是来自 X 的样本，求 σ^2 的置信度为 $1-\alpha$ 的单侧置信上限.

解 要求 σ^2 的单侧置信上限，即需确定 $\bar{\theta}$ 使

$$P\{\sigma^2<\bar{\theta}\}=1-\alpha.$$

由于 $\sum\limits_{i=1}^{n}(X_i-\mu)^2/\sigma^2=\sum\limits_{i=1}^{n}\left(\frac{X_i-\mu}{\sigma}\right)^2\sim\chi^2(n)$，

如例 2 图，则有

$$P\left\{\chi^2_{1-\alpha}(n)<\sum_{i=1}^{n}(X_i-\mu/\sigma^2)\right\}=1-\alpha.$$

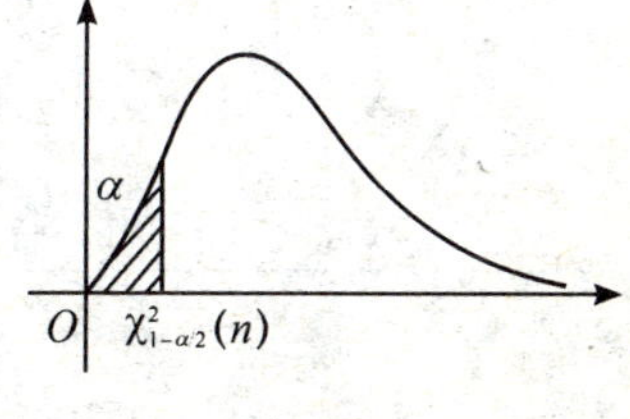

例 2 图

在 {　　} 内的不等式中解出 σ^2，得

$$P\left\{\sigma^2<\frac{\sum\limits_{i=1}^{n}(X_i-\mu)^2}{\chi^2_{1-\alpha}(n)}\right\}=1-\alpha,$$

即得 σ^2 的置信度为 $1-\alpha$ 的单侧置信上限为

$$\frac{\sum\limits_{i=1}^{n}(X_i-\mu^2)}{\chi^2_{1-\alpha}(n)}.$$

例 3 一商店销售的某种商品来自甲、乙两个厂家，为考虑商品性能的差异，现从甲、乙两厂家产品中分别抽取了 8 件和 9 件产品，测其性能指标 X，得到两组数据，经对其作相应运算，得 $\bar{x}_1=0.190$，$s_1^2=0.006$，$\bar{x}_2=0.238$，$s_2^2=$

0.008，假设测定结果服从正态分布：$N(\mu_i, \sigma_i^2)$ $(i=1, 2)$. 求$\frac{\sigma_1^2}{\sigma_2^2}$和 $\mu_1-\mu_2$ 的 90%的置信区间，并对所得结果加以说明.

解　(1) 为求$\frac{\sigma_1^2}{\sigma_2^2}$的 90%的置信区间，首先查 F 分布表，

$$F_{\frac{\alpha}{2}}(n_1-1, n_2-1)=F_{0.05}(7, 8)=3.50,$$

$$F_{1-\alpha/2}(n_1-1, n_2-1)=F_{0.95}(7, 8)=F_{0.05}^{-1}(8, 7)=\frac{1}{3.73}.$$

则由题意得$\frac{\sigma_1^2}{\sigma_2^2}$的 90%的置信区间为

$$\left(\frac{s_1^2/s_2^2}{F_{\alpha/2}(n_1-1, n_2-1)}, \frac{s_1^2/s_2^2}{F_{1-\alpha/2}(n_1-1, n_2-1)}\right)$$

$$=\left(\frac{1}{3.50}\cdot\frac{0.006}{0.008}, 3.73\times\frac{0.006}{0.008}\right)=(0.214, 2.798).$$

因为此区间包含 1，故可以认为 $\sigma_1^2=\sigma_2^2$，因而可以利用方差相等的条件构造 $\mu_1-\mu_2$ 的置信区间.

(2) 由于 $\sigma_1^2=\sigma_2^2$，但其值未知，故关于 $\mu_1-\mu_2$ 的置信区间为

$$\left(\overline{X}_1-\overline{X}_2-t_{\alpha/2}(n_1+n_2-2)S_W\sqrt{\frac{1}{n_1}+\frac{1}{n_2}},\right.$$

$$\left.\overline{X}_1-\overline{X}_2+t_{\alpha/2}(n_1+n_2-2)S_W\sqrt{\frac{1}{n_1}+\frac{1}{n_2}}\right)$$

这里　$s_w^2=\frac{(n_1-1)s_1^2+(n_2-1)s_2^2}{n_1+n_2-2}=\frac{7\times 0.006+8\times 0.008}{8+9-2}\approx 0.007,$

$$t_{\alpha/2}(15)=t_{0.05}(15)=1.753, \sqrt{\frac{1}{8}+\frac{1}{9}}\approx 0.486,$$

$$t_{\alpha/2}(n_1+n_2-2)\cdot s_w\cdot\sqrt{\frac{1}{n_1}+\frac{1}{n_2}}\approx 0.071.$$

所以 $\mu_1-\mu_2$ 的置信区间 $(-0.119, 0.023)$. 从以上结果可以看出，$\mu_1-\mu_2$ 的置信区间包含 0，故可以认为 $\mu_1-\mu_2=0$，即两厂家的产品性能无显著差异.

例 4　设 S 是总体 $X\sim N(\mu, \sigma^2)$ 的随机样本 X_1，X_2，X_n 的方差，μ，σ^2 均未知. 问：a，$b(0<a<b)$ 为何值时，使 σ^2 的 0.95 的置信区间

$$\left(\frac{(n-1)S^2}{b}, \frac{(n-1)S^2}{a}\right)$$

的长度为最短?

解 由题意知

$$P\left\{\frac{(n-1)S^2}{b}<\sigma^2<\frac{(n-1)S^2}{a}\right\}=0.95,$$

则 σ^2 的置信区间的长度为

$$l=\left(\frac{1}{a}-\frac{1}{b}\right)(n-1)S^2.$$

因为$\frac{(n-1)S^2}{\sigma^2}\sim\chi^2(n-1)$，故

$$P\left\{\frac{(n-1)S^2}{b}<\sigma^2<\frac{(n-1)S^2}{a}\right\}=P\left\{a<\frac{(n-1)S^2}{\sigma^2}<b\right\}$$

$$=\int_a^b f(y)\mathrm{d}y=F(b)-F(a)=0.95,$$

(其中 $f(y)$是 $\chi^2(n-1)$ 的概率密度函数.)要使 l 达到最小，利用求极值方法得

$$l'_a=\left(-\frac{1}{a^2}+\frac{1}{b^2}b'\right)(n-1)S^2\xlongequal{令}0,$$

解得 $b^2=a^2b'$. 再对 $F(b)-F(a)=0.95$，求对 a 的导数，得

$$F'(b)b'-F'(a)=0,$$

即 $\quad F(b)b'-f(a)=0\Rightarrow b'=\frac{f(a)}{f(b)},$

所以 $\quad b^2=a^2\frac{f(a)}{f(b)}.$

即当 a, b 满足 $b^2f(b)=a^2f(a)$ 时，区间

$$\left(\frac{(n-1)S^2}{b},\frac{(n-1)S^2}{a}\right)$$

为最短.

题型 3　一个正态总体均值的假设检验

例 1 某地早稻收割根据长势估计平均亩产为 310kg，收割时，随机抽取了 10 块，测出每块的实际亩产量为 x_1，x_2，…，x_{10}，计算得 $\bar{x}=\frac{1}{10}\sum_{i=1}^{10}x_i=320$. 如果已知早稻亩产量 X 服从正态分布 $N(\mu, 144)$，显著性水平 $\alpha=0.05$，试问所估产量是否正确?

解　这是一个正态总体在方差已知时对期望的假设检验问题，如果估计正确，则应有 $\mu=310$，因此该问题是检验假设：

$$H_0:\mu=310,\quad H_1:\mu\neq310.$$

接下来就要分析样本值来确定是接受 H_0，还是接受 H_1.

当 H_0 为真时，统计量

$$U=\frac{\overline{X}-310}{12/\sqrt{10}}\sim N(0,1),$$

从而有 $P\{|U|>1.96\}=0.05$，拒绝域为 $(-\infty,-1.96)\cup(1.96,+\infty)$.

计算　$U_0=\frac{|320-310|}{12/\sqrt{10}}\approx2.64>1.96$，

即拒绝 H_0，也就是有理由不相信 H_0 是真的，故认为估产 310kg 不正确.

例 2　某厂所产生的某种细纱支数的标准差为 1.2，现从某日生产的一批产品中，随机抽 16 缕进行支数测量，求得样本标准差为 2.1. 设细纱的支数服从正态分布，问细纱的均匀度有无显著变化（$\alpha=0.05$）?

解　① 设细纱的均匀度 $X\sim N(\mu,\sigma^2)$，待检验设

$$H_0:\sigma^2=1.2^2,\ \text{备择假设}\quad H_1:\sigma^2\neq1.2^2;$$

② 选择统计量　$\chi^2=\frac{(n-1)S^2}{\sigma_0^2}\overset{(H_0\text{成立})}{\sim}\chi^2(n-1)$；

③ 查 χ^2 分布表，找出临界值

$$\chi^2_{0.025}(15)=27.5,\ \chi^2_{0.975}(15)=6.26,$$

拒绝域 $(0,6.26)\cup(27.5,+\infty)$；

④ 计算 $\chi^2=\frac{(16-1)\times2.1^2}{1.2^2}=45.9>\chi^2_{0.025}(15)$，

所以否定原假设 H_0，即可以认为细纱的均匀度有显著变化.

题型 4　一个正态总体方差的假设检验

例 1　从某个正态总体中抽出一个容量为 21 的简单随机样本，得修正样本方差为 10，能否根据此结果得出总体方差小于 15 的结论？（$\alpha=0.05$）

解　① 待检假设　$H_0:\sigma^2\geqslant15$，备择假设 $H_1:\sigma^2<15$；

② 选取统计量　$\chi^2=\frac{(n-1)S^2}{\sigma_0^2}\overset{(H_0\text{成立})}{\sim}\chi^2(n-1)$；

③ 在给定显著性水平 α 下，查 χ^2 分布表，得

$$\chi_{1-\alpha}^2(n-1)=\chi_{1-0.05}^2(21-1)=\chi_{0.95}^2(20)=10.851,$$

则拒绝域为 $(0, \chi_{1-\alpha}^2(n-1))=(0, 10.851)$；

④ 计算　$\chi^2=\dfrac{20\times10}{15}\approx13.333>10.851$，

所以在显著性水平 $\alpha=0.05$ 下不能否定原假设 H_0，即不能得出方差小于 15 的结论.

图书在版编目（CIP）数据

《应用数学基础》学习辅导与习题解答（综合类·高职高专版）/吴赣昌主编
北京：中国人民大学出版社，2010
21 世纪数学教育信息化精品教材．高职高专数学立体化教材
ISBN 978-7-300-12971-6

Ⅰ.①应…
Ⅱ.①吴…
Ⅲ.①应用数学-高等学校：技术学校-教学参考资料
Ⅳ.①O29

中国版本图书馆 CIP 数据核字（2010）第 215735 号

21 世纪数学教育信息化精品教材
高职高专数学立体化教材
《应用数学基础》学习辅导与习题解答
（综合类·高职高专版）
吴赣昌　主编
Yingyong Shuxue Jichu Xuexi Fudao yu Xiti Jieda

出版发行	中国人民大学出版社		
社　　址	北京中关村大街 31 号	**邮政编码**	100080
电　　话	010－62511242（总编室）		010－62511398（质管部）
	010－82501766（邮购部）		010－62514148（门市部）
	010－62515195（发行公司）		010－62515275（盗版举报）
网　　址	http：//www.crup.com.cn		
	http：//www.ttrnet.com(人大教研网)		
经　　销	新华书店		
印　　刷	北京鑫霸印务有限公司		
规　　格	148 mm×210 mm　32 开本	**版　　次**	2010 年 12 月第 1 版
印　　张	14.875	**印　　次**	2010 年 12 月第 1 次印刷
字　　数	556 000	**定　　价**	26.00 元